全国高等职业教育“十二五”规划教材
中国电子教育学会推荐教材
全国高等职业院校规划教材·精品与示范系列

零件制造工艺与装备
——机械制造技术

吴慧媛　韩邦华　主　编
袁志明　夏国锋　主　审

電子工業出版社
Publishing House of Electronics Industry
北京·BEIJING

内容简介

本书根据国家示范专业建设课程改革成果，结合作者多年的企业工程设计经验和高职课程教学经验进行编写，注重实践技能培养，在充分调研机械行业技能型应用人才需求基础上，按照生产技术岗位应具备的能力和工作流程设计教学项目。每个项目从生产实际要求出发，设置三四个典型工作任务，通过大量的加工案例和图样，突出岗位应用能力培养。全书分为两个模块。第一个模块（项目1~5）为机械加工工艺文件的识读与编制，内容按照工艺文件编制所具备的知识展开，介绍从认识机床到各机床的加工工艺范围、刀具的应用、初拟零件加工工艺路线，到最后确定各工艺参数、编制工艺文件的一个完整过程。第二个模块（项目6~11）为典型零件的工艺工装制订，介绍轴类、套类、盘类、箱体类、叉架类五种典型零件的工艺工装制订的思路与方法，每类零件均选用了两个具有代表性的零件进行介绍，并给出一个真实零件作为实训任务。

本书利用企业岗位工作任务单形式导入教学，内容新颖丰富，任务具有代表性，讲解举一反三，采用最新的国家标准，收集大量的精美插图，并配有"职业导航"、"教学导航"、"知识分布网络"、"知识梳理与总结"、"知识链接"、"想一想"、"做一做"等内容，有利于教师开展互动性教学和学生高效率地学习知识与技能。

本书为高等职业本专科院校机械制造类、数控类、模具类、机电类等专业的教材，也可作为开放大学、成人教育、自学考试、中职学校、培训班的教材，以及机械行业工程技术人员的参考工具书。

本教材配有免费的电子教学课件、习题参考答案和**精品课网站**，详见前言。

图书在版编目（CIP）数据

零件制造工艺与装备——机械制造技术 / 吴慧媛，韩邦华主编.—北京：电子工业出版社，2010.2

全国高等职业院校规划教材. 精品与示范系列

ISBN 978-7-121-10343-8

I. 零… II. ①吴…②韩… III.①机械元件－制造－工艺－高等学校：技术学校－教材②机械元件－制造－装备－高等学校：技术学校－教材 IV.TH16

中国版本图书馆 CIP 数据核字（2010）第 021847 号

策划编辑：陈健德（E-mail:chenjd@phei.com.cn）

责任编辑：刘真平

印　　刷：北京虎彩文化传播有限公司

装　　订：北京虎彩文化传播有限公司

出版发行：电子工业出版社

北京市海淀区万寿路 173 信箱　邮编　100036

开　　本：787×1 092　1/16　印张：23.75　字数：608 千字

版　　次：2010 年 2 月第 1 版

印　　次：2018 年 6 月第 9 次印刷

定　　价：39.80 元

凡所购买电子工业出版社图书有缺损问题，请向购买书店调换。若书店售缺，请与本社发行部联系，联系及邮购电话：（010）88254888，88258888。

质量投诉请发邮件至 zlts@phei.com.cn，盗版侵权举报请发邮件至 dbqq@phei.com.cn。

本书咨询联系方式：chenjd@phei.com.cn。

职业教育　继往开来（序）

自我国经济在新的世纪快速发展以来，各行各业都取得了前所未有的进步。随着我国工业生产规模的扩大和经济发展水平的提高，教育行业受到了各方面的重视。尤其对高等职业教育来说，近几年在教育部和财政部实施的国家示范性院校建设政策鼓舞下，高职院校以服务为宗旨、以就业为导向，开展工学结合与校企合作，进行了较大范围的专业建设和课程改革，涌现出一批示范专业和精品课程。高职教育在为区域经济建设服务的前提下，逐步加大校内生产性实训比例，引入企业参与教学过程和质量评价。在这种开放式人才培养模式下，教学以育人为目标，以掌握知识和技能为根本，克服了以学科体系进行教学的缺点和不足，为学生的定岗实习和顺利就业创造了条件。

中国电子教育学会立足于电子行业企事业单位，为行业教育事业的改革和发展，为实施“科教兴国”战略做了许多工作。电子工业出版社作为职业教育教材出版大社，具有优秀的编辑人才队伍和丰富的职业教育教材出版经验，有义务和能力与广大的高职院校密切合作，参与创新职业教育的新方法，出版反映最新教学改革成果的新教材。中国电子教育学会经常与电子工业出版社开展交流与合作，在职业教育新的教学模式下，将共同为培养符合当今社会需要的、合格的职业技能人才而提供优质服务。

近期由电子工业出版社组织策划和编辑出版的“全国高职高专院校规划教材·精品与示范系列”，具有以下几个突出特点，特向全国的职业教育院校进行推荐。

（1）本系列教材的课程研究专家和作者主要来自于教育部和各省市评审通过的多所示范院校。他们对教育部倡导的职业教育教学改革精神理解得透彻准确，并且具有多年的职业教育教学经验以及工学结合、校企合作经验，能够准确地对职业教育相关专业的知识点和技能点进行横向与纵向设计，能够把握创新型教材的出版方向。

（2）本系列教材的编写以多所示范院校的课程改革成果为基础，体现重点突出、实用为主、够用为度的原则，采用项目驱动的教学方式。学习任务主要以本行业工作岗位群中的典型实例提炼后进行设置，项目实例较多，应用范围较广，图片数量较大，还引入了一些经验性的公式、表格等，文字叙述浅显易懂，增强了教学过程的互动性与趣味性，对全国许多职业教育院校具有较大的适用性，同时对企业技术人员具有可参考性。

（3）根据职业教育的特点，本系列教材在全国独创性地提出“职业导航、教学导航、知识分布网络、知识梳理与总结”以及“封面重点知识”等内容，有利于老师选择合适的教材并有重点地开展教学过程，也有利于学生了解该教材相关的职业特点，对教材内容进行高效率的学习与总结。

（4）根据每门课程的内容特点，为方便教学过程对教材配备相应的电子教学课件、习题答案与指导、教学素材资源、程序源代码、教学网站支持等立体化教学资源。

职业教育要不断进行改革，创新型教材建设是一项长期而艰巨的任务。为了使职业教育能够更好地为区域经济和企业服务，我们殷切希望高职高专院校的各位职教专家和老师提出建议，共同努力，为我国的职业教育发展尽自己的责任与义务！

中国电子教育学会

全国高职高专院校机械类专业课程研究专家组

前言

本书根据国家示范性高职院校教学改革要求，结合作者多年的工学结合人才培养经验进行编写。随着高职院校课程改革经历课程综合化、任务驱动教学、项目教学等模式后，目前主要以职业能力培养为主线，围绕高素质技能型人才培养目标系统改革课程体系，以工作过程为导向来改革专业课程，力求更好地服务于专业、服务于岗位，与工作岗位近距离接触。

本书正是以这种课程改革为指导思想，以工作过程为导向，按照从事工艺技术员岗位所需的知识、能力、素质来选取教材内容，按照工艺技术员完成具体工作任务的工作过程来序化教材内容，紧密结合企业元素，选用企业真实的典型案例进行分析描述，内容丰富新颖。全书分为两个模块，设有 11 个项目。第一个模块（项目 1~5）为机械加工工艺文件的识读与编制，以从事工艺技术员岗位所应具备的知识进行排序；第二个模块（项目 6~11）为典型零件的工艺工装制订，按照工艺技术员完成具体任务时的工作过程进行排序。这样就系统地形成了企业工艺技术员岗位的能力。

本书采用项目教学加典型案例的形式，从生产实际出发，在突出实际应用的同时，结合理论知识分别进行论述。其实用性和针对性较强，有以下明显特点。

1. 按照生产技术岗位应具备的知识能力和工作流程设计教学项目，每个项目从生产实际要求出发，设置三四个典型工作任务，通过大量的加工案例和图样，突出岗位应用能力。所选案例注重实用性和代表性，且大都从生产现场选取，符合生产实际的需要，既能使学生较快融入企业生产实际，又能为学生的可持续发展提供一定的理论基础。

2. 根据职业教育的教学特点，将每个项目的目标任务与理论知识有机结合在一起，通过“教学导航”和“知识分布网络”反映每个项目的重点内容。在案例教学过程中，以“知识链接”、“想一想”、“做一做”“注意”、“思考”等方式，强化和拓展学生的知识理解能力和应用能力，既通俗易懂，内容丰富，又紧密联系生产实际。

3. 以传统的机械制造方法为分析基础，重点按照单件小批量的生产类型展开加工思路，并融入大批量生产的生产类型展开分析，培养学生正确、合理地编制零件加工工艺规程的应用能力。

4. 采用最新的国家标准，每个任务采用企业的工作任务单形式引出，使学生在学习过程中感受企业的氛围。

5. 增添大量的精美实物图片和典型案例，增强互动性和感官认识，举一反三，达到更好地掌握技能的目的。

本书由无锡职业技术学院吴慧媛、韩邦华主编，由我院机制专业聘请的专家和兼职教师——企业高级工程师袁志明、夏国锋主审。参与本书编写的还有无锡职业技术学院薛庆红、许文、范祖贤等老师，全书由吴慧媛统稿和定稿。在本书编写过程中，我院友好合作企业的技术专家为本书的编写提出了宝贵的意见，在这里表示衷心的感谢！

由于编者水平和经验有限，时间仓促，书中难免有欠妥之处，恳请读者批评指正。

为了方便教师教学，本书配有免费的电子教学课件和习题参考答案，请有此需要的教师登录华信教育资源网（www.hxedu.com.cn）免费注册后进行下载，有问题时请在网站留言板留言或与电子工业出版社联系（E-mail:hxedu@phei.com.cn）。读者也可通过该精品课链接网址（http://jpkc.wxit.edu.cn/2008_Jxzz/index.html）浏览和参考更多的教学资源。

编　者

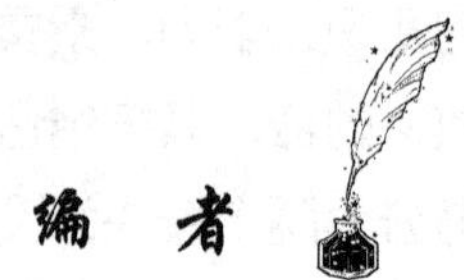

职业导航

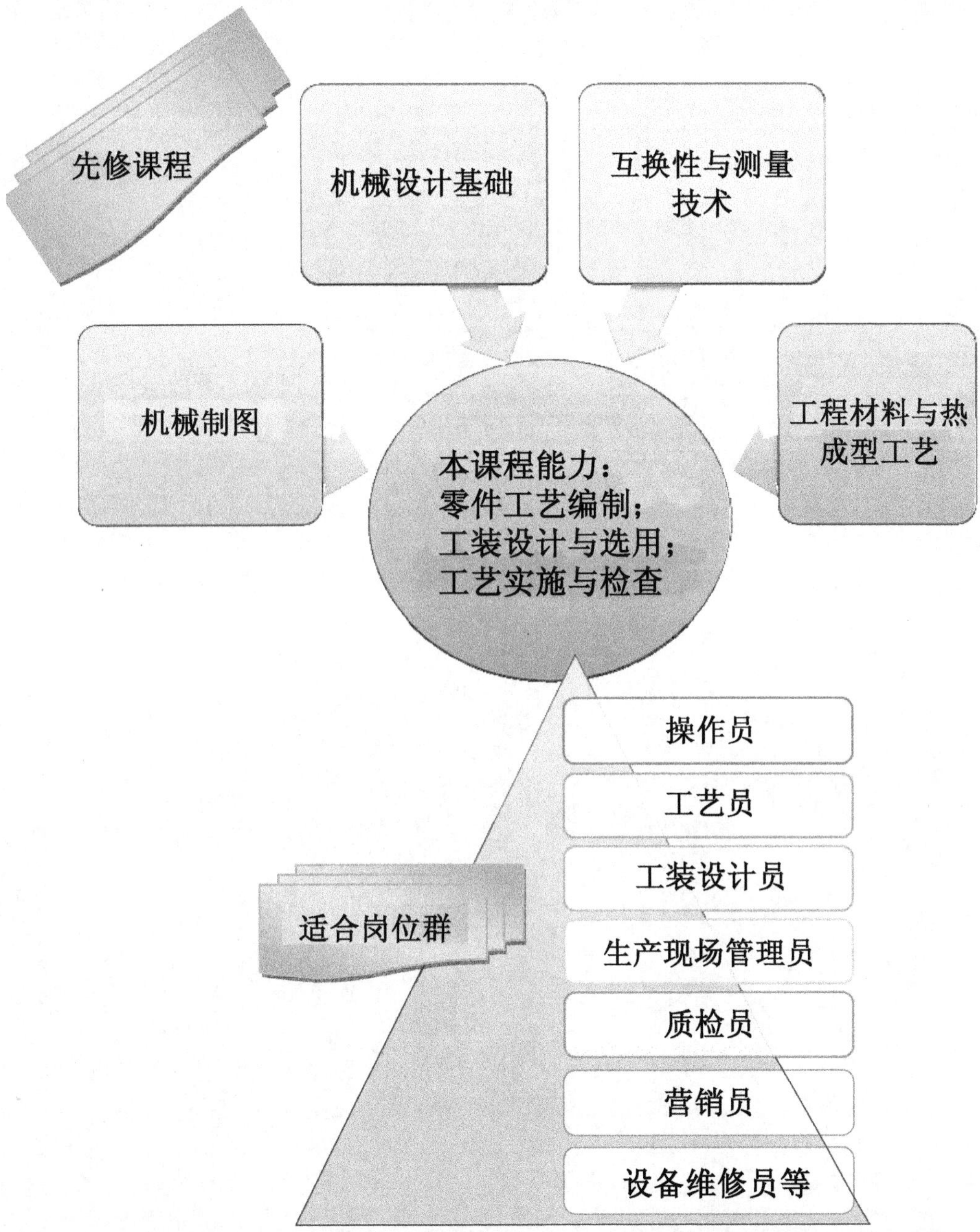

先修课程

机械设计基础

互换性与测量技术

机械制图

工程材料与热成型工艺

本课程能力：
零件工艺编制；
工装设计与选用；
工艺实施与检查

适合岗位群

操作员

工艺员

工装设计员

生产现场管理员

质检员

营销员

设备维修员等

目录

课 程 导 入

机械制造工业的发展和进步，主要取决于机械制造技术水平的发展与进步。制造技术是完成制造活动所施行的一切手段的总和。这些手段包括运用一定的知识、技能，操纵可以利用的物质、工具，采取各种有效的方法等。制造技术是制造企业的技术支柱，是制造企业持续发展的根本动力。在科学技术飞速发展的今天，现代工业对机械制造技术的要求也越来越高，这也就推动了机械制造技术不断向前发展。所以制造技术作为当代科学技术发展最为重要的领域之一，各发达国家纷纷把先进制造技术列为国家的高新关键技术和优先发展项目，给予了极大的关注。

传统的机械制造过程是一个离散的生产过程，它是以“制造技术”为核心的一个狭义的制造过程。随着科学技术的发展，传统的机械制造技术与计算机技术、数控技术、微电子技术、传感技术等相互结合，形成了以系统性、设计与工艺一体化、精密加工技术、产品生命全过程制造和人、组织、技术三结合为特点的先进制造技术，其涉及的领域可概括为与新技术、新工艺、新材料和新设备结合的领域。制造技术的发展方向主要在以下几个方面。

（1）制造系统的自动化。机械制造自动化的发展经历了单机自动化、自动线、数控机床、加工中心、柔性制造系统、计算机集成制造和并行工程等几个阶段，并进一步向柔性化、集成化、智能化方向发展。CAD/CAPP/CAM/CAE（计算机辅助设计/计算机辅助工艺规程/计算机辅助制造/计算机辅助分析）等技术进一步完善并集成化，为提高生产效率，改善劳动条件，保证产品质量，实现快速响应提供了必要的保证。

（2）精密工程与微型机械。精密工程包括精密和超精密加工技术、微细加工和超微细加工技术、纳米技术等。它在超精密加工设备，金刚石砂轮超精密磨削，先进超精密研磨抛光加工，去除、附着、变形加工等原子、分子级的纳米加工，微型机械的制造等领域取得了进展。

（3）特种加工。利用声、光、电、磁、原子等能源实现的物理的、化学的加工方法，如超声波加工、电火花加工、激光加工、电子束加工、电解加工等，它们在一些新型材料、难加工材料的加工和精密加工中取得了良好的效果。

（4）表面工程技术。表面工程技术即表面功能性覆层技术，它通过附着（电镀、涂层、氧化）、注入（渗氮、离子溅射、多元共渗）、热处理（激光表面处理）等手段，使工件表面具有耐磨、耐蚀、耐疲劳、耐热、减摩等特殊的功能。

（5）快速成形制造（RPM）。它利用离散、堆积、层集成形的概念，把一个三维实体零件分解为若干个二维实体制造出来，再经堆积而构成三维实体零件。利用这一原理与计算机辅助三维实体造形技术和 CAM 技术相结合，通过数控激光机和光敏树脂等介质实现零件的快速成形。

（6）智能制造技术。智能制造技术把专家系统、模糊理论、人工神经网络等技术应用于制造中解决多种复杂的决策问题，提高制造系统的实用性和技术水平。

（7）敏捷制造、虚拟制造、精良生产、清洁生产等概念的提出和应用。

先进制造技术是以传统的加工技术和技术理论为基础，结合科技发展的最新成果而发展

起来的。了解和掌握基本的制造技术理论和方法为后续的学习和掌握先进制造技术知识提供基础平台。

在机械制造行业，一个产品、一个零件要被制造出来，方法很多，如加工一个零件，被加工表面类型不同，所采用的加工方法也不同；同一个被加工表面，精度要求和表面质量要求不同，所采用的加工方法和加工方法的组合也不同，但都需要制造用的图纸、制造用的工艺技术文件资料。每个制造企业可能拥有自己的企业技术标准，有自己表达加工要求的方法，但图的表达方式是共性的，工艺技术文件的某些必要的内容是共性的，制定这些工艺技术文件的方法思路是共性的。因而本课程的主要内容包括：

（1）各种加工方法和由这些方法构成的加工工艺。

（2）在机械加工中，由机床、刀具、夹具与被加工工件一起构成了一个实现某种加工方法的整体系统，这一系统称为机械加工工艺系统。工艺系统的构成是加工方法选择和加工工艺设计时必须考虑的问题。

（3）为了保证加工精度和加工表面质量，需要对加工工艺过程的有关技术参数进行优化选择，实现对加工过程的质量控制。

想一想

请看图 0-0、表 0-1~表 0-3，思考如下问题。

（1）这个零件图与三张表是什么关系？

（2）这三张表之间又有什么关联？分别起什么作用？

（3）这三张表内的每项内容分别代表什么含义？如何读懂它？如何填写？填表的方法与思路是什么？

（4）生产过程中是不是必须要有这三张表？

……

本课程以这些问题为切入点，导出一个零件加工常用的切削加工机床与加工刀具，机械加工工艺文件的识读与编制的思路与方法；再以一些典型零件为案例，介绍工艺编制与实施的具体应用。

生产工艺是通过长期生产实践的理论总结而形成的，它来源于生产实践，服务于生产实践。因此，本课程的学习必须密切联系生产实践，在实践中加深对课程内容的理解，在实践中强化对所学知识的应用。

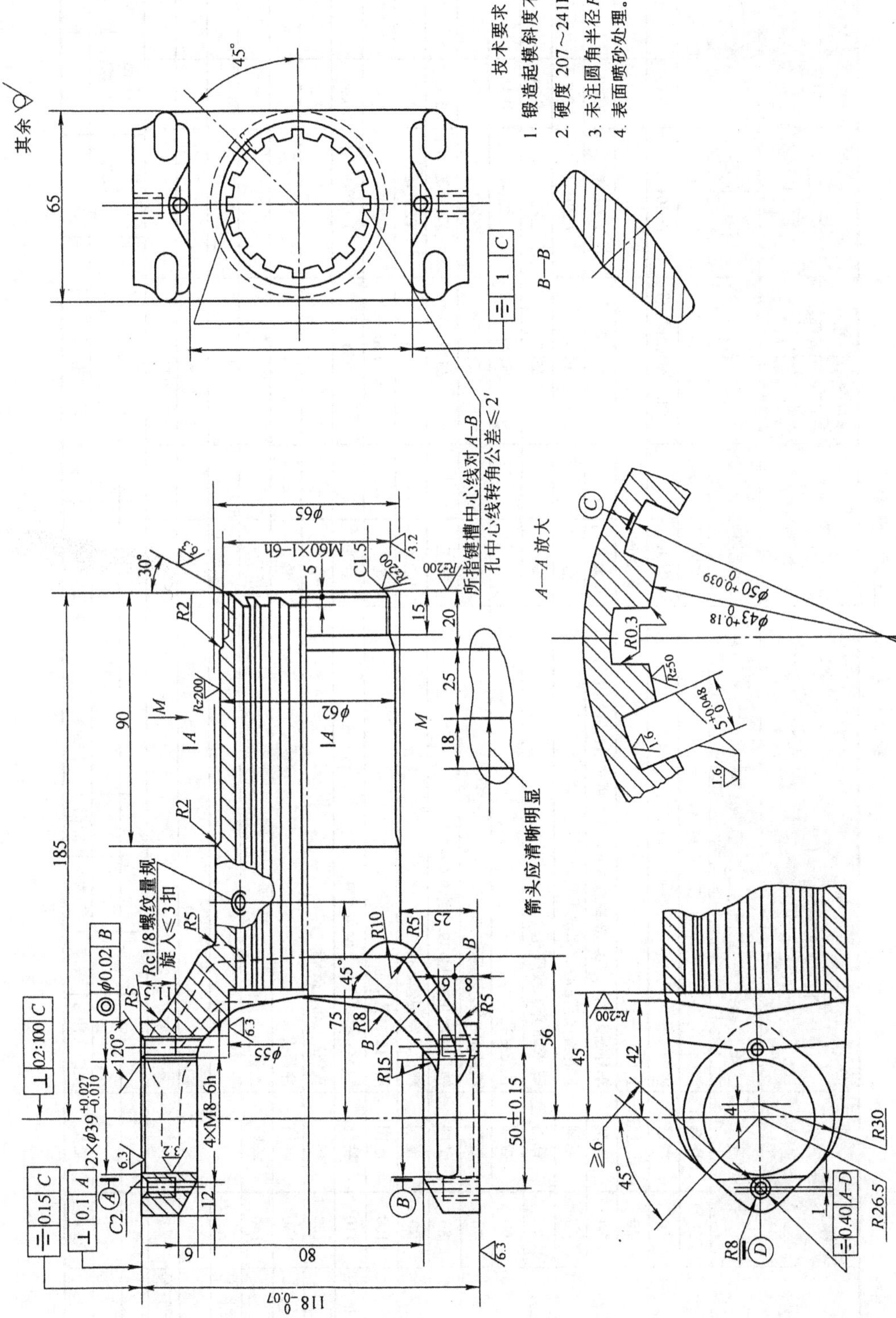

技术要求

1. 锻造起模斜度不大于7°。
2. 硬度 207～241HBW。
3. 未注圆角半径$R3$。
4. 表面喷砂处理。

图0-0　万向节滑动叉零件图

表 0-1　机械加工工艺过程卡

	机械加工工艺过程卡片			产品型号		零件图号	8301		
				产品名称	解放牌汽车	零件名称	万向节滑动叉	共 1 页	第 1 页
	材料牌号		45 / 毛坯种类 / 模锻件 / 毛坯外形尺寸	218×118×65	每毛坯可制作数	1	每台件数	1	备注
	工序号	工序名称	工 序 内 容	车间	工段	设 备	工艺装备	工时（min）	
	10	模锻	模锻	锻工		100kN 摩擦压力机	DM01-2	准终	单件
	20	热处理	正火	热处理					
	30	车削	车外圆 ϕ62、ϕ60，车螺纹 M60×1，两次钻孔并倒角	金工		CA6140	CZ01-1	8.776	
	40	钻削	扩花键底孔 ϕ43，车沉头孔 ϕ55	金工		C365L	CZ01-2	3.2	
	50	钻削	钻 *R*cl/8 锥螺纹底孔	金工		Z525	ZZ01-1	0.24	
	60	拉削	拉花键孔	金工		L6120	LZ01-1	0.42	
	70	铣削	粗铣 ϕ39 二孔端面	金工		X63	XZ01-1	1.75	
	80	钻削	钻孔两次并扩孔 ϕ39，倒角 *C*2	金工		Z535	ZZ01-2	3.73	
	90	镗削	精镗、精细镗 ϕ39 二孔	金工		T740	TZ01-1	1.28	
	100	磨削	磨 ϕ39 二孔端面	金工		M7130	MZ01-1	7.28	
描图	110	钻削	钻 M8 螺纹底孔，倒角 120°	金工		Z525	ZZ01-3	0.96	
	120	钳工	攻螺纹 M8、*R*cl/8	金工				1.28	
描校	130	冲压	冲箭头	锻工					
	140	检验	检验	质检室					
底图号									
装订号									

											设计（日期）	审核（日期）	标准化（日期）	会签（日期）
	标记	处数	更改文件号	签字	日期	标记	处数	更改文件号	签字	日期				

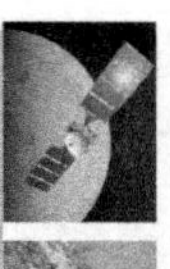

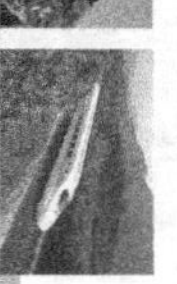

表 0-2　机械加工工艺卡

(工厂)			机械加工工艺卡片		产品型号				零(部)件图号		8301		共 2 页		
					产品名称		解放牌汽车		零(部)件名称		万向节滑动叉		第 1 页		
材料牌号			45	毛坯种类	模锻件	毛坯外形尺寸	218×118×65		每毛坯件数		1	每台件数	1	备注	
工序	装夹	工步	工序内容	同时加工零件数	切削用量				设备名称及编号	工艺装备名称及编号			技术等级	工时定额	
					背吃刀量(mm)	切削速度(m/min)	每分钟转数(r/min)	进给量(mm)		夹具	刀具	量具		单件	准终
10			模锻						DM01-1						
20			热处理												
30	1	1	车端面，保证尺寸 185		3	122	600	0.5	CA6140	CZ01-1	偏刀，60°螺纹车刀，ϕ25°、ϕ41 麻花钻，成形车刀	游标卡尺、螺纹量规、塞规、样板、		0.096	
		2	车ϕ62 外圆		1.5	122	600	0.5						0.31	
		3	车ϕ60 外圆		1	145	770	0.5						0.062	
		4	粗车 M60×1 螺纹		0.17	18	96	1						0.75	
		5	精车 M60×1 螺纹		0.08	34	184	1						0.18	
		6	钻孔ϕ25		12.5	10.68	136	0.41						3	
		7	钻孔ϕ41		8	7.47	58	0.76						3.55	
		8	倒角 5×30°			16.2	120	0.08						0.83	
40	1	1	扩花键底孔ϕ43		1	7.7	58	1.24	C365L	CZ01-2	ϕ 43 扩孔钻、ϕ 55 锪钻	塞规		2.14	
		2	车圆柱式沉头孔ϕ55		6	8.29	44	0.21						1.08	
50	1	1	钻 *R*cl/8 锥螺纹底孔		4.4	18.8	680	0.11	Z525	ZZ01-1	ϕ8.8 麻花钻	量规		0.24	
60	1	1	拉花键孔			3.6		0.06	L6120	LZ01-1	花键拉刀	花键量规		0.42	
70	1	1	粗铣ϕ39 二孔端面		3.1	26.5	37.5	60mm/min	X63	XZ01-1	ϕ 225 三面刃铣刀	卡板		1.75	
80	1	1	钻孔ϕ25		12.5	15.3	195	0.25	Z535	ZZ01-2	ϕ25 麻花钻	塞规		1.27	

（续表）

(工厂)	机械加工工艺卡片			产品型号		零(部)件图号	8301	共 2 页	
				产品名称	解放牌汽车	零(部)件名称	万向节滑动叉	第 2 页	
材料牌号	45	毛坯种类	模锻件	毛坯外形尺寸	218×118×65	每毛坯件数	1	每台件数	1	备注

工序	装夹	工步	工序内容	同时加工零件数	切削用量 背吃刀量(mm)	切削速度(m/min)	每分钟转数(r/min)	进给量(mm)	设备名称及编号	工艺装备名称及编号 夹具	刀具	量具	技术等级	工时定额 单件	准终
		2	扩孔ϕ37		6	7.9	68	0.57			ϕ37 麻花钻			1.44	
		3	扩孔ϕ38.7		0.85	8.26	68	0.72			ϕ 38.7 麻花钻			1.02	
	2	4	倒角 $C2$				68				90° 锪钻				
		5	倒角 $C2$				68				90° 锪钻				
90	1	1	精镗ϕ38.9 孔		0.1	100	816	0.1	T740	TZ01-1	YT30 镗刀	塞规		0.64	
		2	精细镗ϕ39 至图样要求		0.05	100	816	0.1						0.64	
100	1	1	磨上端面		0.2	27.5	1500	0.02	M7130	MZ01-1	350 × 40 × 127 砂轮	卡板		3.64	
	2	2	磨另一端面		0.2	27.5	1500	0.02						3.64	
110	1	1	钻 2– ϕ6.7 孔		3.35	20.2	960	0.1	Z525	ZZ01-3	ϕ6.7 麻花钻	塞规		0.48	
	2	2	钻 2– ϕ6.7 孔		3.35	20.2	960	0.1			ϕ6.7 麻花钻			0.48	
		3	倒角				960				120° 锪钻				
	3	4	倒角				960				120° 锪钻				
120	1	1	攻螺纹 2–M8			4.9	195	1.25			M8 丝锥			0.51	
	2	2	攻螺纹 2–M8			4.9	195	1.25						0.51	
	3	3	攻 $Rcl/8$			4.9	195	0.94			$Rcl/8$ 丝锥			0.26	
130	1	1	冲箭头												
140			检验												

										编制(日期)	审核(日期)	会签(日期)	
标记	处数	更改文件号	签字	日期	标记	处数	更改文件号	签字	日期				

表 0-3 机械加工工序卡（以一道工序为例）

(工厂)	机械加工工序卡	产品型号		零件图号	8301		
		产品名称	解放牌汽车	零件名称	万向节滑动叉	共 1 页	第 1 页

车间	工序号	工序名称	材料牌号
金工	30	车削	45
毛坯种类	毛坯外形尺寸	每毛坯可制作数	每台件数
锻件	218×118×65	1	1
设备名称	设备型号	设备编号	同时加工件数
车床	CA6140		
夹具编号		夹具名称	切削液
CZ01-1		车夹具	
工位夹具编号		工位器具名称	工序工时
			准终 / 单件

	工步号	工步名称	工艺装备	主轴转速(r/min)	切削速度(m/min)	进给量(mm)	背吃刀量(mm)	进给次数	工时(min) 机动	工时(min) 单件
	1	粗车端面至 $\phi 30$，保证尺寸 $185_{-0.46}^{0}$	CA6140、CZ01-1 YT15 外圆车刀、卡规	600	122	0.5	3	2	0.096	
	2	粗车 $\phi 62$ 外圆		600	122	0.5	1.5	1	0.31	
描图	3	车 $\phi 60$ 外圆		770	145	0.5	1	1	0.062	
	4	粗车螺纹 M60×1	CA6140、CZ01-1 螺纹车刀、量规	96	18	1	0.17	4	0.75	
描校	5	精车螺纹		183	34	1	0.08	2	0.18	
	6	钻孔 $\phi 25$	$\phi 25$ 麻花钻	136	10.68	0.41	12.5	1	3	
底图号	7	钻孔 $\phi 41$	$\phi 41$ 麻花钻	58	7.47	0.76	8	1	3.55	
	8	倒角 5×30°	成形车刀	120	16.2	0.08		1	0.83	

装订号											设计(日期)	审核(日期)	标准化(日期)	会签(日期)
	标记	处数	更改文件号	签字	日期	标记	处数	更改文件号	签字	日期				

项目 1 识读机床的方法

教学导航

学习目标	掌握机床的分类和型号编制方法，工件表面成形方法，机床的运动、传动分析
工作任务	识读机床型号，分析机床的运动与传动系统
教学重点	机床的分类和型号编制方法、工件表面成形方法、切削运动
教学难点	工件表面成形方法、机床的传动系统
教学方法建议	现场参观、现场教学、多媒体教学
选用案例	以 CA6140 型卧式车床为例，分析机床的运动与传动
教学设施、设备及工具	多媒体教学系统、机床实验室、加工实训车间
考核与评价	项目成果评定 60%，学习过程评价 30%，团队合作评价 10%
参考学时	6

想一想

- 右边图 1-1 所示机床是何种机床？
- 这种机床能加工何种零件？
- 机床上的参数、铭牌是何意思？
- 机床怎样实现零件的切削加工？
- ……

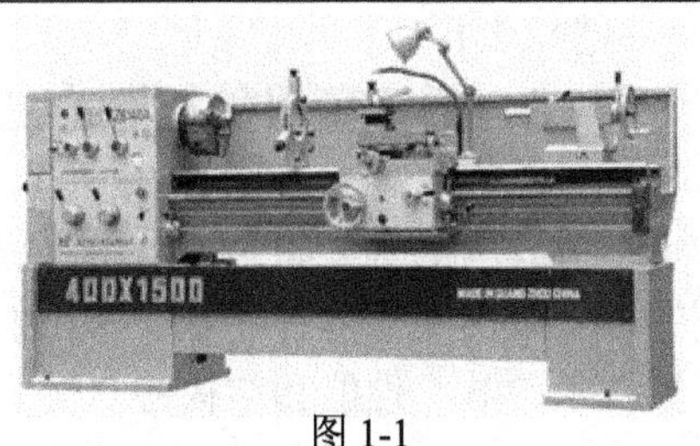

图 1-1

零件的加工离不开机械加工设备，不同的机械加工设备具有不同的加工作用，所以我们首先必须学会认识这些机械加工设备，知道它实现加工所必需的运动。

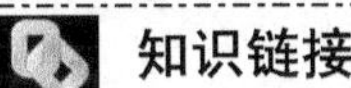

知识链接

机械加工设备分为热加工设备（毛坯加工设备）、冷加工设备（金属切削机床）和电加工设备，这里重点介绍冷加工设备（金属切削机床）。

任务 1.1　认识机床的分类与型号

金属切削机床是用切削的方法将金属毛坯加工成机器零件的机器，它是制造机器的机器，所以又称为“工作母机”或“工具机”，习惯上简称为机床。在机械制造工业中，切削加工是将金属毛坯加工成具有一定尺寸、形状和精度的零件的主要加工方法，尤其是在加工精密零件时，目前主要是依靠切削加工来达到所需的精度要求。所以，金属切削机床是加工机器零件的主要设备，它的先进程度直接影响到机器制造工业的产品质量和劳动生产率。

金属切削机床的品种和规格繁多，为了便于区别、使用和管理，必须对机床加以分类，编制型号，给予每台机床一个特定的名称代号。

1.1.1　机床的分类

在国家标准 GB/T 15375—2008《金属切削机床　型号编制方法》中，把机床按其工作原理划分为：车床、钻床、镗床、磨床、齿轮加工机床、螺纹加工机床、铣床、刨/插床、拉床、锯床和其他机床 11 类。这种分类方法是我国机床传统的分类方法。

除此之外，常对机床进行如下分类，如表 1-1 所示。

表 1-1　机床其他分类方法

分类特征	类　别	分类特征	类　别
通用程度	通用机床	机床的质量	仪表机床
	专门化机床		中型机床
	专用机床		大型机床
加工精度	普通机床		重型机床
	精密机床	自动化程度	一般机床
			半自动机床
	高精密机床		自动机床

1.1.2 机床型号的编制方法

目前我国的机床型号是按国家标准 GB/T 15375—2008《金属切削机床型号编制方法》编制的：采用由汉语拼音字母和阿拉伯数字按一定规律组合而成的方式，来表示机床的类别、主要技术参数、性能和结构特点等。

1. 通用机床的型号

型号由基本部分和辅助部分组成，中间用“/”隔开，读做“之”，前者需要统一管理，后者纳入型号与否由企业自定，型号构成如下。

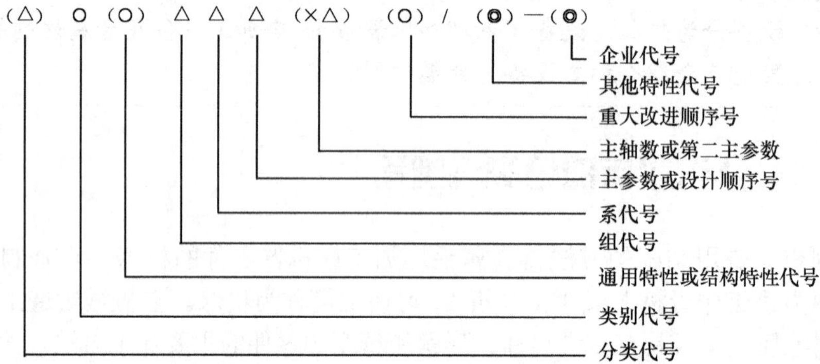

其中，“△”表示阿拉伯数字，“○”表示大写汉语拼音字母，( ) 表示可选项，◎ 表示大写汉语拼音字母或阿拉伯数字。

1）机床类别代号

机床的类别代号用大写的汉语拼音字母表示。必要时，每类可分为若干分类，分类代号在类别代号之前，居于型号的首位，用阿拉伯数字表示，但第一分类代号前的“1”省略。例如，磨床类分为 M、2M、3M 三类。

普通机床的类别和分类代号如表 1-2 所示。

表 1-2 普通机床类别和分类代号

类别	车床	钻床	镗床	磨床			齿轮加工机床	螺纹加工机床	铣床	刨/插床	拉床	特种加工机床	锯床	其他机床
代号	C	Z	T	M	2M	3M	Y	S	X	B	L	D	G	Q
读音	车	钻	镗	磨	二磨	三磨	牙	丝	铣	刨	拉	电	割	其

2）机床的特性代号

机床的特性代号表示机床具有的特殊性能，包括通用特性和结构特性。

当某类型机床除有普通型机床的特性外，还具有下列某种通用特性时，则在类别代号之后加上通用特性代号予以区别。如果某类型机床仅有某种通用特性，而无普通型机床特性时，则此种通用特性不必表示。如 C1312 型单轴转塔自动车床，由于这类自动车床没有“非自动”型，所以不必用“Z”表示通用特性。

当一个型号中需同时使用两至三个通用特性代号时，一般按重要程度排列顺序。

机床的通用特性代号见表1-3。

表1-3 机床的通用特性代号

通用特性	高精度	精密	自动	半自动	数控	加工中心（自动换刀）	仿形	轻型	加重型	简式	柔性加工单元	数显	高速
代号	G	M	Z	B	K	H	F	Q	C	J	R	X	S
读音	高	密	自	半	控	换	仿	轻	重	简	柔	显	速

对主参数值相同而结构、性能不同的机床，在型号中加结构特性代号予以区分。根据各类机床的具体情况，对某些结构特性代号，可以赋予一定含义。但结构特性代号与通用特性代号不同，它在型号中没有统一的含义，只在同类机床中起区分机床结构、性能不同的作用。当型号中有通用特性代号时，结构特性代号应排在通用特性代号之后。结构特性代号用汉语拼音字母表示，当单个字母不够用时，可将两个字母组合起来使用，如AD、AE等。

注意 结构特性代号中通用特性已用的字母和“I、O”两个字母不能用。结构特性的代号字母是根据各类机床的情况分别规定的，在不同型号中的意义可不一样。

3）机床的组、系代号

标准中将每类机床划分为十个组，每个组又划分为十个系（系列）。组、系划分的原则是：在同一类机床中，主要布局或使用范围基本相同的机床即为同一组；在同一组机床中，其主参数相同，主要结构及布局形式相同的机床即为同一系。

机床的组代号用一位阿拉伯数字表示，位于类代号或通用特性代号、结构特性代号之后；机床的系代号用一位阿拉伯数字表示，位于组代号之后。

4）机床主参数、主轴数、第二主参数和设计顺序号

机床主参数代表机床规格的大小，位于组、系代号之后，用折算值表示。

例如，CA6140的主参数是床身上最大工件的回转直径，主参数折算系数是1/10，40是主参数代号，所以表示该机床床身上最大工件的回转直径是400 mm。

某些普通机床当无法用一个主参数表示时，则在型号中用设计顺序号表示。设计顺序号由1起始，当设计顺序号小于10时，则在设计号之前加“0”。

对于多轴机床，其主轴数应以实际数值列入型号，位于主参数之后，用“×”分开，读做“乘”，单轴省略。

第二主参数（多轴机床的主轴数除外）一般不予表示，如有特殊情况，可在型号中表示，一般以折算成两位数为宜，最多不超过三位数。

5）机床重大改进顺序号

当对机床的结构、性能有更高的要求，需要按新产品重新设计、试制和鉴定时，在原机床型号的尾部加重大改进顺序号，以区别于原机床型号。序号按A、B、C…字母（但“I、O”两个字母不得选用）的顺序选用。

注意 常用机床组、系代号及主参数详见附录A。

综合上述普通机床型号的编制方法，举例如下。

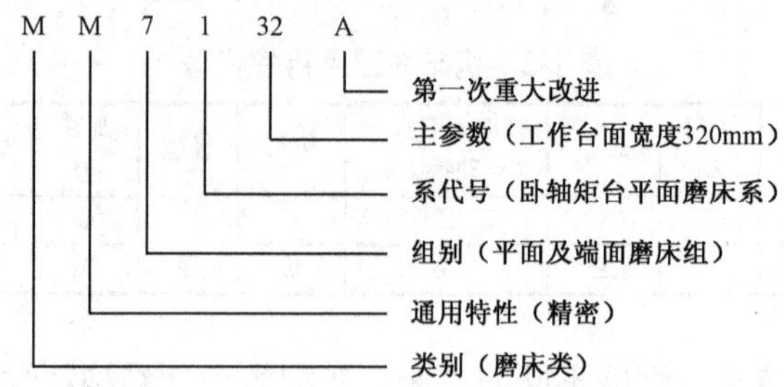

2. 专用机床型号

专用机床的型号一般由设计单位代号和设计顺序号构成。设计顺序号按该单位的设计顺序号排列。

例如，B1—100 表示北京第一机床厂设计制造的第 100 种专用机床——铣床。

做一做 请说出以下机床型号的含义：C6136A、Z3040、MG1432A、Y3150E。

任务 1.2 分析机床的运动

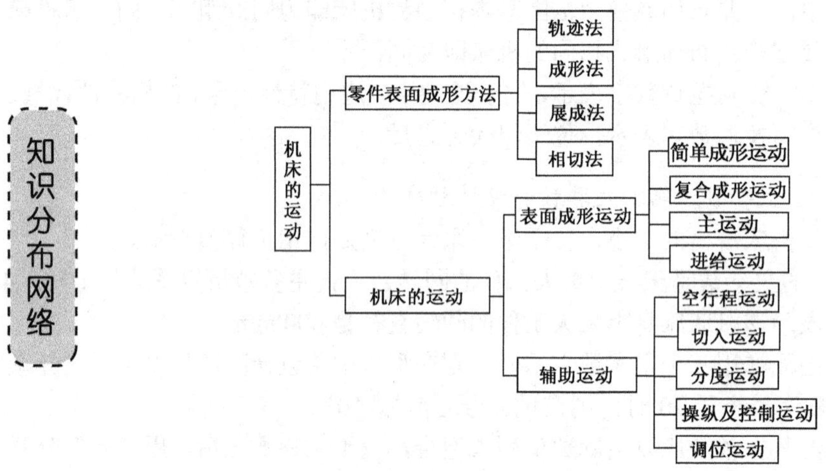

想一想

- 零件的表面形状各异，它们是如何形成的？
- 机床与零件之间有什么样的运动可实现不同表面的加工？

1.2.1 零件表面成形方法

1. 零件加工表面的形状

机械零件的表面形状多种多样，但构成其内外轮廓表面的通常是几种简单、基本表面的组合：平面、圆柱面、圆锥面、球面和成形表面等，如图 1-2 所示的就是机器零件上常用的各种表面。这些表面大都可以经济地在机床上进行加工、又能获得所需精度，它们都属于“线性表面”。

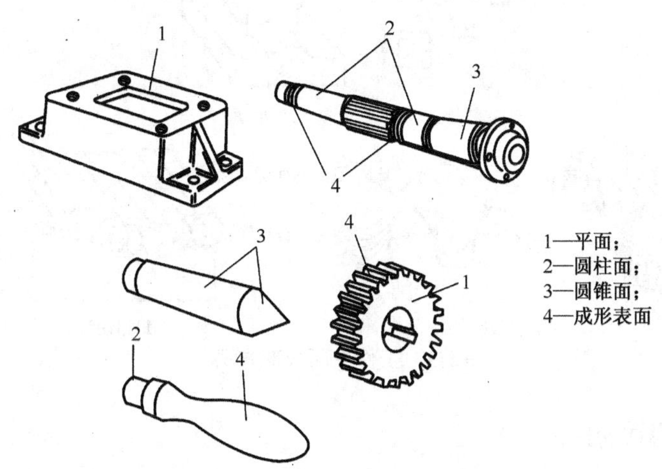

图 1-2 机器零件上常用的各种表面

知识链接 所谓“线性表面”，都是以一条线为母线，以另一条线为轨迹（称为导线）运动而形成的。如图 1-2 中，平面是以一条直线为母线，以另一条直线为轨迹，作平移运动而形成的；圆柱面是以一条直线为母线，以圆为轨迹，作旋转运动而形成的。

形成平面、圆柱面和直线成形表面的母线和导线的作用可以互换，称为可逆表面。而形成螺纹面、圆环面、球面和圆锥面的母线和导线则不能互换，称为非可逆表面。形成工件上各种表面的母线和导线统称为发生线。

2. 零件表面成形方法

零件表面形状的形成是在机床加工零件时，工件和刀具彼此间协调地相对运动，用刀具切削刃切削出来的，即借助一定形状的切削刃以及切削刃与被加工表面之间按一定规律的相对运动，形成所需的母线和导线，从而生成所要加工的表面。常见机床上形成发生线的方法有以下四种。

（1）轨迹法。母线和导线都是刀具切削刃端点（刀尖）相对于工件的运动轨迹，刀具切削刃与被加工表面为点接触。如图 1-3（a）所示，刀尖的运动轨迹和工件回转运动结合，形成了回转成形面所需的母线和导线。

（2）成形法。采用各种成形刀具加工，刀具的切削刃形状与被加工表面的母线形状一致，导线是由刀具切削刃相对于工件的运动形成的。如图 1-3（b）所示，刨刀切削刃形状与工件曲面的母线相同，刨刀的直线运动形成直导线。

（3）展成法。利用工件和刀具作展成切削运动实现对工件的加工。如图 1-3（c）所示，插齿加工时，刀具与工件间作展成运动即啮合运动，切削刃各瞬时位置的包络线是齿形表面的母线，导线是由刀具沿齿长方向的运动形成的。

（4）相切法。针对铣刀、砂轮等旋转刀具，加工时切削刃上多个切削点轮流与工件接触，刀具中心是按一定规律作轨迹运动的。如图 1-3（d）所示，铣刀加工工件时，刀具自身的旋转运动形成圆形发生线，同时切削刃相对于工件的运动形成其他发生线。

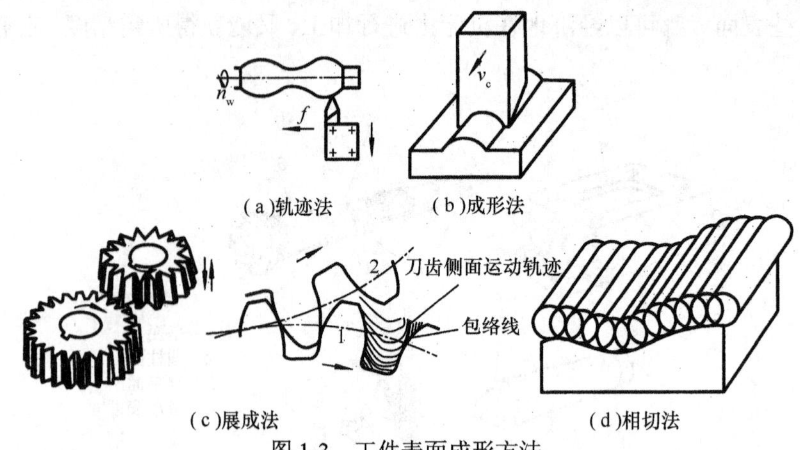

图 1-3　工件表面成形方法

1.2.2　机床的运动

为了加工出所需要的具有一定几何形状、尺寸精度和表面质量的工件，机床必须使刀具和工件完成一系列的运动，机床在加工过程中完成的各种运动，按其功用可分为表面成形运动和辅助运动两类。

1. 表面成形运动

为保证得到工件表面的形状所需的运动，称为表面成形运动（简称为成形运动）。根据工件表面形状和成形方法的不同，成形运动可分为简单成形运动和复合成形运动；根据成形运动在切削过程中所起的作用不同，它又可分为主运动和进给运动。

1）简单成形运动

简单成形运动是独立的成形运动，也是最基本的成形运动，即由单独的旋转运动或直线运动构成。如车外圆时，由工件的旋转运动和刀具的直线运动两个独立的运动形成圆柱面。

2）复合成形运动

复合成形运动是由两个或两个以上简单运动按照一定的运动关系合成的成形运动。如图 1-3（c）所示，展成法加工齿轮时，刀具的旋转和被加工齿轮的旋转必须保持严格的相对运动关系，才能形成所需的渐开线齿面，因而这是一个复合成形运动。同理，车螺纹时，螺纹表面的导线（螺旋线）必须由工件的旋转运动和刀架直线运动保持确定的相对运动关系才能形成，这也是一个复合成形运动。

注意　复合成形运动分解的各个部分也是直线运动或旋转运动，与简单成形运动相像，但有本质区别。前者的各个部分必须保持严格的相对运动关系，是相互依存，不是独立的；而简单成形运动之间是互相独立的，没有严格的相对运动关系。

3）主运动

主运动是切除工件上的被切削层，使之转变为切屑的主要运动。它是切削加工中速度最高，消耗功率最大的运动。任何一种机床，必定有且通常只有一个主运动，它可以由工件完

成，也可以由刀具完成，可以是旋转运动，也可以是直线运动，如图 1-4 所示。

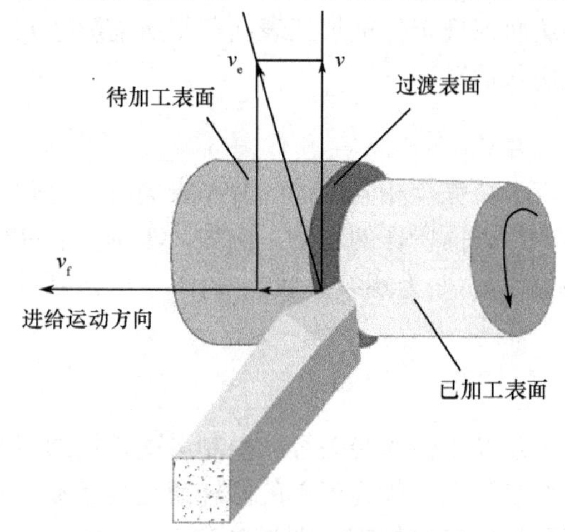

图 1-4 车削运动和工件的加工表面

4）进给运动

进给运动是依次或连续不断地把被切削层投入切削，以逐渐切出整个工件表面的运动。它的速度较低，消耗功率较少。在切削运动中，进给运动可以有一个或几个，也可能没有，它可以由刀具完成，也可以由工件完成，它可以是连续性的运动，如图 1-4 所示。

知识链接

（1）我们常说的切削运动就是指主运动和进给运动。

（2）主运动和进给运动可以同时进行（如车削、铣削），也可以交替进行（如刨削）。当切削加工中同时存在主运动和进给运动时，切削刀刃上选定点相对工件的运动是主运动和进给运动的合成，称为合成切削运动，如图 1-4 中的 v_e。

（3）切削过程中，工件上的切削层不断地被刀具切除变成切屑，同时在工件上形成新表面，在新表面形成的过程中，工件上形成三个不断变化着的表面，如图 1-4 所示，它们分别是：

① 待加工表面：即将被切去的表面。它随着切削运动的进行逐渐减小，直至全部切去。

② 已加工表面：经切削形成的新表面，它随着切削运动的进行逐渐扩大。

③ 过渡表面：切削刃正在切削的表面，称为过渡表面。该表面的位置始终在待加工表面与已加工表面之间不断变化。

表面成形运动是机床上最基本的运动，其轨迹、数目、行程和方向等，在很大程度上决定着机床的传动和结构形式。不同工艺方法加工不同形状的表面，所需要的表面成形运动是不同的，从而产生了各种类型的机床。

2. 辅助运动

机床在加工过程中除完成表面成形运动之外，还需完成其他系列运动，这些与表面成形过程没有直接关系的运动，称为辅助运动。它为表面成形创造条件，一般包括以下几种类型。

1）空行程运动

它是指进给前后刀架、工作台的快速接近和退出工件等快速运动，可节省辅助时间。例如，在进给开始前刀具快速运动至与工件接近处，进给结束后刀具又快速退回原位。

2）切入运动

它是使刀具切入工件从而保证工件被加工表面获得所需要的尺寸的运动，一个表面切削加工的完成一般需要数次切入运动。

3）分度运动

它是当在工件上加工若干个完全相同的均匀分布表面时，为使表面成形运动得以重复进行而由一个表面过渡到另一个表面所作的运动。例如，车削多头螺纹，在车完一条螺纹后，工件相对于刀架要回转 360°/*k*（*k* 为螺纹头数），再车下一条螺纹。这个工件相对于刀架的旋转运动即为分度运动。

4）操纵及控制运动

它包括变速、换向、启停及工件的装夹等。控制运动是接通或断开某个传动链，从而改变运动部件速度的运动。控制运动一般为简单的回转或往复运动，在普通机床上多为手动，在半自动机床、自动机床和某些齿轮机床上则为自动。

5）调位运动

根据工件的尺寸大小，在加工之前调整机床上某些部件的位置，以便加工。

注意 辅助运动虽然不参与表面成形过程，但对机床整个加工过程是不可缺少的，同时对机床的生产率和加工精度也有很大影响。

做一做 以你所熟悉的一类机床为例，分析该机床上什么是它的表面成形运动，什么是主运动、进给运动，它都有哪些辅助运动。你能给大家讲讲吗？

任务 1.3　分析机床的传动

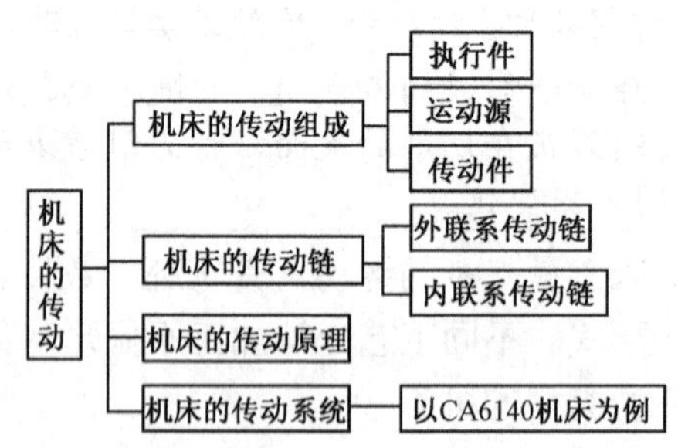

想一想 （1）机床上所谓的这些运动是如何执行的？

（2）机床内部都具有什么样的装置能实现运动？

1．机床的传动组成

在机床上为实现加工过程中所需的各种运动，必须具备以下三个基本组成部分。

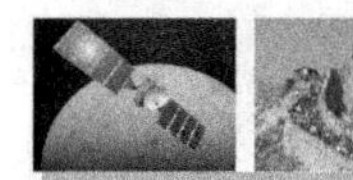

1）执行件

执行件是执行机床运动的部件，如主轴、刀架和工作台等。它的任务是带动刀具或工件完成一定形式的运动，并保持准确的运动轨迹。

2）运动源

运动源是提供运动和动力，实现机床上执行件运动的动力来源。运动源通常采用交流电动机、直流电动机、伺服电动机、变频调速电动机和步进电动机等。机床上可以有一个或多个运动源。

3）传动件

传动件是将运动源的运动和动力按一定要求传递给执行件的零件或装置，如齿轮、胶带轮、丝杠、摩擦离合器、液压传动和电气传动元件等。传动件还可实现变换运动性质、方向和速度。

2．机床的传动链

把运动源和执行件或把执行件之间联系起来的一系列传动件，构成了一个传动联系。构成一个传动联系的一系列传动件称为“传动链”。一条传动链的两端元件称为首末端件，每一条传动链并不都需要运动源。

根据传动联系的性质，传动链分为外联系传动链和内联系传动链两类。

外联系传动链是联系运动源和执行件之间的传动链。它的作用是给机床的执行件提供动力和转速，并能改变运动速度的大小和转动方向。但它不要求运动源和执行件之间有严格的传动比关系。例如，用普通车床车削外圆，从电动机到主轴之间由一系列零部件构成的传动链就是外联系传动链。

 **注意** 外联系传动链没有严格的传动比要求，因此可以采用皮带和皮带轮等摩擦传动或采用链传动。

内联系传动链是联系复合运动各个分解部分之间的传动链，所联系的执行件之间必须具有严格的相对运动关系。例如，用普通车床车削螺纹，主轴和刀架的运动就构成了一个复合成形运动，所以联系主轴和刀架之间，由一系列零部件构成的传动链就是内联系传动链。

 **注意** 设计机床内联系传动链时，各传动副的传动比必须准确，不应有摩擦传动（带传动）或瞬时传动比变化的传动件（如链传动）。

3．机床的传动原理

为了便于分析研究机床的传动联系，常用一些简单的符号把运动源和执行件或不同执行件之间的传动联系表示出来，这就是传动原理图。它主要表示了与表面成形运动有直接关系的运动及其传动联系。因此，采用它作为工具来研究机床的传动联系，重点突出，简洁明了，能比较容易掌握机床的传动系统，尤其对那些运动较为复杂的机床（如齿轮机床）来说，利用传动原理图则更有必要。图 1-5 所示为传动原理图中常使用的一部分符号，其中表示执行件的符号还没有统一的规定，一般可用较直观的简单图形来表示。

下面以用螺纹车刀车削螺纹为例，说明传动原理图的画法（见图 1-6）。

第一步，画出机床上的执行件。该机床的执行件共有两个，成形运动的两端件一是主轴（夹持工件）与螺纹车刀，二是为运动提供动力的电动机。

第二步，画出相应的换置机构，并标出相应的传动比。由于机床上可以加工不同螺距的螺纹，因此，在主轴和刀具之间应有一换置机构 i_V；由于刀具和工件的材料、尺寸不同以及加工时所要求的精度和表面粗糙度不同等因素的影响，展成运动的速度也是不一样的。因此，在电动机和主轴之间也应有一换置机构 i_X。

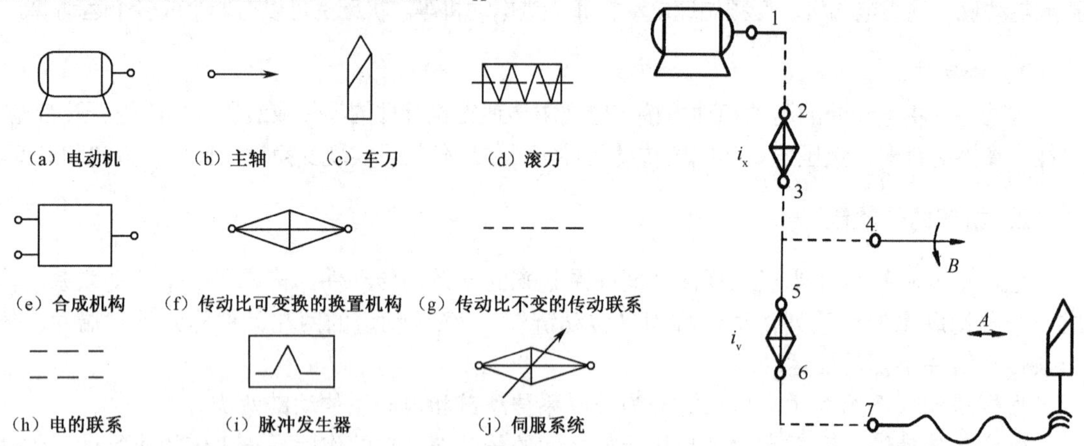

图 1-5　传动原理图中常用的符号

图 1-6　用螺纹车刀车削螺纹的传动原理图

第三步，用代表传动比不变的虚线将执行件和换置机构之间相关联的部分连接起来。

如电动机至 i_X，i_X 至主轴，主轴至 i_V，i_V 至丝杠之间的传动用虚线连接起来。

由于其他的中间传动件一概不画，所得到的传动原理图简单明了，表达了机床传动最基本的特征。对于同一种类型的机床来说，不管它们在具体结构上有多大的差别，它们的传动原理图却是完全相同的。因此，用它来研究机床的运动时，很容易找出不同类型的机床之间最根本的区别。

在图 1-6 中，主轴旋转 *B* 和车刀的纵向移动 *A* 之间有严格的比例关系要求，主轴转一转，刀架要移动一个导程。因此，*B* 和 *A* 就构成了一个复合的成形运动。联系这两个运动的传动链 4—5—i_V—6—7 是复合成形运动内部的传动链，所以是内联系传动链。电动机和主轴之间的传动链 1—2—i_X—3—4 属于外联系传动链。

4．机床的传动系统

机床的传动系统主要由主运动传动链、进给运动传动链和其他各种辅助运动传动链所组成，主要由电气传动、机械传动、液压与气动传动等来实现机床的特定运动。它一般由齿轮、皮带轮、丝杠、摩擦离合器、液压传动和电气传动元件等组成。

在研究机床的传动原理时，主要是依靠机床的传动系统图来完成。机床传动系统图的主体是表面成形运动传动系统，它包括主运动传动系统和进给运动传动系统。它画在一个能反映机床外形和主要部件相互位置的投影面上，按运动传递的先后顺序，依次画出来。在传动系统图中，通常须标明齿轮和蜗轮的齿数、丝杠的导程和头数、带轮的直径、电动机的功率和转速、传动轴的编号等有关数据。

在分析一个机床的传动系统时，首先要根据零件表面的加工方法、刀具的材料和尺寸以

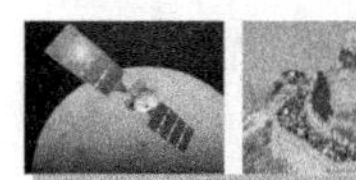

及工件的材料、加工的精度和表面粗糙度等来确定各传动链中执行件的运动参数，然后再根据各传动链中执行件之间相对运动的关系计算出变速机构的传动比，从而选定合适的传动齿轮副。以上的计算过程就是机床运动参数的调整计算过程，大致可按以下步骤进行（以图 1-6 所示的用普通车刀加工螺纹的传动原理图为例）。

（1）根据传动原理图，确定各传动链两端件。

外联系传动链两端件为电动机和主轴，内联系传动链两端件为主轴和刀架。

（2）计算两端件的位移量。

电动机和主轴的计算位移量为：电动机 1 450r/min—主轴 n 转；

主轴和刀架的计算位移量为：主轴 1r—刀架移动 Smm（S 为工件螺纹导程）。

（3）列出相应的运动平衡式。

本例中外联系传动链的运动平衡式为：$n_{主}=1\,450 i_x i_1$；

内联系传动链的运动平衡式为：$1\times i_2 i_v \times p=S$。

式中，i_1 为外联系传动链的固定传动比，i_2 为内联系传动链的固定传动比，p 为车床丝杠的导程（mm）。

（4）导出传动链的换置公式，求出变速机构的传动比。

外联系传动链的换置公式为：$i_x=\dfrac{n_{主}}{1\,450 i_1}$；

内联系传动链的换置公式为：$i_v=\dfrac{S}{1\times i_2\times p}$。

求出 i_x 和 i_v 的值后，用 i_v 和 i_x 的值确定主轴箱和进给箱中变速齿轮的齿数和挂轮架配换齿轮，从而确定机床的运动参数。

做一做 下面以 CA6140 车床为例，分析该机床的传动系统，看看它是如何实现主运动、进给运动，以及变速、换向和启停运动的。

CA6140 型卧式车床外形图如图 1-7 所示。为了加工出所需要的表面，机床的传动系统主要有主运动传动链、车螺纹进给传动链、纵向和横向进给传动链、刀架快速移动传动链。其传动系统图见图 1-8。

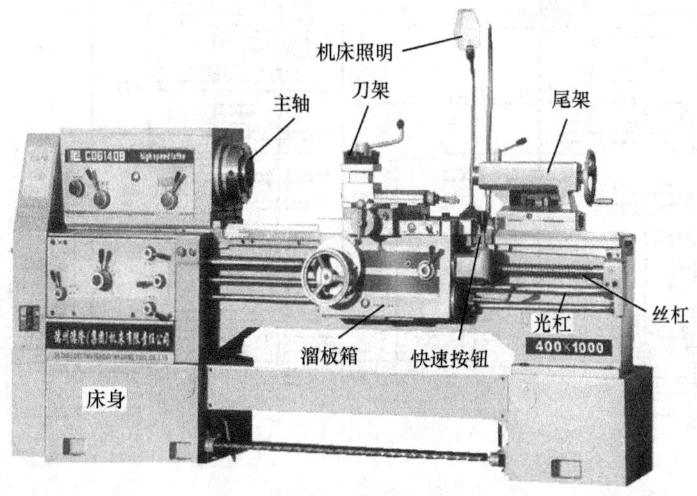

图 1-7 CA6140 型卧式车床

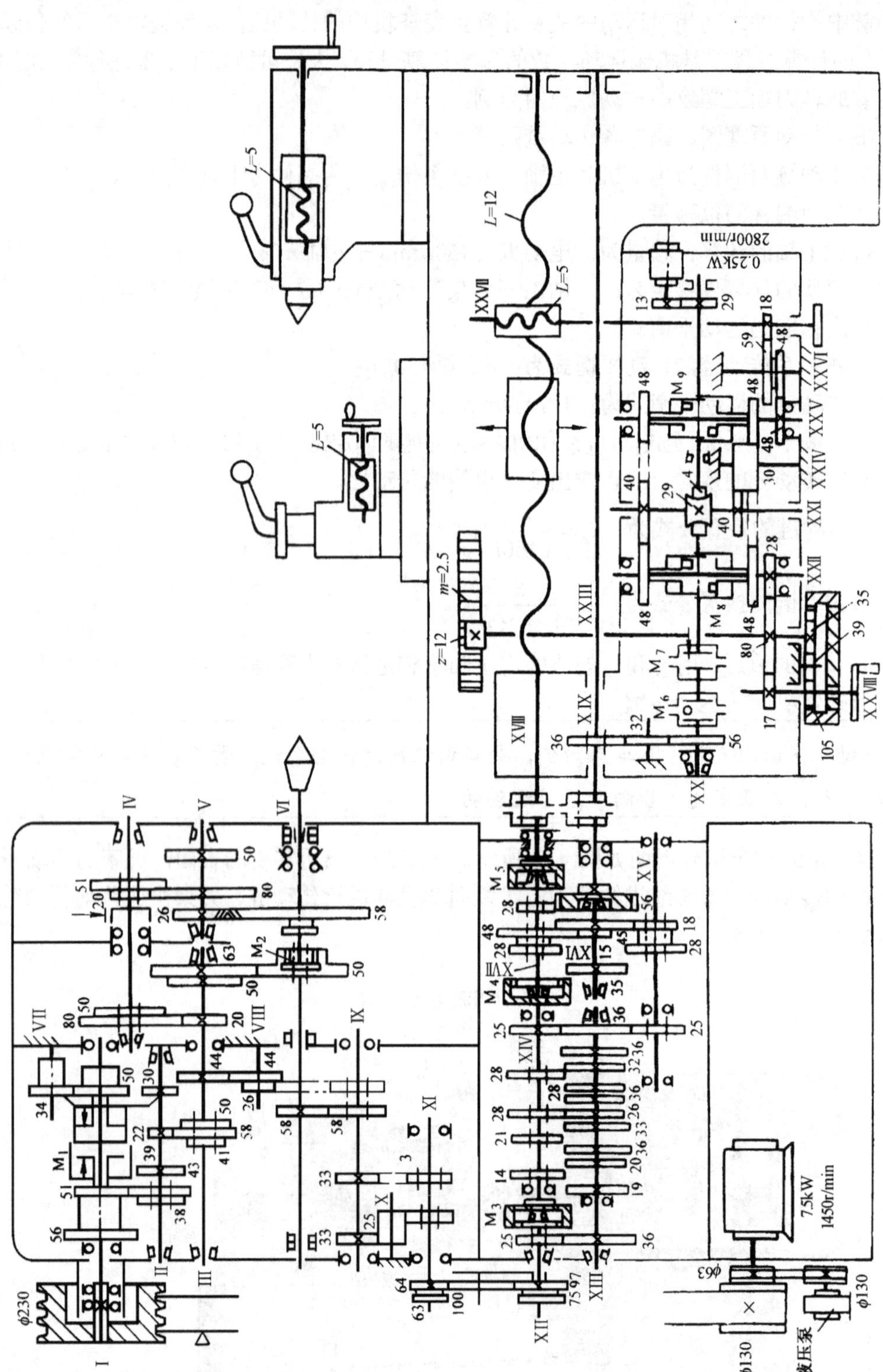

图1-8　CA6140型卧式车床传动系统图

1）主运动传动链

主运动传动链可使主轴获得24级正转转速和12级反转转速。传动链的首末端件是主电动机—主轴。主电动机的运动经V带传至主轴箱的Ⅰ轴，Ⅰ轴上的双向摩擦片式离合器 M_1 控制主轴的启动、停止和换向。离合器左边摩擦片被压紧时，主轴正转；右边摩擦片被压紧时，主轴反转；两边摩擦片均未压紧时，主轴停转。Ⅰ轴的运动经离合器 M_1 和Ⅱ轴上的滑移变速齿轮传至Ⅱ轴，再经过Ⅲ轴上的滑移变速齿轮传至Ⅲ轴。然后分两路传给主轴Ⅵ：当主轴Ⅵ上的滑移齿轮 Z_{50} 位于左边位置时，Ⅲ轴运动经齿轮63/50直接传给主轴，主轴获得高转速；当 Z_{50} 位于右边位置与 Z_{58} 联为一体时，运动经Ⅲ轴、Ⅳ轴、Ⅴ轴之间的背轮机构传给主轴，主轴获得中低转速。分析如下。

（1）属性：外联系传动链。

（2）方法："抓两端、连中间"。1

（3）两端件：主电动机—主轴。

（4）传动路线：

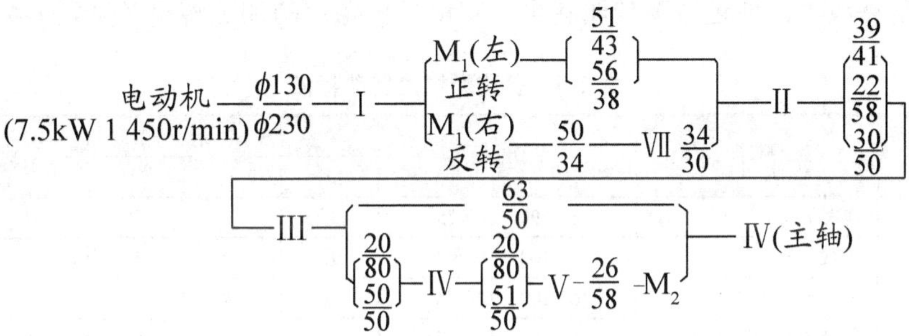

$$\begin{matrix}\text{电动机}\\(7.5\text{kW }1\,450\text{r/min})\end{matrix}-\frac{\phi130}{\phi230}-\text{I}-\left\{\begin{matrix}\begin{matrix}M_1(\text{左})\\\text{正转}\end{matrix}-\left\{\begin{matrix}\frac{51}{43}\\\frac{56}{38}\end{matrix}\right\}\\\begin{matrix}M_1(\text{右})\\\text{反转}\end{matrix}-\frac{50}{34}-\text{VII}\ \frac{34}{30}\end{matrix}\right\}-\text{II}-\left\{\begin{matrix}\frac{39}{41}\\\frac{22}{58}\\\frac{30}{50}\end{matrix}\right\}-$$

$$-\text{III}-\left\{\begin{matrix}\frac{63}{50}\\\left\{\begin{matrix}\frac{20}{80}\\\frac{50}{50}\end{matrix}\right\}-\text{IV}-\left\{\begin{matrix}\frac{20}{80}\\\frac{51}{50}\end{matrix}\right\}-\text{V}-\frac{26}{58}-M_2\end{matrix}\right\}-\text{IV}(\text{主轴})$$

（5）运动平衡式：

$$n_{\text{主}}=n_{\text{电}}\times\frac{\phi130}{\phi230}\times(1-z)u_{\text{I-II}}u_{\text{II-III}}u_{\text{III-VI}}$$

式中，$n_{\text{主}}$——主轴转速，单位为r/min；$n_{\text{电}}$——电动机转速，单位为r/min；

z——三角皮带传动系数，z=0.02；

$u_{\text{I-II}}$、$u_{\text{II-III}}$、$u_{\text{III-VI}}$——分别为轴Ⅰ-Ⅱ、轴Ⅱ-Ⅲ、轴Ⅲ-Ⅵ间的可变传动比。

由传动路线表达式可以看出，主轴正转时，其转速级数为：

$$2\times3+2\times3\times(2\times2)=30\text{种}$$

同理，主轴反转的转速级数为：

$$3+3\times2\times2=15\text{种}$$

由传动路线表达式可以计算出轴Ⅲ到轴Ⅴ之间4条传动路线的传动比，即：

$$u_1=\frac{20}{80}\times\frac{20}{80}=\frac{1}{16}\qquad u_2=\frac{20}{80}\times\frac{51}{50}\approx\frac{1}{4}$$

$$u_3=\frac{50}{50}\times\frac{20}{80}=\frac{1}{4}\qquad u_4=\frac{50}{50}\times\frac{51}{50}\approx1$$

u_2 和 u_3 基本相同，所以从轴Ⅲ到轴Ⅴ之间实际上只有3种不同的传动比。

因此，主轴实际得到的正转级数为：$2\times3+2\times3\times(2\times2-1)=24$ 种；

反转级数为：$3+3\times(2\times2-1)=12$ 种。

2）车削螺纹的进给运动传动链

CA6140 型卧式车床可以车削右旋或左旋的公制、英制、模数制和径节制 4 种标准螺纹，还可以车削加大导程非标准和较精密的螺纹。

（1）属性：内联系传动链。

（2）方法："抓两端、连中间"。

（3）两端件：主轴—刀架。

（4）传动路线：

$$\text{Ⅵ(主轴)}—\frac{58}{58}—\text{Ⅸ}—\begin{bmatrix}\frac{33}{33}\ (\text{右螺纹}) \\ (\text{左螺纹})\ \frac{33}{25}\times\frac{25}{33}\end{bmatrix}—\text{Ⅺ}—\underset{\text{挂轮}}{\frac{63}{100}\times\frac{100}{75}}—\text{Ⅻ}—\frac{25}{36}—\text{ⅩⅢ}—u_{基}—$$

$$—\text{ⅩⅣ}—\frac{25}{36}\times\frac{36}{25}—\text{ⅩⅤ}—u_{倍}—\text{ⅩⅦ}—\text{M5}—\text{ⅩⅧ(丝杠)}—\text{刀架}$$

在此传动路线中，通过改变挂轮就可以实现各种螺纹的加工转换（见表 1-4）。

表 1-4　各种螺纹的传动特征

传动特征 / 螺纹种类	螺距参数	挂轮 u_X	离合器			轴Ⅻ上 Z_{25} 位置
			M_3	M_4	M_5	
米制螺纹	螺距 P/ mm	63/100　100/75	开	开	合	右位
模数螺纹	模数 m/mm	64/100　100/97	开	开	合	右位
英制螺纹	a（牙/in）	63/100　100/75	合	开	合	左位
径节螺纹	径节 DP（牙/in）	64/100　100/97	合	开	合	左位
较精密及非标准螺纹	同上任一类	a/b　c/d	合	合	合	右位

（5）运动平衡式：

$$L=1\times\frac{58}{58}\times\frac{33}{33}\times\frac{63}{100}\times\frac{100}{75}\times\frac{25}{36}\times u_{基}\times\frac{25}{36}\times\frac{36}{25}\times u_{倍}\times12$$

其中，$u_{基}$为ⅩⅢ—ⅩⅣ轴之间的变速传动传动比，由此可以得到基本的螺纹导程，$u_{基}$称为基本变速组，共有 8 种传动比，分别为：

$$u_{基1}=\frac{26}{28}=\frac{6\cdot5}{7}\qquad u_{基2}=\frac{28}{28}=\frac{7}{7}\qquad u_{基3}=\frac{32}{28}=\frac{8}{7}\qquad u_{基4}=\frac{36}{28}=\frac{9}{7}$$

$$u_{基5}=\frac{19}{14}=\frac{9\cdot5}{7}\qquad u_{基6}=\frac{20}{14}=\frac{10}{7}\qquad u_{基7}=\frac{33}{21}=\frac{11}{7}\qquad u_{基5}=\frac{19}{14}=\frac{9\cdot5}{7}$$

这些传动比值按成等差数列的规律排列。

$u_{倍}$为ⅩⅤ—ⅩⅦ之间的变速传动传动比，称为增倍变速组，共有 4 种传动比，分别为：

$$u_{倍1}=\frac{18}{45}\times\frac{15}{48}=\frac{1}{8}\qquad u_{倍2}=\frac{28}{35}\times\frac{15}{48}=\frac{1}{4}$$

$$u_{倍3}=\frac{18}{45}\times\frac{35}{28}=\frac{1}{2}\qquad u_{倍4}=\frac{28}{35}\times\frac{35}{28}=1$$

上述 4 种传动比成倍数关系排列，通过改变 $u_{倍}$可以使被加工螺纹的导程成倍数变化，扩大了车床能加工的螺纹导程数量。

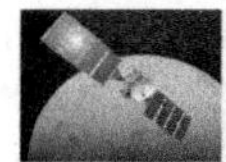

选择$u_{基}$和$u_{倍}$，可以加工各种导程的螺纹。表 1-5 列出了 CA6140 车床能加工的标准米制螺纹。

表 1-5　CA6140 型车床的米制螺纹表

$u_{基}$ \ $u_{倍}$	$u_{基1}$	$u_{基2}$	$u_{基3}$	$u_{基4}$	$u_{基5}$	$u_{基6}$	$u_{基7}$	$u_{基8}$
$u_{倍1}$	—	—	1	—	—	1.25	—	1.5
$u_{倍2}$	—	1.75	2	2.25	—	2.5	—	3
$u_{倍3}$	—	3.5	4	4.5	—	5	5.5	6
$u_{倍}$	—	71	8	9	—	10	11	12

为了实现对大导程螺纹的切削，传动系统还设计了扩大螺纹导程机构。其传动路线表达式为：

$$主轴\text{VI}-\frac{58}{26}-\text{V}-\frac{80}{20}-\text{IV}-\begin{Bmatrix}\frac{80}{20}\\ \frac{50}{50}\end{Bmatrix}-\text{III}-\frac{44}{44}-\text{VII}-\frac{26}{58}-\text{IX}-\cdots(常用螺纹传动路线)—\text{XVIII}(丝杠)$$

传动经扩大螺纹导程机构后，将所加工螺纹的导程增加了 4～16 倍。但必须注意，由于扩大螺纹导程机构的传动齿轮实际上就是主运动的传动齿轮，因此，当主轴转速确定后，导程可能扩大的倍数也就确定了，不可能再变动。

3）纵向、横向进给运动传动链

车削圆柱面和端面时，进给运动传入进给箱后，再通过基本变速组、移换机构、增倍变速组传到轴XVII。这时将进给箱中的离合器M_5脱开，齿轮 28 与轴 XVI 左端的齿轮 56 相啮合，运动由进给箱传出后，经光杠传至溜板箱，使刀架实现纵向机动进给（车圆柱面）或横向机动进给（车端面）。

同学们能否根据以上运动传动链的分析方法来自己分析一下纵、横向的进给传动链呢？试试看吧！

【提示】传动路线：

$$主轴\text{VI}-\left|\overset{(4种)}{加工螺纹的传动路线}\right|-\text{XVII}-\frac{28}{56}-光杠\text{XIX}-\frac{36}{32}\times\frac{32}{56}-M_6-M_7$$

$$-\text{XX}-\frac{4}{29}-\text{XXI}\times\begin{bmatrix}纵向进给\\ 横向进给\end{bmatrix}-\begin{bmatrix}M_8\uparrow & \frac{40}{48}\\ M_8\downarrow & \frac{40}{30}\times\frac{30}{48}\end{bmatrix}-\text{XXII}-\frac{28}{80}-\text{XXIII}-z_{12}齿条(刀架)$$

$$-\begin{bmatrix}\frac{40}{30}\times\frac{30}{48}-M_9\downarrow\\ \frac{40}{48}-M_9\uparrow\end{bmatrix}-\text{XXV}-\frac{48}{48}\times\frac{59}{18}-横向丝杠\text{XXVII}-齿条(刀架)$$

纵向进给运动平衡式为：

$$L=1\times\frac{58}{58}\times\frac{33}{33}\times\frac{63}{100}\times\frac{100}{75}\times\frac{25}{36}\times u_{基}\times\frac{25}{36}\times\frac{36}{25}\times u_{倍}\times\frac{28}{56}\times\frac{36}{32}\times\frac{32}{56}\times\frac{4}{29}\times\frac{40}{48}\times\frac{28}{80}\times\pi\times2.5\times12$$

从而得到：

$$f_{纵}=0.71u_{基}u_{倍}(\mathrm{mm/r})$$

（1）当运动是经正常导程的公制螺纹的传动路线时，改变 $u_{基}$和 $u_{倍}$的值，就可以使刀架得到从 0.08～1.22 mm/r 的 32 种正常进给量。

（2）当运动是经扩大导程机构和公制螺纹的传动路线，且主轴以高转速（450～1 500 r/min 其中 500 mm/r 除外）运转时，$u_{倍}=\frac{1}{8}$时，可得：

$$f_{纵}=0.315u_{基}\ (\mathrm{mm/r})$$

这时刀架可得到 0.028～0.054 mm/r 的 8 种较小的进给量。

（3）当运动是由正常导程的英制螺纹的传动路线，且 $u_{倍}=1$ 时，可得到 0.86～1.59 mm/r 的 8 种较大的纵向进给量。

（4）当运动是经扩大导程机构和英制螺纹的传动路线，且主轴处于 10～125 mm/r 的 12 级低转速时，刀架可获得从 1.71～6.33 mm/r 的 16 种加大进给量。

所以，这样主轴转一转时，机床的纵向机动进给可以由 4 种类型的传动路线产生 64 种不同的进给量。

对于横向进给，由于机床的横向机动进给的传动路线除在溜板箱中从轴Ⅹ、Ⅻ以后有所不同外，其余的则与纵向机动进给的传动路线一致，因此，机床的横向机动进给也可使刀架获得 64 种横向进给量，其值为相应的纵向进给的一半。

4）刀架快速移动传动链

为了减轻工人的劳动强度和缩短辅助运动的时间，CA6140 型车床设计了刀架快速移动传动链，它属于外联系传动链。快速移动传动链的两末端件为快速电动机和刀架。

当刀架需要快速移动时，按下快速移动按钮，使快速电动机启动。其运动经齿轮副 18/24 传动，使轴ⅩⅫ高速转动（见图 1-8），再经蜗轮副 4/29 传到溜板箱内的传动机构，使刀架实现纵向或横向的快速移动。

任务 1.4 认知数控机床

想一想

➢ 观察一下，图 1-9 和图 1-10 所示的两种车床有什么不同？

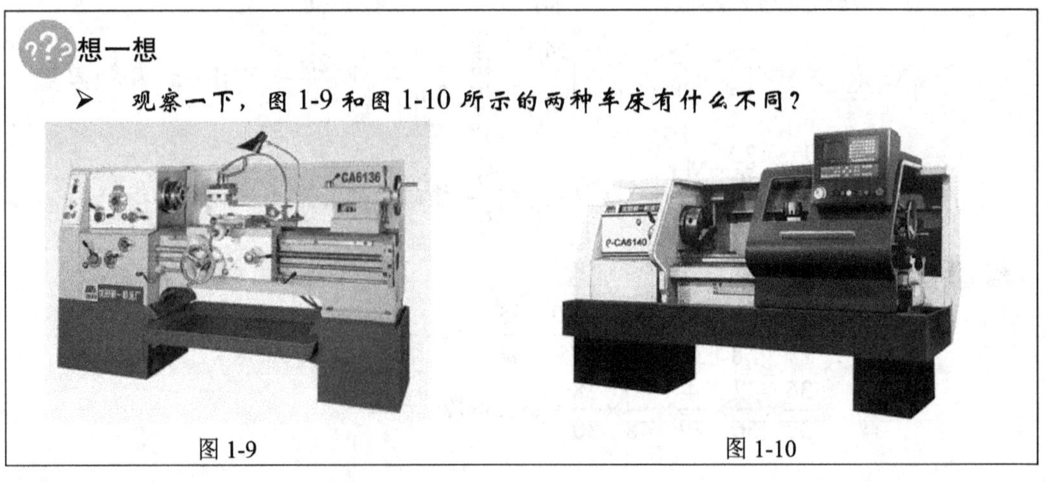

图 1-9　　图 1-10

数控机床的出现已有半个多世纪，历经了从数字控制（Numerical Control，NC）、直接数字控制（Direct Numerical Control，DNC）到今天制造业普遍应用的计算机数控（Computer Numerical Control，CNC）。数控技术的基础是加工设备的可编程自动化，机床可以按照设定的程序自动运行，使操作者与加工设备在时间和空间上得以分离，赋予机床和加工系统一定的智能和自主性，它的基本轨迹是信息的交互、处理和集成。

1. 数控机床的组成

数控机床由程序编制及程序载体、输入装置、数控装置（CNC）、驱动装置及位置检测装置、辅助控制装置、机床本体等几部分组成，如图1-11所示。

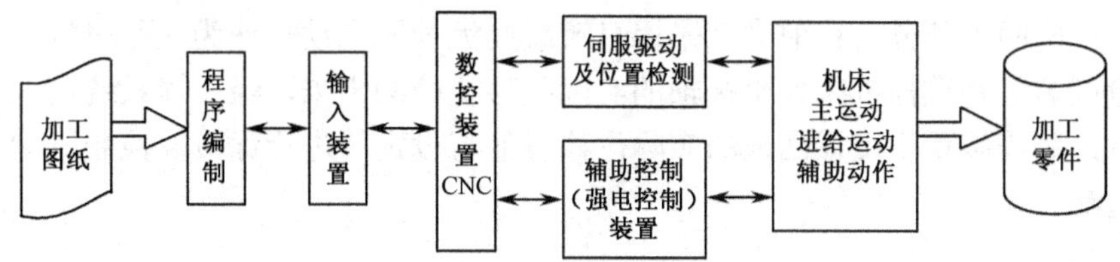

图1-11　数控机床的基本组成

1）程序编制及程序载体

数控程序是数控机床自动加工零件的工作指令。在对加工零件进行工艺分析的基础上，确定零件坐标系在机床坐标系上的相对位置（零件在机床上的安装位置）、刀具与零件相对运动的尺寸参数、零件加工的工艺路线、切削加工的工艺参数以及辅助装置的动作等。得到零件的所有运动、尺寸、工艺参数等加工信息后，用由文字、数字和符号组成的标准数控代码，按规定的方法和格式，编制零件加工的数控程序单。编制程序的工作可由人工进行；对于形状复杂的零件，则要在专用的编程机或通用计算机上进行自动编程（APT）或CAD/CAM设计。

编好的数控程序存放在便于输入到数控装置的一种存储载体上，它可以是穿孔纸带、磁带和磁盘等。采用哪一种存储载体，取决于数控装置的设计类型。

2）输入装置

输入装置的作用是将程序载体（信息载体）上的数控代码传递并存入数控系统内。根据控制存储介质的不同，输入装置可以是光电阅读机、磁带机或软盘驱动器等。数控机床加工程序也可通过键盘用手工方式直接输入数控系统；数控加工程序还可由编程计算机用S232C接口或采用网络通信方式传送到数控系统中。

零件加工程序输入过程有两种不同的方式：一种是边读入边加工（数控系统内存较小时），另一种是一次将零件加工程序全部读入数控装置内部的存储器，加工时再从内部存储器中逐段调出进行加工。

3）数控装置

数控装置是数控机床的核心。数控装置从内部存储器中取出或接收输入装置送来的一段或几段数控加工程序，经过数控装置的逻辑电路或系统软件进行编译、运算和逻辑处理后，输出各种控制信息和指令，控制机床各部分的工作，使其进行规定的有序运动和动作。

零件的轮廓图形往往由直线、圆弧或其他非圆弧曲线组成，刀具在加工过程中必须按零件形状和尺寸的要求进行运动，即按图形轨迹移动。但输入的零件加工程序只能是各线段轨迹的起点和终点坐标值等数据，不能满足要求，因此要进行轨迹插补，也就是在线段的起点和终点坐标值之间进行“数据点的密化”，求出一系列中间点的坐标值，并向相应坐标输出脉冲信号，控制各坐标轴（进给运动的各执行元件）的进给速度、进给方向和进给位移量等。

4）驱动装置及位置检测装置

驱动装置接收来自数控装置的指令信息，经功率放大后，严格按照指令信息的要求驱动机床移动部件，以加工出符合图样要求的零件。因此，它的伺服精度和动态响应性能是影响数控机床加工精度、表面质量和生产率的重要因素之一。驱动装置包括控制器（含功率放大器）和执行机构两大部分。目前大都采用直流或交流伺服电动机作为执行机构。

位置检测装置将数控机床各坐标轴的实际位移量检测出来，经反馈系统输入到机床的数控装置之后，数控装置将反馈回来的实际位移量值与设定值进行比较，控制驱动装置按照指令设定值运动。

5）辅助控制装置

辅助控制装置的主要作用是接收数控装置输出的开关量指令信号，经过编译、逻辑判别和运动，再经功率放大后驱动相应的电器，带动机床的机械、液压、气动等辅助装置完成指令规定的开关量动作。这些控制包括主轴运动部件的变速、换向和启停指令，刀具的选择和交换指令，冷却、润滑装置的启动、停止，工件和机床部件的松开、夹紧，分度工作台转位分度等开关辅助动作。

由于可编程逻辑控制器（PLC）具有响应快，性能可靠，易于编程和修改程序，并可直接启动机床开关等特点，现已广泛用做数控机床的辅助控制装置。

6）机床本体

数控机床的机床本体与传统机床相似，由主轴传动装置、进给传动装置、床身、工作台，以及辅助运动装置、液压气动系统、润滑系统、冷却装置等组成。但数控机床在整体布局、外观造型、传动系统、刀具系统的结构，以及操作机构等方面都已发生了很大的变化。这种变化的目的是为了满足数控机床的要求和充分发挥数控机床的特点。

2. 数控机床的分类

数控机床一般按以下几种方法进行分类。

1）按工艺用途分

（1）数控机床：数控机床可分为数控钻床、车床、铣床、镗床、磨床和齿轮加工机床等，还有压床、冲床、弯管机、电火花切割机、火焰切割机等。

（2）数控加工中心机床：加工中心是带有刀库及自动换刀装置的数控机床，它可以在一台机床上实现多种加工。工件一次装夹，可完成多种加工，既节省辅助工时，又提高加工精度。加工中心特别适用于箱体、壳体的加工。车削加工中心可以完成所有回转体零件的加工。

2）按运动轨迹分

（1）点位控制数控机床：点位控制系统是指数控系统只控制刀具或机床工作台，从一点准确地移动到另一点，而点与点之间运动的轨迹不需要严格控制的系统。为了减少移动部件的运动与定位时间，一般先以快速移动到终点附近位置，然后以低速准确移动到终点定位位置，以保证良好的定位精度。移动过程中刀具不进行切削。使用这类控制系统的主要有数控坐标镗床、数控钻床、数控冲床等。

（2）点位直线控制数控机床：点位直线控制系统是指数控系统不仅控制刀具或工作台从一个点准确地移动到下一个点，而且保证在两点之间的运动轨迹是一条直线的控制系统。在刀具移动过程中可以进行切削。应用这类控制系统的有数控车床、数控钻床和数控铣床等。

（3）轮廓控制数控机床：轮廓控制系统也称为连续切削控制系统，是指数控系统能够对两个或两个以上的坐标轴同时进行严格连续控制的系统。它不仅能控制移动部件从一个点准确地移动到另一个点，而且还能控制整个加工过程每一点的速度与位移量，将零件加工成一定的轮廓形状。应用这类控制系统的有数控铣床、数控车床、数控齿轮加工机床和加工中心等。

3）按伺服系统的控制方式分

（1）开环控制数控机床：开环控制系统的特征是系统中没有检测反馈装置，指令信息单方向传送，并且指令发出后不再反馈回来，故称为开环控制。

受步进电动机的步距精度和工作频率以及传动机构的传动精度影响，开环系统的速度和精度都较低。但由于开环控制结构简单，调试方便，容易维修，成本较低，仍被广泛应用于经济型数控机床上。开环控制系统原理如图 1-12 所示。

图 1-12　开环控制系统原理

（2）闭环控制数控机床：闭环控制系统的特点是，利用安装在工作台上的检测元件将工作台实际位移量反馈到计算机中，与所要求的位置指令进行比较，用比较的差值进行控制，直到差值消除为止。可见，闭环控制系统可以消除机械传动部件的各种误差和工件加工过程中产生的干扰的影响，从而使加工精度大大提高。速度检测元件的作用是将伺服电动机的实际转速变换成电信号送到速度控制电路中，进行反馈校正，保证电动机转速保持恒定不变。常用速度检测元件是测速电动机。闭环控制系统原理如图 1-13 所示。

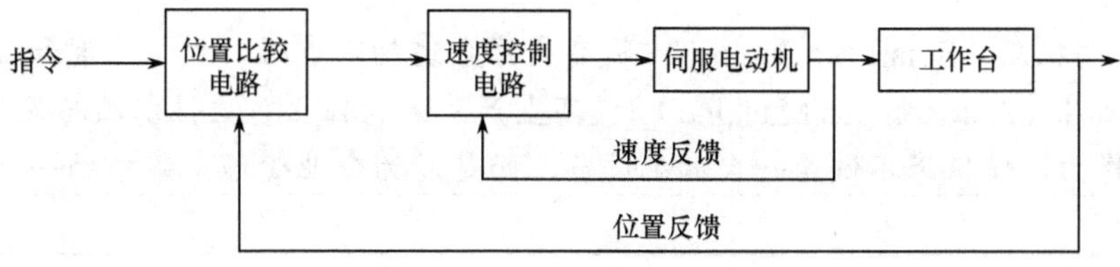

图 1-13　闭环控制系统原理

闭环控制具有加工精度高，移动速度快的优点。这类数控机床采用直流伺服电动机或交流伺服电动机作为驱动元件，电动机的控制电路比较复杂，检测元件价格昂贵，因而调试和维修比较复杂，成本高。

（3）半闭环控制数控机床：半闭环控制数控机床不是直接检测工作台的位移量，而是采用转角位移检测元件，测出伺服电动机或丝杠的转角，推算出工作台的实际位移量，反馈到计算机中进行位置比较，用比较的差值进行控制。由于反馈环内没有包含工作台，故称为半闭环控制。半闭环控制系统原理如图 1-14 所示。

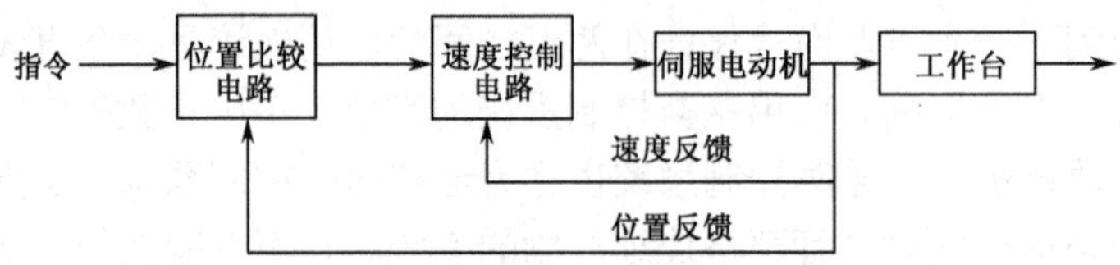

图 1-14　半闭环控制系统原理

半闭环控制精度较闭环控制差，但稳定性好，成本较低，调试、维修也较容易，兼顾了开环控制和闭环控制两者的特点，因此应用比较普通。

3．数控机床的特性

数控机床较好地解决了复杂、精密、小批量、多变的零件加工问题，是一种灵活的、高效能的自动化机床，尤其对于约占机械加工总量 80%的单件、小批量零件的加工，更显示出其特有的灵活性。概况起来，数控机床相对于普通机床具有以下的特点。

（1）数控机床能提高生产效率 3～5 倍，使用数控加工中心机床则可提高生产率 5～10 倍；

（2）数控机床可以获得比机床本身精度还高的加工精度；

（3）可加工复杂形状的零件，且不需专用夹具；

（4）可实现一机多用，降低劳动强度且节省厂房面积；

（5）有利于向计算机控制和管理方面发展，有利于机械加工综合自动化的发展；

（6）数控机床初期投资及维修技术等费用较高，要求管理及操作人员的素质也较高。

知识链接　未来几年，数控机床发展的新趋势将在下列领域争夺制高点。

（1）虚拟机床（NC Verification）：通过研发机电一体化的、硬件和软件集成的仿真技术，来实现机床的设计水平和使用绩效的提高。

（2）绿色机床（Green Machining）：强调节能减排，力求使生产系统的环境负荷达到最小化。

（3）聪明机床（Smart Machining）：提高生产系统的可靠性、加工精度和综合性能。

（4）e-机床（Autonomous Machine）：提高生产系统的独立自主性以及与使用者和管理者的交互能力，使机床不仅是一台加工设备，而是成为企业管理网络中的一个节点。

做一做　数控机床的发展必定影响切削刀具的发展，同学们可以调研一下，看看目前刀具的发展状况如何，走到哪一步了。

知识梳理与总结

通过本项目的学习，大家对机床有了一定的认识。在这个过程中重点学习机床的分类与型号编制方法、零件表面成形方法、切削运动、机床的运动及传动分析及数控机床的相关知识。

大家要重点明白，认识一台机床，首先看机床的铭牌，从铭牌上我们会知道有关这台机床的重要信息：类别、主要特性、主要技术参数、加工范围等；然后再去熟悉该机床的使用方法。这也是为我们今后从事工艺工作迈出的第一步。

思考与练习题1

1. 机床主参数代表__________的大小，用___________表示。第二主参数一般是______、最大跨距、最大工件长度、______等。第二主参数也用_____表示。

2. 机床的运动由___________、___________组成。前者又可分__________和________，后者可分为空行程运动、__________、_________、操纵及控制运动等。

3. 传动链可以分为___________和____________两类。前者不要求运动源和执行件之间有严格的________关系，后者所联系的执行件之间必须具有严格的_________。

4. 说出下列机床型号的含义：CM6132、CG1107、XK5040、MGB1432、Z3040。

5. 什么叫外联系传动链？什么叫内联系传动链？它们的区别是什么？

6. 简单的成形运动和复合的成形运动的含义是什么？其区别在哪里？

7. 数控机床由哪几部分组成？各有什么作用？

8. 图1-15所示为某车床的主运动传动系统图，试求：

（1）写出传动路线表达式；（2）算出主轴（Ⅵ）的转速级数；（3）计算主轴的最低转速和最高转速。

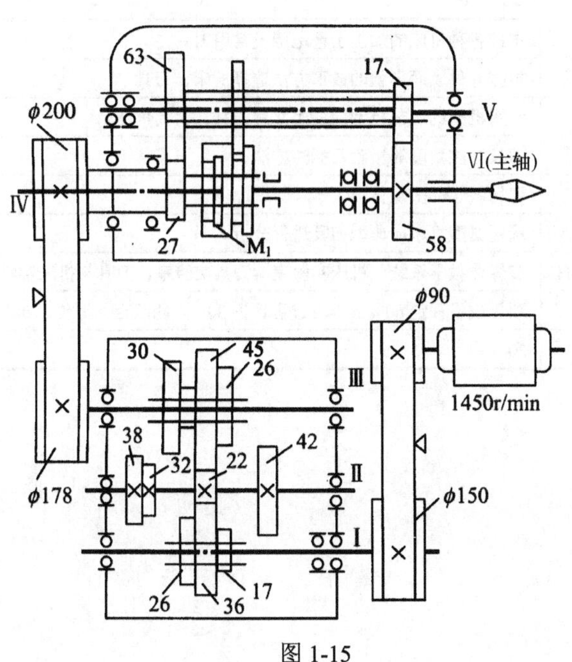

图1-15

项目2 认识机床的加工工艺范围及常用刀具

教学导航

学习目标	掌握各种机床的加工工艺范围及常用刀具
工作任务	根据零件表面形状的成形方法选择机床、刀具
教学重点	常用机床的工艺范围、各类常用刀具、刀具角度
教学难点	刀具标注角度的概念及标注方法
教学方法建议	现场教学、多媒体教学
选用案例	选用典型机床、典型刀具进行分析
教学设施、设备及工具	多媒体教学系统、机床实验室、刀具实验室、刀具与机床实物等
考核与评价	项目成果评定60%，学习过程评价30%，团队合作评价10%
参考学时	20

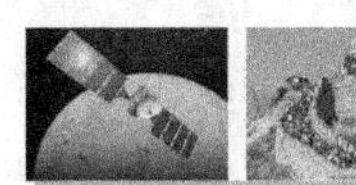

想一想

➢ 前面我们介绍了机床的类型、运动等知识，那么这些机床各自能加工怎样的零件表面呢？

➢ 每一类机床它们常用的刀具有哪些？这些刀具为什么能切削零件呢？要具有什么样的特性？

任务 2.1　认识车床的加工工艺范围及常用刀具

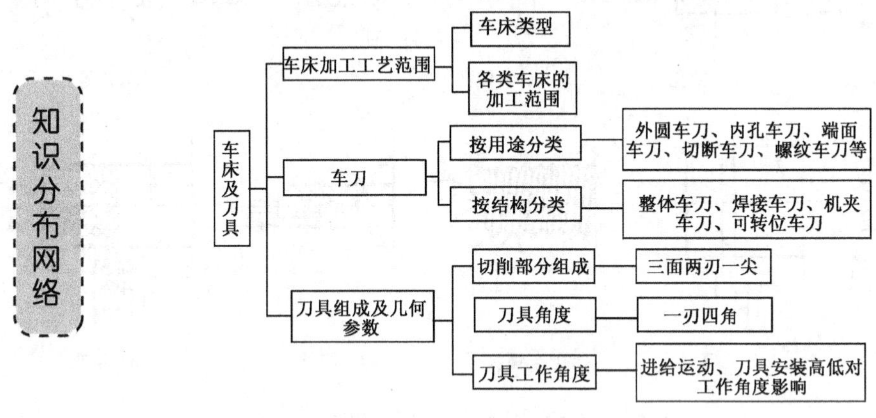

2.1.1　车床的工艺范围

车床类机床是既可以用车刀对零件进行车削加工，又可用钻头、扩孔钻、铰刀、丝锥等对零件进行加工的一类机床。它可加工的表面有内外圆柱面、圆锥面、成形回转面、端平面和各种内外螺纹面等。

1．车床的类型

车床的种类型号很多，按其用途、结构可分为：仪表车床、卧式车床、单轴自动车床、多轴自动/半自动车床、转塔车床、立式车床、多刀半自动车床、专门化车床等。

随着计算机技术被广泛运用到机床制造业，随之就出现了数控车床。数控车床从主轴布局来分，主要有卧式和立式两大类；按照数控车床的功能来分，可分为经济型数控车床、普通数控车床、车削中心。当然还有其他分类方法，这里就不一一叙述了。

2．各种车床的加工范围和特点

1）CA6140 型卧式车床

在所有车床中，卧式车床的应用最为广泛，加工工艺范围广。图 2-1 展示了卧式车床的加工工艺范围。

CA6140 型卧式车床的主要技术参数如下。

床身上最大工件回转直径：400 mm；

刀架上最大工件回转直径：201 mm；

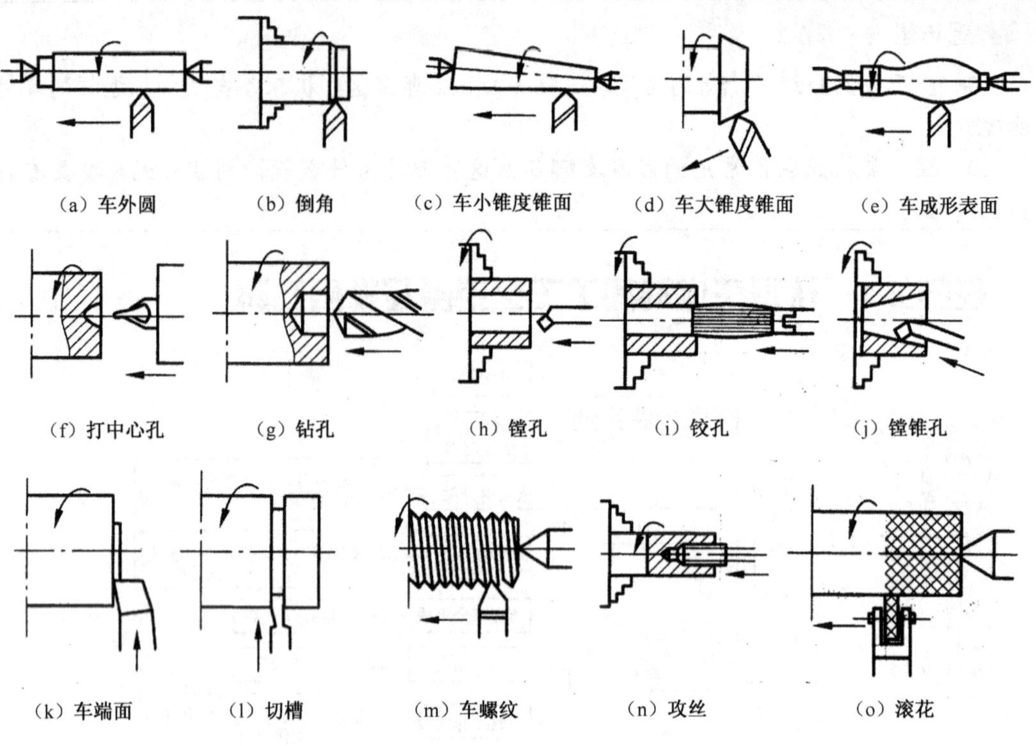

图 2-1 卧式车床的加工工艺范围

最大棒料直径：47 mm；

最大工件长度：750 mm、1 000 mm、1 500 mm、2 000 mm；

最大加工长度：650 mm、900 mm、1 400 mm、1 900 mm；

主轴转速范围：正转 10～1 400 r/min（24 级），反转 14～1 580 r/min（12 级）；

进给量范围：纵向 0.028～6.33 mm/ r（64 级），横向 0.014～3.16 mm/ r（64 级）。

CA6140 型卧式车床的外形结构如图 2-2 所示。

各部件与功用如下。

（1）床身。床身是卧式车床的基础部件，它用做车床的其他部件的安装基础，保证其他部件相互之间的正确位置和正确的相对运动轨迹。

（2）主轴箱。它安装在床身的左上端，内装主传动系统和主轴部件。主轴的端部可安装卡盘，用以夹持工件，带动工件旋转，实现主运动。

（3）进给箱。它安装在床身的左下方前侧，进给箱内有进给运动传动系统，用以控制光杠及丝杠的进给运动变换和不同进给量的变换。

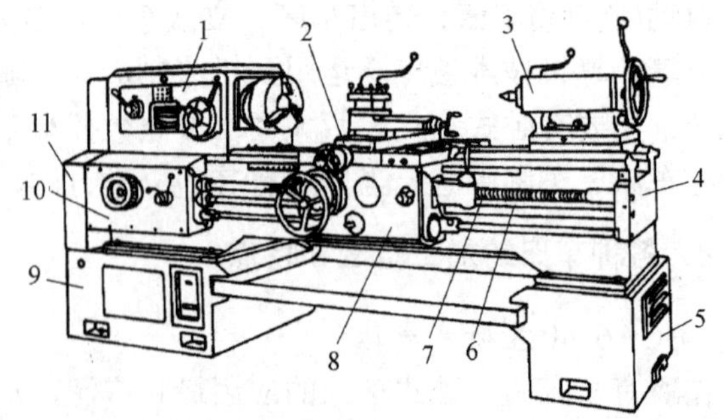

1—主轴箱； 2—拖板； 3—尾座； 4—床身； 5，9—床腿；
6—光杠； 7—丝杠； 8—溜板箱； 10—进给箱； 11—挂轮

图 2-2 CA6140 型卧式车床车形结构

（4）溜板箱。它安装在床身的前侧拖板的下方，与拖板相连。其作用是实现纵、横向进给运动的变换，带动拖板、刀架实现进给运动。

（5）刀架和拖板。拖板安装在床身的导轨上，在溜板箱的带动下沿导轨作纵向运动。刀架安装在拖板上，可与拖板一起作纵向运动，也可经溜板箱的传动在拖板上作横向运动。刀架上安装刀具。

（6）尾座。它安装在床身的右端尾座导轨上，可沿导轨纵向移动调整位置。它用于支承长工件和安装钻头等刀具进行孔加工。

它是普通精度级中型车床，适用于单件小批生产及维修车间。此车床所能达到的加工精度为：精车外圆的圆柱度是 0.01/100 mm；精车外圆的圆度是 0.01 mm；精车端面的平面度是 0.02/300 mm；精车螺纹的螺距精度是 0.04/100 mm；精车表面的粗糙度是 1.25～2.5 μm。

2）立式车床

立式车床适合加工直径较大而轴向尺寸相对较小（高度与直径之比 H/D=0.32~0.8）且形状较复杂的大型和重型零件，如各种机架、壳体类零件等。

可以进行内外圆柱面、圆锥面、端面、沟槽、切断及钻、扩、镗和铰孔等加工，借助于附件装置还可进行车螺纹、车端面、仿形、铣削和磨削等。

立式车床在结构布局上的主要特点是主轴垂直布置，并有一个直径很大的圆形工作台，用以安装工件，工作台台面处于水平位置，使笨重工件的装夹和校正方便。

立式车床通常用于单件小批生产，一般加工精度为 IT8 级，精密型可达 IT7 级工作精度；圆度为 0.01~0.03 mm，圆柱度为 0.01/300 mm，平面度为 0.02~0.04 mm。它是汽轮机、水轮机、重型电动机、矿山冶金等重型机械制造不可缺少的设备。

立式车床分单柱式和双柱式两种。单柱式立式车床，如图 2-3 所示，加工直径较小，最大加工直径一般小于 1 600 mm。双柱式立式车床，如图 2-4 所示，加工直径较大，最大的立式车床其加工直径超过 25 000 mm。

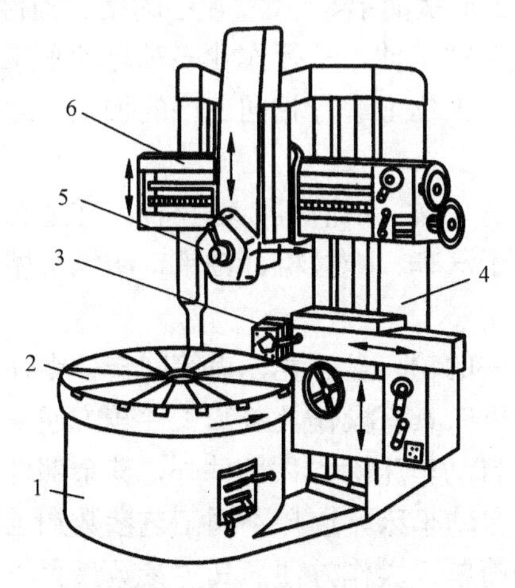

（a）单柱式立式车床外形结构图

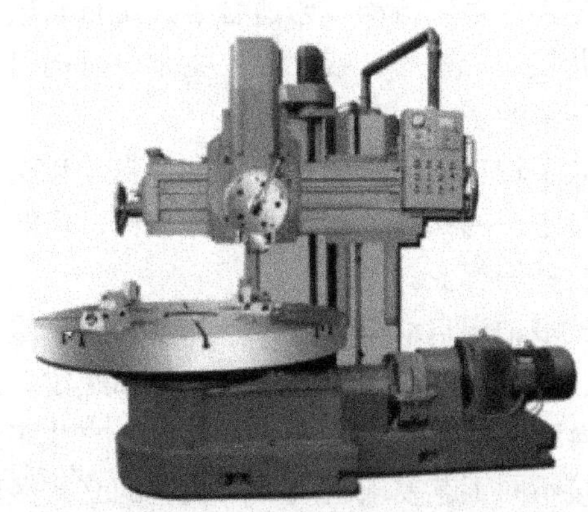

（b）C5123A型单柱式立式车床实物图

1—底座；2—工作台；3—侧刀架；4—立柱；5—垂直刀架；6—横梁

图 2-3　单柱式立式车床

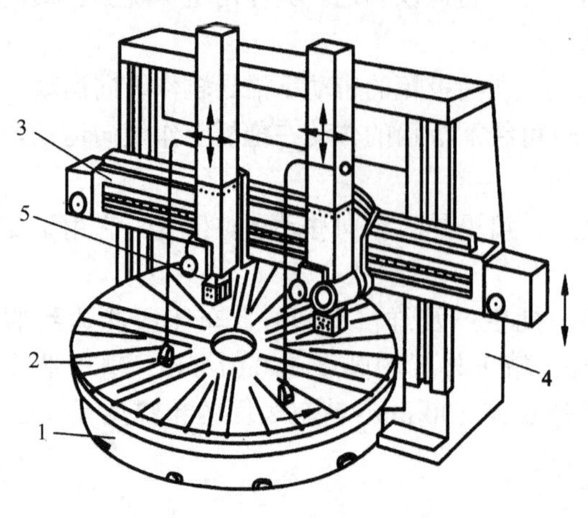

(a)双柱式立式车床外形结构图

(b)C5240A型双柱式立式车床实物图

1—底座；2—工作台；3—横梁；4—立柱；5—垂直刀架；

图 2-4　双柱式立式车床

3）自动车床

自动车床是经装料和调整后，能按一定程序自动完成工作循环，重复加工一批工件的车床，而除装卸工件以外能自动完成工作循环的车床称为半自动车床。自动车床可减轻工人体力劳动强度，缩短辅助时间，并可由一人看管多台机床，生产率较高。

按主轴数目，自动车床分单轴和多轴两大类。单轴主要有单轴纵切、单轴转塔和单轴横切 3 种形式；多轴主要有顺序作业和平行作业两种，并按主轴的配置又有立式和卧式之分。机床一般采用凸轮和挡块自动控制刀架、主轴箱的运动和其他辅助运动。

单轴转塔自动车床具有转塔刀架和多个横向刀架，可用多种刀具顺序切削，适合于加工形状复杂的小工件。单轴横切自动车床的主轴箱和刀架均不作纵向进给运动，而由成形刀具的横向进给运动完成切削加工。这种机床仅用于加工形状简单、尺寸较小的销、轴类工件。

顺序作业多轴自动车床适合于加工形状较为复杂的工件。平行作业多轴自动车床有位置固定的几根（一般为 2 或 4 根）主轴，可同时在几个工位上进行相同工序的加工，适合于加工形状简单的工件。

卧式多轴自动化车床是一种高效自动化车床，有 4 轴、6 轴和 8 轴 3 种。它适合加工大批、大量生产的棒料、轴类和盘类零件，广泛应用于汽车、拖拉机、轴承、纺织机械、军工和通用机械等行业。

立式多轴半自动车床适合于加工大批大量生产中的轮、盘、壳、盖等回转体零件的内外圆柱面、圆锥面、端面、沟槽以及孔和螺纹。这种机床具有操作及装卸工件较方便，占地面积小，自动化程度高，效率高等特点。立式多轴半自动车床除主体部件外，其余部件各自独立，可按不同工艺要求组成不同类型的立式多轴半自动车床，选择不同工艺参数加工各种不同要求零件。采用液压—电气联合控制方式，结构简单，操作方便，其主参数最大车削直径为 200 mm、350 mm、400 mm、500 mm 等。

注意　这类车床同学们可自行上网查阅相关图片。

4）数控车床

数控车床与普通车床一样，也是用来加工零件旋转表面的，一般能够自动完成外圆柱面、圆锥面、球面以及螺纹的加工，还能加工一些复杂的回转面，如双曲面等。工件安装方式与普通车床基本相同，为了提高加工效率，数控车床多采用液压、气动和电动卡盘。

数控车床的外形与普通车床相似，即由床身、主轴箱、刀架、进给系统、液压系统、冷却和润滑系统等部分组成。数控车床的进给系统与普通车床有质的区别，传统普通车床有进给箱和交换齿轮架，而数控车床是直接用伺服电动机通过滚珠丝杠驱动溜板和刀架实现进给运动，因而进给系统的结构大为简化。

数控车床品种繁多，规格不一，不同类型的数控车床，加工的工艺范围也不同。

（1）立式数控车床。其车床主轴垂直于水平面，有一个直径很大的圆形工作台，用来装夹工件。这类机床主要用于加工径向尺寸大，轴向尺寸相对较小的大型复杂零件。

（2）卧式数控车床。此类车床又分为数控水平导轨卧式车床和数控倾斜导轨卧式车床。其倾斜导轨结构可以使车床具有更大的刚性，并易于排除切屑。

（3）卡盘式数控车床。这类车床没有尾座，适合车削盘类（含短轴类）零件。夹紧方式多为电动或液动控制，卡盘结构多具有可调卡爪或不淬火卡爪（软卡爪）。

（4）顶尖式数控车床。这类车床配有普通尾座或数控尾座，适合车削较长的零件及直径不太大的盘类零件。

按功能分，有以下几种类型。

（1）经济型数控车床。它是采用步进电动机和单片机对普通车床的进给系统进行改造后形成的简易型数控车床，成本较低，但自动化程度和功能都比较差，车削加工精度也不高，适用于要求不高的回转类零件的车削加工。

（2）普通数控车床。它是根据车削加工要求在结构上进行专门设计并配备通用数控系统而形成的数控车床，数控系统功能强，自动化程度和加工精度也比较高，适用于一般回转类零件的车削加工。这种数控车床可同时控制两个坐标轴，即 X 轴和 Z 轴。

（3）车削加工中心。它在普通数控车床的基础上，增加了 C 轴和动力头，更高级的数控车床带有刀库，可控制 X、Z 和 C 三个坐标轴，联动控制轴可以是（X、Z）、（X、C）或（Z、C）。由于增加了 C 轴和铣削动力头，这种数控车床的加工功能大大增强，除可以进行一般车削外，还可以进行径向和轴向铣削，曲面铣削，中心线不在零件回转中心的孔和径向孔的钻削等加工。

2.1.2　车刀

车刀是金属切削加工中应用最为广泛的刀具之一，它由刀体和切削部分组成，按不同使用要求，采用不同的结构和材料。

1．车刀的种类

1）按用途分类

车刀按用途可分为外圆车刀、内孔车刀、端面车刀、切断车刀、螺纹车刀等，如图 2-5 所示。

2）按结构分类

车刀按结构可分为整体车刀、焊接车刀、机夹车刀、可转位车刀。其中可转位车刀的应用日益广泛，在车刀中所占比例逐渐增加。

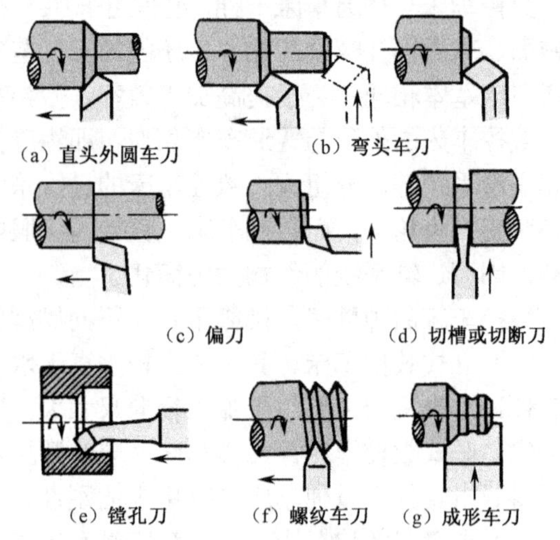

图 2-5　按用途分类的常用车刀

（1）整体式高速钢车刀。选用一定形状的整体高速钢刀条，在其一端刃磨出所需的切削部分形状就形成了整体式高速钢车刀。这种车刀刃磨方便，可以根据需要刃磨成不同用途的车刀，尤其适于刃磨各种成形车刀，如切槽刀、螺纹车刀等。刀具磨损后可以多次重磨。但刀杆也为高速钢材料，造成刀具材料的浪费。刀杆强度低，当切削力较大时，会造成破坏。该车刀一般用于较复杂成形表面的低速精车。

（2）硬质合金焊接式车刀。这种车刀是将一定形状的硬质合金刀片钎焊在刀杆的刀槽内制成的。其结构简单，制造刃磨方便，刀具材料利用充分，在一般的中小批量生产和修配生产中应用较多。但其切削性能受工人的刃磨技术水平影响和焊接质量的影响，不适应现代制造技术发展的要求，且刀杆不能重复使用，材料浪费。

（3）机夹车刀。它是采用普通刀片，用机械夹固的方法将刀片夹持在刀杆上使用的车刀。此类刀具有如下特点。

①刀片不经过高温焊接，避免了因焊接而引起的刀片硬度下降、产生裂纹等缺陷，提高了刀具的耐用度。

②由于刀具耐用度提高，使用时间较长，换刀时间缩短，提高了生产效率。

③刀杆可重复使用，既节省了钢材又提高了刀片的利用率；刀片由制造厂家回收再制，提高了经济效益，降低了刀具成本。

④刀片重磨后，尺寸会逐渐变小，为了恢复刀片的工作位置，往往在车刀结构上设有刀片的调整机构，以增加刀片的重磨次数。

⑤压紧刀片所用的压板端部，可以起断屑器作用。

（4）可转位式车刀。它是采用可转位刀片的机夹车刀。一条切削刃用钝后可迅速转位换成相邻的新切削刃，即可继续工作，直到刀片上所有切削刃均已用钝，刀片才报废回收。更换新刀片后，车刀又可继续工作。

可转位式车刀的刀片有三角形、偏三角形、凸三角形、正方形、五角形和圆形等多种形状。使用时可根据需要按国家标准或制造厂家提供的产品样本选用。

可转位式车刀包括刀杆、刀片、刀垫、夹固元件等部分，利用刀片上的孔和一定的夹紧机构实现对刀片的夹固。夹固结构既要牢固可靠，又要定位准确，操作方便，并且不能妨碍切屑的流出。根据夹紧机构的结构不同，可转位式车刀有偏心式、杠杆式、楔销式、上压式

4 种典型结构，如图 2-6 所示。可转位式车刀与刀片的实物例子见图 2-7。

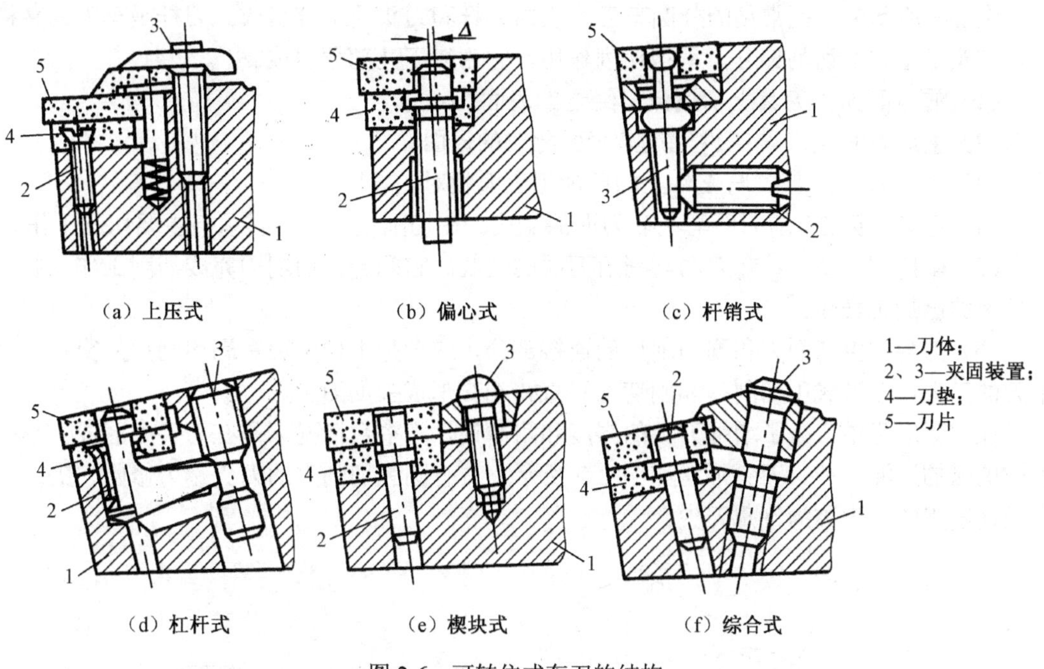

图 2-6 可转位式车刀的结构

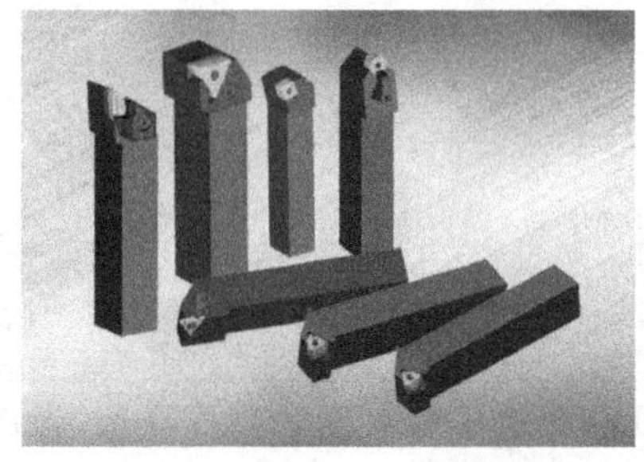

图 2-7 可转位车刀与刀片实物图

知识链接 ISO 标准和我国标准规定了可转位刀片型号的含义。具体参见 GB 2076—87 标准，它等效于 ISO1832—85 标准；可转位车刀型号的表示规则见 GB/T 5343.1 标准，它等效采用 ISO5680—1989，适用于可转位外圆车刀、端面车刀、仿形车刀及拼装复合刀具的模块刀头的型号编制。

大家可查阅这些标准来了解可转位刀具的符号含义。

2.1.3 车刀的组成及切削部分的几何参数

切削刀具的种类很多，形状也各不相同，但它们的切削部分几何形状与参数具有共性内容。不论刀具结构多么复杂，就它们单个齿的切削部分来看，都可以视为从外圆车刀的切削部分演变而来的。故通常以外圆车刀为代表来说明刀具切削部分的组成，并给出切削部分几何参数的一般性定义。

1．车刀的组成

图 2-8 所示为一把常见的外圆车刀，它由刀杆和刀头两部分组成。刀杆是车刀的夹持部分，刀头是车刀的切削部分，承担切削作用，它由以下几部分组成。

（1）前刀面 A_γ：刀具上切屑流出经过的表面。

（2）主后刀面 A_α：与工件上过渡表面相对的表面。

（3）副后刀面 A_α'：与工件上的已加工表面相对的表面。

（4）主切削刃 S：前刀面与主后刀面的交线。在切削过程中，它承担主要切削工作。

（5）副切削刃 S'：前刀面与副后刀面的交线。它配合主切削刃完成切削工作，并形成工件上的已加工表面。

（6）刀尖：主切削刃和副切削刃的连接部分，或者是主切削刃和副切削刃的交点。因为车刀的刀尖可以磨成主切削刃和副切削刃直接相交形成尖的刀尖。

在实际应用中，为了增强刀尖的强度和耐磨性，大多数情况下是在刀尖处磨成一小段直线或圆弧的过渡刀刃。刀尖形状如图 2-9 所示，具有圆弧切削刃的刀尖称为修圆刀尖；具有直线切削刃的刀尖称为倒角刀尖。

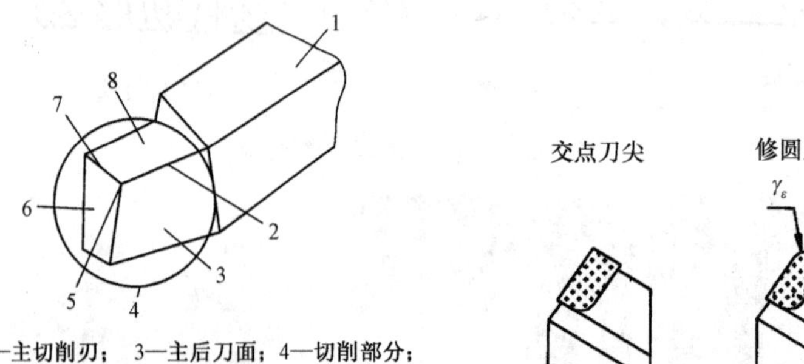

1—刀杆； 2—主切削刃； 3—主后刀面；4—切削部分；
5—刀尖； 6—副后刀面；7—副切削刃； 8—前刀面

图 2-8 外圆车刀的组成

图 2-9 刀尖形状

知识链接 *刀具上每条切削刃都可以有自己的前刀面和后刀面，为设计、制造和刃磨方便，各切削刃往往共用一个前刀面。*

2．刀具切削部分的几何参数

为了确定刀具各表面在空间的相对位置，可以用一定的几何角度表示。用来确定刀具几何角度的参考系有两类：一类是刀具静止角度参考系，即在刀具设计图上标注、制造、测量和刃磨时使用的参考系；另一类是刀具工作角度参考系，它是确定刀具在切削运动中有效工作角度的基准。前者由主运动方向确定，而后者则由合成切削运动方向确定。通常刀具工作角度近似地等于刀具静止角度，故在此重点介绍刀具静止角度参考系。

1）建立刀具角度的参考系

刀具要从工件上切除余量，就必须具有一定的几何角度。为了适应刀具在设计、制造、刃磨和测量时的需要，选取一组几何参数作为参考系，此参考系称为静止参考系。建立刀具的静止参考系时，必须给出以下两个假设。

假设运动条件：假设不考虑进给运动的大小，以切削刃选点位于工件中心高时的主运动

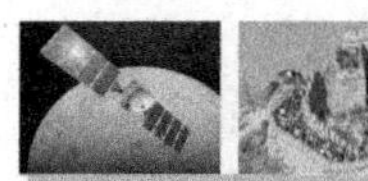

方向作为假定主运动方向，以切削刃选定点的进给运动方向作为假定进给运动方向。

假设安装条件：假设刀具安装时刀尖与工件中心同高，刀杆中心线垂直于进给运动方向。

刀具静止参考系的坐标平面如图 2-10 所示。

常用的静止角度参考系有 4 种，而我国主要采用的是正交平面参考系，故这里主要介绍正交平面参考系。由基面、切削平面、正交平面 3 个互相垂直的平面组成的参考系，称为正交平面参考系。

（1）基面 p_r：通过切削刃上选定点，与假定主运动方向相垂直的平面。在刀具标注角度参考系中，其基面平行于车刀刀杆的底面。

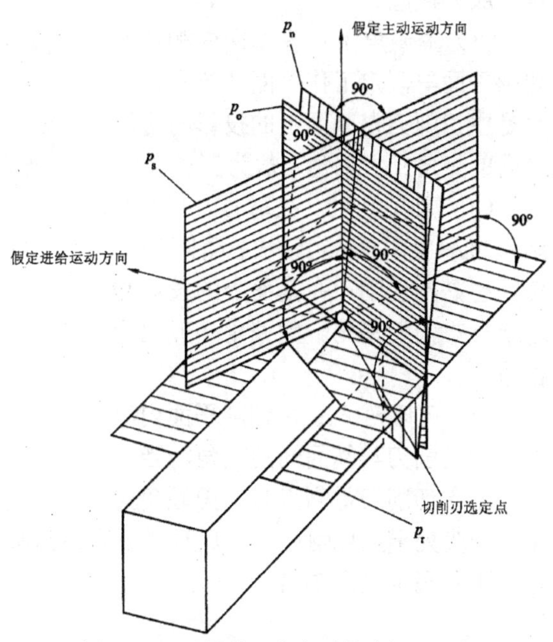

图 2-10 刀具静止参考系的坐标平面

（2）切削平面 p_s：通过切削刃上选定点，与该点的主切削刃相切且垂直于基面的平面。

（3）正交平面 p_o：通过切削刃上选定点，同时垂直于基面与切削平面的平面。

知识链接

另外三个参考系是法平面参考系、假定工作平面和背平面参考系，具体定义如下。

参 考 系	组成平面	符 号	定 义
法平面参考系	基面 切削平面 法平面	p_r p_s p_n	同正交平面参考系基面 同正交平面参考系切削平面 通过切削刃某选定点，垂直于切削刃的平面
假定工作平面参考系	基面 切削平面 假定工作平面	p_r p_s p_f	同正交平面参考系基面 同正交平面参考系切削平面 通过切削刃某选定点，平行于假定进给运动方向并垂直于基面的平面
背平面参考系	基面 切削平面 背平面	p_r p_s p_p	同正交平面参考系基面 同正交平面参考系切削平面 通过切削刃某选定点，垂直于假定工作平面和基面的平面

2）刀具的标注角度——静止角度参考系

刀具上的标注角度是制造和刃磨所需要的，并在刀具设计图上予以标注的角度。车刀的标注角度主要有 5 个，见图 2-11。

（1）前角 γ_o：在正交平面中测量的前刀面与基面间的夹角。它有正负之分，前刀面在基面之上时，前角为负；前刀面在基面之下时，前角为正；前刀面与基面重合时，前角为零。

（2）后角 α_o：在正交平面内测量的主后刀面与切削平面间的夹角。当后刀面与基面的夹角小于 90° 时，后角为正；大于 90° 时，后角为负；后刀面垂直于基面时，后角为零。后角一般为正值。

（3）主偏角 k_r：在基面内测量的切削平面与假定工作平面间的夹角，也是主切削刃在基面上的投影与进给方向的夹角。主偏角一般为正值。

（4）副偏角 k'_r：在基面内测量的副切削平面与假定工作平面间的夹角，也是副切削刃在基面上的投影与进给反方向的夹角。副偏角一般也为正值。

（5）刃倾角 λ_s：在切削平面内测量的主切削刃与基面间的夹角。当刀尖处于主切削刃最高点时，刃倾角为正；刀尖处于主切削刃最低点时，刃倾角为负；主切削刃与基面重合时，刃倾角为零。刃倾角的正负规定见图 2-12。

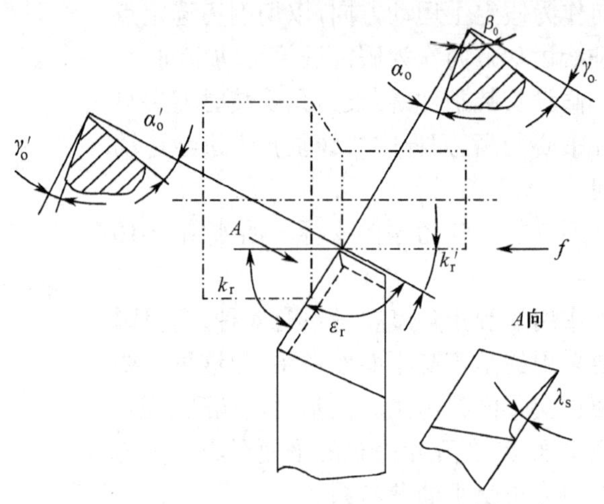

图 2-11 车刀的主要标注角度

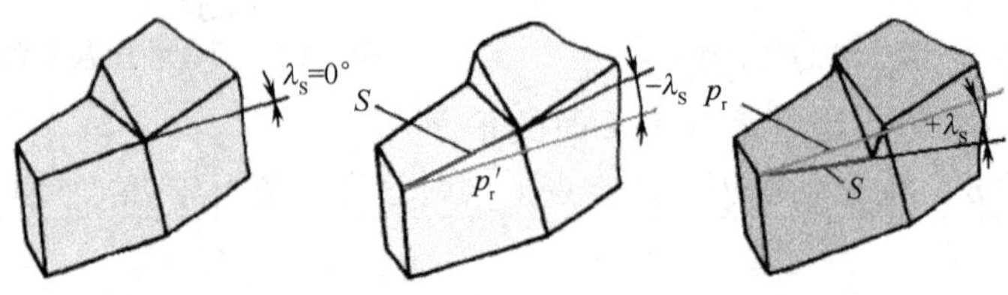

图 2-12 刃倾角的正负规定

注意 这些角度在切削过程中都起着不同的作用，合理选择这些角度有利于切削，对加工质量起促进作用，反之，既不利于刀具又不利于加工。那么到底会带来什么样的影响？这些角度到底怎样选择呢？同学们，试着考虑一下，在后续的项目里我们会详细提到。

此外，分析刀具时还派生出两个角度：

① 楔角β_o：在正交平面中测量的前、后刀面之间的夹角，$\beta_o=90° -（\gamma_o+\alpha_o）$。

② 刀尖角 ε_r：在基面中测量的主、副切削刃之间的夹角，$\varepsilon_r=180° -（k_r+k'_r）$。

3）刀具的工作角度——工作角度参考系

在实际的切削加工过程中，由于车刀的安装位置和进给运动的影响，上述车刀的标注角度会发生一定的变化，根本原因是构成参考系的基面、切削平面和正交平面 3 个平面的位置发生了变化。

通常情况下，进给运动速度远远小于主运动速度，由其引起的工作角度变化很小；安装条件与假定的安装条件相似，所以大多数切削加工时不需要计算刀具的工作角度。但在进给速度很大（如车多头螺纹）、切断以及加工非圆柱表面等情况下，就需要计算工作角度了。

（1）工作参考系和工作角度：刀具切削加工时的实际几何参数就要在工作参考系中测量。

工作参考系也分为正交平面工作参考系、法平面工作参考系及工作平面和背平面工作参考系等。工作参考系中各坐标平面的定义与静止参考系相同，只需用合成切削运动方向取代

主运动方向。它们是工作基面 p_{re}、工作切削平面 p_{se}、工作正交平面 p_{oe}、工作法平面 p_{ne}（p_{ne}=p_n）、工作平面 p_{fe}、工作背平面 p_{pe} 等。

相应的，在工作状态下刀具的角度也改变了，称为工作角度。考虑进给运动和刀具在机床上的实际安装位置的影响，分别用 k_{re}、k'_{re}、λ_{se}、γ_{oe}、α_{oe} 表示，它们是切削过程中真正起作用的角度。

（2）对工作角度的分析如下。

① 横向进给运动对工作角度的影响。如图 2-13 所示，切断、切槽时，因为刀具相对于工件的运动轨迹为阿基米德螺旋线，则合成切削运动方向是它的切线方向，与主运动方向夹角为 μ，刀具工作前、后角分别为：

$$\gamma_{oe}=\gamma_o+\mu$$

$$\alpha_{oe}=\alpha_o-\mu$$

$$\tan\mu=f/\pi d$$

式中，f ——刀具的横向进给量（mm / r）；

d ——切削刃上选定点处的工件直径（mm）。

由上式看出，随着切削进行，切削刃越靠近工件中心，μ 值越大，α_{oe} 越小，有时甚至达到负值，对加工有很大影响，不容忽视。

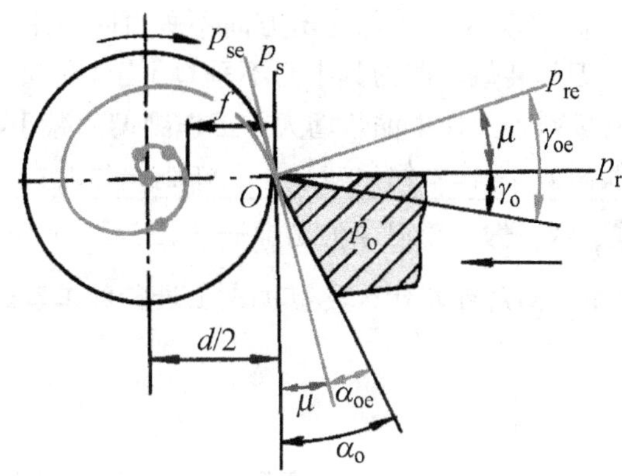

图 2-13　横向进给运动对工作角度的影响

②刀具安装高低对工作角度的影响。车刀刀尖一般与工件轴线是等高的，但当刀尖高于或低于工件轴时，切削速度方向发生变化，引起坐标系平面方位的变化，即角度也发生了变化，如图 2-14 所示。

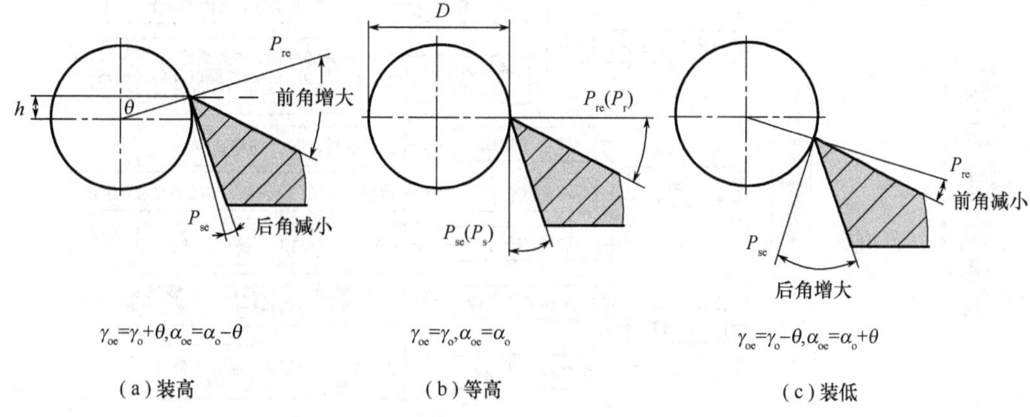

图 2-14　刀尖与工件不等高时的前、后角

做一做　假如有把外圆车刀的前角是 10°，后角是 6°，用其切削加工直径为 30 mm 的外圆，安装时刀尖低于工件中心 1.5 mm，那么，实际工作时，该刀具的工作前角和工作后角变成了多少度？同学们算算看！

镗孔时，刀具安装高低对刀具工作角度的影响与外圆车削正好相反，即刀尖装高时，工作前角减小，工作后角增大；刀尖装低时相反。

在实际生产中，也有应用这一影响（车刀装高或装低）来改变车刀实际角度的情况，例如，车削细长轴类工件时，车刀刀尖应略高于工件中心 0.2～0.3 mm。这时刀具的工作后角稍有减小，并且当后刀面上有轻微磨损时，有一小段后角等于零的磨损面与工件接触，这样能防止振动。

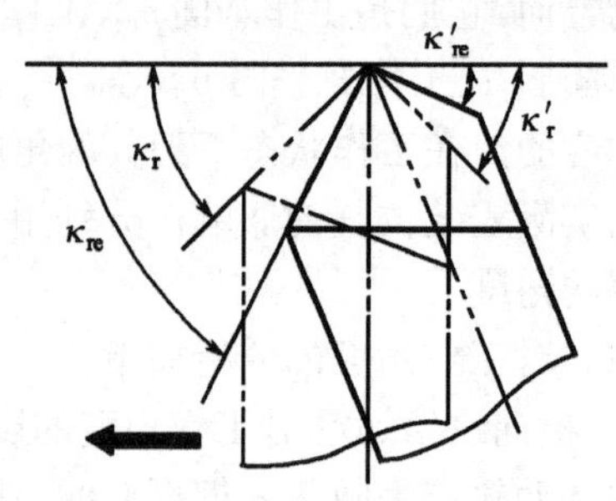

图 2-15　刀具装偏对主偏角、副偏角的影响

③ 车刀中心线与进给方向不垂直时对工作角度的影响。

刀具装偏，即刀具中心不垂直于工件中心时，将造成主偏角和副偏角的变化。车刀中心向右偏斜，工作主偏角增大，工作副偏角减小，如图 2-15 所示；车刀中心向左偏斜（刀杆向右偏斜），工作主偏角减小，工作副偏角增大。

做一做　请同学们思考一下，如图 2-16 所示轴的外圆表面、端面、倒角可在什么类型机床上进行加工？选择何种刀具？

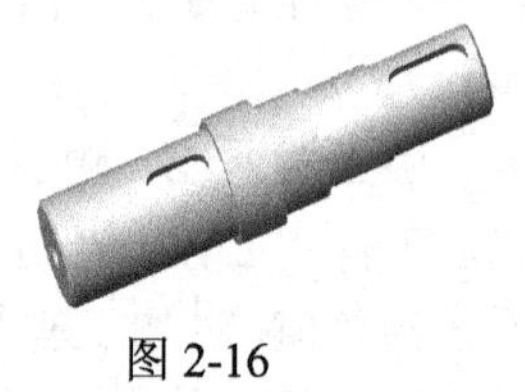

图 2-16

任务 2.2　认识磨床的加工工艺范围及常用刀具

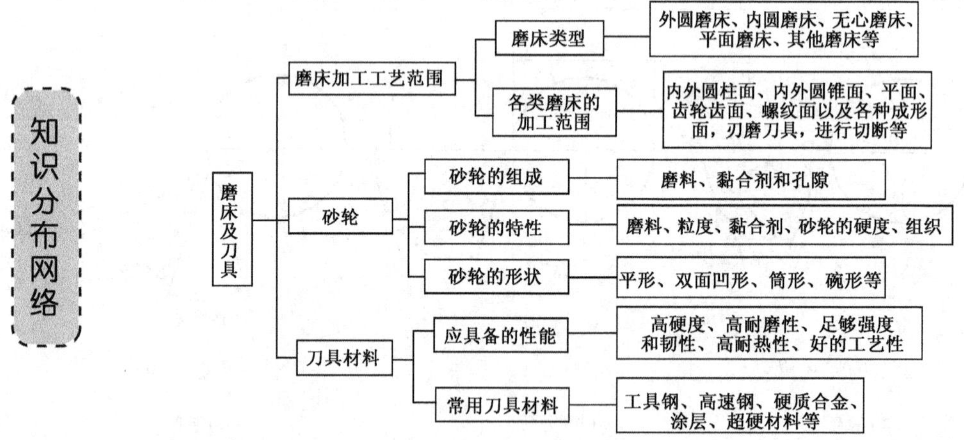

2.2.1　磨床的工艺范围

用磨料磨具（砂轮、砂带、油石和研磨料）作为工具对工件进行磨削加工的机床统称为磨床。随着现代机械对零件质量要求的不断提高，各种高硬度材料的应用日益增多，而精度较高的毛坯可不经切削粗加工而直接由磨削加工成成品，因此，磨床在金属切削加工机床中

的比重不断上升。

磨床可加工各种表面，如内外圆柱面、内外圆锥面、平面、齿轮齿面、螺旋面以及各种成形面，刃磨刀具，进行切断等，工艺范围非常广泛。

1. 磨床的类型

为了适应各种加工表面的磨削，满足不同生产批量的要求，磨床的种类很多，主要有以下几种：外圆磨床、内圆磨床、平面磨床、工具磨床、刀具刃具磨床、专门化磨床、砂带磨床等。同样，计算机技术也运用到磨床中，发展了数控磨床，数控专用磨床的设计、制造、应用已成为新的潮流。

2. 各种磨床的加工范围和特点

1）M1432B 型万能外圆磨床

M1432B 型万能外圆磨床是普通精度级万能外圆磨床，它主要用于磨削 IT6～IT7 级精度的内外圆柱、圆锥表面，还可磨削阶梯轴的轴肩、端平面等，磨削表面粗糙度 *Ra* 值为 1.25～0.08 μm。M1432B 型万能外圆磨削加工示意图如图 2-17 所示。

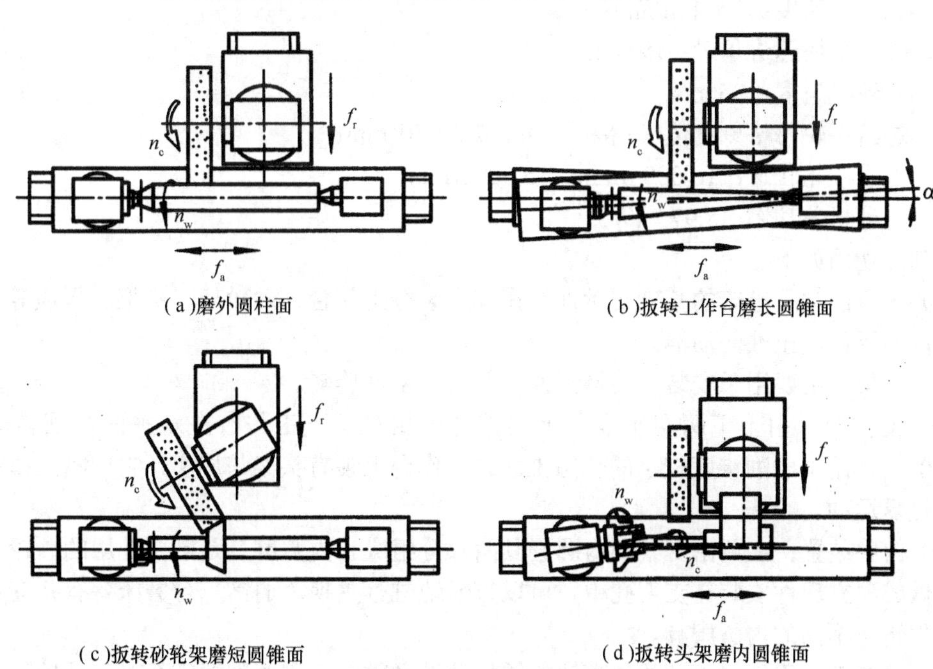

(a)磨外圆柱面　(b)扳转工作台磨长圆锥面

(c)扳转砂轮架磨短圆锥面　(d)扳转头架磨内圆锥面

图 2-17　M1432B 型万能外圆磨床磨削加工示意图

1432B 型万能外圆磨床外形结构见图 2-18。

M1432B 型万能外圆磨床的主要技术参数如下。

外圆磨削直径：　8～320 mm；

外圆最大磨削长度：1 000 mm、1 500 mm、2 000 mm；

内孔磨削直径：30～100 mm；

内孔最大磨削长度：125 mm；

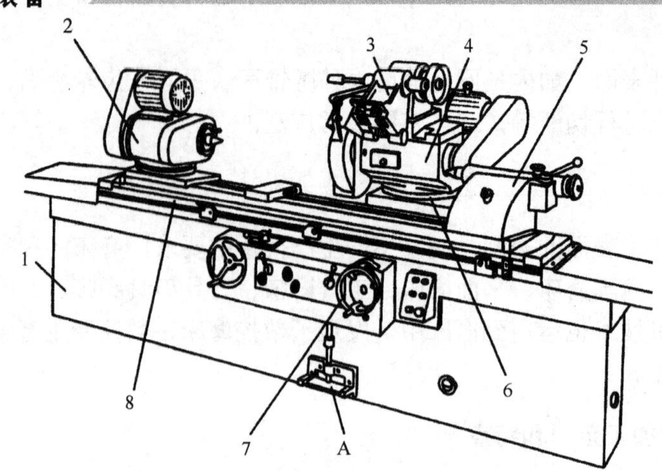

1—床身；2—头架；3—内磨装置；4—砂轮架；5—尾座；6—滑鞍；7—手轮；8—工作台； A—脚踏操纵板；

图 2-18 M1432B 型万能外圆磨床外形结构

最大工件质量：150 kg；

工作台速度：1～4 m/min；

砂轮架快速进退量：150 mm；

砂轮线速度：35 m/s；

进给手轮每格刻度值（精/粗）：0.002 5/0.01 mm；

内圆砂轮转速：10 000 r/min、15 000 r/min；

电动机总功率：8.975 kW。

各部件功用如下。

（1）床身：它是磨床的基础支承件，在其上装有工作台、砂轮架、头架、尾座等部件。床身的内部用做液压油的油池。

（2）头架：主要用于安装及夹持工件，并带动工件旋转。

（3）工作台：由上下两层组成，上工作台可相对于下工作台在水平面内回转一个角度（±10°），用于磨削锥度较小的长圆锥面。工作台上装有头架与尾座，它们随工作台一起作纵向往复运动。

（4）内磨装置：主要由支架和内圆磨具两部分组成。内圆磨具是磨内孔用的砂轮主轴部件，它做成独立部件安装在支架孔中，可以方便地进行更换。通常每台磨床备有几套尺寸与极限工作转速不同的内圆磨具。

（5）砂轮架：用于支承并传动高速旋转的砂轮主轴，当需磨削短锥面时，砂轮架可以在水平面内调整至一定角度（±30°）。

（6）尾座：它和前顶尖一起支承工件。

知识链接 从图 2-18 中可以看出磨床具有如下运动。

主运动：砂轮的旋转运动 n_c，磨内外圆时，分别由两个电动机驱动，并设有互锁装置；

进给运动：工件的旋转运动 n_w、工件纵向进给运动 f_a、砂轮架的横向进给运动 f_r；

辅助运动：砂轮架快速进退（液压）、工作台手动移动、尾座套筒的退回（手动或液动）。

2）普通外圆磨床

它和万能外圆磨床在结构上的主要区别在于：普通外圆磨床的头架和砂轮架均不能绕其垂直轴线调整角度，头架主轴也不能转动，没有内圆磨具。因此，普通外圆磨床的工艺范围较窄，只能磨削外圆柱面和锥度较小的外圆锥面，但其主要部件的结构层次少，刚性好，可采用较大的磨削用量，因此生产率较高，同时也易于保证磨削质量，如 M1332 外圆磨床等。

3）无心外圆磨床

无心外圆磨床进行磨削时，工件不是支承在顶尖上或夹持在卡盘中，而是直接被放在砂轮和导轮之间，用托板和导轮支承，以工件被磨削的外圆表面本身作为定位基准面，如图 2-19 所示。为了加快工件的成圆过程和提高工件的圆度，进行无心磨削时，工件的中心必须高于砂轮和导轮的中心连线（高出的距离一般约为工件直径的 5%～25%，如图 2-20 所示），使工件与砂轮及工件与导轮间的接触点不在同一直径线上，从而可使工件在多次转动中逐渐被磨圆。

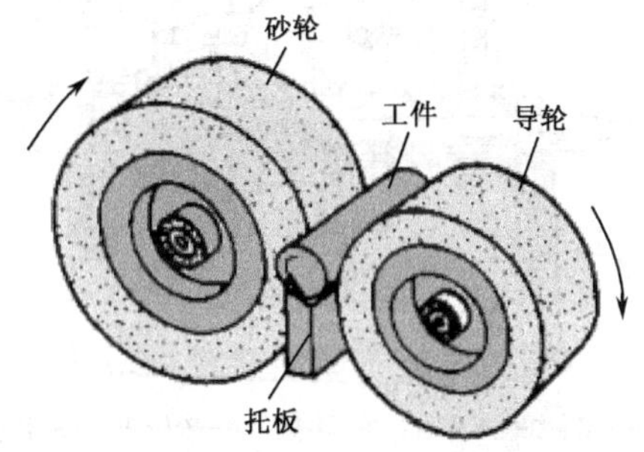

图 2-19　无心外圆磨床工作原理

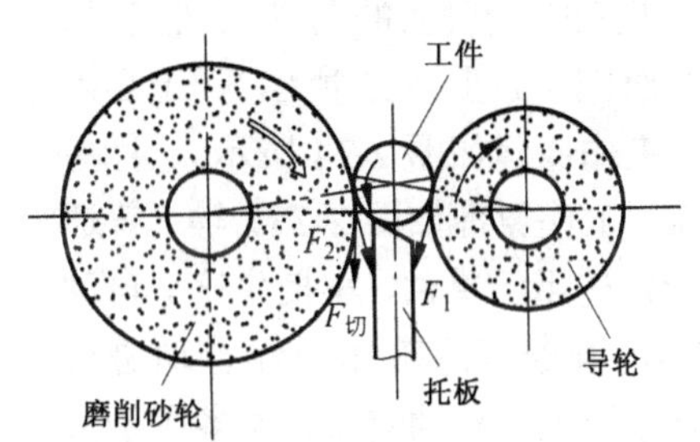

图 2-20　无心外圆磨床上工件安装图

无心外圆磨床外形如图 2-21 所示。

无心外圆磨床的加工方法有两种：纵磨法（或称贯穿法）和横磨法（或称切入法），如图 2-22 所示。

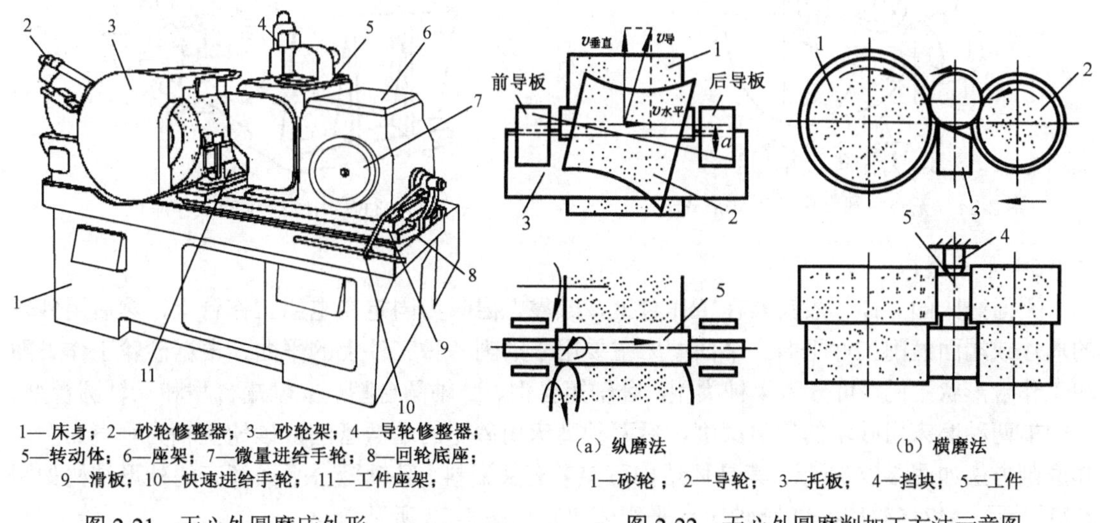

图 2-21　无心外圆磨床外形

图 2-22　无心外圆磨削加工方法示意图

纵磨法（贯穿法）：磨削中工件穿过砂轮与导轮之间的磨削区，适于磨削无台阶的圆柱形工件，磨削时工件可一个接一个地依次通过，磨削连续进行，易实现自动化，生产率较高。

横磨法（切入法）：磨削中无纵向进给，工件不穿过砂轮与导轮之间的磨削区，适于磨削带凸台的圆柱体、阶梯轴以及外圆锥表面和成形旋转体。

知识链接 在无心外圆磨床上磨削外圆表面，工件不需打中心孔，这样，既消除了因中心孔偏心而带来的误差（没有定位误差），又可使装卸简单省时。由于有导轮和托板沿全长支承工件，对一些刚度较差的细长工件也可用较大的切削用量进行磨削，故生产率较高，但机床调整时间较长，适用于成批、大量生产。此外，无心外圆磨床不能磨削周向不连续的表面（如有键槽），也不能保证被磨外圆和内孔的同轴度。

4）内圆磨床

内圆磨床的砂轮主轴转速很高，可磨削圆柱、圆锥形内孔表面（包括通孔、盲孔、阶梯孔和断续表面的孔等）。它包括普通内圆磨床（如图 2-23 所示）、无心内圆磨床（工作原理如图 2-24 所示）、行星内圆磨床（工作原理如图 2-25）等。普通内圆磨床仅适用于单件、小批生产。自动和半自动内圆磨床除工作循环自动进行外，还可在加工中自动测量，大多用于大批量的生产中。

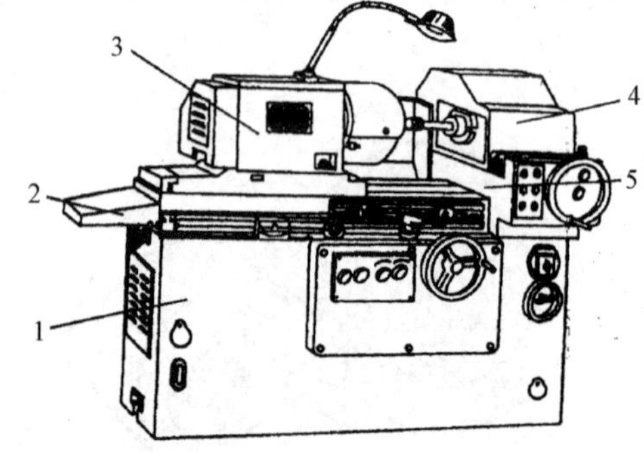

1—床身；2—工作台；3—头架；4—砂轮架；5—滑座

图 2-23 普通内圆磨床

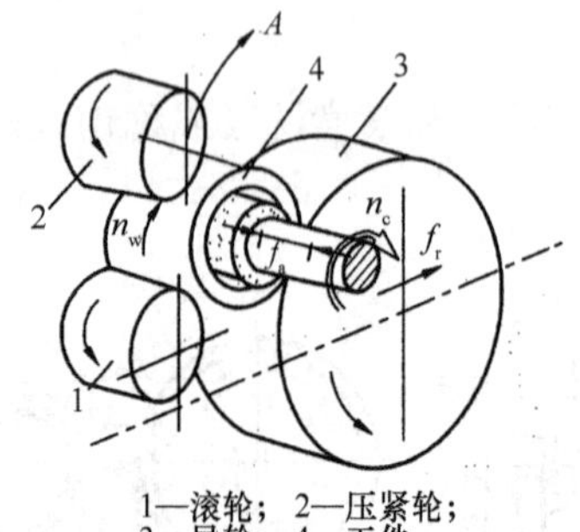

1—滚轮；2—压紧轮；3—导轮；4—工件

图 2-24 无心内圆磨床的工作原理

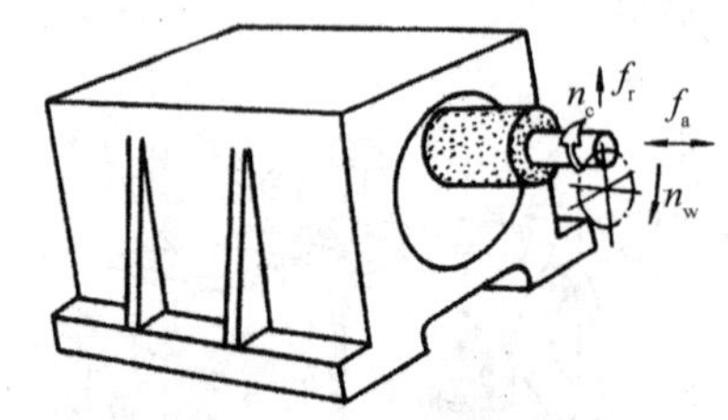

图 2-25 行星内圆磨床的工作原理

5）平面磨床

平面磨床的工件一般夹紧在工作台上，或靠电磁吸力固定在电磁工作台上，然后用砂轮的周边或端面磨削工件平面。平面磨床主要用于磨削各种工件上的平面，根据砂轮工作表面和工作台形状不同，可分为 4 种类型：卧轴矩台型、卧轴圆台型、立轴矩台型和立轴圆台型。其中前两种磨床用砂轮的周边磨削，后两种磨床用砂轮的端面磨削，砂轮主轴为垂直布置。其磨削方法如图 2-26 所示，其具体结构可参考有关资料。卧轴矩台平面磨床的外形结构如图 2-27 所示。M7150*12-GM 卧轴矩台平磨床实物如图 2-28 所示。

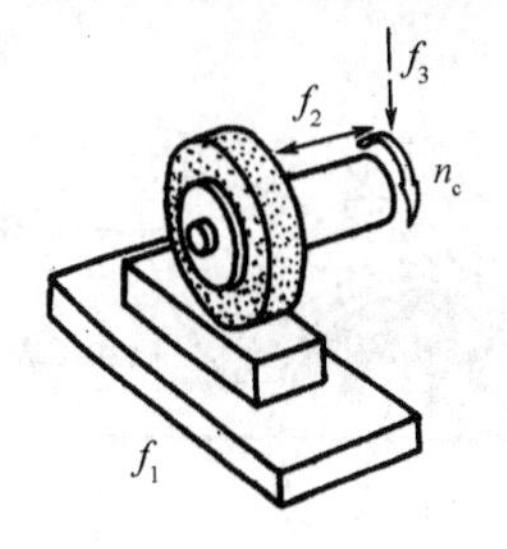

(a)卧轴矩台型

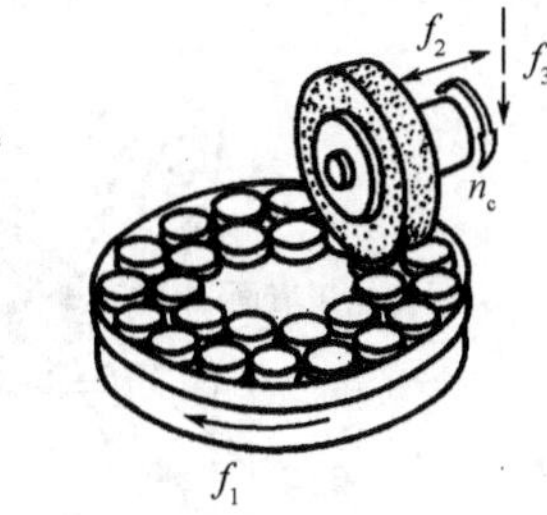

(b)卧轴圆台型

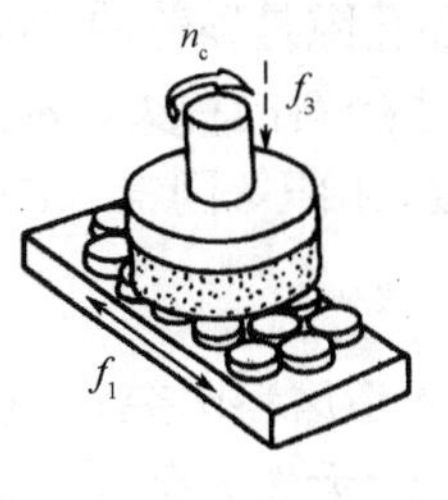

(c)立轴矩台型

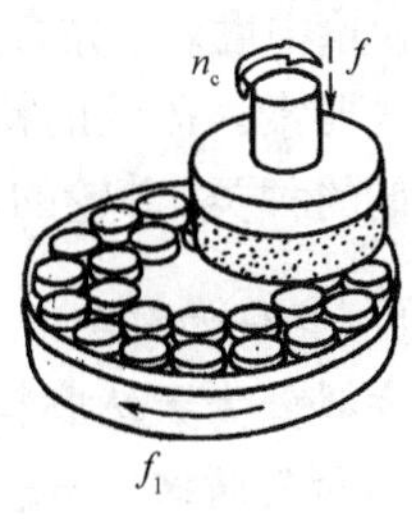

(d)立轴圆台型

图 2-26　平面磨床的磨削方法

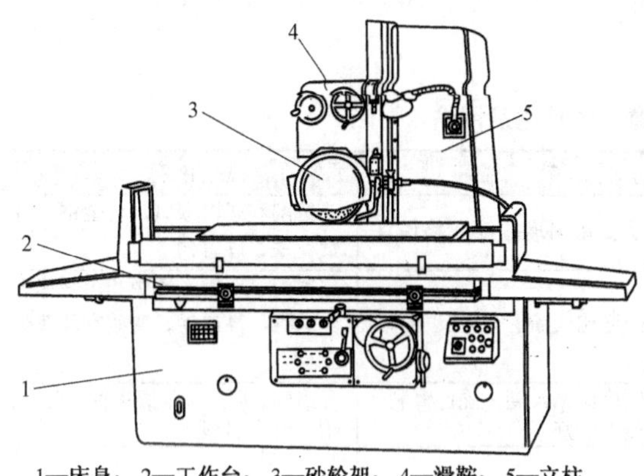

图 2-27　卧轴矩台平面磨床

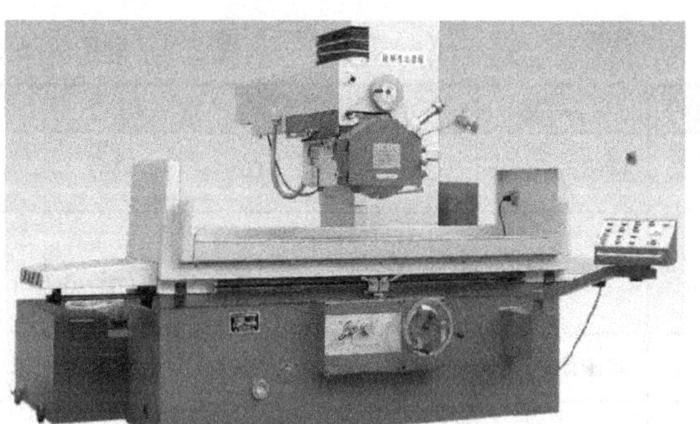

图 2-28　M7150*12-GM 卧轴矩台平面磨床

6）其他磨床

（1）工具磨床：它是专门用于工具制造和刀具刃磨的磨床，有万能工具磨床、钻头刃磨床、拉刀刃磨床、工具曲线磨床等，多用于工具制造厂和机械制造厂的工具车间。

（2）砂带磨床：它以快速运动的砂带作为磨具，工件由输送带支承，效率比其他磨床高数倍，功率消耗仅为其他磨床的几分之一，主要用于加工大尺寸板材、耐热难加工材料和大量生产的平面零件等。

（3）专门化磨床：它是专门磨削某一类零件，如曲轴、凸轮轴、花键轴、导轨、叶片、轴承滚道及齿轮和螺纹等的磨床。

 **注意**　同学们能否比较一下，车床和磨床所能加工的表面有何异同处？找找看吧！

2.2.2　砂轮

磨削用的刀具有：砂轮、油石、磨头、砂带等，下面重点介绍砂轮。

1．砂轮的组成和特性

磨削用的砂轮是由许多细小而且极硬的磨粒用黏合剂黏结而成的多孔物体，如图 2-29 所示。

砂轮中磨料、黏合剂和孔隙是砂轮的 3 个基本组成要素。砂轮的特性由磨料的种类、粒度、黏合剂的种类、砂轮的硬度、组织等因素来决定。

1）磨料的种类

磨料分为天然磨料和人造磨料两类。一般天然磨料含杂质多，质地不匀。天然大金刚石虽然好，但价格昂贵，故目前主要使用人造磨料。磨料担负切削工作，它的棱角必须锋利，还应具有很高的硬度及良好的耐热性和一定的韧性。常用的人造磨料的特性及用途如表 2-1 所示。

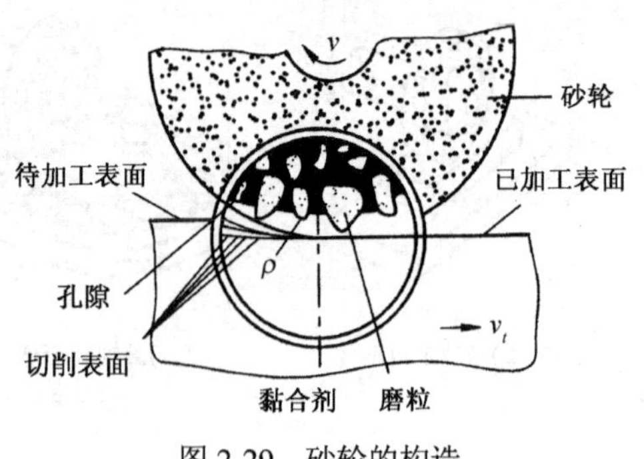

图 2-29　砂轮的构造

表 2-1　常用人造磨料的特性及用途

系列	磨料名称	新标准代号	旧标准代号	颜色	特　　性	适 用 范 围
氧化物类	棕刚玉	A	GZ	棕褐色	硬度高，韧性大，价格便宜	磨削和研磨碳钢、合金钢、可锻铸铁、硬青铜
	白刚玉	WA	GB	白色	硬度比 A 高，韧性比 A 低	磨削、研磨、珩磨和超硬加工淬火钢、高速钢、普碳钢及薄壁工件
碳化物类	黑碳化硅	C	TH	黑色	硬度比 WA 高，脆性锋利，导热性较好	磨削、研磨、珩磨铸铁、黄钢、铝、耐火材料
	绿碳化硅	GC	TL	绿色	硬度和脆性比 C 高，具有良好的导热、导电性能	磨削、研磨、珩磨硬质合金、宝石、玉石、陶瓷和玻璃
高硬磨料类	立方氮化硼	CBN	JLD	黑色	立方型晶体结构，硬度略低于金刚石，强度较高，导热性能好	磨削、研磨、珩磨各种既硬又韧的淬火钢和高钼、高钒、高钴钢、不锈钢
	人造金刚石	D	JR	乳白色	立方型晶体结构，具有高硬度，比天然金刚石略脆，有较高强度和良好的导热性能	磨削、研磨、珩磨高硬脆材料，如硬质合金、宝石、陶瓷、玻璃等

2）磨料的粒度

磨料的粒度是指磨料颗粒的粗细程度。粒度分磨粒和微粉两组。磨粒（制砂轮用）用筛选法分类，它的粒度号以筛网上每英寸长度内的网孔眼数来表示。例如，对于 60#粒度的磨粒，能通过每英寸 60 个孔眼的筛网，而每英寸 70 个孔眼的筛网就不能通过。微粉（供研磨用）用显微测量法分类，其粒度号是在微粉实际尺寸前加 W 来表示，如表 2-2 所示。

表 2-2　磨料粒度标准

磨粒	4#，5#，6#，7#，8#，10#，12#，14#，16#，20#，22#，24#，30#，36#，40#，46#，54#，60#，70#，80#，90#，100#，120#，150#，180#，220#，240#
微粉	W63，W50，W40，W28，W20，W14，W10，W7，W5，W3.5，W2.5，W1.5，W1.0，W0.5

磨料粒度影响磨削加工的质量和生产率。一般说来，粗磨时，磨削余量大，对加工质量要求低，应选用较粗的磨粒。精磨时，则应选用较细的磨粒。微粉用于精细磨削和光整加工。磨料的粒度号和适用范围如表 2-3 所示。

表 2-3　磨料的粒度号和适用范围

粒 度 号	颗粒尺寸/（μm）	适 用 范 围
12～20	2 000～1 000	粗磨、打磨毛刺等
22～40	1 000～400	修磨钢坯、打磨铸件毛刺、切断钢坯、磨电瓷和耐火材料等
46～60	400～250	外圆、内圆、平面、无心磨、工具磨等
60～90	250～160	外圆、内圆、平面、无心磨、工具磨等半精磨、精磨和成形磨
100～240	160～50	精磨、精密磨、超精磨、珩磨、成形磨、工具刃磨等
280～W20	50～14	精磨、精密磨、超精磨、珩磨、小螺距螺纹和超精加工等
W20～更细	14～2.5	精磨、精细磨、超精磨、镜面磨、超精加工和制造研磨剂等

3）黏合剂的种类

黏合剂是用来把磨料黏结起来的物质。砂轮的强度、抗冲击性、耐热性及抗腐蚀能力，主要取决于黏合剂的性能。常用黏合剂的种类、性能及应用如表 2-4 所示。

表 2-4　黏合剂的种类、性能及应用

名　称	代　号	特　　性	适 用 范 围
陶瓷黏合剂	V（A）	耐热、耐水、耐油、耐酸碱、多孔性好、强度高，但韧性弹性差	应用范围最广，除切砂轮外大多数砂轮都采用它
树脂黏合剂	B（B）	强度高、弹性好、耐冲击，有抛光作用，但耐热性更差，抗腐蚀性差	制造高速砂轮、薄砂轮
橡胶黏合剂	R（X）	强度和弹性更好，有极好的抛光作用，磨粒容易脱落，耐热、耐酸性均差	无心磨床导轮、薄砂轮
金属黏合剂	（J）	强度高，成形性好，有一定韧性，但自锐性差	制造各种金刚石砂轮

注：括号内的代号是旧标准代号。

4）砂轮的硬度

砂轮的硬度是指黏合剂黏结磨粒的牢固程度，也是指其表面上的磨粒在磨削力作用下脱落的难易程度。如果磨粒容易脱落，表明砂轮硬度低，反之则表明其硬度高。由此可见，砂轮的硬度与磨料的硬度是两种不同的概念。常用的砂轮硬度等级如表 2-5 所示。

表 2-5　砂轮的硬度等级

等级	超软	软			中软		中		中硬			硬		超硬
小级		软 1	软 2	软 3	中软 1	中软 2	中 1	中 2	中硬 1	中硬 2	中硬 3	硬 1	硬 2	
新代号	D、E、F	G	H	J	K	L	M	N	P	Q	R	S	T	Y
旧代号	CR	R_1	R_2	R_3	ZR_1	ZR_2	Z_1	Z_2	ZY_1	ZY_2	ZY_3	Y_1	Y_2	CY

注意　选用时一般是磨硬材料时用较软的砂轮，而磨软材料时则用较硬的砂轮。但在磨有色金属时，因砂轮容易被磨屑堵塞，故应选用较软的砂轮。在精磨或成形磨削时，特别需要保持砂轮的形状精度，应选用硬一点的砂轮。砂轮的硬度合适，磨粒磨钝后因磨削力增大而自行脱落，使新的锋利磨粒露出，砂轮具有自锐性，则磨削效率高，工件表面质量好，砂轮的损耗也小。常用的砂轮的硬度等级是 H～N（R_2～Z_2）。

5）砂轮的组织

组织表示磨粒、黏合剂、孔隙 3 者体积的比例关系。它是用磨粒体积占整个砂轮体积的百分数表示的。砂轮的组织号如表 2-6 所示。

砂轮组织如果疏松，磨粒间空隙大，能容纳较多的磨屑，还可把切削液或空气带入磨削区域，以降低磨削温度，减少工件热变形，防止烧伤和产生细微裂纹。但过于疏松的砂轮，其磨粒含量太少，容易变钝。常用的是中等组织 5～6 号。

表 2-6　砂轮的组织号

类　别	紧　密				中　等				疏　松						
组织号	0	1	2	3	4	5	6	7	8	9	10	11	12	13	14
磨料所占体积（%）	62	60	58	56	54	52	50	48	46	44	42	40	38	36	34
用途	成形磨削和精密磨削，保持砂轮成形性能，获得较小的表面粗糙度值				磨削淬火钢工件及刃磨刀具				磨削韧性大而硬度不高的工件，磨削热敏性强的材料及薄板、薄壁工件						

2．砂轮的形状及用途

砂轮的特性、尺寸，用代号标注在砂轮的端面上，如：

WA	60	L	V	P	400×40×127
(GB)		(ZR_2)	(A)		
磨料	粒度	硬度	黏合剂	形状	外径×宽度×孔径

组织号一般不标出，有些砂轮上还标有安全速度的数字，如“25～30 m/s”代表允许的最大磨削速度。

根据磨床结构及加工的需要，砂轮制成各种形状和尺寸，表 2-7 所示是常用的几种砂轮的形状、代号和用途。

表 2-7　常用砂轮的形状、代号和用途

砂 轮 名 称	代　号	断 面 图	基 本 用 途
平形砂轮	P		磨外圆、内圆、平面、无心磨削、刃磨，周磨平面和刃磨刀具
双面凹形砂轮	PSA		外圆磨削和刃磨刀具，无心磨的砂轮和导轮
双斜边一号砂轮	PSX_1		磨齿轮面和磨单线螺纹
筒形砂轮	N		端磨平面
杯形砂轮	B		端磨平面，刃磨刀具后刀面
碗形砂轮	BW		端磨平面，刃磨刀具后刀面
蝶形一号砂轮	D_1		刃磨刀具前刀面

知识链接 砂轮的安装与修整如下。

➢砂轮的安装：砂轮在高速旋转条件下工作，使用前应仔细检查，不允许有裂纹。安装必须牢靠，并应经过静平衡调整，以免发生人身和质量事故。

➢砂轮的修整：在磨削时，砂轮磨粒逐渐变钝，作用在磨粒上的磨削抗力就会增大，结果使变钝的磨粒破碎，一部分会脱落，余下的露出锋利的刃口继续切削，这就是砂轮的自锐性。但是砂轮不能完全自锐，未能脱落的磨粒留在砂轮表面上使砂轮变钝，磨削能力下降，其外形也会有变化，这就需要用金刚石进行修整。

想一想 作为磨削刀具，砂轮具有其特殊的性质，使之能实现磨削功能。那么同样起切削作用的车刀之类的刀具，应该具备什么样的性能才能实现切削呢？又有哪些材料可作为刀具材料呢？

2.2.3 刀具的材料

金属切削刀具在切削加工时，除要承受较大的切削力外，还要与切屑、工件之间产生剧烈的摩擦，因此会产生大量的热，使刀具承受很高的切削温度。当加工余量不均匀或断续切削时，刀具还要承受冲击负荷和振动，为此刀具材料性能的好坏直接影响切削性能。

1. 刀具材料应具备的性能

1）高硬度

刀具要从工件上切除金属层，刀具材料的硬度必须大于工件材料的硬度，一般情况要求其常温下的硬度在 HRC60 以上。另外，刀具材料的硬度高低在一定程度上决定了刀具的应用范围，工件材料硬度超高，就要求刀具材料的硬度相应提高。

2）高耐磨性

耐磨性是刀具材料抵抗机械摩擦和抵抗磨料磨损的能力。耐磨性是刀具材料强度、硬度、化学成分及显微组织结构的综合反应。通常刀具材料的硬度越高，耐磨性越好，但在同样的硬度下，不同的金相组织，耐磨性也会不同。因此耐磨性是衡量刀具材料性能的主要条件之一。

3）足够的强度和韧性

在金属切削过程中，要使刀具在承受各种应力和冲击的情况下，不致产生破坏，刀具材料就必须具有足够的强度，同时还必须具有足够的韧性。通常用刀具材料的抗弯强度和冲击韧性来衡量强度和韧性好坏。

4）高的耐热性

耐热性是指刀具材料在高温下保持其硬度、耐磨性、强度和韧性的能力。耐热性越好，说明刀具材料在高温下的切削性能越好，允许的切削深度就越高。耐热性是衡量刀具材料好坏的主要标志。

5）良好的工艺性和经济性

为了方便刀具制造，要求刀具材料还应该有良好的切削性能，磨削性能，锻造、焊接和热处理性能。刀具材料还应尽量采用丰富的国内资源，从而降低刀具材料的成本。

2. 常用的刀具材料

常用的刀具材料一般有以下几类。

（1）工具钢：包括碳素工具钢、合金工具钢、高速钢。其中碳素工具钢（如 T10A、T12A）与合金工具钢（如 9SiCr）因耐热性较差，通常只用于手工工具、切削速度较低的刀具。

（2）硬质合金：应用广泛。

（3）超硬刀具材料：包括陶瓷、金刚石及立方氮化硼等，但它仅用于有限场合。

所以，目前刀具材料用得最多的还是高速钢和硬质合金，另外还有涂层刀具。

1）高速钢

高速钢是一种含有钨、铂、铬、钒等元素较多的高合金工具钢。它具有很高的强度和韧性以及较好的工艺性。高速钢热处理后的硬度为 HRC63～70，红硬温度为 500～650℃，允许切削速度为 40 m/min 左右。它主要用于制造各种形状较为复杂的刀具，如麻花钻、拉刀、铰刀、齿轮刀具和各种成形刀具等。高速钢的牌号及性能见表 2-8。

表 2-8　高速钢的牌号及性能

类别		牌号	硬度（HRC）	抗弯强度（GPa）	冲击韧性（kJ·m^{-2}）	高温硬度（HRC，600℃）
通用高速钢		W18Cr4V	62～66	3.34	0.294	48.5
		W6Mo5Cr4V2	62～66	4.6	0.5	47～48
		W14Cr4VMn-RE	64～66	4	0.25	48.5
高性能高速钢	高碳	9W18Cr4V	67～68	3	0.2	51
	高钒	W12Cr4V4Mo	63～66	3.2	0.25	51
	超硬	W6Mo5Cr4V2Al	68～69	3.43	0.3	55
		W10Mo4Cr4V3Al	68～69	3	0.25	54
		W6Mo5Cr4V5SiNbAl	66～68	3.6	0.27	51
		W12Cr4V3Mo3Co5Si	69～70	2.5	0.11	54
		W2Mo9Cr4VCo8	66～70	2.75	0.25	55

2）硬质合金

硬质合金是由高耐热性和高耐磨性的金属碳化物（碳化钨、碳化钛等）与金属黏结剂（钴、镍、钼等）用粉末冶金的工艺烧结而成的。作为刀具材料，它具有优越的金属切削性能，而且能以较高的切削速度进行金属切削。它的硬度高达 HRC74～82，红硬温度达 800～1 000℃，允许切削速度达 100～300 m/min，是高速钢的 5～10 倍；但硬质合金较脆，抗弯强度低，仅是高速钢的 1/3 左右，韧性也很低，仅是高速钢的十分之一到几十分之一。因此，硬质合金常制成各种形式的刀片，焊接或机械夹固在车刀、刨刀、端铣刀等的刀体（刀杆）上。硬质合金牌号、类别、性能及用途见表 2-9。

表2-9　硬质合金牌号、类别、性能及用途

类　型	牌　号	类　别		力学性能		用　途
				硬度（HRC）	抗弯强度（Gpa）	
钨钴类	YG3	K类	K01	78	10.8	铸铁、有色金属及其合金的精加工、半精加工，要求无冲击
	YG6X		K05	78	1.37	铸铁、冷硬铸铁、高温合金的精加工、半精加工
	YG6		K10	76	1.42	铸铁、有色金属及其合金的半精加工及粗加工
	YG8		K20	74	1.47	铸铁、有色金属及其合金的粗加工，也可用于断续切削
钨钛钴类	YT30	P类	P01	80.5	0.88	碳钢、合金钢的精加工
	YT15		P10	78	1.13	碳钢、合金钢的连续切削粗加工、半精加工，也可用于断续切削时精加工
	YT14		P20	77	1.2	碳钢、合金钢的粗加工，也可用于断续切削
	YT5		P30	74	1.37	碳钢、合金钢的粗加工，也可用于断续切削

知识链接　硬质合金还有几类：M类，它适合加工不锈钢件；N类，用于加工短切屑的非铁材料；S类，用于加工难加工材料；H类，用于加工硬材料。大家可查阅相关资料。

3）涂层刀具材料

涂层刀具材料是在硬质合金或高速钢基体上涂一层或多层高硬度、高耐磨性的金属化合物（Tic、TiN、Al_2O_3等）而构成的。涂层厚度一般在2～12 μm之间变化，既能提高刀具材料的耐磨性，而又不降低其韧性。涂层刀具实物见图2-30。

目前涂层技术应用最广泛的是气相沉积法，它可分为两种：

化学气相沉积法（CVD 法），适用于硬质合金刀具；物理气相沉积法（PVD 法），适用于高速钢刀具。

涂层材料可分为T iC涂层、TiN涂层、T iC与TiN涂层、Al_2O_3涂层等。

图2-30　涂层刀具实物

涂层技术在如今已经形成成熟的自动化过程，涂层达到均匀一致，而且在涂层和基体之间的附着力也非常好，所以涂层硬质合金刀具的耐用度比不涂层的至少可提高1～3倍，涂层高速钢刀具的耐用度比不涂层的可提高2～20倍。国内涂层硬质合金刀片牌号有CN、CA、YB等系列。

4）超硬刀具材料

图 2-31　陶瓷刀片

（1）陶瓷：陶瓷刀具材料主要是以氧化铝（Al_2O_3）或以氮化硅（Si_3N_4）为基体，再添加少量金属化合物（ZrO_2、TiC 等），采用热压成形和烧结的方法获得的。陶瓷刀具常温硬度为 91～95HRA，耐磨性很好，有很高的耐热性，在 1 200℃下硬度为 80HRA，且化学性能稳定。常用的切削速度为 100～400 m/min，有的甚至可高达 750 m/min，切削效率可比硬质合金提高 1～4 倍，因此陶瓷刀具被认为是提高生产率的最有希望的刀具之一。它的主要缺点是抗弯强度低，冲击韧性差。陶瓷材料可做成各种刀片，主要用于高速精加工硬材料，一些新型复合陶瓷刀具也可用于半精加工或粗加工难加工的材料或间断切削。陶瓷刀片如图 2-31 所示。

（2）金刚石：金刚石是在高温高压下将金刚石微粉聚合而成的多晶体材料，分人造和天然两种。其硬度极高（显微硬度达 10 000HV），耐磨性极好，可切削极硬的材料而长时间保持尺寸的稳定性，其刀具耐用度比硬质合金高几十倍至三百倍。但这种材料的韧性和抗弯强度很差，只有硬质合金的 1/4 左右；热稳定性也很差，当切削温度达到 700～800℃时易脱碳而失去硬度，因而不能在高温下切削；此外，它对振动比较敏感，与铁有很强的亲和力，不宜加工黑色金属，主要用于加工铝、铜及铜合金、陶瓷、合成纤维、强化塑料和硬橡胶等有色金属，以及用于非金属的精加工、超精加工，或做磨具、磨料用。

（3）立方氮化硼：这是一种由立方氮化硼（白石墨）在高温、高压下制成的新型超硬刀具材料，它的硬度仅次于金刚石，达 7 000～8 000HV，耐磨性很好，耐热温度可达 1 400℃，有很高的化学稳定性，抗弯强度和韧性略低于硬质合金。立方氮化硼可做成整体刀片，也可与硬质合金做成复合刀片。刀具耐用度是硬质合金和陶瓷刀具的几十倍。立方氮化硼主要用于高硬度、难加工材料的半精加工和粗加工。

注意　据资料调查，近年来，在中国市场上活跃着世界五大刀具派系：山特系、美国系、日本系、以色列系、欧洲系等，请同学们了解这些派系的公司代表有哪些，它们在刀具技术上发展水平如何，而我国知名的刀具公司又有哪些，存在什么竞争优势。

想一想

➢ 如图 2-32 所示零件的表面该用何种机床、何种刀具加工呢？

图 2-32

任务 2.3　认识铣床的加工工艺范围及常用刀具

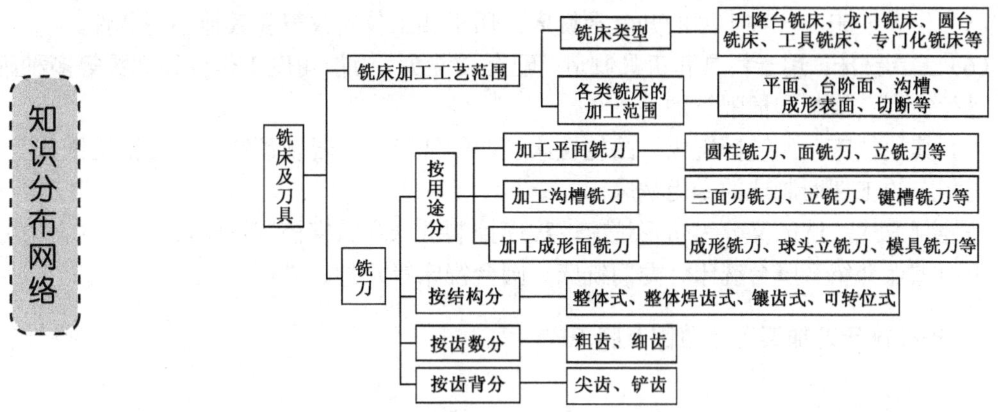

2.3.1　铣床的工艺范围

铣床应用非常广泛，它是用圆柱铣刀、盘铣刀、角度铣刀、成形铣刀、端铣刀、模数铣刀等刀具对工件进行平面（水平面、垂直面等）、沟槽（键槽、T 形槽、燕尾槽等）、螺旋形表面及各种曲面等加工的机床，其加工的典型表面如图 2-33 所示。

铣床用铣刀以相切法形成加工表面，且有多个刀刃参加切削，效率较高。但多刃刀具断续切削容易造成振动，影响加工表面质量，所以对机床的刚度和抗振性有较高的要求。

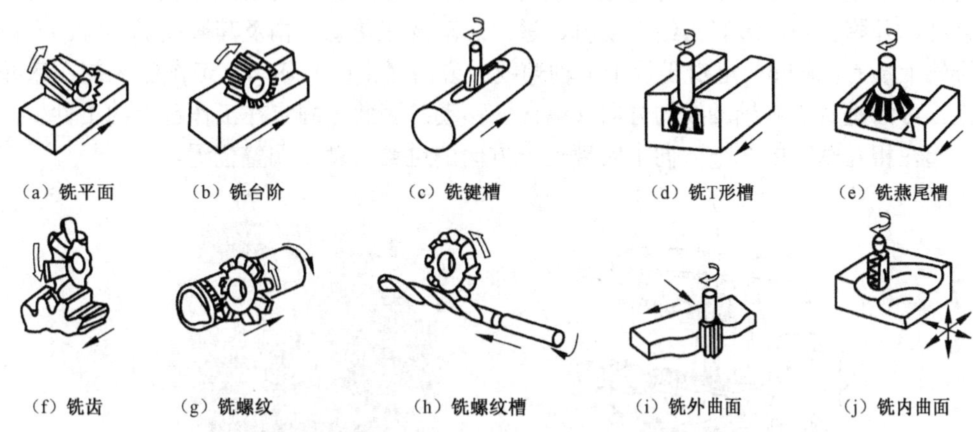

（a）铣平面　（b）铣台阶　（c）铣键槽　（d）铣T形槽　（e）铣燕尾槽

（f）铣齿　（g）铣螺纹　（h）铣螺纹槽　（i）铣外曲面　（j）铣内曲面

图 2-33　铣床加工的典型表面

1．铣床的类型

铣床种类很多，一般按布局形式和适用范围加以区分。

（1）升降台铣床：有万能式、卧式和立式等，主要用于加工中小型零件，应用最广。

（2）龙门铣床：包括龙门铣镗床、龙门铣刨床和双柱铣床，均用于加工大型零件。

（3）单柱铣床和单臂铣床：前者的水平铣头可沿立柱导轨移动，工作台作纵向进给；后者的立铣头可沿悬臂导轨水平移动，悬臂也可沿立柱导轨调整高度。两者均用于加工大型零件。

（4）工作台不升降铣床：有矩形工作台式和圆形工作台式两种，是介于升降台铣床和龙门铣床之间的一种中等规格的铣床。其垂直方向的运动由铣头在立柱上升降来完成。

（5）仪表铣床：一种小型的升降台铣床，用于加工仪器仪表和其他小型零件。

（6）工具铣床：用于模具和工具制造，配有立铣头、万能角度工作台和插头等多种附件，还可进行钻削、镗削和插削等加工。

（7）其他铣床：如键槽铣床、凸轮铣床、曲轴铣床、轧辊轴颈铣床和方钢锭铣床等，是为加工相应的工件而制造的专用铣床。

按控制方式，铣床又分为仿形铣床、程序控制铣床和数字控制铣床。

下面重点介绍升降台铣床、龙门铣床、圆台铣床等几种。

2．各种铣床的加工工艺范围及特点

1）升降台铣床

升降台铣床是铣床类机床中应用最广泛的一种类型。升降台铣床的结构特征是，主轴带动铣刀旋转实现主运动，其轴线位置通常固定不动，工作台可在相互垂直的 3 个方向上调整位置，并可带动工件在其中任一方向上实现进给运动。升降台铣床有卧式、立式、万能式几种，主要用于加工中小型零件。

（1）卧式升降台铣床：卧式升降台铣床如图 2-34 所示，其主轴水平布置。立柱 1 固定在底座 8 上，用于安装和支承机床各部件，立柱内装有主轴部件、主运动变速传动机构及其操纵机构等。立柱 1 顶部的燕尾槽导轨上装有横梁 2，可沿主轴轴线方向调整其前后位置，横梁上的刀杆支架 4 用于支承刀杆的悬伸端。升降台 7 装在立柱 1 的垂直导轨上，可以上下（垂直）移动，升降台内部装有进给电动机、进给运动变速传动机构及其操纵机构等。升降台的水平导轨上装有床鞍 6，可沿平行于主轴轴线的方向（横向）移动。工作台 5 装在床鞍 6 的导轨上，可沿垂直于主轴轴线的方向（纵向）移动。因此，固定在工作台上的工件，可随工作台一起在相互垂直的 3 个方向上实现任一方向的进给运动或调整位置。

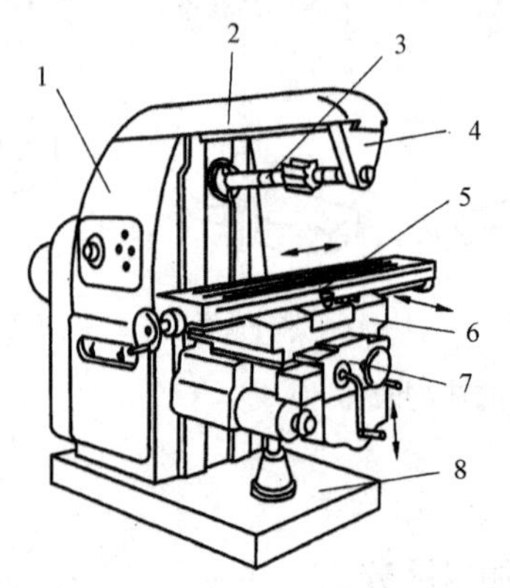

1—立柱； 2—横梁； 3—主轴； 4—支架； 5—工作台； 6—床鞍； 7—升降台； 8—底座

图 2-34 卧式升降台铣床

卧式升降台铣床可加工平面、沟槽及成形表面等。

（2）立式升降台铣床：立式升降台铣床与卧式升降台铣床的主要区别在于，它的主轴是垂直布置的，可用端铣刀或立铣刀加工平面、斜面、沟槽、台阶等表面。图 2-35 所示为常见

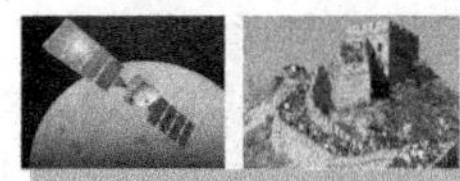

的一种立式升降台铣床，其工作台3、床鞍4及升降台5的结构与卧式升降台铣床相同，不同之处在于立铣头1，根据其与床身的连接结构不同，又分为两种：一种是立铣头和床身做成一体，这种铣床刚度高，但加工范围窄；另一种是立铣头和床身不为一体，两者之间有一回转盘，盘上有角度刻线，立轴可随着立铣头扳转一定角度，它可以铣削各种角度的斜面，加工范围更广些，通常适用于单件及批量生产。

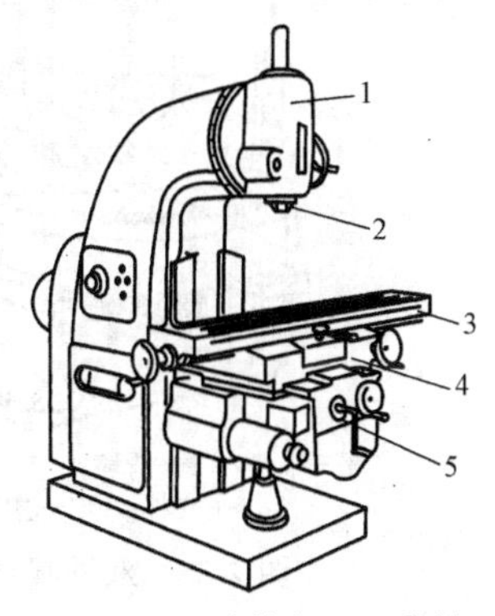

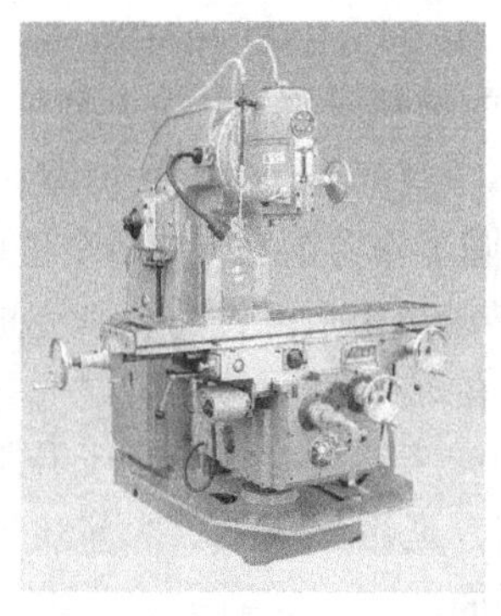

1—立铣头；　2—主轴；　3—工作台；4—床鞍；　5—升降台

图2-35　立式升降台铣床

（3）万能升降台铣床：万能升降台铣床是一种通用金属切削机床。它的主轴锥孔可直接或通过附件安装各种圆柱铣刀、成形铣刀、端面铣刀、角度铣刀等刀具，适用于加工各种零部件的平面、斜面、沟槽、孔等，是机械制造、模具、仪器、仪表、汽车、摩托车等行业的理想加工设备。它可分立式和卧式两种，图2-36所示就是一种型号为X6132A的万能升降台铣床。对于万能卧式升降台铣床，其工作台可以绕垂直轴在水平面内移动一个±45°以内的角度，以铣削螺旋槽。

2）龙门铣床

龙门铣床是一种大型高效能的铣床，主要用于加工各类大型工件上的平面和沟槽，借助附件还可完成斜面、内孔等加工，如图2-37所示。龙门铣床能用多把铣刀同时加工几个平面，生产率较高。它在成批和大量生产中得到广泛应用。

图2-36　X6132A万能升降台铣床

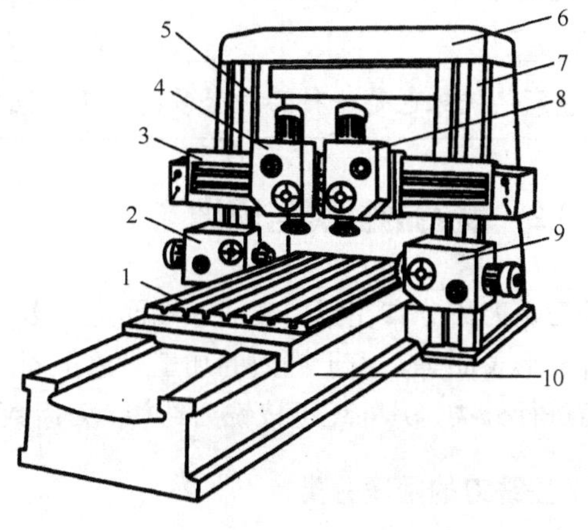

1—工作台；2,9—水平铣头；3—横梁；
4，8—垂直铣头；5，7—立柱；6—顶梁；10—床身

图2-37　龙门铣床

3）圆台铣床

圆台铣床可分为单轴和双轴两种形式，图2-38所示为双轴圆台铣床。主轴箱5的两个主轴上分别安装粗铣和半精铣的端铣刀，用于粗铣和半精铣平面。滑座2可沿床身1的导轨横向移动，以调整圆工作台3与主轴间的横向位置。主轴箱5可沿立柱4的导轨升降；主轴也可在主轴箱中调整其轴向位置，以使刀具与工件的相对位置准确。加工时，可在圆工作台3上装夹多个工件，圆工作台3作连续转动，由两把铣刀分别完成粗、精加工，装卸工件的辅助时间与切削时间重合，生产率较高。这种铣床的尺寸规格介于升降台铣床与龙门铣床之间，适用于成批、大量生产中加工中小型零件的平面。

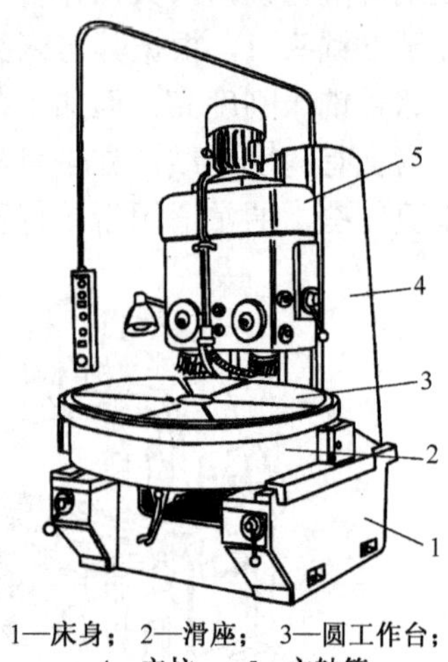

1—床身；2—滑座；3—圆工作台；4—立柱；5—主轴箱

图2-38 双轴圆台铣床

知识链接 数控铣削加工除了具有普通铣床加工的特点外，还有如下特点。

（1）零件加工的适应性强，灵活性好，能加工轮廓形状特别复杂或难以控制尺寸的零件，如模具类零件、壳体类零件等。

（2）能加工普通机床无法加工或很难加工的零件，如用数学模型描述的复杂曲线零件以及三维空间曲面类零件。

（3）能加工一次装夹定位后，需进行多道工序加工的零件。

（4）加工精度高，加工质量稳定可靠。

（5）生产自动化程序高，可以减轻操作者的劳动强度，有利于生产管理自动化。

（6）生产效率高。

（7）从切削原理上讲，无论端铣还是周铣都属于断续切削方式，而不像车削那样连续切削，因此对刀具的要求较高，具有良好的抗冲击性、韧性和耐磨性。在干式切削状况下，还要求有良好的红硬性。

注意 铣床也是一种品种繁多的机床，同学们可以查查看数控铣床发展到何种程度了。

2.3.2 铣刀的种类与用途

铣刀是刀齿分布在圆周表面或端面上的多刃回转刀具，可以用来加工平面、台阶、沟槽和各种成形表面等。由于铣刀的加工对象不同，就产生了各种不同类型的铣刀，一般按用途对铣刀进行分类，另外还可按铣刀结构、刀齿数、齿背形状等来分。铣刀类型如图2-39所示。

1．按铣刀的用途分类

1）加工平面的铣刀

（1）圆柱形铣刀：圆柱形铣刀如图2.39（a）所示，大多用在卧式铣床上，加工时铣刀轴

线平行于加工面，它的特点是切削刃成螺旋线状分布在圆柱表面上，无副切削刃。它主要用高速钢整体制成，刀可以镶焊螺旋形硬质合金刀片。选择铣刀直径时，应在保证铣刀杆有足够强度和刚度，刀齿有足够容屑空间的条件下，尽可能选用小直径的铣刀，以减小铣削力矩，减少切入时间，提高生产率。通常根据刀杆直径和铣削用量来选择铣刀直径。

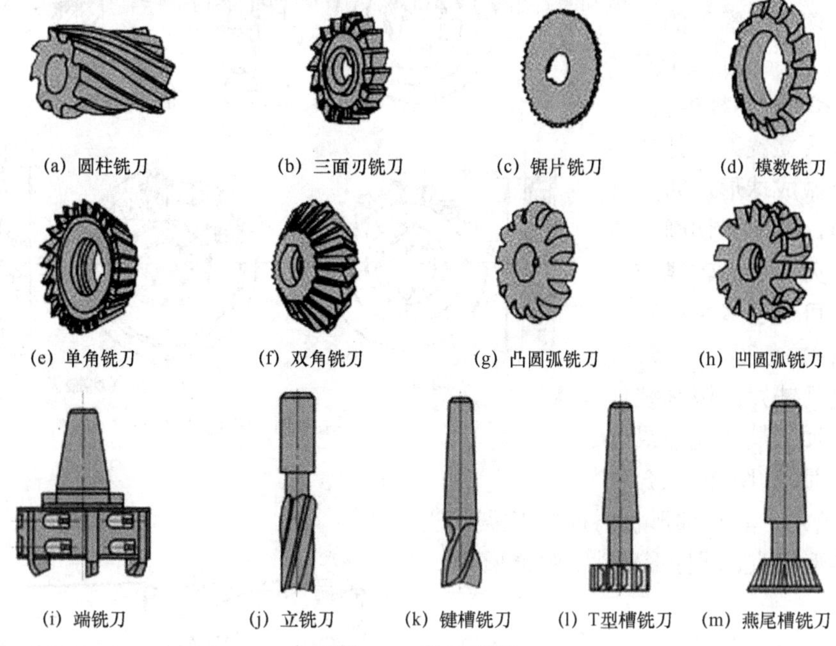

(a) 圆柱铣刀　(b) 三面刃铣刀　(c) 锯片铣刀　(d) 模数铣刀

(e) 单角铣刀　(f) 双角铣刀　(g) 凸圆弧铣刀　(h) 凹圆弧铣刀

(i) 端铣刀　(j) 立铣刀　(k) 键槽铣刀　(l) T型槽铣刀　(m) 燕尾槽铣刀

图 2-39　铣刀类型

（2）面铣刀：面铣刀也叫端铣刀，如图 2-39（i）所示，大多用于在立式铣床上加工平面，加工时，铣刀轴线垂直于加工面。它的特点是切削刃分布在铣刀的一端。面铣刀比圆柱形铣刀质量大，刚性好，大多制成硬质合金镶齿结构。面铣刀的切削速度比圆柱形铣刀切削速度高，生产率高，表面粗糙度小，所以加工平面时大多采用面铣刀。

知识链接　目前应用最广泛的面铣刀是可转位面铣刀。该铣刀将刀片直接装夹在刀体槽中。切削刃用钝后，将刀片转位或更换刀片即可继续使用。

2）加工沟槽的铣刀

（1）三面刃铣刀：如图 2-39（b）所示，除圆周表面具有主切削刃外，两侧面也有副切削刃，从而改善了切削条件，提高了切削效率，可减小表面粗糙度。三面刃铣刀主要用于加工沟槽和台阶面，它分直齿、错齿和镶齿 3 种，如图 2-40 所示。

（2）立铣刀：立铣刀如图 2-39（j）所示，主要用在立式铣床上加工沟槽、台阶面、平面，也可以利用靠模加工成形表面。立铣刀圆周上的螺旋切削刃是主切削刃，端面上的切削刃是副切削刃，故切削时一般不宜沿铣刀轴线方向进给。

（3）键槽铣刀：键槽铣刀如图 2-39（k）所示，是铣键槽专用刀具，它仅有两个刀齿，端面铣削刃为主切削刃，圆周切削刃是副切削刃。它兼有钻头和立铣刀的功能。通常分别加工 H9 和 N9 键槽。加工时，键槽铣刀先沿刀具轴线对工件钻孔，然后沿工件轴线铣出键槽的全长，故仅在靠近端面部分发生磨损，重磨时只需刃磨端面切削刃。

3）加工成形面的铣刀

（1）成形铣刀：成形铣刀如图 2-39（g）和（h）所示，是根据工件的成形表面形状而设计切削刃廓形的专用成形刀具，用于加工成形表面，有尖齿和铲齿两种类型。

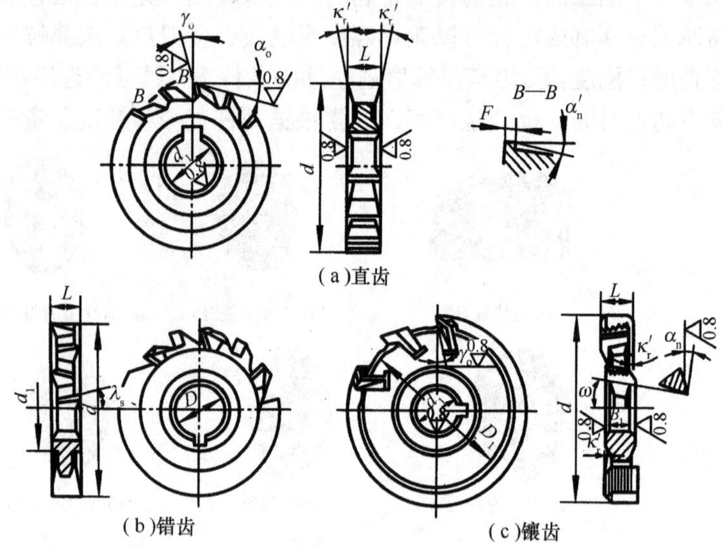

图 2-40　三面刃铣刀

（2）球头立铣刀：把立铣刀的端部做成球形，即为球头立铣刀，其球面切削刃也是主切削刃，可沿轴线作进给运动，可用于多坐标三维成形表面的加工。

（3）模具铣刀：模具铣刀主要用于加工模具型腔或凸模成形表面，如图 2-39（f）和图 2-41 所示，其头部形状根据加工需要可以为圆锥形平头、圆柱形球头、圆锥形球头等形式。

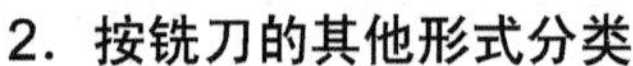

2．按铣刀的其他形式分类

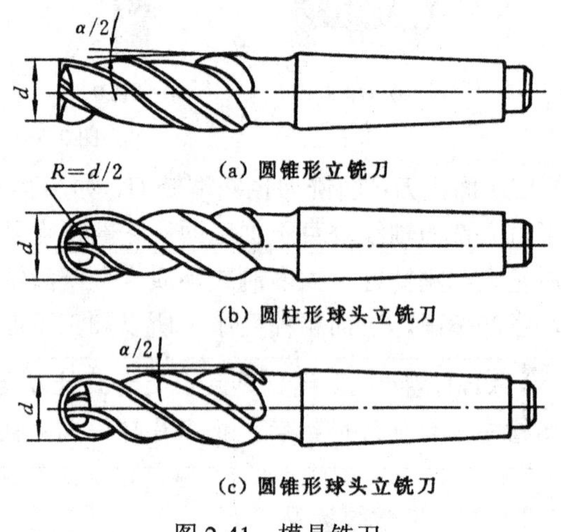

图 2-41　模具铣刀

1）按铣刀的结构分

（1）整体式：刀体和刀齿制成一体。

（2）整体焊齿式：刀齿用硬质合金或其他耐磨刀具材料制成，并钎焊在刀体上。

（3）镶齿式：刀齿用机械夹固的方法紧固在刀体上。这种可换的刀齿可以是整体刀具材料的刀头，也可以是焊接刀具材料的刀头。刀头装在刀体上刃磨的铣刀称为体内刃磨式；刀头在夹具上单独刃磨的称为体外刃磨式。

（4）可转位式：这种结构已广泛用于面铣刀、立铣刀和三面刃铣刀等。

2）按铣刀的刀齿齿数分

（1）粗齿：铣刀齿数少，刀齿强度高，容屑空间大，适用于粗加工。

（2）细齿：适用于精加工。

3）按铣刀的齿背形式分

（1）尖齿铣刀：在切削刃附件磨出一条窄的后刀面以形成后角，由于切削角度合理，其

寿命较高。尖齿铣刀的齿背有直线、曲线和折线3种形式，如图2-42所示。直线齿背常用于细齿的精加工铣刀；曲线和折线齿背的刀齿强度较好，能承受较重的切削负荷，常用于粗齿铣刀。

（2）铲齿铣刀：齿背用铲削（或铲磨）方法加工成阿基米德螺旋线，铣刀用钝后只须重磨前面，能保持原有齿形不变，用于制造齿轮铣刀等各种成形铣刀。

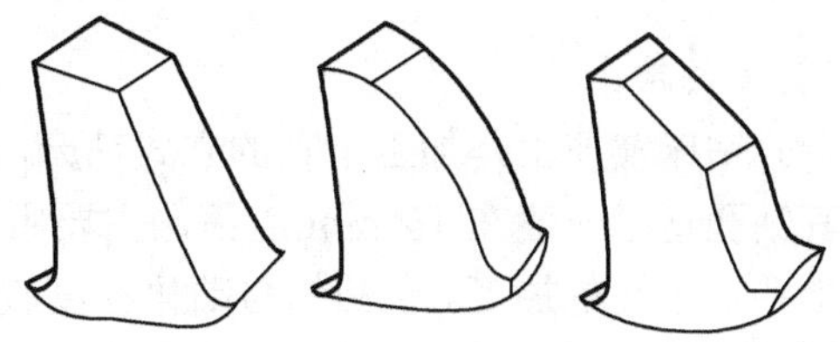
（a）直线齿背　（b）曲线齿背　（c）折线齿背

图2-42　尖齿铣刀齿背形式

注意　铣削是一种应用非常广泛的加工方法，铣床和铣刀的品种繁多，大家可要灵活选用哟！

任务2.4　认识钻床的加工工艺范围及常用刀具

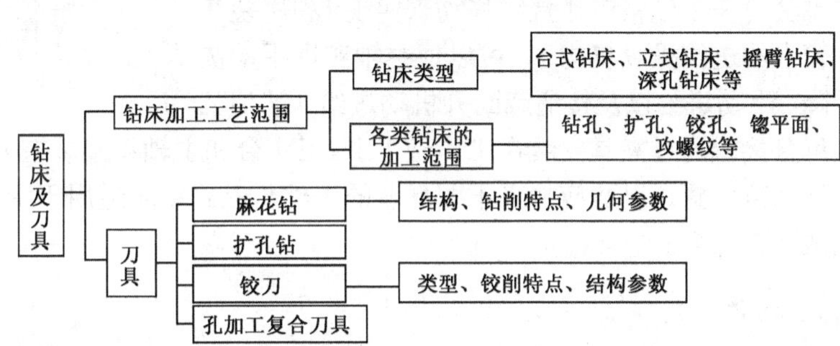

2.4.1　钻床的工艺范围

钻床类机床属孔加工机床，一般用于加工直径不大，精度要求不高的孔。其主要加工方法是用钻头在实心材料上钻孔，此外还可在原有孔的基础上进行扩孔、铰孔、锪平面、攻螺纹等加工，如图2-43所示。

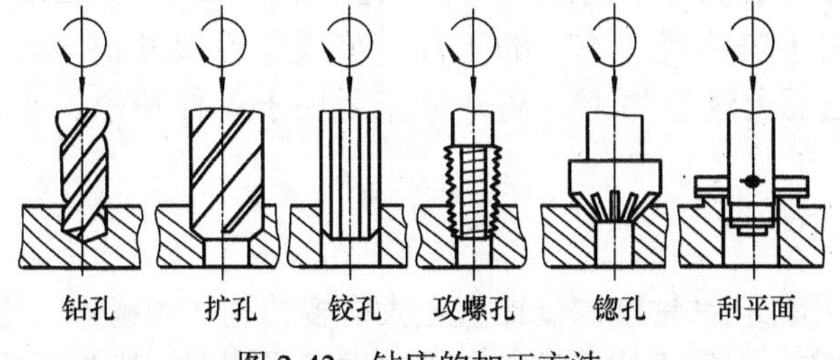

图2-43　钻床的加工方法

1．钻床的类型

钻床的主要类型有台式钻床、立式钻床、摇臂钻床、深孔钻床等。在钻床上加工时，工件固定不动，主运动是刀具（主轴）旋转，刀具沿轴向的移动为进给运动。

2．各类钻床的加工工艺范围及特点

1）台式钻床

台式钻床实质上是加工小孔的立式钻床，简称台钻，其钻孔直径一般在 16 mm 以下，主要用于小型零件上各种小孔的加工。台钻的自动化程度较低，通常采用手动进给，但其结构简单，小巧灵活，使用方便。其结构如图 2-44 所示。

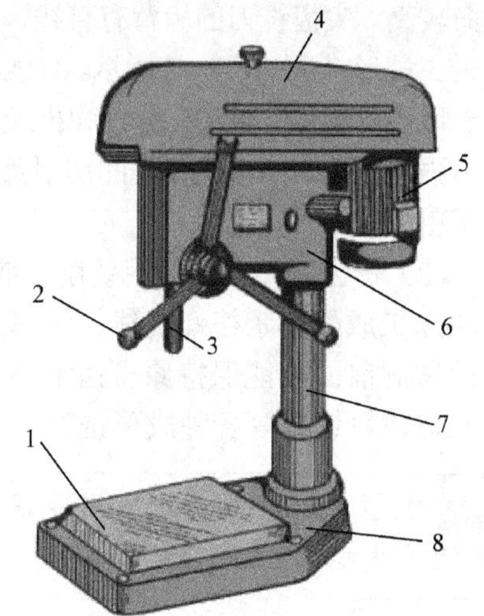

1—工作台；2—进给手柄；3—主轴；
4—皮带罩；5—电动机；
6—主轴箱；7—立柱；8—底座

图 2-44　台式钻床结构

2）立式钻床

图 2-45 所示是立式钻床的外形。其特点为主轴轴线垂直布置，且位置固定。主轴箱 3 中装有主运动和进给运动的变速传动机构、主轴部件以及操纵机构等。主轴箱固定不动，用移动工件的方法使刀具旋转中心线与被加工孔的中心线重合，进给运动由主轴随主轴套筒在主轴箱中作直线移动来实现。利用装在主轴箱上的进给操纵机构 5，可以使主轴实现手动快速升降、手动进给以及接通或断开机动进给。被加工工件可直接或通过夹具安装在工作台 1 上。工作台和主轴箱都装在方形立柱 4 的垂直导轨上，可上下调整位置，以适应加工不同高度的工件。立式钻床适用于中小型工件孔的加工，且加工孔数不宜过多。

3）摇臂钻床

对于一些大而重的工件，因移动费力，找正困难，不便于在立式钻床上进行加工，这时希望工件固定不动而移动主轴，使主轴中心对准被加工孔的中心，这样便产生了摇臂钻床。如图 2-46 所示为摇臂钻床的外形。它的主轴箱 4 装在摇臂 3 上，可沿摇臂的导轨水平移动，而摇臂 3 又可绕立柱 2 的轴线转动，因而可以方便地调整主轴的坐标位置，使主轴旋转轴线与被加工孔的中心线重合。此外，摇臂 3 还可沿立柱升降，以便于加工不同高度的工件。为保证机床在加工时有足够的刚度，并使主轴在钻孔时保持准确的位置，摇臂钻床具有立柱、摇臂及主轴箱的夹紧机构，当主轴位置调整完毕后，可以迅速地将它们夹紧。底座 1 上的工作台 6 可用于安装尺寸不大的工件，如果工件尺寸很大，可将其直接安装在底座上，甚至就放在地面上进行加工。摇臂钻床适用于单件和中、小批量生产中加工大、中型零件。

4）其他钻床

（1）深孔钻床：用深孔钻钻削深度比直径大得多的孔（如枪管、炮筒和机床主轴等零件的深孔）的专门化机床，为便于排屑及避免机床过于高大，一般为卧式布局，常备有冷却液输送装置（由刀具内部输入冷却液至切削部位）及周期退刀排屑装置等。

（2）中心孔钻床：用于加工轴类零件两端的中心孔。

（3）铣钻床：工作台可纵、横向移动，钻轴垂直布置，能进行铣削的钻床。

（4）卧式钻床：主轴水平布置，主轴箱可垂直移动的钻床。

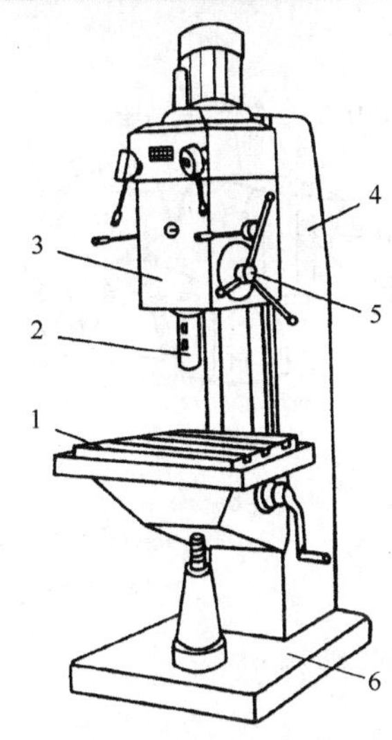

1—工作台；　2—主轴；　3—主轴箱；
4—立柱；　5—进给操纵机构；　6—底座

图 2-45　立式钻床的外形

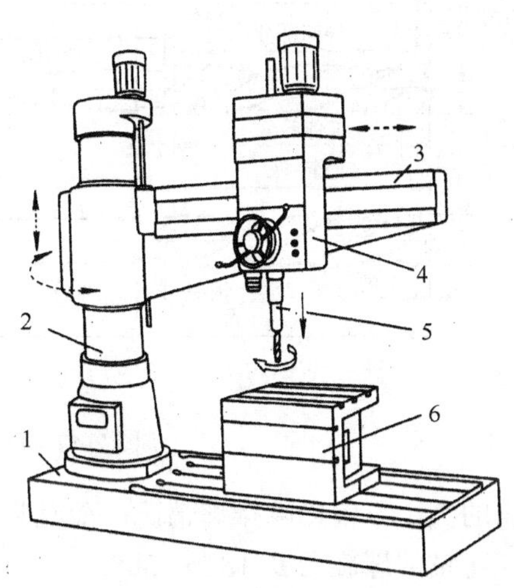

1—底座；　2—立柱；　3—摇臂；
4—立轴箱；　5—主轴；　6—工作台

图 2-46　摇臂钻床的外形

2.4.2　孔加工刀具的种类与用途

孔加工的刀具种类很多，按其用途可分为两类：一类是在实心材料上加工出孔的刀具，如麻花钻、扁钻、深孔钻等；另一类是对工件已有孔进行再加工的刀具，如扩孔钻、铰刀、镗刀等。本节介绍常用的几种孔加工刀具。

1．麻花钻

1）麻花钻的结构

图 2-47 所示为麻花钻的结构。它由工作部分、柄部和颈部组成。其工作部分可分为切削和导向两部分。麻花钻的导向部分在钻孔时有引导作用，也作为切削部分的后备。钻头上有两条较深的螺旋槽，使其前端形成切削刃和前刀面；同时也有助于排屑和输送切削液。为了减小导向部分与已加工孔壁的摩擦，螺旋槽边缘制有棱边。其切削部分有两个主切削刃、两个副切削刃和一个横刃，相当于两把并列而反向安装的车刀。螺旋槽表面为前刀面（切屑从这里流出），端部两曲面为后刀面（与工件切削表面相对应）。前刀面与后刀面交线为主切削刃；前刀面与副后刀面的交线为副切削刃；两个主后刀面的交线为横刃，如图 2-47（b）所示。

麻花钻的柄部用来装夹钻头和传递扭矩。钻头直径 d_0＜12 mm 时，常制成圆柱柄（直柄）；钻头直径 d_0＞12 mm 时，常采用圆锥柄。颈部是柄部与工作部分的连接部分，并作为磨外径时砂轮退刀和打印标记处。小直径钻头不做出颈部。

2）麻花钻的几何参数

（1）螺旋角β。钻头外圆柱面与螺旋槽表面的交线是一条螺旋线。螺旋线绕外圆柱面绕一圈，沿钻头轴线移动 S 的距离，把外圆面展开成平面，可得直角三角形，螺旋线即成为直角三角形的斜边，与钻头轴线的夹角即为螺旋角，如图 2-48 所示。

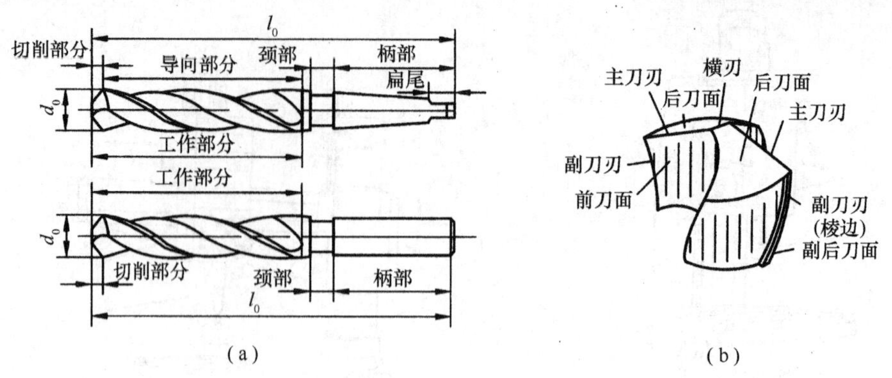

图 2-47　麻花钻的结构

螺旋角的大小不仅影响排屑情况，而且它就是钻头的轴向前角。

标准麻花钻的螺旋角 β=18°～ 30°。

（2）锋角 2φ。它也称为顶角，即两条主切削刃在过钻头轴线而与主切削刃平行的平面中的投影的夹角，如图 2-46 所示。标准麻花钻的锋角 2 φ =118° 。锋角由刃磨获得，当 2 φ =118° 时，两条主切削刃显直线；当 2 φ>118° 时，两条主切削刃显凹形；当 2 φ<118° 时，两条主切削刃显凸形。

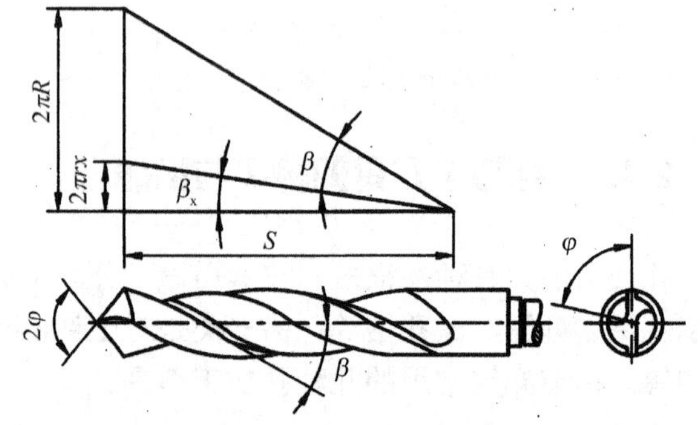

图 2-48　标准麻花钻的锋角和螺旋角

（3）前角γ_o。麻花钻的前角γ_o 是正交平面内前刀面与基面间的夹角。由于主切削刃上各点的基面不同，所以主切削刃上各点的前角也是变化的，如图 2-49（a）、（b）所示。前角的值从外缘到钻心附近大约由+30°减小到−30°，其切削条件很差。

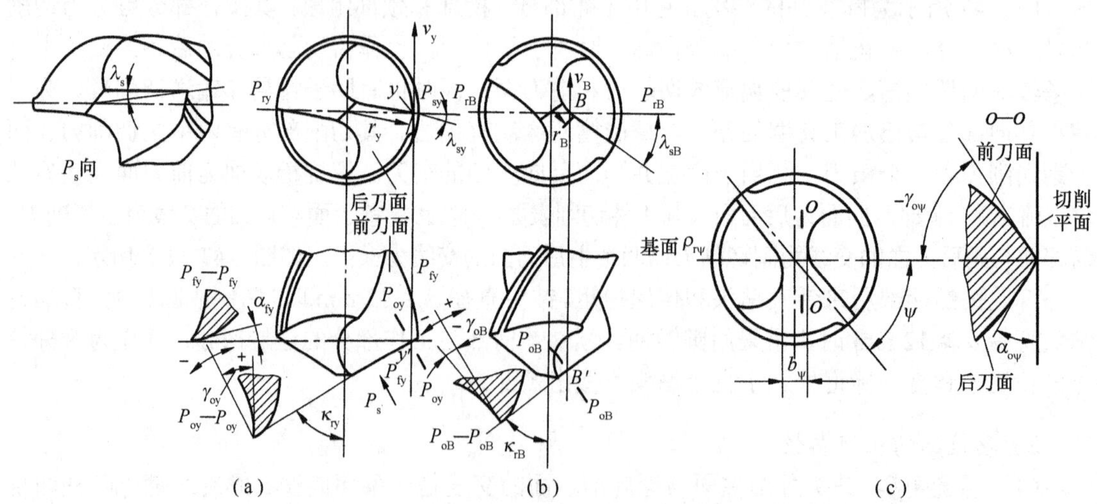

图 2-49　麻花钻的几何角度

（4）后角α_f。它是在假定工作平面内测量的切削平面与主后刀面之间的夹角。为改善切

削条件，并能与切削刃上变化的前角相适应，而使各点的楔角大致相等，麻花钻的后角刃磨时应由外缘向中心逐渐增大。靠外缘处，后角磨小一点（8°～10°）；靠中心处，后角磨大一点（20°～30°），如图2-49（a），（b）所示。

（5）横刃角度。横刃角度包括横刃斜角 ψ、横刃前角 $\gamma_{o\psi}$ 和横刃后角 $\alpha_{o\psi}$。由于横刃前角为负值，因此横刃的切削条件很差，切削时因产生强烈的挤压而产生很大的轴向力。对于直径较大的麻花钻，一般都需要修磨横刃，如图2-49（c）所示。

2. 扩孔钻

扩孔钻的形式随直径不同而不同。直径为ϕ10～32mm的为锥柄扩孔钻，如图2-50（a）所示；直径为ϕ25～80mm的为套式扩孔钻，如图2-50（b）所示。

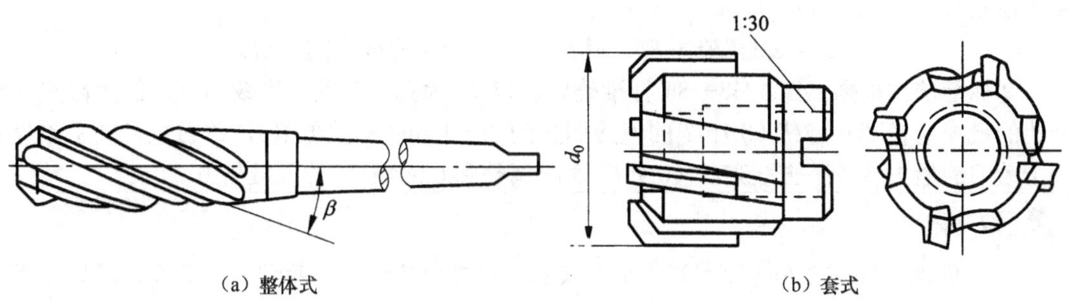

（a）整体式　（b）套式

图2-50　扩孔钻

3. 铰刀

1）铰刀的类型

铰刀一般由高速钢和硬质合金制成，一般分为手用铰刀和机用铰刀两种形式。常用的铰刀如图2-51所示。

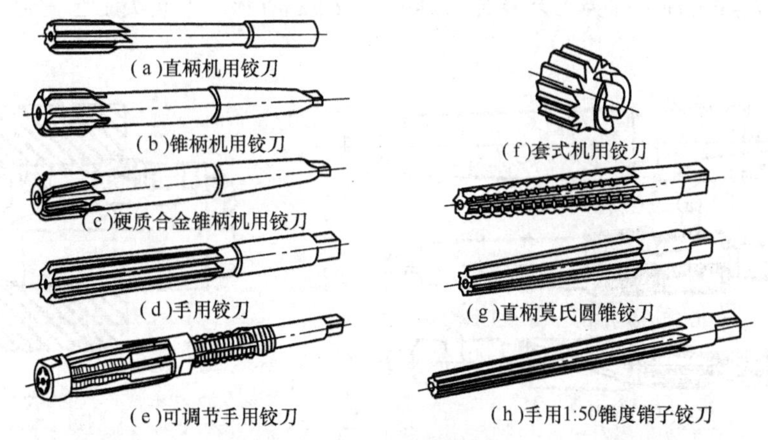

（a）直柄机用铰刀　（b）锥柄机用铰刀　（c）硬质合金锥柄机用铰刀　（d）手用铰刀　（e）可调节手用铰刀　（f）套式机用铰刀　（g）直柄莫氏圆锥铰刀　（h）手用1:50锥度销子铰刀

图2-51　常用的铰刀

铰刀的精度等级分为H7、H8、H9三级，其公差由铰刀专用公差确定，分别适用于铰削H7、H8、H9公差等级的孔。多数铰刀又分为A、B两种类型，A型为直槽铰刀，B型为螺旋槽铰刀。螺旋槽铰刀切削平稳，适用于加工断续表面。

2）铰刀结构参数

（1）铰刀的齿数：铰刀的齿数影响铰孔精度、表面粗糙度、容屑空间和刀齿强度。其值一般按铰刀直径和工件材料确定。铰刀直径较大时，可取较多齿数；加工韧性材料时，齿数应取少些；加工脆性材料时，齿数可取多些。为了便于测量铰刀直径，齿数应取偶数。在常用直径 d_0=8~40 mm 范围内，一般取齿数 z =4~8 个。

（2）铰刀直径公差的确定：在机械制造中，需根据被加工孔的尺寸精度来确定铰刀直径公差。铰刀的直径公差对被加工孔的尺寸精度、铰刀的制造成本和铰刀的使用寿命均有直接影响。铰刀的公称直径等于孔的公称直径。对铰刀的上下偏差的确定有两种方法，一是经验法，二是标准法。

①经验法：假设被加工零件孔的上偏差和下偏差分别为 *ES* 和 *EI*，而铰刀直径的上偏差和下偏差分别为 *es* 和 *ei*，则：

$$es = 2/3（ES - EI）+EI, \qquad ei=es -1/4（ES - EI）$$

②标准法：根据 GB 4248—84 标准确定，以 *IT* 为孔的公差，则铰刀直径的上限尺寸等于孔的最大直径减 0.15*IT*（0.15*IT* 的值应调整到 0.001 mm 的整数倍），铰刀直径的下限尺寸等于铰刀的最大直径减去 0.35*IT*（0.35*IT* 值应调整到 0.001 mm 的整数倍）。

做一做

- 假设要铰 ϕ 10H9（$^{+0.036}_{0}$）的孔，试确定铰刀的尺寸。用两种方法算算，对比结果！
- 请同学们分析一下铰刀的几何角度。

4．孔加工复合刀具

孔加工复合刀具是由两把或两把以上同类或不同类的孔加工刀具组合成一体，同时或按先后顺序完成不同工步加工的刀具。

（1）复合刀具的种类。复合刀具的种类较多，按工艺类型可分为同类工艺复合刀具和不同类工艺复合刀具两种。同类工艺复合刀具如图 2-52 所示。不同类工艺复合刀具如图 2-53 所示。

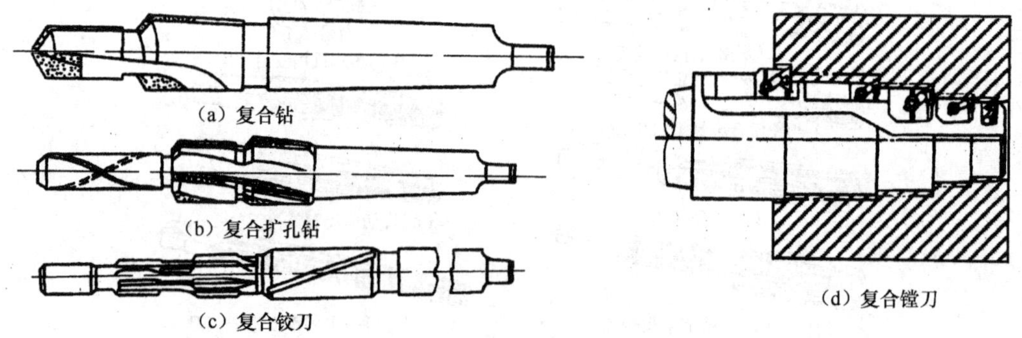

图 2-52　同类工艺复合刀具

（2）复合刀具的特点。能减少机床台数或工位数，提高生产率，降低成本；减少工件安装次数，保证各加工表面间的位置精度。但复合刀具结构复杂，在制造、刃磨和使用中都可能会出现问题。

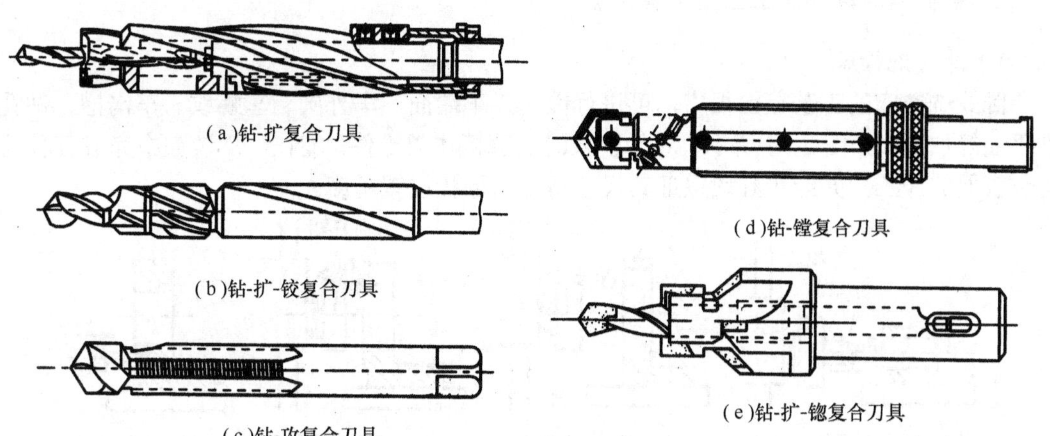

图 2-53　不同类复合刀具

注意　孔的加工方法还有哟，请大家继续往下学习！

任务 2.5　认识镗床的工艺范围及常用刀具

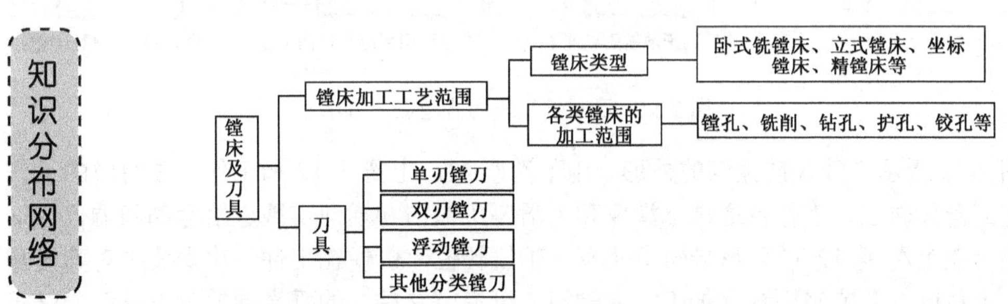

对于多数箱体类零件或支架类零件，由于其结构相对复杂，并且零件表面上有许多相互交叉的孔系，因而对此类零件孔的加工提出了较高要求，在实际应用中常选用镗床来进行加工。

2.5.1　镗床的工艺范围

镗床主要用于加工尺寸较大、精度要求较高的已铸出毛坯孔，特别是分布在不同位置上，轴线间距离精度和相互位置精度要求严格的孔系。除镗孔外，大部分镗床还可以进行铣削、钻孔、扩孔、铰孔等工作。它特别适合多孔的箱体零件的加工。

1．镗床的类型

镗床按其结构形式可分为卧式铣镗床、立式镗床、坐标镗床、精镗床等。

2. 各类镗床的加工工艺范围及特点

1）卧式铣镗床

卧式铣镗床的工艺范围很广，可进行镗孔、车端面、车外圆、车螺纹、车沟槽、钻孔、铣平面等加工，如图 2-54 所示。对于较大的复杂箱体类零件，能在一次装夹中完成各种孔和箱体表面的加工，并能较好地保证其尺寸精度和形状位置精度。

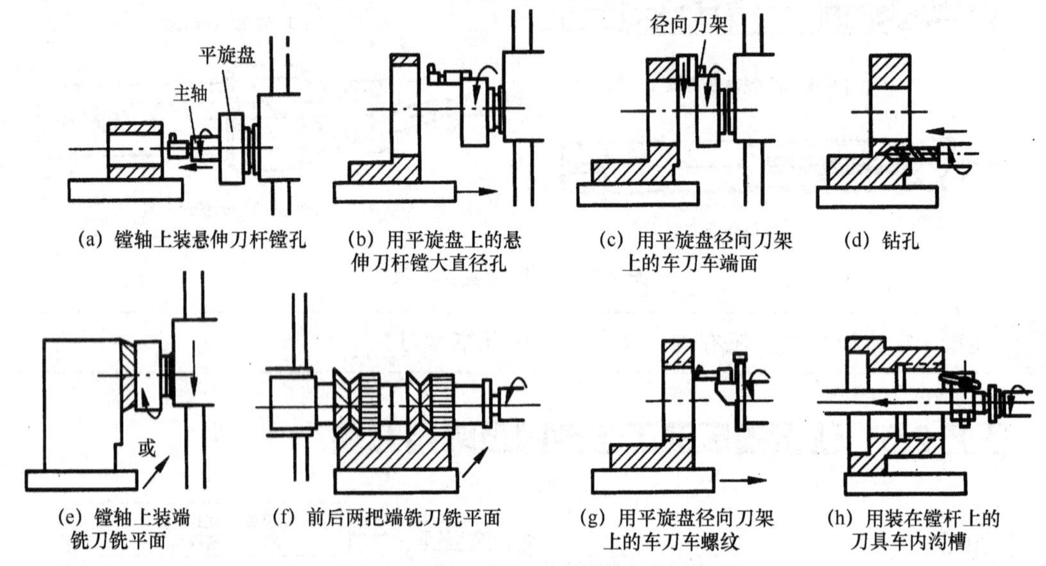

图 2-54　卧式铣镗床的典型加工方法

图 2-55 所示为卧式铣镗床的外形。由下滑座 11、上滑座 12 和工作台 3 组成的工作台部件装在床身导轨上，工作台通过下滑座和上滑座可纵向和横向实现进给运动和调位运动。工作台还可在上滑座 12 的环形导轨上绕垂直轴线转位，以便在工件一次安装中对其相互平行或成一定角度的孔或平面进行加工。主轴箱 8 可沿前立柱 7 的垂直导轨上下移动，以实现垂直进给运动或调整主轴轴线在垂直方向的位置。此外，机床上还具有坐标测量装置，以实现主轴箱和工作台的准确定位。加工时，根据加工情况不同，刀具可以装在镗轴 4 前端的锥孔中，或装在平旋盘 5 的径向刀具溜板 6 上。镗轴 4 除完成旋转主运动外，还可沿其轴线移动作轴向进给运动。平旋盘 5 只能作旋转主运动。装在平旋盘径向导轨上的径向刀具溜板 6 除了随平旋盘一起旋转外，还可作径向进给运动。后支架 1 用以支承悬伸长度过长的镗杆的悬伸端，以增加其刚性。后支架可沿后立柱 2 的垂直导轨与主轴箱 8 同步升降，以保证其支承孔与镗轴在同一轴线上。为适应不同长度的镗杆，后立柱还可沿床身导轨调整纵向位置。

做一做　根据以上文字说明，请分析卧式铣镗的主运动、进给运动、辅助运动分别是哪些。

2）坐标镗床

坐标镗床主要用于精密孔及位置精度要求很高的孔系的加工。除了按坐标尺寸镗孔上，还可以钻孔、扩孔、铰孔、锪端面、铣平面和沟槽，用坐标测量装置作精密刻线和划线，进行孔距和直线尺寸的测量等。

其特点是：有精密的坐标测量装置，机床主要零部件的制造和装配精度很高，机床结构有良好的刚性和抗振性，并采取了抗热变形措施，机床对使用环境和条件有严格要求。它多用于工具车间模具的单件小批量生产。坐标镗床按其布局形式可分为立式单柱、立式双柱和卧式等主要类型，如图 2-56~图 2-58 所示，实物图如图 2-59 所示。

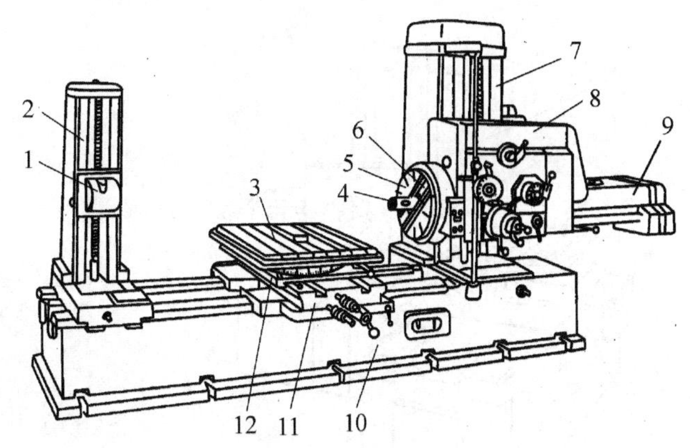

1—后支架；　2—后立柱；　3—工作台；　4—镗轴；
5—平旋盘；　6—径向刀具溜板；　7—前立柱；8—主轴箱；
9—后尾筒；　10—床身；　11—下滑座；　12—上滑座

图 2-55　卧式铣镗床

3．镗床镗孔方式

镗床镗孔主要有以下 3 种方式。

（1）镗床主轴带动刀杆和镗刀旋转，工作台带动工件作纵向进给运动，如图 2-60 所示。这种方式镗削的孔径一般小于ϕ120 mm 左右。图 2-60（a）所示为悬伸式刀杆，刀杆不宜伸出过长。图 2-60（b）所示为较长的刀杆，其另一端支承在镗床后立柱的导套座里较长，用以镗削箱体两壁相距较远的同轴孔系。

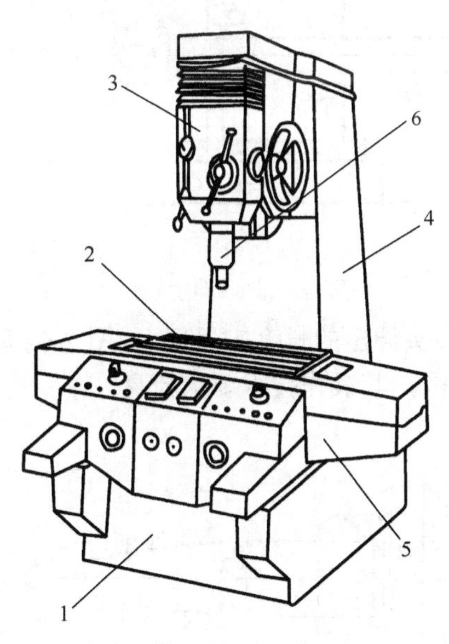

1—床身；2—工作台；3—主轴箱；
4—立柱；5—床鞍；6—主轴

图 2-56　立式单柱坐标镗床

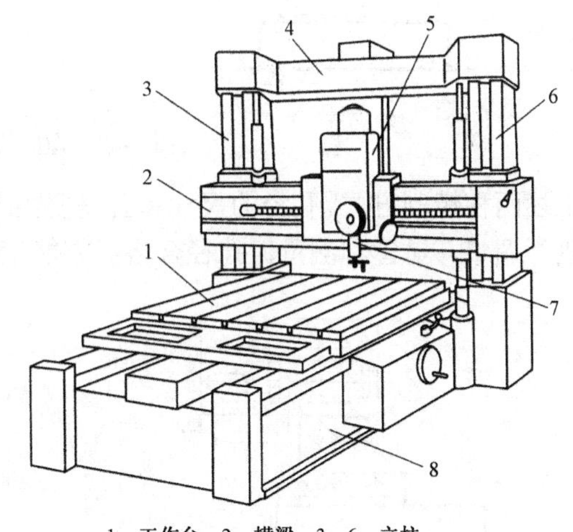

1—工作台；2—横梁；3、6—立柱；
4—顶梁；5—主轴箱；7—主轴；8—床身

图 2-57　立式双柱坐标镗床

（2）镗床主轴带动刀杆和镗刀旋转，并作纵向进给运动，如图 2-61 所示。这种方式主轴悬伸的长度不断增大，刚性随之减弱，一般只用来镗削长度较短的孔。

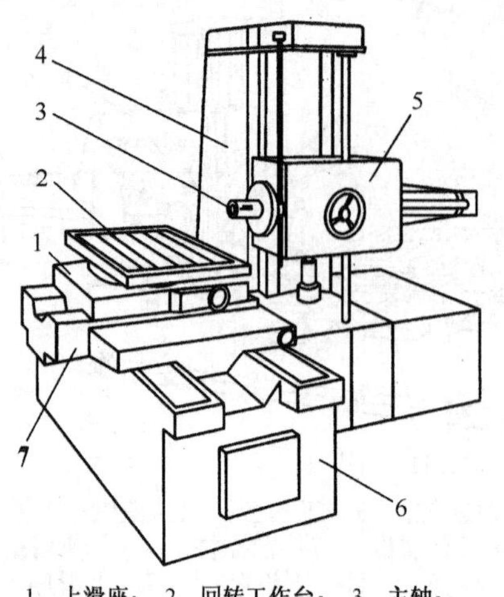

1—上滑座； 2—回转工作台； 3—主轴；
4—立柱；5—主轴箱；6—床身；7—下滑座

图 2-58 卧式坐标镗床

图 2-59 T42100 双柱坐标镗床

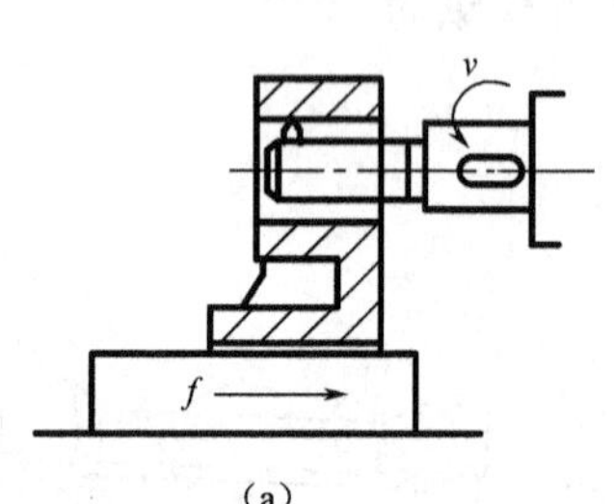

（a）

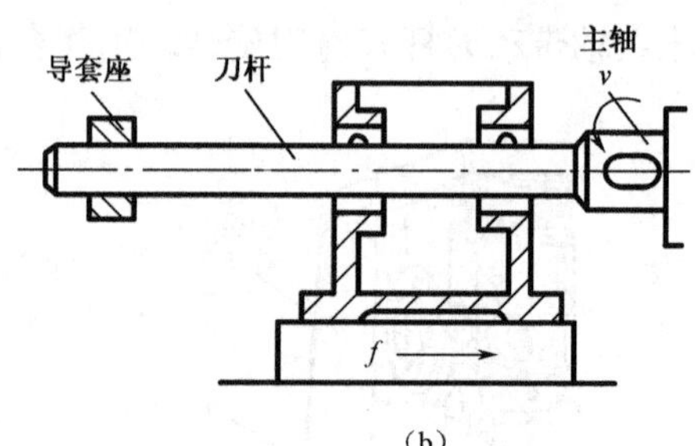

（b）

图 2-60 镗床镗孔方式一

上述两种镗削方式，孔径的尺寸和公差要由调整刀头伸出的长度来保证，如图 2-62 所示。需要进行调整、试镗和测量，孔径合格后方能正式镗削，其操作技术要求较高。

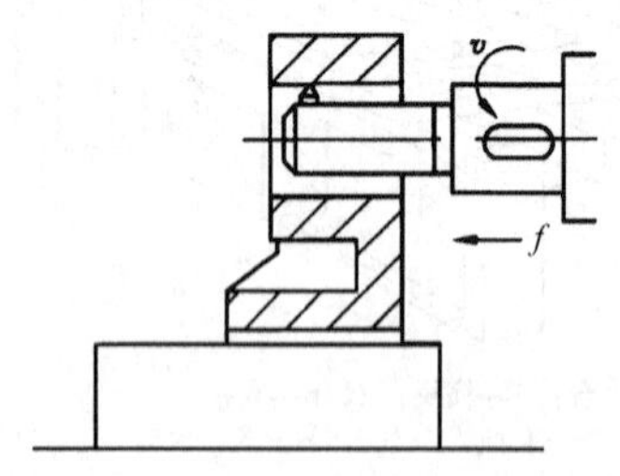

图 2-61 镗床镗孔方式之二

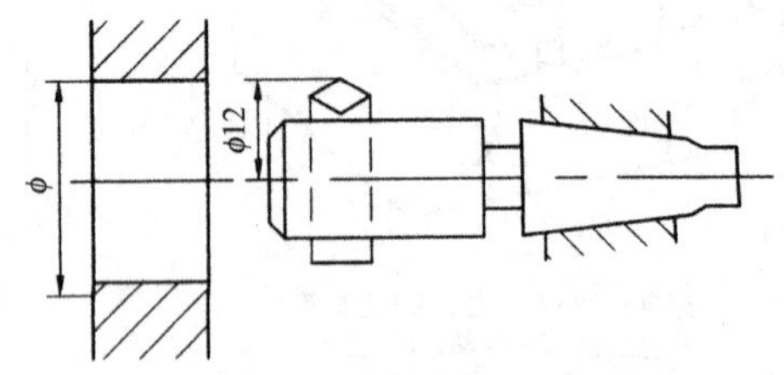

图 2-62 单刃镗刀刀头调整示意图

（3）镗床平旋盘带动镗刀旋转，工作台带动工件作纵向进给运动。

图 2-63 所示的镗床平旋盘可随主轴箱上下移动，自身又能作旋转运动。其中部的径向刀架可作径向进给运动，也可处于所需的任一位置上。

如图 2-64（a）所示，利用径向刀架使镗刀处于偏心位置，即可镗削大孔。ϕ200 mm 以上的孔多用这种镗削方式，但孔不宜过长。图 2-64（b）所示为镗削内槽，平旋盘带动镗刀旋转，径向刀架带动镗刀作连续的径向进给运动。若将刀尖伸出刀杆端部，也可镗削孔的端面。

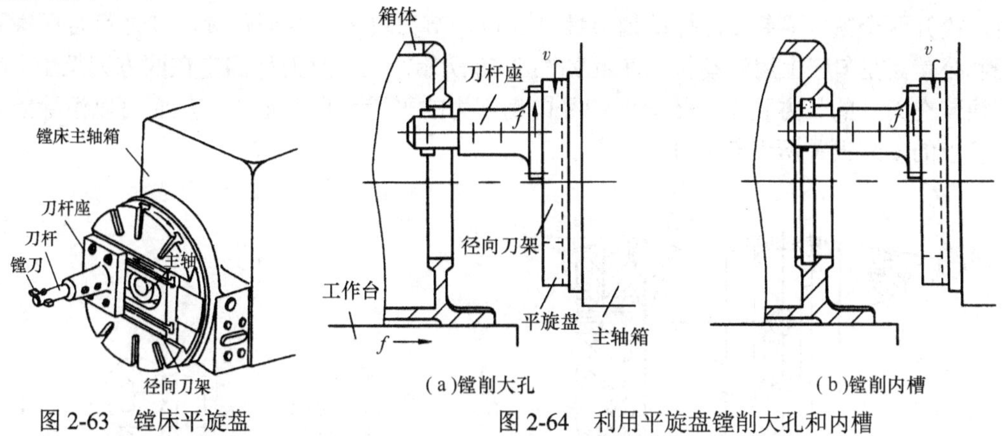

图 2-63 镗床平旋盘

图 2-64 利用平旋盘镗削大孔和内槽

2.5.2 镗刀的种类与用途

镗刀是具有一个或两个切削部分，专门用于对已有的孔进行粗加工、半精加工或精加工的刀具。镗刀可在镗床、车床或铣床上使用。因装夹方式不同，镗刀柄部有方柄、莫氏锥柄和 7∶24 锥柄等多种形式。

1. 单刃镗刀

单刃镗刀切削部分的形状与车刀相似。在镗床上精镗孔时，为了便于调整镗刀块尺寸，可采用微调镗刀，如图 2-65 所示。带有精密螺纹的圆柱形镗刀头装入镗杆中，导向键起导向作用。带刻度的调整螺帽与镗刀头螺纹精度配合，并以镗杆的圆锥面定位。拉紧螺钉通过垫圈将镗刀头固定在镗杆孔中。

特点：刚性差，易产生振动，主偏角较大以减小径向力；结构简单，制造方便，通用性强，但对工人操作技术要求高。

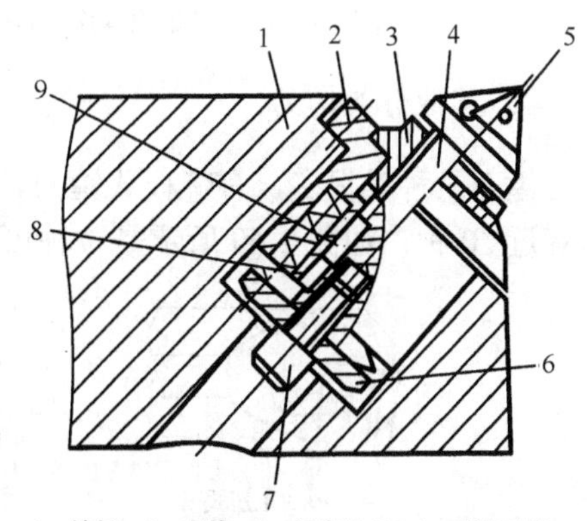

1—镗杆；2—套筒；3—刻度导套；4—微调刀杆；5—刀片；6—垫圈；7—拉紧螺钉；8—螺钉；9—导向键

图 2-65 微调镗刀的结构

2. 双刃镗刀

双刃镗刀的两个切削刃对称地分布在镗杆轴线的两侧，可以消除切削抗力对镗杆变形的影响，如图 2-66 所示。

图 2-66 双刃镗刀

3. 浮动镗刀

浮动镗刀将双刃镗刀块装入镗杆的方孔中，不需固定，它可以在镗杆上径向自由浮动，自动补偿由刀具安装误差和机床主轴偏摆所造成的加工误差，因而能获得较高的加工精度。

在车床、镗床和铣床上镗孔多用单刃镗刀。在成批或大量生产时，对于孔径大（D> 80 mm），孔深长，精度高的孔，均可用浮动镗刀进行精加工。可调节的浮动镗刀块如图 2-67 所示。调节时，松开两个紧固螺钉 2，拧动调节螺钉 3 以调节刀块 1 的径向位置，使之符合所镗孔的直径和公差。在车床上用浮动镗刀车孔如图 2-68 所示。工作时刀杆固定在四方刀架上，浮动镗刀块装在刀杆的长方孔中，依靠两刃径向切削力的平衡而自动定心，从而可以消除因刀块在刀杆上的安装误差所引起的孔径误差。

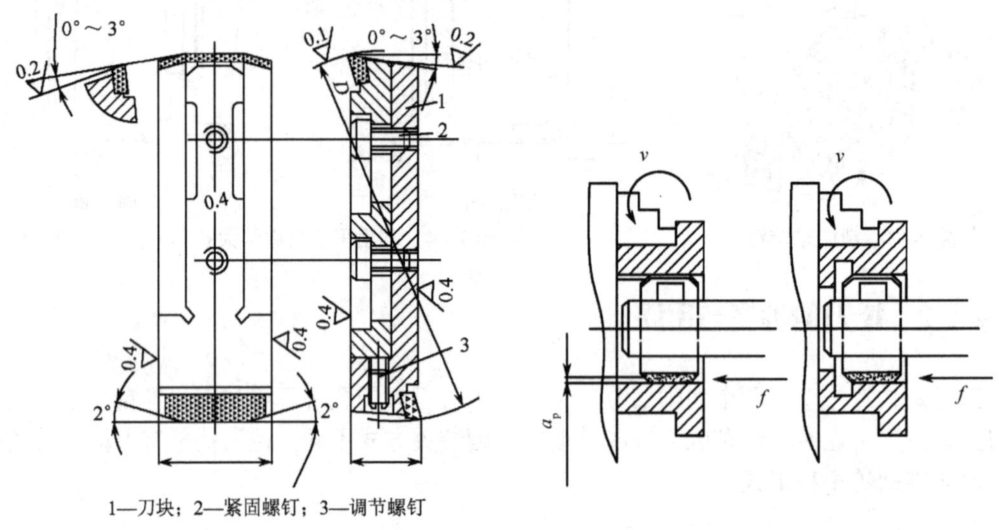

1—刀块；2—紧固螺钉；3—调节螺钉

图 2-67　可调节的浮动镗刀块

图 2-68　在车床上用浮动镗刀车孔

4．其他分类镗刀

镗刀的种类很多，有带杆式镗刀、带杆式硬质合金镗刀、硬质合金小孔镗刀、可转位镗刀等近 20 种。如图 2-69 所示是一种可转位镗刀。

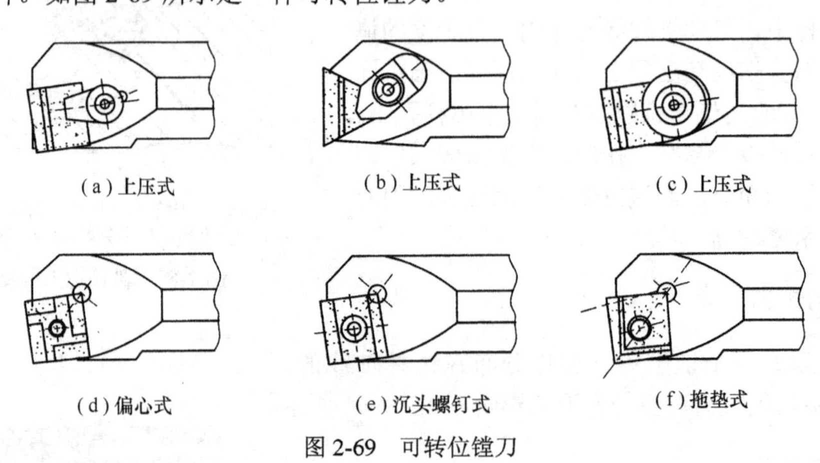

(a) 上压式　(b) 上压式　(c) 上压式

(d) 偏心式　(e) 沉头螺钉式　(f) 拖垫式

图 2-69　可转位镗刀

做一做　镗杆镗刀的结构较复杂，可转位镗刀的结构、安装、使用方法等问题，请同学们自学了解！

任务 2.6 认识刨、插、拉床的工艺范围及常用刀具

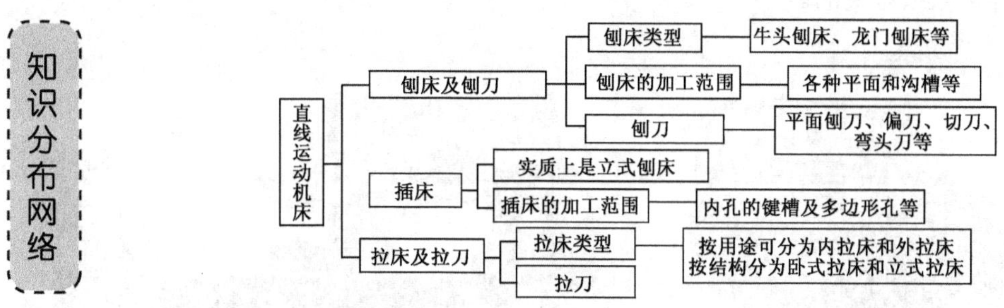

2.6.1 刨床的工艺范围及常用刀具

刨床类机床主要用于加工各种平面和沟槽。其主运动是刀具或工件所作的直线往复运动。它只在一个运动方向上进行切削，称为工作行程，返程时不切削，称为空行程。进给运动是刀具或工件沿垂直于主运动方向所作的间歇运动。由于刨刀相当于车刀，故刀具结构简单，刃磨方便，在单件、小批生产中加工形成复杂的表面比较经济。但由于其主运动反向时需克服较大的惯性力，限制了切削速度和空行程速度的提高，同时还存在空行程所造成的时间损失，因此在大多数情况下其生产率较低，所以在大批量生产中常被铣床或拉床所代替。这类机床一般适用于单件、小批生产，特别在机修和工具车间，是常用的设备。刨床类机床主要有牛头刨床、龙门刨床等类型。

1．牛头刨床

牛头刨床主要用于加工小型零件，如图 2-70 所示。刨刀安装在滑枕的刀架上作纵向往复运动，通常工作台作横向或垂向间歇进给运动，适用于刨削长度不超过 1 000 mm 的中小型零件。牛头刨床的特点是调整方便，但由于是单刃切削，而且切削速度低，回程时不工作，所以生产效率低，适用于单件、小批量生产。刨削精度一般为 IT9~IT7 级，表面粗糙度 *Ra* 值为 6.3~3.2 μm。牛头刨床的主参数是最大刨削长度。

2．龙门刨床

龙门刨床具有双立柱和横梁，工作台沿床身导轨作纵向往复运动，立柱和横梁分别装有可移动侧刀架和垂直刀架，如图 2-71 所示。它主要用来加工大型工件或同时加工多个工件的大平面，尤其是长而窄的平面，一般可刨削的工件宽度达 1 m，长度在 3 m 以上。龙门刨床的主参数是最大刨削宽度。

3．刨刀

刨刀的种类很多，由于刨削加工的形式和内容不同，采用的刨刀类型也不同。常用刨刀有：平面刨刀、偏刀、切刀、弯头刀等，如图 2-72 所示。刨刀的结构、几何形状与车刀相似，但是由于刨削过程有冲击力，刀具容易损坏。所以刨刀截面面积一般为车刀的 1.25～1.5 倍。

刨刀的前角 γ_0 比车刀稍小（一般为 5°~10°），刃倾角 γ_s 取较大的负角以增加刀具的强度。主偏角 κ_r 一般为 30°~70°，当采用较大的进给量时应该取较小的值。为避免刨刀扎入工件，刨刀刀杆常做成弯头的。

图 2-70　牛头刨床

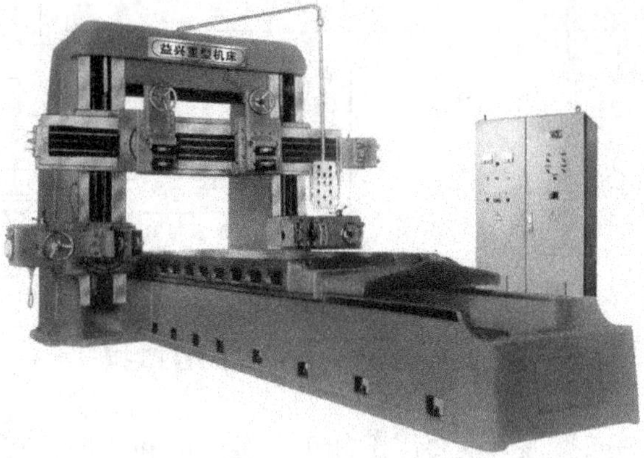

图 2-71　龙门刨床

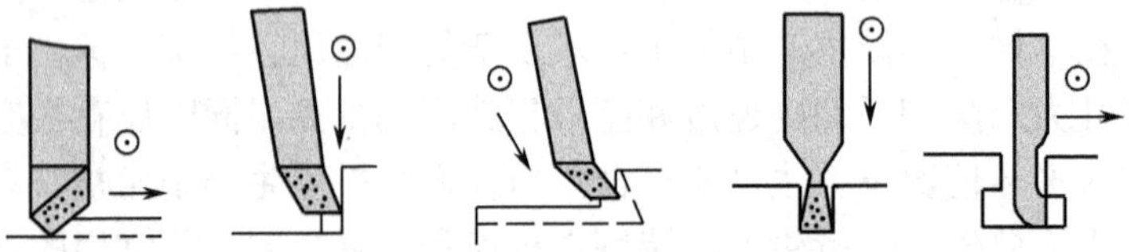

（a）平面刨刀　（b）偏刀　（c）角度偏刀　（d）切刀　（e）弯头刀

图 2-72　常用刨刀

（1）平面刨刀：用来刨平面。

（2）偏刀：用来刨削垂直面、台阶面和外斜面等。

（3）切刀：用来刨削直角槽、沉割槽和起切断作用。

（4）弯头刀：用来刨削 T 形槽和侧面割槽。

（5）角度偏刀：用来刨削角度形工件、燕尾槽和内斜槽。

（6）样板刀：用来刨削 V 形槽和特殊形状的表面。

2.6.2　插床的工艺范围及常用刀具

图 2-73　插床

插床实质上是立式刨床，在结构原理上与牛头刨床相似，其主运动是滑枕带动插刀所作的直线往复运动。插床如图 2-73 所示。插刀随滑枕在垂直方向上的直线往复运动是主运动，工件沿纵向、横向及圆周 3 个方向分别所作的间歇运动是进给运动。插床的生产效率较低，加工表面粗糙度 Ra 为 6.3~1.6 μm，加工面的垂直度为 0.025/300 mm。插床的主参数是最大插削

长度。

插床主要用于加工工件的内表面，如内孔的键槽及多边形孔等，有时也用于加工成形内外表面。

2.6.3 拉床的工艺范围及常用刀具

1. 拉床的工艺范围

拉床是用拉刀进行加工的机床，可加工各种形状的通孔、平面及成形表面等。

拉孔是一种高效率的精加工方法。除拉削圆孔外，还可拉削各种截面形状的通孔及内键槽，如图 2-74 所示。拉削圆孔可达的尺寸公差等级为 IT9～IT7，表面粗糙度值 *Ra* 为 1.6～0.4 μm。

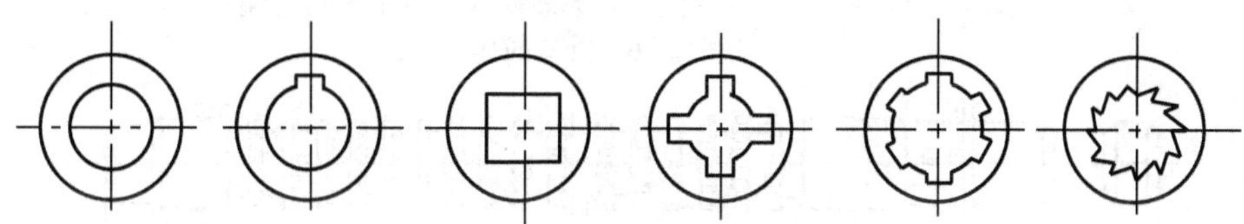

图 2-74 可拉削的各种孔的截面形状

拉削可看做是按高低顺序排列的多把刨刀进行的刨削，如图 2-75 所示。

2. 拉床的分类与运动特点

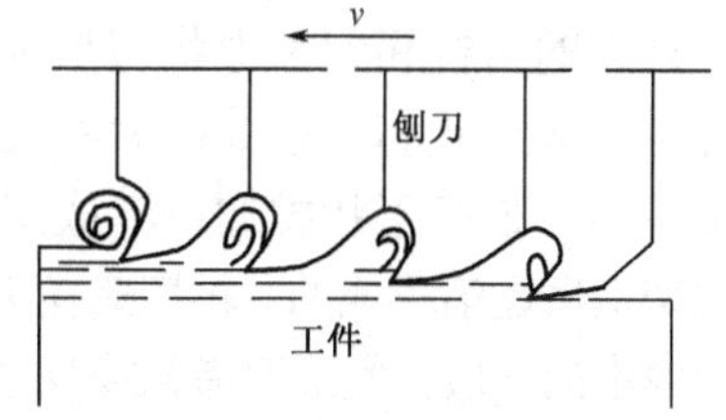

图 2-75 多刃刨刀刨削示意图

拉床的运动比较简单，它只有主运动而没有进给运动，被加工表面在一次拉削中成形。考虑到拉刀承受的切削力很大，同时为了获得平稳的切削运动，所以拉床的主运动通常采用液压驱动。

由上述可知，由于拉削余量小，切削运动平稳，因而其加工精度和表面质量均较高，生产率也较高。

拉床按用途可分为内拉床和外拉床，按结构可分为卧式拉床和立式拉床。图 2-76（a）所示为卧式拉床。在床身 1 的内部有水平安装的液压缸 2，通过活塞杆带动拉刀沿水平方向移动，实现拉削的主运动，工件支承座 3 是工件的安装基准。拉削时，工件以基准端面靠在支承座 3 上（见图 2-76（b））。护送夹头 5 及滚柱 4 用以支承拉刀，开始拉削前，护送夹头 5 及滚柱向左移动，将拉刀穿过工件预制孔，并将拉刀左端柄部插入拉刀夹头。加工时滚柱 4 下降不起作用。

3. 拉刀

拉刀的种类虽多，但结构组成都类似。如图 2-77 所示的普通圆孔拉刀的结构组成为：前柄，用以夹持拉刀和传递动力；颈部，起连接作用；过渡锥部，将拉刀前导部引入工件；前导部，起引导作用，防止拉刀歪斜；切削部，完成切削工作，由粗切齿和精切齿组成；校准部，起修光和校准作用，并作为精切齿的后备齿；后导部，用于支承工件，防止刀齿切离前因工件下垂而损坏加工表面和刀齿；后柄，承托拉刀。

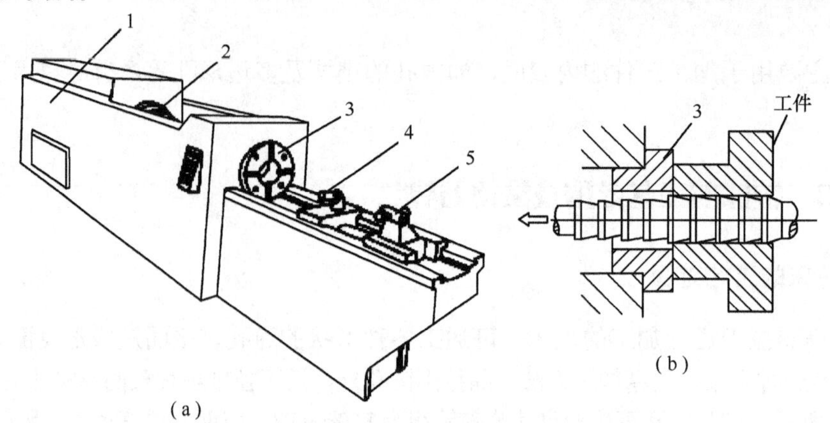

1—床身；2—液压缸；3—支承座；4—滚柱；5—扩送夹头

图 2-76　卧式拉床

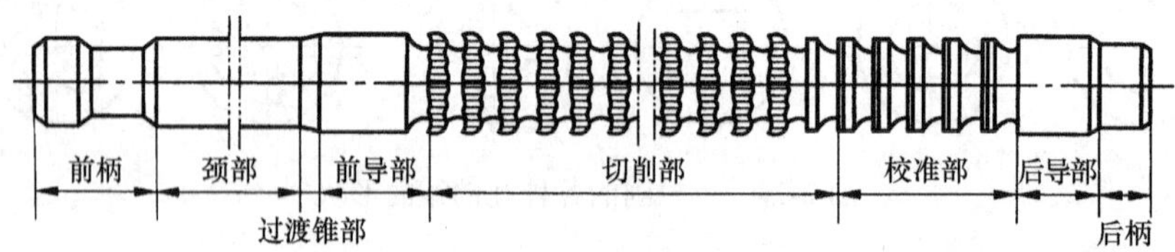

图 2-77　圆孔拉刀

拉刀的结构和刀齿形状与拉削方式有关。拉削方式通常分为分层拉削、分块拉削两类。前者又分成形式和渐成式；后者又分轮切式和综合轮切式。成形式拉刀各刀齿的廓形均与被加工表面的最终形状相似；渐成式拉刀的刀齿形状与工件形状不同，工件的形状是由各刀齿依次切削后逐渐形成的。轮切式拉刀由多组刀齿组成，每组有几个直径相同的刀齿，分别切去一层金属中的一段，各组刀齿轮换切去各层金属。综合轮切式拉刀的粗切齿采用轮切式，精切齿采用成形式。轮切式拉刀切削厚度较分层拉削的拉刀大得多，具有较高的生产率，但制造较难。

拉刀常用高速钢整体制造，也可做成组合式。硬质合金拉刀一般为组合式，因生产率高，寿命长，在汽车工业中常用于加工缸体和轴承盖等零件，但硬质合金拉刀制造困难。各类拉刀实物见图 2-78。

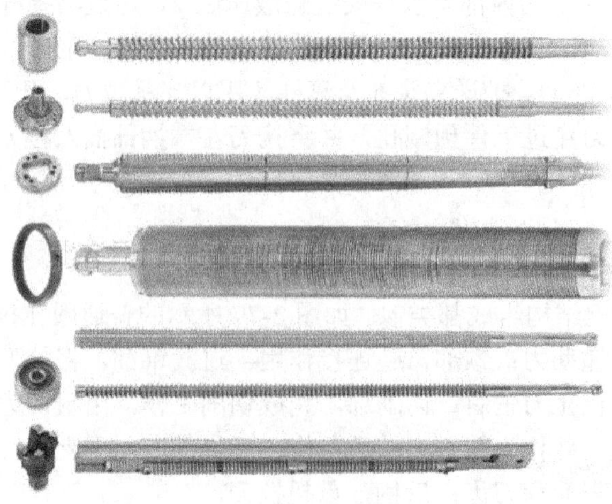

图 2-78　各类拉刀

做一做　学到这里，主要的切削机床都介绍完了，同学们自己总结一下，理一理，各类机床均能加工哪些表面，分别用何刀具。要学会整理所学内容，这样才会有收获哟！

想一想　大家对如图 2-79 所示零件不陌生吧，可你们知道它们是用什么机床、什么刀具加工出来的吗？

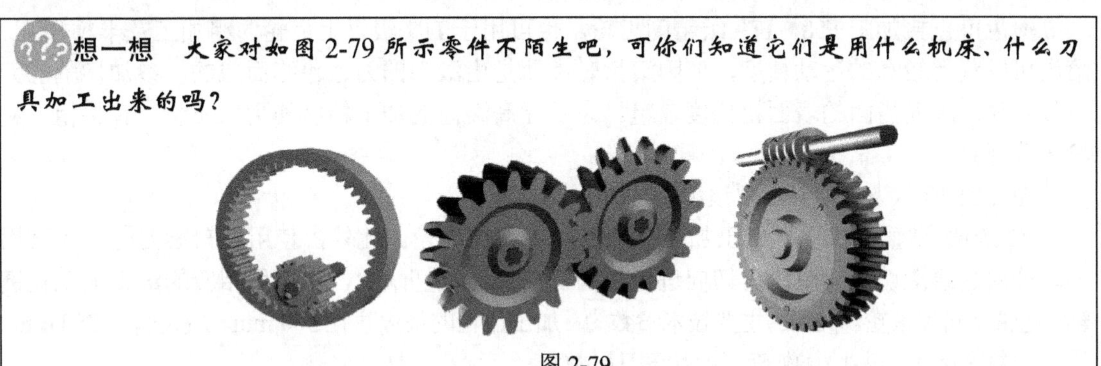

图 2-79

任务 2.7　认识齿轮加工机床的工艺范围及常用刀具

知识分布网络

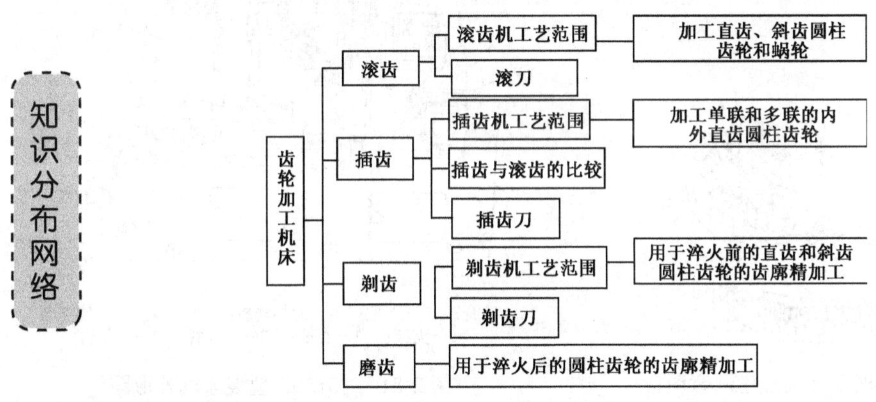

2.7.1　齿轮加工机床的分类

按照被加工齿轮种类的不同，齿轮加工机床主要可分为圆柱齿轮加工机床（滚齿机、插齿机、车齿机等）和圆锥齿轮加工机床（加工直齿锥齿轮：刨齿机、铣齿机、拉齿机；加工弧齿锥齿轮：铣齿机；加工齿线形状为延伸渐开线的锥齿轮：锥齿轮铣齿机；精加工齿轮齿面：珩齿机、剃齿机和磨齿机）两大类。此外，还有齿轮齿端加工机床（倒角及检查机）、齿轮的无屑加工设备等。

2.7.2　滚齿机床的工艺范围及常用刀具

1. 滚齿机的工艺范围

滚齿机主要用于加工直齿、斜齿圆柱齿轮和蜗轮。

滚齿是齿形加工方法中生产率较高，应用最广的一种加工方法。在滚齿机上用齿轮滚刀

加工齿轮的原理，相当于一对螺旋齿轮作无侧隙强制性的啮合，如图 2-80 所示。滚齿加工的通用性较好，既可加工圆柱齿轮，又能加工蜗轮；既可加工渐开线齿形，又可加工圆弧、摆线等齿形；既可加工大模数齿轮，又可加工大直径齿轮。

滚齿可直接加工 IT8～IT9 级精度齿轮，也可用于 IT7 级以上齿轮的粗加工及半精加工。滚齿可以获得较高的运动精度，但因滚齿时齿面是由滚刀的刀齿包络而成的，参加切削的刀齿数有限，因而齿面的表面粗糙度较粗。为了提高滚齿的加工精度和齿面质量，宜将粗、精滚齿分开。

图 2-81 所示为 Y3150E 型滚齿机的外形图。

Y3150E 型滚齿机主要用于加工直齿和斜齿圆柱齿轮。此外，使用蜗轮滚刀时，还可用手动径向进给滚切蜗轮或通过切向进给机构切向进给滚切蜗轮，也可用相应的滚刀加工花键轴、链轮及同步带轮。机床的主要技术参数为：加工齿轮的最大直径 500 mm，最大宽度 250 mm，最大模数 8 mm，最小齿数 5*k*（*k* 为滚刀齿数）。

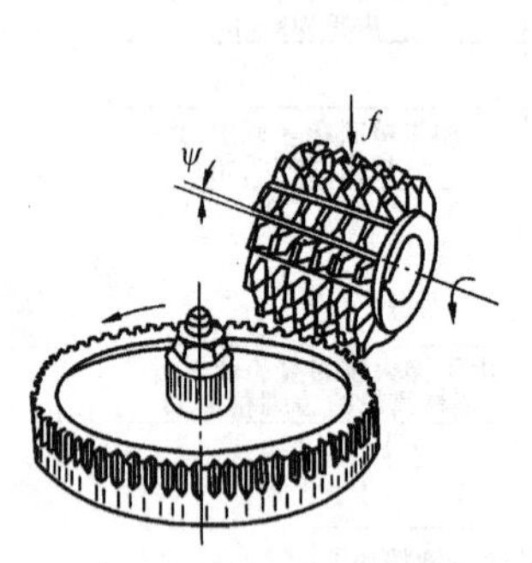

图 2-80 滚齿加工示意图

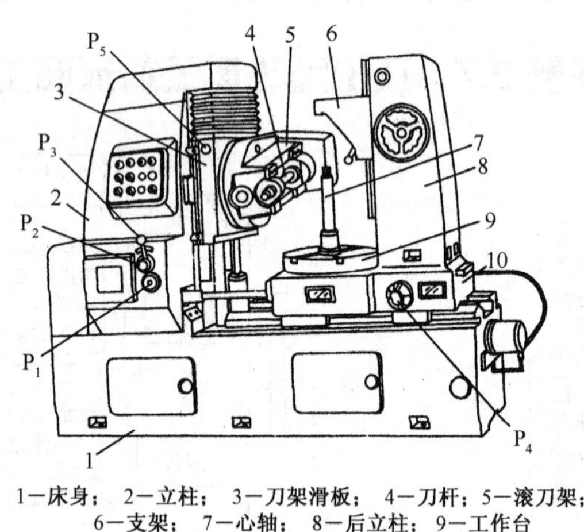

1—床身； 2—立柱； 3—刀架滑板； 4—刀杆；5—滚刀架；6—支架； 7—心轴； 8—后立柱；9—工作台

图 2-81 Y3150E 型滚齿机外形图

其主运动即滚刀的旋转运动，展成运动即滚刀与工件之间的啮合运动。两者应准确地保持一对啮合齿轮的传动比关系。垂向进给运动即滚刀沿工件轴线方向作连续的进给运动，以切出整个齿宽上的齿形。

机床由床身 1、立柱 2、刀架滑板 3、滚刀架 5、后立柱 8 和工作台 9 等主要部件组成。立柱 2 固定在床身上，刀架滑板 3 带动滚刀架可沿立柱导轨作垂向进给运动或快速移动。滚刀安装在刀杆 4 上，由滚刀架 5 的主轴带动作旋转主运动。该刀架可绕自己的水平轴线转动，以调整滚刀的安装角度。工件安装在工作台 9 的心轴 7 上或直接安装在工作台上，随同工作台一起作旋转运动。工作台和后立柱装在同一滑板上，可沿床身的水平导轨移动，以调整工件的径向位置或作手动径向进给运动。后立柱上的支架 6 可通过轴套或顶尖支承在工件心轴的上端，以提高滚切工作的平稳性。

2. 滚刀

滚刀按国家标准《高精度齿轮滚刀通用技术条件》的规定，Ⅰ型适用于 JB 3327—83 规定的 AAA 级滚刀、GB 6084—85 规定的 AA 级滚刀；Ⅱ型适用于 GB 6084—85 所规定的 AA、

A、B、C 级 4 种精度的滚刀。一般情况下，AA 级滚刀可加工 6～7 级齿轮，A 级可加工 7～8 级齿轮，B 级可加工 8～9 级齿轮，C 级可加工 9～10 级齿轮。

滚刀安装在滚齿机的心轴上后，需要用千分表检验滚刀两端凸台的径向圆跳动不大于 0.005 mm。

滚刀在滚切齿轮时，通常情况下只有中间几个刀齿切削工件，因此这几个刀齿容易磨损。为使各刀齿磨损均匀，延长滚刀耐用度，可在滚刀切削一定数量的齿轮后，用手动或机动方法沿滚刀轴线移动一个或几个齿距，以提高滚刀寿命。

滚齿时，当发现齿面粗糙度大于 *Ra* 3.2 μm 以上，或有光斑，声音不正常，或在精切齿时滚刀刀齿后刀面磨损超过 0.2～0.5 mm，粗切齿超过 0.8～1.0 mm 时，就应重磨滚刀。对滚刀的重磨必须予以重视，使切削刃仍处于基本蜗杆螺旋面上，如果滚刀重磨不正确，会使滚刀失去原有的精度。

滚刀的刃磨应在专用滚刀刃磨机床上进行。若没有专用刃磨机床，则可在万能工具磨床上装一专用夹具来重磨滚刀。专用夹具使滚刀作螺旋运动，并精密分度。注意不能徒手刃磨。

2.7.3　插齿机床的工艺范围及常用刀具

1. 插齿机的工艺范围

插齿机也是一种常见的齿轮加工机床，主要用于加工直齿圆柱齿轮，增加特殊的附件后也可以加工斜齿圆柱齿轮。它主要用于加工单联和多联的内外直齿圆柱齿轮。

插齿是按展成法原理加工齿轮的，插齿刀实质上就是一个磨有前后角并具有切削刃的齿轮。图 2-82 所示为插齿的工作原理。

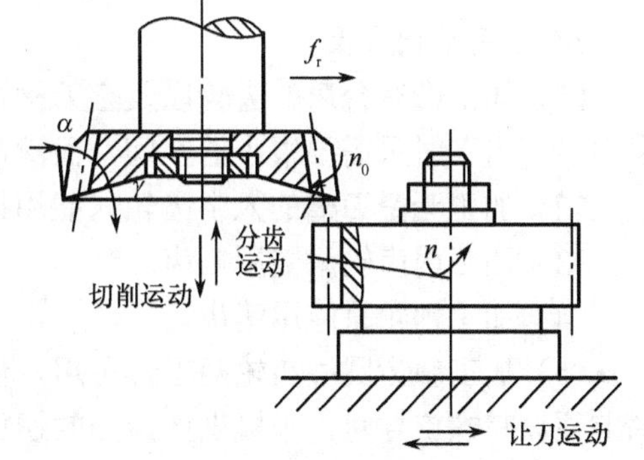

图 2-82　插齿的工作原理

2. 插齿与滚齿比较

插齿和滚齿相比，在加工质量、生产率和应用范围等方面具有如下特点。

1）加工质量方面

（1）插齿的齿形精度比滚齿高。滚齿时，形成齿形包络线的切线数量只与滚刀容屑槽的数目和基本蜗杆的头数有关，它不能通过改变加工条件而增减；但插齿时，形成齿形包络线的切线数量由圆周进给量的大小决定，并可以选择。此外，制造齿轮滚刀时是用近似造型的蜗杆来替代渐开线基本蜗杆，这就有造型误差。而插齿刀的齿形比较简单，可通过高精度磨齿获得精确的渐开线齿形。所以插齿可以得到较高的齿形精度。

（2）插齿后齿面的粗糙度比滚齿细。滚齿时滚刀在齿向方向上作间断切削，形成如图 2-83（a）所示的鱼鳞状波纹；而插齿时插齿刀沿齿向方向的切削是连续的，如图 2-83（b）所示，所以插齿时齿面粗糙度较细。

（3）插齿的运动精度比滚齿差。这是因为插齿机的传动链比滚齿机多了一个刀具蜗轮副，即多了一部分传动误差。另外，插齿刀的一个刀齿相应切削工件的一个齿槽，因此，插齿刀本身的周节累积误差必然会反映到工件上。而滚齿时，因为工件的每一个齿槽都是由滚刀相同的 2～3 圈刀齿加工出来的，故滚刀的齿距累积误差不影响被加工齿轮的齿距精度，所以滚齿的运动精度比插齿高。

（4）插齿的齿向误差比滚齿大。插齿时的齿向误差主要取决于插齿机主轴回转轴线与工作台回转轴线的平行度误差。由于插齿刀工作时往复运动的频率高，使得主轴与套筒之间的磨损大，因此插齿的齿向误差比滚齿大。

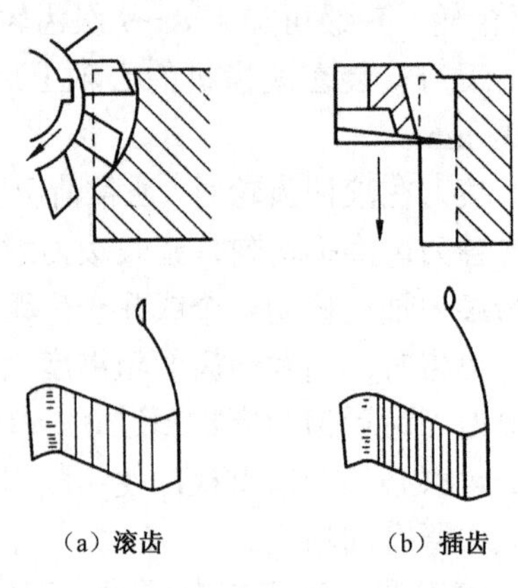

图 2-83　滚齿和插齿齿面的比较

所以就加工精度来说，对运动精度要求不高的齿轮，可直接用插齿来进行齿形精加工，而对于运动精度要求较高的齿轮和剃前齿轮（剃齿不能提高运动精度），则用滚齿较为有利。

2）生产率方面

切制模数较大的齿轮时，插齿速度要受到插齿刀主轴往复运动惯性和机床刚性的制约；切削过程又有空程的时间损失，故生产率不如滚齿高。只有在加工小模数、多齿数并且齿宽较窄的齿轮时，插齿的生产率才比滚齿高。.

3）应用范围方面

（1）加工带有台肩的齿轮以及空刀槽很窄的双联或多联齿轮只能用插齿。这是因为：插齿刀“切出”时只需要很小的空间，而滚齿时滚刀会与大直径部位发生干涉。

（2）加工无空刀槽的人字齿轮只能用插齿。

（3）加工内齿轮只能用插齿。

（4）加工蜗轮只能用滚齿。

（5）加工斜齿圆柱齿轮两者都可用，但滚齿比较方便。插制斜齿轮时，插齿机的刀具主轴上须设有螺旋导轨，来提供插齿刀的螺旋运动，并且要使用专门的斜齿插齿刀，所以很不方便。

3. 插齿刀

插齿刀的形状很像齿轮，它的模数和名义齿形角等于被加工齿轮的模数和齿形角，不同的是插齿刀有切削刃和前后角。

插齿刀的类型及应用范围如表 2-10 所示。

选用插齿刀时，除了根据被切齿轮的种类选定插齿刀的类型，使插齿刀的模数、齿形角和被切齿轮的模数、齿形角相等外，还需根据被切齿轮参数进行必要的校验，以防切齿时发生根切、顶切和过渡曲线干涉等。

插齿刀制成 AA、A、B 三级精度，分别加工 6、7、8 级精度的齿轮。

表 2-10 插齿刀的类型及应用范围

序号	类 型	简 图	应 用 范 围	规格 d_0	规格 m	D 或莫氏锥	精度等级
1	盘形直齿插齿刀		加工普通直齿外齿轮和大直径内齿轮	ϕ63	0.3～1	31.743	AA、A、B
				ϕ75	1～4		
				ϕ100	1～6		
				ϕ125	4～8		
				ϕ160	6～10	88.90	
				ϕ200	8～12	101.60	
2	碗形直齿插齿刀		加工塔形、双联直齿轮	ϕ50	1～3.5	20	AA、A、B
				ϕ75	1～4	31.743	
				ϕ100	1～6		
				ϕ125	4～8		
3	锥柄直齿插齿刀		加工直内齿轮	ϕ25	0.3～1	莫氏 2 号	A、B
				ϕ25	1～2.75		
				ϕ38	1～3.75	莫氏 3 号	

2.7.4 剃齿机床的工艺范围及常用刀具

1. 剃齿机的工艺范围

剃齿机主要用于淬火前的直齿和斜齿圆柱齿轮的齿廓精加工。剃齿加工根据一对螺旋角不等的螺旋齿轮啮合的原理，剃齿刀与被切齿轮的轴线空间交叉一个角度，如图 2-84（a）所示，剃齿刀 1 为主动轮，被切齿轮 2 为从动轮，它们的啮合为无侧隙双面啮合的自由展成运动。

剃齿具有如下特点。

（1）剃齿加工精度一般为 6～7 级，表面粗糙度 Ra 为 0.8～0.4 μm，用于未淬火齿轮的精加工。

（2）剃齿加工的生产率高，加工一个中等尺寸的齿轮一般只需 2～4 min，与磨齿相比，可提高生产率 10 倍以上。

（3）由于剃齿加工是自由啮合，机床无展成运动传动链，故机床结构简单，机床调整容易。

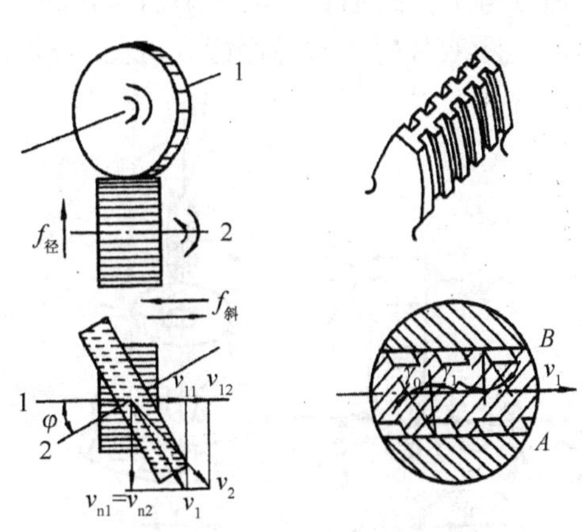

1—剃齿刀；2—被切齿轮

图 2-84 剃齿原理

2. 剃齿刀

剃齿刀的齿面开槽形成刀刃，它的两侧面都能进行切削加工，但两侧面的切削角度不同，一侧为锐角，切削能力强；另一侧为钝角，切削能力弱。为了使齿轮两侧获得同样的剃削条件，在剃削过程中，剃齿刀作交替正反转运

动。几种典型的剃齿刀见图 2-85。

剃齿刀的精度分 A、B、C 三级，分别加工 6、7、8 级精度的齿轮。剃齿刀分度圆直径随模数大小有 3 种：85 mm、180 mm、240 mm，其中 240 mm 应用最普遍。分度圆螺旋角有 5°、10°、15° 三种，其中 5° 和 10° 两种应用最广。15° 多用于加工直齿圆柱齿轮；5° 多用于加工斜齿轮和多联齿轮中的小齿轮。在剃削斜齿轮时，轴交叉角 ϕ 不宜超过 10°～20°，不然剃削效果不好。

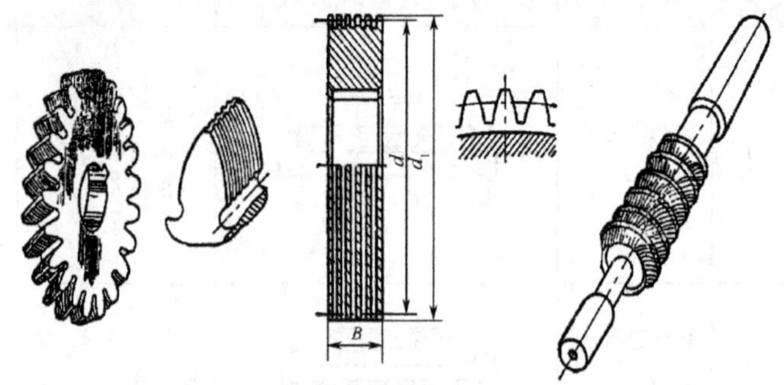

（a）盘形剃齿刀（b）小模数剃齿刀（c）蜗轮剃齿刀

图 2-85 几种典型的剃齿刀

2.7.5 磨齿机床的工艺范围及常用刀具

磨齿机主要用于淬火后的圆柱齿轮的齿廓精加工。

磨齿是目前齿形加工中精度最高的一种方法。它既可磨削未淬硬的齿轮，也可磨削淬硬的齿轮。对模数较小的某些齿轮，可以直接在齿坯上磨出齿轮。磨齿精度 4～6 级，齿面粗糙度为 Ra 0.8～0.2 μm，对齿轮误差及热处理变形有较强的修正能力，多用于硬齿面高精度齿轮及插齿刀、剃齿刀等齿轮刀具的精加工。其缺点是生产率低，加工成本高，故适用于单件、小批生产。

根据齿面渐开线的形成原理，磨齿方法分为仿形法和展成法两类。仿形法磨齿是用成形砂轮直接磨出渐开线齿形，目前应用甚少；展成法磨齿是将砂轮工作面制成假想齿条的两侧面，通过与工件的啮合运动包络出齿轮的渐开线齿面。常见的磨齿方法有锥面砂轮磨齿（见图 2-86）和双片蝶形砂轮磨齿（见图 2-87）。

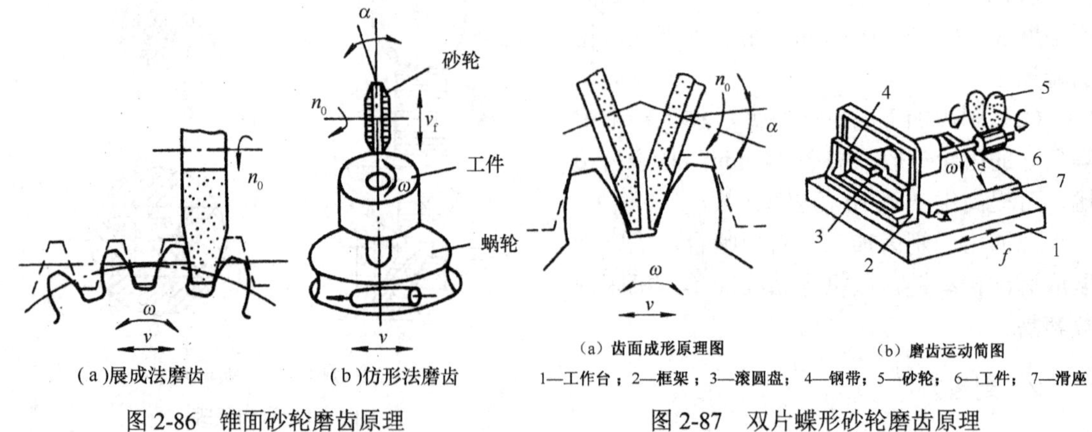

(a)展成法磨齿 (b)仿形法磨齿

图 2-86 锥面砂轮磨齿原理

（a）齿面成形原理图 （b）磨齿运动简图

1—工作台；2—框架；3—滚圆盘；4—钢带；5—砂轮；6—工件；7—滑座

图 2-87 双片蝶形砂轮磨齿原理

做一做 磨齿用的刀具是砂轮，砂轮在任务 2.2 中已有介绍，请同学们回过去了解有关资料。

知识梳理与总结

通过本项目的学习，我们了解了车床、磨床、铣床、钻床、镗床、刨床、插床、拉床、齿轮加工机床等加工机床的工艺范围、加工特点和适用刀具，应重点掌握各种机床所适合的加工表面和使用场合。在实际工作中可以根据零件的实际加工表面灵活地进行机床及刀具的选择。它们的应用在后面的项目中还要进一步地学习。

思考与练习题2

1. γ_0是________的符号，是在________面内测量的________面与________面的夹角。

2. κ_r是________的符号，是在__________面内测量的__________与________的夹角。

3. λ_s是________的符号，是在__________面内测量的________与________的夹角。

4. α_0是________的符号，是在________面内测量的________面与______面的夹角。

5. YT15 属于________类硬质合金，适于加工碳钢和________钢，切削条件最宜在______半精加工和精加工中。

6. YG8 属于______硬质合金，适于加工______、有色金属及其合金，切削条件可以是______切削或粗加工。

7. 加工铸铁选用______硬质合金，冲击力大时选用含钴量较多的______；粗加工选用______或 YG8，精加工则选用 YG3 或______。

8. YT 类硬质合金适于加工________，低速时，选用________。YW 类硬质合金主要用于加工耐热钢、高锰钢、____________等难加工材料。粗加工时选用____________的合金牌号；精加工时选用______的合金牌号。在加工含钛的不锈钢和钛合金时，不宜选用硬质合金。

9. 在车床上能加工哪些表面？车床的类型有哪些？它们的适用场合是什么？

10. 刀具静止角度参考系与工作角度参考系的区别在哪？

11. 如图 2-88 所示为用端面车刀切削工件端面。已知：κ_r=75°，κ'_r=15°，γ'_0=10°，α_0=5°，λ_s=10°，请标注端面车刀各角度。

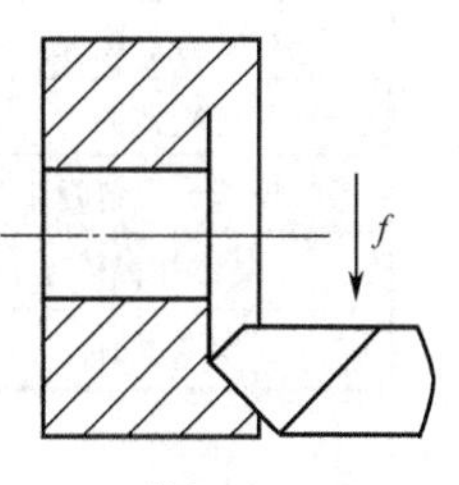

图 2-88

12. 请说出磨床的种类与适用场合。

13. 什么是砂轮硬度？它与磨粒硬度是否相同？砂轮硬度对磨削过程有何影响？应如何选择砂轮？

14. 铣床能加工的表面有哪些？分别可采用什么样的铣刀？

15. 铰刀的精度等级分几级？分别适用于铰削几级精度的孔？它的直径公差如何确定？

16. 镗床的加工工艺范围如何？其镗孔的方式有几种？

17. 请比较滚齿与插齿的优缺点。

18. 请说出滚刀、插齿刀、剃齿刀精度等级以及它们的适用范围。

项目3 零件加工工艺路线的拟定

教学导航

学习目标	掌握编制零件加工工艺路线的一般原则
工作任务	按零件技术要求拟订零件机械加工工艺路线
教学重点	零件工艺分析、定位基准的选择、工艺路线的拟定
教学难点	工艺路线的拟定
教学方法建议	案例教学、任务导入、任务分析、实施、评价
选用案例	以衬套零件的加工案例贯穿本项目教学
教学设施、设备及工具	多媒体教学系统、课件、零件实物等
考核与评价	项目成果评定 60%；学习过程评价 30%；团队合作评价 10%
参考学时	8

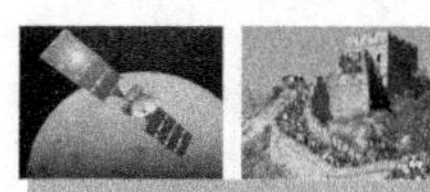

想一想 通过前面的学习，我们知道了各机床和刀具的用途，那么对给定的零件或零件图，如图 3-1 所示，应如何实现它的加工呢？要考虑什么因素？怎样用合适的机床、合适的刀具、合适的路线来实现加工呢？

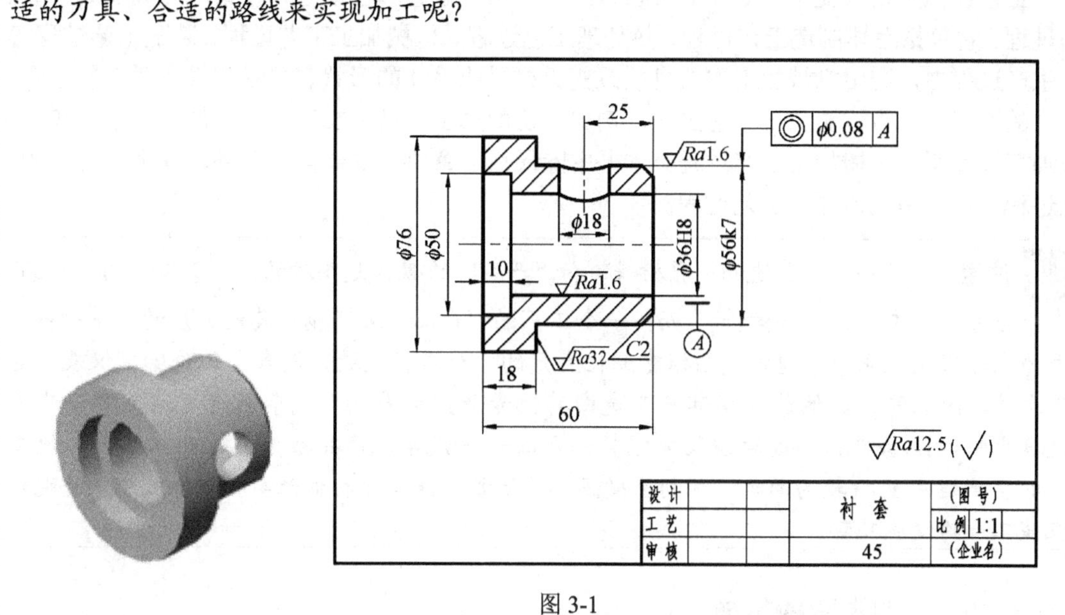

图 3-1

任务 3.1 了解生产过程

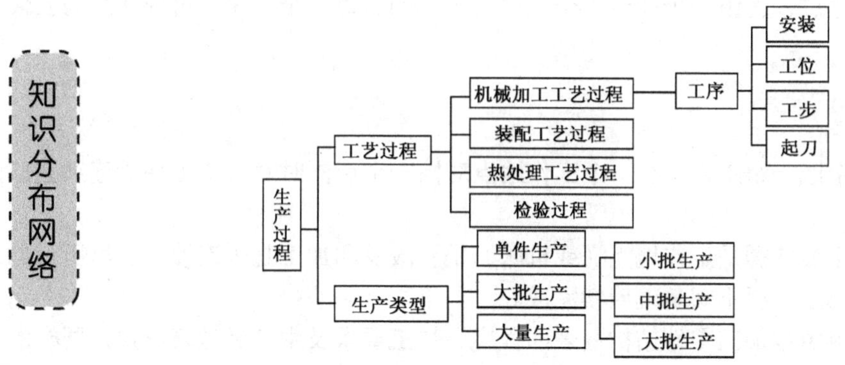

3.1.1 生产过程与机械加工工艺过程

1. 生产过程

生产过程是指将原材料转变成为成品的全过程。它包括原材料运输和保管、生产准备工作、毛坯制造、零件加工和热处理、产品装配、调试、检验以及油漆和包装等。生产过程可以由一个工厂完成，也可以由多个工厂联合完成；可以指整台机器的制造过程，也可以指某一种零件或部件的制造过程。

2．工艺过程与机械加工工艺过程

工艺过程是指改变生产对象的形状、尺寸、相对位置和性质等，使其成为成品或半成品的过程。它包括毛坯制造工艺过程、热处理工艺过程、机械加工工艺过程、装配工艺过程等。而生产过程中，利用机械加工方法直接改变原材料或毛坯的形状、尺寸和表面质量使之变为成品的过程，称为机械加工工艺过程。例如，切削加工、磨削加工、特种加工、精密和超精密加工等都属于机械加工工艺过程。本书中除最后一章讲的是装配工艺外，其余所讨论的工艺过程，主要是机械加工工艺过程。

注意 应该指出，上述的“原材料”和“产品”的概念是相对的，一个工厂的“产品”可能是另一个工厂的“原材料”，而另一个工厂的“产品”又可能是其他工厂的“原材料”。因为在现代制造业中，通常是组织专业化生产的，如汽车制造，汽车上的轮胎、仪表、电气元件、标准件及其他许多零部件都是由其他专业厂生产的，汽车制造厂只生产一些关键零部件和配套件，并最后组装成完整的产品——汽车。产品按专业化组织生产，使工厂的生产过程变得较为简单，有利于提高产品质量，提高劳动生产率和降低成本，是现代机械工业的发展趋势。

3.1.2 工艺过程的组成

无论哪一种工艺过程，都是按一定的顺序逐步进行的。为了便于组织生产，合理使用设备和劳力，以确保产品质量和提高生产效率，任何一种工艺过程又可划分为一系列工序。

机械加工工艺过程是由一个或若干个工序所组成的。每一个工序又可依次分为安装、工位、工步和走刀。

1．工序

工序是指一个或一组工人，在一个工作地点对同一个或同时对几个工件所连续完成的那一部分工艺过程。

划分工序的主要依据是工作地点（或机床）是否改变和加工是否连续。这里所说的连续是指该工序的全部工作要不间断地连续完成。

一个工序内容由被加工零件结构复杂的程度、加工要求及生产类型来决定，同样的加工内容，可以有不同的工序安排。例如，加工如图 3-2 所示的阶梯轴，不同生产类型的工序划分见表 3-1 和表 3-2。

工序是工艺过程的基本组成部分，是制订生产计划和进行成本核算的基本单元。

注意 在工序定义中，“工作地”是指一台机床、一个钳工台或一个装配地点；“连续”是指对一个具体的工件的加工是连续进行的，中间没有另一个工件的加工插入。

2．安装

工件经一次装夹后所完成的那一部分工艺内容称为安装。在一道工序中，工件可能需装

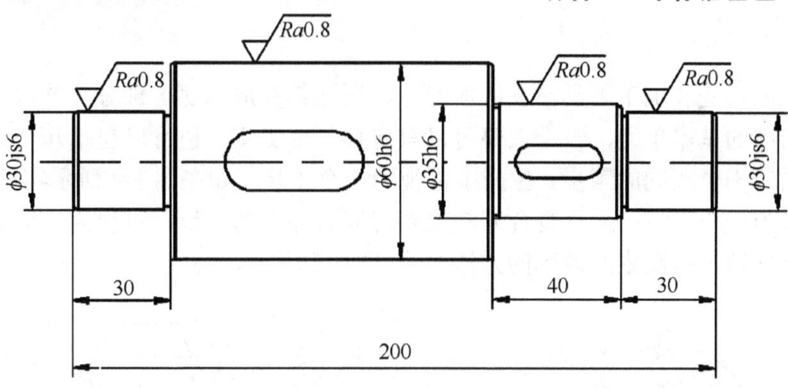

图 3-2　阶梯轴零件简图

表 3-1　阶梯轴工艺过程（单件小批生产）

工序号	工序内容	设备
10	车端面、钻中心孔、车各外圆、车槽、倒角	车床
20	铣键槽、去毛刺	铣床
30	磨各外圆	磨床

表 3-2　阶梯轴工艺过程（大批大量生产）

工序号	工序内容	设备
10	车端面、钻中心孔，调头车端面、钻中心孔	车端面、钻中心孔机床
20	车一端外圆、车槽、倒角	车床
30	车另一端外圆、车槽、倒角	车床
40	铣键槽	铣床
50	去毛刺	钳工台
60	磨各外圆	磨床

夹一次或多次才能完成加工。如表 3-2 所示的工序 10 中，工件在一次装夹后还需要掉头装夹，才能完成全部工序内容，所以该工序有两次安装。

工件在加工中应尽量减少装夹次数，因为多一次装夹，就会增加装夹的时间，还会增加装夹误差。

想一想　在加工过程中有什么好的方法来解决装夹次数问题呢？下面我们会逐步讲到，注意整理哟！

3. 工位

工位是指为了完成一定的工艺内容，一次装夹工件后，工件与夹具或设备的可动部分一起相对刀具或设备的固定部分所占据的每一个位置。图 3-3 所示为在多工位组合机床上加工 ϕ25H7 孔的例子，它利用机床的回转工作台，使工件能在 6 个工位上依次进行装卸工件、预钻孔、钻孔、扩孔、粗铰和精铰工作，本工序由 6 个工位组成。为了减少工件的安装次数，提高生产效率，常采用多工位夹具或多轴（或多工位）机床，使工件在一次安装后先后经过若干个不同位置顺次进行加工。

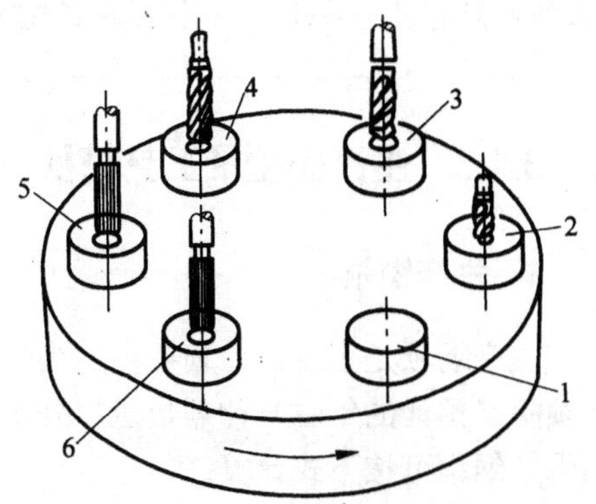

工位1—装卸工件；工位2—预钻孔；工位3—钻孔；工位4—扩孔；工位5—粗铰；工位6—精铰

图 3-3　多工位加工

4. 工步

在加工表面不变和加工工具不变的情况下，所连续完成的那一部分工艺内容称为工步。工步是构成工序的基本单元，一个工序可以只包括一个工步，也可以包括几个工步。对于那些连续进行的若干个相同的工步，生产中常视为一个工步，如在图 3-4 所示零件上钻 6× ϕ20 mm 孔，可视为一个工步；采用复合刀具或多刀同时加工的工步，可视为一个复合工步（这也是减少安装次数，提高生产效率的方法），如图 3-5 所示。

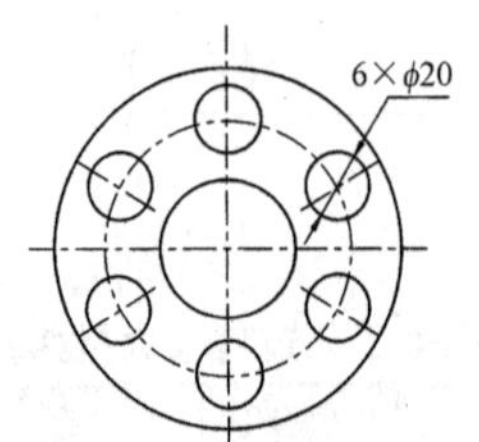

图 3-4　6 个表面相同的工步

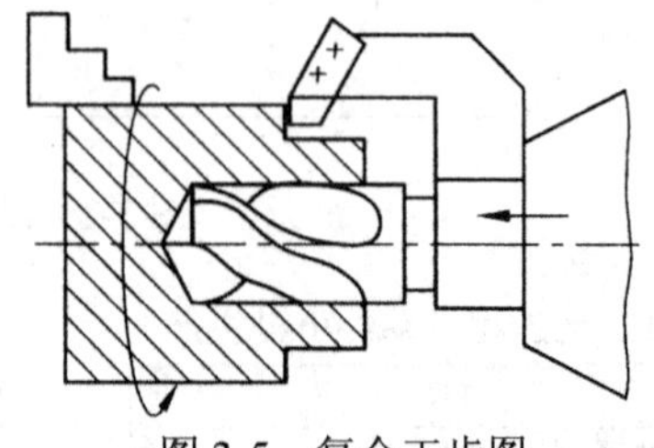

图 3-5　复合工步图

> **注意**　工步的划分：工步的 3 个要素中（加工表面、切削刀具和切削用量）只要有一个要素改变了，就不能认为是同一个工步。同学们，分析一下表 3-1 中每道工序各有几个工步。

5. 走刀

走刀是指刀具在加工表面上切削一次所完成的工艺内容。它是构成工艺过程的最小单元。在一个工步中，有时材料层要分几次去除，则每切去一层材料称为一次走刀。一个工步包括一次或几次走刀，如图 3-6 所示。

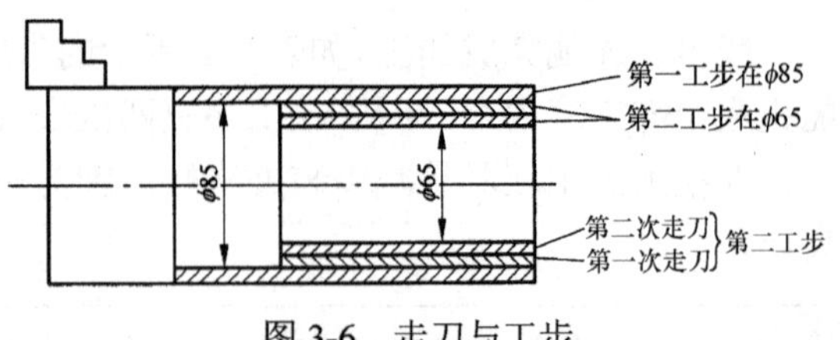

图 3-6　走刀与工步

> **注意**　综上分析可知，工艺过程的组成是很复杂的。工艺过程由许多工序组成，一个工序可能有几个安装，一个安装可能有几个工位，一个工位可能有几个工步，如此等等。

3.1.3　生产类型及工艺特征

1. 生产纲领

生产纲领是企业在计划期内应当生产的产品产量和进度计划。机器产品中某零件的生产纲领除了预计的年生产计划数量以外，还要包括一定的备品率和平均废品率，所以机器零件的生产纲领可按下式计算：

$$N = Q \times n\,(1+\alpha\% + \beta\%)$$

式中，N ——零件的生产纲领（件/年）；Q —— 产品的年产量（台/年）；n —— 每台产品中含该零件的数量（件/台）；$\alpha\%$ —— 备品率；$\beta\%$ —— 废品率。

机器零件的生产纲领确定之后，就要根据生产车间的具体情况按一定期限分批投入生产。一次投入或生产同一产品（或零件）的数量称为生产批量。所以说，生产纲领的大小对生产组织和零件加工工艺过程有重要作用，决定着零件加工工序所需的专业化和自动化程序、工艺方法和机床设备。

2. 生产类型

生产类型是企业生产专业化程度的分类，一般分为单件生产、成批生产和大量生产 3 种类型。

（1）单件生产：单个生产不同结构和尺寸的产品，很少重复或不重复，如重型机器的制造，新产品的试制等。

（2）成批生产：产品周期性成批投入生产。其中又可按批量的大小和产品特征分为小批生产、中批生产和大批生产 3 种。

（3）大量生产：同一产品的生产数量很大，每一个工作地用重复的工序加工产品。

生产类型决定于生产纲领，但也和产品的大小和复杂程度有关。生产类型与生产纲领的关系请参见表 3-3。

表 3-3　生产类型与生产钢领的关系

生 产 类 型	零件的年生产纲领（件/年）		
	重 型 机 械	中 型 机 械	轻 型 机 械
单件生产	≤5	≤20	≤100
小批生产	>5，≤100	>20，≤200	>100，≤500
中批生产	>100，≤300	>200，≤500	>500，≤5 000
大批生产	>300，≤1 000	>500，≤5 000	>5 000，≤50 000
大量生产	>1 000	>5 000	>50 000

3. 工艺特征

若生产类型不同，则无论在生产组织、生产管理、车间机床布置，还是在毛坯制造方法、机床种类、工具、加工或装配方法、工人技术要求等方面均有所不同，它们各自的工艺特征见表 3-4。

表 3-4　各种生产类型的工艺特征

项　目	单件、小批生产	中批生产	大批、大量生产
加工对象	不固定、经常换	周期性地变换	固定不变
机床设备和布置	采用通用设备，按机群式布置	采用通用和专用设备，按工艺路线成流水线布置或机群式布置	广泛采用专用设备，全按流水线布置，广泛采用自动线
夹具	非必要时不采用专用夹具	广泛使用专用夹具	广泛使用高效率的专用夹具
刀具和量具	通用刀具和量具	广泛使用专用刀、量具	广泛使用高效率专用刀、量具
毛坯情况	用木模手工造型，自由锻，精度低	金属模、模锻，精度中等	金属模机器造型、精密铸造、模锻，精度高
安装方法	广泛采用划线找正等方法	保持一部分划线找正，广泛使用夹具	不需划线找正，一律用夹具
尺寸获得方法	试切法	调整法	用调整法，自动化加工

（续表）

项　目	单件、小批生产	中批生产	大批、大量生产
零件互换性	广泛使用配刮	一般不用配刮	全部互换，可进行选配
工艺文件形式	过程卡片	工序卡片	操作卡及调整卡
操作工人平均技术水平	高	中等	低
生产率	低	中等	高
成本	高	中等	低

知识链接　据国内外统计表明：目前在机械制造中，单件和小批生产占多数。随着科学技术的发展，产品更新周期越来越短，产品的品种规格将会不断增加，多品种、小批量生产在今后还会有增长趋势。近年来，柔性加工系统的出现，为单件、小批量生产提供了高效的先进设备，是机械制造工艺的一个重要发展方向。

任务 3.2　了解工艺规程的作用与要求

3.2.1　制订工艺规程的作用

工艺规程是在总结工人及技术人员实践经验的基础上，依据科学的理论和必要的工艺试验制订的。生产中有了工艺规程生产秩序才能稳定，产品质量才有保证。对于经审定批准的工艺规程，工厂有关人员必须严格执行，这是工艺纪律。

工艺规程的作用主要体现在以下 3 个方面。

1）工艺规程是指导生产的主要技术性文件

生产的计划、调度只有根据工艺规程安排才能保持各个生产环节之间的相互协调，才能按计划完成生产任务；工人的操作和产品质量的检查只有按照工艺规程进行，才能保证加工质量，提高生产效率和降低生产成本。生产实践表明，不按照工艺规程进行生产，往往会引起产品质量下降，生产效率降低，甚至使生产陷入混乱状态。

2）工艺规程是组织和管理生产的依据

产品在投入生产以前要做大量的生产准备工作，如原材料和毛坯的供应，机床的准备和调整，专用工艺装备的设计与制造以及人员的配备等，都要以工艺规程为依据进行安排。

3）工艺规程是新建和扩建制造厂（或车间）的基本资料

在新建和扩建工厂（或车间）时，确定生产所需机床的种类和数量，布置机床，确定车间和工厂的面积，确定生产工人的工种、等级、数量以及各个辅助部门的安排等，都是以工艺规程为依据进行的。

当然，工艺规程并不是一成不变的。随着科学技术的进步，工人及技术人员不断革新创造，工艺规程也将不断改进和完善，以便更好地指导生产；但这并不意味着工人和技术人员

可以随意更改工艺规程，更改工艺规程必须履行严格的审批手续。

 **注意** 工艺规程在生产上就是法律，要严格遵守，任何人不得随意更改。

3.2.2 制订工艺规程的原则与要求

1. 制订工艺规程的原则

制订工艺规程的基本原则是：所制订的工艺规程能在一定的生产条件下，在保证质量的前提下，以最快的速度、最少的劳动量和最低的费用，可靠地加工出符合要求的零件。在制订工艺规程时，应尽量做到技术上先进，经济上合理，并具有良好的劳动条件。

2. 制订工艺规程的原始资料

在制订零件的机械加工工艺规程时，必须具备下列原始资料。

（1）产品的整套装配图和零件的工作图；

（2）产品的生产纲领；

（3）毛坯的生产情况；

（4）本厂现有的生产条件和发展前景；

（5）国内外先进工艺及生产技术。

3.2.3 制订工艺规程的步骤

在掌握上述资料的基础上，机械加工工艺规程的设计步骤如下。

（1）分析产品装配图样和零件图样，主要包括零件的加工工艺性、装配工艺性、主要加工表面及技术要求，了解零件在产品中的功用；

（2）计算零件的生产纲领，确定生产类型；

（3）确定毛坯的类型、结构形状、制造方法等；

（4）选择定位基准；

（5）拟订工艺路线，包括选择定位基准，确定各表面的加工方法，划分加工阶段，确定工序的集中和分散的程度，合理安排加工顺序等；

（6）确定各工序的加工余量，计算工序尺寸及公差；

（7）确定各工序的设备、刀具、夹具、量具和辅助工具；

（8）确定切削用量及计算时间定额；

（9）确定各主要工序的技术要求及检验方法；

（10）填写工艺文件。

注意 制订工艺规程一定要结合企业现有的生产实际条件，因其涉及的知识面广，会出现各种问题，所以必须对制订的工艺规程进行反复分析、验证修改完善，才能用于指导生产。

任务 3.3 分析零件的工艺性

想一想 针对图 3-1 所示的零件，我们要制订其工艺规程，在确定其生产纲领后，首要任务该做什么呢？

3.3.1 零件图和装配图分析

在编制零件机械加工工艺规程前，首先应研究零件的工作图样和产品装配图样，熟悉该产品的用途、性能及工作条件，明确该零件在产品中的位置和作用；了解并研究各项技术条件制订的依据，找出其主要技术要求和技术关键，以便在拟订工艺规程时采用适当的措施加以保证。

工艺分析的目的，一是审查零件的结构形状及尺寸精度、相互位置精度、表面粗糙度、材料及热处理等的技术要求是否合理，是否便于加工和装配；二是通过工艺分析，对零件的工艺要求有进一步的了解，以便制订出合理的工艺规程。

如图 3-7 所示为汽车钢板弹簧吊耳，使用时，钢板弹簧与吊耳两侧面是不接触的，所以吊耳内侧的粗糙度可由原来的设计要求 *Ra* 3.2 μm 建议改为 *Ra* 12.5 μm。这样在铣削时可只用粗铣不用精铣，减少铣削时间。

再如图 3-8 所示的方头销，其头部要求淬火硬度 HRC55~60，所选用的材料为 T8A，该零件上有一孔 ϕ2H7 要求在装配时配作。由于零件长度只有 15 mm，方头部长度仅有 4 mm，如用 T8A 材料局部淬火，势必全长均被淬硬，配作时，ϕ2H7 孔无法加工。若将材料改用 20Cr 进行渗碳淬火，便能解决问题。

知识链接 零件的技术要求包括：①加工表面的尺寸精度；②加工表面的形状精度；③主要加工表面之间的相互位置精度；④加工表面的粗糙度及其他表面质量要求；⑤热处理及其他要求。

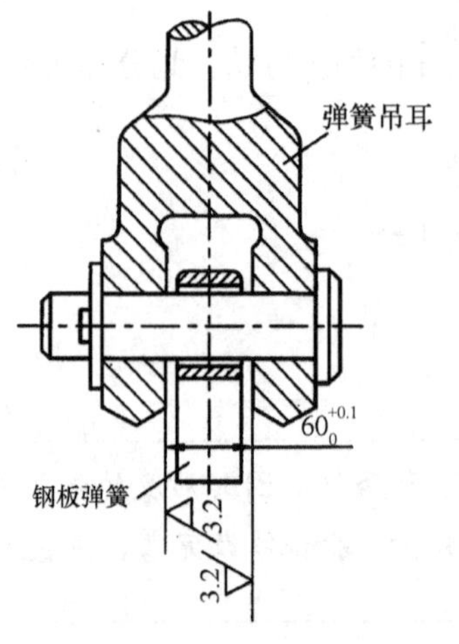

图 3-7 汽车钢板弹簧吊耳

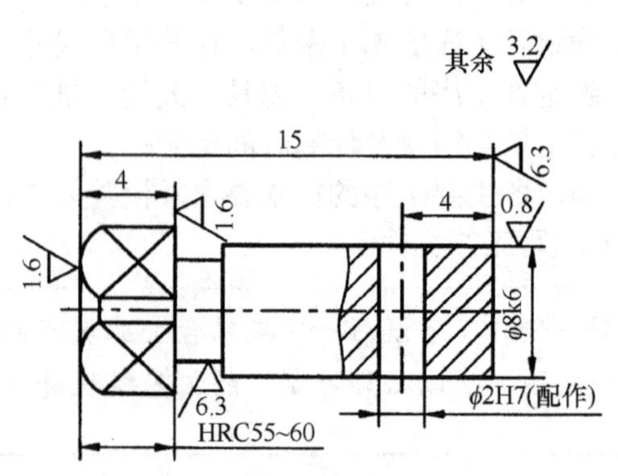

图 3-8 方头销

3.3.2 零件的结构工艺性分析

零件的结构工艺性的好坏对其工艺过程影响非常大，结构不同、使用性能相同的两个零件，它们的制造成本上就可能会有很大差别。良好的结构工艺性，就是指在满足使用性能的前提下，能够以较高的生产率和最低的成本将零件方便地加工出来。零件结构工艺性审查是一项复杂而细致的工作，要凭借丰富的实践经验和理论知识。

零件的结构工艺性除了要满足使用性能之外，还应满足以下一些要求。

（1）在装配方面：要使产品装配周期最短，劳动量最小，且容易保证装配质量。

（2）在毛坯制造方面：铸造毛坯应便于造型，零件壁厚应大体均匀，不应有尖边、尖角；锻造毛坯的形状应尽量简单，也不应有尖边、尖角，模锻件应易于出模等。

（3）在加工方面：应便于加工和减少工时，即应尽量简化零件结构形状，尽量减少加工面数量和减小加工面面积，有时还要考虑有便于安装的工作表面，合理标注零件的技术要求。表3-5中列出零件结构工艺性对比的一些实例。

表3-5 零件结构工艺性对比

序号	工艺性不好的结构Ⅰ	工艺性好的结构Ⅱ	说明
1	0.8	0.8	结构Ⅱ有砂轮越程槽，保证了加工的可能性，减少了砂轮的磨损
2			避免了钻头偏斜甚至折断，提高了加工钻孔精度
3			结构Ⅱ键槽的尺寸、方位相同，则可在一次装夹中加工出全部键槽，以提高生产率
4	2 3	3 3	结构Ⅱ凹槽尺寸相同，可减少刀具种类，减少换刀时间
5			结构Ⅱ避免了深孔加工，节约了零件材料，紧固连接稳定可靠

（续表）

序号	工艺性不好的结构 I	工艺性好的结构 II	说　明
6	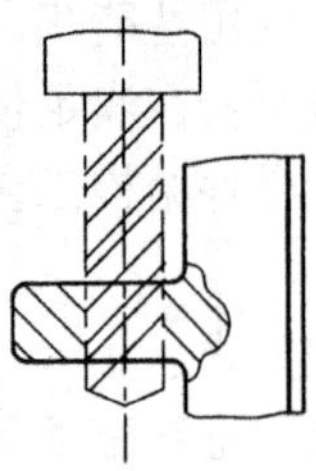	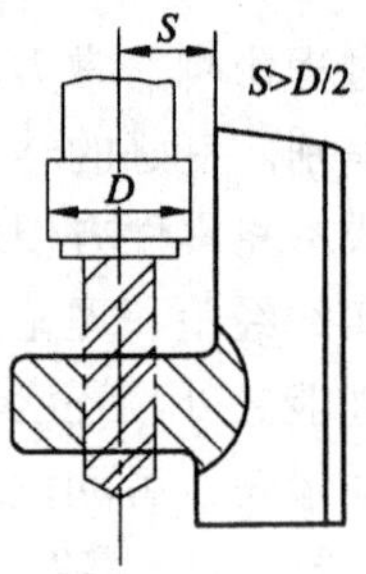 S S>D/2 D	结构 II 可采用标准刀具和辅具，方便加工
7	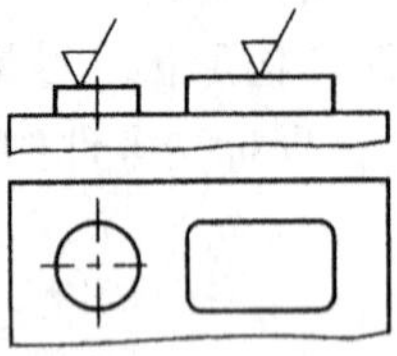	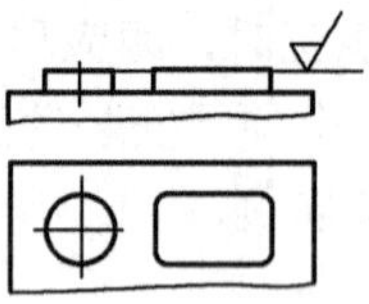	结构 II 可一次走刀加工出所有凸台表面

知识链接　机械加工对零件结构的要求如下。

（1）便于装夹：零件的结构应便于加工时的定位和夹紧，装夹次数要少。

（2）便于加工：零件的结构应尽量采用标准化数值，以便使用标准化刀具和量具。同时还应注意退刀和进刀，易于保证加工精度要求，减小加工面积及减少难加工表面数量等。

（3）便于数控机床加工：零件的外形、内腔最好采用统一的几何类型或尺寸，这样可以减少换刀次数，并尽可能应用控制程序或专用程序以缩短程序长度。

（4）便于测量：设计零件结构时，还应考虑测量的可能性与方便性。

做一做　请同学们对本任务【想一想】中的零件进行工艺分析，分析结构、技术要求！

任务 3.4　确定毛坯

毛坯种类的选择不仅影响毛坯的制造工艺及费用，而且也与零件的机械加工工艺和加工质量密切相关。为此需要毛坯制造和机械加工两方面的工艺人员密切配合，合理地确定毛坯的种类、结构形状，并绘出毛坯图。

3.4.1　毛坯的种类

毛坯的选择直接影响毛坯的制造工艺及费用和零件机械加工工艺、生产率与经济性。故正确选择毛坯具有重大的技术经济意义。

零件常用毛坯的特点及应用范围见表 3-6。

表 3-6 各类毛坯的特点及应用范围

毛坯制造方法		主 要 特 点	应 用 范 围
铸造	木模手工砂型	可铸出形状复杂的铸件。但铸出的毛坯精度低，表面有气孔、砂眼、硬皮等缺陷，废品率高，生产率低，加工余量较大	单件及小批量生产。适于铸造铁碳合金、有色金属及其合金
	金属模机械砂型	可铸出形状复杂的铸件，铸件精度较高，生产率较高，铸件加工余量小，但铸件成本较高	大批量生产。适于铸造铁碳合金、有色金属及其合金
	金属型浇铸	可铸出形状不太复杂的铸件。铸件尺寸精度可达 0.1~0.5 mm，表面粗糙度 *Ra* 可达 12.5 ~6.3 μm，铸件力学性能较好	中小型零件的大批量生产。适于铸造铁碳合金、有色金属及其合金
	离心铸造	铸件精度约为 IT8~IT9 级，表面粗糙度 *Ra* 可达 12.5 μm，铸件力学性能较好，材料消耗较低，生产率高，但需要专用设备	空心旋转体零件的大批量生产。适于铸造铁碳合金、有色金属及其合金
	熔模浇铸	可铸造形状复杂的小型零件，铸件精度高，尺寸公差可达 0.05~0.15 mm，表面粗糙度 *Ra* 可达 12.5~3.2 μm，可直接铸出成品	单件及成批生产。适于铸造难加工材料
	压铸	铸造形状的复杂程度取决于模具，铸件精度高，尺寸公差可达 0.05~0.15 mm，表面粗糙度 *Ra* 可达 6.3~3.2 μm，可直接铸出成品，生产率最高。但设备昂贵	大批量生产。适于压铸有色金属零件
锻造	自由锻造	锻造的形状简单，精度低，毛坯加工余量 1.5~10 mm，生产率低	单件、小批生产。适于锻造碳素钢、合金钢
	模锻	锻造形状复杂的毛坯，尺寸精度较高，尺寸公差 0.1~0.2 mm，表面粗糙度 *Ra* 为 12.5 μm，毛坯的纤维组织好，强度高，生产率较高。但需要专用锻模及锻锤设备	大批量生产。适于锻造碳素钢、合金钢
	精密模锻	锻件形状的复杂程度取决于锻模，尺寸精度高，尺寸公差 0.05~0.1 mm，锻件变形小，能节省材料和工时，生产率高。但需专门的精锻机	成批及大量生产。适于锻造碳素钢、合金钢
冲压		可冲压出形状复杂的零件，毛坯尺寸公差达 0.05~0.5 mm，表面粗糙度 *Ra* 为 1.6~0.8 μm，再进行机械加工或只进行精加工，生产率高	批量较大的中小尺寸的板料零件
冷挤压		可挤压形状简单，尺寸较小的零件，精度可达 IT6~IT7，表面粗糙度 *Ra* 可达 1.6~0.8 μm，可不经切削加工	大批量生产。适于挤压有色金属、碳钢、低合金钢、高速钢、轴承钢和不锈钢
焊接		制造简单，节约材料，质量轻，生产周期短，但抗振性差，热变形大，需时效处理后进行切削加工	单件及成批生产。适于焊接碳素钢及合金钢
型材	热轧	型材截面形状有圆形、方形、扁形、六角形及其他形状，尺寸公差一般为 1~2.5 mm，表面粗糙度 *Ra* 为 12.5~6.3 μm	适于各种批量的生产
	冷轧	截面形状同热轧型材，精度比热轧高，尺寸公差为 0.05~1.5 mm，表面粗糙度 *Ra* 为 3.2~1.6 μm。价格较高	大批量生产
粉末冶金		由于成型较困难，一般形状比较简单，尺寸精度较高，尺寸公差可达 0.02~0.05 mm，表面粗糙度 *Ra* 为 0.4~0.1 μm，所用设备较简单，但金属粉末生产成本高	大批量生产。以铁基、铜基金属粉末为原料

几种毛坯样件见图 3-9。

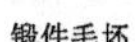
锻件毛坯

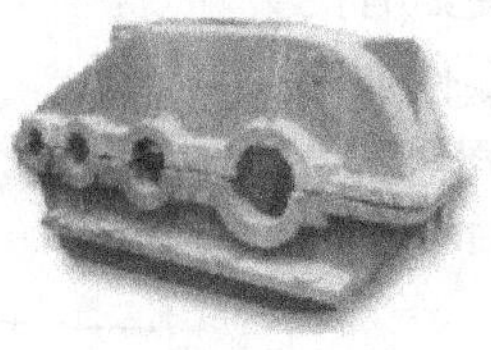
铸造毛坯

棒料毛坯

钢管毛坯

图 3-9 毛坯样件

3.4.2 毛坯的选择原则

毛坯选择时，应全面考虑以下因素。

（1）零件的材料和机械性能要求。对铸铁和有色金属材料，选铸造毛坯；对钢材，机械性能要求较高时，选锻件毛坯，机械性能要求较低时，选型材或铸钢毛坯。

（2）零件结构形状和尺寸大小。形状复杂和薄壁的毛坯，一般不能采用金属型铸造；尺寸较大的毛坯，往往不能采用模锻、压铸和精铸。对某些外形较特殊的小零件，往往采用较精密的毛坯制造方法，如压铸、熔模铸造等，以最大限度地减少机械加工量。

（3）生产类型。它在很大程度上决定采用毛坯制造方法的经济性。如生产批量较大，便可采用高精度和高生产率的毛坯制造方法，这样，虽然一次投资较高，但均分到每个毛坯上的成本就较少。单件、小批生产时则应选用木模手工造型或自由锻造。

（4）现有的生产条件。结合本厂的现有设备和技术水平考虑可能性和经济性。

（5）充分考虑利用新技术、新工艺、新材料的可能性。为节约材料和能源，采用少切屑、无切屑的毛坯制造方法，如精铸、精锻、冷轧、冷挤压等。可大大减少机械加工量甚至不要加工，大大提高经济效益。

3.4.3 毛坯形状及尺寸的确定

毛坯的形状和尺寸主要由零件组成表面的形状、结构、尺寸及加工余量等因素确定，并尽量与零件相接近，以减少机械加工的劳动量，力求达到少或无切削加工。但是，由于现有毛坯制造技术及成本的限制，以及产品零件的加工精度和表面质量要求越来越高，所以，毛坯的某些表面仍需留有一定的加工余量，以便通过机械加工达到零件的技术要求。

毛坯尺寸与零件图样上的尺寸之差称为毛坯余量。铸件公称尺寸所允许的最大尺寸和最小尺寸之差称为铸件尺寸公差。毛坯余量与毛坯的尺寸、部位及形状有关。如铸造毛坯的加工余量是由铸件最大尺寸、公称尺寸（两相对加工表面的最大距离或基准面到加工面的距离）、毛坯浇注时的位置（顶面、底面、侧面）、铸孔的尺寸等因素确定的。对于单件、小批生产，铸件上直径小于 30 mm 和铸钢件上直径小于 60 mm 的孔可以不铸出。而对于锻件，若用自由锻，则孔径小于 30 mm 或长径比大于 3 的孔可以不锻出。对于锻件应考虑锻造圆角和模锻斜度。带孔的模锻件不能直接锻出通孔，应留冲孔连皮等。

毛坯的形状和尺寸的确定，除了将毛坯余量附在零件相应的加工表面上之外，有时还要考虑毛坯的制造、机械加工及热处理等工艺因素的影响。在这种情况下，毛坯的形状可能与工件的形状有所不同。例如，为了加工时安装方便，有的铸件毛坯需要铸出必要的工艺凸台，工艺凸台在零件加工后一般应切去，如图 3-10 所示。又如车床开合螺母外壳，它由两个零件合成一个铸件，待加工到一定阶段后再切开，以保证加工质量和加工方便。

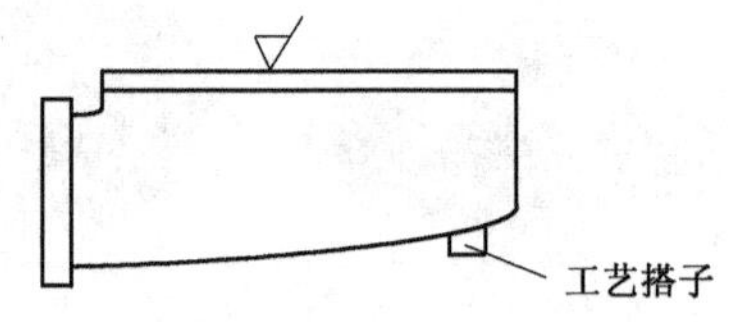

图 3-10 铸件上的工艺搭子

有时为了提高生产率和加工过程中便于装夹，可以将一些小零件多件合成一个毛坯进行加工。

知识链接　毛坯图画法：应包括毛坯形状、尺寸及公差、分型面及浇冒口位置、拔模斜度及圆角。在毛坯图中，毛坯外形用粗实线表示，零件外形用双点画线表示，加工后零件尺寸应括在括号内，作为参考尺寸注在毛坯尺寸之中，各表面加工余量用细交叉线表示。

做一做　对本任务【想一想】中的零件该选什么样的毛坯呢？

任务 3.5　选择定位基准

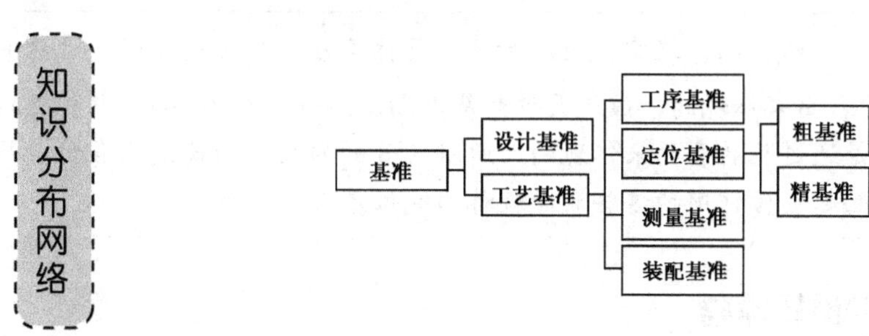

3.5.1　基准

基准是用来确定生产对象上几何要素间的几何关系所依据的点、线、面。它往往是计算、测量或标注尺寸的起点。根据基准功用的不同，它可以分为设计基准和工艺基准两大类。

1．设计基准

设计图样上所采用的基准。它是标注设计尺寸的起始位置。如图 3-11 中所示的柴油机机体，平面 2 和孔 3 的设计基准是平面 1，孔 4 和孔 5 的设计基准均是孔 3 中心线。

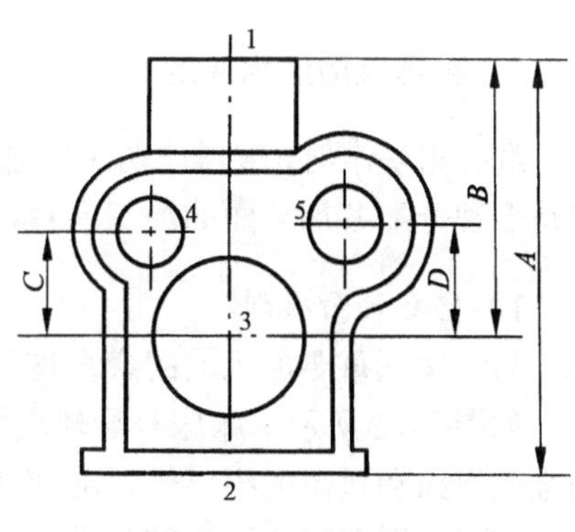

图 3-11　柴油机机体

2．工艺基准

零件在加工工艺过程中所采用的基准称为工艺基准。根据用途的不同，工艺基准可分为定位基准、工序基准、测量基准和装配基准。

1）定位基准

在加工过程中用于定位的基准，即用以确定工件在机床上或夹具中正确位置所依据的基准，称为定位基准。如图 3-11 所示的机体，在加工孔 3、4、5 时，一般用底面 2 在夹具的支承板上定位，所以底面 2 是加工孔 3、4、5 时的定位基准。工序尺寸方向不同，作为定位基准的表面也会不同。

2）工序基准

在工序图上用来确定本工序所加工表面加工后的尺寸、形状、位置的基准，称为工序基准。如图 3-11 所示机体，加工孔 3 时，按尺寸 B 进行加工，则平面 1 即为工序基准。加工尺寸 B 叫做工序尺寸。

3）测量基准

它是测量时所采用的基准，即用以检验已加工表面的尺寸及各表面之间位置精度的基准。

4）装配基准

它是装配时用来确定零件或部件在产品中的相对位置所采用的基准。

注意 作为基准的点、线、面，在零件上有时并不具体存在（例如轴心线、对称平面等），而是由具体存在的表面来体现的，该表面称为基准面。例如上述图 3-11 中孔径的中心线并不具体存在，而是通过孔的表面来体现的，所以孔 3 的内圆表面就是基准面。而在定位时通过具体存在表面起定位作用的这些表面就称为定位基面。

3.5.2 定位基准的选择原则

定位基准可分为粗基准和精基准：用毛坯上未经加工的表面作为定位基准的称为粗基准；用经过切削加工的表面作为定位基准的称为精基准。

1．粗基准的选择原则

选择粗基准时，应考虑两个问题：一是保证加工面与不加工面之间的相互位置精度要求，二是合理分配各加工面的加工余量，所以一般应遵循下列原则。

1）重要表面原则

为了保证重要加工面的余量均匀，应选重要加工表面为粗基准。

如图 3-12 所示车床床身导轨表面是重要表面，车床床身粗加工时，为保证导轨面有均匀的金相组织和较高的耐磨性，应使其加工余量适当而且均匀，为此先以导轨面作为粗基准加工床脚面，再以床脚面为精基准加工导轨面。

2）不加工表面原则

若在设计上要求保证加工面与不加工面间的相互位置精度，则应选不加工面为粗基准。如图 3-13 所示的工件，在毛坯铸造时毛孔 2 与外圆 1 之间有偏心。如果外圆 1 是不加工表面，设计上要求外圆 1 与加工后的孔 2 保证一定的同轴度，则在加工时应选不加工表面 1 作为粗基准，加工孔 2 与外圆 1 同轴，壁厚均匀。

如果工件上有好几个不加工表面，则应选其中加工面位置要求较高的不加工面为粗基准，以便于保证精度要求，使外形对称等。

3）余量最小原则

如果零件上每个表面都要加工，则应选加工余量最小的表面为粗基准，以避免该表面在

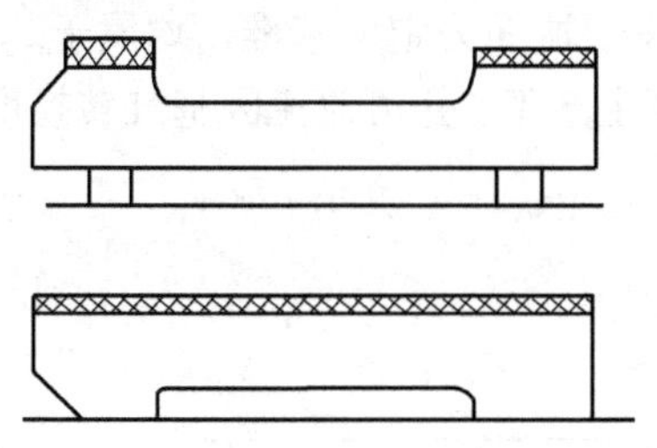
图 3-12 床身加工的粗基准选择

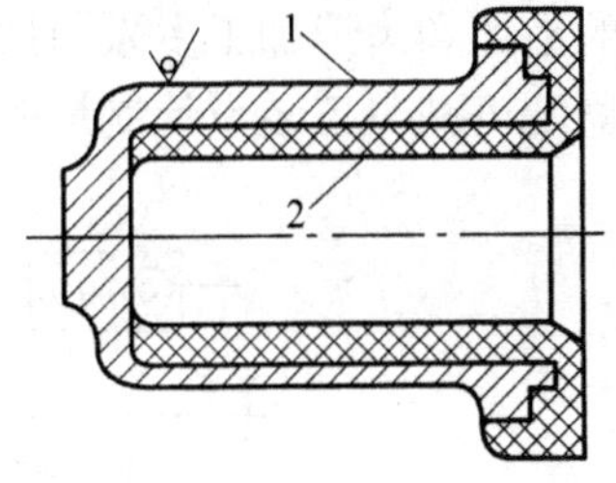

图 3-13 用不需加工的外圆作为粗基准

加工时因余量不足而留下部分毛坯面，造成工件报废。如图 3-14 所示的阶梯轴，*A*、*B*、*C* 三个外圆表面均需加工，*B* 外圆表面的加工余量最小，故取其作为粗基准。

4）使用一次原则

粗基准一般只在第一工序中使用一次，尽量避免重复使用。因为毛坯面粗糙且精度低，重复使用易产生较大的误差。

5）平整光洁原则

作为粗基准的表面，应尽量平整光洁，有一定面积，不能有飞边、浇口、冒口或其他缺陷，以使工件定位可靠，夹紧方便。

2．精基准的选择原则

选择精基准时，主要应考虑保证加工精度和工件装夹方便可靠。一般应考虑以下原则。

1）基准重合原则

应尽量选用零件上的设计基准作为定位基准，以避免定位基准与设计基准不重合而引起的定位误差，如图 3-15 所示。

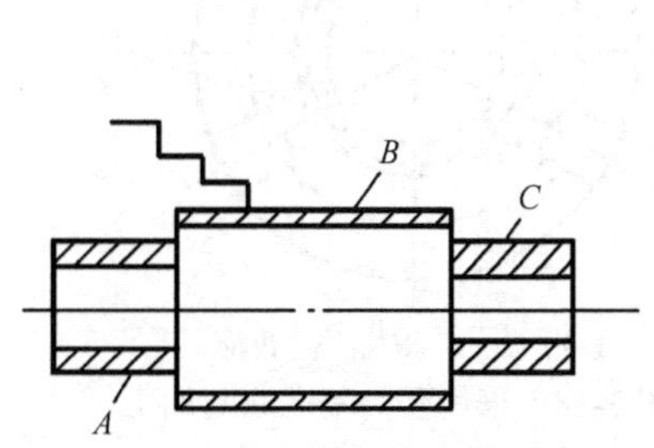

图 3-14 选择余量最小为粗基准

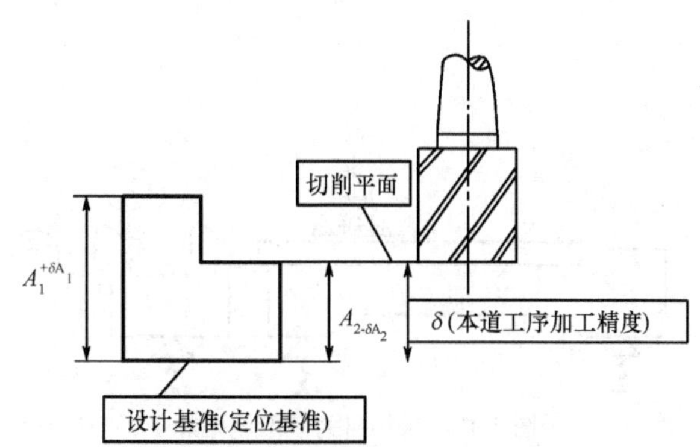

图 3-15 采用基准重合原则加工

2）基准统一原则

尽可能采用同一个基准定位加工零件上尽可能多的表面，这就是基准统一原则。这样可以减少基准转换，便于保证各加工表面的相互位置精度。例如，加工轴类零件时，如图 3-16 所示，采用两中心孔定位加工各外圆表面，就符合基准统一原则。箱体零件采用一面两孔定

位，齿轮的齿坯和齿形加工多采用齿轮的内孔及一端面为定位基准，均属于基准统一原则。采用这一原则可减少工装设计制造的费用，提高生产率，并可避免因基准转换所造成的误差。

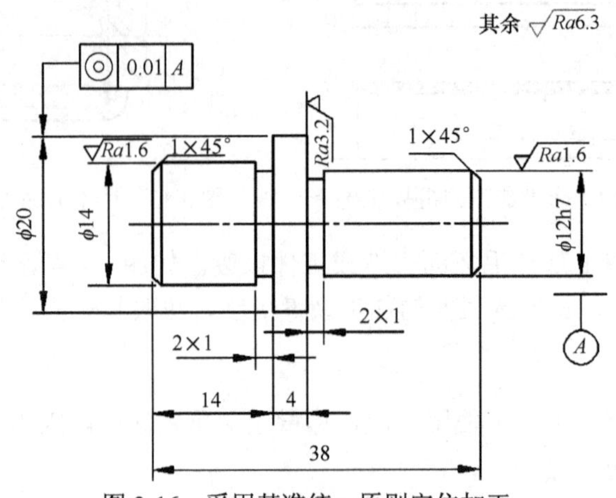

图 3-16　采用基准统一原则定位加工

3）自为基准原则

某些表面精加工要求加工余量小而均匀时，常选择加工表面本身作为定位基准，称为自为基准原则。如图 3-17 所示，磨削床身导轨面时，就以导轨面本身为基准，加工前用千分表找正导轨面，然后就可以从导轨面上去除一层小且均匀的加工余量。还有浮动镗刀镗孔、珩磨孔、无心磨外圆等，也都是自为基准的实例。

4）互为基准原则

当对工件上两个相互位置精度要求很高的表面进行加工时，需要用两个表面互相作为基准，反复进行加工，以保证位置精度要求。如图 3-18 所示，要保证精密齿轮的齿圈跳动精度，在齿面淬硬后，先以齿面定位磨内孔，再以内孔定位磨齿面，从而保证位置精度。

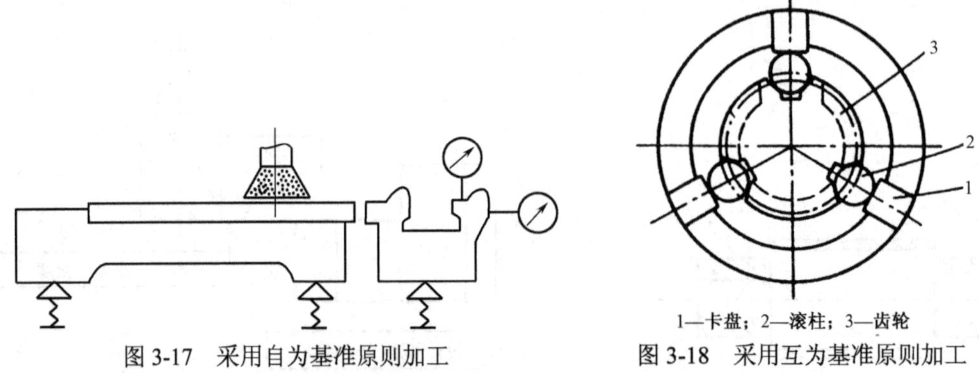

图 3-17　采用自为基准原则加工

1—卡盘；2—滚柱；3—齿轮

图 3-18　采用互为基准原则加工

5）所选精基准应保证工件定位准确，夹紧可靠，操作方便

定位基准应有足够大的支承面积，表面粗糙度值较小，精度较高。

实际上，在进行粗、精基准的选择时，上述原则常常不可能同时满足，有时还会出现互相矛盾的情况。因此，在选择时应根据具体情况进行分析，权衡利弊，保证其主要的要求。

做一做　在如图3-19所示的零件图中，请指出尺寸$\phi150$、40、[↗ | 0.03 | B]的设计基准，并请选择该零件加工的粗基准和精基准。

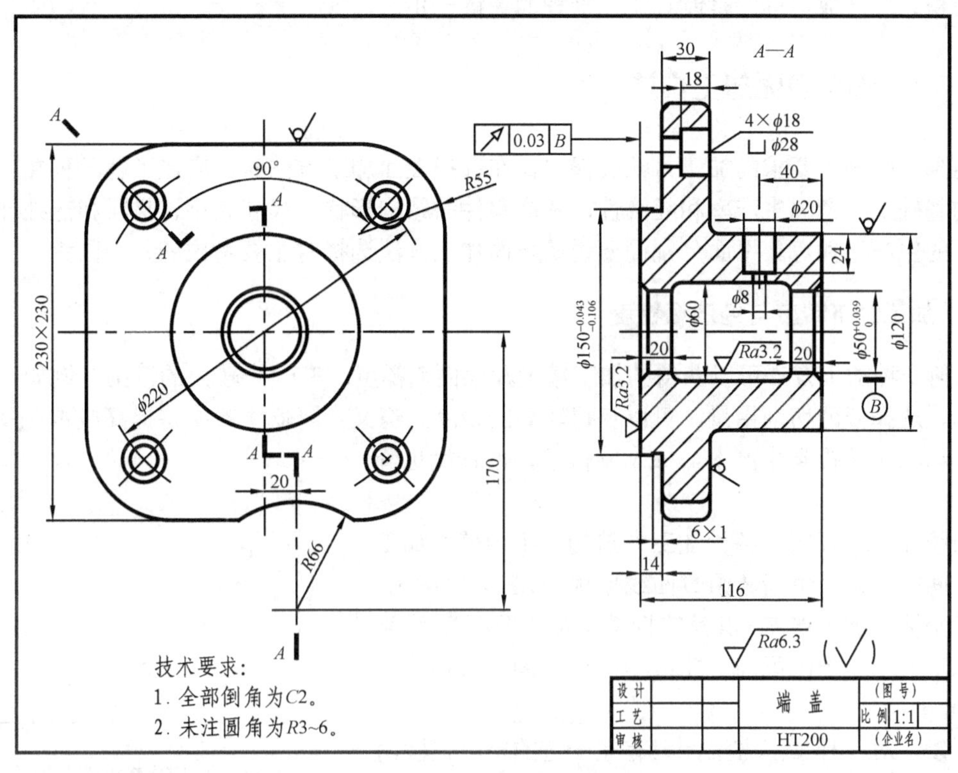

图3-19　端盖零件图

任务3.6　拟订零件工艺路线

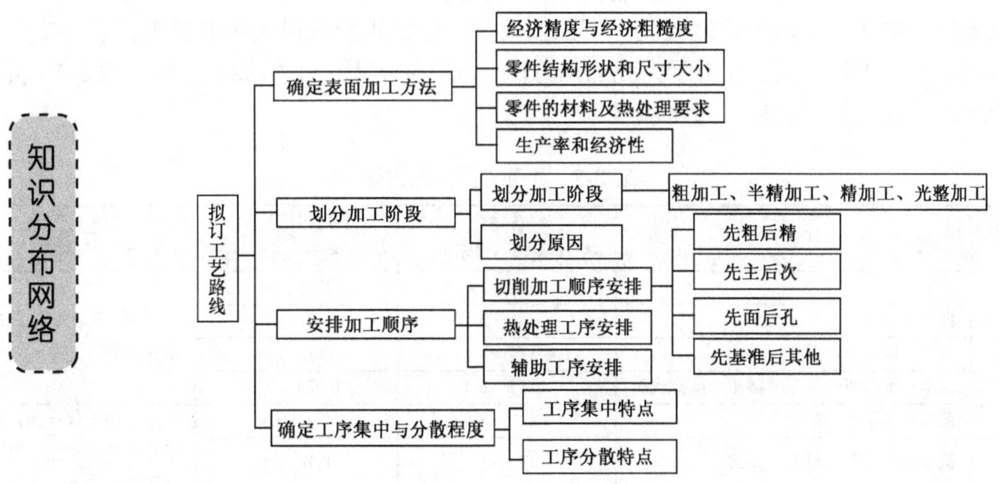

机械加工工艺路线是指主要用机械加工的方法将毛坯加工成零件的整个加工路线。在毛

坯确定后，根据零件的技术要求、表面形状、已知的各机床的加工工艺范围、刀具的用途，可以初步拟订零件表面的加工方法，工序的先后顺序，工序是集中还是分散，如何划分加工阶段等。工艺路线不但影响加工质量和生产效率，而且影响工人的劳动强度，影响设备投资、车间面积、生产成本等，是制订工艺规程的关键一步。

3.6.1 确定表面加工方法

达到同样技术要求的加工方法有很多，在选择表面加工方法时，应在了解各种加工方法特点的基础上，考虑生产率和经济性，考虑零件的结构形状、尺寸大小、材料和热处理要求及工厂的生产条件等。下面分别简要说明表面加工方法选择时主要考虑的几个因素。

1. 加工经济精度与经济粗糙度

任何一种加工方法可以获得的加工精度和表面粗糙度均有一个较大的范围。例如，精细的操作，选择低的切削用量，可以获得较高的精度，但又会降低生产率，提高成本；反之，如增大切削用量提高生产率，成本降低了，但精度也降低了。

由统计资料表明，各种加工方法的加工误差和加工成本之间的关系呈负指数函数曲线形状，如图3-20所示。图中横坐标是加工误差（其反方向就是加工精度），纵坐标是加工成本，由图可知，曲线 *AB* 段区间就属经济精度范围。

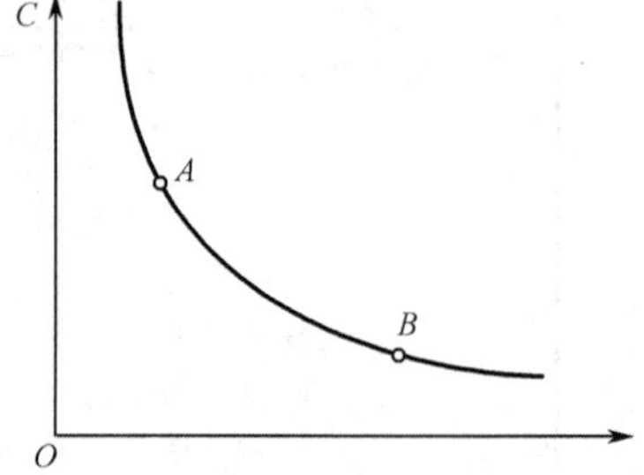

图 3-20　加工误差和成本的关系

所以，对一种加工方法，只有在一定的精度范围内才是经济的，这一定范围的精度就是指在正常加工条件下（采用符合质量标准的设备、工艺装备和标准技术等级的工人、合理的加工时间）所能达到的精度，这一定范围内的精度称为经济精度。相应的粗糙度称为经济粗糙度。

各种加工方法所能达到的经济精度和经济表面粗糙度，以及各种典型表面的加工方法，在机械加工的各种手册中均能查到，下面摘录了一些常用数据供选用时参考。表3-7所示为外圆表面加工方法，表3-8所示为孔加工方法，表3-9所示为平面加工方法，表3-10所示为轴线平行的孔的位置精度（经济精度）。

表 3-7　外圆表面加工方法

序号	加 工 方 法	经济精度（公差等级表示）	经济粗糙度值 *Ra*（μm）	适 用 范 围
1	粗车	IT11～13	12.5～50	适用于淬火钢以外的各种金属
2	粗车—半精车	IT8～10	3.2～6.3	
3	粗车—半精车—精车	IT7～8	0.8～1.6	
4	粗车—半精车—精车—滚压（或抛光）	IT7～8	0.025～0.2	
5	粗车—半精车—磨削	IT7～8	0.4～0.8	主要用于淬火钢，也可以用于未淬火钢，但不宜加工有色金属
6	粗车—半精车—粗磨—精磨	IT6～7	0.1～0.4	

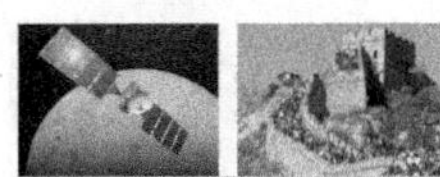

（续表）

序号	加 工 方 法	经济精度（公差等级表示）	经济粗糙度值 *Ra*（μm）	适 用 范 围
7	粗车—半精车—粗磨—精磨—超精加工（或轮式超精磨）	IT5 以上	0.012～0.1	
8	粗车—半精车—精车—精细车（金刚车）	IT6～7	0.025～0.4	主要用于要求较高的有色金属加工
9	粗车—半精车—粗磨—精磨—超精磨（或镜面磨）	IT5 以上	0.006～0.025	极高精度的外圆加工
10	粗车—半精车—粗磨—精磨—研磨	IT5 以上	0.006～0.1	

表 3-8　孔加工方法

序号	加 工 方 法	经济精度（公差等级表示）	经济粗糙度 *Ra*（μm）	适 用 范 围
1	钻	IT11～13	12.5	加工未淬火钢及铸铁的实心毛坯，也可用于加工有色金属。孔径小于 15～20 mm
2	钻—铰	IT8～10	1.6～6.3	
3	钻—粗铰—精铰	IT7～8	0.8～1.6	
4	钻—扩	IT10～11	6.3～12.5	加工未淬火钢及铸铁的实心毛坯，也可用于加工有色金属。孔径大于 15～20 mm
5	钻—扩—铰	IT8～9	1.6～3.2	
6	钻—扩—粗铰—精铰	IT7	0.8～1.6	
7	钻—扩—机铰—手铰	IT6～7	0.2～0.4	
8	钻—扩—拉	IT7～9	0.1～1.6	大批、大量生产（精度由拉刀的精度而定）
9	粗镗（或扩孔）	IT11～13	6.3～12.5	除淬火钢外各种材料，毛坯有铸出孔和锻出孔
10	粗镗（粗扩）—半精镗（精扩）	IT9～10	1.6～3.2	
11	粗镗（粗扩）—半精镗（精扩）—精镗（铰）	IT7～8	0.8～1.6	
12	粗镗（粗扩）—半精镗（精扩）—精镗—浮动镗刀精镗	IT6～7	0.4～0.8	
13	粗镗（扩）—半精镗—磨孔	IT7～8	0.2～0.8	主要用于淬火钢，也可用于未淬火钢，但不宜用于有色金属
14	粗镗（扩）—半精镗—粗磨—精磨	IT6～7	0.1～0.2	
15	粗镗—半精镗—精镗—精细镗（金刚镗）	IT6～7	0.05～0.4	主要用于精度要求高的有色金属加工
16	钻—（扩）—粗铰—精铰—珩磨；钻—（扩）—拉—珩磨；粗镗—半精镗—精镗—珩磨	IT6～7	0.025～0.2	精度要求很高的孔
17	以研磨代替上述方法中的珩磨	IT5～6	0.006～0.1	

表 3-9　平面加工方法

序号	加 工 方 法	经济精度（公差等级表示）	经济粗糙度 *Ra*（μm）	适 用 范 围
1	粗车	IT11～13	12.5～50	端面
2	粗车—半精车	IT8～10	3.2～6.3	
3	粗车—半精车—精车	IT7～8	0.8～1.6	
4	粗车—半精车—磨削	IT6～8	0.2～0.8	
5	粗刨（或粗铣）	IT11～13	6.3～25	一般不淬平面（端铣表面粗糙度 *Ra* 值较小）
6	粗刨（或粗铣）—精刨（或精铣）	IT8～10	1.6～6.3	

（续表）

序号	加工方法	经济精度（公差等级表示）	经济粗糙度 *Ra*（μm）	适用范围
7	粗刨（或粗铣）—精刨（或精铣）—刮研	IT6～7	0.1～0.8	精度要求较高的不淬硬平面，批量较大时宜采用宽刃精刨方案
8	以宽刃精刨代替7中的刮研	IT7	0.2～0.8	
9	粗刨（或粗铣）—精刨（或精铣）—磨削	IT7	0.2～0.8	精度要求高的淬硬平面或不淬硬平面
10	粗刨（或粗铣）—精刨（或精铣）—粗磨—精磨	IT6～7	0.025～0.4	
11	粗铣—拉	IT7～9	0.2～0.8	大量生产，较小的平面（精度视拉刀精度而定）
12	粗铣—精铣—磨削—研磨	IT5以上	0.006～0.1（或 *Rz* 0.05）	高精度平面

表3-10　轴线平行的孔的位置精度（经济精度）　(mm)

加工方法	工具的定位	两孔轴线间的距离误差或从孔轴线到平面的距离误差	加工方法	工具的定位	两孔轴线间的距离误差或从孔轴线到平面的距离误差
立式或摇臂钻钻孔	用钻模	0.1～0.2	卧式铣镗床镗孔	用镗模	0.05～0.08
	按划线	1.0～3.0		按定位样板	0.08～0.2
立式或摇臂钻镗孔	用镗模	0.05～0.03		按定位器的指示读数	0.04～0.06
车床镗孔	按划线	1.0～2.0		用量块	0.05～0.1
	用带有滑磨的角尺	0.1～0.3		用内径规或用塞尺	0.05～0.25
坐标镗床镗孔	用光学仪器	0.004～0.015		用程序控制的坐标装置	0.04～0.05
金刚镗床镗孔	—	0.008～0.02		用游标尺	0.2～0.4
多轴组合机床镗孔	用镗模	0.03～0.05		按划线	0.4～0.6

2．零件结构形状和尺寸大小

零件的形状和尺寸影响加工方法的选择。如小孔一般用铰削，而较大的孔用镗削加工；箱体上的孔一般难于拉削而采用镗削或铰削方法加工；对于非圆的通孔，应优先考虑用拉削或批量较小时用插削加工；对于难磨削的小孔，则可采用研磨加工等。

3．零件的材料及热处理要求

经淬火后的表面，一般应采用磨削加工；材料未淬硬的精密零件的配合表面，可采用刮研加工；对硬度低而韧性较大的金属，如铜、铝、镁铝合金等有色金属，为避免磨削时砂轮嵌塞，一般不采用磨削加工，而采用高速精车、精镗、精铣等加工方法等。

4．生产率和经济性

对于较大的平面，铣削加工生产率较高，而窄长的工件宜用刨削加工；对于大量生产的低精度孔系，宜采用多轴钻；对批量较大的曲面加工，可采用机械靠模加工、数控加工和特种加工等加工方法。

3.6.2　划分加工阶段

1．加工阶段

零件的技术要求较高时，零件在进行加工时都应划分加工阶段，按工序性质不同，可划分如下几个阶段。

1）粗加工阶段

此阶段的主要任务是提高生产率，切除零件被加工面上的大部分余量，使毛坯形状和尺寸接近于成品，所能达到的加工精度和表面质量都比较低。可采用大功率机床，并采用较大的切削用量，提高加工效率，降低零件的生产成本。

2）半精加工阶段

此阶段要减小主要表面粗加工中留下的误差，使加工面达到一定的精度并留有一定的加工余量，并完成次要表面的加工（钻、攻丝、铣键槽等），为精加工做好准备。

3）精加工阶段

切除少量加工余量，保证各主要表面达到图纸要求，所得精度和表面质量都比较高。所以此阶段主要目的是全面保证加工质量。

4）光整加工阶段

此阶段主要针对要进一步提高尺寸精度、降低粗糙度（IT6级以上，表面粗糙度值为0.2 μm以下）的表面。一般不用于提高形状、位置精度。

2．划分加工阶段的原因

1）保证加工质量

在粗加工阶段中加工余量大，切削力和切削热都比较大，所需的夹紧力也大，因而工件要产生较大的弹性变形和热变形。此外，在加工表面切除一层金属后，残存在工件中的内应力要重新分布，也会使工件变形。如果工艺过程不划分阶段，把各个表面的粗、精加工工序混在一起交错进行，那么安排在前面的精加工工序的加工效果，必然会被后续的粗加工工序所破坏，这是不合理的。加工过程划分阶段以后，粗加工工序造成的加工误差，可通过半精加工和精加工予以修正，使加工质量得到保证。

2）有利于及早发现毛坯缺陷并得到及时处理

粗加工各表面后，由于切除了各加工表面大部分余量，可及早发现毛坯的缺陷（如气孔、砂眼、裂纹和余量不够等），以便及时处理。

3）便于合理使用设备

粗加工采用刚性好、效率高而精度低的机床，精加工采用精度高的机床，这样可充分发挥机床的性能，延长使用寿命。

4）便于安排热处理工序和检验工序

如粗加工阶段之后一般安排去应力的热处理，精加工前安排最终热处理，其变形可以通过精加工予以消除。

应当指出，将工艺过程划分成几个阶段是对整个加工过程而言的，不能拘泥于某一表面的加工或某一工序的性质来判断。划分加工阶段也并不是绝对的。对于刚性好、加工精度要求不高或余量不大的工件，可在一次安装下完成全部粗加工和精加工，为减小夹紧变形对加工精度的影响，可在粗加工后松开夹紧机构，然后用较小的夹紧力重新夹紧工件，继续进行精加工，这对提高加工精度有利。

3.6.3 安排加工顺序

复杂工件的机械加工工艺路线中要经过切削加工、热处理和辅助工序，如何将这些工序安排在一个合理的加工顺序中，生产中已总结出一些指导性的原则，现分述如下。

1．切削加工工序顺序的安排原则

1）先粗后精

一个零件的切削加工过程总是先进行粗加工再进行半精加工，最后是精加工和光整加工。这有利于加工误差和表面缺陷层的逐步消除，从而逐步提高零件的加工精度与表面质量。

2）先主后次

零件的主要加工表面（一般是指设计基准面、主要工作面、装配基面等）应先加工，而次要表面（键槽、螺孔等）可在主要表面加工到一定精度之后、最终精度加工之前进行加工。

3）先面后孔

对于箱体、支架、连杆、拨叉等一般机器零件，平面所占轮廓尺寸较大，用平面定位比较稳定可靠，因此其工艺过程总是选择平面作为定位精基准，先加工平面，再加工孔。此外，在加工过的平面上钻孔比在毛坯面上钻孔不易产生孔轴线的偏斜和较易保证孔距尺寸。

4）先基准后其他

作为精基准的表面要首先加工出来。例如，轴类零件加工中采用中心孔作为统一基准，因此每个加工阶段开始，总是先钻中心孔，修研中心孔。

2．热处理工序的安排

热处理的目的在于改变材料的性能和消除内应力，它可分为以下两种。

1）预备热处理

预备热处理的目的是改善切削性能，为最终热处理做好准备和消除内应力，如正火、退火和时效处理等。正火、退火的目的是消除内应力，改善加工性能以及为最终热处理做准备，一般安排在粗加工之前。时效处理是以消除内应力，减小工件变形为目的的，一般安排在粗加工之前后，对于精密零件要进行多次时效处理。调质处理可消除内应力，改善加工性能并能获得较好的综合力学性能，对一些性能要求不高的零件，也可作为最

终热处理。

2）最终热处理

最终热处理的目的是提高力学性能，如调质、淬火、渗碳淬火、液体碳氮共渗和渗氮等，都属最终热处理，应安排在精加工前后。变形较大的热处理，如渗碳淬火应安排在精加工后磨削前进行，以便在精加工磨削时纠正热处理的变形，调质也应安排在精加工前进行。变形较小的热处理如渗氮等，应安排在精加工后进行。

注意　对于高精度的零件，如精密丝杠等，应安排多次时效处理，以消除残余应力，减小变形。

3．辅助工序的安排

辅助工序的种类较多，包括检验、去毛刺、清洗、防锈、去磁等。辅助工序也是工艺规程的重要组成部分。例如，未去净的毛刺将影响装夹精度、测量精度、装配精度以及工人安全。研磨后没清洗过的工件会带入残存的砂粒，加剧工件在使用中的磨损；用磁力夹紧的工件没有安排去磁工序，会使带有磁性的工件进入装配线，影响装配质量，等等。

检验工序是主要的辅助工序，它对保证质量，防止产生废品起到重要作用。除了工序中自检外，还需要在下列情况下单独安排检验工序。

（1）重要工序前后；

（2）送往外车间加工前后；

（3）全部加工工序完后。

还有一些特殊的检验，有的安排在精加工阶段（如探伤检验），有的安排在工艺过程最后（如密封性检验、性能测试等），所以要视需要而进行安排。

3.6.4　确定工序集中和工序分散的程度

确定加工方法以后，就要按生产类型和工厂（或车间）具体条件确定工艺过程的工序数。确定工序数有两种截然不同的原则，一是工序集中原则，就是使每个工序所包括的工作尽量多些，使许多工作组成一个复杂的工序，工序最大限度地集中，就是在一个工序内完成工件所有面的加工；另一种是工序分散原则，就是使每个工序所包括的工作尽量少些，工序最大限度地分散，就是某个工序只包括一个简单工步。

1．工序集中的特点

（1）有利于采用高效专用机床和工艺装备，生产效率高；

（2）安装次数少，这不但缩短了辅助时间，而且在一次安装下所加工的各个表面之间还容易保持较高的位置精度；

（3）工序数目少，设备数量少，可相应减少操作工人人数和减小生产面积；

（4）由于采用比较复杂的专用设备和专用工艺装备，生产准备工作量大，调整费时，对产品更新的适应性差。

2．工序分散的特点

（1）机床、刀具、夹具等结构简单，调整方便；

（2）生产准备工作量小，改变生产对象容易，生产适应性好；

（3）可以选用最合理的切削用量；

（4）工序数目多，设备数量多，相应地增加了操作工人人数和增大了生产面积。

工序集中和工序分散各有特点，必须根据生产类型、零件的结构特点和技术要求设备等具体生产条件确定。

一般情况下，在大批、大量生产中，宜用多刀、多轴等高效机床和专用机床，按工序集中原则组织工艺过程，也可按工序分散原则组织工艺过程。后者特别适合加工尺寸较小，形状比较简单的零件，例如轴承制造厂加工轴承外圆、内圈等。在成批生产中，既可按工序分散原则组织工艺过程，也可采用多刀半自动车床和六角车床等高效通用机床按工序集中原则组织工艺过程。在单件、小批生产中，多用工序集中原则组织工艺过程。

做一做 请同学们拟订如图 3-1 所示零件的加工工艺路线。

知识梳理与总结

通过本项目的学习，我们了解了编制工艺规程的原因、步骤、方法和内容；重点学习了工艺过程的组成、零件的工艺性分析、生产类型、毛坯的选择和设计、经济加工精度以及拟订零件加工工艺路线的几个原则。我们要借助这些原则，结合前面所学的知识，能够初步拟订出一个零件的加工工艺路线，从而知道零件的加工过程。

思考与练习题 3

1．什么是生产过程、工艺过程和工艺规程？机械加工工艺规程在生产中起何作用？

2．什么是工序、工步、安装、走刀和工位？

3．常用的零件毛坯有哪些形式？各应用于什么场合？

4．机械加工工艺过程一般划分为哪几个加工阶段？其主要任务是什么？

5．机械加工工艺规程设计的步骤主要有哪些？

6．零件的技术要求包括哪些？

7．加工阶段是怎样划分的？这样划分的理由是什么？

8．工序的集中和分散各有什么优缺点？各应用于什么场合？

9．工序顺序安排应遵循哪些原则？如何安排热处理工序？

10. 某厂年产 4105 型柴油机 2 000 台，已知连杆的备品率为 5%，机械加工废品率为 1%，试计算连杆的年生产纲领，并说明其生产类型和工艺特点。

11．什么叫粗基准和精基准？它们的选择原则是什么？

12．试叙述在选择精基准时，采用基准统一原则的好处。

13．车床床身的导轨面和床脚底面都需加工，应选取哪一个面为粗基准？为什么？

14．加工如图 3-21（a）所示零件，按调整法加工，试在图中指出：

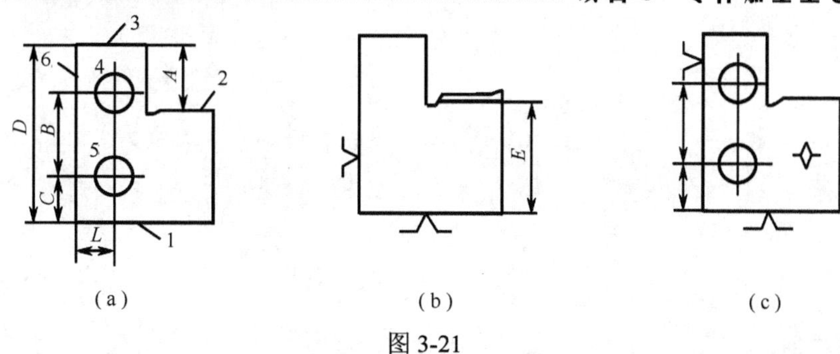

(a) (b) (c)

图 3-21

（1）指出平面 2 的设计基准，确定加工平面 2 的定位基准、工序基准和测量基准；

（2）指出孔 4 的设计基准，确定镗孔 4 的定位基准、工序基准和测量基准（孔 5 已加工完毕）。

15．试分析图 3-22 所示零件的结构工艺性，并提出改进意见。

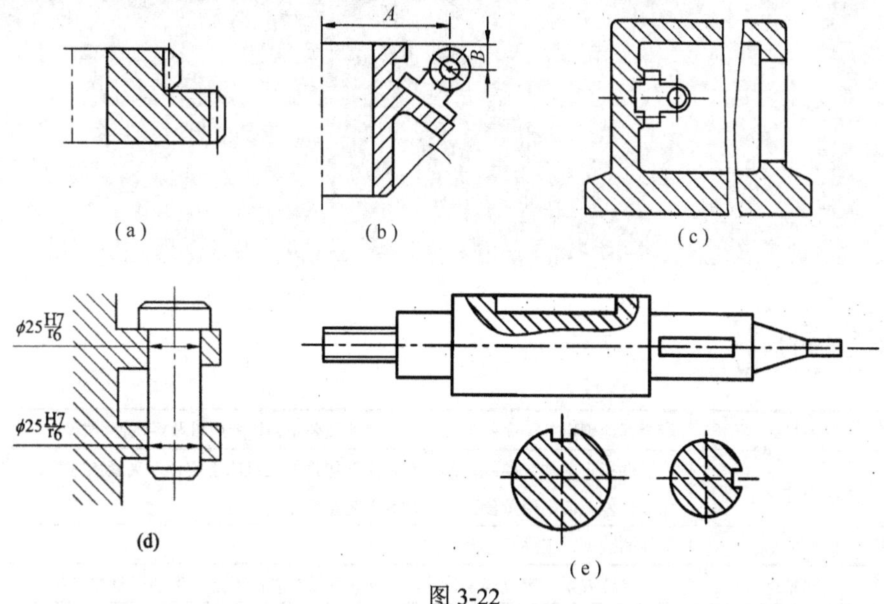

(a) (b) (c) (d) (e)

图 3-22

项目4 编制零件加工工艺文件

教学导航

学习目标	能合理地确定各工序的装夹方式、尺寸及公差、切削用量及经济性分析
工作任务	按零件拟定的加工路线，确定每道工序零件的在机床上定位、夹紧的方式，工序尺寸及公差、切削用量参数、工时等工艺参数
教学重点	工件的装夹、工序尺寸及公差、切削用量
教学难点	工件定位方案与定位误差计算、工序尺寸及公差的确定、切削用量的确定
教学方法建议	采用案例教学法、讲练结合，任务引入、分析、实施、评价
选用案例	端盖零件、连接器零件为案例
教学设施、设备及工具	多媒体教学系统、课件、练习卷
考核与评价	项目成果评定 60%；学习过程评价 30%；团队合作评价 10%。
参考学时	30

想一想 工艺路线拟订后，就要确定具体每一道工序加工到何尺寸,零件如何装夹在机床上，要注意什么问题，每道加工的切削参数如何定，这些加工技术要求又以什么样的形式规定下来以指导生产呢。

任务 4.1 选择工序基准及工件装夹方法

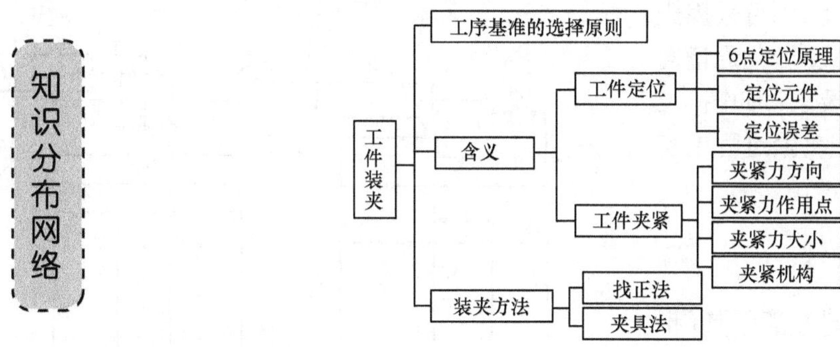

4.1.1 工序基准的选择

工艺路线拟订后，每道工序实施加工采用的是工序基准，工序基准是在工序图上标定被加工表面位置尺寸和位置精度的基准。工序尺寸和工序技术要求的内容在加工后应进行测量，所以应尽可能将工序基准与测量基准重合。

工序基准的选择原则如下。

（1）对于设计基准尚未最后加工完毕的中间工序，应选各工序的定位基准作为工序基准和测量基准。

（2）在各表面最后精加工时，当定位基准与设计基准重合时，选重合基准作为工序基准和测量基准；当定位基准与设计基准不重合时，工序基准的选择应注意以下几点：

①选设计基准作为工序基准时，对工序尺寸的检验就是对设计尺寸的检验，可有利于减少检验工作量。

②在本工序中位置精度由夹具保证而不需进行试切、调整的情况下，应使工序基准与设计基准重合；在要按工序尺寸进行试切、调整的情况下，选工序基准与定位基准重合，可简化刀具位置的调整。

③对一次安装下所加工出来的各个表面，各加工面之间的工序尺寸应选择与设计尺寸一致。

4.1.2 工件装夹

1. 工件装夹的概念

在机床上对工件进行加工时，为了保证加工表面相对其他表面的尺寸和位置精度，首先需要使工件在机床上占有准确的位置，并在加工过程中能承受各种力的作用而始终保持这一

准确位置不变。前者称为工件的定位，后者称为工件的夹紧，整个过程统称为工件的装夹。在机床上装夹工件所使用的工艺装备称为机床夹具（以下简称夹具）。

工件的装夹，可根据工件加工的不同技术要求，采取先定位后夹紧或在夹紧过程中同时实现定位两种方式，其目的都是为了保证工件在加工时相对刀具及切削成形运动具有准确的位置。

例如，在牛头刨床上加工一槽宽尺寸为 *B* 的通槽，若此通槽只对 *A* 面有尺寸和平行度要求，如图 4-1（a）所示，则可采用先定位后夹紧装夹的方式；若此通槽对左右侧两面有对称度要求，如图 4-1（b）所示，则常采用在夹紧过程中实现定位的对中装夹方式。

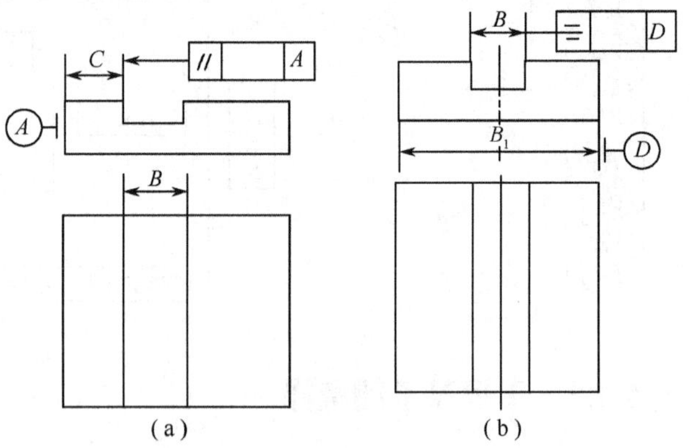

图 4-1　需采用不同装夹方式的工件

2．工件装夹的方法

在机床上对工件进行加工时，根据工件的加工精度要求和加工批量的不同，可采用如下两种装夹方法。

1）找正装夹法

它是通过对工件上有关表面或划线的找正，最后确定工件加工时应具有准确位置的装夹方法，它可分为直接找正法和划线找正法。图 4-2 所示即为直接找正装夹法，工件由四爪卡盘夹持，用百分表找正定位。通过四爪卡盘和百分表调整工件的位置，使其外圆表面轴线与主轴回转轴线重合。这样加工完的内孔就能和已加工过的外圆同轴。图 4-3 所示为划线找正装夹法，按照工件上划好的线，找正工件在机床上的正确位置，然后再夹紧。

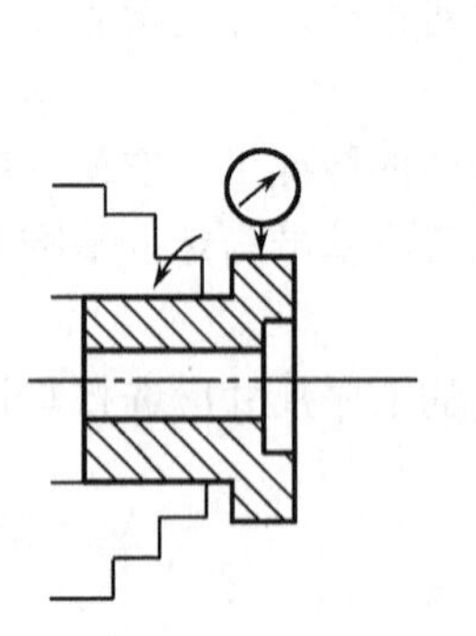

图 4-2　直接找正装夹法

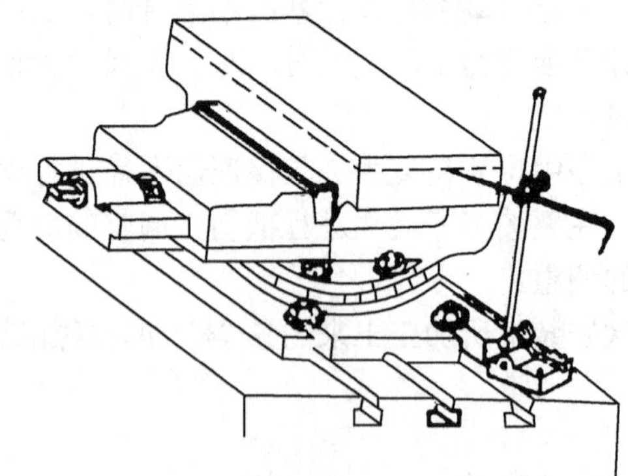

图 4-3　划线找正装夹法

2）夹具装夹法

它是通过安装在机床上的夹具对工件进行定位和夹紧，最后确定工件加工时应具有准确位置的装夹方法。图 4-4 所示为套筒形工件采用夹具安装、进行钻孔的一个例子。工件 1 靠定位心轴 2 外圆表面和轴肩定位，螺母 4 通过开口垫圈 5 将工件 1 夹紧。由于钻套 3 与定位

心轴 2 在夹具装配时就按工件要求调整到正确的位置，因此，钻头经钻套 3 引导在工件上就能钻出符合要求的孔。开口垫圈 5 的作用是缩短装卸工件的时间。

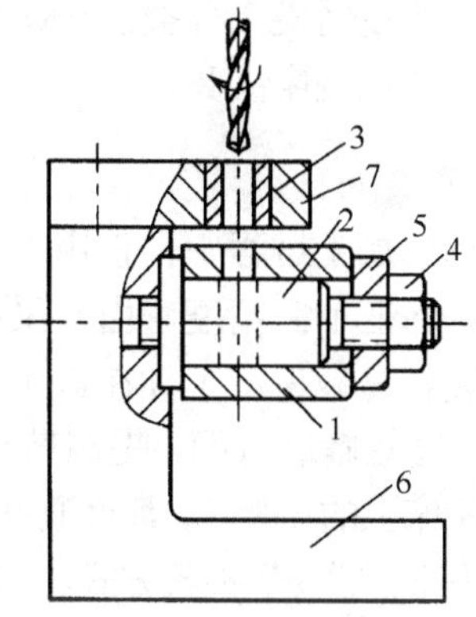

1—工件；2—定位心轴；3—钻套；4—螺母；5—开口垫圈；6—夹具体；7—钻模板；

图 4-4 夹具装夹

3. 机床夹具的组成、分类及作用

1）夹具的组成

加工工件的形状、技术要求不同，所使用的机床夹具不同，但在加工时所使用的夹具大多由以下 5 个部分组成。

（1）定位元件及定位装置：定位元件的作用是确定工件在夹具中的正确位置。如图 4-4 中的定位心轴就是定位元件。有些夹具还采用由一些零件组成的定位装置对工件进行定位。

（2）夹紧装置：夹紧装置的作用是用以保持工件在夹具中已确定的位置，并承受加工过程中各种力的作用而不发生任何变化。它由动力装置、中间传力机构、夹紧元件组成，如图 4-4 中的螺母、开口垫圈等。

（3）对刀及导向元件：在夹具中，用来确定加工时所使用刀具位置的元件称为对刀及导向元件，如图 4-4 中的钻套。它们的作用是用来保证工件与刀具之间的正确位置。

（4）夹具体：在夹具中，用于连接夹具上各元件及装置使其成为一个整体的基础零件称为夹具体，如图 4-4 中的件 6。

（5）其他元件及装置：根据工序要求的不同，有些夹具上还设有分度装置、上下料装置以及标准化的其他连接元件。

2）夹具的分类

机床夹具的种类很多，通常有以下 3 种分类方法。

（1）按夹具的应用范围分类。

①通用夹具。通用夹具是指结构、尺寸已规格化且具有一定通用性的夹具，如车床、磨床上的三爪和四爪卡盘、顶针和鸡心夹头，铣床、刨床上的平口钳、分度头等。这类夹具一般已标准化，且成为机床附件供用户使用。

②专用夹具。专用夹具是指针对某一种工件的某一工序的加工要求设计的夹具。此类夹具没有通用性，针对性强，故夹具设计要求结构简单、紧凑，操作迅速和维修方便。本书中将重点介绍此类夹具的设计。

③成组夹具。在生产中，采用成组加工工艺，根据组内的典型代表零件设计成组夹具。这类夹具在使用时，只需对夹具上的部分定位、夹紧元件等进行调整或更换，就可用于组内不同工件的加工。

④组合夹具。组合夹具是在夹具零部件标准化的基础上发展起来的一种适应多品种、小批量生产的新型夹具。它是由一套结构和尺寸已经规格化、系列化的通用元件、零件和部件构成的。

（2）按夹具上的动力源分：手动夹具、气动夹具、液压夹具、电动夹具、磁力夹具、真

空夹具、切削力夹具、离心力夹具等。

（3）按使用机床分类：车床夹具、铣床夹具、钻床夹具、镗床夹具、磨床夹具、齿轮机床夹具、其他机床夹具。

3）夹具的作用

在机械加工过程中，使用夹具的作用可以归纳为以下几个方面。

（1）保证加工精度。由于采用夹具安装，可以准确地确定工件与机床、刀具之间的相互位置，较容易地保证工件在该工序的加工精度，减少了对其他生产条件的依赖性。

（2）缩短辅助时间，提高劳动生产率，降低生产成本。工件在夹具中的装夹和工位转换、夹具在机床上的安装等，都可通过专门的元件或装置迅速完成。此外，还可以采用高效率的多件、多位、快速、联动等夹紧方式，因而可以缩短辅助时间，提高劳动生产率，降低生产成本。

（3）减轻工人劳动强度。在夹具中可采用增力、机动等夹紧机构，装夹工件方便省力，故可降低工人操作强度。

（4）扩大机床的工艺范围，实现一机多能。根据加工机床的成形运动，附以不同类型的夹具，即可扩大机床原有的工艺范围。例如，在车床的榴板上或在摇臂钻床工作台上装上镗模就可以进行箱体的镗孔加工。

（5）减少生产准备时间，缩短新产品试制周期。对多品种、小批生产，在加工中大量应用通用、可调、成组和组合夹具，可以不再花费大量的专用夹具设计和制造时间，从而减少了生产准备时间。同理，对新产品试制，也同样可以显著缩短试制的周期。

4.1.3 工件定位

要保证工件在机床上加工后的位置精度，必须使工件在机床上正确安装，即首先使工件在机床上占有某一正确的位置，这就叫做“定位”。工件定位之后，再“夹紧”，以便加工时能承受外力作用，始终保持其正确的位置。工件定位装置应使工件在夹紧之前，能迅速合理地定位。

1. 工件定位基本原理

1）6点定位原则

任何一个在空间的自由物体，对于直角坐标系来说，均有6个自由度（如图4-5所示），即沿空间坐标轴 X、Y、Z 三个方向的移动和绕此三坐标轴的转动。以 $\vec{X}$、$\vec{Y}$、$\vec{Z}$ 分别表示沿 X、Y、Z 三坐标轴的移动，以 $\widehat{X}$、$\widehat{Y}$、$\widehat{Z}$ 分别表示绕 X、Y、Z 三坐标轴的转动。要使工件定位，必须限制工件的自由度。工件的6个自由度如果都加以限制了，工件在空间的位置就完全被确定下来了。

分析工件定位时，通常是用一个支承点限制工件的一个自由度，用合理设置的6个支承点，限制工件的6个自由度，使工件在定位装置中的位置完全确定，这就是6点定位原理，也称为“6点定位原则”，如图4-6所示。

这个原则有一点必须加以注意，我们所说的定位，是指工件必须与定位支承相接触，若工件反方向运动，脱离了定位支承，那么就失去了定位，原先确定的位置没有保持住。因此，定位是使工件占有一个确定的位置，而为了保持住这个正确的位置，就需要将工件夹紧。

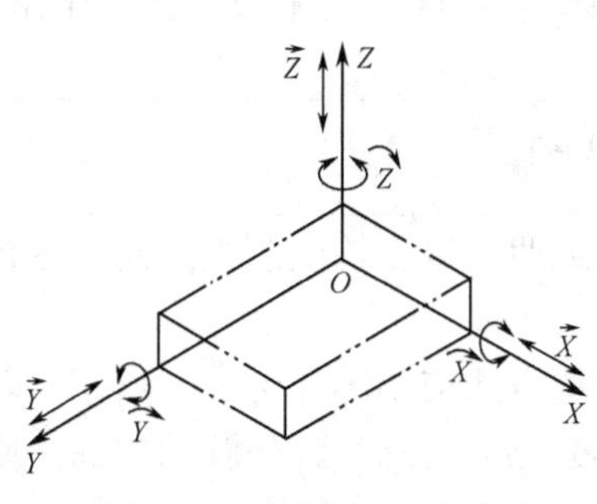

图 4-5　工件的 6 个自由度

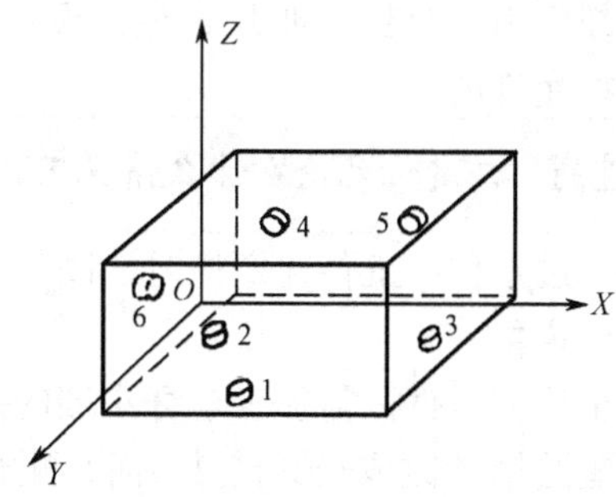

图 4-6　6 点定位原则

2）工件定位中的几种情况

要确定工件的定位方法，一是要遵循“6 点定位原则”，二是要根据工件具体的加工要求，来分析工件应该被限制的自由度，从而选择定位元件。一种具体的定位元件，究竟限制工件的哪几个自由度，要根据工件定位的具体情形进行分析。

（1）完全定位：根据工件加工面的位置度（包括位置尺寸）要求，需要限制 6 个自由度，而 6 个自由度全部被限制的定位，称为完全定位。当工件在 *X*、*Y*、*Z* 三个坐标方向上均有尺寸要求或位置精度要求时，一般采以这种定位方式。

如图 4-7 所示的工序，在轴上铣槽，此槽加工要保证的要求是：与轴中心线对称，距轴端尺寸 *a*，与上工序铣出的槽 b 相差 180°。定位方案如图所示：两个窄 V 形铁限制了工件 4 个自由度 $\vec{Y}$、$\vec{Z}$、$\widehat{Y}$、$\widehat{Z}$，定位销限制一个自由度 $\widehat{X}$，定位支承限制一个自由度 $\vec{X}$。这样工件 6 个自由度全被限制了，属于完全定位。

（2）不完全定位：根据工件对加工的要求，生产中有时不一定要限制 6 个自由度，只需限制一个或几个（少于 6 个）自由度，这样的定位，称为不完全定位。

仍以图 4-7 为例，如果该轴上没有槽 b，则对自由度 $\widehat{X}$ 不需限制，此时只约束工件的 5 个自由度，故属不完全定位。

做一做　如果轴上没有槽 b，又没有距轴端尺寸 *a* 的要求，是铣一个通槽，那么又该限制几个自由度呢？

（3）欠定位：工件实际限制的自由度数少于工序加工要求所必须限制的自由度数，这样的定位称为欠定位。

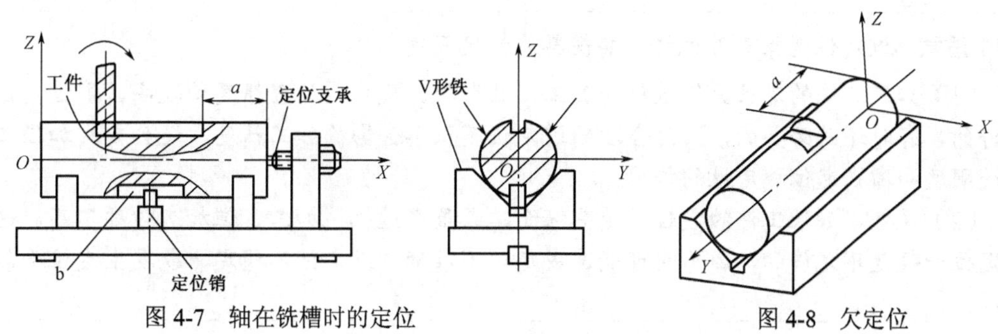

图 4-7　轴在铣槽时的定位

图 4-8　欠定位

如图 4-8 所示，在轴上铣槽，要保证的尺寸要求是距轴端面尺寸 a，需要限制$\vec{Y}$，而图示工件却仅用一个长 V 形块定位，根本无法限制 Y 的移动自由度，故无法保证尺寸 a，所以是绝对不允许的。

注意 欠定位无论在什么情况下，都是不允许发生的。

（4）过定位：工件在定位时，同一个自由度被两个或两个以上的限制点限制，这样的定位称为过定位。

一个连杆零件，需加工连杆小端的圆孔，正确的定位方式应如图 4-9（a）所示。若将大孔中的短圆销 2 改成长圆销 2，而且配合较紧，如图 4-9（b）所示，则长圆销实际上限制连杆的 4 个自由度$\vec{X}$、$\vec{Y}$、$\widehat{X}$、$\widehat{Y}$。而支承板 1 限制连杆的 3 个自由度$\widehat{X}$、$\widehat{Y}$、$\vec{Z}$，则使$\widehat{X}$和$\widehat{Y}$被重复限制。若连杆孔中心线与端面有垂直度误差，连杆孔套上长圆销后，连杆端面将有垂直度误差，连杆孔套上长圆销后，连杆端面将不与支承板的平面接触而翘起，夹紧时又将把翘起的部分压向支承板，就会使连杆变形、长销拉歪，严重地影响加工精度。所以一般情况下，各个定位元件限制工件自由度的作用必须做到“分别限制，不重复”。

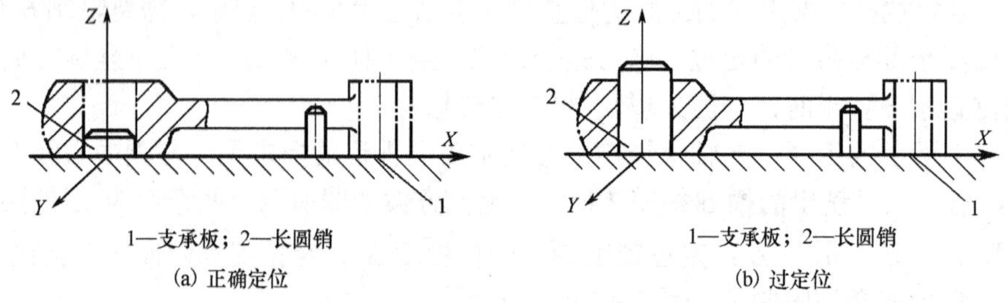

1—支承板；2—长圆销

(a) 正确定位

1—支承板；2—长圆销

(b) 过定位

图 4-9 连杆的定位

但在某些条件下，限制自由度的重复现象不但允许，而且是必要的。例如，当工件本身的刚度较差时，容易受夹紧力、切削力或自重的影响而变形，此时使用适当过量的定位元件以减小工件的变形，虽然在约束自由度方面是重复的，但只有这样才能保证规定的加工精度。

例如，车削细长轴时，工件装夹在两顶尖间，已经限制了所必须限制的 5 个自由度（除了绕其轴线旋转的自由度以外），但为了增加工件的刚性，常采用跟刀架，这就重复限制了除工件轴线方向以外的两个移动自由度，出现了过定位现象。此时应仔细调整跟刀架，使它的中心尽量与顶尖的中心一致。

注意 过定位现象是否允许，要视具体情况而定。

（1）如果工件的定位面经过机械加工，且形状、尺寸、位置精度均较高，则过定位是允许的，有时还是必要的，因为合理的过定位不仅不会影响加工精度，还会起到加强工艺系统刚度和增强定位稳定性的作用。

（2）反之，如果工件的定位面是毛坯面，或虽经过机械加工，但加工精度不高，这时过定位一般是不允许的，因为它可能造成定位不准确，或定位不稳定，或发生定位干涉等情况。

2. 常用定位元件

工件在夹具中定位，主要是通过各种类型的定位元件实现的。在机械加工中，虽然被加工工件的种类繁多和形状各异，但从它们的基本结构来看，不外乎是由平面、圆柱面、圆锥面及各种成形面所组成的。所以可根据各自的结构特点和工序加工精度要求，选择工件的平面、圆柱面、圆锥面或它们之间的组合表面作为定位基准。为此，在夹具设计中可根据需要选用下述各种类型的定位元件。

1）工件以平面定位的元件

在夹具设计中常用的平面定位元件有固定支承、可调支承、自位支承及辅助支承等。在工件定位时，前三者为主要支承，起主要定位作用。

(1) 固定支承：在夹具体上，支承点的位置固定不变的定位元件称为固定支承，主要有各种支承钉和支承板，如图 4-10 所示。

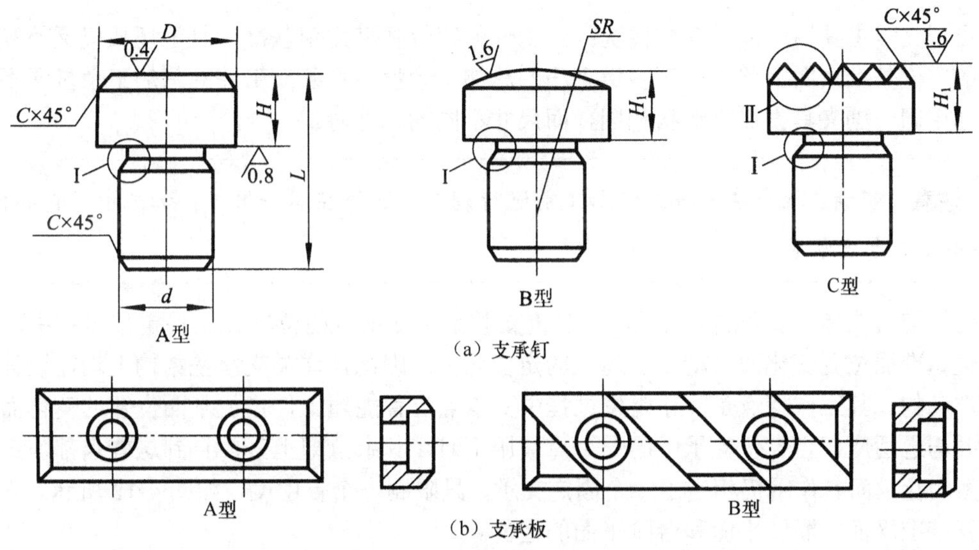

图 4-10　各种类型的固定支承钉和支承板

图 4-10 所示为工件以平面定位时常用的定位元件，它们的结构和尺寸均已标准化，设计时可查国家标准《机床夹具零件及部件》手册。

图 4-10 (a) 中 A 型为平头支承钉，主要用于工件上已加工平面的支承（用于精基准中）；B 型为球头支承钉，主要用于工件上未经加工平面的粗基准定位；C 型为齿纹头支承钉，齿纹能增大摩擦系数，常用于要求摩擦力大的工件侧平面定位。

图 4-10（b）中 A 型支承板结构简单，制造方便，但孔内积屑不利于清除，主要用于工件的侧平面定位；B 型支承板结构易于清除切屑，主要用于工件底面定位。

工件以精基准平面定位时，为保证所用的各平头支承钉或支承板的工作面等高，装配后，需将它们的工作表面一次磨平，且与夹具底面保持必要的位置关系。

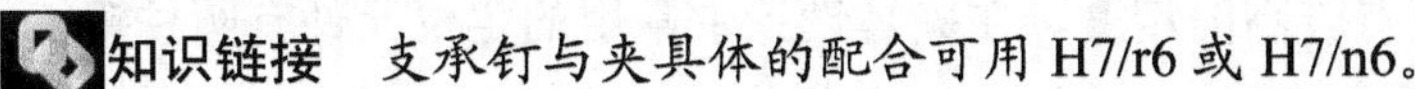

知识链接　支承钉与夹具体的配合可用 H7/r6 或 H7/n6。

（2）可调支承：在夹具体上，支承点的位置可调节的定位元件称为可调支承。常用的几种可调支承如图 4-11 所示，其结构也已标准化。它们的组成均采用螺钉、螺母形式，并通过螺钉和螺母的相对运动来实现支承点位置的调节。当支承点高度调整好后，必须通过锁紧螺母锁紧，防止支承点位置发生变化。

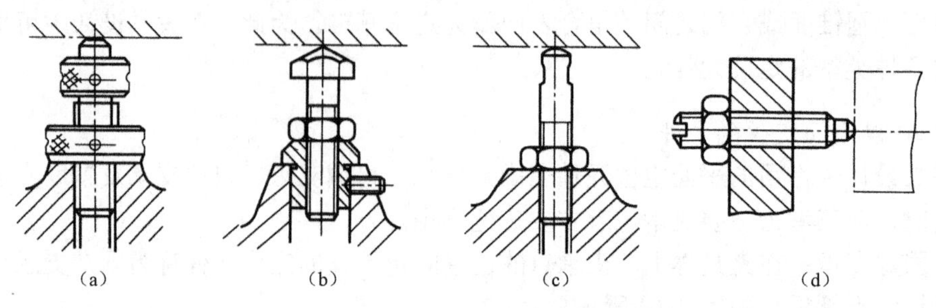

图 4-11　可调支承

可调支承主要用于以下 3 种情况：当工件的定位基准为粗基准，且毛坯质量又不高时；工件的定位基准表面上留有后序多道工序的总加工余量，且各批工件的总加工余量又不相同时；当用同一副夹具去加工形状相同，而尺寸不同的工件时。

注意　可调支承应在一批工件加工前进行调整，这样在同一批工件加工中，它的作用就相当于固定支承了。

（3）自位支承（又称浮动支承）：自位支承是指支承点的位置在工件定位过程中，随工件定位基准面位置变化而自动与之适应的定位元件。因此，这类支承在结构上均需设计成活动或浮动的。其工作特点是：在定位过程中支承点位置能随工件定位基面位置的变化而自行浮动并与之适应。当自位支承中的一个点被压下时，其余点即上升，直到这些点都与定位基面接触为止。而其作用仍相当于一个固定支承，只限制一个自由度，如图 4-12 所示。它通常用于粗基准平面、断续平面和台阶平面的定位。

（4）辅助支承：在夹具中，提高工件支承刚性或起辅助作用的定位元件，对工件不起限制自由度作用的支承称为辅助支承。在夹具设计中，为了实现工件的预定位或提高工件定位的稳定性，常采用辅助支承。其工作特点是：待工件定位夹紧后，再调整辅助支承，使其与工件的有关表面接触并锁紧，而且每装卸一次工件辅助支承就必须重新调整一次，如图 4-13 所示。辅助支承常用结构有螺旋式辅助支承、自位式辅助支承、推引式辅助支承和液压锁紧辅助支承。

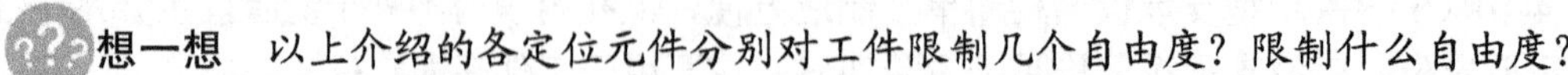

想一想　以上介绍的各定位元件分别对工件限制几个自由度？限制什么自由度？

2）工件以圆孔表面定位的元件

工件以圆孔定位属于中心定位，定位基面为圆孔的内表面，定位基准为圆孔中心轴线（中心要素），通常要求内孔基准面有较高的精度，在夹具设计中常用的定位元件有圆柱销、圆锥销、菱形销、圆柱心轴和锥度心轴等。

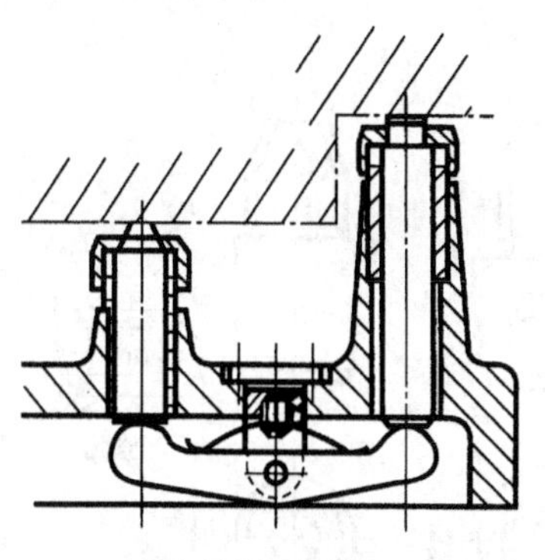
图 4-12　自位支承例子

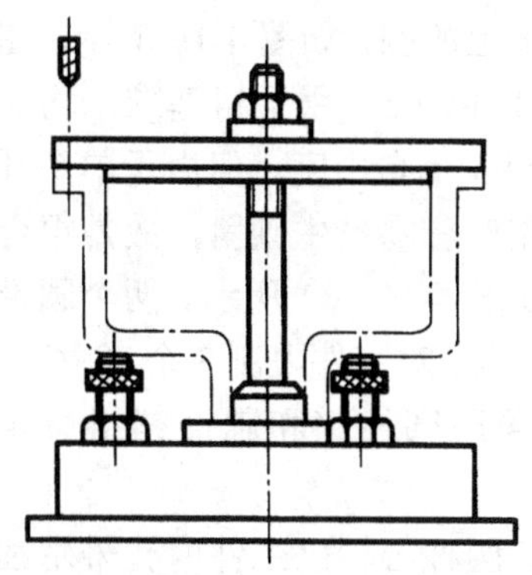
图 4-13　辅助支承在工件定位中的作用

（1）圆柱销：在夹具中，工件以圆孔表面定位时可使用圆柱销，一般有固定式（见图 4-14（a），（b），（c））和可换式（见图 4-14（d））两种。在大批、大量生产中，由于圆柱销磨损较快，为保证工序加工精度需定期维修更换，此时常采用可换式圆柱销。

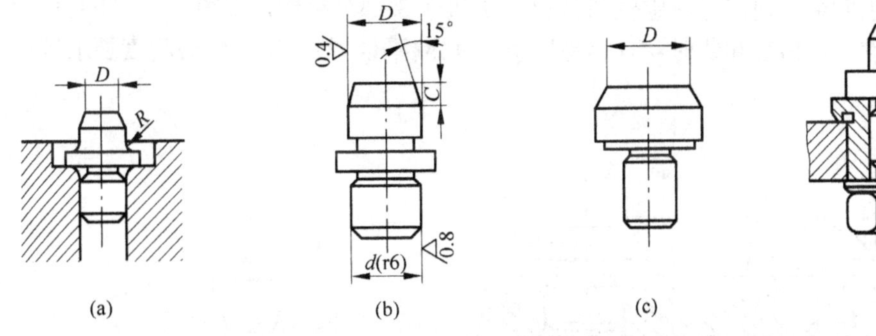

图 4-14　圆柱销

为便于工件顺利装入，所有圆柱销的定位端头部均做成 15° 的大倒角并抛光。除零件特殊要求外，圆柱销的结构已标准化，可查手册选用。

各种类型圆柱销对工件圆孔进行定位时限制的自由度，应视其与工件定位孔的接触长度而定。销与孔的接触长度长，则称为长圆柱销，它对工件可限制 4 个自由度；反之称为短圆柱销，它对工件限制两个自由度。

知识链接　固定式圆柱销与夹具体之间采用过盈配合，可选用 H7/r6。使用可换式圆柱销时，圆柱销与衬套内径之间采用间隙配合，并用螺母拉紧，可选用 H7/h6 或 H7/g6；而衬套与夹具体之间采用过渡配合，可选用 H7/n6。由此可以看出，可换式圆柱销与衬套之间存在装配间隙，故其位置精度比固定式圆柱销的低。

（2）菱形销：菱形销有 A 型（如图 4-15 所示）和 B 型两种结构，常用一面两孔定位时，与圆柱销配合使用，圆柱销起定位作用，而菱形销起定向作用（详细情况将在一面两孔组合定位中介绍）。其结构尺寸也已标准化，可查手册进行选用。

（3）圆锥销：有时圆孔也采用圆锥销定位的方式，圆柱孔面与圆锥面接触，接触轨迹为某一高度上的圆，如图 4-16 所示，图 4-16（a）和（b）用于粗基准，均对工件限制 3 个自由度。但由于单个圆锥销使用时容易产生倾斜，故常组合使用，如图 4-16（c）所示。两个圆锥销组合定位，对工件限制 5 个自由度。还可以采用圆柱销和圆锥销组合定位。

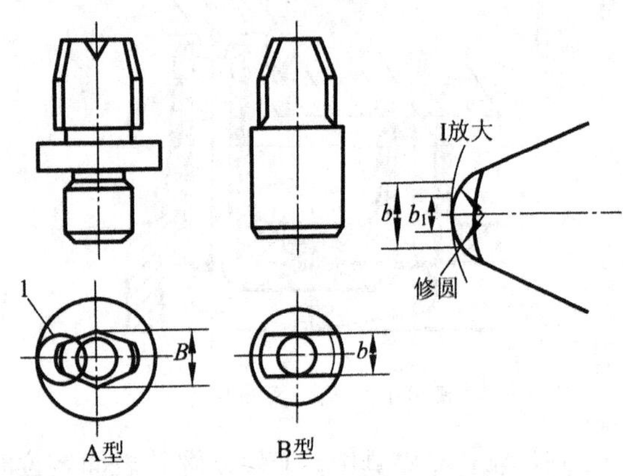

图 4-15　A 型菱形销

（4）圆柱心轴：工件内孔采用圆柱心轴定位时，两者的配合形式有间隙配合和过盈配合两种。采用间隙配合时，心轴定位精度不高，但装卸工件方便，常采用带肩间隙配合心轴，工件定位靠工件孔与端面联合定位，如图 4-17（a）所示。采用过盈配合时，心轴有带肩和无带肩两种，主要由导向部分、定位部分和传动部分 3 部分组成，如图 4-17（b）所示。这种心轴定心精度高，但装卸费时，且容易损伤工件定位孔，故多用于定心精度要求较高的精加工中。

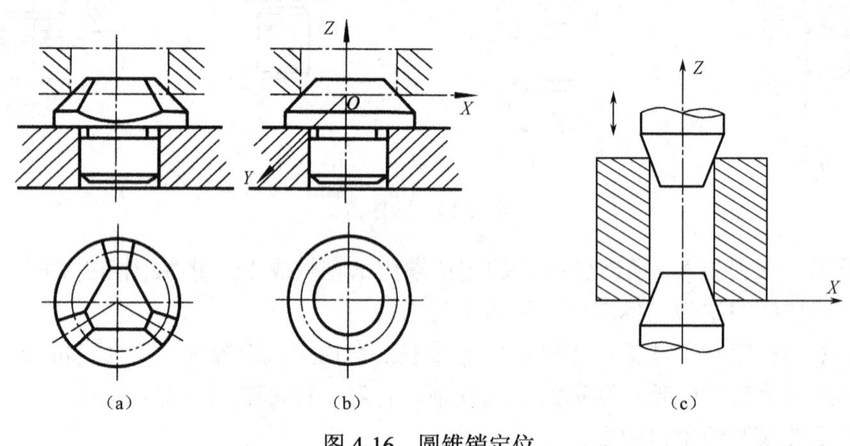

图 4-16　圆锥销定位

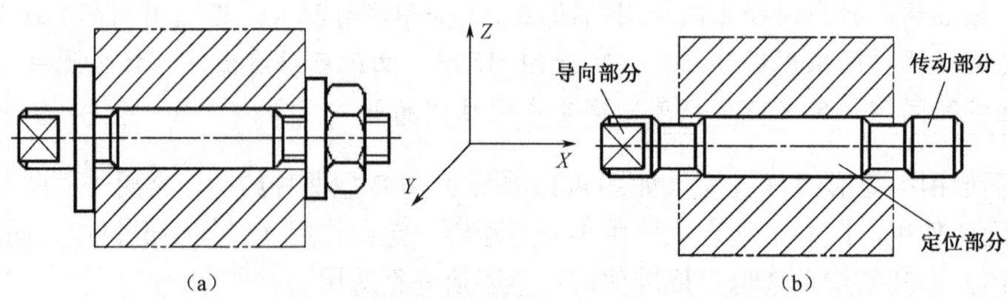

图 4-17　圆柱心轴

知识链接 间隙配合圆柱心轴与工件定位孔之间可选用 H7/g6，过盈配合圆柱心轴与工件定位孔之间可选用 H7/ r6。

（5）锥度心轴：为了消除工件与心轴的配合间隙，提高定心定位精度，工件圆柱孔定位还可采用锥度心轴，如图 4-18 所示。此锥度心轴的锥度通常为 1∶1 000~1∶8 000。定位时，工件楔紧在心轴锥面上，楔紧后由于孔的均匀弹性变形，使它与心轴在长度 L_x 上为过盈配合，从而保证工件定位后不致倾斜。此外，加工时也靠此楔紧所产生的过盈部分带动工件，而不需另外再夹紧工件。

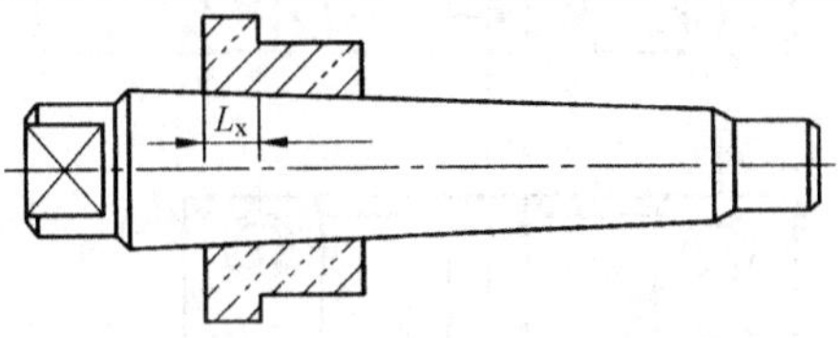

图 4-18　锥度心轴

设计此种小锥度心轴时，选取锥度越小，则楔紧接触长度 L_x 越大，定心定位精度越高，夹紧越可靠。但当工件定位孔径尺寸有变化时，锥度越小引起工件轴向位置的变动也越大，造成加工的不方便。故此种刚性心轴，一般只适用于工件定位孔精度高于 IT7 级，切削负荷较小的精加工。为了减小一批工件在锥度心轴上轴向位置的变动量，可按工件孔径尺寸公差分组设计相应的分组锥度心轴来解决。

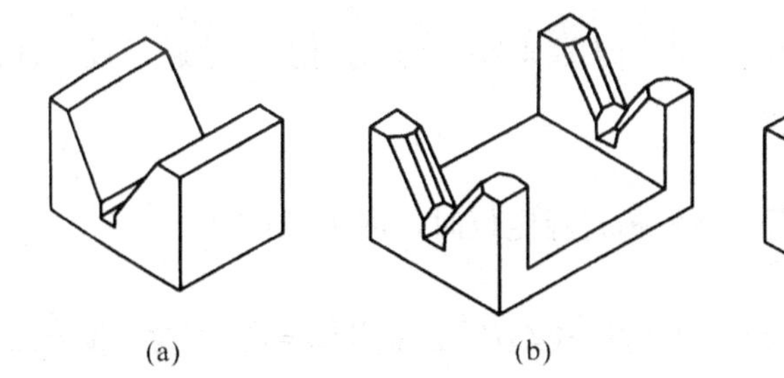
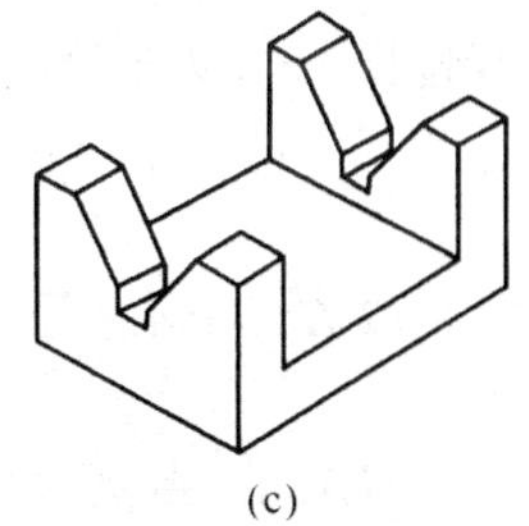
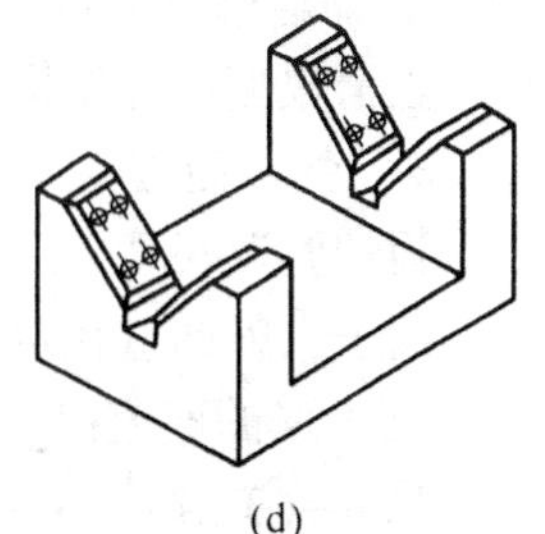

(a)　(b)　(c)　(d)

图 4-19　常见的 V 形块结构

想一想 以上介绍的各定位元件分别对工件限制几个自由度？限制什么自由度？

3）外圆表面定位元件

在夹具设计中常用于外圆表面的定位元件有定位套、支承板和 V 形块等。各种定位套对工件外圆表面主要实现定心定位，支承板实现对外圆表面的支承定位，V 形块则实现对外圆表面的定心对中定位。

（1）V 形块：V 形块是常用于外圆柱面定位的元件，它可用于完整的外圆柱面、非完整的外圆柱面或局部曲线柱面的定位。常见的 V 形块结构如图 4-19 所示。

工件外圆柱面与 V 形块接触线长时，称为长 V 形块，可对工件限制 4 个自由度；反之称为短 V 形块，可对工件限制两个自由度。图 4-20 中所示 V 形块，要视零件结构而灵活运用。对于阶梯型的两段外圆柱面，可采用两个高低不等的短 V 形块组合的定位元件。采用 V 形块对工件定位时，还可起对中作用，即通过与工件外圆两侧母线的接触，使工件上的外圆中心线对中在 V 形块两支承斜面的对称面上。

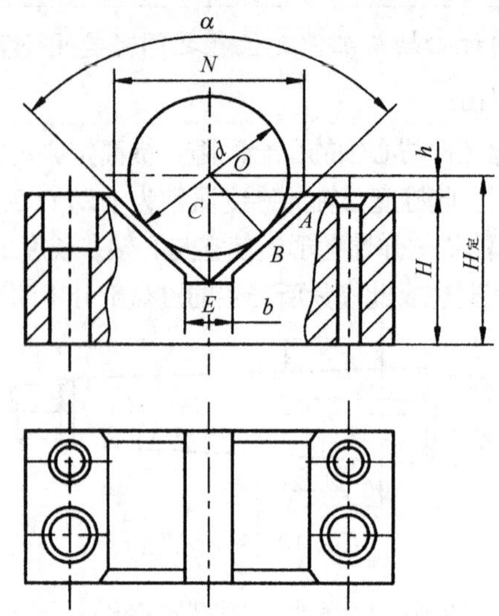

图 4-20　V 形块的典型结构及主要尺寸

V 形块上两斜面的夹角 α 一般选用 60°、90° 和 120° 三种，最常用的是夹角为 90° 的 V 形块。90° 夹角的 V 形块的结构和尺寸可参阅国家有关标准。V 形块的材料一般选用 20 钢，需经渗碳处理。

当需根据零件结构自行设计一个 V 形块时，可参照图 4-20 所示对有关尺寸进行设计计算，d 已知，而 H 和 N 确定以后，即可求出其他相关尺寸了。

设计时取尺寸 H:

用于大外圆直径定位时，取 $H \leqslant 0.5d$；用于小外圆直径定位时，取 $H \leqslant 1.2d$。

尺寸 N 的取值：

当 α=60° 时，$N = 1.16d - 1.15h$；当 α=90° 时，$N = 1.41d - 2h$；当 α=120° 时，$N = 2d - 3.46h$；取 h=（0.14～0.16）d。

V 形块有固定式和活动式之分，活动式 V 形块常与固定式 V 形块或其定位元件组合使用，如图 4-21 所示。活动 V 形块在此对工件限制了一个自由度，并对工件起夹紧作用。

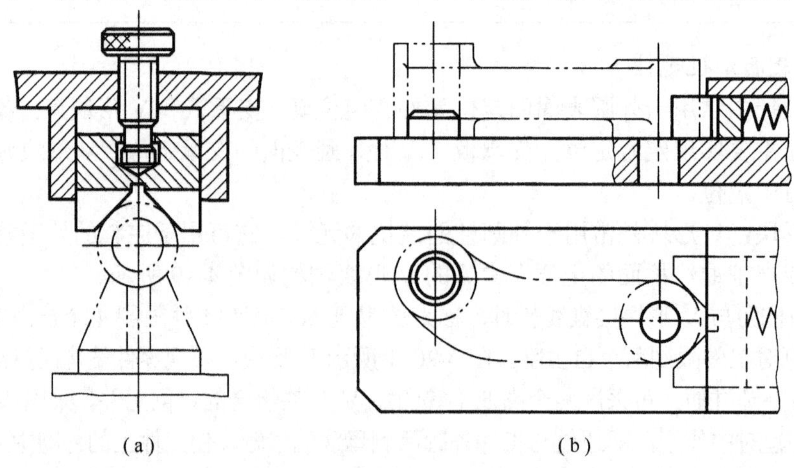

图 4-21　活动 V 形块的应用

（2）定位套：工件以外圆表面定心定位时，也可采用如图 4-22 所示的各种定位套。图 4-22（a）所示为短定位套和长定位套，它们分别限制被定位工件的两个和 4 个自由度。图 4-22（b）所示为锥面定位套，和锥面销对工件圆孔定位一样，限制 3 个自由度。在夹具设计中，为了装卸工件方便，也可采用如图 4-22（c）所示的半圆套对工件外圆表面进行定心定位。根据半圆套与工件定位表面接触的长短，将分别限制 4 个或两个自由度。各种类型定位套和定位销一样，也可根据被加工工件批量和工序加工精度要求，设计成为固定式和可换式的。同样，固定式定位套在夹具中可获得较高的位置定位精度。

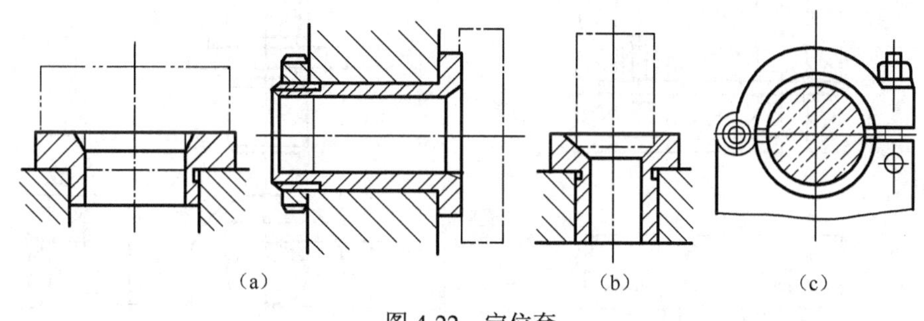

图 4-22　定位套

想一想　以上介绍的各定位元件分别对工件限制几个自由度？限制什么自由度？

4）组合定位形式

工件往往需要利用平面、外圆、内孔等表面进行组合定位来确保工件在夹具中的正确加工位置。在组合定位中，要区分各基准面的主次关系。一般情况下，限制自由度数多的定位表面为主要定位基准面。常用的几种组合形式如下。

（1）圆孔面与端面组合定位形式

这种组合定位形式以工件表面与定位元件表面接触的大小可分为：大端面短心轴定位和小端面长心轴定位。前者以大端面为主定位面，后者以内孔为主定位面，如图 4-23（a）、（b）所示。当孔和端面的垂直度误差较大时，在端面处可加一球面垫圈作自位支承，以消除定位影响，如图 4-23（c）所示。

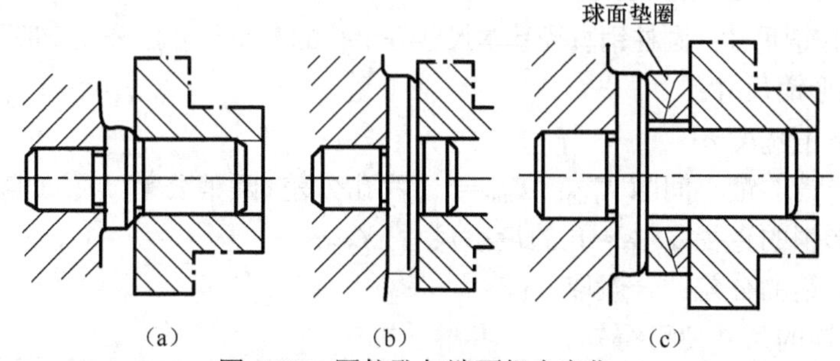

图 4-23　圆柱孔与端面组合定位

（2）一面两孔组合定位形式

对于箱体、盖板等类型零件，既有平面，又有很多内孔，故它们的加工常用一面两孔来组合定位，这样可以在一次装夹中加工尽量多的工件表面，实现基准统一，有利于保证工件

各表面之间的相互位置精度。定位元件主要由一个大支承板（起主要定位面）、两个轴线与该板垂直的定位销组成，而此两个定位销一个为圆柱销、一个为菱形销，如图 4-24 所示。在这种组合定位中，大支承板限制了工件 3 个自由度，圆柱销限制两个自由度，菱形销起防转作用，限制 1 个旋转自由度。菱形销在设计和装配时，其长轴方向应与两销中心连线相垂直，正确选择其直径的基本尺寸和削边后圆柱部分的宽度 b。标准菱形定位销的结构尺寸如图 4-25 所示，在夹具设计时可按表 4-1 所列数值直接选取。

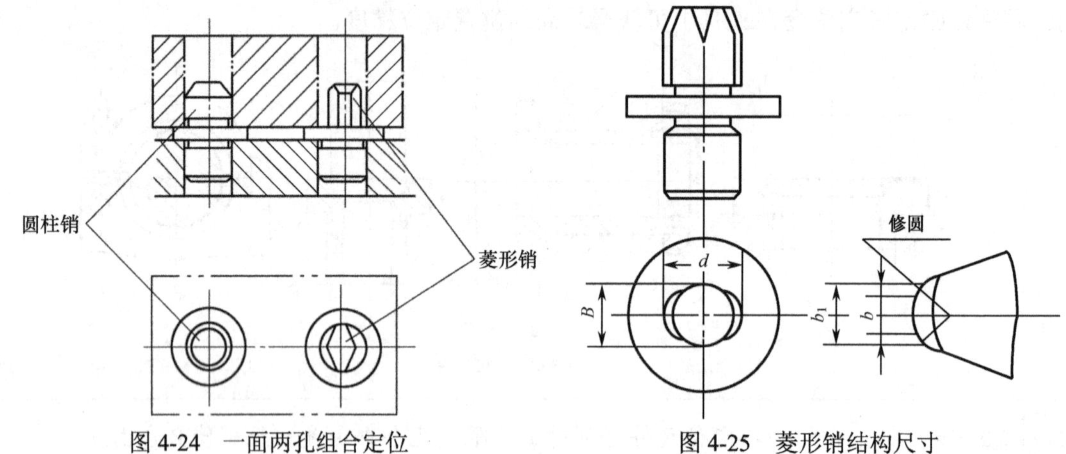

图 4-24 一面两孔组合定位　　图 4-25 菱形销结构尺寸

表 4-1 标准菱形定位销的结构尺寸　mm

d	>3，≤6	>6，≤8	>8，≤20	>20，≤25	>25，≤32	>32，≤40	>40，≤50
B	d–0.5	d–1	d–2	d–3	d–4	d–5	d–6
b	1	2	3	3	3	4	5
b_1	2	3	4	5	5	6	8

注：b_1 为削边部分宽度，b 为修圆后留下圆柱部分宽度。

两销的设计过程一般采取如下步骤。

（1）确定两定位销的中心距尺寸：两销中心距的基本尺寸应等于两孔中心距的平均尺寸，公差为两孔中心距公差的 1/3～1/5。

（2）确定圆柱销尺寸：圆柱销直径基本尺寸等于孔的最小尺寸，公差一般取 g6 或 h7。

（3）确定菱形销尺寸：

① 选择菱形销宽度 b；

② 计算菱形销的最小间隙 X_{min}：$X_{min}=b$（两孔公差+两销公差）/孔的最小尺寸；

③ 计算菱形销的直径 d：d=孔的最小尺寸$-X_{min}$；

④ 确定菱形销的公差：一般取 h6。

至此，菱形销的尺寸便可得知。

5）常用定位元件所能限制的自由度

前述的各种类型定位元件的结构和尺寸大多已标准化和规格化了。为此，可根据需要直接由国家标准《机床夹具零件及部件》或有关《机床夹具设计手册》选用，或者参照其中的典型结构和尺寸自行设计。表 4-2 中列举了这些常用的定位元件及其限制的自由度，供参考。

表 4-2　常用定位元件所能限制的自由度

工件的定位面	定位元件	图　例	限制的自由度	定位元件	图例	限制的自由度
平面	1 个支承钉	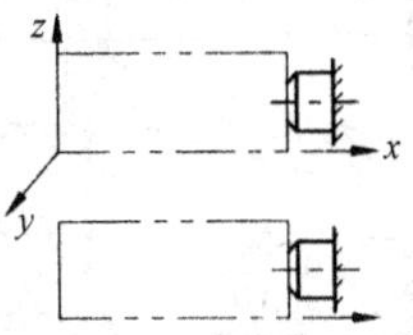	$\vec{X}$	3 个支承钉	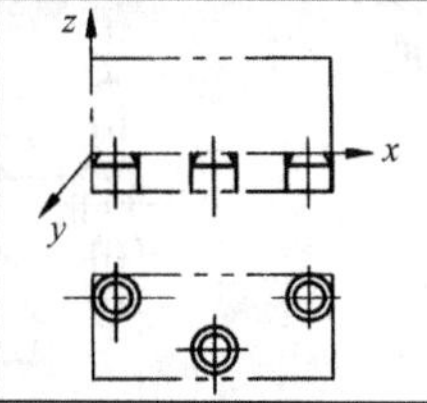	$\widehat{X}$、$\widehat{Y}$、$\vec{Z}$
平面	1 块窄支承板（同两个支承钉）	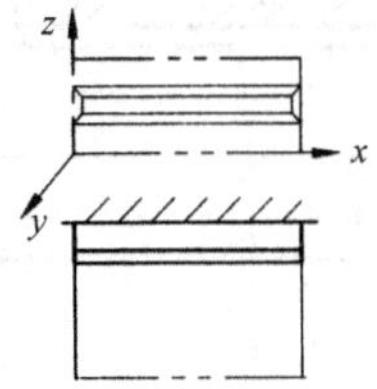	$\vec{Y}$、$\widehat{Z}$	两块窄支承板（同 1 块宽矩形板）	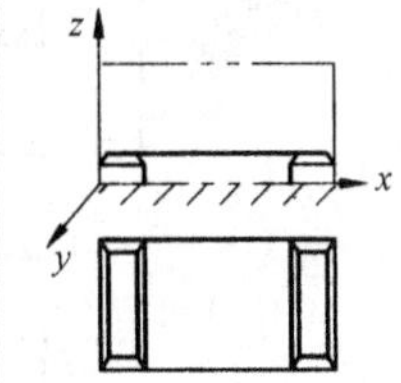	$\widehat{X}$、$\widehat{Y}$、$\vec{Z}$
圆柱孔	短圆柱销	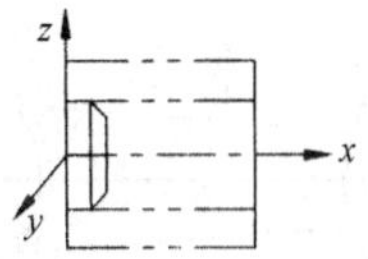	$\vec{Y}$、$\vec{Z}$	长圆柱销	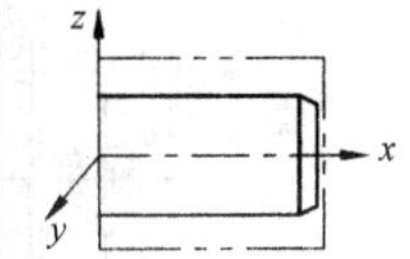	$\vec{Y}$、$\vec{Z}$、$\widehat{Y}$、$\widehat{Z}$
圆柱孔	圆锥销	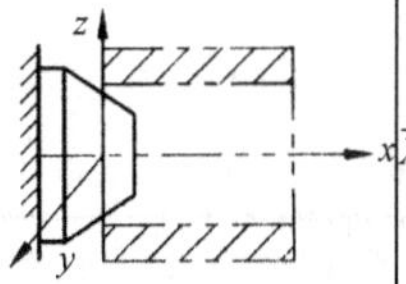	$\vec{X}$、$\vec{Y}$、$\vec{Z}$	固定锥销和活动锥销组合	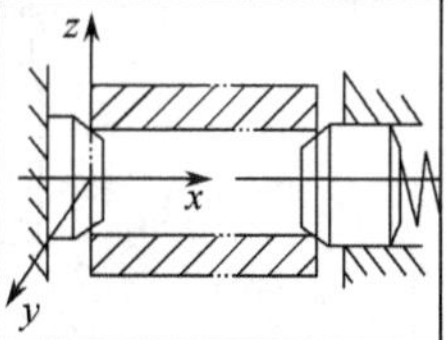	$\vec{X}$、$\vec{Y}$、$\vec{Z}$、$\widehat{Y}$、$\widehat{Z}$
圆柱孔	圆柱心轴	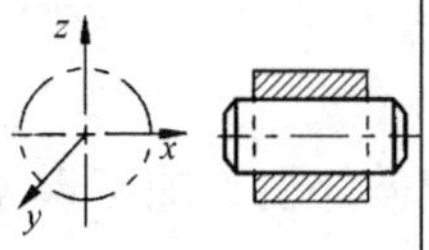	$\vec{X}$、$\vec{Z}$、$\widehat{X}$、$\widehat{Z}$	锥度心轴	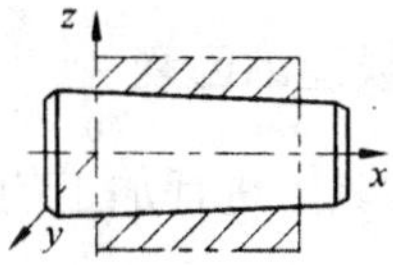	$\vec{X}$、$\vec{Y}$、$\vec{Z}$、$\widehat{Y}$、$\widehat{Z}$
外圆柱面	短 V 形块	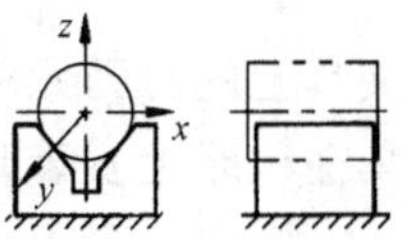	$\vec{X}$、$\vec{Z}$	长 V 形块（同两个短 V 形块）	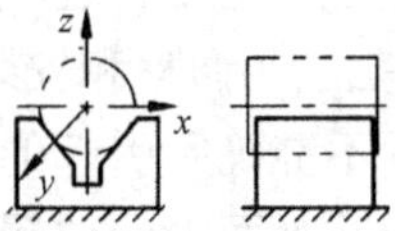	$\vec{X}$、$\vec{Z}$、$\widehat{X}$、$\widehat{Z}$
外圆柱面	短定位套	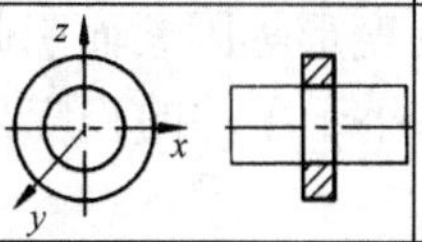	$\vec{X}$、$\vec{Z}$	长定位套	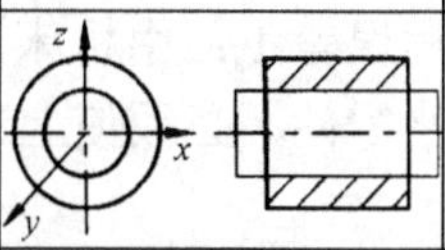	$\vec{X}$、$\vec{Z}$、$\widehat{X}$、$\widehat{Z}$
组合定位	小端面长心轴	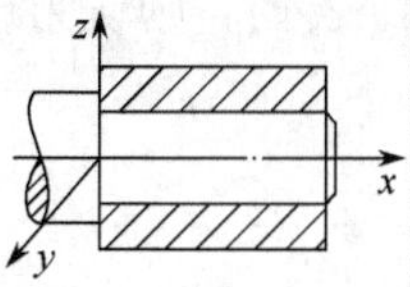	$\vec{X}$、$\vec{Y}$、$\vec{Z}$、$\widehat{Y}$、$\widehat{Z}$	一面两销	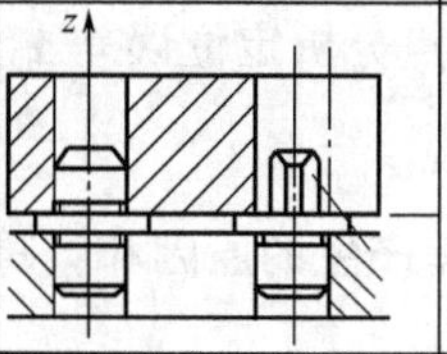	$\vec{X}$、$\vec{Y}$、$\vec{Z}$ $\widehat{X}$、$\widehat{Y}$、$\widehat{Z}$

做一做　请分析

如图 4-26 所示钻夹具中工件的定位方案，指出定位元件，说明它们各自限制的自由度。

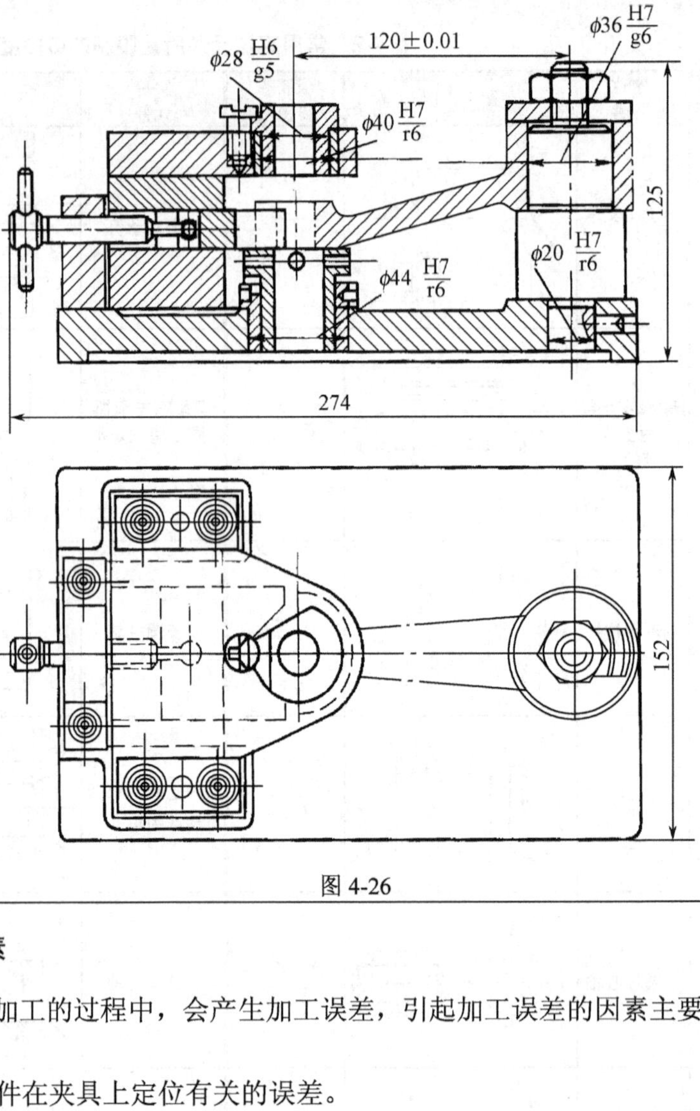

图 4-26

3．起起加工误差的因素

工件装夹在夹具上进行加工的过程中，会产生加工误差，引起加工误差的因素主要有以下几种。

（1）定位误差Δ_D：与工件在夹具上定位有关的误差。

（2）调安误差$\Delta_{T\text{-}A}$（调整和安装误差）：调整误差是指夹具上的对刀元件或导向元件与定位元件之间的位置不准确所引起的误差；安装误差是指夹具在机床上安装时引起定位元件与机床上安装夹具的装夹面之间位置不准确的误差。

（3）加工过程误差Δ_G：由机床运动精度和工艺系统的变形等因素而引起的误差。

为了得到合格零件，必须使上述各项误差之和等于或小于零件的相应公差 δ_k，即：

$$\Delta_D + \Delta_{T-A} + \Delta_G \leqslant \delta_k$$

下面我们重点分析定位误差Δ_D，当定位误差$\Delta_D \leqslant (1/3)\delta_k$时，则认为选定的定位方案是可行的。

4．定位误差产生的原因和计算

工件在夹具中的位置是由定位基准面与定位元件相接触或配合来确定的，然而工件与定位元件均有制造误差，就会使一批工件在夹具中的实际位置不一致，从而导致工件工序尺寸的误差，这就是定位误差。

产生定位误差的原因有两个：一是由于定位基准与设计基准不重合引起的加工误差，称为基准不重合误差，用Δ_B表示；二是由于定位基准面和定位元件的工作表面的制造误差及配合间隙的影响而引起的加工误差，称为基准位移误差，用Δ_Y表示。

1）基准不重合误差Δ_B的计算

如图 4-27（a）所示零件，底面 3 与侧面 4 均已加工完毕，选用底面和侧面定位来加工表面 1 和 2。其定位误差分析如下。

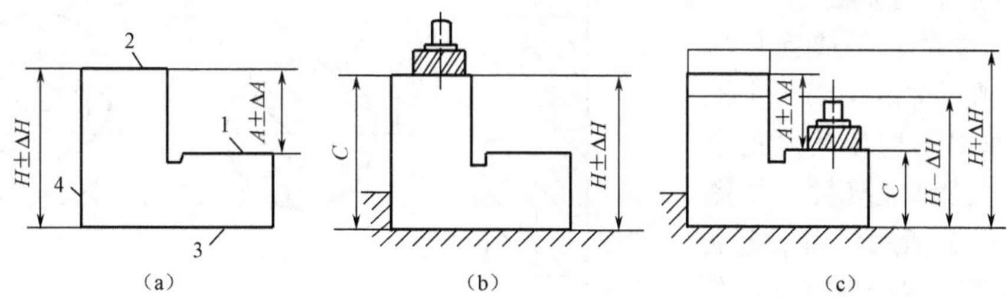

图 4-27　基准不重合误差分析

图 4-27（b）所示为加工平面 2，这时定位基准和设计基准均为底面 3，即基准重合，$\Delta_B=0$。

图 4-27（c）所示为加工平面 1，这时定位基准是底面 3，设计基准是平面 2，两者不重合。加工时，同样将刀调整到尺寸 C，尺寸 C 是定值，当一批工件逐个在夹具上定位时，受到尺寸 $H\pm\Delta H$ 的影响，设计基准的位置是变动的，尺寸从 $H-\Delta H$ 变化到 $H+\Delta H$，就给 A 尺寸带来误差，这就是基准不重合误差。显然它的大小应等于引起设计基准相对定位基准在加工尺寸方向上发生的最大变动量，即$\Delta_B=2\Delta H$。

由此可以得出基准不重合误差的计算方法如下。

定位基准与设计基准重合时：$\Delta_B=0$。

定位基准与设计基准不重合时：

当设计基准相对定位基准的变动方向与加工尺寸方向一致时，Δ_B为设计基准到定位基准之间所有尺寸公差的代数和。

$$\Delta_B=\sum_{i=1}^{n}\delta_i$$

当设计基准相对定位基准的变动方向与加工尺寸方向有一夹角β时，Δ_B为设计基准到定位基准之间所有尺寸公差代数和在加工尺寸方向上的投影。

$$\Delta_B=\sum_{i=1}^{n}\delta_i\cos\beta$$

2）基准位移误差Δ_Y的计算

基准位移误差Δ_Y的计算分为以下三种情况。

（1）工件以平面定位：工件以平面定位时，由于平面度误差很小，可忽略不计，因此基准位移误差$\Delta_Y=0$，如图 4-27 中的基准位移误差为零。

（2）工件以圆孔表面定位：一批工件在夹具中以圆孔表面作为定位基准进行定位时，其可能产生的定位误差将随定位方式和定位时圆孔与定位元件配合性质的不同而各不相同。现分别进行分析和计算。

① 工件上圆孔与刚性心轴或定位销过盈配合，定位元件水平或垂直放置。

因为过盈配合时，定位副间无间隙，所以定位基准的位移量为零，即：

$$\Delta_Y = 0$$

② 工件上圆孔与刚性心轴或定位销间隙配合，定位元件水平放置（固定单边接触）。

由于定位销水平放置且与工件内孔有配合间隙，若每个工件在重力作用下均使其内孔上母线与定位销单边接触，如图4-28（a）、（b）所示，由于定位副的制造误差，将产生定位基准位移误差。

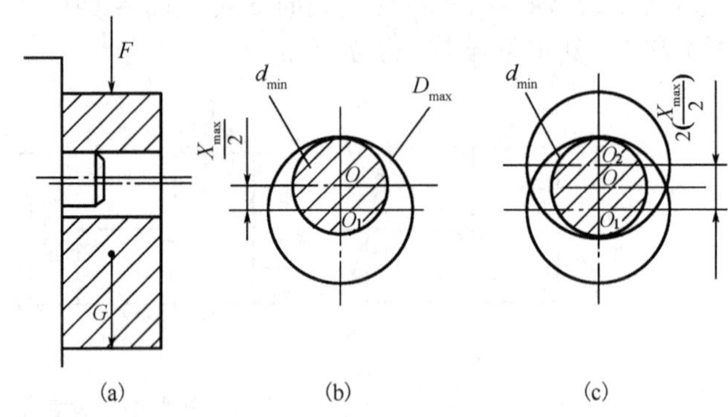

图4-28 工件以圆孔定位时位移误差

其基准位移误差为：

$$\Delta_Y = \frac{1}{2}（T_D + T_d + X_{min}）$$

式中，T_D——工件定位基准孔的直径公差（mm）；T_d——圆柱定位销或圆柱心轴的直径公差（mm）；X_{min}——定位所需最小间隙，由设计时确定（mm）。

③ 工件上圆孔与刚性心轴或定位销间隙配合，定位元件垂直放置（任意边接触）。

定位心轴垂直放置时，它与工件内孔则可能任意边接触，如图4-28（c）所示，则应考虑加工尺寸方向的两个极限位置及孔的最小配合间隙Δ_{min}的影响，所以在加工尺寸方向上的最大基准位移误差为：

$$\Delta_Y = T_D + T_d + X_{min}$$

以上情况中，当定位基准的变动方向与工序尺寸的方向不同时，基准位移误差等于定位基准的变动范围在加工尺寸方向上的投影，即：

$$\Delta_Y = \Delta_i \cos\alpha$$

式中，α——定位基准的变动方向与工序尺寸方向间的夹角。

（3）工件以外圆表面定位：外圆表面定位时，V形块最为常用。下面主要分析工件以外圆在V形块上定位时产生的基准位移误差。如不考虑V形块的制造误差，则工件定位基准在V形块的对称面上，因此，工件中心线在水平方向上的位移误差为零，在垂直方向上因工件外圆有制造误差，如图4-29所示，通过计算可得其基准位移误差为：

$$\Delta_Y = \frac{T_d}{2\sin(\alpha/2)}$$

当α=90°时，Δ_Y=0.707T_d。

当这个基准位移误差方向与加工尺寸方向有一夹角 β 时，则应把基准位移误差投影到加工尺寸方向上，即 $\Delta_Y = O_1O_2\cos\beta$。

当 $\alpha=90°$ 时，$\Delta_Y = 0.707T_d\cos\beta$。

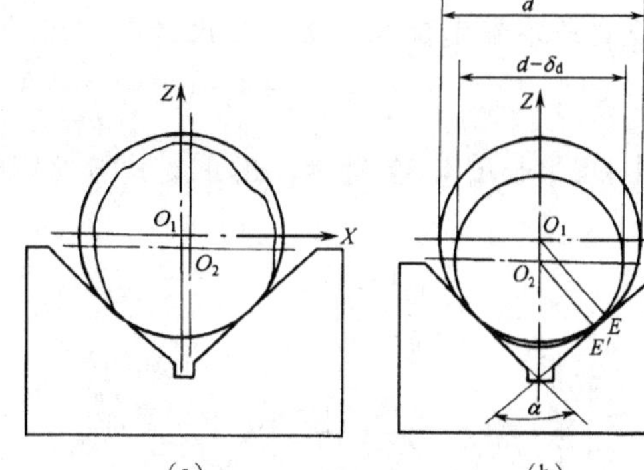

图 4-29　V 形块上定位的位移误差

3）定位误差 Δ_D 的计算

定位误差是由基准不重合误差和基准位移误差两方面组成的，由上述分析，对于定位误差的计算，可以总结如下规律。

（1）当 $\Delta_B=0$，$\Delta_Y=0$ 时，$\Delta_D=0$。

（2）当 $\Delta_B=0$，$\Delta_Y\neq0$ 时，$\Delta_D=\Delta_Y$。

（3）当 $\Delta_B\neq0$，$\Delta_Y=0$ 时，$\Delta_D=\Delta_B$。

（4）当 $\Delta_B\neq0$，$\Delta_Y\neq0$ 时，如果工序的设计基准不在定位基准面上，则 $\Delta_D=\Delta_Y+\Delta_B$；如果工序的设计基准在定位基面上，则 $\Delta_D=\Delta_Y\pm\Delta_B$。“±”的取向如下。

当定位基面尺寸由大变小（或由小变大）时，判断定位基准的变动方向；

当定位基面尺寸由大变小（或由小变大）时，假设定位基准不动，判断设计基准的变动方向。

若两者变动方向相同，则取“+”，反之，取“−”。

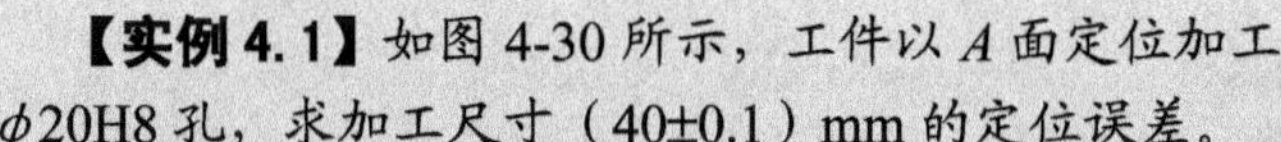

【实例 4.1】 如图 4-30 所示，工件以 A 面定位加工 ϕ20H8 孔，求加工尺寸（40±0.1）mm 的定位误差。

解：① 求基准不重合误差 Δ_B。

定位基准为 A 面，设计基准为 B 面，故：

$$\Delta_B = \Sigma\ \delta_{di} = 0.05 + 0.1 = 0.15\ \text{mm}$$

② 求基准位移误差 Δ_Y。

工件以平面定位，故 $\Delta_Y = 0$。

③ 求定位误差 Δ_D。

$$\Delta_D = \Delta_B + \Delta_Y = 0.15\ \text{mm}$$

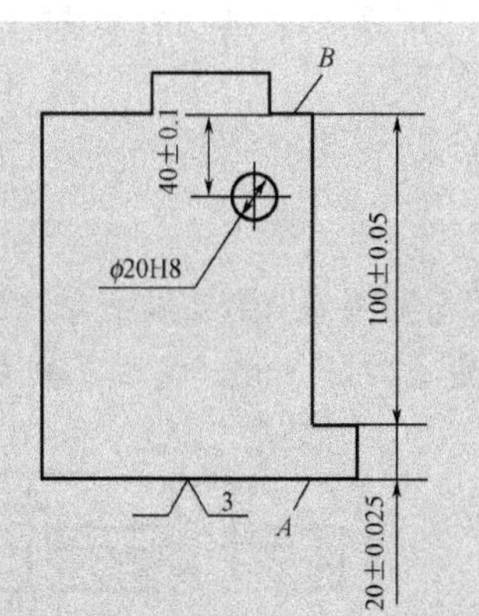

图 4-30　定位误差计算

【实例 4.2】 如图 4-31 所示，工件以外圆柱面在 V 形块上定位加工键槽，保证键槽尺寸 $34.8^{0}_{-0.17}$ mm，试计算其定位误差。

解：① 求基准不重合误差 Δ_B。

定位基准为工件的中心线，设计基准为工件的下母线，故：

$$\Delta_B = \frac{1}{2}\delta_d = \frac{1}{2}\times0.025 = 0.012\,5\ \text{mm}$$

② 求基准位移误差 Δ_Y。

$$\Delta_Y = 0.707\ \delta_d = 0.707\times0.025 \approx 0.017\,7\ \text{mm}$$

③ 求定位误差Δ_D。

因为设计基准在定位基面上，且设计基准变动方向与定位基准变动方向相反，故：

$$\Delta_D = \Delta_Y - \Delta_B \approx 0.0177 - 0.0125 = 0.0052\ \text{mm}$$

【实例 4.3】如图 4-32 所示，用角度铣刀铣削斜面，求加工尺寸为（39±0.04）mm 的定位误差。

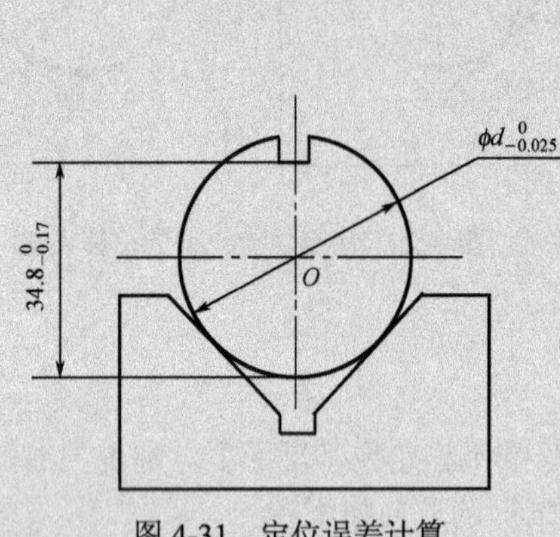

图 4-31　定位误差计算

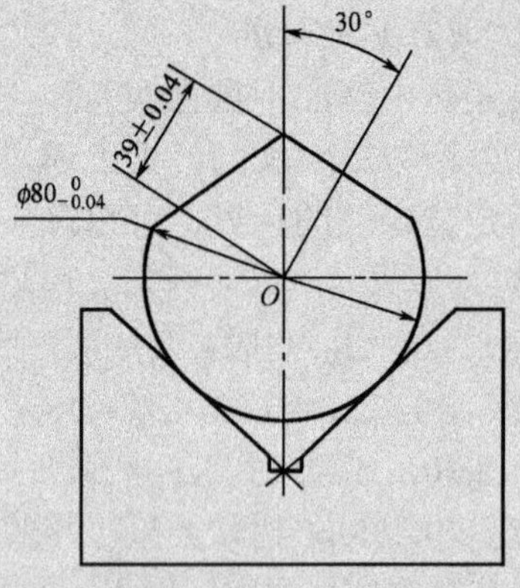

图 4-32　定位误差计算

解：① 求基准不重合误差Δ_B。

定位基准为$\phi 80$的中心线，设计基准为$\phi 80$的中心线，故：

$$\Delta_B = 0$$

② 求基准位移误差Δ_Y。

$$\Delta_Y = 0.707\,\delta_d \cos\beta = 0.707 \times 0.04 \times \cos 30^\circ = 0.024\ \text{mm}$$

③ 求定位误差Δ_D。

$$\Delta_D = \Delta_B + \Delta_Y = 0.024\ \text{mm}$$

【实例 4.4】钻铰凸轮上的两个小孔（2×$\phi 16$）的定位方式如图 4-33 所示，定位销的直径为$\phi 22_{-0.17}^{\ 0}$ mm，定位孔的直径为$\phi 22_{\ 0}^{+0.033}$ mm，求加工尺寸（100±0.1）mm 的定位误差。

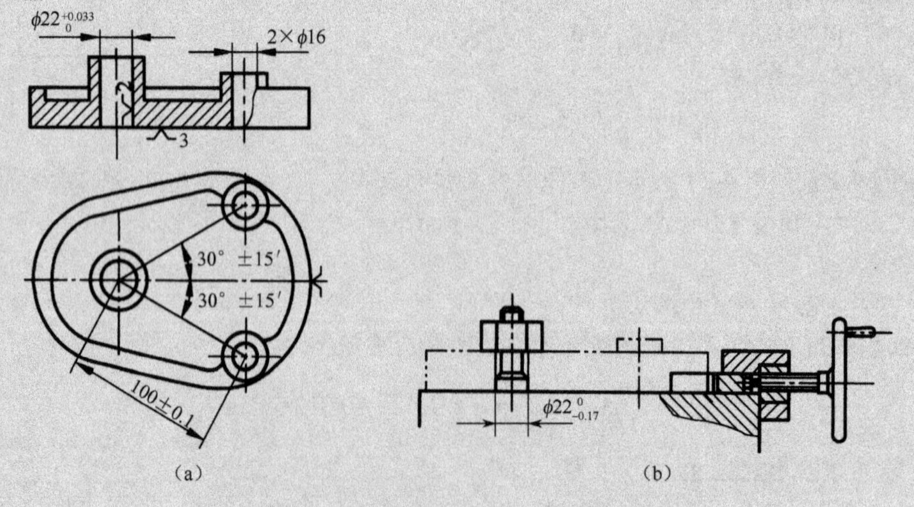

图 4-33　钻铰凸轮两个小孔工序图与夹具简图

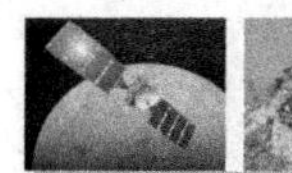

解： ① 求基准不重合误差Δ_B。

定位基准为 ϕ22 的中心线，设计基准为 ϕ22 的中心线，故：

$$\Delta_B=0$$

② 求基准位移误差Δ_Y。

定位销垂直布置，是任意边接触，但定位基准相对于限位基准单向移动，实质上为固定边接触，定位基准移动方向与加工尺寸间的夹角为 30° ±15′，故：

$$\Delta_Y=\Delta_i\cos\alpha=\frac{1}{2}（T_D+T_d+X_{min}）\cos30°\ 15'$$

$$=\frac{1}{2}\times（0.033+0.021+0）\times0.863\ 8$$

$$\approx 0.023\ \text{mm}$$

③ 求定位误差Δ_D。

$$\Delta_D=\Delta_B+\Delta_Y=0.023\ \text{mm}$$

4.1.4 工件夹紧

工件在夹具的定位元件上获得正确的位置之后，还必须在夹具上设置相应的夹紧装置对工件实行夹紧，才能完成工件在夹具中装夹的全部任务。夹紧装置的基本任务就是保持工件在定位中所获得的既定位置，以便在切削力、重力、惯性力等外力作用下，不发生偏移和振动，确保加工质量和生产安全。

1. 夹紧装置的组成及设计要求

1）夹紧装置的组成

一般夹紧装置由下面两个基本部分组成，如图 4-34 所示。

（1）动力源。它是产生原始作用力的部分。如果用人力对工件进行夹紧，称为手动夹紧；用气动、液压、气液联合、电动以及机床的运动等动力装置来代替人力进行夹紧，称为机动夹紧。

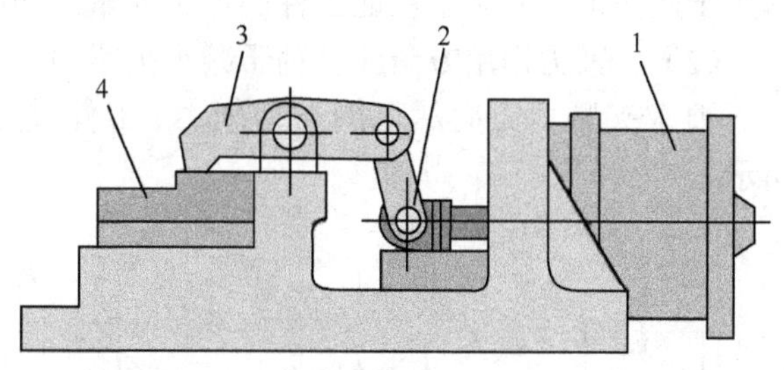

1—动力源； 2—中间传力机构；3—夹紧元件； 4—工件

图 4-34 夹紧装置组成图

（2）中间传力机构。它是将动力源装置产生的力传给夹紧元件的中间机构。其作用是改变力的作用方法和大小，根据需要保证夹紧机构的自锁性及夹紧可靠性。

（3）夹紧元件。它是实现对工件夹紧任务的元件，它是夹紧装置中与工件直接接触的元件，如各种压板、压块等。

2）夹紧装置的设计要求

夹紧装置的设计和选用是否正确合理，对于保证加工质量，提高生产率，减轻工人劳动强度有很大影响。为此，对夹紧装置提出了如下基本要求。

（1）在夹紧过程中应能保持工件在定位时已获得的正确位置。

（2）夹紧应适当和可靠。夹紧机构一般要有自锁作用，保证在加工过程中工件不会产生松动和振动。在夹紧工件时，不允许使工件产生不适当的变形和表面损伤。

（3）夹紧机构应操作方便，安全省力，以便减轻劳动强度，缩短辅助时间，提高生产效率。

（4）夹紧机构的复杂程度和自动化程度应与生产类型相适应。

（5）结构设计应具有良好的工艺性和经济性，结构紧凑，有足够的强度和刚度，尽可能采用标准化夹紧装置和元件，以缩短夹具设计和制造周期。

2．夹紧力的确定

根据力学的基本知识得知，要表述和研究任何一个力，必须掌握力的3个要素，即力的大小、方向和作用点。对于夹紧力来说，也不例外。在设计和选用夹紧装置时，首先就要确定夹紧力的大小、方向和作用点。

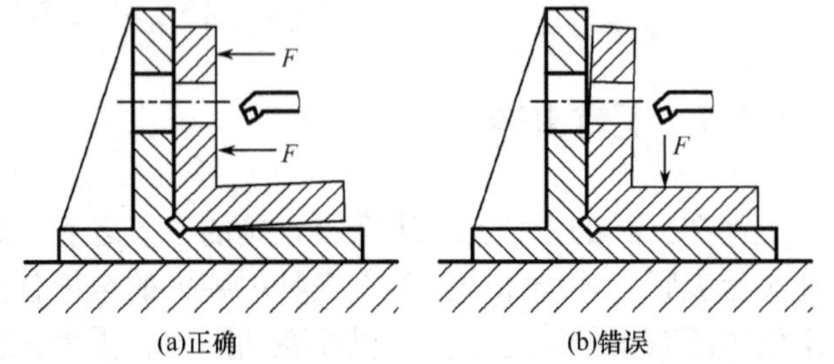

图4-35　夹紧力方向对镗孔精度的影响

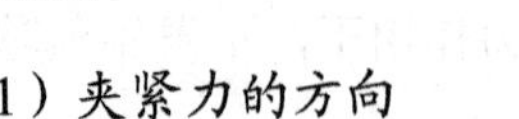

1）夹紧力的方向

（1）夹紧力作用方向应垂直于主要定位基准面。

为使夹紧力有助于定位，则工件应紧靠支承点，并保证各个定位基准与定位元件接触可靠。一般地讲，工件的主要定位基准面面积较大，精度较高，限制的自由度多，夹紧力垂直作用于此面上，有利于保证工件的加工质量，如图4-35所示。

（2）夹紧力作用方向应有利于减小夹紧力。

要求夹紧力方向尽可能与切削力、工件重力方向一致，以减小所需的夹紧力，如图4-36所示。

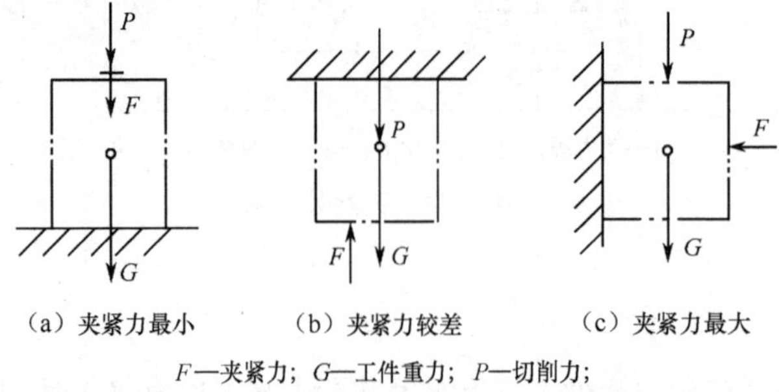

图4-36　夹紧力方向对其大小的影响

2）夹紧力作用点的确定

夹紧力的作用点是指夹紧元件与工件相接触的一小块面积，选择作用点的问题是在夹紧力方向已定的情况下确定夹紧力作用点位置和数目，应注意以下几点。

（1）夹紧力的作用点应落在定位元件上或几个定位元件所形成的支承范围内。

如图 4-37 所示，夹紧力虽然朝向主要定位基面，但作用点却在支承范围以外，夹紧力与支反力构成力矩，夹紧时工件将发生偏转，使定位基面与支承元件脱离，破坏原有定位，应使夹紧力作用在稳定区域内。

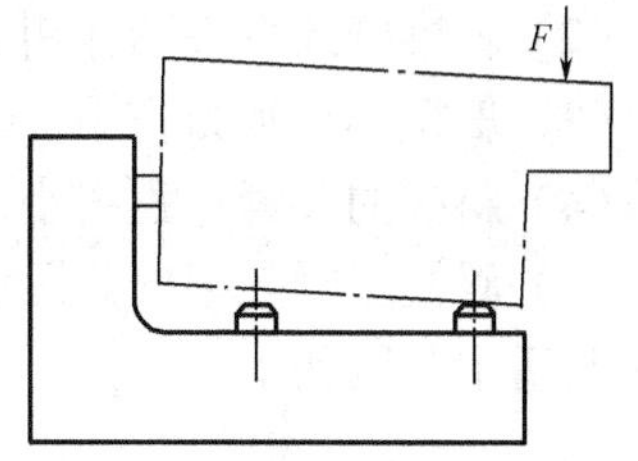

图 4-37 夹紧力作用点位置 1

（2）夹紧力的作用点应落在工件刚性较好的部位上，如图 4-38 所示。

（3）夹紧力应尽量靠近加工表面。

夹紧力靠近加工表面，可减小切削力对夹紧点的力矩，从而有效地减小加工时工件的振动。

图 4-39 中，加工面离夹紧力 F_1 作用点较远，这时应增添辅助支承，并附加夹紧力 F_2，以减小工件受切削力后产生位置变动、变形或振动。

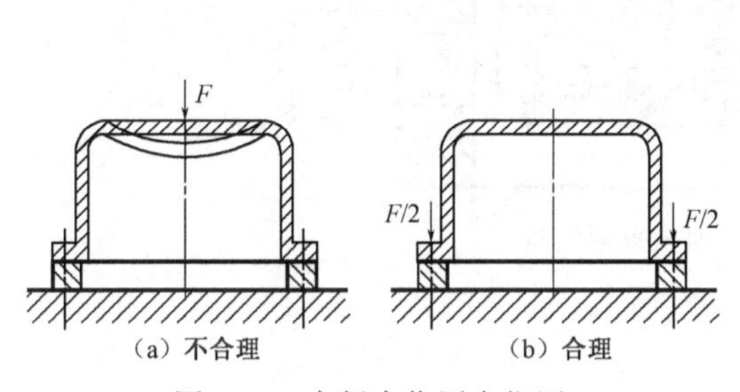

图 4-38 夹紧力作用点位置 2

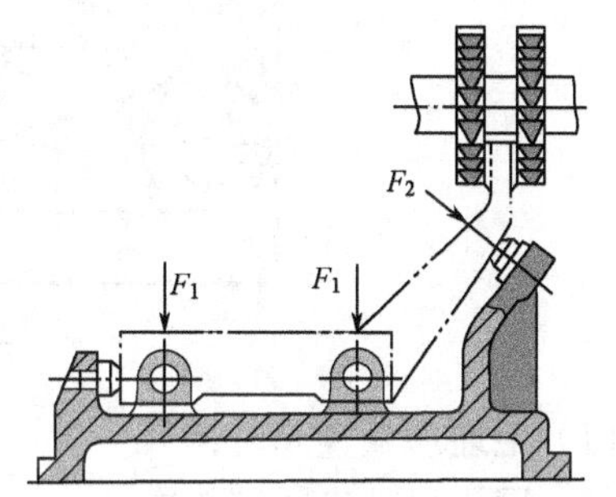

图 4-39 增添辅助支承和附加夹紧力

3）夹紧力大小的估算

夹紧力大小要适当，过大了会使工件变形，过小了则在加工时工件会松动造成报废甚至发生事故。

在手动夹紧时，可凭人力来控制夹紧力的大小，一般不作计算。

当设计机动（如气动、液压、电力等）夹紧装置时，则应计算夹紧力的大小，以便决定动力部件的尺寸（如汽缸、活塞的直径等）。

夹紧力的计算，通常先根据切削原理的公式求出切削力的大小。必要时，也要算出惯性力和离心力，再与工件重力及待求的夹紧力组成静平衡力系，求出夹紧力的大小。实际设计中常采用估算法、类比法和试验法确定所需的夹紧力。算出夹紧力后，再乘以安全系数 K，作为实际所需的夹紧力。K 值粗加工取 2.5～3，精加工取 1.5～2。

3. 典型的夹紧机构

在夹紧机构中，绝大多数都用斜面楔紧原理来夹紧工件，其基本形式是斜楔夹紧，而螺旋夹紧、偏心夹紧等都是它的变形。

1）斜楔夹紧机构

斜楔主要是利用其斜面移动时所产生的压力来夹紧工件的，这也是所谓的楔紧作用，如图 4-40 所示。斜楔夹紧机构具有以下特点。

（1）具有自锁性能。所谓自锁，是指当外力撤销后，夹紧机构在纯摩擦力的作用下，仍

保持其处于夹紧状态而不松开的现象。

（2）斜楔能改变夹紧作用力的方向。

（3）斜楔具有扩力作用。

（4）斜楔的夹紧行程很小。

（5）斜楔夹紧效率低。因斜楔与夹具体及工件间是滑动摩擦，故效率低。

其适用范围如下。

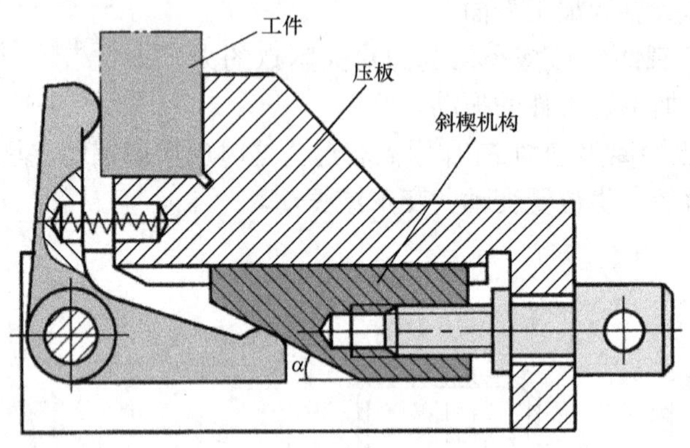

图 4-40　斜楔夹紧结构

（1）毛坯质量较高时；

（2）用于机动夹紧装置中；

（3）手动的夹紧机构，因费时费力，效率极低，故实际上较少采用。

2）螺旋夹紧机构

螺旋夹紧机构结构简单，夹紧可靠。特别是增力大，自锁性能好，非常适于手动夹紧，在生产中使用极为普遍，主要缺点是夹紧和松开比较费时费力。

（1）单个螺旋夹紧机构

图 4-41 所示是直接用螺钉或螺杆来压紧工件的机构。图 4-41（a）中是螺钉头直接与工件表面接触，但螺钉转动时可能会损伤工件表面；图 4-41（b）、（c）所示结构较好地弥补了

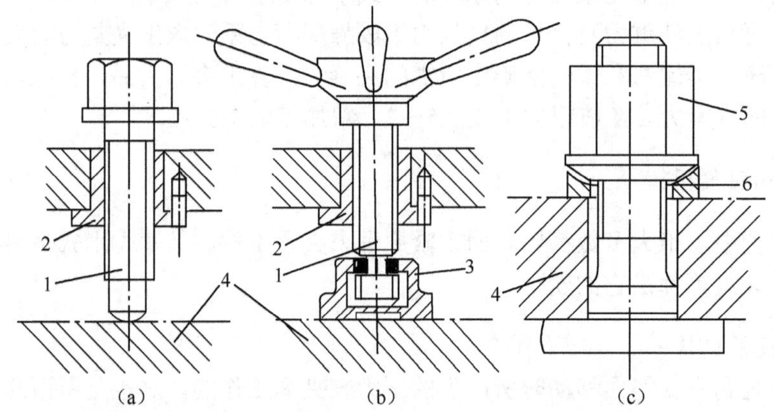

1—螺钉、螺杆；2—螺母；3—摆动压块；4—工件；5—球面带肩螺母；6—球面垫圈

图 4-41　单个螺旋夹紧机构

前者的缺点，在螺钉头部装上摆压块，当其与工件接触后，由于压块与工件间的摩擦力矩大于压块与螺钉间的，所以压块不会随螺钉一起转动。

常见的摆动压块有3种，如图4-42所示。其中，图4-42（a）所示的端面是光滑的，用于夹紧已加工表面；图4-42（b）所示的端面有齿纹，用于夹紧毛坯面；图4-42（c）所示用于要求螺钉只移动不转动的场合。

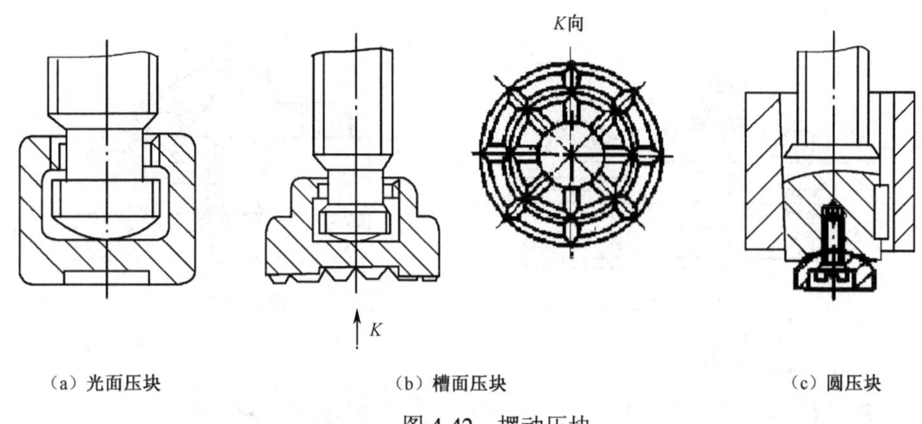

图4-42 摆动压块

（2）螺旋压板夹紧机构

夹紧机构中，螺旋压板夹紧机构是应用较广、结构变化最多的机构。如图4-43所示是几种典型结构。图4-43（a）所示用于夹紧力小而夹紧行程大的场合；图4-43（b）所示用于需调整压板的杠杆比，增大夹紧力和夹紧行程的场合；图 4-42（c）所示是铰链压板机构，用于增大夹紧力的场合。

以上机构的结构尺寸均已标准化，可查手册选用。

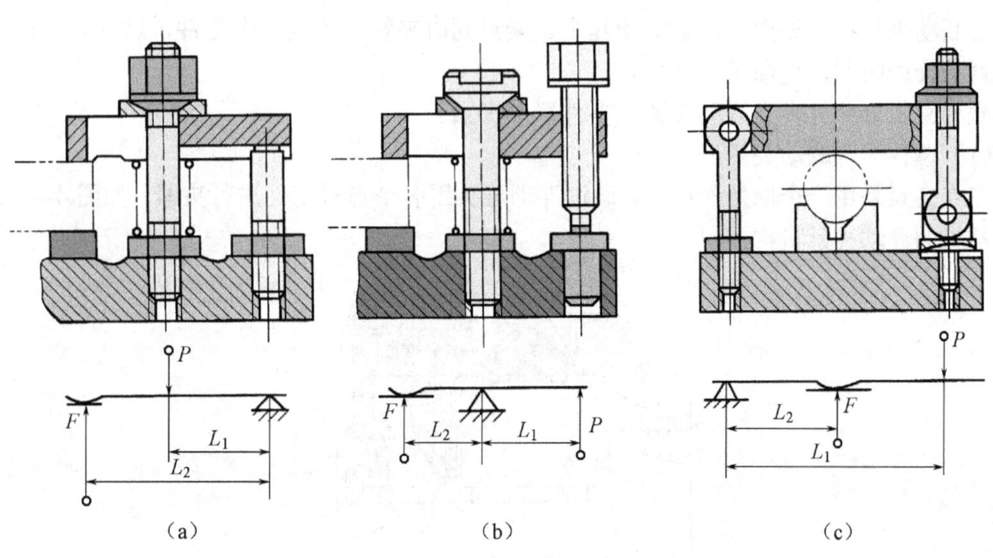

图4-43 螺旋压板机构

3）偏心夹紧机构

偏心夹紧机构是采用偏心元件直接或间接夹紧工件的机构，常用的偏心件是圆偏心轮和偏心轴。其结构简单，制造容易，在夹具中常用于夹紧力小、夹紧行程短、振动小、切削力不大的场合。偏心夹紧机构如图 4-44 所示。

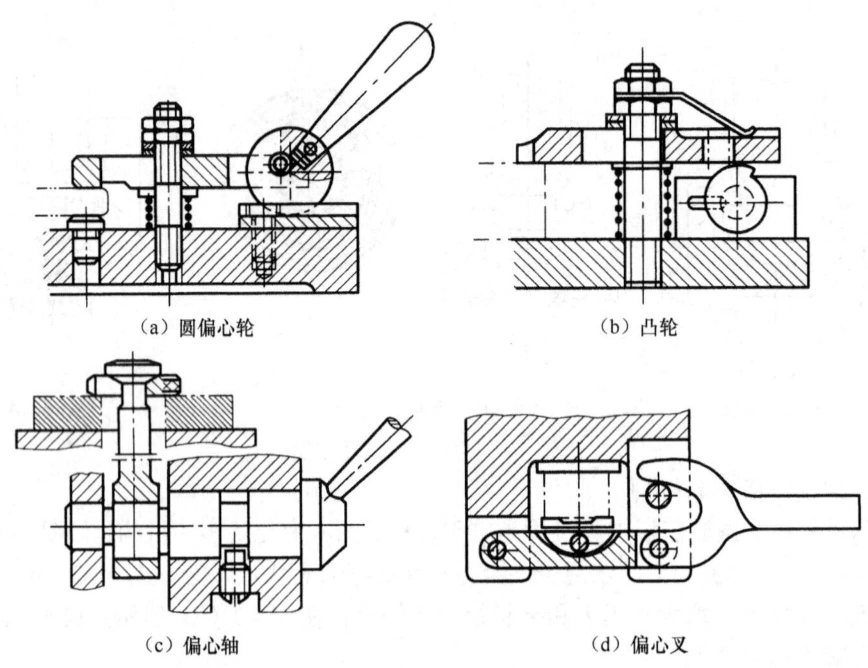

图 4-44 偏心夹紧机构

4）联动夹紧

若联动夹紧在一处操作，就能使几个夹紧点同时夹紧一个或几个工件，这样就缩短了工件夹紧的辅助时间，提高了生产率。

联动夹紧分单件多点联动夹紧和多件联动夹紧。

(1) 单件多点联动夹紧机构

多点夹紧是用一个原始作用力，通过浮动压头用多个点对工件进行夹紧，如图 4-45 所示就是常见的浮动夹紧机构。

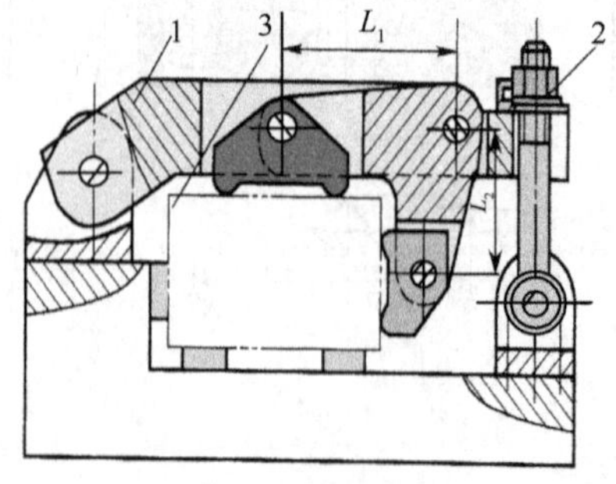

1—压板；2—螺母；3—工件

图 4-45 浮动夹紧机构

（2）多件联动夹紧机构

用一个原始作用力，通过一定的机构对数个相同或不同的工件进行夹紧，称为多件夹紧。多件夹紧机构多用手动夹紧小型工件，在铣床夹具中用得最广。根据夹紧力的方向和作用情况，一般有下列几种形式。

① 串行式多件夹紧：如图 4-46 所示，该夹紧机构要夹紧的多个工件是一个挨一个排列的。夹紧时，作用力依次由一个传至下一个工件，每个工件的夹紧力是相等的，等于原始夹紧力。

② 平行式多件夹紧：如图 4-47 所示，各个夹紧力相互平行，各工件上的夹紧力相等。图中用浮动压块对工件进行夹紧，两个工件要用一个浮动压块，工件多于两个时，浮动压块之间要用摆动件连接。

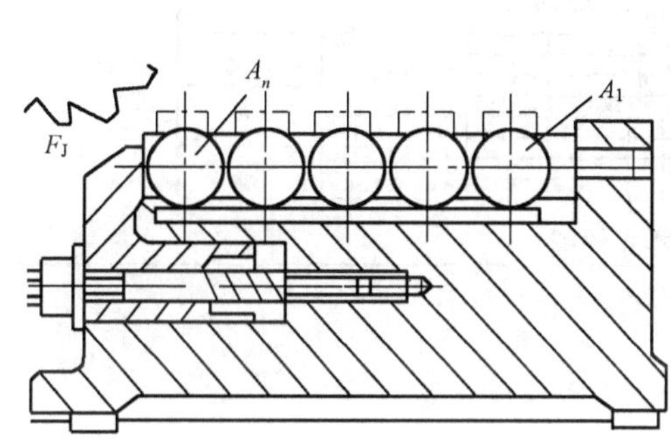

图 4-46　铣轴承盖端面的串行夹紧装置

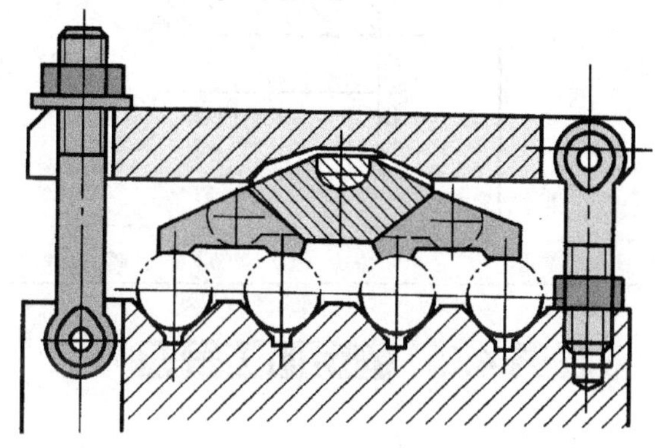

图 4-47　平行式多件夹紧装置

知识链接

（1）设计联动夹紧机构时应注意：

① 各夹紧件之间要能联动或浮动；

② 夹紧件或传力件应设计成可调的，以便适应工件公差和夹紧件的磨损；

③ 要保证能同时夹紧和同时松开；

④ 保证每个工件都有足够的夹紧力；

⑤ 夹紧件和传力件要有足够的刚性，保证传力均匀。

（2）工序图上定位、夹紧的示意符号如下。

定位符号　侧面：⁀△⁀3，正面：◇3。

尖点指向定位表面，数字代表限制的自由度数。

夹紧符号　侧面：↓，正面：⊗⊙。箭头指向夹紧表面。

做一做　试拟订如图 4-48 所示零件图的加工工艺路线，确定每道工序的加工基准、定位夹紧方案，并计算定位误差。

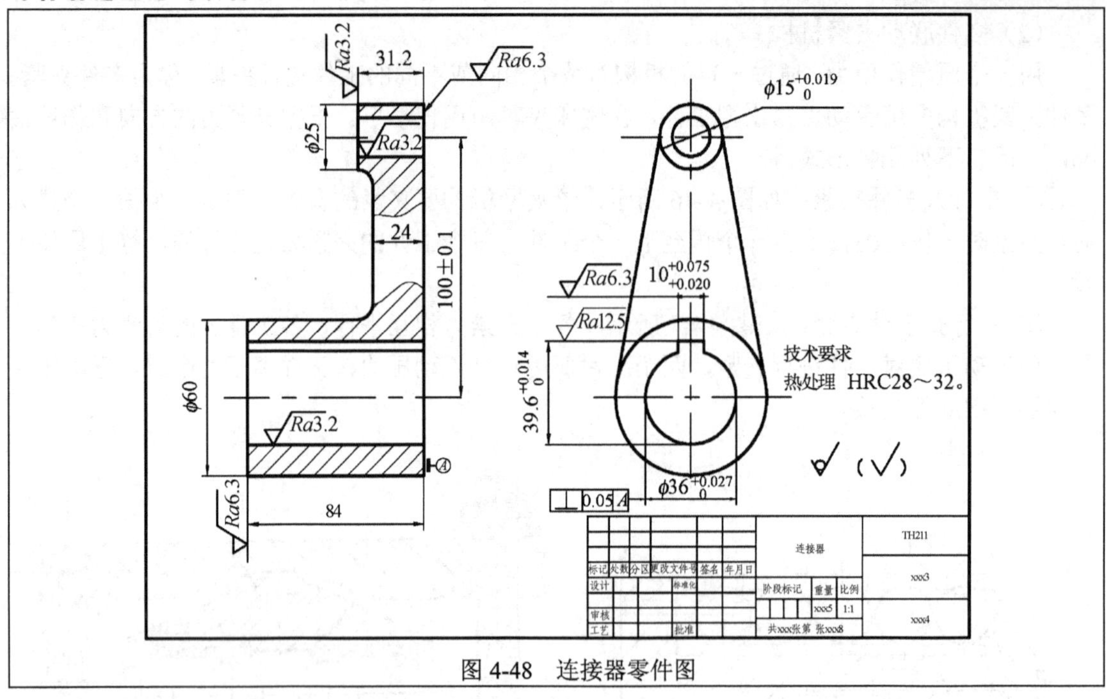

图 4-48 连接器零件图

任务 4.2 确定加工余量

4.2.1 加工余量的概念与影响因素

1. 加工余量的概念

加工余量是指在加工过程中，从被加工表面上切除的金属层厚度。

加工余量分工序余量和加工总余量（毛坯余量）两种，相邻两工序的工序尺寸之差称为工序余量；毛坯尺寸与零件图的设计尺寸之差称为加工总余量（毛坯余量），其值等于各工序的工序余量总和。两者的关系如下。

$$Z_{总} = Z_1 + Z_2 + \cdots + Z_n = \sum_{i=1}^{n} Z_i$$

式中，$Z_{总}$——加工总余量；Z_i——第 i 道工序的工序余量；n ——该表面总共加工的工序数目。

由于加工表面的形状不同，加工余量又可分为单边余量和双边余量两种。如平面加工，加工余量为单边余量，即实际切除的金属层厚度，如图 4-49 所示，可以表示为：

$$Z_i = l_{i-1} - l_i$$

式中，Z_i——本道工序的工序余量；l_i——本道工序的工序尺寸；l_{i-1}——上道工序的工序尺寸。

又如轴和孔的回转面加工，加工余量为双边余量，实际切除的金属层厚度为加工余量的一半，见图 4-50。

对于外圆表面（见图 4-50（a））：$2Z_i = d_{i-1} - d_i$；

对于内圆表面（见图 4-50（b））：$2Z_i = D_i - D_{i-1}$。

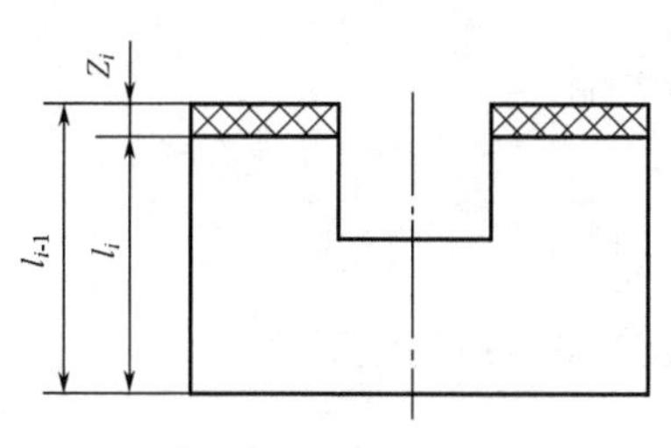

图 4-49　单边余量

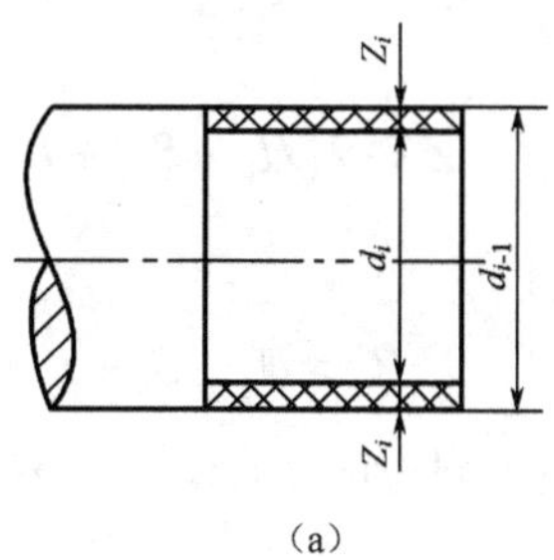

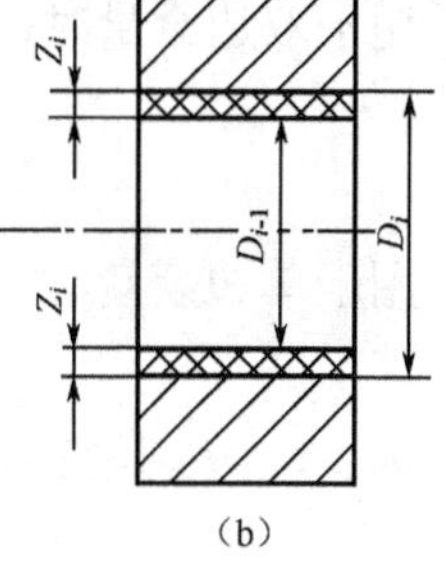

图 4-50　双边余量

由于毛坯制造和各个工序尺寸都存在着误差，加工余量也是个变动值。当工序尺寸用基本尺寸计算时，所得到的加工余量称为基本余量或公称余量。

最小余量 Z_{min} 是保证该工序加工表面的精度和质量所需切除的金属层最小厚度。最大余量 Z_{max} 是该工序余量的最大值。以图 4-51 所示的外圆为例来计算，其他各类表面的情况与此类似。

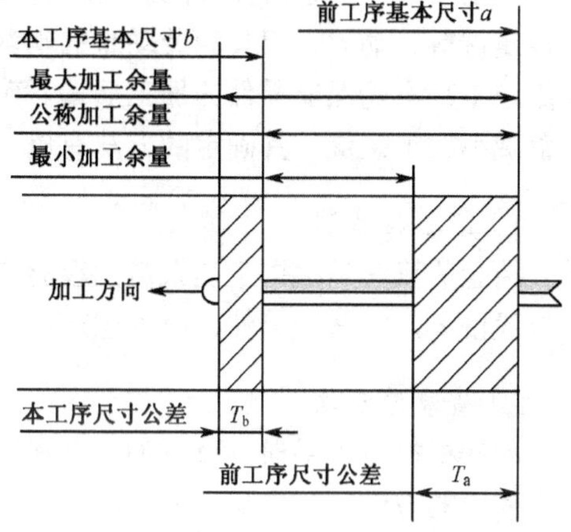

图 4-51　工序尺寸公差与加工余量关系

当尺寸 a、b 均为工序基本尺寸时，基本余量为：

$$Z=a-b$$

则最小余量 $Z_{min}=a_{min}-b_{max}$，而最大余量 $Z_{max}=a_{max}-b_{min}$。

余量公差是加工余量间的变动范围，其值为：

$$T_Z=Z_{max}-Z_{min}=(a_{max}-a_{min})+(b_{max}-b_{min})=T_a+T_b$$

式中，T_Z——本工序余量公差（mm）；T_a——前工序的工序尺寸公差（mm）；T_b——本工序的工序尺寸公差（mm）。

所以，余量公差为前工序与本工序尺寸公差之和。

工序尺寸公差带的布置，一般采用“单向入体”原则，即对于被包容面（轴类）尺寸，公差标成上偏差为零，下偏差为负；对于包容面（孔类）尺寸，公差标成上偏差为正，下偏差为零；对于孔中心距尺寸和毛坯尺寸的公差带，一般都取双向对称公差。

2．加工余量的影响因素

影响加工余量的因素如下。

（1）上道工序的表面质量（包括表面粗糙度 H_a 和表面破坏层深度 S_a）；

（2）前道工序的工序尺寸公差（T_a）；

（3）前道工序的位置误差（ρ_a）；

（4）本道工序工件的安装误差（ε_b）。

本道工序的加工余量必须满足下式。

用于双边余量时：

$$Z \geqslant 2(H_a + S_a) + T_a + 2|\rho_a + \varepsilon_b|$$

用于单边余量时：

$$Z \geqslant H_a + S_a + T_a + |\rho_a + \varepsilon_b|$$

因 ρ_a、ε_b 是空间误差，方向不一定相同，所以应取矢量合成的绝对值。

4.2.2 加工余量的确定方法

加工余量的大小对零件的加工质量和生产率以及经济性均有较大的影响。余量过大将增加金属材料、动力、刀具和劳动量的消耗，并使切削力增大而引起工件的变形较大。反之，余量过小则不能保证零件的加工质量。确定加工余量的基本原则是在保证加工质量的前提下尽量减小加工余量。其确定的方法有以下几种。

1）经验估算法

经验估算法是根据工艺人员的经验来确定加工余量。为避免产生废品，所确定的加工余量一般偏大，它适于单件、小批生产。

2）查表修正法

此法根据有关手册，查得加工余量的数值，然后根据实际情况进行适当修正。这是一种广泛使用的方法。

3）分析计算法

这是对影响加工余量的各种因素进行分析，然后根据一定的计算式来计算加工余量的方法。此法确定的加工余量较合理，但需要全面的试验资料，计算也较复杂，故很少应用。

任务 4.3 确定工序尺寸及公差

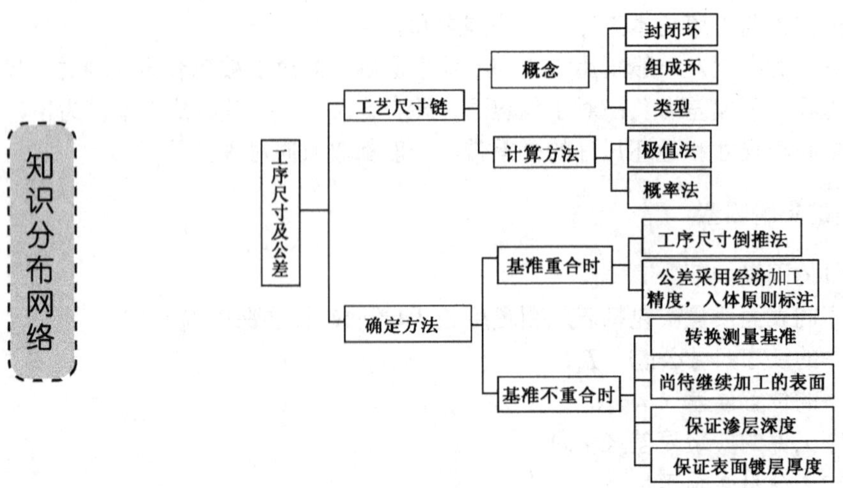

想一想　每道工序的工序尺寸及公差到底应该如何确定？余量得知后，尺寸又是多少呢？各工序尺寸之间有没有关联呢？

4.3.1　工艺尺寸链的概念及计算方法

1．工艺尺寸链的相关概念

工艺尺寸是根据加工的需要，在工艺附图或工艺规程中所给出的尺寸。尺寸链是互相联系且按一定顺序排列的封闭尺寸组合。由此可知工艺尺寸链是在加工过程中的各有关工艺尺寸所组成的尺寸链。

例如，如图 4-52 所示的轴套，依次加工尺寸 A_1 和 A_2，则尺寸 A_0 就随之而定。因此这 3 个相互联系的尺寸 A_1、A_2、A_0 构成了一条工艺尺寸链。其中，尺寸 A_1 和 A_2 是在加工过程中直接获得的，尺寸 A_0 是间接保证的。

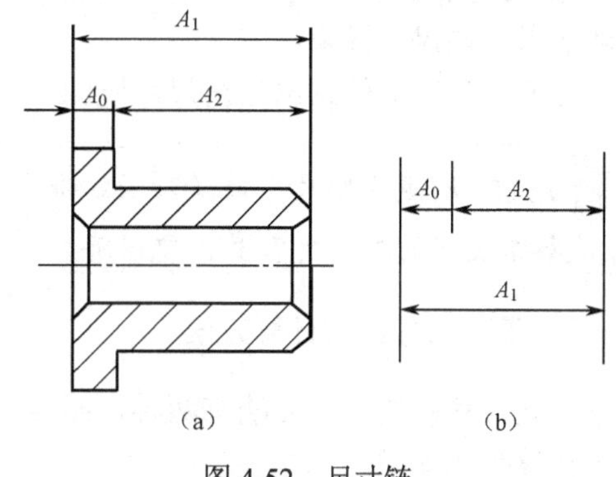

图 4-52　尺寸链

由上例可知，尺寸链由以下几部分组成。

（1）环：列入尺寸链中的每一尺寸简称为环，环可分为封闭环和组成环。

（2）封闭环：它是零件加工或装配过程中最后自然形成（间接获得或间接保证）的那个尺寸，如图 4-52 中的尺寸 A_0，一个尺寸链只有一个封闭环。由于封闭环是尺寸链中最后获得的尺寸，所以封闭环的实际尺寸要受到尺寸链中其他尺寸的影响。应用尺寸链分析计算时，若封闭环判断错误，则全部分析计算结论必然是错误的。

（3）组成环：尺寸链中除封闭环以外的其他各环称为组成环。它是在加工或装配过程中直接得到的尺寸。如图 4-52 中的 A_1、A_2 尺寸。根据组成环对封闭环的影响性质，可将其分为增环和减环两类。

（4）增环：在其他组成环不变的条件下，若某一组成环的尺寸增大，封闭环的尺寸也随之增大；若该环尺寸减小，封闭环的尺寸也随之减小，则该组成环称为增环，如图 4-52 中的尺寸 A_1。

（5）减环：在其他组成环不变的条件下，若某一组成环的尺寸增大，封闭环的尺寸随之减小；若该环尺寸减小，封闭环的尺寸随之增大，则该组成环称为减环，如图 4-52 中的尺寸 A_2。

知识链接

（1）工艺尺寸链具有首尾连接的封闭性和封闭环随组成环变动而变动的关联性。

（2）一个尺寸链只能有一个封闭环。

（3）尺寸链的形式如下。

按环的几何特征分：长度、角度、组合尺寸链；

按应用场合分：装配、工艺、零件尺寸链；

按各环所处空间位置分：直线、平面、空间尺寸链。

2．工艺尺寸链的建立

在应用尺寸链原理分析计算时，为了能清楚地表示各环之间的相互关系，常常将相互联系的尺寸组合从零件具体结构中单独抽出，绘成尺寸链图（如图 4-52（b）所示）。此图可不按严格比例画出，但应保持各环原有的连接关系，同一个尺寸链中的各环以同一个字母来表示，如 A_1，A_2，A_3，…，A_0 等。

工艺尺寸链图的建立步骤如下。

（1）先确定封闭环：在加工过程中自然形成的尺寸。

（2）查找组成环：沿着封闭环的任一端尺寸界限依次找出各相关的组成环，直至回到封闭环的另一端尺寸界限。

（3）在工序图外画出工艺尺寸链图。

注意 所建立的尺寸链必须使组成环数量最小，这样可以更容易满足封闭环的精度或者使各组成环的加工更容易、更经济。

3．工艺尺寸链的计算方法

工艺尺寸链的计算方法有两种，即极值法和概率法，目前在生产中广泛采用极值法，其基本计算公式如下。

1）封闭环的基本尺寸

封闭环的基本尺寸等于所有增环的基本尺寸之和减去所有减环的基本尺寸之和，即：

$$A_0=\sum_{i=1}^{m}\overrightarrow{A}_i-\sum_{j=m+1}^{n-1}\overleftarrow{A}_j$$

2）封闭环的极限尺寸

封闭环的最大极限尺寸等于所有增环的最大极限尺寸之和减去所有减环的最小极限尺寸之和，即：

$$A_{0\max}=\sum_{i=1}^{m}\overrightarrow{A}_{i\max}-\sum_{j=m+1}^{n-1}\overleftarrow{A}_{j\min}$$

封闭环的最小极限尺寸等于所有增环的最小极限尺寸之和减去所有减环的最大极限尺寸之和，即：

$$A_{0\min}=\sum_{i=1}^{m}\overrightarrow{A}_{i\min}-\sum_{j=m+1}^{n-1}\overleftarrow{A}_{j\max}$$

3）封闭环的上下偏差

封闭环的上偏差等于所有增环的上偏差之和减去所有减环的下偏差之和，即

$$E_sA_0=\sum_{i=1}^{m}E_s\overrightarrow{A}_i-\sum_{j=m+1}^{n-1}E_i\overleftarrow{A}_j$$

封闭环的下偏差等于所有增环的下偏差之和减去所有减环的上偏差之和，即

$$E_i A_0 = \sum_{i=1}^{m} E_i \overrightarrow{A}_i - \sum_{j=m+1}^{n-1} E_s \overleftarrow{A}_j$$

4）封闭环的公差计算

封闭环的公差等于所有组成环公差之和，即：

$$TA_0 = \sum_{i=1}^{n-1} TA_i$$

式中，A_0、$A_{0\max}$和$A_{0\min}$——封闭环的基本尺寸、最大极限尺寸和最小极限尺寸；

$\overrightarrow{A}_i$、$\overrightarrow{A}_{i\max}$和$\overrightarrow{A}_{i\min}$——组成环中增环的基本尺寸、最大极限尺寸和最小极限尺寸；

$\overleftarrow{A}_j$、$\overleftarrow{A}_{j\max}$的$\overleftarrow{A}_{j\min}$——组成环中减环的基本尺寸、最大极限尺寸和最小极限尺寸；

$E_s A_0$、$E_s \overrightarrow{A}_i$和$E_s \overleftarrow{A}_j$——封闭环、增环和减环的上偏差；

$E_i A_0$、$E_i \overrightarrow{A}_i$和$E_i \overleftarrow{A}_j$——封闭环、增环和减环的下偏差；

TA_0、TA_i——封闭环、组成环的公差；

m——尺寸链中的增环数；

n——尺寸链中的总环数。

4.3.2 确定工序尺寸及公差

正确地分析和计算工艺尺寸链是编制工艺规程的重要手段，下面具体分析如何应用工艺尺寸链来确定工序尺寸及公差。

1. 基准重合时工序尺寸及公差的确定

工艺基准与设计基准重合，同一表面需要经过多道工序加工才能达到图纸要求时，该表面各工序的加工尺寸取决于各工序的加工余量，其公差由该工序所采用加工方法的经济精度决定。所以，针对这种情况，可以按如下步骤计算。

（1）确定各加工工序的加工余量；

（2）从最终加工工序开始，向前推算各工序基本尺寸，直到毛坯尺寸；

（3）除最终加工工序以外，其他各加工工序按各自所采用加工方法的加工经济精度确定工序尺寸公差（最终加工工序的公差由设计要求确定）；

（4）填写工序尺寸，并按“入体原则”进行标注。

【实例4.5】某轴直径为ϕ50 mm，其尺寸精度要求为IT5，表面粗糙度要求Ra为0.04 μm，并要求高频淬火，毛坯为锻件。其工艺路线为：粗车—半精车—高频淬火—粗磨—精磨—研磨。

解：根据有关手册查出各工序间余量和所能达到的加工经济精度，计算各工序基本尺寸和偏差，然后编写工序尺寸，如表4-3所示。

表 4-3　工序尺寸及偏差

工序名称	工序余量（mm）	工序达到的经济精度	工序基本尺寸（mm）	工序尺寸及偏差（mm）
研磨	0.01	IT5	50	$\phi 50_{-0.01}^{0}$
精磨	0.1	IT6	50+0.01=50.01	$\phi 50.01_{-0.019}^{0}$
粗磨	0.3	IT8	50.01+0.1=50.11	$\phi 50.11_{-0.046}^{0}$
半精车	1.1	IT10	50.11+0.3=50.41	$\phi 50.41_{-0.12}^{0}$
粗车	4.49	IT12	50.41+1.1=51.51	$\phi 51.51_{-0.19}^{0}$
锻造	—	±2mm	51.51+4.49=56	$\phi 56\pm 2$

2．基准不重合时工序尺寸及公差的确定

1）定位基准与设计基准不重合时的工序尺寸计算

当采用调整法加工一批零件时，若所选的定位基准与设计基准不重合，那么该加工表面的设计尺寸就不能由加工直接得到。这时，就需进行有关的工序尺寸计算以保证设计尺寸的精度要求，并将计算的工序尺寸标注在该工序的工序图上。

【实例 4.6】 如图 4-53 所示的零件，尺寸 $60_{-0.12}^{0}$ mm 已经保证，现以 1 面定位用调整法精铣 2 面，试标出工序尺寸。

解： 当以 1 面定位加工 2 面时，将按工序尺寸 A_2 进行加工，设计尺寸 $A_0=25_{0}^{+0.22}$ mm 是本工序间接保证的尺寸，为封闭环，其尺寸链如图 4-53（b）所示，则尺寸 A_2 的计算如下。

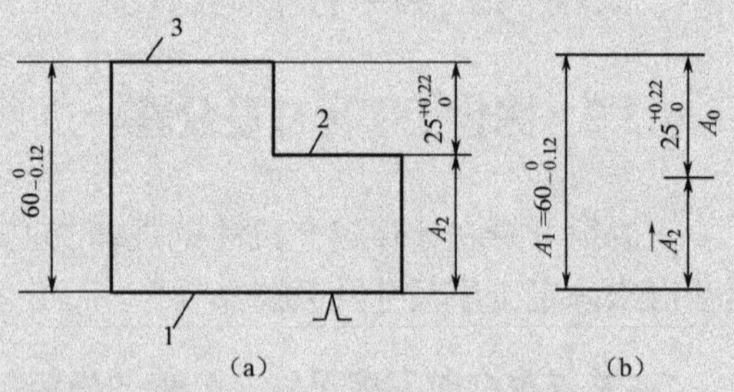

图 4-53　工序图与工艺尺寸链

求基本尺寸：

$$25=60-A_2 \qquad A_2=35\ \text{mm}$$

求上偏差：

$$0=-0.12-E_s A_2 \qquad E_s A_2=-0.12\ \text{mm}$$

求下偏差：

$$+0.22=0-E_i A_2 \qquad E_i A_2=-0.22\ \text{mm}$$

则工序尺寸：

$$A_2=35_{-0.22}^{-0.12}\ \text{mm}=34.88_{-0.1}^{0}\ \text{mm}$$

2）测量基准与设计基准不重合时的工序尺寸计算

在加工或检查零件的某个表面时，有时不便按设计基准直接进行测量，就要选择另外一个合适的表面作为测量基准，以间接保证设计尺寸，为此，需要进行有关工序尺寸的计算。

【实例 4.7】 如图 4-54（a）所示的套筒零件，两端面已加工完毕，加工孔底面 C 时，要保证尺寸 $16_{-0.35}^{0}$mm。因该尺寸不便测量，试标出测量尺寸。

解： 由于孔的深度可以用深度游标卡尺测量，因而尺寸 $16_{-0.35}^{0}$mm 可以通过尺寸 $A=60_{-0.17}^{0}$ mm 和孔深尺寸 A_2 间接计算出来。列出的尺寸链如图 4-54（b）所示。尺寸 $16_{-0.35}^{0}$mm 显然是封闭环。

求基本尺寸：

$16=60-A_2 \qquad A_2=44\text{ mm}$

求上偏差：

$-0.35=-0.17-E_s A_2 \qquad E_s A_2=+0.18\text{ mm}$

求下偏差：

$0=0-E_i A_2 \qquad E_i A_2=0\text{ mm}$

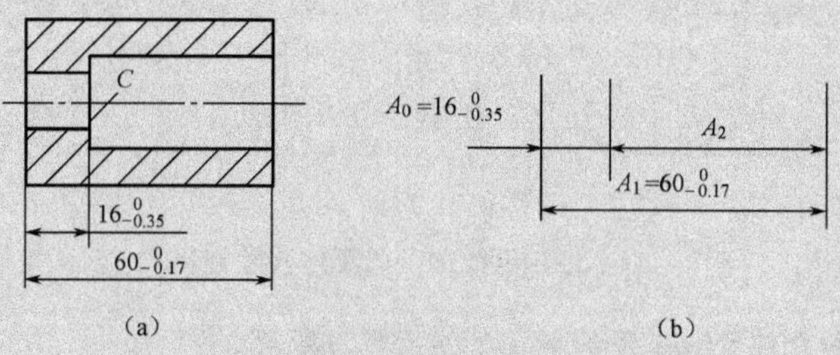

图 4-54 套筒零件加工工序及工艺尺寸链

则测量尺寸 $A_2=44_{0}^{+0.18}$ mm。

通过分析以上计算结果，可以发现，由于基准不重合而进行尺寸换算，将带来以下两个问题。

（1）提高了组成环尺寸的测量精度要求和加工精度要求。如果能按原设计尺寸进行测量，则测量公差和加工时的公差为 0.35 mm，换算后的测量尺寸公差为 0.18 mm，按此尺寸加工使加工公差减小了 0.17 mm，从而提高了测量和加工的难度。

（2）假废品问题。在测量零件尺寸 A_2 时，如 A_1 的尺寸在 $60_{-0.17}^{0}$ mm 之间，A_2 尺寸在 $44_{0}^{+0.18}$ mm 之间，则 A_0 必在 $16_{-0.35}^{0}$ mm 之间，零件为合格品。但是，如果 A_2 的实测尺寸超出 $44_{0}^{+0.18}$ mm 的范围，假设偏大或偏小 0.17 mm，即为 44.35 mm 或 43.83 mm，从工序上看，此件应报废。但如将此零件的尺寸 A_1 再测量一下，只要尺寸 A_1 也相应为最大 60 mm 或最小 59.83mm，则算得 A_2 的尺寸相应为（60–44.35）mm=15.65mm 和（59.83–43.83）mm=16 mm，零件实际上仍为合格品，这就是工序上报废而产品仍合格的所谓“假废品”问题。由此可见，只要实测尺寸的超差量小于另一组成环的公差值，就有可能出现假废品。

注意 为了避免将实际合格的零件报废而造成浪费，对换算后的测量尺寸（或工序尺寸）超差的零件，应重新测量其他组成环的尺寸，再计算出封闭环的尺寸，以判断是否为废品。

3）从尚待继续加工的表面上标注的工序尺寸计算

以下面的例子来说明计算方法。

【实例 4.8】 图 4-55（a）所示为齿轮内孔的局部简图，设计要求为孔径设计尺寸 $\phi 40_{0}^{+0.05}$ mm，键槽深度设计尺寸为 $43.6_{0}^{+0.34}$ mm，其加工顺序如下。

① 镗内孔至 $\phi 39.6_{0}^{+0.1}$ mm；

② 插键槽至尺寸 A；

③ 热处理，淬火；

④ 磨内孔至 $\phi 40_{0}^{+0.05}$ mm

试确定插键槽的工序尺寸 A。

解：先列出尺寸链，如图 4-55（b）所示。要注意的是，当有直径尺寸时，一般应考虑用半径尺寸来列尺寸链。因最后工序是直接保证 $\phi40_{0}^{+0.05}$ mm，间接保证 $43.6_{0}^{+0.34}$ mm，故 $43.6_{0}^{+0.34}$ mm

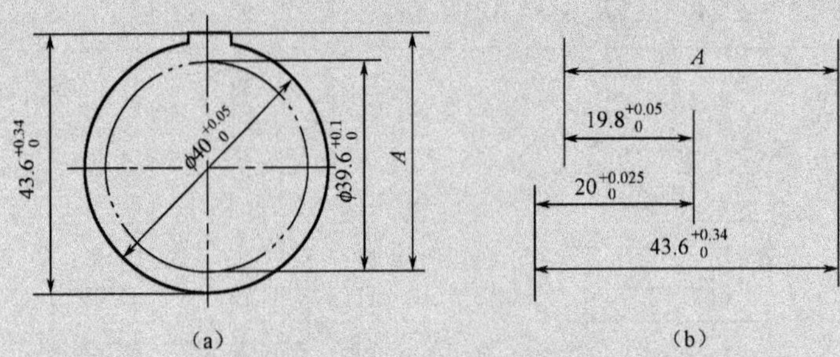

图 4-55　键槽加工时工序尺寸计算

为封闭环，尺寸 A 和 $20_{0}^{+0.025}$ mm 为增环，$19.8\ _{0}^{+0.05}$ 为减环。

求基本尺寸：

$$43.6=A+20-19.8 \qquad A=43.4\ \text{mm}$$

求上偏差：

$$+0.34=E_{sA}+0.025-0 \qquad E_{sA}=+0.315\ \text{mm}$$

求下偏差：

$$0=E_{iA}+0-0.05 \qquad E_{iA}=+0.050\ \text{mm}$$

则 $A=43.4\ _{+0.050}^{+0.315}$ mm，按入体原则标注为 $A=43.45_{0}^{+0.265}$ mm。

4）为保证应有的渗氮或渗碳层深度的工序尺寸计算

有些零件的表面要求渗氮或渗碳，在零件图上还规定了渗层厚度，这就要求计算有关的工序尺寸以确定渗氮或渗碳的渗层厚度，从而保证零件图所规定的渗层厚度。

【实例 4.9】 如图 4-56 所示为某零件内孔，孔径为 $\phi145\ _{0}^{+0.04}$ mm 内孔表面需要进行渗碳处理，渗碳层深度为 0.3 ~ 0.5 mm。其加工过程为：

①磨内孔至 $\phi144.76\ _{0}^{+0.04}$ mm；

②渗碳，深度 t_1；

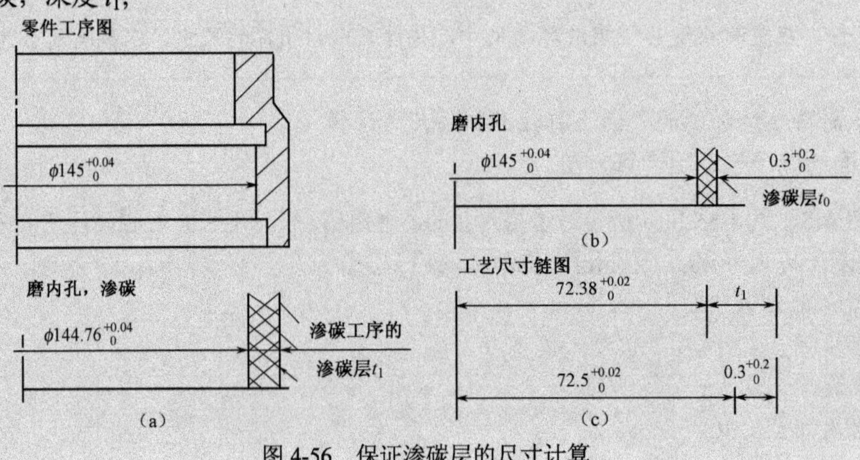

图 4-56　保证渗碳层的尺寸计算

③磨内孔至 $\phi145_{0}^{+0.04}$ mm，并保留渗层深度 t_0=0.3 ~ 0.5 mm。

试求渗碳时的深度 t_1。

解：在孔的半径方向上画尺寸链，如图 4-56 所示，显然 t_0=0.3 ~ 0.5=$0.3_{0}^{+0.2}$ 是间接获得的，为封闭环。t_1 的求解如下。

求基本尺寸：

$$0.3=72.38+t_1-72.5 \qquad t_1=0.42\ \text{mm}$$

求上偏差：

$$+0.2=+0.02+E_{st1}-0 \qquad E_{st1}=+0.18\ \text{mm}$$

求下偏差：

$$0=0+E_{it1}+0-0.02 \qquad E_{it1}=+0.02\ \text{mm}$$

则 $t_1=0.42_{+0.02}^{+0.18}$ mm，即渗层深度为 0.44 ~ 0.6 mm。

5）电镀零件的工序尺寸计算

有些零件的表面需要电镀（镀铬、镀钢或镀锌等），也规定有一定的镀层厚度，为此要计算有关的工序尺寸。这里有两种情况：一是电镀后无须加工就能达到设计要求，二是电镀后需经加工才能达到设计要求。这两种情况所属工艺尺寸链的封闭环是不相同的。第一种情况，电镀后的零件尺寸取决于电镀前的尺寸和镀层厚度的尺寸，故电镀后零件的设计尺寸是封闭环；第二种情况则与前述渗碳相同，即加工后所保留的镀层厚度为封闭环。

【实例 4.10】图 4-57 所示的轴套零件，外表面镀铬，其镀层厚度δ=0.025 ~ 0.04 mm，其加工过程为：车—磨—镀铬。镀铬前磨削工序的工序尺寸及其公差计算如下。

解：作出工艺尺寸链简图，如图 4-57 所示。图中 A_0 为封闭环（设计尺寸），A_1（磨削的工序尺寸）和 2δ（直径上的镀层厚度）为组成环。计算得到：$A_1=27.92_{-0.013}^{0}$ mm。

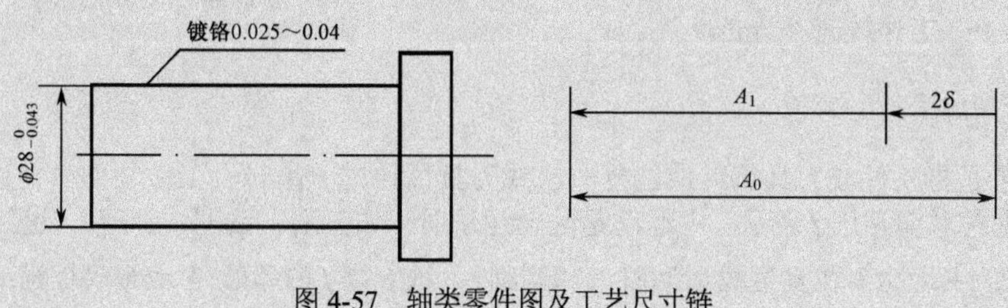

图 4-57　轴类零件图及工艺尺寸链

做一做　如图 4-58（a）所示为一轴套零件，尺寸 $38_{-0.1}^{0}$和 $8_{-0.05}^{0}$已加工好，图 4-58（b）、（c）、（d）所示为钻孔加工时 3 种定位方案的简图，试计算 3 种定位方案的工序尺寸 A_1、A_2和 A_3。

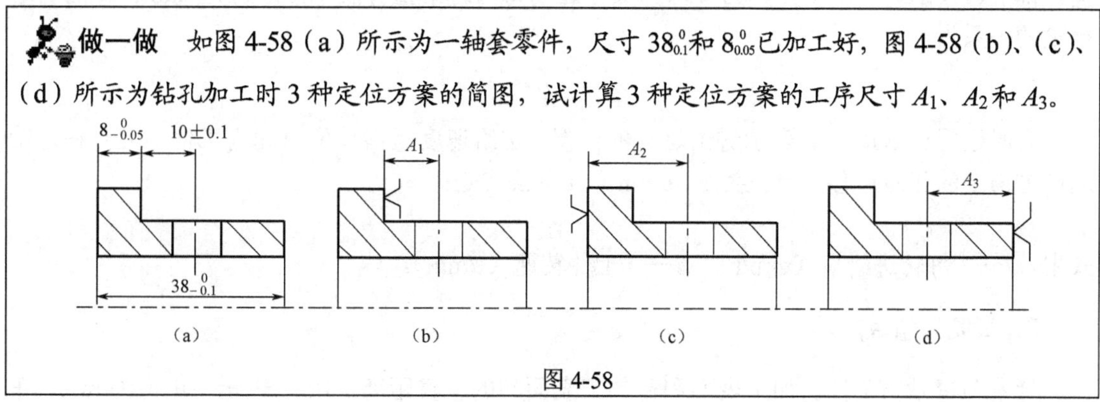

图 4-58

任务 4.4 确定切削要素

> 想一想　每道工序的工序尺寸与公差确定后，机床和刀具已根据加工内容选定，要真正实现切削，还需要确定什么参数呢？

切削要素包括切削过程的切削用量和在切削过程中由余量变成切屑的切削层参数两个方面。

4.4.1 切削用量

切削用量是切削加工过程中的切削速度、进给量、背吃刀量的总称，如图 4-59 所示。

1. 切削速度 v_c

切削速度是指在进行切削加工时，刀具切削刃上的某一点相对于待加工表面在主运动方向上的瞬时速度。

车外圆时，计算公式如下：

$$v_c = \frac{\pi d_w n}{1\ 000}$$

式中，v_c ——　切削速度（m/min 或 m/s）；

d_w ——工件待加工表面直径（mm）；

n ——工件转速（r/min）。

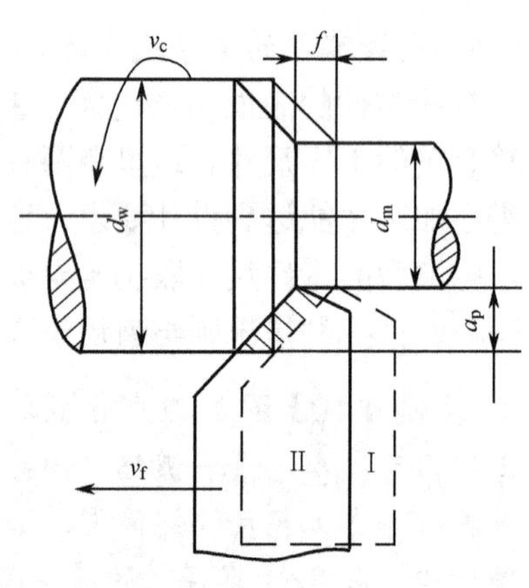

图 4-59　切削用量

2. 进给量 f

进给量是指工件或刀具每转或往复一次或刀具每转过一齿时，工件与刀具在进给运动方向上的相对位移量，用 f 表示。主运动是回转运动时（如车削、钻削、磨削），进给量 f 的单位为 mm/r；主运动为往复直线运动时（如刨削），进给量 f 的单位是 mm/双行程或 mm/单行程。铣削、铰削时，由于刀具为多齿刃具，还用每齿进给量 f_z 表示，单位是 mm/齿。它与进给量的关系为：

$$f = f_z z$$

有时还用进给速度 v_f 表示进给运动的快慢，进给速度是指单位时间内工件与刀具在进给运动方向上的相对位移，单位为 mm/min。计算公式是：

$$v_f = fn$$

式中，f——每转进给量（mm/r）；n——工件转速（r/min）。

3. 背吃刀量 a_p

背吃刀量是指工件已加工表面和待加工表面间的垂直距离，用 a_p 表示，单位为 mm。车外圆时：

$$a_p = \frac{d_w - d_m}{2}$$

式中，d_w——工件待加工表面直径（mm）；d_m——工件已加工表面直径（mm）。

4.4.2 合理切削用量的选择原则

合理切削用量是指在充分利用刀具的切削性能和机床性能、保证质量的前提下，获得高的生产率和低的加工成本的切削用量。选择合理的切削用量是切削加工中重要的环节，要达到 3 要素的最佳组合，在保持刀具合理使用寿命的前提下，使 3 者的乘积值最大，以获得最高的生产率。

选择切削用量的基本原则是：首先选取尽可能大的背吃刀量；其次根据机床动力和刚性限制条件或已加工表面粗糙度的要求，选取尽可能大的进给量；最后利用切削用量手册选取或用公式计算确定切削速度。

1．背吃刀量 a_p 的选择

粗加工时，一次走刀应尽可能切除全部粗加工余量，在中等功率机床上，a_p 可达 8～10 mm；

半精加工时，a_p 可取 0.5～2 mm；

精加工时，a_p 可取 0.1～0.4 mm；

切削有硬皮的铸、锻件或不锈钢等加工硬化严重的材料时，应尽量使 a_p 超过硬皮或冷硬层厚度，以避免刀尖过早磨损。

2．进给量 f 的选择

粗加工时，f 的大小主要受机床进给机构强度、刀具的强度与刚性、工件的装夹刚度等因素的限制。根据工件材料、车刀刀杆尺寸、工件直径及已确定的背吃刀量，根据经验或用查表法确定 f。

精加工时，f 的大小主要受加工精度和表面粗糙度的限制。在半精加工和精加工时，则按加工表面粗糙度要求，根据工件材料、刀尖圆弧半径、切削速度，根据经验或用查表法来选择 f 。

3．切削速度 v_c 的确定

根据已经选定的背吃刀量 a_p、进给量 f 及刀具使用寿命 T 计算或查表来确定。

计算公式如下：

$$v_c = \frac{C_v}{T^m a_p x_v f y_v} K_v$$

式中各系数和指数可查阅切削用量手册。

在生产中选择切削速度的一般原则是：

（1）粗车时，a_p 和 f 均较大，故选择较低的切削速度 v_c；精车时，a_p 和 f 均较小，故选择较高的切削速度 v_c。

（2）工件材料强度、硬度高时，应选较低的切削速度 v_c；反之，选较高的切削速度 v_c。

（3）刀具材料性能越好，切削速度 v_c 选得越高。

例如：切削合金钢比切削中碳钢切削速度应降低 20%～30%；

切削调质状态的钢比切前正火、退火状态钢切削速度要降低 20%～30%；

切削有色金属比切削中碳钢的切削速度可提高 100%～ 300%。

（4）精加工时应尽量避免产生积屑瘤和鳞刺。

（5）断续切削时为减小冲击和热应力，宜适当降低 v_c。

（6）在易发生振动的情况下，v_c 应避开自激振动的临界速度。

（7）加工大件、细长件和薄壁件或加工带外皮的工件时，应适当较低 v_c。

做一做

（1）车外圆时工件加工前直径为 62 mm，加工后直径为 56 mm，工件转速为 4 r/s，刀具每秒钟沿工件轴向移动 2 mm，工件加工长度为 110 mm，切入长度为 3 mm，求 v_c、f、a_p。

（2）标出图 4-60 中的背吃刀量 a_p、进给量 f。

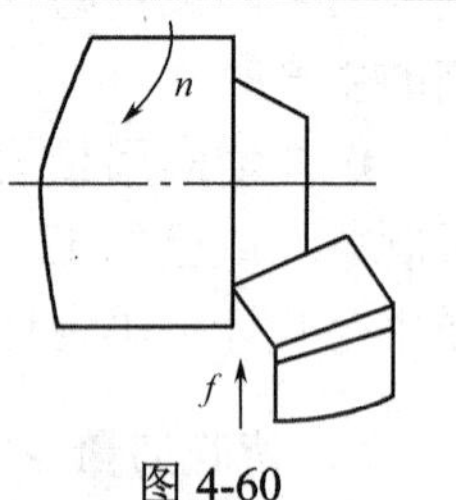

图 4-60

4.4.3 切削层参数

切削层是指工件上正在被切削刃切削的一层材料，即两个相邻加工表面之间的那层材料。如车削外圆，当工件转一周时，车刀沿进给方向移动了一个进给量 f 所切除的一层金属层即是切削层，如图 4-61 中所示阴影部分。通常用通过切削刃上的选定点并垂直于该点切削速度的平面内的切削层参数来表示它的形状和尺寸。

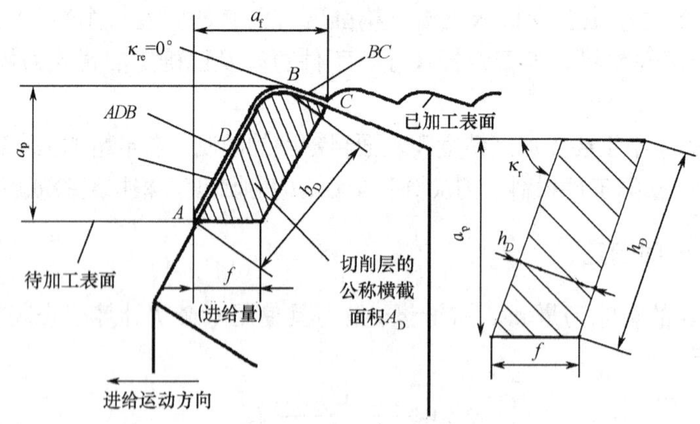

图 4-61 切削层参数

（1）切削层公称厚度 h_D——垂直于正在加工的表面(过渡表面)度量的切削层参数。它反映了切削刃单位长度上的切削负荷。

$$h_D=f\cdot\sin\kappa_r$$

（2）切削层公称宽度 b_D——平行于正在加工的表面（过渡表面）度量的切削层参数。它

反映了切削刃参加切削的工作长度。

$$b_D=a_p/\sin\kappa_r$$

（3）切削层公称横截面积 A_D——在切削层参数平面内度量的横截面积。

$$A_D= h_D \cdot b_D= a_p \cdot f$$

任务 4.5　技术经济分析

4.5.1　提高生产率的途径

1．机械加工生产率分析

时间定额就是在一定生产条件下，规定生产一件产品或完成一道工序所需消耗的时间。合理的时间定额能促进工人生产技术和熟练程度的不断提高，调动广大群众的积极性。时间定额是安排生产计划，核算生产成本的重要依据，也是新建或扩建工厂（或车间）时计算设备和工人数量的依据。

完成一个工件的一个工序的时间称为单件时间 T，它由下列部分组成。

1）基本时间

直接改变生产对象的尺寸、形状、相对位置、表面状态或材料性质等工艺过程所消耗的时间称为基本时间。它包括刀具的切入和切出时间。

$$T_{基}=\frac{L+L_1+L_2}{nf}i$$

式中，L——零件加工表面的长度（mm）；

L_1、L_2——刀具切入和切出的长度（mm）；

n——工件每分钟转数（r/min）；

f——进给量（mm/r）；

i——进给次数，$i=Z/a_p$，Z 为加工余量。

2）辅助时间 $T_{辅}$

为实现工艺过程所必须进行的各种辅助动作所消耗的时间称为辅助时间，如装卸工件，开停机床，改变切削用量，测量工件等所消耗的时间。

基本时间和辅助时间的总和称为作业时间 $T_{作}$，它是直接用于制造产品或零部件消耗的时间。

3）布置工作地时间 $T_{布}$

它是为使加工正常进行，工人照管工作地（如更换刀具、润滑机床、清理切屑、收拾工具等）所消耗的时间。$T_{布}$很难精确估计，一般按作业时间 $T_{作}$的百分数 α%（约 2%～7%）来估算。

4）休息和生理需要时间 $T_{休}$

它指工人在工作时间内为恢复体力和满足生理上的需要所消耗的时间，也按操作时间的百分数 β%（一般取 2%）来计算。

以上时间的总和称为单件时间，即：

$$T_{单件}=T_{基}+T_{辅}+T_{布}+T_{休}=\left(T_{基}+T_{辅}\right)\left(1+\frac{\alpha+\beta}{100}\right)=\left(1+\frac{\alpha+\beta}{100}\right)T_{作}$$

5）准备终结时间 $T_{准终}$

它指工人为了生产一批产品或零部件，进行准备和结束工作所消耗的时间，如熟悉工艺文件，领取毛坯，安装刀具和夹具，调整机床以及在加工一批零件终结后所需要拆下和归还工艺装备，发送成品等所消耗的时间。

准备终结时间对一批零件只需要一次，零件批量 N 越大，分摊到每个零件上的准备终结时间越少。为此，成批生产时的单件时间定额为：

$$T=T_{单件}+\frac{T_{准终}}{N}=\left(1+\frac{\alpha+\beta}{100}\right)T_{作}+\frac{T_{准终}}{N}$$

在大量生产中，每个工作地完成固定的一个工序，不需要准备终结时间，所以其单件时间定额为：

$$T=T_{单件}=\left(1+\frac{\alpha+\beta}{100}\right)T_{作}$$

注意 制定时间定额要根据本企业的生产技术条件，使大多数工人都能达到平均先进水平，部分先进工人可以超过，少数工人通过努力可以达到或接近。且随着企业生产技术条件的不断改善，时间定额要定期修订，以保持定额的平均先进水平。

其实，在企业制定工时定额时除采用以上计算方法外还常用以下方法。

（1）经验估工法：工时定额员和老工人根据经验对产品工时定额进行估算的一种方法，主要应用于新产品试制。

（2）统计分析法：对多人生产同一种产品测出数据进行统计，计算出最优数、平均达到数、平均先进数，以平均先进数为工时定额的一种方法，主要应用于大批、重复生产的产品工时定额的修订。

（3）类比法：主要应用于有可比性的系列产品。

2. 提高机械加工生产率的工艺措施

1）缩减单件时间定额

缩减单件时间定额即缩短时间定额中各组成部分时间，尤其要缩短其中占比重较大部分的时间。如在通用设备上进行零件的单件、小批生产中，辅助时间占有较大比重；而在大批、大量生产中，基本时间所占的比重较大。

（1）缩减基本时间

① 提高切削用量。提高切削用量，对机床的承受能力、刀具的耐用度都提出了很高的要求，要求机床刚度好，功率大，采用优质刀具材料。目前，硬质合金车刀的切削速度可达100～300 m/min，陶瓷刀具的切削速度可达100～400 m/min，有的甚至高达750 m/min，近年来出现聚晶金刚石和聚晶立方氯化硼新型刀具材料，其切削速度高达600～1 200 m/min，

并能加工淬硬钢。

② 减小切削长度。在切削加工时，可以采用多刀加工、多件加工的方法减小切削长度，如图 4-62 和图 4-63 所示。

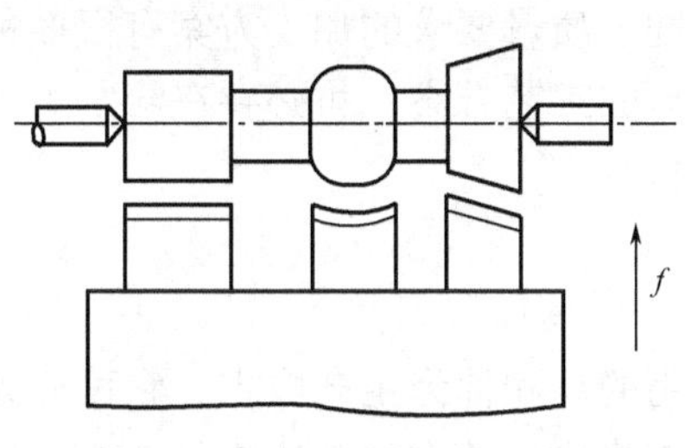

图 4-62　多刀加工

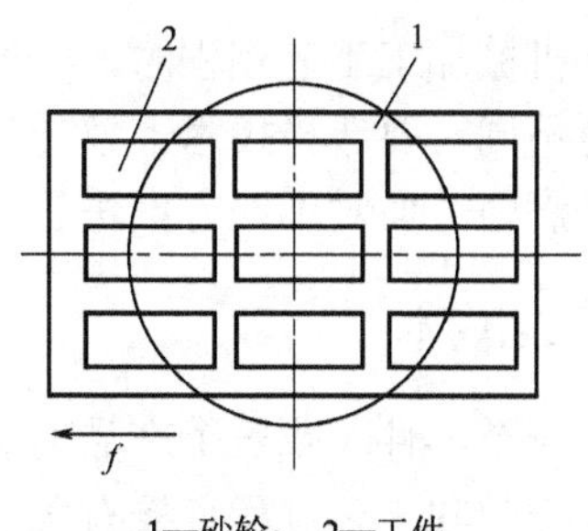

1—砂轮；2—工件

图 4-63　多件加工

（2）缩减辅助时间

① 采用高效夹具。在大批、大量生产中，采用气动、液动、电磁等高效夹具，在中、小批量中采用成组工艺、成组夹具、组合夹具都能减少找正和装卸工件的时间。

② 采用多工位连续加工方法，采用回转工作台和转位夹具，在不影响切削的情况下装卸工件，使辅助时间与基本时间重合或大部分重合。

③ 采用在线检测的方法控制加工过程中的尺寸，使测量时间与基本时间重合，可大大减少停机测量工件的时间。

（3）缩减布置工作地时间

减少布置工作地时间，可在减少更换刀具和调整刀具的时间方面采取措施。例如，提高刀具或砂轮的耐用度；采用各种快速换刀、自动换刀装置，刀具微调装置等方法，都能有效缩减换刀时间。

（4）缩减准备终结时间

扩大零件的批量和减少调整机床、刀具和夹具的时间。在中、小批量生产中，产品经常更换，由于批量小，使准备终结时间在单件计算时间中占有较大的比重。同时，批量小又限制了高效设备和高效装备的应用。因此，扩大批量是缩短准备终结时间的有效途径。目前，采用成组技术，尽量使零部件通用化、标准化、系列化，以增加零件的生产批量。

2）采用先进工艺方法

采用先进工艺方法是提高劳动生产率的另一有效途径，主要有以下几种方法。

（1）采用先进的毛坯制造新工艺。精铸、精锻、粉末冶金、压力铸造和快速成型等新工艺，不仅能提高生产率，而且毛坯的表面质量和精度也能得到明显改善。

（2）采用特种加工方法。对一些特殊性能材料和一些复杂型面，采用特种加工能极大地提高生产率，如用线切割加工冲模等。

（3）进行高效、自动化加工。随着机械制造中属于大批、大量生产产品种类的减少，多品种中、小批量生产将是机械加工工业的主流，成组技术、计算机辅助工艺规程、数控加工、柔性制造系统与计算机集成制造系统等现代制造技术，不仅适应了多品种中、小批量生产的特点，而且能大大地提高生产率，是机械制造业的发展趋势。

4.5.2 工艺方案的经济分析

制订机械加工工艺规程时，一般情况下，满足同一质量要求的加工方案有很多种，但经济性必定不同，要选择技术上较先进，经济上又合理的工艺方案，势必要在给定的条件下从技术和经济两方面对不同方案进行分析、比较、评价。

1．工艺成本

制造一个零件（或一个产品）所必需的一切费用的总和称为生产成本。它可分为两大类费用：一类是与工艺过程直接有关的费用，称为工艺成本，约占生产成本的 70%～75%（通常包括毛坯或原材料费用、生产工人工资、机床设备的使用及折旧费、工艺装备的折旧费、维修费及车间或企业的管理费等）；另一类是与工艺过程无直接关系的费用（如行政人员的工资，厂房的折旧费，取暖、照明、运输等费用）。在相同的生产条件下，无论采用何种工艺方案，这类费用大体是不变的，所以在进行工艺方案的技术经济分析时不考虑，只需分析工艺成本。

1）工艺成本的组成

（1）可变费用 V（元/件）——与零件年产量直接有关的费用。它包括：毛坯材料及制造费、操作工人工资、通用机床折旧费和修理费、通用工艺装备的折旧费和修理费，以及机床电费等。

（2）不变费用 S（元/年）——与零件年产量无直接关系，不随年产量的变化而变化的费用。它包括：专用机床和专用工艺装备的折旧费和修理费、生产工人的工资等。

2）工艺成本的计算

零件加工的全年工艺成本 E 为：

$$E=NV+S \quad （元/年）$$

式中，V——可变费用（元/件）；N——年产量（件/年）；S——全年的不变费用（元/年）。

单件工艺成本 E_d 为：

$$E_d=V+S/N \quad （元/件）$$

2．工艺成本与年产量的关系

图 4-64 及图 4-65 分别表示全年工艺成本及单件工艺成本与年产量的关系。从图中可以看出，全年工艺成本 E 与年产量呈线性关系，说明全年工艺成本的变化量 ΔE 与年产量的变化量 ΔN 成正比；单件工艺成本 E_d 与年产量呈双曲线关系，说明单件工艺成本 E_d 随年产量 N 的增大而减小，各处的变化率不同，其极限值接近可变费用 V。

3．不同工艺方案经济性比较

（1）若两种工艺方案基本投资相近，或都采用现有设备，则可以比较其工艺成本。

① 如两种工艺方案只有少数工序不同，可比较其单件工艺成本。当年产量 N 一定时，有：

方案Ⅰ：　$E_{dI}=V_1+S_1/N$

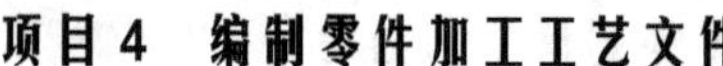

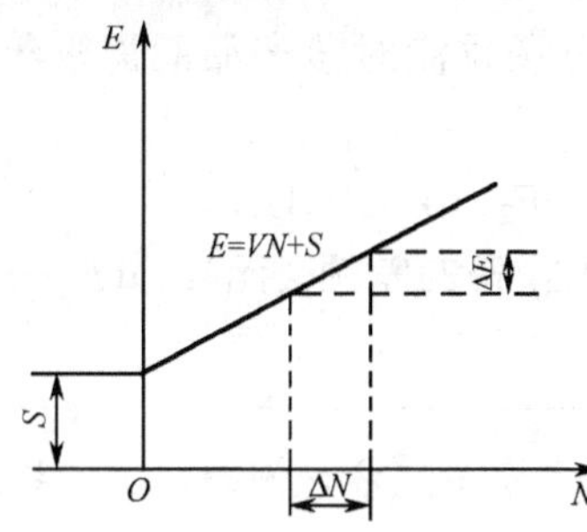

图 4-64　全年工艺成本与年产量的关系

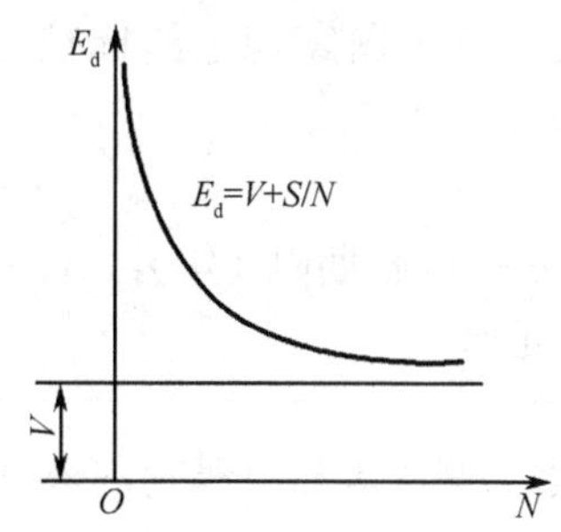

图 4-65　单件工艺成本与年产量的关系

方案Ⅱ：$E_{d2}=V_2+S_2/N$

当 $E_{d1}>E_{d2}$ 时，方案Ⅱ的经济性好。E_d 值小的方案经济性好，如图 4-66 所示。

② 当两种工艺方案有较多的工艺不同时，可对该零件的全年工艺成本进行比较。两方案全年工艺成本分别为

方案Ⅰ：$E_1=NV_1+S_1$

方案Ⅱ：$E_2=NV_2+S_2$

E 值小的方案经济性好，如图 4-67 所示。

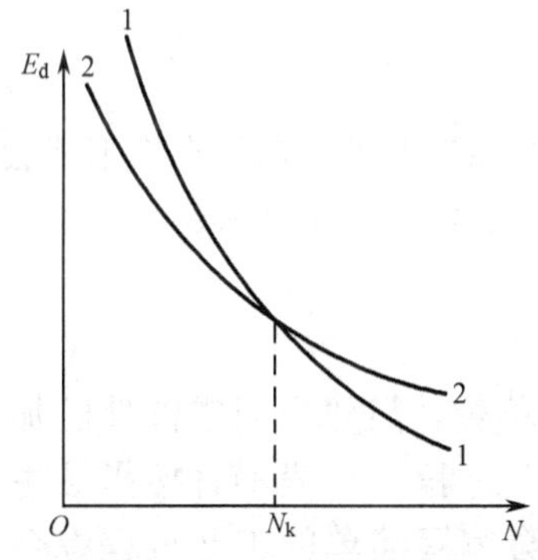

图 4-66　两种方案单件工艺成本比较

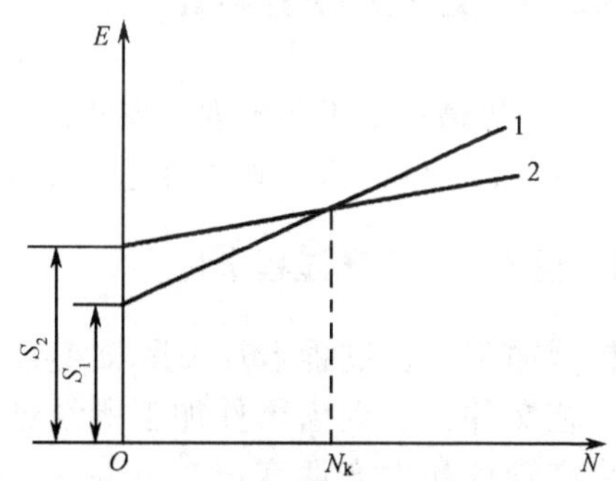

图 4-67　两种方案全年工艺成本比较

由此可知，各方案的经济性好坏与零件年产量有关。两种方案的工艺成本相同时的年产量称为临界产量 N_k，即 $E_1=E_2$ 时，有：

$$N_kV_1+S_1=N_kV_2+S_2$$

故

$$N_k=(S_2-S_1)/(V_1-V_2)$$

（2）若两种工艺方案的基本投资相差较大，则应考虑不同方案的基本投资差额的回收期限 τ。

若方案Ⅰ采用价格较贵的高效机床及工艺装备，其基本投资 K_1 必然较大，但工艺成本 E_1 则较低；方案Ⅱ采用价格便宜，生产率较低的一般机床和工艺设备，其基本投资 K_2 较小，但工艺成本 E_2 则较高。方案Ⅰ较低的工艺成本是增加了投资的结果。这时如果仅比较其工艺成本的高低是不全面的，而是应该同时考虑两种方案基本投资的回收期限。所谓投资回收期限是指一种方案比另一种方案多耗费的投资由工艺成本的降低所需的回收时间，常用 τ 表示。显然 τ 越小，经济性越好；τ 越大，则经济性越差，且 τ 应小于基本投资设备的

使用年限，小于国家规定的标准回收年限，小于市场预测对该产品的需求年限。它可由下式计算：

$$\tau=(K_1-K_2)/(E_1-E_2)=\Delta K/\Delta E$$

式中，τ——回收期限（年）；ΔK——两种方案基本投资的差额（元）；ΔE——全年工艺成本差额（元/年）。

注意 制订工艺规程时，必须妥善处理劳动生产率与经济性问题，工艺规程的优劣是以经济效果的好坏作为判别标准的，要力求机械制造的产品优质、高产、低成本。

劳动生产率是指一个工人在单位时间内生产出的合格产品的数量，机械加工的经济性就是研究如何用最少的消耗来生产出合格的机械产品。

任务 4.6 填写工艺文件

想一想 以上所涉及的工艺技术参数用何种形式把它规定下用以指导生产呢？

4.6.1 工艺文件的格式

通常，机械加工工艺规程以表格（卡片）的形式被规定下来，这种表格形式会因机械制造厂的不同而不同，但基本内容是一样的。常用的工艺文件有以下 3 种。

1．机械加工工艺过程卡片

机械加工工艺过程卡片（见表 4-4）是以工序为单位，简要说明零部件的加工过程的一种工艺文件。它列出零件加工所经过的工艺路线全过程，一般不直接指导生产，主要用于生产管理和生产调度。在单件、小批生产中，会编写简单的工艺过程综合卡片作为指导生产的依据。

2．机械加工工艺卡片

机械加工工艺卡片（见表 4-5）以工序为单元，详细说明零件在某一工艺阶段中的工序号、工序名称、工序内容、工艺参数、操作要求以及采用的设备和工艺装备等。它是用来指导工人生产，帮助车间管理人员和技术人员掌握整个零件加工过程的一种主要技术文件，广泛用于成批生产的零件和小批生产中的重要零件。

3．机械加工工序卡片

机械加工工序卡片（见表 4-6）是在工艺过程卡或工艺卡的基础上，按每道工序编制的一种工艺文件。它一般具有工序简图，并详细说明该工序的每一个工步的加工内容、工艺参数、操作要求以及所用设备和工艺装备等。机械加工工序卡主要用于指导工人操作，广泛用于大批、大量或成批生产中比较重要的零件。

表 4-4 机械加工工艺过程卡

		机械加工工艺过程卡片				产品型号		零件图号					
						产品名称		零件名称			共 页		第 页
材料牌号		毛坯种类		毛坯外形尺寸			每毛坯可制作数		每台件数		备注		
工序号	工序名称	工序内容					车间	工段	设备		工艺装备	工时（min）	
												准终	单件
										编制(日期)	审核(日期)	标准化(日期)	会签(日期)
标记	处数	更改文件号	签字	日期	标记	处数	更改文件号	签字	日期				

表 4-5 机械加工工艺卡

(工厂)			机械加工工艺卡片			产品型号				零(部)件图号				共 页	
						产品名称				零(部)件名称				第 页	
材料牌号		毛坯种类		毛坯外形尺寸				每毛坯件数			每台件数			备注	
工序	装夹	工步	工序内容	同时加工零件数	切削用量				设备名称及编号	工艺装备名称及编号			技术等级	工时定额	
					背吃刀量(mm)	切削速度（m/min）	每分钟转数（r/min）	进给量(mm)		夹具	刀具	量具		单件	准终
										编制(日期)	审核(日期)	会签(日期)			
标记	处数	更改文件号	签字	日期	标记	处数	更改文件号	签字	日期						

表 4-6　机械加工工序卡

(工厂)	机械加工工序卡片	产品型号		零件图号			
		产品名称		零件名称		共　页	第　页

车间	工序号	工序名称	材料牌号
毛坯种类	毛坯外形尺寸	每毛坯可制作数	每台件数
设备名称	设备型号	设备编号	同时加工件数

夹具编号	夹具名称	切削液	
工位夹具编号	工位器具名称	工序工时	
		准终	单件

工步号	工步名称	工艺装备	主轴转速(r/min)	切削速度(m/min)	进给量(mm/r)	背吃刀量(mm)	进给次数	工时（min）	
								机动	单件

										编制（日期）	审核(日期)	标准化（日期）	会签(日期)
标记	处数	更改文件号	签字	日期	标记	处数	更改文件号	签字	日期				

4．数控加工工艺文件格式

（1）数控加工工序卡：主要用来描述程序编号、工步内容、机床与刀具及切削参数等，如表 4-7 所示。

表 4-7　数控加工工序卡

（工厂）	数控加工工序卡	产品名称或代号		零件名称	材料		零件号
工序号	程序编号	夹具名称		夹具编号	使用设备		车间
工步号	工步内容	刀具号	刀具规格（mm）	主轴转速(r/min)	进给量(mm/r)	背吃刀量（mm）	备 注
编制		审核		批准		共　页	第　页

（2）数控加工刀具卡：主要用来表示加工表面及刀具规格等，如表 4-8 所示。

表 4-8　数控加工刀具卡

产品名称或代号			零件名称		零件图号		
序号	刀具号	刀具规格名称	数量	加工表面	刀尖半径（mm）	备 注	
编制		审核		批准		共　页	第　页

（3）数控走刀路线图：主要用来告诉操作者关于编程中各工步进给的刀具路线，粗实线部分为切削进给路线，细实线部分为空行程进给路线，使操作者在加工前就计划好夹紧位置及控制夹紧元件的高度，这样可以减少事故的发生。

4.6.2　编制的注意事项

表 4-4~表 4-6 3 种卡片均是以工序为单位进行编制的，它们的工序号要相互对应。而工序是以工步为基本单元来阐述生产过程的，所以应按工步的要求顺序表达相关内容。工步的内容必须简洁、清晰、全面、准确。

在工序卡片中画工序简图的要求：工序简图上须用定位、夹紧符号表示定位基准、夹压位置和夹压方式；用加粗实线指出本工序的加工表面，标明工序尺寸、公差及技术要求。对于多刀加工和多工位加工，还应绘出工位布置图，要求表明每个工位刀具和工件的相对位置和加工要求。

4.6.3　工艺文件的管理

工艺文件是工厂指导生产，加工制作和质量管理的技术依据，为了确保工艺文件在生产

中的作用，严明工艺纪律，保证生产的正常运行，必须加强管理。企业必须建立相关制度，切实做好各种技术文件的登记、保管、复制、收发、注销、归档和保密工作，保证技术文件的完整、准确清晰、统一等。

1．工艺文件的管理

企业的工艺文件一般由工艺资料室管理，技术部门负责领导。工艺文件由技术部门发放到相关责任部门，并在文件发放记录表上登记，由领用人签名。工艺文件任何部门、个人不得擅自复制，因工作需要必须复制时，经主管领导批准，办理一定的手续后方可复印。

2．工艺文件的更改

如确需对工艺文件进行更改，须按企业技术文件管理制度规定办理相关申请、审批手续后，方可由相关人员进行更改，并发出更改通知单，对涉及更改的下发的技术文件必须全部更改到位，切不可遗漏。

注意 对技术文件的管理，企业如有贯标要求的，一般都有严格的管理流程，因为这也是标准执行的重要内容之一。

做一做 确定如图 4-48 所示零件每道工序的工序尺寸及公差、加工余量。同学之间工艺方案不同的可互相进行技术经济分析，看看谁的方案最经济可行。

知识梳理与总结

通过本项目的学习，我们知道了如何把拟订的工艺路线用详细、具体的方式把它规定下来，用以指导生产。这其中涉及的内容主要有两大部分：一是确定工艺的各技术参数，如基准、定位、夹紧、加工余量、工序尺寸与公差、切削用量等；二是分析工艺的技术经济性，以确定最合理的工艺方案，提高零件的生产效率。

思考与练习题 4

1．什么是加工余量？影响加工余量的因素有哪些？

2．何谓“6 点定位”？工件的定位情况有哪几种？

3．限制自由度数与加工要求的关系如何？

4．确定夹紧力的方向和作用点的原则是什么？

5．切削用量包括哪几个参数？它们的含义是什么？

6．切削用量选得越大，加工工时越短，是否说明生产率越高？为什么？

7．粗加工时进给量选择受哪些因素限制？当进给量受到表面粗糙度限制时，有什么办法增加进给量，而保证表面粗糙度要求？

8．根据 6 点定位原则，试分析图 4-68 所示各定位元件所消除的自由度。

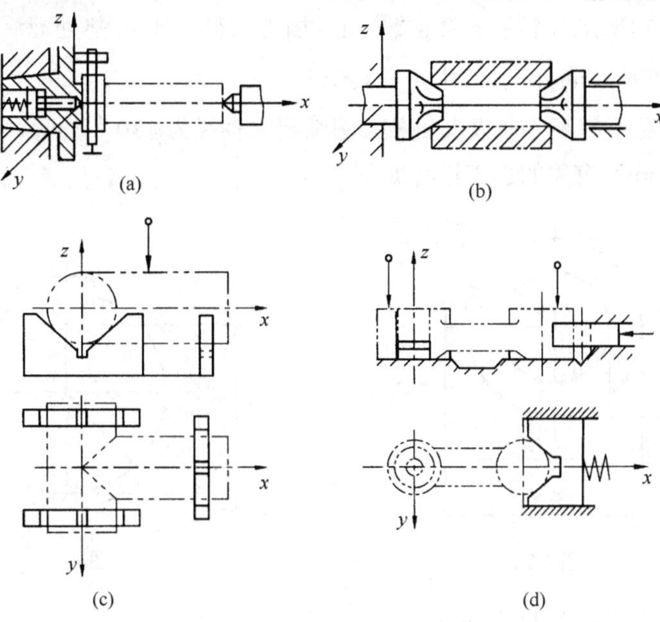

图 4-68

9．如图 4-69 所示齿轮坯，内孔及外圆已加工合格（$D=\phi40^{+0.035}_{0}$ mm，$d=\phi85^{0}_{-0.1}$ mm），现在插床上以调整法加工键槽，要求保证尺寸 $H=41.5^{+0.2}_{0}$ mm。试计算图示定位方法的定位误差（外圆与内孔同轴度误差为 $\phi0.03$ mm）。

10．在如图 4-70 所示的阶梯轴上铣键槽，要求保证尺寸 H，工件尺寸 $D=\phi160^{0}_{-0.14}$ mm，$d=\phi140^{0}_{-0.1}$ mm，不计 D 对 d 的同轴度公差，V 形块 α=90°。试求尺寸 H 的定位误差。

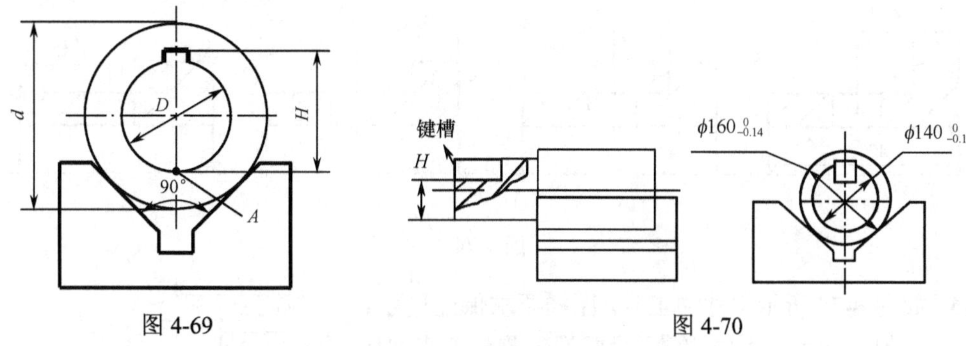

图 4-69　　　　图 4-70

11．试判别图 4-71 中各尺寸链中哪些是增环，哪些是减环。

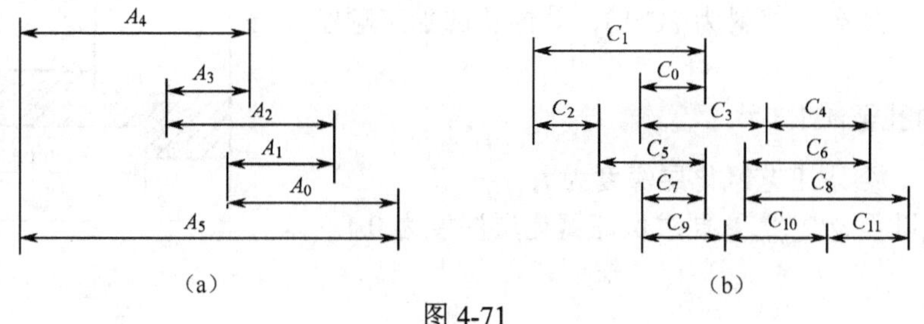

图 4-71

12. 如图 4-72 所示，精镗孔$\phi 84.8^{+0.07}_{0}$ mm，插键槽得尺寸 A，热处理后磨孔到$\phi 85^{+0.035}_{0}$ mm，应保证键槽深 $87.9^{+0.23}_{0}$ mm，求尺寸 A 及其偏差。

13. 加工如图 4-73 所示轴及其键槽，图纸要求轴径为$\phi 30^{0}_{-0.03}$ mm，键槽底面至轴下母线的距离为 $26^{0}_{-0.2}$ mm，有关的加工过程如下：

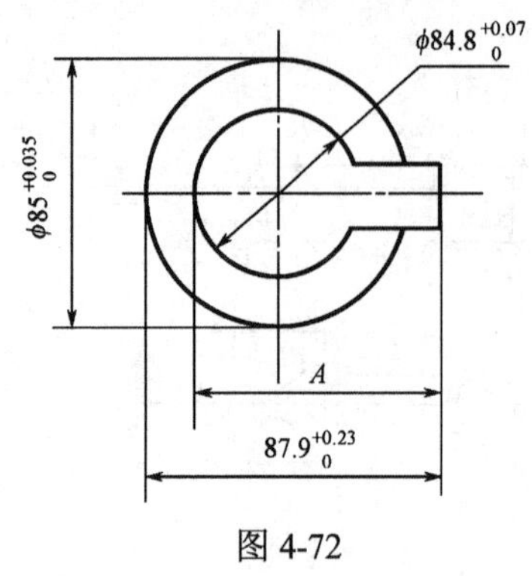

图 4-72

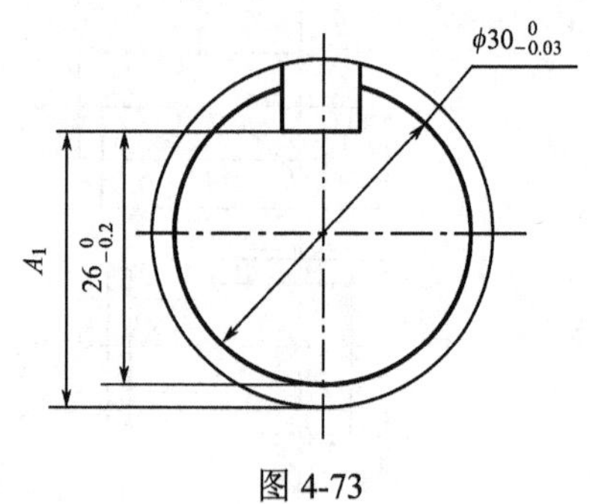

图 4-73

（1）半精车外圆至$\phi 30.6^{0}_{-0.1}$ mm；

（2）铣键槽至尺寸 A_1；

（3）热处理；

（4）磨外圆至$\phi 30^{0}_{-0.03}$ mm，加工完毕。

若磨后外圆与车后外圆的同轴度误差为$\phi 0.04$ mm，试确定工序尺寸 A_1。

14. 如图 4-74（a）所示为一轴套零件，尺寸 $40^{0}_{-0.1}$ mm 和 $8^{0}_{-0.05}$ mm 已加工好，如图 4-74（b）、（c）、（d）所示为钻孔加工时 3 种定位方案的简图。试计算 3 种定位方案的工序尺寸 A_1、A_2 和 A_3。

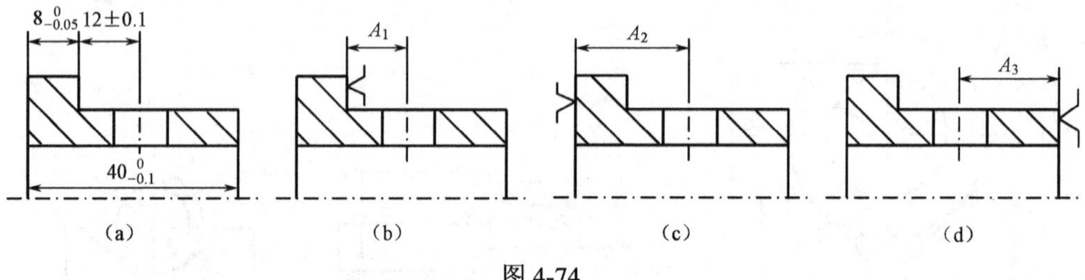

图 4-74

15. 如图 4-75 所示零件加工时，图样要求保证尺寸 6±0.1 mm，但这一尺寸不便测量，只好通过测量 L 来间接保证。试求工序尺寸 L 及其偏差。

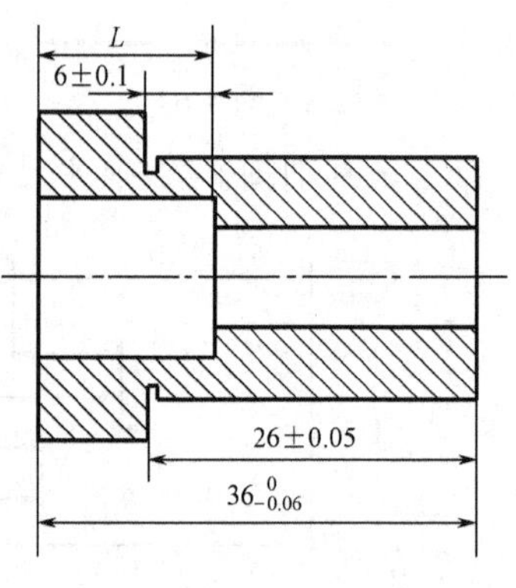

图 4-75

16. 设一个零件，材料为 2Cr13，其内孔的加工顺序如下。

（1）车内孔至$\phi 31.8^{+0.14}_{0}$；

（2）氰化，要求工艺氰化层深度为 t；

（3）磨内孔至$\phi 32^{+0.035}_{+0.010}$，要求保证氰化层深度为 0.1～0.3 mm。

试求氰化工序的工艺氰化层深度 t。

17．某一零件图上规定的外圆直径为 $\phi32_{-0.05}^{\ 0}$ mm，渗碳深度为 0.5～0.8 mm，现为使此零件可和另一种零件同炉进行渗碳，限定其工艺渗碳层深度为 0.8～1.0 mm，试计算渗碳前车削工序的直径尺寸及其上下偏差。

18．切削用量的选择原则是什么？选择顺序如何？

19．如图 4-76 所示阶梯轴，主要加工内容为：车端面，打中心孔，粗车外圆，半精车外圆，磨外圆，各外圆倒角，铣键槽，去毛刺。热处理要求为：调质和表面淬火。当为单件、小批生产时，请制订阶梯轴的工艺路线，并填写在表 4-9 中。

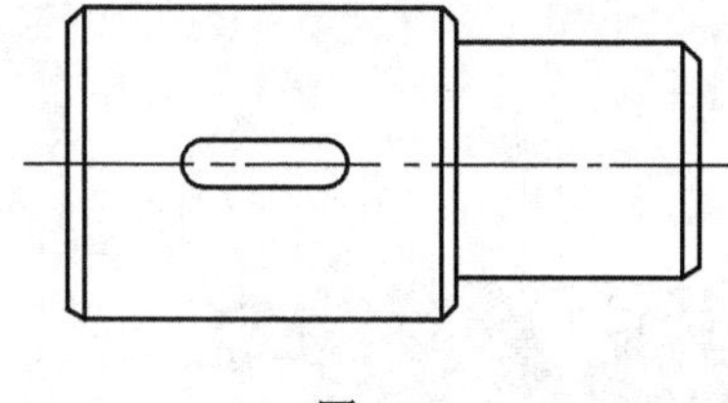

图 4-76

表 4-9

工　序　号	工　序　内　容	设　　备

项目5

机械加工中的切削现象与质量问题

教学导航

学习目标	了解切削过程中所出现的现象和影响加工质量的因素
工作任务	结合实际分析零件切削过程中的现象、原因、措施
教学重点	切削现象、工艺系统影响、表面质量
教学难点	现象分析、影响因素与解决措施
教学方法建议	采用案例教学法，结合加工录像或现场操作进行教学
选用案例	不同机床、不同刀具、不同切削参数的加工录像
教学设施、设备及工具	多媒体教学系统、课件、生产实训场所、录像等
考核与评价	项目成果评定60%，学习过程评价30%，团队合作评价10%
参考学时	10

想一想

（1）机械加工过程是一个复杂过程，在真实的切削过程中会出现各种现象，这些现象对加工会带来什么样的影响？如何解决？

（2）由机床、刀具、夹具、工件组成的整个工艺系统中，任何一个环节都影响着产品质量，如何使这个工艺系统达到最佳状态，解决一些可预知的现象来提高质量呢？

任务 5.1　切削过程中产生的现象及影响因素

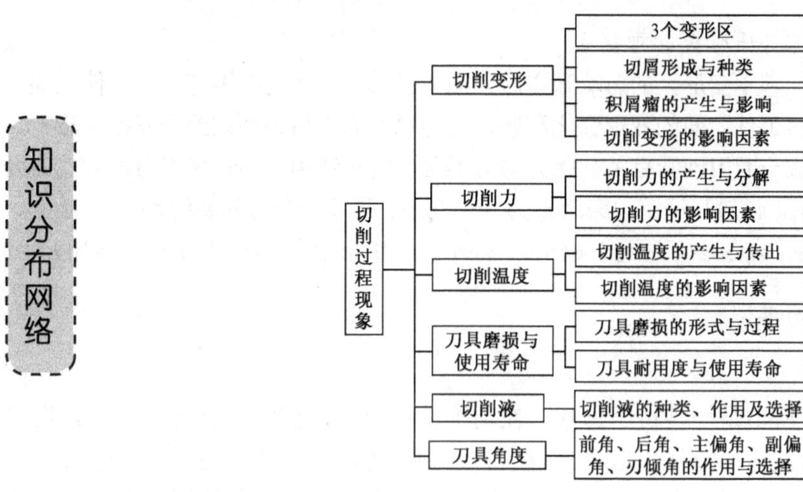

5.1.1　切削变形及其影响因素

1. 切削变形中的 3 个变形区

金属的切削过程实际上是一种挤压变形过程。金属受刀具作用的情况如图 5-1 所示，当切削层金属受到前刀面挤压时，在与作用力大致成 45° 角的方向上，剪应力的数值最大，当剪应力的数值达到材料的屈服极限时，将产生滑移。由于 *CB* 方向受到下面金属的限制，只能在 *DA* 方向上产生滑移。

1）第Ⅰ变形区（剪切滑移区）

切削加工时，金属塑性变形的情况如图 5-2 所示。切削塑性金属时有 3 个变形区，*OABCDEO* 区域是基本变形区，即第Ⅰ变形区。切削层金属在 *OA* 始滑移线以左发生弹性变形，在 *OABCDEO* 区域内发生塑性变形，在 *OE* 终滑移线右侧的切削层金属将变成切屑流走。由于这个区域是产生剪切滑移和大量塑性变形的区域，所以切削过程中的切削力、切削热主要来自这个区域。

2）第Ⅱ变形区（挤压摩擦区）

切屑受到前刀面的挤压，将进一步产生塑性变形，形成前刀面摩擦变形区。该区域的状况对积屑瘤的形成和刀具前刀面磨损有直接影响。

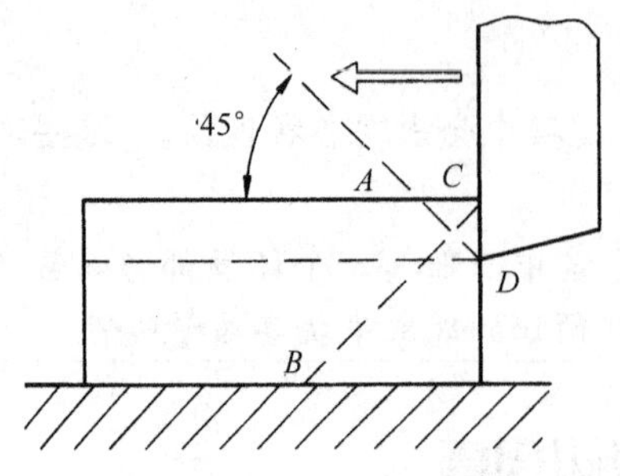

图 5-1　金属受刀具作用的情况

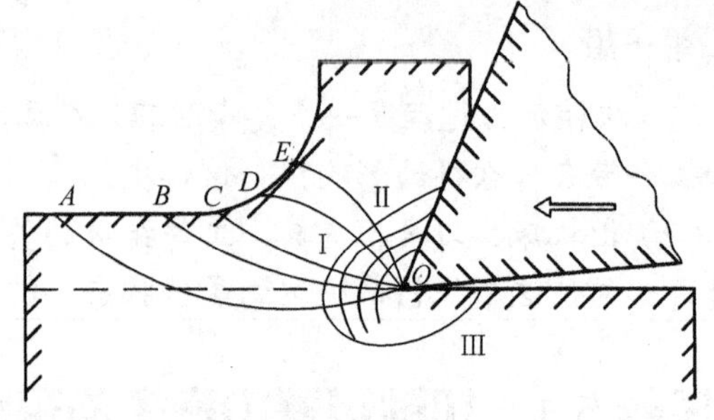

图 5-2　金属塑性变形的情况

3）第Ⅲ变形区（挤压摩擦回弹区）

由于刀口的挤压、基本变形区的影响和主后刀面与已加工表面的摩擦等，在工件已加工表面形成。该区域的状况对工件表面的变形强化和残余应力以及刀具后刀面的磨损有很大影响。

第Ⅲ变形区的形成与刀刃钝圆有关。因为刀刃不可能绝对锋利，不管采用何种方式刃磨，刀刃总会有一钝圆半径r_n。一般高速钢刃磨后r_n为3～10μm，硬质合金刀具磨后为18～32μm，如采用细粒金刚石砂轮磨削，r_n最小可达到3～6μm。另外，刀刃切削后就会产生磨损，增加刀刃钝圆。

2．切屑的形成与类型

1）切屑的形成

金属切削过程实质上是一种挤压过程。在切削塑性金属过程中，金属在受到刀具前刀面的挤压下，将发生塑性剪切滑移变形，当剪应力达到并超过工件材料的屈服极限时，被切金属层将被切离工件形成切屑。简而言之，被切削的金属层在前刀面的挤压作用下，通过剪切滑移变形使之形成了切屑。实际上，这种塑性变形—滑移—切离3个过程，会根据加工材料等条件不同，不完全地显示出来。例如，加工铸铁等脆性材料时，被切层在弹性变形后很快形成切屑离开母材，而加工塑性很好的钢材时，滑移阶段特别明显。

2）切屑的类型

切屑是切削层金属经过切削过程的一系列复杂的变形过程而形成的。根据切削层金属的特点和变形程度不同，一般切屑形态可分为4类，如图5-3所示。

这4种切屑形成的形态、变形、形成条件以及对切削过程的影响如表5-1所示。

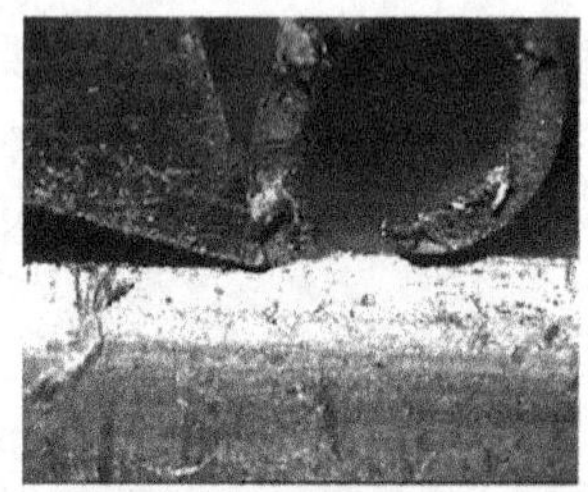

带状切屑

节状切屑

粒状切屑

崩碎切屑

图 5-3　切屑的形态

表 5-1 切屑类型及形成条件

名 称	带状切屑	节状切屑	粒状切屑	崩碎切屑
简 图				
形 态	带状，底面光滑，背面呈毛茸状	节状，底面光滑有裂纹，背面呈锯齿状	粒状	不规则块状颗粒
变 形	剪切滑移尚未达到断裂程度	局部剪切应力达到断裂强度	剪切应力完全达到断裂强度	未经塑性变形即被挤裂
形成条件	加工塑性材料，切削速度较高，进给量较小， 刀具前角较大	加工塑性材料，切削速度较低，进给量较大， 刀具前角较小	工件材料硬度较高，韧性较低，切削速度较低	加工硬脆材料， 刀具前角较小
影 响	切削过程平稳，表面粗糙度小，妨碍切削工作，应设法断屑	切削过程欠平稳，表面粗糙度欠佳	切削力波动较大，切削过程不平稳，表面粗糙度不佳	切削力波动大，有冲击，表面粗糙度恶劣，易崩刃

做一做 请同学们在实训过程中注意观察不同的加工机床、不同的刀具、不同的切削参数、不同的加工材料所形成切屑的形态，对工件质量会有什么影响。如图 5-4 中所示的切屑，你们遇到过吗？

3）切屑形状的控制

切屑的控制指控制切屑的形状和长短，通过控制切屑的卷曲半径和排出方向，使切屑碰撞到工件或刀具上，而使切屑的卷曲半径被迫减小，促使切屑中的应力也逐渐增加，直至折断。切屑的卷曲半径可以通过改变切屑的厚度，在刀具前刀面上磨制卷屑槽或断屑台来控制，其排出方向则主要靠选择合理的主偏角和刃倾角来控制。

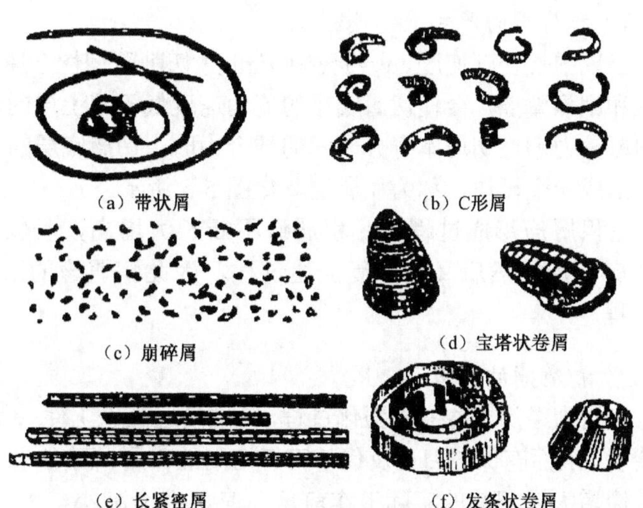

图 5-4 切屑实物形态

切屑类型是由材料特性和变形的程度决定的，加工相同塑性材料，在不同加工条件下，可得到不同的切屑。如在形成节状切屑情况下，进一步减小前角，加大切削厚度，就可得到粒状切屑；反之，如加大前角，提高切削速度，减小切削厚度，则可得到带状切屑。生产中常利用切屑类型转化的条件，得到较为有利的切屑类型。

知识链接

（1）影响断屑的主要因素有：

①断屑槽的宽度：一般来讲，宽度减小，能使切屑卷曲半径减小，增大卷曲变形和弯曲应力，容易断屑。

②切削用量：生产实践和试验证明，切削用量中对断屑影响最大的是进给量，其次是背吃刀量和切削速度。

③刀具角度：刀具角度中以主偏角和刃倾角对断屑的影响最为明显。

（2）几种常用的断屑方法如下：

①断屑槽不仅对切屑起附加变形的作用，而且还能控制切屑的卷曲与折断。只要断屑槽的形状、尺寸及断屑槽与主切削刃的倾斜角合适，断屑则是可靠的。不论焊接式刀具还是机夹式刀具，不论重磨式刀具还是不重磨式刀具都可采用。

②利用在工件表面上的预先开槽的方法：按工件直径大小不同，预先在被加工表面上沿工件轴向开出一条或数条沟槽，其深度略小于切削深度，使切出的切屑形成薄弱截面，从而折断。

③改变刀具几何参数和调整切削用量，减小刀具前角，增大主偏角。在主切削刃上磨出负倒棱，降低切削速度，加大进给量以及改变主切削刃形状等都能促使切屑折断。

④采用切削液可以降低切屑的塑性和韧性，也有利于断屑。提高切削液压力更能促使切屑折断，孔加工中，有时就采用这种方法。

3. 积屑瘤的产生及影响

1）积屑瘤的产生

当以中等切削速度（v_c=5～60m/min）切削塑韧性金属材料时，由于切屑底面与前刀面的挤压和剧烈摩擦，会使切屑底层的流动速度低于其上层的流动速度。当此层金属与前刀面之间的摩擦力超过切屑本身分子间的结合力时，切屑底层的一部分新鲜金属就会黏结在刀刃附近，形成一个硬块，称为积屑瘤，如图 5-5 所示。

在积屑瘤形成过程中，积屑瘤不断长大增高，长大到一定程度后容易破裂而被工件或切屑带走．然后又会重复上述过程，因此积屑瘤的形成是一个时生时灭周而复始的动态过程。

2）积屑瘤的作用

积屑瘤经历了冷变形强化过程，其硬度远高于工件的硬度，从而有保护刀刃及代替刀刃切削的作用，而且积屑瘤增大了刀具的实际工作前角，使切削力减小。但积屑瘤长到一定高度会破裂，又会影响加工过程的稳定性，积屑瘤还会在工件加工表面上划出不规则的沟痕，影响表面质量。因此，粗加工时可利用积屑瘤保护刀尖，而精加工时应避免产生积屑瘤，以保证加工质量。

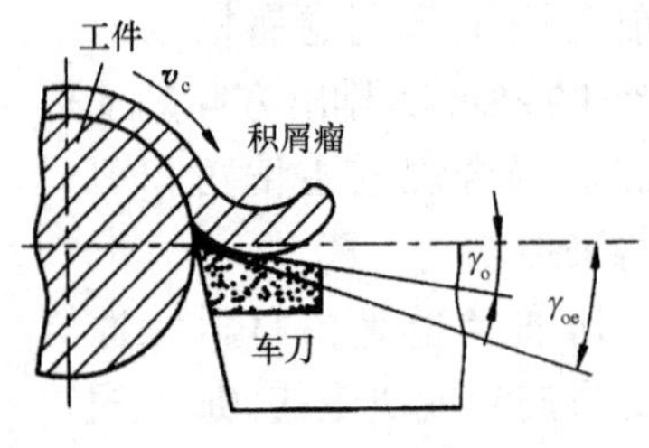

图 5-5　积屑瘤

3）减小或避免积屑瘤的措施

（1）采用低速或高速切削，由于切削速度是通过切削温度影响积屑瘤的，以切削 45 钢为例，在低速 v_c<3m/min 和较高速度 v_c≥60m/min 范围内，摩擦系数都较小，故不易形成积屑瘤。

（2）采用高润滑性的切削液，使摩擦和黏结减少。

（3）适当减小进给量，增大刀具前角。

（4）提高工件的硬度，减小加工硬化倾向。

知识链接　高速切削技术一般指采用超硬材料的刀具，通过极大地提高切削速度和进给速度，来提高材料切除率、加工精度和加工表面质量的现代加工技术。以主轴转速界定：高速加工的主轴转速≥10 000 r/min。

4．影响切削变形的因素

1）工件材料

工件材料强度越高，塑性越小，则变形系数越小，切削变形减小。

2）刀具几何参数

前角增大，则变形系数 ξ 减小，即切削变形减小。前角对变形系数的影响如图 5-6 所示。

刀尖圆弧半径越大，变形系数 ξ 越大，切削变形越大。刀尖圆弧半径变形系数与的影响如图 5-7 所示。

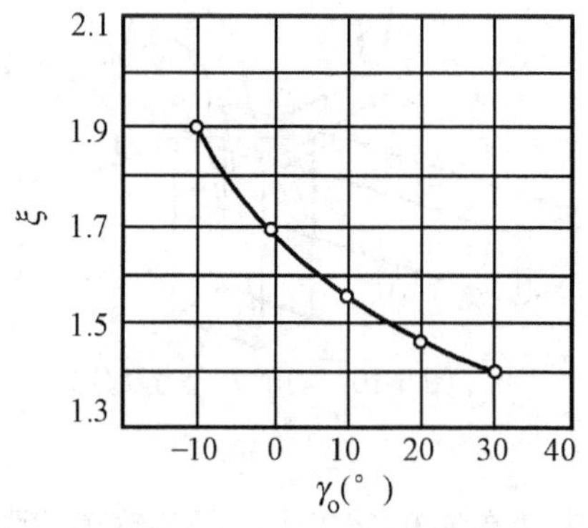

图 5-6　前角对变形系数的影响

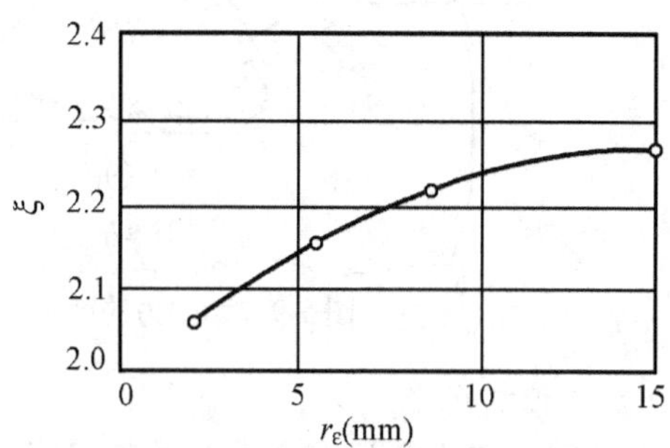

图 5-7　刀尖圆弧半径对变形系数的影响

3）切削用量

切削速度是通过积屑瘤的生长消失过程影响切削变形大小的。在积屑瘤增长的速度范围内，因积屑瘤导致实际工作前角增加，剪切角 ψ 增大，变形系数减小。在积屑瘤消失的速度范围内，实际工作前角不断减小，变形系数 ξ 不断上升至最大值，此时积屑瘤完全消失。在无积屑瘤的切削速度范围，切削速度越高，变形系数越小。切削铸铁等脆性金属时，一般不产生积屑瘤。随着切削速度增大，变形系数逐渐减小，如图 5-8 所示。

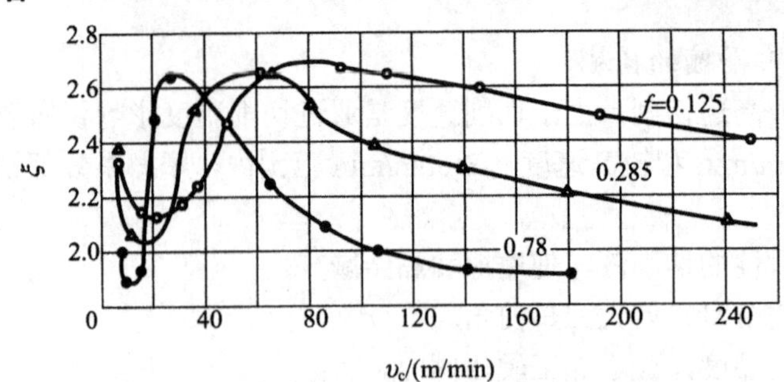

图 5-8　切削速度变化的材料变形系数曲线

当进给量 f 增大时，切削层厚度 h_D 增大，切屑的平均变形减小，变形系数 ξ 减小。

5.1.2　切削力的产生及其影响因素

1．切削力的产生与分解

切削加工时，工件材料抵抗刀具切削所产生的阻力称为总切削力，用符号 F 表示。它来源于 3 个变形区，一是克服金属、切屑和工件表面层金属的弹性、塑性变形抗力所需要的力；二是克服刀具与切屑、工件表面间摩擦阻力所需要的力，如图 5-9 所示。

在进行工艺分析时，常将 F 沿主运动方向、进给运动方向和垂直进给运动方向（在水平面内）分解为 3 个相互垂直的分力，如图 5-10 所示。

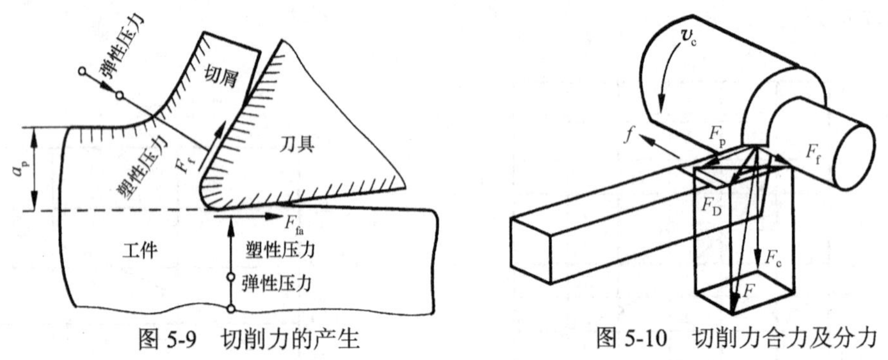

图 5-9　切削力的产生　　图 5-10　切削力合力及分力

1）切削力 F_c

总切削力 F 在主运动方向上的正投影。它消耗机床功率的 95%以上，是计算车刀强度，设计机床零件，确定机床功率所必需的数据。

2）进给力 F_f

总切削力 F 在进给运动方向上的正投影。进给力一般只消耗机床功率的 1%～5%，它是设计进给机构、计算进给功率所必需的数据。

3）背向力 F_p

总切削力 F 在垂直进给运动方向上的正投影。背向力不做功，但由于它作用在工艺系统刚度最薄弱的方向上，会使工件产生弹性弯曲，引起振动，影响加工精度和表面粗糙度。

注意 切削力的计算有两种方法：一是用指数经验公式法计算；二是用单位切削力法计算。在金属切削中广泛应用指数公式计算切削力。不同的加工方式和加工条件下，切削力计算的指数公式可在切削用量手册中查得。

2．切削力的影响因素

1）工件材料

影响较大的因素主要是工件材料的强度、硬度和塑性。材料的强度、硬度越高，则屈服强度越高，切削力越大。在强度、硬度相近的情况下，材料的塑性、韧性越大，则刀具前面上的平均摩擦系数越大，切削力也就越大。

2）切削用量

进给量 f 和背吃刀量 a_p 增加，使切削力 F_c 增加，但影响程度不同。进给量 f 增大时，切削力有所增加；而背吃刀量 a_p 增大时，切削刃上的切削负荷也随之增大，即切削变形抗力和刀具前面上的摩擦力均成正比地增加。

切削速度的影响较复杂：在 5～20m/min 区域内增加时，积屑瘤高度逐渐增加，切削力减小；继续在 20～35m/min 范围内增加，积屑瘤逐渐消失，切削力增加；在大于 35m/min 时，由于切削温度上升，摩擦系数减小，切削力下降；一般切削速度超过 90m/min 时，切削力无明显变化。在切削脆性金属工件材料时，因塑性变形很小，刀屑界面上的摩擦也很小，所以切削速度 v_c 对切削力 F_c 无明显的影响。所以，在实际生产中，如果刀具材料和机床性能许可，采用高速切削，既能提高生产效率，又能减小切削力。

3）刀具几何参数

前角 γ_o 的影响：加工塑性材料时，前角增大，变形程度减小，切削力减小；加工脆性材料时，切削变形很小，前角对 F 影响不显著。

主偏角 κ_r 的影响：对 F_c 影响较小，但对 F_p、F_f 影响较大，F_p 随 κ_r 增大而减小，F_f 随 κ_r 增大而增大。

刃倾角 λ_s 的影响：对 F_c 影响很小，但对 F_p、F_f 影响较大，F_p 随 λ_s 增大而减小，F_f 随 λ_s 增大而增大。

刀尖圆弧半径 r_ε 的影响：对 F_c 影响很小，但 F_p 随 r_ε 增大而增大，F_f 随 r_ε 增大而减小。

5.1.3 切削热和切削温度

1．切削热来源与传出

如图 5-11 所示，在 3 个变形区中，因变形和摩擦所做的功绝大部分都转化成热能。

切削区域产生的热能通过切屑、工件、刀具和周围介质传出。切削热传出时由于切削方式的不同，工件和刀具热传导系数的不同等，各传导媒体传出的比例也不同。表 5-2 所示为在车削和钻削时各传热媒体切削热传出的比例。

切削热对切削加工也将产生不利的影响：它传入工件，使工件温度升高，产生热变形，影响加工精度；传入刀具的热量虽然比例较小，但是刀具质量小，热容量小，仍会使刀具温度升高，加剧刀具磨损，同时又会影响工件的加工尺寸。

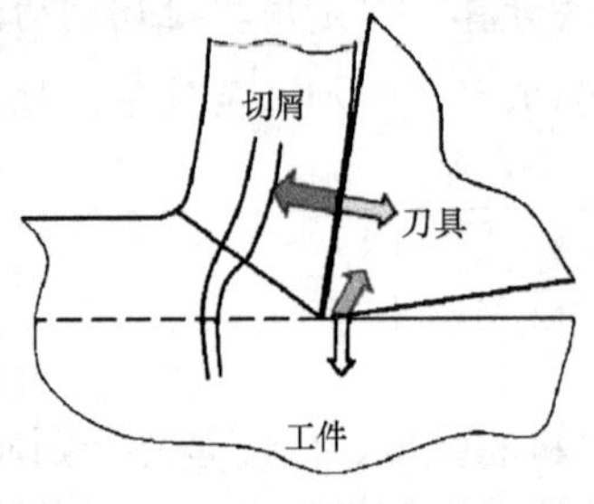

图 5-11　切削热的产生与传出

表 5-2　切削热传出比例

媒　体	切　屑	工　件	刀　具	周围介质
车削	50%～86%	40%～10%	9%～3%	1%
钻削、镗削	28%	52.6%	14.5%	5%
铣削	70%	<30%	5%	
磨削	4%	>80%	12%	

切削热是通过切削温度对刀具产生作用的，切削温度一般是指切屑与前刀面接触区域的平均温度。

切削塑性材料时，前刀面靠近刀尖处温度最高；而切削脆性材料时，后刀面靠近刀尖处温度最高。

2．影响切削温度的主要因素

1）工件材料

材料的强度、硬度越高，则切削抗力越大，消耗的功率越多，产生的热就越多；导热系数越小，传散的热越少，切削区的切削温度就越高。

2）切削用量

切削用量中切削速度对切削温度影响最大，切削速度增大，切削温度随之升高；进给量对切削温度影响稍大，背吃刀量的影响最小。

3）刀具几何参数

前角 γ_o 的影响：前角 γ_o 增大，塑性变形和摩擦减小，切削温度降低。但前角不能太大，否则刀具切削部分的楔角过小，容热、散热体积减小，切削温度反而上升。

主偏角 κ_r 的影响：主偏角 κ_r 增大，切削刃工作接触长度增长，切削宽度 b_D 减小，散热条件变差，故切削温度随之升高。

4）刀具磨损

刀具主后面磨损时，后角减小，后面与工件间摩擦加剧。刃口磨损时，切屑形成过程的塑性变形加剧，使切削温度增大。

5）切削液

利用切削液的润滑功能降低摩擦系数，减少切削热的产生，也可利用它的冷却功用吸收大量的切削热，所以采用切削液是降低切削温度的重要措施。

5.1.4　刀具磨损与使用寿命

1．刀具磨损的形式

在切削过程中切削区域有很高的温度和压力，刀具在高温和高压条件下，受到工件、切

屑的剧烈摩擦，使刀具的前面和后面都会产生磨损，随着切削加工的延续，磨损逐渐扩大，这种现象称为刀具正常磨损。刀具正常磨损时，按其发生的部位不同可分为 3 种形式，即前刀面磨损、后刀面磨损、前后刀面同时磨损，如图 5-12（a）所示。

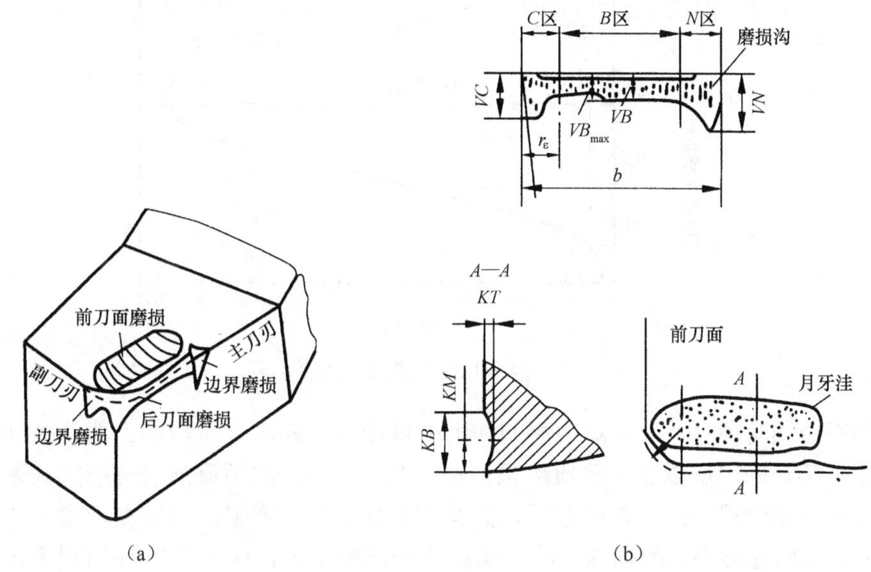

图 5-12　刀具磨损形式

1）前刀面磨损

以月牙洼的深度 *KT* 表示（见图 5-12），用较高的切削速度和较大的切削厚度切削塑性金属时常见这种磨损。

2）后刀面磨损

以平均磨损高度 *VB* 表示（见图 5-12）。切削刃各点处磨损不均匀，刀尖部分（*C* 区）和近工件外表面处（*N* 区）因刀尖散热差或工件外表面材料硬度较高，故磨损较大，中间处（*B* 区）磨损较均匀。加工脆性材料或用较低的切削速度和较小的切削厚度切削塑性金属时常见这种磨损。

3）前后刀面同时磨损

在以中等切削用量切削塑性金属时易产生前面和后面的同时磨损。

刀具允许的磨损限度，通常以后面的磨损程度 *VB* 作为标准。但是，在实际生产中，不可能经常测量刀具磨损的程度，而常常是按刀具进行切削的时间来判断的。

知识链接　刀具磨损到一定程度，将不能使用，这个限度称为磨钝标准。一般以刀具表面的磨损量作为衡量刀具磨钝的标准。因为刀具后刀面的磨损容易测量，所以国际标准中规定以 1/2 背吃刀量处后刀面上测量的磨损带宽 *VB* 作为刀具磨钝标准。具体标准可参考相关手册。实际生产中，考虑到不影响生产，一般根据切削中发生的一些现象来判断刀具是否磨钝，例如是否出现振动与异常噪声等。

2. 刀具磨损过程

随着切削时间的延长，刀具的后刀面磨损量 *VB* 随之增加。如图 5-13 所示，其磨损过程可分为 3 个阶段。

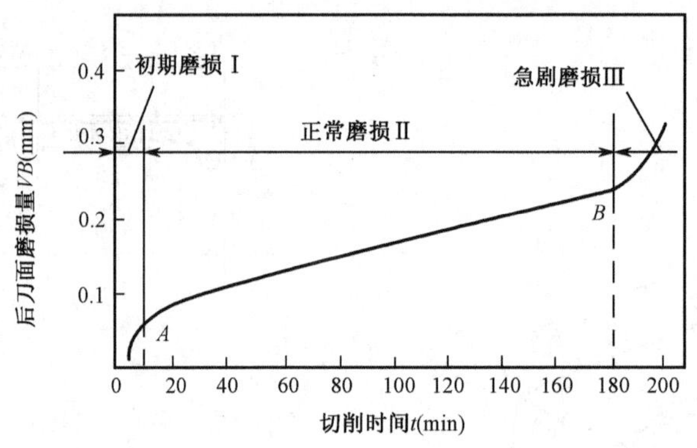

图 5-13　刀具磨损曲线

（1）初期磨损阶段 I：因为新刃磨的切削刃较锋利，其后刀面与加工表面接触面积小，存在微观不平等缺陷，所以这一阶段磨损很快，其大小与刀面刃磨质量有很大关系。

（2）正常磨损阶段 II：经前阶段后，刀具的粗糙表面已磨平，承压面积增大，压应力减小，使磨损速度明显减小，所以这一阶段磨损比较缓慢均匀。从图 5-13 中可以看出，后刀面磨损量随切削时间延长而近似地成比例增加，这是刀具工作的有效阶段。

（3）急剧磨损阶段 III：到这一阶段，刀具切削刃变钝，切削力、切削温度迅速升高，磨损速度急剧增加，以致刀具损坏而失去切削能力。所以在生产中要在这个阶段到来之前，及时更换刀具。

3. 刀具耐用度

刃磨后的刀具从开始切削直到磨损量达到磨钝标准为止总的切削时间称为刀具耐用度，用 *T* 表示；也可用达到磨钝标准前的切削路程长度或加工出的零件数来表示。

刀具耐用度是确定换刀时间的重要依据，也是衡量工件材料切削加工性和刀具切削性能优劣，以及刀具几何参数和切削用量选择是否合理的重要指标。

刀具耐用度与刀具寿命的概念不同。所谓刀具寿命，是指一把新刀从投入使用到报废为止总的切削时间，它等于刀具耐用度乘以刃磨次数（包括新刀开刃）。

刀具耐用度标志刀具磨损的快慢程度，刀具耐用度高，即刀具磨损的速度慢；刀具耐用度低，即刀具磨损的进度快。凡是影响切削温度和刀具磨损的因素，都影响刀具耐用度。其中切削速度的影响最明显。

4. 刀具使用寿命

从生产效率考虑，刀具使用寿命规定过高，允许采用的切削速度就低，使生产效率降低；刀具使用寿命规定过低，装刀、卸刀及调整机床的时间增多，生产效率也降低。这就存在一个最大生产效率刀具使用寿命

从加工成本考虑，刀具使用寿命过低，换刀时间增多，刀具消耗及磨刀成本均提高，成

本也增高。这样也存在一个经济刀具使用寿命。

合理的刀具使用寿命的确定，要综合考虑各种因素的影响。一般刀具使用寿命制定可遵循以下原则：第一，根据刀具的复杂程度、制造和磨刀成本的高低来选择。复杂刀具制造、刃磨成本高，换刀时间长，刀具使用寿命要选高些；简单刀具使用寿命可取低些。如齿轮刀具大致为T=200～300min，硬质合金端铣刀大致为T=120～180min，可转位车刀大致为T=15～30min。第二，对机床、组合机床以及数控机床上的刀具，刀具使用寿命应选得高些。第三，精加工大型工件时，刀具使用寿命应规定至少能完成一次走刀。

5.1.5 切削液的合理选择

1. 切削液的作用

（1）冷却作用：切削液能将产生的热量从切削区带走，使刀具切削部分和工件的表面及其总体的温度降低，从而有利于延长刀具耐用度和减小工件的热变形以提高加工精度。

（2）润滑作用：通过切削液的渗入，可在刀具、切屑、工件表面之间，形成润滑性能较好的油膜，起润滑作用。

（3）清洗作用：可消除黏附在机床、刀具、夹具和工件上的切屑，以防止划伤已加工表面和机床导轨等。

（4）防锈作用：在切削液中加入防锈添加剂，能在金属表面形成保护膜，起防锈作用。

2. 切削液的种类

常用的切削液可分为：水溶液、乳化液和切削油 3 大类。

（1）水溶液：水是热容量很大而又最容易得到的液体，它的冷却作用最好。为了防止它对钢铁的锈蚀作用，常常添加易溶于水的硝酸钠、碳酸钠等防锈剂。水溶液广泛用于磨削和粗加工。

（2）乳化液：由矿物油加乳化剂配制而成乳化油，乳化剂的分子具有亲水亲油性，它能使水和油均匀混合，既具有良好的冷却作用，又有一定的润滑作用。低浓度乳化液主要起冷却作用，高浓度乳化液主要起润滑作用。乳化液主要用于车削、钻削、攻螺纹。

（3）切削油：主要成分是矿物油（机油、轻柴油、煤油），生产中用得最多的是矿物油，它与水相比热容量较小，冷却作用不如水好。切削油一般用于滚齿、插齿、铣削、车螺纹及一般材料的精加工。

3. 切削液的合理选择

选用切削液必须根据工件材料、刀具材料、加工方法和技术要求等具体情况确定。如高速钢刀具耐热性差，需采用切削液。粗加工时，主要以冷却为主，同时希望能减少切削力和降低功率消耗，可采用 3%～5%的乳化液；精加工时，主要目的是改善加工表面质量，降低刀具磨损，减少积屑瘤，可以采用 15%～20%的乳化液。而硬质合金刀具耐热性高，一般不用切削液。若要用，必须连续、充分地使用，否则因骤冷骤热，产生的内应力易导致刀片产生裂纹。

5.1.6 刀具几何参数对切削过程的影响

一般完整的刀具形状和结构，是由一套系统的刀具几何参数所决定的，各参数之间存在着相互依赖、相互制约的作用，因此应综合考虑各种参数以便进行合理的选择。这里主要介绍以下几个参数。

1. 前角

前角是刀具上重要的几何参数之一，它的大小决定切削刃的锋利程度和强固程度，直接影响切削过程，对切削的难易程度有很大的影响。

增大前角，可减小切削变形，减小切削力、切削热和切削功率，提高刀具的使用寿命；还可以抑制积屑瘤的产生，减少振动，改善加工质量。但增大前角会削弱切削刃强度和散热情况，也不利于断屑。对应最大刀具使用寿命的前角称为合理前角。刀具材料相同，工件材料不同时，同种刀具材料的合理前角也不相同。硬质合金车刀合理前角的参考值见表 5-3。高速钢车刀的前角一般比表中数值增大 5°～10°。

合理前角的选择原则如下。

（1）加工，断续切削，刀具材料强度韧性低，工件材料强度硬度高，选较小的前角；

（2）工件材料塑韧性大，系统刚性差，易振动或机床功率不足，选较大的前角；

（3）成形刀具、自动线刀具取小前角；

（4）A_γ磨损增大前角，A_a磨损减小前角。

2. 后角

后角的作用是用来减小刀具后面与工件切削表面和已加工表面间的摩擦，使刀具在切削过程中阻力降低。增大后角，可增加切削刃的锋利性，减轻后刀面与已加工表面的摩擦，降低切削力和切削温度，改善已加工表面质量。但增大后角会使切削刃和刀头的强度降低，减小散热面积和容热体积，加速刀具磨损。后角较大的刀具磨钝时，会影响工件的尺寸精度。表 5-3 也列出了硬质合金车刀常用后角的合理数值，可供参考。

表 5-3 硬质合金车刀合理前、后角参考值

工件材料种类	合理前角参考范围（°）		合理后角参考范围（°）	
	粗　车	精　车	粗　车	精　车
低碳钢	20～25	25～30	10～12	10～12
中碳钢	10～15	15～20	6～8	6～8
合金钢	10～15	15～20	6～8	6～8
淬火钢	−15～−5		8～10	
不锈钢（奥氏体）	15～20	20～25	8～10	8～10
灰铸铁	10～15	5～10	6～8	6～8
铜及铜合金（脆）	10～15	5～10	6～8	6～8
铝和铝合金	30～35	35～40	10～12	10～12
钛合金 σ_b 1.177GPa	5～10		10～15	

注：粗加工用的硬质合金车刀，通常都磨有负倒棱及负刃倾角。

合理后角的选择原则如下。

（1）加工，断续切削，工件材料强度、硬度高，选较小后角，已用大负前角应增大后角；

（2）精加工取较大后角，保证表面质量；

（3）成形、复杂、尺寸刀具取小后角；

（4）系统刚性差，易振动，取较小后角；

（5）工件材料塑性大取较大后角，脆性材料取较小后角。

3. 主偏角

主偏角的大小影响背向力 F_p 与进给力 F_f 的比例，以及刀尖强度和散热条件等，减小主偏角会使切削厚度减小，切削宽度增大，从而使单位长度切削刃所承受的载荷减轻，提高刀尖强度，有利于散热，可提高刀具使用寿命。但减小主偏角会导致径向力增大，加大工件的变形，并容易引起振动，使加工表面的粗糙度加大。

合理主偏角的选择原则如下。

（1）工艺系统刚性好，不易变形和振动，取较小值；若系统刚性差（如切削细长轴），则取较大值（90°）。

（2）考虑工件形状、切屑控制、减小冲击等，车台阶轴取 90°，镗盲孔取＞90°。

（3）前角小，切屑成长螺旋屑，不易断；但较小前角可改善刀具切入条件，不易造成刀尖冲击。

4. 副偏角

副偏角的作用是减小副切削刃与工件已加工表面的摩擦，减少切削振动，影响工件已加工表面残留面积的大小，进而影响已加工表面的粗糙度 *Ra* 值。副偏角越小，切削刃痕的残留面积高度也越小，可有效减小已加工表面粗糙度。但副偏角过小会增加副切削刃的工作长度，增大副后刀面与已加工表面的摩擦，易引起系统振动，反而增大表面粗糙度，如图 5-14 所示。副偏角一般在 5°～15°之间选取，粗加工取较大值，精加工取较小值。

主偏角、副偏角的选择可参考表 5-4。

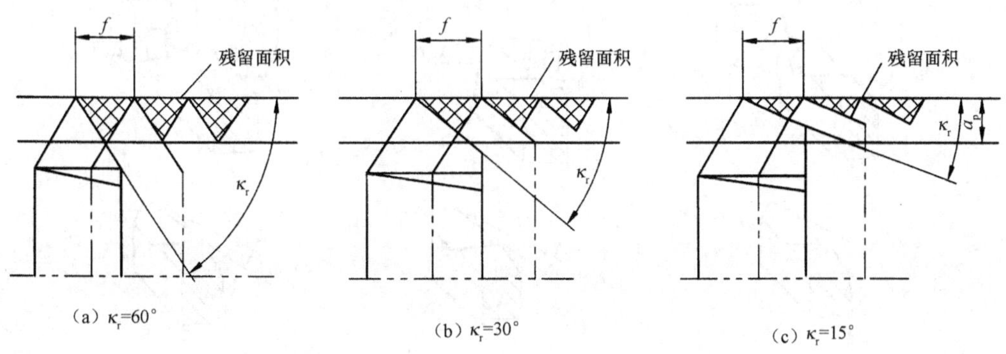

图 5-14　副偏角对表面粗糙度 *Ra* 值的影响

5. 刃倾角

刃倾角主要影响刀尖强度和切屑流动的方向。在加工一般钢料和铸铁时，无冲击的粗车取 λ_s=0°～-5°，精车取 λ_s=0°～+5°；有冲击负荷时，取 λ_s=-5°～-15°；冲击特别大时，取 λ_s=-30°～-45°。切削高强度钢、冷硬钢时，为提高刀头强度，可取 λ_s=-30°～-10°。

表 5-4 硬质合金车刀合理主、副偏角参考值

加 工 情 况		偏角数值（°）	
		主偏角	副偏角
粗车，无中间切入	工艺系统刚度好	45、60、75	5～10
	工艺系统刚度差	60、75、90	10～15
车削细长轴、薄壁件		90、93	6～10
精车，无中间切入	工艺系统刚度好	45	0～5
	工艺系统刚度差	60、75	0～5
车削冷硬铸铁、淬火钢		10～30	4～10
从工件中间切入		45～60	30～45
切断刀、切槽刀		60～90	1～2

当 λ_s 为负值时，切屑流向已加工表面，易划伤已加工表面；λ_s 为正值时，切屑流向待加工表面。精加工时，常取正刃倾角。微量极薄切削，取大正刃倾角。刃倾角对切屑流向的影响如图 5-15 所示。刃倾角的选择可参照表 5-5。

表 5-5 刃倾角 λ_s 数值选择表

λ_s（°）	0～+5	+5～+10	0～-5	-5～-10	-10～-15	-10～-45	-45～-75
应用范围	精车钢、车细长轴	精车有色金属	粗车钢和灰铸铁	粗车余量不均匀钢	断续车削钢和灰铸铁	带冲击切削淬硬钢	大刃倾角刀具薄切削

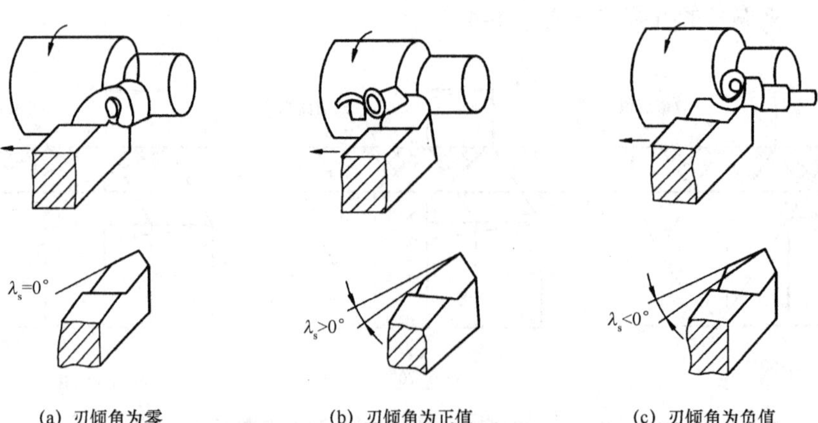

图 5-15 刃倾角对切屑流向的影响

任务 5.2　分析机械加工精度

知识分布网络

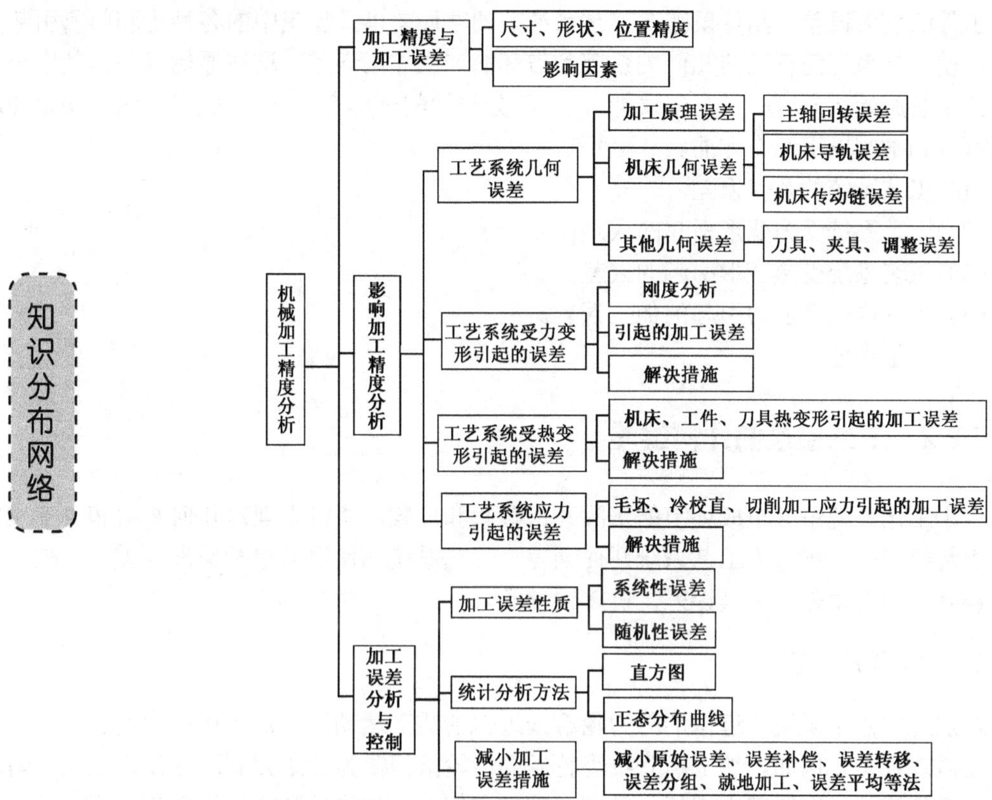

5.2.1　加工精度与加工误差

1. 加工精度与加工误差的概念

机械加工误差是指零件加工后的实际几何参数（尺寸、形状和位置）与理想几何参数之间偏离的程度。零件加工后实际几何参数与理想几何参数之间的符合程度即为加工精度。加工误差越小，符合程度越高，加工精度就越高。加工精度在数值上通过加工误差的大小来表示。加工误差的大小反映了加工精度的高低。

零件的几何参数包括几何形状、尺寸和相互位置3个方面，故加工精度包括尺寸精度、几何形状精度、相互位置精度。在相同的生产条件下所加工出来的一批零件，由于加工中的各种因素的影响，其尺寸、形状和表面相互位置不会绝对准确和完全一致，总是存在一定的加工误差。同时，在满足产品工作要求的公差范围的前提下，要采取合理的经济加工方法，以提高机械加工的生产率和经济性。

2. 影响加工精度的误差

零件的机械加工是在由机床、刀具、夹具和工件组成的工艺系统内完成的。零件加工表

面的几何尺寸、几何形状和加工表面之间的相互位置关系取决于工艺系统间的相对运动关系。因此，工艺系统中各种误差就会以不同的程度和方式反映为零件的加工误差。在完成任一个加工过程中，由于工艺系统各种原始误差的存在，如机床、夹具、刀具的制造误差及磨损、工件的装夹误差、测量误差、工艺系统的调整误差以及加工中的各种力和热所引起的误差等，使工艺系统间正确的几何关系遭到破坏而产生加工误差。这些原始误差，其中一部分与工艺系统原始状态有关（几何误差），一部分与切削过程有关（动误差）。这些误差的产生原因可以归纳为以下几个方面。

（1）工艺系统的几何误差。

（2）工艺系统受力变形引起的误差。

（3）工艺系统受热变形引起的误差。

（4）工件内残余应力引起的加工误差。

（5）测量误差。

5.2.2 工艺系统的几何误差

由于工艺系统中各组成环节的实际几何参数和位置，相对于理想几何参数和位置发生偏离而引起的误差，统称为工艺系统几何误差。工艺系统几何误差包括原理误差、定位误差、调整误差、刀具误差、夹具误差、机床误差等。

1. 加工原理误差

在加工中由于采用了近似的刀刃轮廓或近似的成形运动进行加工所产生的加工误差，称为加工原理误差。例如，加工渐开线齿轮用的齿轮滚刀，为使滚刀制造方便，采用了阿基米德基本蜗杆或法向直廓基本蜗杆代替渐开线基本蜗杆，使齿轮渐开线齿形产生了误差。用成形刀具加工复杂曲面时，要使刀具刃口完全符合理论曲线的轮廓，很难达到，所以采用圆弧、直线等简单的线型替代，等等。

采用近似的成形运动和刀具刃形，不但可以简化机床或刀具的结构，而且能提高生产效率和加工的经济效益。

2. 机床的几何误差

机床的几何误差包括：主轴的回转误差、导轨导向误差和传动链的传动误差。这些误差都会不同程度反映到工件上，降低工件的加工精度，现讨论如下。

1）主轴的回转误差

主轴的回转误差指主轴的瞬时回转轴线相对其平均回转轴线（瞬时回转轴线的对称中心），在规定测量平面内的变动量。

（1）主轴回转误差形式，可分为轴向窜动、径向跳动和角度摆动 3 种，如图 5-16 所示。

①轴向窜动。轴向窜动是指瞬时主轴回转轴线沿平均回转轴线方向的轴向运动，如图 5-16（a）所示。它主要影响工件的端面形状和轴向尺寸精度。

②径向跳动。径向跳动是指瞬时主轴回转轴线平行于平均回转轴线的径向运动量，

如图5-16（b）所示。它主要影响加工工件的圆度和圆柱度。

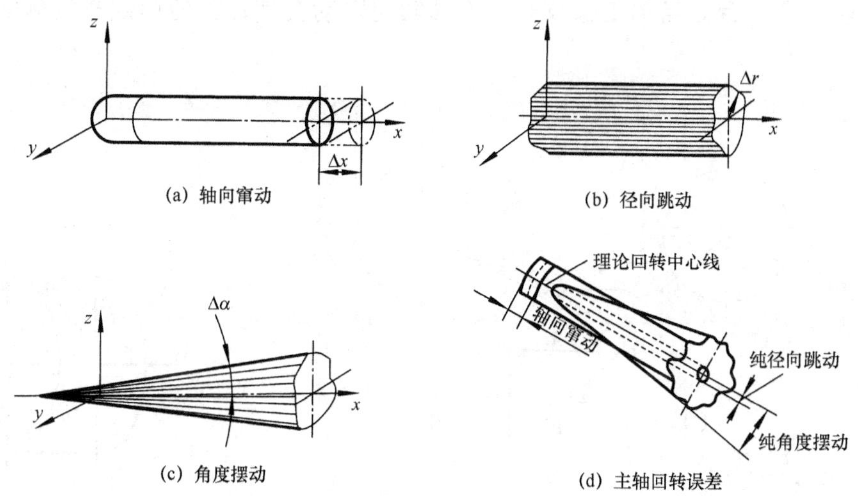

图5-16 主轴回转误差的基本形式

③角度摆动。角度摆动是指瞬时主轴回转轴线与平均回转轴线成一倾斜角度作公转，如图 5-16（c）所示，它对工件的形状精度影响很大，如车外圆时会产生锥度，车端面时会产生平面度误差。

实际上，主轴回转误差的3种基本形式是同时存在的（如图5-16（d）所示）。影响主轴回转运动误差的主要因素有：主轴误差，包括主轴支承轴径的圆度误差、同轴度误差（使主轴轴心线发生偏斜）和主轴轴径轴向承载面与轴线的垂直度误差（影响主轴轴向窜动量）；轴承误差。

（2）主轴回转运动误差对加工精度的影响：机床主轴上一般都安装工件或刀具，其回转误差一方面使表面成形运动不准确，一方面使刀齿与工件之间的正确位置遭到破坏。若此误差刚好在误差敏感方向，就会造成工件的加工误差。

工艺系统原始误差方向不同，对加工精度的影响程度也不同。对加工精度影响最大的方向称为误差敏感方向，误差敏感方向一般为已加工表面过切削点的法线方向，如图5-17所示。例如，在车削圆柱表面时，由图计算可知：

$$\Delta R_Y = \frac{\Delta Y^2}{2R_0} \quad \Delta R_X = \Delta X$$

显然：

$$\Delta R_X >> \Delta R_Y$$

其误差敏感方向为过切削点的法线方向。

注意 工件回转类机床（如车床）误差敏感方向不变，刀具回转类机床（如镗床）加工时误差敏感方向和切削力方向随主轴回转而不断变化。

主轴的纯轴向窜动对工件的内、外圆加工没有影响，但所加工的端面却与内、外圆有垂直度误差。主轴每旋转一周，就要沿轴向窜动一次，向前窜的半周中形成右螺旋面，向后窜的半周中形成左螺旋面，最后切出如端面凸轮一样的形状，如图 5-18 所示，并在端面中心附近出现一个凸台。当加工螺纹时，主轴轴向窜动会使加工的螺纹产生单个螺距的周期误差。

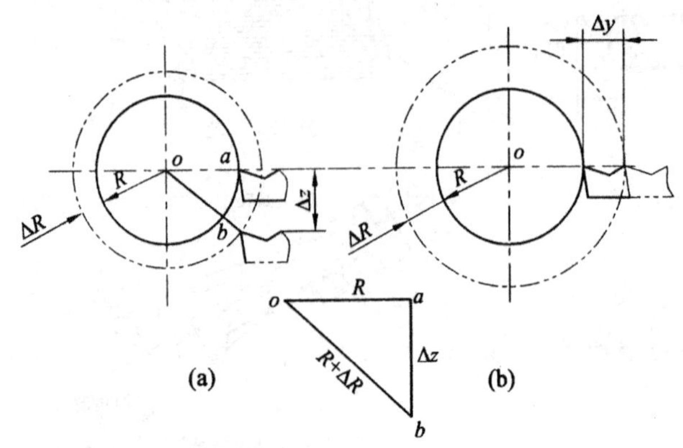

图 5-17　回转误差对加工精度的影响

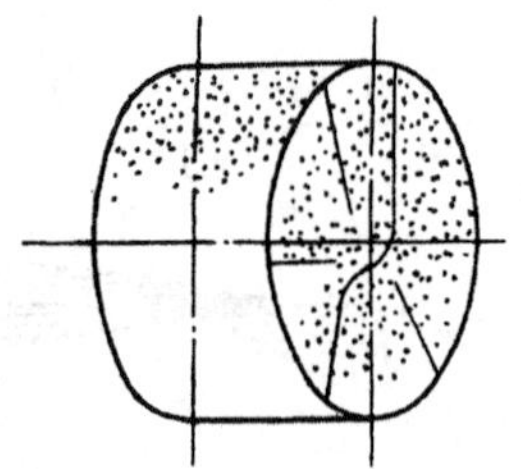

图 5-18　主轴轴向窜动对端面加工的影响

（3）提高主轴回转精度的措施主要有以下两种。

①采用高精度的主轴部件。获得高精度的主轴部件的关键是提高轴承精度。因此，主轴轴承，特别是前轴承，多选用 D、C 级轴承。当采用滑动轴承时，则采用静压滑动轴承，以提高轴系刚度，减小径向圆跳动。其次是提高主轴箱体支承孔、主轴轴颈和与轴承相配合零件的有关表面的加工精度，对滚动轴承进行预紧。

②使主轴回转的误差不反映到工件上。如采用死顶尖磨削外圆，只要保证定位中心孔的形状、位置精度，即可加工出高精度的外圆柱面。主轴仅仅提供旋转运动和转矩，而与主轴的回转精度无关。

2）机床导轨误差

机床导轨是机床中确定各主要部件相对位置的基准，也是运动的基准，其制造和装配精度是影响直线运动精度的主要因素，导轨误差对零件的加工精度产生直接的影响。

（1）对机床导轨在水平面内直线度误差的影响：床身导轨在水平面内如果有直线度误差，如图 5-19 所示，会使工件在纵向截面和横向截面内分别产生形状误差和尺寸误差。当导轨向后凸出时，工件上产生鞍形加工误差；当导轨向前凸出时，工件上产生鼓形加工误差。

（2）对机床导轨在垂直面内直线度误差的影响：床身导轨在垂直面内有直线度误差，如图 5-20 所示，会引起刀尖产生切向位移Δz，造成工件在半径方向产生的误差为：$\Delta R \approx \Delta z^2/d$，对零件的形状精度影响甚小（误差的非敏感方向）。但导轨在垂直方向上的误差对平面磨床、龙门刨床、铣床等将引起法向位移，其误差

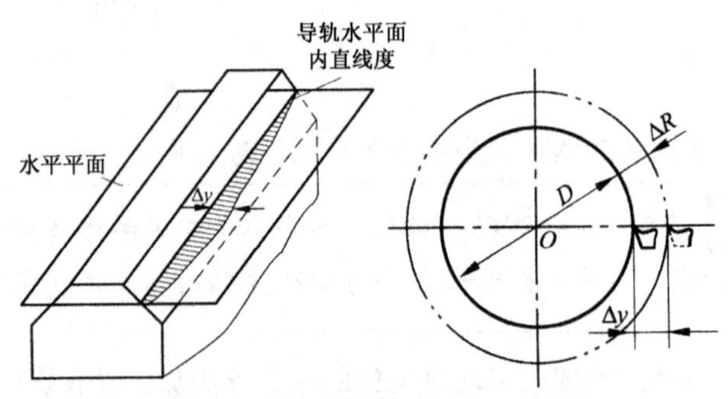

图 5-19　导轨在水平面内的直线度误差

直接反映到工件的加工表面（误差敏感方向），造成水平面上的形状误差。

（3）对机床导轨面间平行度误差的影响：床身前后导轨有平行度误差（扭曲）时，会使车床溜板在沿床身移动时发生偏斜，从而使刀尖相对工件产生偏移，使工件产生形状误差（鼓形、鞍形、锥度）。如图5-21所示，床身前后导轨扭曲的最终结果反映在工件上，于是产生了加工误差Δy。从几何关系中可得出：$\Delta y \approx H\Delta/B$，一般车床$H \approx 2B/3$，外圆磨床$H \approx B$，因此该项原始误差$\Delta$对加工精度的影响很大。

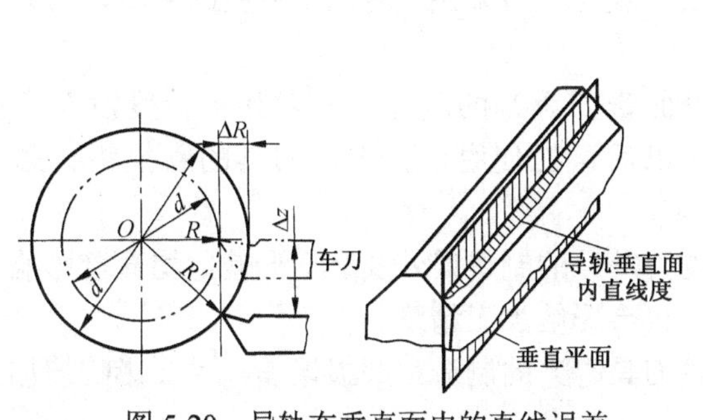

图5-20　导轨在垂直面内的直线误差

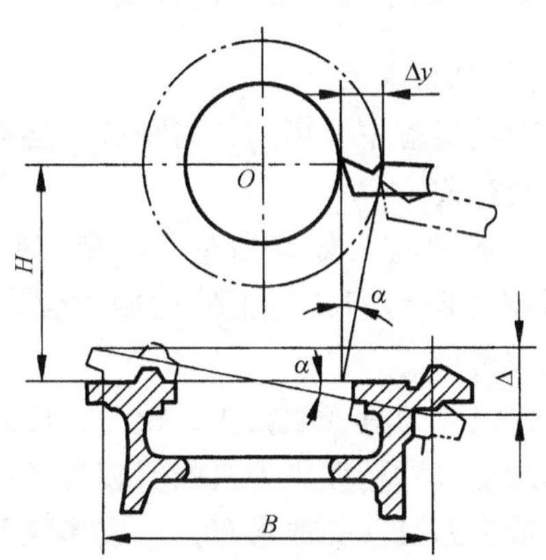

图5-21　床身导轨面间的平行度误差

知识链接　机床的安装及在使用过程中导轨的不均匀磨损，对导轨的原有精度影响也很大。尤其对龙门刨床、导轨磨床等，因床身较长，刚性差，在自身的作用下，容易产生变形，若安装不正确或地基不实，都会使床身产生较大的变形，从而影响工件的加工精度。

做一做　镗床上镗孔时，若工作台进给如图5-22（a）所示，即工件作直线进给运动，镗杆作旋转运动，则导轨在水平面、垂直面内的直线度误差对加工精度有何影响？若镗杆进给，即镗杆既旋转又移动，如图5-22（b）所示，则导轨误差对加工精度有无影响？

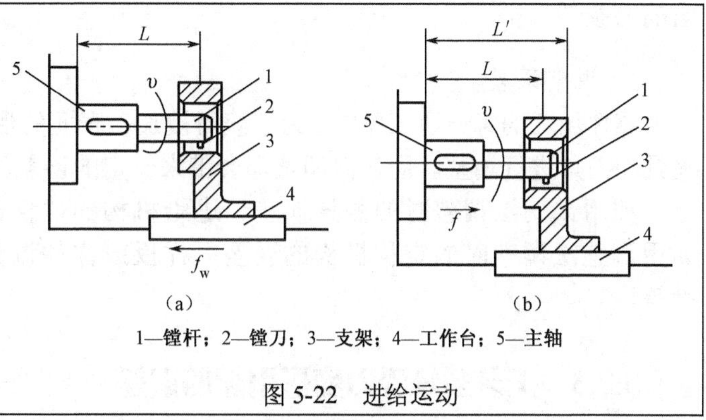

1—镗杆；2—镗刀；3—支架；4—工作台；5—主轴

图5-22　进给运动

3）机床的传动链误差

传动链误差是由于传动轴的传动元件存在制造误差和装配误差引起的。对于某些加工方法，为保证工件的精度，要求工件和刀具间必须有准确的传动关系。如车削螺纹时，要求工件旋转一周刀具直线移动一个导程。这些都是由机床本身的传动链来保证的。为了减小机床传动误差对加工精度的影响，可以采用下列措施。

（1）减少传动链中的环节，尽量缩短传动链。

（2）提高传动元件（特别是末端传动元件）的制造和装配精度。

（3）消除传动链中齿轮副的间隙。

（4）尽可能采用降速运动，且传动比最小的一级传动件应在最后。

（5）采用误差校正机构。

3. 工艺系统其他几何误差

1）刀具误差

刀具误差主要指刀具的制造、磨损和安装误差等，刀具误差对加工精度的影响，与刀具的种类有关。

一般刀具（如普通车刀、单刃镗刀、平面铣刀等）的制造误差对加工精度没有直接的影响。但当刀具与工件的相对位置调整好以后，在使用过程中，刀具的磨损将会影响加工误差。

定尺寸刀具（如钻头、铰刀、拉刀、槽铣刀等）的制造误差及磨损误差，均直接影响工件的加工尺寸精度。刀具的安装和使用不当，也会影响加工精度。

成形刀具（如成形车刀、成形铣刀、齿轮刀具等）的制造和磨损误差，主要影响被加工工件的形状精度。

展成法刀具（如齿轮滚刀、插齿刀等）加工齿轮时，刀刃的几何形状及有关尺寸精度会直接影响齿轮加工精度。

2）夹具误差

夹具的误差主要是指：定位元件、刀具导向元件、分度机构、夹具体等零件的制造误差；夹具装配后，以上各种元件工作面间的相对尺寸误差；夹具在使用过程中工作表面的磨损等。

3）调整误差

零件加工的每一道工序中，为了获得被加工表面的形状、尺寸和位置精度，必须对机床、夹具和刀具进行调整。而任何调整都会带来一定的误差。

如用试切法调整时的测量误差、进给机构的位移误差及最小极限切削厚度的影响；如用调整法调整时的定程机构的误差；样板或样件调整时的样板或样件的误差、对刀精度等。

5.2.3 工艺系统受力变形引起的误差

由机床、夹具、刀具、工件组成的工艺系统，在切削力和传动力、惯性力等外力的作用下，会产生弹性变形及塑性变形。这种变形将破坏工艺系统间已调整好的正确位置关系，从而产生加工误差。

例如，用双顶尖装夹车削细长轴时，工件在切削力作用下弯曲变形，加工后会形成腰鼓形的圆柱度误差，如图 5-23（a）所示。又如，在内圆磨床上用横向切入法磨孔时，由于内圆磨头主轴弯曲变形，使磨出的孔会带有锥度的圆柱度误差，如图 5-23（b）所示。

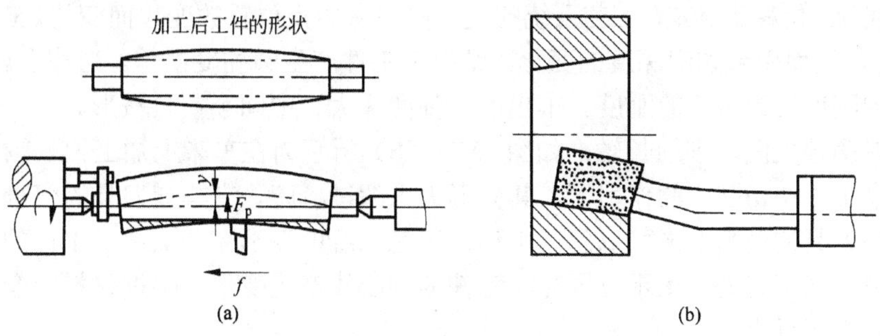

图 5-23　工艺系统受力变形引起的加工误差

因此，为了保证和提高工件的加工精度，就必须深入研究并控制以消除工艺系统及其有关组成部分的变形。

1．工艺系统刚度分析

为了分析计算工艺系统受力变形对加工精度的影响，需引入工艺系统刚度的概念。刚度是物体抵抗使其变形的作用力的能力，即作用力 F 与其引起的在作用力方向上的变形量 Y 的比值，称为物体的刚度 k。

$$k=F/Y \qquad (\text{N/mm})$$

切削加工中工艺系统在各种外力作用下，将在各个受力方向上产生相应的变形。其中对加工精度影响最大的为敏感方向。工艺系统的刚度 k_{xt} 定义为：零件加工表面法向分力 F_y 与刀具在切削力作用下相对工件在该方向的位移 Y_{xt} 的比值，即：

$$k_{xt}=F_y/Y_{xt}$$

工艺系统的刚度与工艺系统各组成部分的刚度和各组成部分之间的接触刚度有关。

工艺系统刚度的一般式为：

$$k_{xt}=\frac{1}{\dfrac{1}{k_{jc}}+\dfrac{1}{k_{jj}}+\dfrac{1}{k_{dj}}+\dfrac{1}{k_g}}$$

式中，k_{xt}——工艺系统的总刚度（N/mm）；k_{jc}——机床刚度（N/mm）；k_{jj}——夹具刚度（N/mm）；k_{dj}——刀具刚度（N/mm）；k_g——工件刚度（N/mm）。

因此，当知道工艺系统各个组成部分的刚度后，即可求出系统刚度。

2．工艺系统受力变形引起的加工误差

1）由于切削力着力点位置变化引起的工件形状误差

（1）在车床两顶尖间车削短而粗的光轴：如图 5-24（a）所示为在车床上加工短而粗的光轴，由于工件和刀具的刚度较大，在切削力作用下相对于机床、夹具的变形要小得多，而车刀在敏感方向的变形也很小，故可忽略不计。此时，工艺系统的变形完全取决于头架、尾座（包括顶尖）和刀架的变形。

当加工中车刀处于图示位置时，在切削分力 F_y 的作用下，头架由 A 点位移到 A'点，尾座由 B 点位移到 B'点，刀架由 C 点位移到 C'点，它们的位移量分别用 $y_{主}$、$y_{尾}$ 及 $y_{刀架}$表示。

而工件轴线 AB 位移到 $A'B'$，工艺系统的变形随着力点位置的变化而变化，x 值的变化引起 $y_{系统}$的变化，进而引起切削深度的变化，结果使工件产生圆柱度误差。当按上述条件车削时，工艺系统的刚度实为机床的刚度。车出的工件两头大、中间小，呈鞍形。

（2）在两顶尖间车削细长轴：如图 5-24（b）所示为在车床上加工细长轴。由于工件细而长，刚度小，在切削力的作用下，其变形大大超过机床、夹具和刀具的变形量。因此，机床、夹具和刀具的受力变形可以忽略不计，工艺系统的变形完全取决于工件的变形。

加工中，当车刀处于图示位置时，工件的轴心线产生变形。根据材料力学的计算公式，其切削点的变形量为：

$$y_w = \frac{F_y}{3EI}\frac{(L-x)^2 x^2}{L}$$

式中，E——弹性模量；I——惯性矩。

按此公式算出工件各点的位移量表明，工件两头小、中间大，呈腰鼓形。

由此可见，工艺系统的刚度随切削力作用点的位置变化而变化，加工后的工件，各横截面的直径也不相同，可能造成锥形、鞍形、鼓形等形状误差。

2）由于切削力变化而引起的加工误差

当工艺系统刚度不变时，若毛坯加工余量和材料硬度不均匀，会引起切削力 F_y 不断变化。如图 5-25 所示，由于工件毛坯的圆度误差，使车削时刀具的切削深度在 a_{p1} 与 a_{p2} 之间变化，因此，切削分力 F_y 也随切削深度 a_p 的变化由 F_{ymax} 变到 F_{ymin} 。根据前面的分析，工艺系统将产生相应的变形，即由 y_1 变到 y_2（刀尖相对于工件产生 y_1~y_2 的位移），这样就形成了被加工表面的圆度误差。这种现象称为“误差复映”。误差复映的大小可根据刚度计算公式求得。

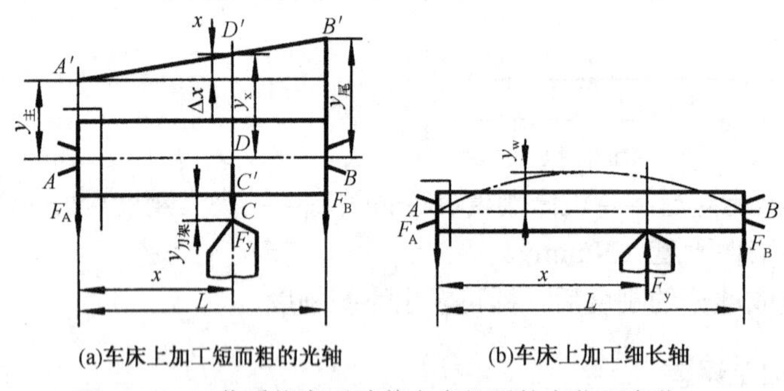

(a)车床上加工短而粗的光轴　(b)车床上加工细长轴

图 5-24　工艺系统变形随着力点位置的变化而变化

图 5-25　毛坯形状误差的复映

毛坯圆度的最大误差：　$\Delta_m = a_{p1} - a_{p2}$

工件误差：　$\Delta_{gi} = \varepsilon\Delta_m$

式中，ε 为误差复映系数。由于 y 总小于 a_p，即 ε 总小于 1，因此，复映系数 ε 定量地反映了毛坯误差在经过加工后减小的程度，它与工艺系统的刚度成反比，与径向切削力系数 A 成正比。要减小工件的复映误差，可增加工艺系统的刚度或减小径向切削力系数（例如增大主偏角，减小进给量等）。

当毛坯的误差较大，一次走刀不能满足加工精度要求时，需要多次走刀来消除 Δ_m 复映

到工件上的误差。多次走刀总 ε 值计算如下：

$$\varepsilon_{\Sigma}=\varepsilon_1\times\varepsilon_2\times\cdots\times\varepsilon_n=\left(\frac{\lambda C_{Fz}}{k_{xt}}\right)^n\ (f_1\times f_2\times\cdots\times f_n)^{0.75}$$

由于 ε 是远小于 1 的系数，所以经过多次走刀后，ε 已降到很小值,加工误差也可以得到逐渐减小而达到零件的加工精度要求（一般经过 2～3 次走刀后即可达到 IT7 的精度要求）。

由于切削力的变化而引起加工误差还表现在：材料硬度不均匀而引起的加工误差；用调整法加工一批工件时，若其毛坯余量误差较大会造成加工尺寸的分散等。

3）其他力引起的加工误差

（1）惯性力引起的加工误差：切削加工中，高速旋转的零部件（包括夹具、工件和刀具等）的不平衡将产生离心力 F_Q。F_Q 在每一转中不断地改变着方向，因此，它在 y 方向的分力大小的变化，就会使工艺系统的受力变形也随之变换而产生加工误差。如图 5-26 所示，车削一个不平衡的工件，当离心力 F_Q 与切削力 F_y 方向相反时，将工件推向刀具，使背吃刀量增加（如图 5-26（a）所示）；当离心力 F_Q 与切削力 F_y 方向相同时，工件被拉离刀具，使背吃刀量减小（如图 5-26（b）所示），其结果都造成了工件的圆度误差。

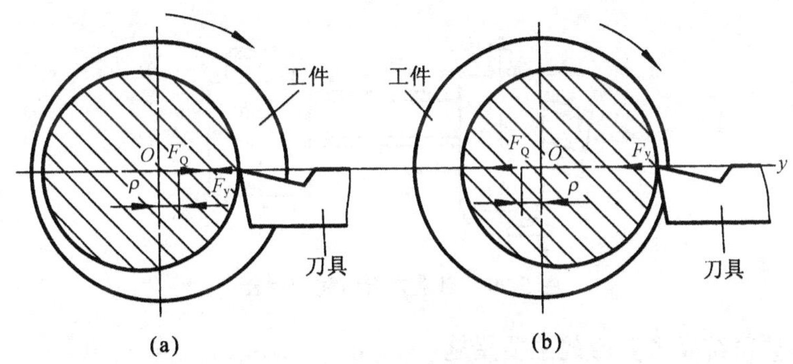

图 5-26　惯性力所引起的加工误差

（2）传动力引起的加工误差：在车床或磨床类机床上加工轴类零件时，常用单爪拨盘带动工件旋转。如图 5-27 所示，在拨盘的每一转中，传动力方向是变化的，它的方向有时与切削力方向相同，有时相反。因此，它所产生的误差和惯性力近似，造成工件的圆度误差。所以，加工精密零件时，改用双爪拨盘或柔性连接装置带动工件旋转。

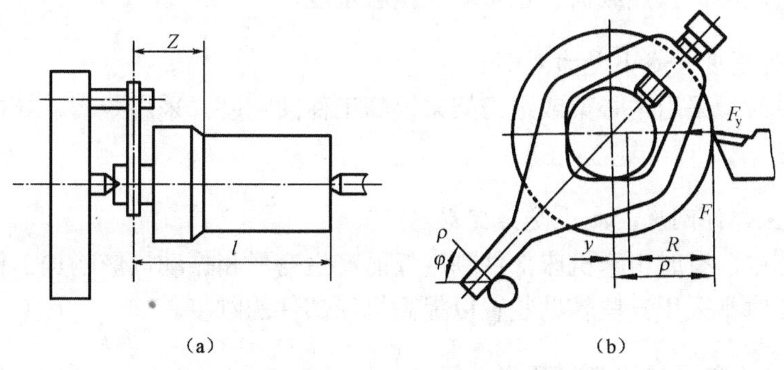

图 5-27　传动力引起的加工误差

(3) 夹紧力引起的加工误差：在加工刚性较差的工件时，若夹紧不当会引起工件的变形而产生形状误差。如图 5-28（a）所示，用三爪卡盘夹紧薄壁套筒车孔，夹紧后工件呈三棱形，如图 5-28（b）所示，车出的孔为圆形，如图 5-28（c）所示，当松夹后套筒弹性变形恢复，孔就形成了三棱形，如图 5-28（d）所示。所以加工中在套筒外面加上一个厚壁的开口过渡套，如图 5-28（e）所示，或采用专用夹头，如图 5-28（f）所示使夹紧力均匀分布在套筒上。

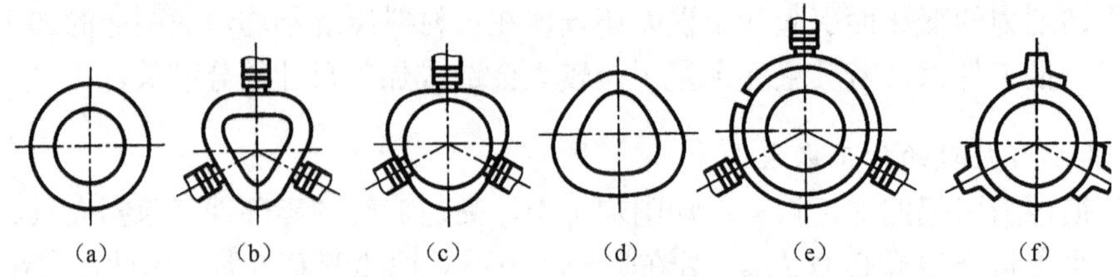

图 5-28　夹紧力引起的加工误差

(4) 重力引起的加工误差：在工艺系统中，有关零部件的重力所引起的变形也会造成加工误差。如图 5-29 所示为龙门铣横梁在自重的影响下所产生的变形，造成主轴轴线与工作台不垂直，从而使被加工的孔与定位面也产生垂直度误差。

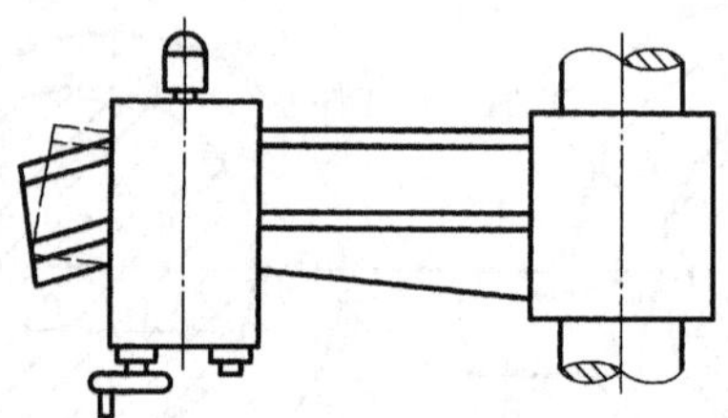

图 5-29　自重力所引起的误差

3．减小工艺系统受力变形的主要措施

减小工艺系统的受力变形，是机械加工中保证产品质量和提高生产效率的主要途径之一。根据生产的实际情况，可采取以下几方面的措施。

1）提高接触刚度

通过提高导轨等结合面的刮研质量、形状精度并降低表面粗糙度，都能增加接触面积，有效地提高接触刚度。预加载荷，也可增大接触刚度。

2）提高工件刚度，减小受力变形

加工细长轴时，采用中心架或跟刀架来提高工件的刚度。采用导套、导杆等辅助支承来加强刀架的刚度。

3）提高机床部件刚度，减小受力变形

在切削加工中，有时由于机床部件刚度低而产生变形和振动，影响加工精度和生产率的提高，所以加工时常采用一些辅助装置以提高机床部件的刚度。

4）合理装夹工件，减小夹紧变形

对刚性较差的工件选择合适的夹紧方法，能减小夹紧变形提高加工精度。如薄壁零件的

加工，夹紧时必须特别注意选择适当的夹紧方法。

5）其他措施

合理使用机床；合理安排加工工艺，粗、精加工分开；转移或补偿弹性变形；减小工艺系统受力变形等。

5.2.4　工艺系统受热变形引起的加工误差

在机械加工过程中，由于各种热源的影响，工艺系统将因温度的变化而产生变形，从而引起加工误差。据统计，在某些精密加工中，由于热变形引起的加工误差约占总加工误差的40%～70%，因而严重影响加工精度。实现数控加工后，加工误差不能再由人工进行补偿，全靠机床自动控制，因此热变形的影响就显得特别重要。

工艺系统的热源大致可分为内部热源和外部热源两大类。内部热源包括切削热和摩擦热；外部热源包括环境温度和辐射热。切削热和摩擦热是工艺系统的主要热源。

注意　在生产中，机床在开始工作的一段时间内，其温度场处于不稳定状态，其精度也是很不稳定的，工作一定时间后，温度才逐渐趋于稳定，其精度也比较稳定。因此，精密加工应在热平衡状态下进行。

1．机床热变形引起的加工误差

机床受热源的影响，各部分温度将发生变化，由于热源分布不均匀和机床结构的复杂性，机床各部件将发生不同程度的热变形，破坏机床原有的几何精度，从而引起加工误差。

各类机床其结构、工作条件及热源形式均不相同，因此机床各部件的温升和热变形情况是不一样的。

（1）车、铣、钻、镗类机床：主要是主轴箱中的齿轮、轴承摩擦发热，润滑油发热。如图 5-30 所示，车床主轴箱和床身的温度上升后，从而造成了机床主轴抬高和倾斜的现象。

（2）磨床类机床：主要是砂轮主轴轴承的发热和液压系统的发热。如图 5-31 所示，造成砂轮架位移、工件头架的位移和导轨的变形，从而影响加工精度。

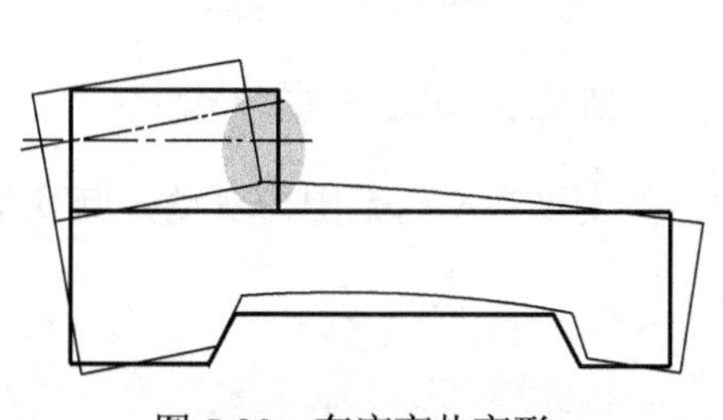

图 5-30　车床变热变形

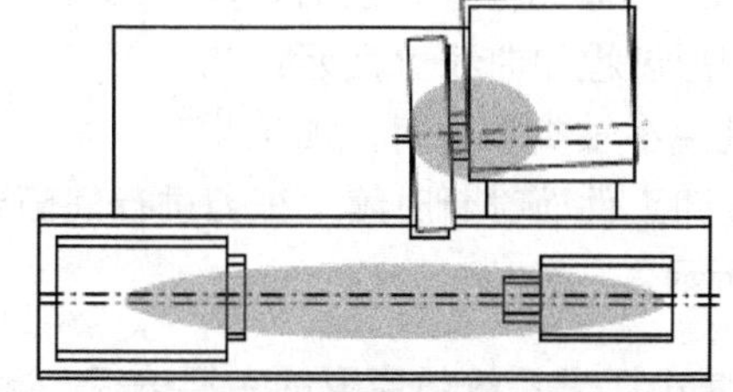

图 5-31　外圆磨床变热变形

（3）龙门刨床、牛头刨床、立式车床类机床：主要是导轨副的摩擦热。这种长床身部件，床身上表面比床身的底面温度高而形成温差，因此床身将产生弯曲变形。另外，立柱和溜板也因床身的热变形而产生相应的位置变化，从而影响加工精度。

2. 工件热变形引起的加工误差

轴类零件在车削或磨削时，一般是均匀受热，温度逐渐升高，其直径也逐渐胀大，胀大部分将被刀具切去，待工件冷却后则形成圆柱度和直径尺寸的误差。

细长轴在顶尖间车削时，热变形将使工件伸长，导致工件弯曲变形，加工后将产生圆柱度误差。另外，加工细长轴，随着切削的进行，工件温度逐渐升高，直径不断变大，因此，工件被切去的金属层厚度越来越大，冷却后不仅产生径向尺寸误差，而且还会产生圆柱度误差。

床身导轨面的磨削，由于单面受热，与底面产生温差而引起热变形，使磨出的导轨产生直线度误差。薄圆环磨削，如图 5-32 所示，虽近似均匀受热，但磨削时磨削热量大，工件质量小，温升高，在夹压处散热条件较好，该处温度较其他部分低，加工完毕工件冷却后，会出现棱圆形的圆度误差。

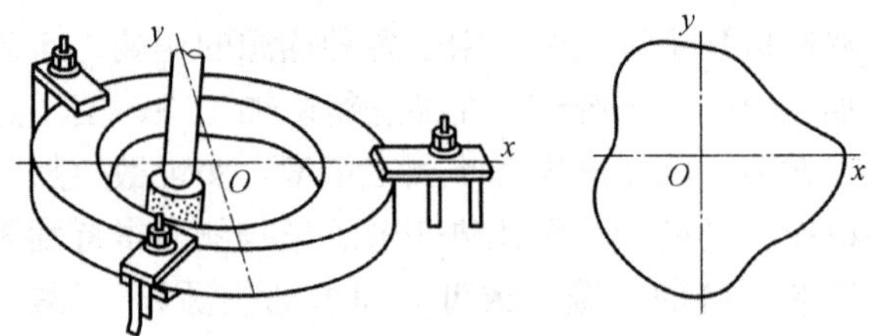

图 5-32　薄圆环磨削时热变形的影响

3. 刀具热变形引起的加工误差

刀具的热变形主要由切削热引起。切削加工时，虽然传到刀具上的热量不多，但因刀具切削部分质量小（体积小），热容量小，所以刀具切削部分的温升大。

图 5-33 所示为车削时车刀的热变形与切削时间的关系曲线。当车刀连续车削时，车刀变形情况如曲线 A 所示；当车刀停止切削后，车刀冷却变形过程如曲线 B 所示；当车削一批短小轴类零件时，加工由于需要装卸工件而时断时续，车刀进行间断切削，热变形在$\Delta\ \xi_0$范围内变动，其变形过程如曲线 C 所示。

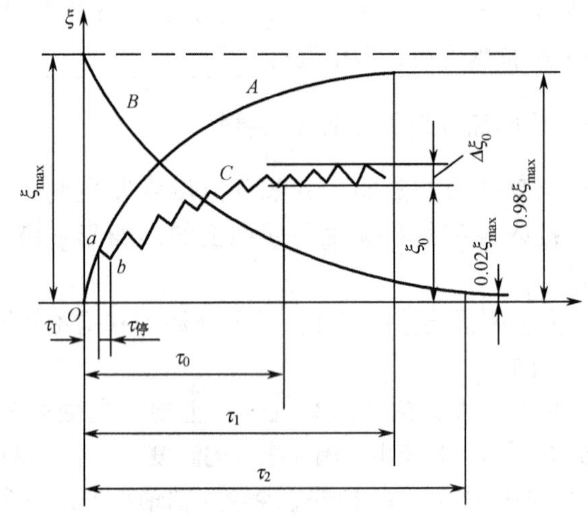

图 5-33　车刀热变形曲线

4. 减小工艺系统热变形的主要途径

1）减少工艺系统热源的发热和隔热

切削中内部热源是机床产生热变形的主要根源。为了减少机床的发热，在新的机床产品中凡是能从主机上分离出去的热源，一般都有分离出去的趋势。如电动机、齿轮箱、液压装

置和油箱等已有不少分离出去的实例。对于不能分离出去的热源，如主轴轴承、丝杠副、高速运动的导轨副、摩擦离合器等，可从结构和润滑等方面改善其摩擦特性，减少发热，例如采用静压轴承、静压导轨、低黏度润滑油、锂基润滑脂等。也可以用隔热材料将发热部件和机床大件分隔开来。

2）加强散热能力

为了消除机床内部热源的影响，可以采用强制冷却的办法，吸收热源发出的热量，从而控制机床的温升和热变形，这是近年来使用较多的一种方法。目前，大型数控机床、加工中心机床都普遍使用冷冻机对润滑油和切削液进行强制冷却，以提高冷却的效果。

3）保持工艺系统的热平衡

机床开机工作一段时间后，由热源传入的热量与散发的热量相等，就达到了热平衡。此时，机床各部位的热变形趋于稳定。因此，在精密加工之前，应让机床先空转一段时间，达到热平衡后再进行加工。

4）控制温度的变化

环境温度的变化和室内各部分的温差，将使工艺系统产生热变形，从而影响工件的加工精度和测量精度。因此，在加工或测量精密零件时，应控制室温的变化。

精密机床（如精密磨床、坐标镗床、齿轮磨床等）一般安装在恒温车间，以保持其温度的恒定。恒温精度一般控制在±1℃，精密级为±0.5℃，超精密级为 ±0.01℃。

做一做　车外圆时，车刀热变形会使工件产生圆柱度误差（喇叭口）。加工内孔又如何？

5.2.5　工件残余应力引起的加工误差

零件在没有外加载荷的情况下，仍然残存在工件内部的应力称为内应力或残余应力，它是由金属内部的相邻宏观或微观组织发生了不均匀的体积变化而产生的，促使这种变化的因素主要来自热加工或冷加工。零件内应力的重新分布不仅影响零件的加工精度，而且对装配精度也有很大的影响。内应力存在于工件的内部，而且其存在和分布情况相当复杂，下面只作一些定性的分析。

1．毛坯制造中产生的残余应力

在铸造、锻造、焊接及热处理过程中，由于工件各部分冷却收缩不均匀以及金相组织转变时的体积变化，在毛坯内部就会产生残余应力。

毛坯的结构越复杂，各部分壁厚越不均匀以及散热条件相差越大，毛坯内部产生的残余应力就越大。具有残余应力的毛坯，其内部应力暂时处于相对平衡状态。虽在短期内看不出变化，但当加工时切去某些表面部分后，这种平衡就被打破，内应力重新分布，并建立一种新的平衡状态，工件明显地出现变形。

2. 冷校直引起的内应力

冷校直工艺方法在一些长棒料或细长零件弯曲的反方向施加外力 F 以达到校直目的，如图 5-34（a）所示。因为在外力 F 的作用下，工件内部的应力重新分布，如图 5-34（b）所示，在轴心线以上的部分产生压应力（用负号表示），在轴心线以下的部分产生拉应力（用正号表示）。在轴心线和两条虚线之间，是弹性变形区域，在虚线以外是塑性变形区域。当外力 F 去除后，弹性变形本可完全恢复，但因塑性变形部分的阻止而恢复不了，使残余应力重新分布而达到平衡，如图 5-34（c）所示。

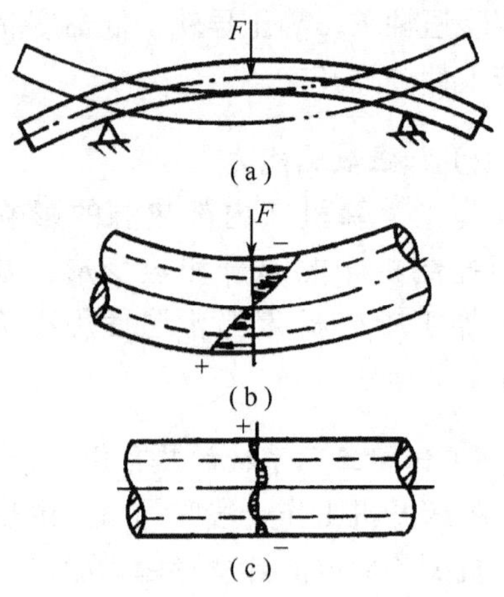

图 5-34　冷校直引起的内应力

所以对精度要求较高的细长轴（如精密丝杠），不允许采用冷校直来减小弯曲变形，而采用加大毛坯余量，经过多次切削和时效处理来消除内应力，或采用热校直。

3. 工件切削时的内应力

工件在进行切削加工时，在切削力和摩擦力的作用下，使表层金属产生塑性变形，体积膨胀，受到里层组织的阻碍，故表层产生压应力，里层产生拉应力；由于切削温度的影响，表层金属产生热塑性变形，表层温度下降快，冷却收缩也比里层大，当温度降至弹性变形范围内时，表层收缩受到里层的阻碍，因而产生拉应力，里层将产生平衡的压应力。

在大多数情况下，热的作用大于力的作用。特别是高速切削、强力切削、磨削等，热的作用占主要地位。磨削加工中，表层拉力严重时会产生裂纹。

4. 减小或消除内应力的措施

（1）合理设计零件结构：在零件结构设计中，应尽量缩小零件各部分厚度尺寸的差异，以减小铸、锻毛坯在制造中产生的内应力。

（2）增加消除残余应力的工序：对铸、锻、焊接件进行退火或回火；工件淬火后进行回火；对精度要求高的零件在粗加工或半精加工后进行时效处理（自然、人工、振动时效处理）

（3）合理安排工艺过程：在安排零件加工工艺过程中，尽可能将粗、精加工分在不同工序中进行。

5.2.6　加工误差的分析与控制

生产实际中，影响加工误差的因素往往是错综复杂的，有时很难用单因素来分析其因果关系，而要用数理统计学的基本原理，通过对数据的整理和统计分析，综合各种因素的影响，找出产生误差的原因，从而采取相应的解决措施。

1．加工误差的性质

各种单因素的加工误差，按其统计规律的不同，可分为系统性误差和随机性误差两大类。系统性误差又分为常值系统误差和变值系统误差两种。

1）系统性误差

(1) 常值系统误差：顺次加工一批工件后，其大小和方向保持不变的误差，称为常值系统误差。例如，加工原理误差和机床、夹具、刀具的制造误差等，都是常值系统误差。工艺系统在恒力作用下的变形等造成的加工误差也可看做常值系统误差。

(2) 变值系统误差：顺次加工一批工件中，其大小和方向按一定的规律变化的误差，称为变值系统误差。例如，机床、夹具和刀具等在热平衡前的热变形误差和刀具的磨损等，都是变值系统误差。

2）随机性误差

顺次加工一批工件，出现大小和方向不同且无规律变化的加工误差，称为随机性误差。例如，毛坯误差（余量大小不一，硬度不均匀等）的复映、定位误差（基准面精度不一，间隙影响等）这些不确定因素造成的加工误差，都是随机性误差。

 **注意**　在生产中，误差性质的判别应根据工件的实际加工情况决定。在不同的生产场合，误差的表现性质会有所不同，原属于常值系统性的误差有时会变成随机性误差。

例如，对一次调整中加工出来的工件来说，调整误差是常值误差；但在大量生产中，一批工件需要经多次调整，则每次调整时的误差就是随机误差了。

2．加工误差的统计分析法

统计分析法是以生产现场观察和对工件进行实际检验的数据资料为基础，用数理统计的方法分析处理这些数据资料，从而揭示各种因素对加工误差的综合影响，获得解决问题的途径的一种分析方法，主要有分布图分析法和点图分析法等。本节主要介绍分布图法。其他方法请参考有关资料。

1）实际分布图——直方图

在加工过程中，对某工序的加工尺寸抽取有限样本数据进行分析处理，用直方图的形式表示出来，以便于分析加工质量及其稳定程度的方法，称为直方图分析法。

下面通过实例来说明直方图的作法。

【实例 5.1】 磨削一批轴径为$\phi\,10^{+0.016}_{+0.001}$ mm的工件，抽查其中的100件，由于各种误差的影响，每个工件的尺寸都不相同，最大为ϕ10.008 mm，最小为ϕ9.994 mm，这种现象称为尺寸分散。把测得的尺寸按大小分为7组，每组间距0.002 mm统计出各组的工件数m，称为频数。轴径尺寸实测值如表5-6所示。

解： 按表5-6中所示数据，以频数为纵坐标，组距（尺寸间隔）为横坐标就可以画出直方图，如图5-35所示。

表 5-6　轴径尺寸实测值（μm）

组　别	尺寸范围（mm）	组中值 x	频数 m	组频率（%）
1	9.994～9.996	9.995	3	3
2	＞9.996～9.998	9.997	9	9
3	＞9.998～10.000	9.999	25	25
4	＞10.000～10.002	10.001	28	28
5	＞10.002～10.004	10.003	23	23
6	＞10.004～10.006	10.005	10	10
7	＞10.006～10.008	10.007	2	2
合　计			100	100

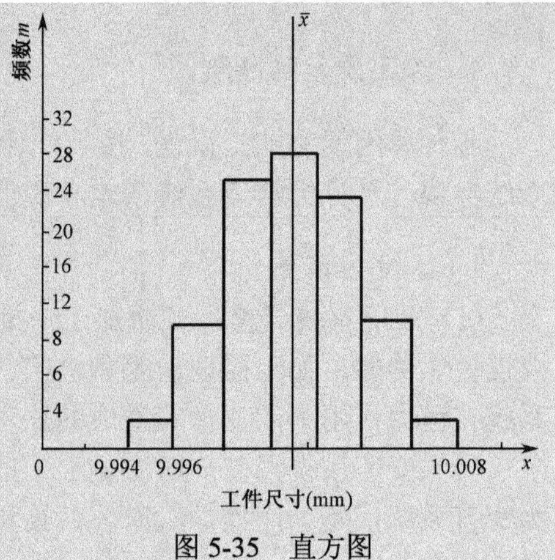

图 5-35　直方图

2）理论分布图——正态分布曲线

（1）正态分布曲线：正态分布曲线又称为高斯曲线，概率论已经证明，相互独立的大量微小随机变量，其分布总接近正态分布。如图 5-36 所示为正态分布曲线。

其函数表达式为：

$$y=\frac{1}{\sigma\sqrt{2\pi}}e^{-\frac{1}{2}(\frac{x-\overline{x}}{\sigma})^2}$$

式中，y—— 分布的概率密度（相当于直方图上的频率密度）；$\overline{x}$——工件尺寸的平均值（分散中心）；σ——工序的标准偏差（均方根误差），$\sigma=\sqrt{\frac{1}{n}\sum_{i=1}^{n}(x_i-\overline{x})^2}$；$n$——样本工件的总数。

从正态分布图上可看出下列特征。

①对称性：曲线以 $x=\overline{x}$ 直线为中心左右对称，靠近 $\overline{x}$ 的工件尺寸出现概率较大，远离 $\overline{x}$ 的工件尺寸概率较小。

②抵偿性：对 $\overline{x}$ 的正偏差和负偏差，其概率相等，总的偏差之和为零。

③有界性：分布曲线与横坐标所围成的面积包括了全部零件数（100%），故其面积等于1；其中 $x-\overline{x}=\pm3\sigma$（在 $\overline{x}\pm3\sigma$）范围内的面积占了 99.73%，即 99.73%的工件尺寸落在$\pm3\sigma$ 范围内，仅有 0.27%的工件在范围之外（可忽略不计）。因此可将$\pm3\sigma$ 作为正态分布曲线的边界。

$\pm3\sigma$（或 6σ）的概念在研究加工误差时应用很广，是一个很重要的概念。6σ 的大小代表某加工方法在一定条件（如毛坯余量，切削用量，正常的机床、夹具、刀具等）下所能达到的加工精度，所以在一般情况下，应该使所选择的加工方法的标准偏差 σ 与公差带宽度 T 之间具有下列关系：

$$6\sigma\leqslant T$$

如果改变参数 $\overline{x}$（σ 保持不变），则曲线沿 x 轴平移而不改变其形状，如图 5-37 所示。$\overline{x}$ 的变化主要是常值系统性误差引起的。如果 $\overline{x}$ 值保持不变，当 σ 值减小时，则曲线形状陡峭，尺寸分散范围小，加工精度高；σ 增大时，曲线形状平坦，如图 5-38 所示。σ 的大小实际反了随机误差的影响程度，随机性误差越大则 σ 越大。

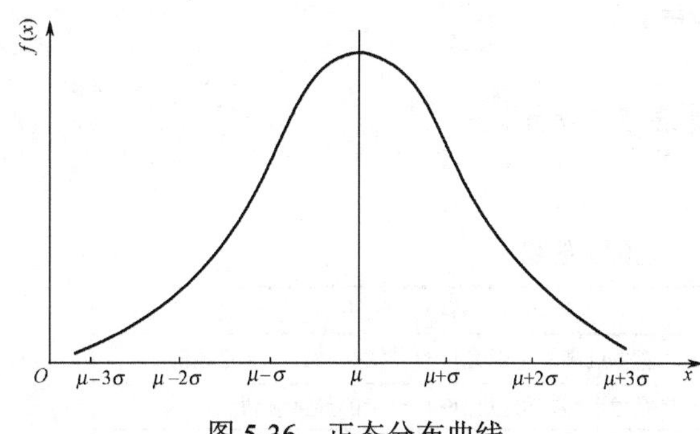

图 5-36　正态分布曲线

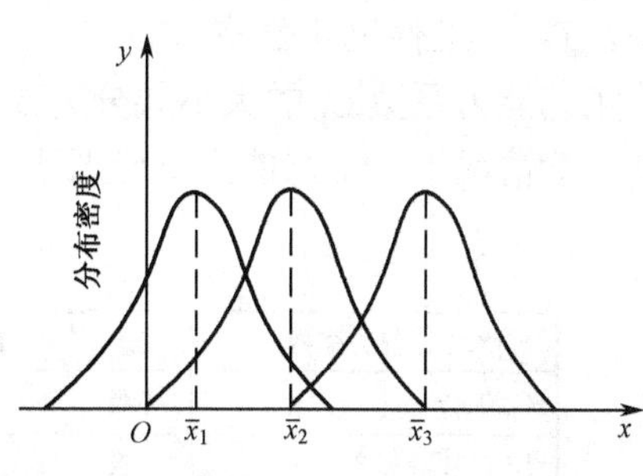

图 5-37　σ 相同，$\overline{x}$ 对曲线位置的影响

（2）非正态分布曲线：工件的实际分布有时并不近似于正态分布，常见的非正态分布有以下几种形式，如图 5-39 所示。

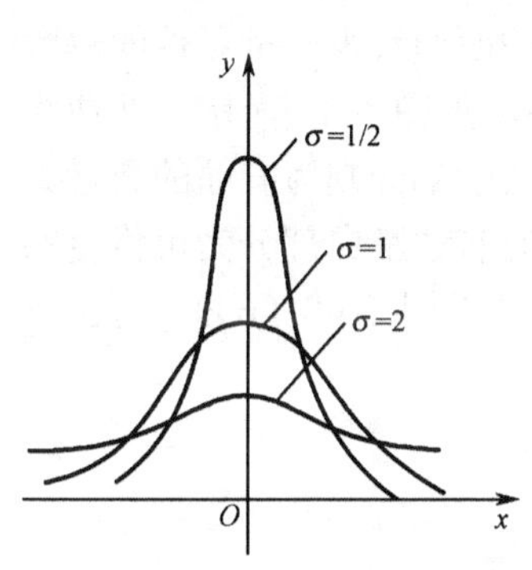

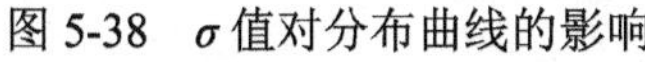

图 5-38　σ 值对分布曲线的影响

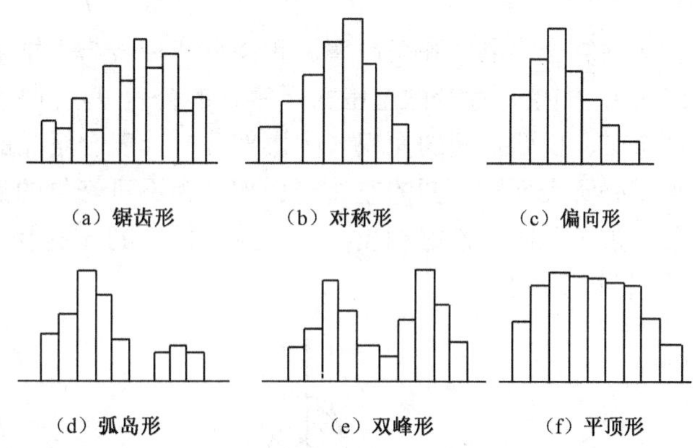

图 5-39　常见的几种非正态分布图形

> **做一做**　同学们，分析一下，以上这几种非正态分布图形是什么原因造成的？

（3）分布图分析法的应用主要有以下 4 个方面。

①确定给定加工方法的精度。对于给定的加工方法，服从正态分布，其分散范围为±3σ（6σ）；则 6σ 即为该加工方法的加工精度。

②判断加工误差的性质。如果实际分布曲线基本符合正态分布，则说明加工过程中无变值系统误差（或影响很小）；若公差带中心 T_M 与尺寸分布中心 $\overline{x}$ 重合，则加工过程中常值系统误差为零，否则存在常值系统误差，其大小为$|T_M-\overline{x}|$；若实际分布曲线不服从正态分布，可根据直方图分析判断变值系统误差的类型，分析产生误差的原因并采取有效措施加以抑制和消除。

③判断工艺能力及其等级。工序能力是指某工序能否稳定地加工出合格产品的能力。工艺能力即工序处于稳定状态时，加工误差正常波动的幅度。由于不产生废品的条件是尺寸分散范围应小于图纸规定的公差，因工艺能力μ=6σ，也就是说，某加工方法工艺能力越高，尺寸分散范围越小，废品出现的概率就越小。于是，可引入工艺能力系数 C_p 来衡量选定的加工

方法的工艺能力。

$$C_p = T/6\sigma$$

式中，T——工件尺寸公差。

工艺能力系数 C_p 的大小共分为 5 级，如表 5-7 所示。

一般情况下，工艺能力不应低于二级。

表 5-7　工艺能力等级

工艺能力系数	工 序 等 级	说　　明
$C_p>1.67$	特级	工艺能力过高，可以允许有异常波动，不一定经济
$1.67\geqslant C_p>1.33$	一级	工艺能力足够，可以允许有一定的异常波动
$1.33\geqslant C_p>1.00$	二级	工艺能力勉强，必须密切注意
$1.00\geqslant C_p>0.67$	三级	工艺能力不足，可能出现少量不合格品
$C_p\leqslant 0.67$	四级	工艺能力差，必须加以改进

④估算合格品率和疵品率。正态分布曲线与 x 轴之间所包含的面积代表一批零件的总数（100%），如果尺寸分散范围大于零件的公差 T，则将有疵品产生。如图 5-40 所示，在曲线下面至 C、D 两点间的面积（阴影部分）代表合格品的数量，而其余部分则为疵品的数量。当加工外圆表面时，图的左边空白部分为不可修复的疵品，而图的右边空白部分为可修复的疵品。加工孔时，恰好相反。对于某一规定的 x 范围的曲线面积（见图 5-40（b）），可由下面的积分式求得：

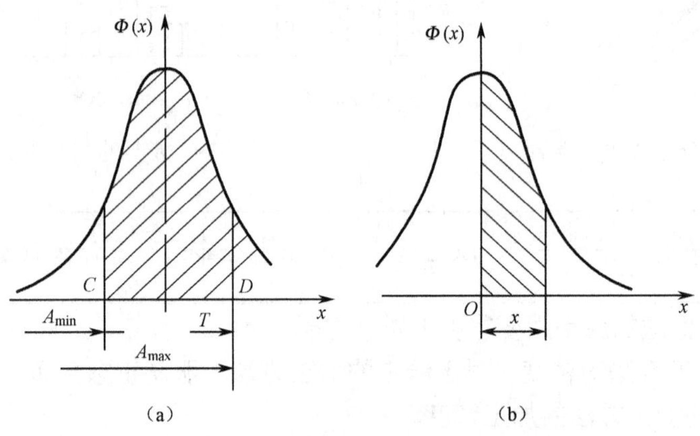

图 5-40　利用正态分布曲线估算疵品率

$$y=\frac{1}{\sigma\sqrt{2\pi}}\int_0^x \mathrm{e}^{-\frac{x^2}{2\sigma^2}}\,\mathrm{d}x$$

为了方便起见，设 $z=\dfrac{x}{\sigma}$。

所以

$$y=\frac{1}{\sqrt{2\pi}}\int_0^x \mathrm{e}^{-\frac{z^2}{2}}\,\mathrm{d}z$$

正态分布曲线的总面积为：

$$2\phi(\infty)=\frac{1}{\sqrt{2\pi}}\int_0^{\infty}e^{-\frac{z^2}{2}}dz=1$$

在一定的 z 值时，函数 y 的数值等于加工尺寸在 x 范围的概率。各种不同 z 值的 y 值列于表 5-8 中。

表 5-8　各种不同 z 值的 y 值

z	y	z	y	z	y	z	y	z	y
0.00	0.000 0	0.26	0.102 3	0.52	0.198 5	1.05	0.353 1	2.60	0.495 3
0.01	0.004 0	0.27	0.106 4	0.54	0.205 4	1.10	0.364 3	2.70	0.496 5
0.02	0.008 0	0.28	0.110 3	0.56	0.212 3	1.15	0.374 9	2.80	0.497 4
0.03	0.012 0	0.29	0.114 1	0.58	0.219 0	1.20	0.384 9	2.90	0.498 1
0.04	0.016 0	0.30	0.117 9	0.60	0.225 7	1.25	0.394 4	3.00	0.498 65
0.05	0.019 9	—	—	—	—	—	—	—	—
0.06	0.023 9	0.31	0.121 7	0.62	0.232 4	1.30	0.403 2	3.20	0.499 31
0.07	0.027 9	0.32	0.125 5	0.64	0.238 9	1.35	0.411 5	3.40	0.499 66
0.08	0.031 9	0.33	0.129 3	0.66	0.245 4	1.40	0.419 2	3.60	0.499 8 41
0.09	0.035 9	0.34	0.133 1	0.68	0.251 7	1.45	0.426 5	3.80	0.499 9 28
0.10	0.039 8	0.35	0.136 8	0.70	0.258 0	1.50	0.433 2	4.00	0.499 9 68
0.11	0.043 8	0.36	0.140 6	0.72	0.264 2	1.55	0.439 4	4.50	0.499 9 97
0.12	0.047 8	0.37	0.144 3	0.74	0.270 3	1.60	0.445 2	5.00	0.499 999 97
0.13	0.051 7	0.38	0.148 0	0.76	0.276 4	1.65	0.450 5	—	—
0.14	0.055 7	0.39	0.151 7	0.78	0.282 3	1.70	0.455 4	—	—
0.15	0.059 6	0.40	0.155 4	0.80	0.288 1	1.75	0.459 9	—	—
0.16	0.063 6	0.41	0.159 1	0.82	0.293 9	1.80	0.464 1	—	—
0.17	0.067 5	0.42	0.162 8	0.84	0.299 5	1.85	0.467 8	—	—
0.18	0.071 4	0.43	0.166 4	0.86	0.305 1	1.90	0.471 3	—	—
0.19	0.075 3	0.44	0.170 0	0.88	0.310 6	1.95	0.474 4	—	—
0.20	0.079 3	0.45	0.173 6	0.90	0.315 9	2.00	0.477 2	—	—
0.21	0.083 2	0.46	0.177 2	0.92	0.321 2	2.10	0.482 1	—	—
0.22	0.087 1	0.47	0.180 8	0.94	0.326 4	2.20	0.486 1	—	—
0.23	0.091 0	0.48	0.184 4	0.96	0.331 5	2.30	0.489 3	—	—
0.24	0.094 8	0.49	0.187 9	0.98	0.336 5	2.40	0.491 8	—	—
0.25	0.098 7	0.50	0.191 5	1.00	0.341 3	2.50	0.493 8	—	—

【实例 5.2】 在磨床上加工销轴，要求外径 $d=12_{-0.043}^{-0.016}$ mm，$\bar{x}=11.974$mm，$\sigma=0.005$mm，其尺寸分布符合正态分布，试分析该工序的工艺能力和计算疵品率。

解： 该工序尺寸分布如图 5-41 所示。

$$C_p=\frac{T}{6\sigma}=\frac{0.0\text{:}}{6\times0.}$$

由于工艺能力系数 $C_p<1$，说明该工序工艺能力不足，因此产生疵品是不可避免的。

工件最小尺寸：

$d_{min}=\bar{x}-3\sigma=11.959\text{mm}>A_{min}=11.957\text{mm}$，故不会产生不可修复的疵品。

图 5-41　磨削轴工序尺寸分布

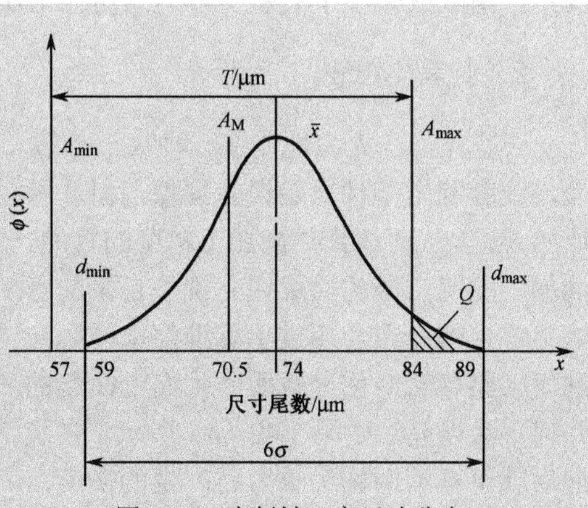

工件最大尺寸：

$d_{max}=\overline{x}+3\sigma=11.989mm>A_{max}=11.984mm$，故要产生可修复的疵品。

疵品率：

$$Q=0.5-y$$

$$z=\frac{|x-\overline{x}|}{\sigma}=\frac{|11.984-11.974|}{0.005}=2$$

查表 5-8，$z=2$ 时，$y=0.477\ 2$。

$$Q=0.5-0.477\ 2=0.022\ 8$$

所以，该工序的疵品率是 2.28%。

知识链接 分布图分析法的缺点如下。

1. 分布图分析法不能反映误差的变化趋势。

2. 加工中，由于随机性误差和系统性误差同时存在，在没有考虑到工件加工先后顺序的情况下，很难把随机性误差和变值系统性误差区分开来。

3. 由于在一批工件加工结束后，才能得出尺寸分布情况，因而不能在加工过程中起到及时控制质量的作用。

5.2.7 减小加工误差的措施

1. 直接减小原始误差法

这种方法应用很广，它在查明影响加工精度的主要原始误差因素之后，设法对其直接进行消除或减小。例如，磨削精密薄片零件时，常出现两端面平面度误差较大的问题。经查明夹紧变形是造成误差的主要原因，于是采取垫薄橡皮或纸等方法，使工件在自由状态下得到固定，消除或减小了夹紧变形，因而加工质量得到改善。

2. 误差补偿法

误差补偿法人为地制造一种大小相等、方向相反的误差，去抵消工艺系统固有的原始误差，或者利用一种原始误差去抵消另一种原始误差，从而达到提高加工精度的目的。例如，龙门铣床的横梁在立铣头自重的影响下产生的变形若超过了标准要求，则在刮研横梁导轨时使导轨面产生向上凸起的几何形状误差，如图 5-42（a）所示。在装配后就可抵消因铣头重力而产生的挠度，从而达到机床精度要求，如图 5-42（b）所示。

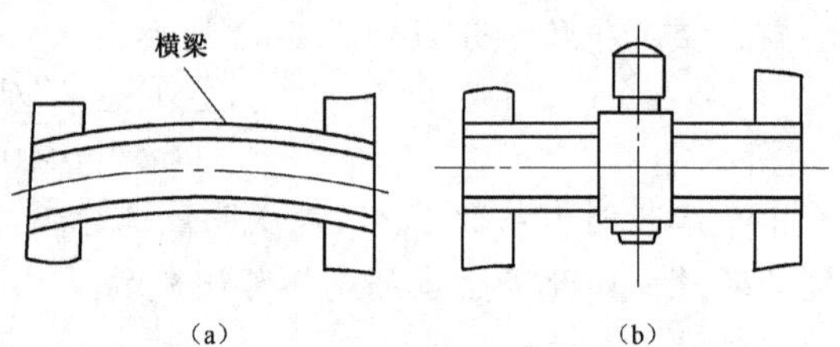

图 5-42 通过导轨凸起补偿横梁变形

3．误差转移法

工艺系统的原始误差，可以在一定的条件下转移到误差的非敏感方向，或不影响加工精度的方向上去。这样在不减小原始误差的情况下，仍然可以获得较高的加工精度。例如，磨削主轴锥孔时，锥孔和轴径的同轴度不是靠机床主轴回转精度来保证的，而是靠夹具保证，当机床主轴与工件采用浮动连接以后，机床主轴的原始误差就不再影响加工精度，而转移到夹具来保证加工精度。

4．误差分组法

为了提高一批零件的加工精度，有时可采取分化原始误差的方法，即将原始误差分组处理，从而提高零件的加工精度。例如，由于工序毛坯误差的存在，造成了本工序的加工误差。毛坯误差的变化，对本工序的影响主要有两种情况：复映误差和定位误差。如果上述误差太大，不能保证加工精度，而且要提高毛坯精度或上一道工序加工精度是不经济的。这时可采用误差分组法，即把毛坯或上工序尺寸按误差大小分为 n 组，每组毛坯的误差就缩小为原来的 $1/n$，然后按各组分别调整刀具与工件的相对位置或调整定位元件，就可大大地缩小整批工件的尺寸分散范围。

例如，某厂加工齿轮磨床上的交换齿轮时，为了达到齿圈径向跳动的精度要求，将交换齿轮的内孔尺寸分成 3 组，并用与尺寸相应的 3 组定位心轴进行加工。其分组尺寸如表 5-9 所示（单位 mm）。

表 5-9　交换齿轮内孔尺寸分组

组　别	心轴直径 $\phi25^{+0.011}_{+0.002}$	工件孔径 $\phi25^{+0.013}_{0}$	配 合 精 度
第一组	ϕ25.002	ϕ25.000~ 25.004	±0.002
第二组	ϕ25.006	ϕ25.004~ 25.008	±0.002
第三组	ϕ25.011	ϕ25.008~ 25.013	±0.002 ±0.003

误差分组法的实质，是用提高测量精度的手段来弥补加工精度的不足，从而达到较高的精度要求。当然，测量、分组需要花费时间，故一般只在配合精度很高，而加工精度不宜提高时采用。

5．就地加工法

在加工和装配中，有些精度问题牵涉到很多零部件间的相互关系，如果单纯地提高零件精度来满足设计要求，有时不仅困难，甚至不可能达到。此时，若采用就地加工法，就可解决这种难题。就地加工法的要点是：要保证部件间什么样的位置关系，就在这样的位置关系上，用一个部件装上刀具去加工另一个部件，这是一种达到最终精度的简捷方法。

例如，龙门刨床、牛头刨床，为了使它们的工作台分别与横梁或滑枕保持位置的平行度关系，都是装配后在自身机床上，进行就地精加工来达到装配要求的。平面磨床的工作台，也是在装配后利用自身砂轮精磨出来的。

6. 误差平均法

误差平均法又称为均化原始误差法，是利用有密切联系的表面之间的相互比较和相互修正，使被加工表面的原始误差不断缩小和平均化的过程。

如配合精度要求很高的轴和孔，常用对研的方法来达到。所谓对研，就是配偶件的轴和孔互为研具相对研磨。在研磨前有一定的研磨量，其本身的尺寸精度要求不高，在研磨过程中，配合表面相对研擦和磨损的过程，就是两者的误差相互比较和相互修正的过程。

通过以上几个例子可知，采用误差平均法可以最大限度地排除机床误差的影响。

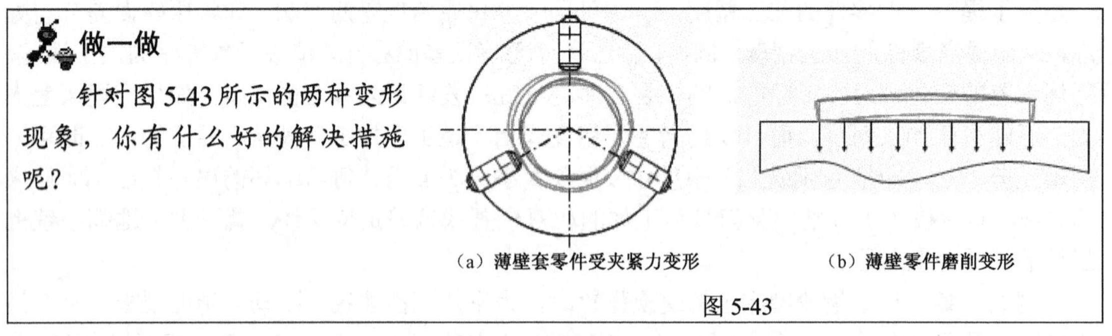

做一做

针对图5-43所示的两种变形现象，你有什么好的解决措施呢？

（a）薄壁套零件受夹紧力变形　　（b）薄壁零件磨削变形

图 5-43

任务 5.3　分析机械加工表面质量

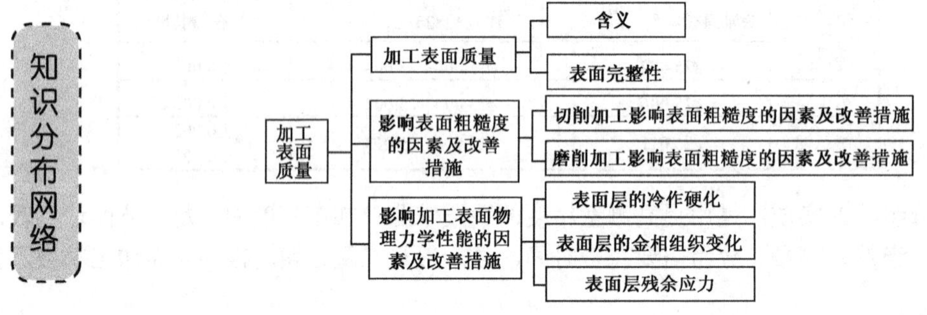

5.3.1　加工表面质量的概念

零件加工表面质量是指机械加工后零件表面层的微观几何结构及表层金属材料性质发生变化的情况。经机械加工后的零件表面并非理想的光滑表面，它存在着不同程度的粗糙波纹、冷硬、裂纹等表面缺陷。虽然只有极薄的一层（0.05～0.15mm），但对机器零件的使用性能有着极大的影响；零件的磨损、腐蚀和疲劳破坏都是从零件表面开始的，特别是现代化工业生产使机器正朝着精密化、高速化、多功能方向发展，工作在高温、高压、高速、高应力条件下的机械零件，表面层的任何缺陷都会加速零件的失效。因此，必须重视机械加工表面质量。

1．加工表面质量的含义

机器零件的加工质量不仅指加工精度，还包括加工表面质量，它是零件加工后表面层状态完整性的表征。机械加工后的表面，总存在一定的微观几何形状的偏差，表面层的物理力学性能也发生变化。因此，机械加工表面质量包括加工表面的几何特征和表面层物理力学性能两个方面的内容。

1）加工表面的几何特征

加工表面的微观几何特征主要包括表面粗糙度和表面波度两部分，表面粗糙度是波距 $L<1$mm 的表面微小波纹；表面波度是指波距 $L=1\sim20$mm 之间的表面波纹。通常情况下，当 L/H（波距/波高）<50 时为表面粗糙度，$L/H=50\sim1\,000$ 时为表面波度。

（1）表面粗糙度。表面粗糙度主要是由刀具的形状以及切削过程中塑性变形和振动等因素引起的，它是指已加工表面的微观几何形状误差。

（2）表面波度。表面波度主要是由加工过程中工艺系统的低频振动引起的周期性形状误差，介于形状误差（$L_1/H_1>1\,000$）与表面粗糙度（$L_3/H_3<50$）之间。

2）加工表面层的物理力学性能

表面层的物理力学性能包括表面层的加工硬化、残余应力和表面层的金相组织变化。

（1）表面层的加工硬化：表面层的加工硬化一般用硬化层的深度和硬化程度 N 来评定。

$$N=[(H-H_0)/H_0]\times100\%$$

式中，H——加工后表面层的显微硬度；H_0——原材料的显微硬度。

（2）表面层金相组织的变化：在加工过程（特别是磨削）中的高温作用下，工件表层温度升高，当温度超过材料的相变临界点时，就会产生金相组织的变化，大大降低零件使用性能，这种变化包括晶粒大小、形状、析出物和再结晶等。金相组织的变化主要通过显微组织观察来确定。

（3）表面层残余应力：在加工过程中，由于塑性变形、金相组织的变化和温度造成的体积变化的影响，表面层会产生残余应力。目前对残余应力的判断大多是定性的，它对零件使用性能的影响大小取决于它的方向、大小和分布状况。

2．表面完整性

随着科学技术的发展，对产品的使用性能要求越来越高，一些重要零件需在高温、高压、高速的条件下工作，表面层的任何缺陷，都直接影响零件的工作性能。为适应科学技术的发展，在研究表面质量的领域里提出了表面完整性的概念，主要有：

（1）表面形貌：主要描述加工后零件的几何特征，它包括表面粗糙度、表面波度和纹理等。

（2）表面缺陷：它是指加工表面上出现的宏观裂纹、伤痕和腐蚀现象等，对零件的使用有很大影响。

（3）微观组织和表面层的冶金化学性能：主要包括微观裂纹、微观组织变化及晶间腐蚀等。

（4）表面层物理力学性能：主要包括表面层硬化深度和程度、表面层残余应力的大小及分布。

（5）表面层的其他工程技术特征：主要包括摩擦特性、光的反射率、导电性和导磁性等。

5.3.2 影响表面粗糙度的因素及改善措施

1．切削加工中影响表面粗糙度的因素及改善措施

1）影响因素

（1）刀具几何形状的复映：刀具相对于工件作进给运动时，在加工表面留下了切削层残留面积，其形状是刀具几何形状的复映。

在理想切削条件下，由于切削刃的形状和进给量的影响，在加工表面上遗留下来的切削层残留面积就形成了理论表面粗糙度。

刀尖圆弧半径为零时，$H=\dfrac{f}{\cot\kappa_r+\cot\kappa_r'}$；刀尖圆弧半径为 r_ε时，$H=\dfrac{f^2}{8r_\varepsilon}$。

由上式可见，进给量 f、刀具主偏角κ_r、副偏角κ'_r越大，刀尖圆弧半径 r_ε越小，则切削层残留面积就越大，表面就越粗糙。以上两式是理论计算结果，称为理论粗糙度。切削加工后表面的实际粗糙度与理论粗糙度有较大的差别，这是由于存在着与被加工材料的性能及与切削机理有关的物理因素的缘故。

（2）工件材料的性质：加工塑性材料时，由刀具对金属的挤压产生了塑性变形，加上刀具迫使切屑与工件分离的撕裂作用，使表面粗糙度值加大。工件材料韧性越好，金属的塑性变形越大，加工表面就越粗糙。中碳钢和低碳钢材料的工件，在加工或精加工前常安排作调质或正火处理，就是为了改善切削性能，减小表面粗糙度。

（3）切削用量的影响：切削速度对表面粗糙度的影响很大。加工塑性材料时，若切削速度处在产生积屑瘤的范围内，加工表面将变粗糙。进给量对表面粗糙度的影响甚大，背吃刀量也有一定的影响。过小的背吃刀量或进给量，将使刀具在被加工表面上挤压和打滑，形成附加的塑性变形，会增大表面粗糙度值。

2）降低表面粗糙度的措施

（1）选择合理的切削用量，主要考虑以下 3 个参数。

①切削速度 v_c：切削速度对表面粗糙度的影响比较复杂，一般情况下在低速或高速切削时，不会产生积屑瘤，故加工后表面粗糙度值较小。在切削速度为 20～50m/min 加工塑性材料（如低碳钢、铝合金等）时，常容易出现积屑瘤和鳞刺，再加上切屑分离时的挤压变形和撕裂作用，使表面粗糙度更加恶化。切削速度 v_c 越高，切削过程中切屑和加工表面层的塑性变形的程度越小，加工后表面粗糙度值也就越小。

实验证明，产生积屑瘤的临界速度将随加工材料、切削液及刀具状况等条件的不同而不同。由此可见，用较高的切削速度，既可使生产率提高又可使表面粗糙度值变小。所以不断地创造条件以提高切削速度，一直是提高工艺水平的重要方向。其中发展新刀具材料和采用先进刀具结构，常可使切削速度大为提高。

②进给量 f。在粗加工和半精加工中，当 f>0.15mm/r 时，进给量 f 大小决定了加工表面

残留面积的大小，因而，适当地减小进给量f将使表面粗糙度值减小。

③背吃刀量a_p。一般来说背吃刀量a_p对加工表面粗糙度的影响是不明显的。但当$a_p <$ 0.02～0.03 mm 时，由于刀刃不可能刃磨得绝对尖锐而具有一定的刃口半径，正常切削就不能维持，常出现挤压、打滑和周期性切入加工表面等现象，从而使表面粗糙度值增大。为降低加工表面粗糙度值，应根据刀具刃口刃磨的锋利情况选取相应的背吃刀量。

（2）选择合理的刀具几何参数。

①增大刃倾角λ_s对降低表面粗糙度值有利。因为λ_s增大，实际工作前角也随之增大，切削过程中的金属塑性变形程度随之下降，于是切削力F也明显下降，这会显著地减轻工艺系统的振动，而从使加工表面的粗糙度值减小。

②减少刀具的主偏角κ_r、副偏角κ_r'和增大刀尖圆弧半径r_ε，可减小切削残留面积，使其表面粗糙度值减小。

③增大刀具的前角使刀具易于切入工件，塑性变形小有利于减小表面粗糙度值。但当前角太大时，刀刃有嵌入工件的倾向，反而使表面变粗糙。

④当前角一定时，后角越大，切削刃钝圆半径越小，刀刃越锋利；同时，还能减小后刀面与加工表面间的摩擦和挤压，有利于减小表面粗糙度值。但后角太大削弱了刀具的强度，容易产生切削振动，使表面粗糙度值增大。

（3）改善工件材料的性能。采用热处理工艺以改善工件材料的性能是减小其表面粗糙度值的有效措施。例如，工件材料金属组织的晶粒越均匀，粒度越细，加工时越能获得较小的表面粗糙度值。为此对工件进行正火或回火处理后再加工，能使加工表面粗糙度值明显减小。

（4）选择合适的切削液。切削液的冷却和润滑作用均对减小加工表面的粗糙度值有利，其中更直接的是润滑作用，当切削润滑液中含有表面活性物质如硫、氯等化合物时，润滑性能增强，能使切削区金属材料的塑性变形程度下降，从而减小加工表面的粗糙度值。

（5）选择合适的刀具材料。不同的刀具材料，由于化学成分不同，在加工时刀面硬度及刀面粗糙度的保持性，刀具材料与被加工材料金属分子的亲合程度，以及刀具前、后刀面与切屑和加工表面间的摩擦系数等均有所不同。

（6）防止或减小工艺系统振动。工艺系统的低频振动，一般在工件的加工表面上产生表面波度，而工艺系统的高频振动将对加工的表面粗糙度产生影响。为降低加工的表面粗糙度值，则必须采取相应措施以防止加工过程中高频振动的产生。

2. 磨削加工中降低表面粗糙度的措施

磨削加工表面粗糙度的形成，与磨削过程中的几何因素、物理因素和工艺系统振动等有关。从纯几何角度考虑，可以认为在单位加工面积上，由磨粒的刻划和切削作用形成的刻痕数越多、越浅，则表面粗糙度值越小。或者说，通过单位加工面积的磨粒数越多，表面粗糙度值越小。由上述可知，降低磨削加工表面粗糙度有如下措施。

1）磨削用量

（1）提高砂轮速度v_c。砂轮速度v_c越高，通过单位加工面积的磨粒数越多，表面粗糙度值越小。

（2）降低工件速度 $v_{工}$。工件速度 $v_{工}$越低，砂轮相对工件的进给量 f 越小，则磨后的表面粗糙度值越小。

（3）选择小的磨削深度 a_p。由于磨削深度 a_p 对加工表面粗糙度有较大的影响，在精密磨削加工的最后几次走刀总是采用极小的磨削深度。实际上这种极小的磨削深度不是靠磨头进给获得，而是靠工艺系统在前几次进给走刀中磨削力作用下的弹性变形逐渐恢复实现的，在这种情况下的走刀常称为空走刀或无进给磨削。精密磨削的最后阶段，一般均应进行这样的几次空走刀，以便得到较小的表面粗糙度值。增加无进给磨削次数可使表面粗糙度值由 *Ra* 0.8 μm 降到 0.04 μm 以下。采用细粒度磨轮需进行 20~30 次无进给磨削，才能使加工表面的粗糙度值降到 *Ra* 0.0l μm 以下的镜面要求。

2）砂轮

（1）选择适当粒度的砂轮。砂轮粒度对加工表面粗糙度有影响，砂轮磨粒越细，磨削表面粗糙度值越小。但砂轮磨粒太细，只能采用很小的磨削深度（a_p 在 0.002 5 mm 以下），还需时间很长的空走刀，否则砂轮易被堵塞，造成工件烧伤。为此，一般磨削所采用的砂轮粒度号都不超过 80 号，常用的是 40～60 号。

（2）精细修整砂轮工作表面。在磨削加工的最后几次走刀之前，对砂轮进行一次精细修整，使每个磨粒产生多个等高的微刃，从而使工件的 *Ra* 值降低。

此外，在磨削加工过程中，切削液的成分和洁净程度、工艺系统的抗振性能等对加工表面粗糙度的影响也很大，也是不容忽视的因素。

5.3.3 影响加工表面物理力学性能的因素

机械加工过程中，工件由于受到切削力、切削热的作用，其表面与基体材料性能有很大不同，在物理力学性能方面发生较大的变化。

1. 加工表面层的冷作硬化

在切削或磨削加工过程中，加工表面层产生的塑性变形会使晶体间产生剪切滑移，晶格严重扭曲，并产生晶粒的拉长、破碎和纤维化，引起表面层的强度和硬度提高，这一现象称为冷作硬化现象。表面层的硬化程度取决于产生塑性变形的力、变形速度及变形时的温度。力越大，塑性变形越大，产生的硬化程度也越大。变形速度越大，塑性变形越不充分，产生的硬化程度也就相应减小。变形时的温度影响塑性变形程度，温度高硬化程度减小。

1）影响表面层冷作硬化的因素

（1）刀具。刀具的刃口圆角和后刀面的磨损对表面层的冷作硬化有很大影响，刃口圆角和后刀面的磨损量越大，冷作硬化层的硬度和深度也越大。

（2）切削用量。在切削用量中，影响较大的是切削速度 v_c 和进给量 f。当 v_c 增大时，则表面层的硬化程度和深度都有所减小。这是由于一方面切削速度增大会使温度增高，有助于冷作硬化的回复；另一方面由于切削速度的增大，刀具与工件接触时间短,使工件的塑性变形程度减小。当进给量 f 增大时，则切削力增大，塑性变形程度也增大，因此表面层的冷作硬化现象也严重。但当f较小时，由于刀具的刃口圆角在加工表面上的挤压次数增多，因此表面层的冷作硬化现象也会增大。

（3）被加工材料。被加工材料的硬度越低和塑性越大，则切削加工后其表面层的冷作硬化现象越严重。

2）减少表面层冷作硬化的措施

（1）合理选择刀具的几何参数，采用较大的前角和后角，并在刃磨时尽量减小其切削刃口圆角半径。

（2）使用刀具时，应合理限制其后刀面的磨损程度。

（3）合理选择切削用量，采用较高的切削速度和较小的进给量。

（4）加工时采用有效的切削液。

2. 表面层的金相组织变化

1）金相组织变化与磨削烧伤

机械加工时，切削所消耗的能量绝大部分转化为热能而使加工表面温度升高。当温度升高到超过金相组织变化的临界点时，就会产生金相组织的变化。一般的切削加工，由于单位切削截面所消耗的功率不是太大，故产生金相组织变化的现象较少。但磨削加工因切削速度高，产生的切削热比一般的切削加工大几十倍，这些热量部分由切屑带走，很小一部分传入砂轮，若冷却效果不好，则很大一部分将传入工件表面，使工件表面层的金相组织发生变化，引起表面层的硬度和强度下降，产生残余应力甚至引起显微裂纹，这种现象称为磨削烧伤。因此，磨削加工是一种典型的易于出现加工表面金相组织变化的加工方法。根据磨削烧伤时温度的不同，可分为：

（1）回火烧伤。当磨削淬火钢时，若磨削区温度超过马氏体转变温度，则工件表面原来的马氏体组织将转化成硬度降低的回火屈氏体或索氏体组织，称为回火烧伤。

（2）淬火烧伤。磨削淬火钢时,若磨削区温度超过相变临界温度，在切削液的急冷作用下，会使工件表面最外层金属转变为二次淬火马氏体组织。其硬度比原来的回火马氏体高，但是又硬又脆，而其下层因冷却速度较慢仍为硬度降低的回火组织，这种现象称为淬火烧伤。

（3）退火烧伤。不用切削液进行干磨时若超过相变的临界温度，由于工件金属表层空冷冷却速度较慢,使磨削后强度、表面硬度急剧下降，则产生退火烧伤。

磨削烧伤时，表面会出现黄、褐、紫、青等烧伤色。这是工件表面在瞬时高温下产生的氧化膜颜色，不同烧伤色表面烧伤程度不同。较深的烧伤层，虽然在加工后期采用无进给磨削可除掉烧伤色，但烧伤层却未除掉，成为将来使用中的隐患。

2）防止磨削烧伤的措施

（1）合理选择磨削用量：减小磨削深度可以降低工件表面的温度，故有利于减轻烧伤。增加工件速度和进给量，由于热源作用时间减少，使金相组织来不及变化，因而能减轻烧伤，但会导致表面粗糙度值增大。一般采用提高砂轮速度和较宽砂轮等措施来弥补。

（2）合理选择砂轮并及时修整：砂轮的粒度越细、硬度越高，自砺性越差，则磨削温度也增高。砂轮组织太紧密时磨屑堵塞砂轮，易出现烧伤。砂轮钝化时，大多数磨粒只在加工表面挤压和摩擦而不起切削作用，使磨削温度增高，故应及时修整砂轮。

（3）改善冷却方法：采用切削液可带走磨削区的热量，避免烧伤。常用的冷却方法效果较差，由于砂轮高速旋转时，圆周方向产生强大气流，使切削液很难进入磨削区，因此不能有效地降温。为改善冷却方法，可采用内冷却砂轮。切削液从中心通入，靠离心力作用，通过砂轮内部的空隙从砂轮四周的边缘甩出，因此切削液可直接进入磨削区，冷却效果甚好。但必须采用特制的多孔砂轮，并要求切削液经过仔细过滤以免堵塞砂轮。

3．表面层的残余应力

工件经机械加工后，其表面层都存在残余应力。残余压应力可提高工件表面的耐磨性和受拉应力时的疲劳强度，残余拉应力的作用正好相反。若拉应力值超过工件材料的疲劳强度极限，则使工件表面产生裂纹，加速工件的损坏。引起残余应力的原因有以下 3 个方面。

1）冷塑性变形引起的残余应力

在切削力作用下，已加工表面受到强烈的冷塑性变形，其中以刀具后刀面对已加工表面的挤压和摩擦产生的塑性变形最为突出，此时基体金属受到影响而处于弹性变形状态。切削力除去后，基体金属趋向恢复，但受到已产生塑性变形的表面层的限制，恢复不到原状，因而在表面层产生残余压应力。

2）热塑性变形引起的残余应力

工件加工表面在切削热作用下产生热膨胀，此时基体金属温度较低，因此表层金属产生热压应力。当切削过程结束时，表面温度下降较快，故收缩变形大于里层，由于表层变形受到基体金属的限制，故而产生残余拉应力。切削温度越高，热塑性变形越大，残余拉应力也越大，有时甚至产生裂纹。磨削时产生的热塑性变形比较明显。

3）金相组织变化引起的残余应力

切削时产生的高温会引起表面层的金相组织变化。不同的金相组织有不同的密度，表面层金相组织变化的结果造成了体积的变化。表面层体积膨胀时，因为受到基体的限制，产生了压应力；反之，则产生拉应力。

实际机械加工后的表面层残余应力是上述三者综合作用的结果。在不同的加工条件下，残余应力的大小、性质与分布规律会有明显差别。

综上所述，在加工过程中影响表面质量的因素是非常复杂的。为了获得要求的表面质量，就必须对加工方法、切削参数等影响表面质量的各项因素进行适当的控制。

知识梳理与总结

通过本项目的学习，了解了机械加工过程出现的一些必然现象，为了提高零件的加工精度，应对影响零件加工精度的各方面原因有所了解。

在这个项目里我们重点学习了机械加工过程中出现的切削变形、切削力、切削热等物理现象，了解了机械加工过程中的原理误差、工艺系统的几何误差、工件残余应力对零件加工精度的影响，从提高零件加工精度和提高表面质量的角度学习了加工误差的分析与控制、减小加工误差的措施和途径，对通过有效选择刀具材料及其几何参数、工件材料，合理选择切

削用量等方面来提高零件的加工精度有了较深的掌握。生产过程中要灵活地运用所学知识去分析生产中可能遇到的现象。

思考与练习题5

1．积屑瘤是如何形成的？其形成的条件有哪些？它对切削过程产生哪些影响？怎样抑制积屑瘤？

2．车削时切削合力为什么常分为3个相互垂直的分力？说明这3个分力的作用。

3．何为最高生产率耐用度和最低成本耐用度？粗加工和精加工可选用的耐用度是否相同？为什么？

4．刀具的前角、后角、主偏角、副偏角、刃倾角各有何作用？如何选用合理的刀具切削角度？

5．为什么加工塑性材料时，应尽可能采用大的前角？前角增大后，又带来了什么问题？

6．磨削机床主轴锥孔时，影响接触精度的主要因素有哪些？应采取哪些具体措施来提高连接表面的接触刚度？

7．在车床上加工一批光轴，加工后产生：锥形、鞍形、腰鼓形、喇叭形。试分别分析其产生的原因。

8．何为误差敏感方向？车床与磨床的误差敏感方向有何不同？

9．什么叫误差复映？误差复映的大小与哪些因素有关？如何减小误差复映的影响？

10．什么叫加工误差？它与加工精度、公差有何区别？

11．车削一批小轴，其外圆尺寸为$\phi 11_{-0.1}^{\ 0}$。根据测量结果，尺寸分布曲线符合正态分布，已求得标准差值$\sigma = 0.025$，分散中心大于公差带中心，其偏移量为0.025 mm。

（1）指出该批工件的常值系统误差及随机性误差；

（2）计算疵品率及工艺能力系数；

（3）判断这些疵品可否修复及工艺能力是否满足生产要求。

12．在两台相同的自动车床上加工一批小轴的外圆，要求保证直径$\phi 11 \pm 0.02$ mm，第一台加工1 000件，其直径尺寸按正态分布，平均值为11.005 mm，均方差σ_1=0.004 mm。第二台加工500件，其直径尺寸也按正态分布，且其平均值为11.015 mm，σ_2=0.002 5 mm。试求：

（1）在同一图上画出两台机床加工的两批工件的尺寸分布图，并指出哪台机床的精度高；

（2）计算并比较哪台机床的废品率高，分析其产生的原因，提出改进的办法。

项目6 轴类零件的工艺工装制订

教学导航

学习目标	掌握外圆表面的加工方法、轴类零件的工艺工装制订的思路与方法
工作任务	根据工艺任务单编制轴类零件的加工工艺文件，并确定有关装备
教学重点	轴类零件工艺编制的思路与方法、工艺文件的编制、车夹具设计
教学难点	轴类零件的加工工艺参数的确定，刀具选择、车夹具设计
教学方法建议	采用案例教学法，用任务引导、讲练结合，注重课堂上师生的互动
选用案例	减速箱传动轴、传动丝杠、搅拌轴
教学设施、设备及工具	多媒体教室、夹具拆装实验室、课件、车夹具、零件实物等
考核与评价	项目成果评定 60%；学习过程评价 30%；团队合作评价 10%
参考学时	8

任务 6.1　制订传动轴零件的工艺规程，分析轴类零件的工艺工装

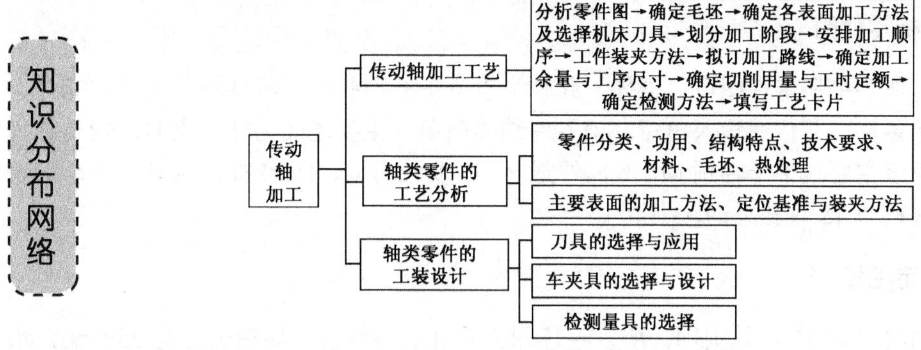

工艺任务单

产品名称：减速箱传动轴　　　　　零件功用：支承传动零件，传输扭矩

材　　料：45 热轧圆钢　　　　　　生产类型：小批生产

热 处 理：调质处理

工艺任务：（1）根据图 6-1 所示的零件图分析其结构、技术要求、主要表面的加工方法，拟订加工路线；

（2）确定详细的工艺参数，编制工艺规程。

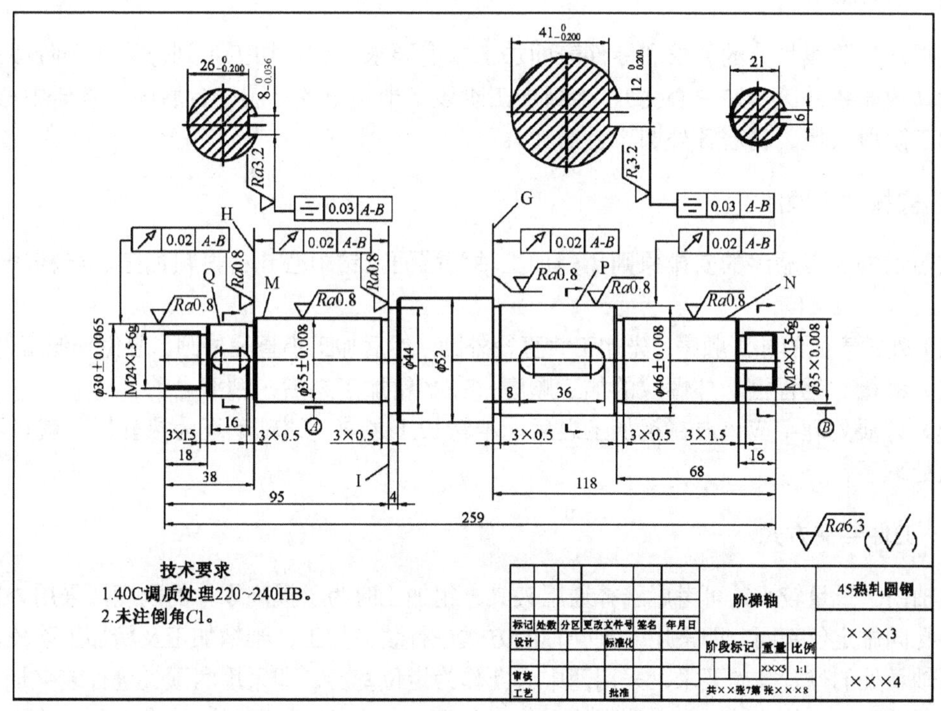

图 6-1　阶梯轴

6.1.1 制订传动轴零件的工艺规程

1．分析零件图

从工艺任务单和零件图可以得知：此轴为没有中心通孔的多阶梯轴，主要功能是支承齿轮、蜗轮等零件，并传递输入扭矩。该零件结构简单，主要表面为外圆表面，较高的尺寸精度和形位精度主要集中于轴颈 M、N，外圆 P、Q 及轴肩 G、H、I 处，且具有较小的表面粗糙度值。材料为 45 热轧圆钢，小批生产。

2．确定毛坯

该轴的材料是 45 热轧圆钢，所以毛坯即为热轧圆钢棒料。该轴长度是 259mm，最大直径是 52mm，所以取毛坯尺寸为ϕ55×265mm。

3．确定各表面的加工方法及选择加工机床与刀具

该传动轴的主要表面是各段外圆表面，次要表面是端面、键槽、越程槽、外螺纹、倒角等。

各段外圆表面的加工：采用车削和磨削的加工方法。

端面、越程槽、外螺纹、倒角的加工：采用车床、端面车刀、切槽刀、螺纹车刀进行加工。

键槽的加工：采用立铣机床或键槽铣床、键槽铣刀进行加工。

4．划分加工阶段

根据加工阶段划分的要求和零件表面加工精度要求，该轴加工可划分为 3 个阶段：粗加工阶段（粗车各外圆，钻中心孔）、半精加工阶段（半精车各外圆、台肩面，修研中心孔等）和精加工阶段（粗、精磨各外圆、台肩面）。

5．安排加工顺序

按照切削加工顺序的安排原则：先加工轴两端面，钻中心孔；再粗加工、半精加工、精加工。

（1）外圆表面的加工顺序：先加工大直径外圆，然后加工小直径外圆，避免降低工件刚度。

（2）键槽、越程槽、外螺纹的加工顺序：在半精加工之后，精磨之前。

（3）调质处理：应该放在粗加工之后，半精加工之前。该轴毛坯为热轧钢，就可不必进行正火处理了。

6．工件装夹方式

该轴由于批量较小，可考虑选择通用夹具。粗加工时为了提高零件的刚度，采用外圆表面和中心孔同做定位基面，即采用一夹一顶的方式进行装夹加工；半精加工及精加工阶段，为了保证两轴承处的位置公差要求，采用两中心孔作为定位基面，即采用两顶尖进行装夹加工；另外，为了减小机床传动链对加工精度的影响，在双顶尖装夹过程中还辅以鸡心夹头进行装夹。

7. 拟订加工工艺路线

根据以上分析，零件表面的尺寸精度最高为IT6级，表面粗糙度值最小为 *Ra* 0.8μm。查表3-7可知按序号6的路线进行加工，即粗车—半精车—粗磨—精磨。由此可以得出该轴的加工工艺路线如表6-1所示。

表6-1 传动轴的加工工艺路线

序 号	工 序	工 序 内 容	机 床
1	下料	ϕ55×265mm	
2	粗车	粗车大直径端端面，钻中心孔，粗车外圆；调头车另一端面，钻中心孔，粗车外圆	车床
3	热处理	调质处理	
4	钳工	修研两端中心孔	车床
5	半精车	半精车各外圆、倒角、车槽、车螺纹	车床
6	钳工	划键槽及一个止动垫圈槽的加工线	
7	铣	铣键槽、止动垫圈槽	立铣床或键槽铣床
8	钳工	修研两端中心孔	车床
9	粗磨	粗磨各外圆、台肩面	外圆磨床
10	精磨	精磨各外圆、台肩面	外圆磨床
11	检验	检验入库	

8. 确定加工余量、工序尺寸与公差

该轴下料毛坯尺寸为ϕ55×265mm，根据图纸最终加工要求，可以得出长度方向加工总余量为6mm，各阶段外圆的加工总余量也可得出，这里不一一列举了。

该轴的加工遵循基准重合统一原则，各外圆的加工都经粗车—半精车—粗磨—精磨4个阶段，所以各外圆的工序尺寸可以从最终加工工序开始，向前推算各工序的基本尺寸；公差按各自采用加工方法的经济精度确定，按入体原则进行标注。

值得注意：带键槽处的外圆，要最终保证键槽深度，注意磨前键槽的铣削深度必须进行尺寸计算。

做一做 请计算各外圆的工序尺寸及公差。各加工方法的经济精度、各加工阶段的加工余量可查附录或手册。

9. 确定切削用量及工时定额

以粗车工序中加工ϕ46±0.008mm外圆为例，根据加工余量工序尺寸计算，这个外圆表面粗加时由毛坯加工至ϕ48mm尺寸时切削用量及工时定额是多少？

机床：CA6140卧式车床。

刀具：90°外圆车刀，刀片材料为YT15，刀杆尺寸为16mm×25mm，κ_r=90°，γ_o=15°，α_o=8°，r_ε=0.5mm。

1）确定切削用量

（1）背吃刀量：a_p=（55−48）/2 = 3.5mm。

（2）进给量：根据《切削用量简明手册》表 1.4，选用 f=0.5mm/r。

（3）切削速度：查《切削用量简明手册》表 1.27 可得各系数，切削速度计算值如下。

$$v_c=\frac{C_v}{T^m a_p^{x_v} f^{y_v}}k_v=\frac{242}{65^{0.2}\times3.5^{0.15}\times0.5^{0.35}}\times1.44\times0.8\times0.81\times0.97=73\text{m/min}$$

（4）确定主轴转速：

$$n_s=\frac{1\,000v_c}{\pi d_w}=\frac{1\,000\times73}{\pi\times55}\approx422\text{r/min}$$

根据机床主轴转速图可知，可取 n=450r/min。所以实际切削速度为

$$v_c=\frac{\pi d_w n}{1\,000}=\frac{\pi\times55\times450}{1\,000}\approx77.715\text{ m/min}$$

（5）校验机床功率和机床进给机构强度：略。

2）工时定额

（1）计算基本时间：

$$T_{基}=\frac{L+L_1+L_2}{nf}$$

式中，L=118，L_1=4, L_2=0，所以：

$$T_{基}=\frac{L+L_1+L_2}{nf}=\frac{118+4}{450\times0.5}\approx0.542\text{ min}$$

（2）取 $T_{辅}$=5min，α=3%，β=2%，不考虑准终时间。

（3）单件的工时定额为：

$$T=\left(1+\frac{\alpha+\beta}{100}\right)T_{作}=\left(1+\frac{3+2}{100}\right)\times(0.542+5)\approx5.8\text{min}$$

再根据企业作息时间核定出工人每天实际作业时间，即可算出一天工时定额，还要考虑到企业工人的技术水平，以制定出一个比较合理的定额。

 **注意** 这里 $T_{辅}$时间可根据企业生产同类零件的经验获得，其余工序的参数确定可参照进行。

10．确定检测方法

该轴外圆精度达到 IT6 级，故外圆的最终测量可使用外径千分尺；轴向尺寸及其他工序测量时，游标卡尺即可满足使用要求。

11．填写工艺卡片

根据确定的工艺路线及各工序的工艺参数，可填入表 4-4～表 4-6 工艺卡片中。这里以表 4-4 所示的机械加工工艺过程卡填写为例，如表 6-2 所示。

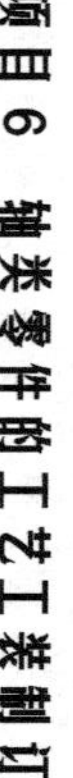

表 6-2 机械加工工艺过程卡

无锡职业技术学院		机械加工工艺过程卡片		产品型号	××	零件图号	××-××			
				产品名称	减速箱	零件名称	传动轴	共 1 页		第 1 页
材料牌号	45 热轧圆钢	毛坯种类	热轧棒料	毛坯外形尺寸	ϕ55×265mm	每毛坯可制作数	1 件	每台件数	1 件	备注

工序号	工序名称	工序内容	车间	工段	设备	工艺装备	工时（min）准终	工时（min）单件
10	下料	ϕ55×265mm						
20	粗车	车一端面见平，钻中心孔，粗车 3 个台阶，直径分别车至ϕ48mm、ϕ37mm、ϕ26mm，长度分别车至 14mm、66mm、118mm；调头车另一端面见平，保证总长 259mm，钻中心孔，粗车 4 个台阶，直径分别车至ϕ54mm、ϕ37mm、ϕ32mm、ϕ26mm，长度分别车至 16mm、38mm、93mm	金加工		CA6140 车床	三爪卡盘、顶尖 中心钻 90°外圆车刀		
30	热处理	调质处理 HRC24～38	热处理					
40	钳工	修研中心孔	金加工		CA6140 车床	两顶尖		
50	半精车	半精车 3 个台阶，车螺纹大径至$\phi 24_{-0.2}^{-0.1}$ mm，其余两个台阶直径车至$\phi 46_{-0.2}^{0}$ mm、$\phi 35.6_{-0.2}^{0}$ mm，车槽 3×0.5，倒角，车螺纹 M24×1.5-5g；调头，半精车余下台阶，直径分别车至ϕ52mm、ϕ44mm、$\phi 35_{-0.2}^{0}$ mm、$\phi 30_{-0.2}^{0}$ mm、$\phi 24_{-0.2}^{-0.1}$ mm，车槽 3×0.5，倒角，车螺纹 M24×1.5-6g	金加工		CA6140 车床	两顶尖、鸡心夹头 90°外圆车刀、车槽刀 螺纹车刀		
60	钳工	划键槽及一个止动垫圈槽的加工线	金加工					
70	铣	铣两键槽，键槽深 4.25mm、5.25mm 及止动垫圈槽深 3mm	金加工		X920A 键槽铣床	两 V 形块、压板 ϕ6mm、ϕ8mm、ϕ12mm 键槽铣刀		
80	钳工	修研中心孔	金加工		CA6140 车床			
90	粗磨	粗磨 Q、M，靠磨台阶 H、I；调头，磨外圆 N、P，靠磨台阶 G，留 0.1mm 余量	精加工		M1332 普通外圆磨	两顶尖、鸡心夹头、砂轮		
100	精磨	精磨外圆及台阶直到尺寸	精加工		M1332 普通外圆磨	两顶尖、鸡心夹头、砂轮		
110	检验					外径千分尺		

										编制（日期）	审核（日期）	标准化(日期)	会签(日期)
标记	处数	更改文件号	签字	日期	标记	处数	更改文件号	签字	日期	××× （09.1.1）	××× （09.1.2）	××× （09.1.3）	××× （09.1.4）

做一做　（1）请同学们根据已填写好的机械加工工艺过程卡，填写机械加工工艺卡片（见表4-5）、填一道工序的机械加工工序卡片（见表4-6）。

（2）从此传动轴的整个加工工艺过程设计来看，请同学们试着总结出轴类零件加工的共性点。

6.1.2　分析轴类零件工艺与工装设计要点

1．轴类零件的功用、分类及结构特点

轴类零件是机器中的主要零件之一，它的主要功能是支承传动零件（齿轮、带轮、离合器等）和传递扭矩。常见轴的种类如图6-2所示。

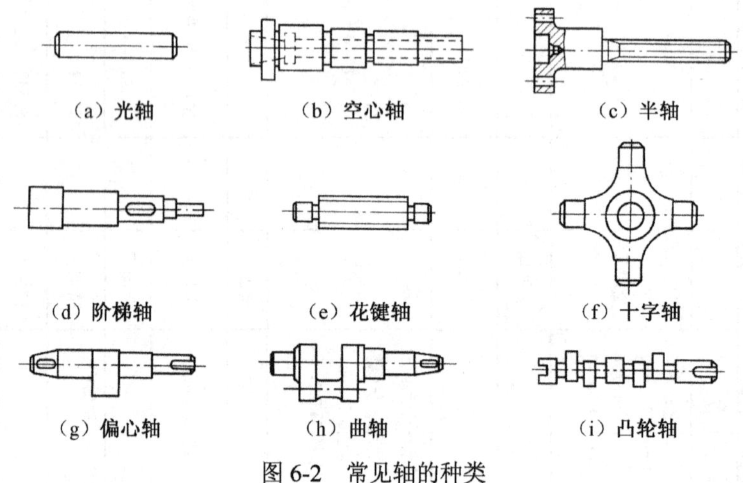

图6-2　常见轴的种类

从轴类零件的结构特征来看，它们都是长度 L 大于直径 d 的回转体零件，若 $L/d \leqslant 12$，通常称为刚性轴，而 $L/d \geqslant 12$ 则称为挠性轴。其加工表面主要有内外圆柱面、内外圆锥面、轴肩、螺纹、花键、沟槽、键槽等。

2．轴类零件的主要技术要求

轴通常由支承轴颈支承在机器的机架或箱体上，实现运动传递和动力传递的功能。支承轴颈表面的精度及其与轴上传动件配合表面的位置精度对轴的工作状态和精度有直接的影响。因此，轴类零件的技术要求通常包含以下几个方面。

（1）尺寸精度：主要指直径和长度的精度。直径精度由使用要求和配合性质确定：对主要支承轴颈，可为IT6～IT9级；特别重要的轴颈可为IT5级。长度精度要求一般不严格，常按未注公差尺寸加工，要求高时，可允许偏差为50～200μm。

（2）形状精度：主要是指支承轴颈的圆度、圆柱度，一般应将其控制在尺寸公差范围内，对精度要求高的轴，应在图样上标注其形状公差。

（3）位置精度：主要指装配传动件的配合轴颈相对装配轴承的支承轴颈的同轴度、圆跳

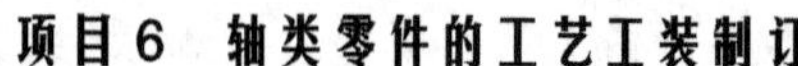

动及端面对轴心线的垂直度等。普通精度的轴，配合轴颈对支承轴颈的径向圆跳动一般为10～30μm，高精度的为5～10μm。

（4）表面粗糙度：根据轴运转速度和尺寸精度等级决定。配合轴颈的表面粗糙度 *Ra* 值为3.2～0.8μm，支承轴颈的表面粗糙度 *Ra* 值为0.8～0.2μm。

（5）其他要求：为改善轴类零件的切削加工性能或提高综合力学性能及其使用寿命，必须根据轴的材料和使用要求，规定相应的热处理要求。

3．轴类零件的材料、毛坯及热处理

为了保证轴能够可靠地传递动力，除了正确地设计结构外，还应正确地选择材料及毛坯类型、热处理方法。

1）轴类零件的材料

轴类零件应根据不同工作条件和使用要求选择不同的材料和不同的热处理方法，以获得一定的强度、韧性和耐磨性。

45钢是一般轴类零件常用的材料，经过调质可得到较好的切削性能，而且能获得较高的强度和韧性等综合力学性能。40Cr等合金结构钢适用于中等精度而转速较高的轴，这类钢经调质和表面淬火处理后，具有较高的综合力学性能。轴承钢GCr15和弹簧钢65Mn可制造较高精度的轴，这类钢经调质和表面高频感应加热淬火后再回火，表面硬度可达50～58HRC，并具有较高的耐疲劳性能和耐磨性。对于在高转速、重载荷等条件下工作的轴，可选用20CrMnTi、20Mn2B等低碳合金钢或38CrMoAl等中碳渗氮钢。

2）轴类零件的毛坯

轴类零件常用的毛坯是圆棒料、锻件或铸件等，对于外圆直径相差不大的轴，一般以棒料为主；而对于外圆直径相差大的阶梯轴或重要轴，常选用锻件；对某些大型或结构复杂的轴（如曲轴），常采用铸件。

3）轴类零件的热处理

轴类零件在机加工前、后和过程中一般均需安排一定的热处理工序。在机加工前，对毛坯进行热处理的目的主要是改善材料的切削加工性，消除毛坯制造过程中产生的内应力。如对锻造毛坯通过退火或正火处理可以使钢的晶粒细化，降低硬度，便于切削加工，同时也消除了锻造应力。对于圆棒料毛坯，通过调质处理或正火处理可以有效地改善切削加工性。在机加工过程中的热处理，主要是为了在各个加工阶段完成后，消除内应力，以利于后续加工工序保证加工精度。在终加工工序前的热处理，目的是为了达到要求的表面力学物理性能，同时也消除应力。

4．轴类零件的加工工艺设计

1）轴类零件主要表面的加工方法

轴类零件主要表面是外圆表面，其主要加工方法是车削和磨削。

（1）车削特点

根据毛坯的类型、制造精度以及轴的最终精度要求的不同，外圆表面车削加工一般可分

为粗车、半精车、精车和精细车等不同的加工阶段。各阶段能达到的加工精度请参见表 3-7 外圆表面加工方法。

在车削外圆时，为提高加工生产率可采取如下措施。

①选用先进的刀具材料和合理的刀具结构，缩短磨刀、换刀等辅助时间。

②增大切削用量，提高金属切削率，缩短机动时间。

③选用半自动或自动化车床，如液压多刀半自动或仿形车床，使机动时间与辅助时间尽量缩短。

④对结构形状复杂，加工精度较高，切削条件多变，品种多变，批量不大的轴类零件，适宜采用数控车削。对带有键槽、径向孔，端面有分布孔系的轴类零件，还可在车削加工中心上进行加工，其加工效率高于普通数控车，加工精度也更稳定可靠。

（2）磨削特点

磨削是轴类零件外圆精加工的主要方法。它既可以加工淬火零件，也可以加工非淬火零件。磨削加工可以达到的经济精度为 IT6 级，表面粗糙度 Ra 值可以达到 1.25～0.01 μm。根据不同的精度和表面质量要求，磨削可分为粗磨、精磨、超精磨和镜面磨削等。各阶段能达到的精度见表 3-7。

轴类零件的外圆表面和台阶端面一般在外圆磨床上进行磨削加工，对无台阶、无键槽的工件可在无心磨床上进行磨削加工。

（3）精密加工

某些精度和表面质量要求很高的关键性零件，常常需要在精加工之后再进行精密加工。有些精密加工方法只能改善加工表面质量，有些精密加工方法既能改善表面质量又能提高加工精度，现介绍如下。

①超精车削。超精车削可用金刚石车刀，也可用硬质合金车刀。金刚石车刀具有很高的硬度、耐磨性、抗压性，但金刚石较脆，其前角应不大于 8°，刀尖角ε应不小于 90°。

超精车削的加工精度为 IT5～6 级，表面粗糙度 Ra<0.1 μm，主要用来加工难于以磨削、超精加工、研磨等方法作为最终加工工序的铝合金、铜合金零件。

②超精加工。超精加工是采用细粒度磨粒的油石在一定的压力下作低频往复运动（振幅 A=1～5μm）对旋转着的工件表面进行微量磨削的一种光整加工方法，如图 6-3 所示。

超精加工大致可分为以下几个阶段。

- ◆ 强烈切削阶段。加工开始时，由于工件表面粗糙，凸峰处的比压极大，切削作用强烈，磨粒易于产生破碎、脱落，因此，磨粒切刃锋利，工件表面上的凸峰很快被磨去。
- ◆ 正常切削阶段。当工件表面的粗糙层被磨去后，油石磨粒不易产生破碎、脱落，但仍有切削作用，随着加工的进行，工件表面逐渐变得平滑。
- ◆ 微弱切削阶段。此时磨粒已变钝，切削作用微弱，切下的微细切屑逐渐镶嵌在油石孔隙中，油石从微弱切削过渡到只对工件表面起抛光作用，使工件表面呈现光泽。
- ◆ 停止切削阶段。油石和加工表面已很光滑，接触面积大为增加，比压很小，磨粒已不能穿破工件表面的油膜，切削过程终止。

超精加工只能切除很小的加工余量（0.003～0.025 mm），因此，超精加工修正零件尺寸和几何形状误差的能力很弱。

③研磨。研磨是最早出现的一种光整加工方法，由于它具有许多独特的优点，所以直到

今天它仍然是一种最常用的光整加工方法。

研磨用研具轻压在工件表面上，在研具与工件表面之间放入用磨料与油脂组成的研磨剂或研磨用的“软膏”，用人工或机械使研具和工件表面产生不规则的相对运动，实现研磨工作，如图 6-4 所示。

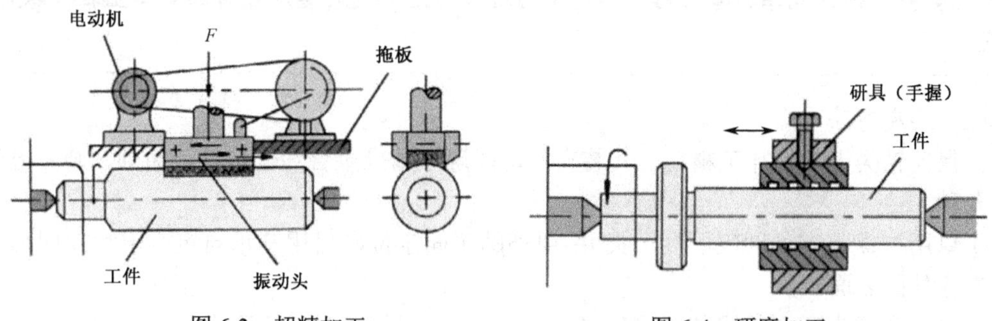

图 6-3 超精加工　　图 6-4 研磨加工

研磨加工后，不但可获得高的尺寸精度和小的表面粗糙度值，还可提高工件表面形状精度，但不能提高工件表面的相互位置精度。

④滚压加工。滚压加工是用滚压工具对金属材质的工件施加压力，使其产生塑性变形，从而降低工件表面粗糙度，强化表面性能的加工方法，它是一种无切削加工。

滚压加工不能提高工件的形状精度和位置精度，生产率高。铸铁件一般不适合采用滚压加工。

2）轴类零件的定位基准与装夹方法

（1）定位基准

由轴类零件本身的结构特征决定了最常用的定位基准是两顶尖孔，因为轴类零件各外圆表面、螺纹表面的同轴度及端面对轴线的垂直度等这些精度要求，它们的设计基准一般都是轴的中心线，用顶尖孔作为定位基准，重复安装精度高，能够最大限度地在一次安装中加工出多个外圆和端面，这符合基准统一原则。

轴类零件粗加工时为了提高零件刚度，一般用外圆表面与顶尖孔共同作为定位基准；轴较短时，可直接用外圆表面定位。

当轴类零件已形成通孔，无法直接用顶尖孔定位时，工艺上常采用下列两种方法定位。

①当定位精度要求较高，轴孔锥度较小时，可采用锥堵定位，如图 6-5 所示；轴孔锥度较大或圆柱孔时，可采用锥堵心轴定位，如图 6-6 所示。

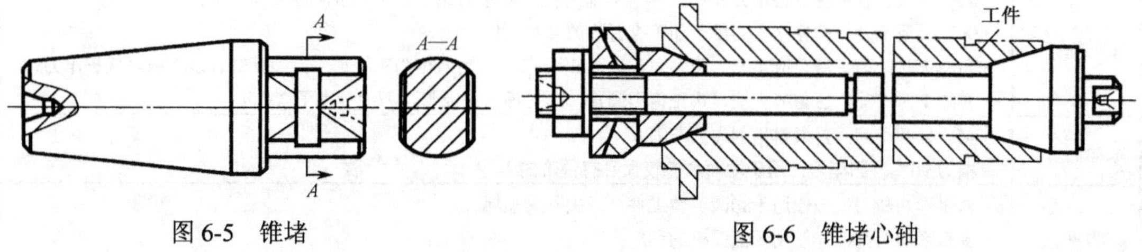

图 6-5 锥堵　　图 6-6 锥堵心轴

②当定位精度要求不高时，可采用在零件通孔端口车出 60° 内锥面的方法定位，修研内锥面后，定位精度会有很大提高，而且它刚度也好。

注意 采用锥堵或锥堵心轴定位时应注意以下问题。

（1）锥堵上的锥面应保证两中心孔有较高的同轴度；

（2）在加工过程中应尽量减少拆装次数，或不进行拆装，避免引起安装误差；

（3）安装锥堵或锥堵心轴时，不能用力过大，尤其是对壁厚较薄的空心主轴，以免引起变形。

（2）装夹方法

为保证轴类零件的加工精度，其装夹尽可能遵守基准重合和基准统一原则。装夹方法有以下几种。

①单用卡盘装夹外圆表面（一夹）：用外圆表面定位时可用三爪自定心卡盘或四爪单动卡盘夹住外圆表面。

②卡盘和顶尖配合使用装夹零件（一夹一顶）：粗加工时，切削力较大，常采用三爪自定心卡盘夹一头，后顶尖顶另一头的装夹方法。

③卡盘和中心架配合使用装夹零件（一夹一托）：加工轴上的轴向孔或车端面、钻中心孔时，为提高刚性，可用三爪卡盘夹住一头，中心架托住另一头的装夹方法。当外圆为粗基准时，必须先用反顶尖顶住工件左端，在毛坯两端分别车出支承中心架的一小段外圆，方可使用此装夹方法。

④两头顶尖装夹零件（双顶）：用前后顶尖与中心孔配合定位，通过拨盘和鸡心夹带动工件旋转。此法定位精度高，但支承刚度较低，传动的力矩较小，一般多用于外圆表面的半精加工和精加工。当零件的刚度较低时，可在双顶尖之间加装中心架或跟刀架作为辅助支承以提高支承刚度。

⑤当生产批量大，零件形状不规则时，可设计专用夹具装夹。

5．轴类零件的加工工装设计

1）刀具的选择与应用

轴类零件主要的加工方法是车削和磨削，所以使用的刀具为车刀和砂轮。

（1）车刀的选择如表 6-3 所示。

表 6-3　轴类零件表面车削加工刀具的选择

加工表面	车刀的选择
车外圆	• 45° 硬质合金外圆焊接车刀和 75° 硬质合金外圆焊接车刀用于加工无台阶的外圆工件； • 90° 硬质合金外圆焊接车刀用于加工有台阶的外圆工件； • 粗加工时：前、后角应小些，刃倾角一般为 0° ～3° ，断屑槽为直线形，刀尖处磨有过渡刃以保护车刀； • 精加工时：前、后角应大些，选正值刃倾角，断屑槽为圆弧形，刀尖处磨了修光刃
车端面	• 45° 外圆车刀：是最常用的端面车刀； • 横刃 90° 外圆车刀：用于端面余量较大且有台阶的工件
车沟槽与切断	• 八字形切断刀：一般用于切断实体工件，刀尖不易损坏； • 圆弧形切断刀：一般用于圆弧槽的切削； • 一字形切断刀：一般用于平底槽的切削； • 斜切削刃切断刀：一般用于切断后不再加工平面的工件
车螺纹	• 螺纹车刀

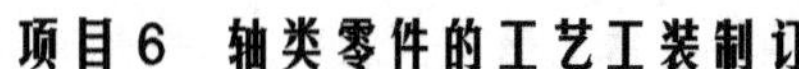

（2）砂轮的选择。选择砂轮应符合工作条件、工件材料、加工要求等各种因素，以保证磨削质量。一般按照以下原则进行选择。

①磨削钢等韧性材料时选择氧化物类磨料砂轮；磨削铸铁、硬质合金等脆性材料时选择碳化硅类磨料砂轮；磨有色金属等软材料时应选软的且疏松的砂轮，以免砂轮堵塞。

②工件材料硬度高时应选择软砂轮，反之，选硬砂轮。

③工件磨削面积较大时应选择组织疏松的砂轮。

④磨削接触面积大应选择软砂轮，所以内圆磨削和端面磨削的砂轮硬度比外圆磨削的砂轮硬度低。

⑤粗磨时选择粗粒度，精磨时选择细粒度。

⑥精磨和成形磨时砂轮硬度应高一些。

⑦成形磨削、精密磨削时应选组织较紧密的砂轮。

⑧砂轮粒度细时，砂轮硬度应低一些。

2）车夹具的选择与设计

车削过程中一些零件往往无法用三爪卡盘或顶尖等这些通用夹具来装夹，就需要专用夹具来适应生产的需求，所以我们这里重点介绍车夹具的设计。在车夹具中，根据夹具在车床上的安装位置，车床夹具分为两种基本类型。

①安装在滑板或床身上的夹具。对于某些形状不规则或尺寸较大的工件，常常把夹具安装在车床滑板上，刀具则安装在机床主轴上作旋转运动，夹具连同工件作进给运动。

②安装在车床主轴上的夹具。除了各种卡盘、顶尖等通用夹具和机床附件外，往往根据加工需要设计各种心轴和其他专用夹具，加工时夹具随主轴一起旋转，刀具作进给运动。

生产中用得较多的是第二种类型，故我们重点介绍这类夹具。它的夹具体一般为回转体形状，并通过一定的结构与车床主轴定位连接。根据定位和夹紧方案设计的定位元件和夹紧装置安装在夹具体上。辅助装置包括用于消除偏心力的平衡块和用于高效快速操作的气动、液动和电动操作机构。

（1）车夹具的典型结构

①角铁式车夹具。它的结构特点是具有类似于角铁的夹具体，常用于加工壳体、支座、接头等零件上的圆柱面及端面。当被加工工件的主要定位基准是平面，被加工面的轴线对主要定位基准保持一定的位置关系（平行或成一定角度）时，相应的夹具上的平面定位件设置在与车床主轴轴线相平行或成一定角度的位置上。

如图 6-7 所示，要加工轴承座的内孔，工件以底面和两孔定位，采用两压板夹紧。夹具体与主轴端部定位锥配合，用双头螺柱连接在主轴上；校正套用于引导刀具；平衡块用于消除回转时

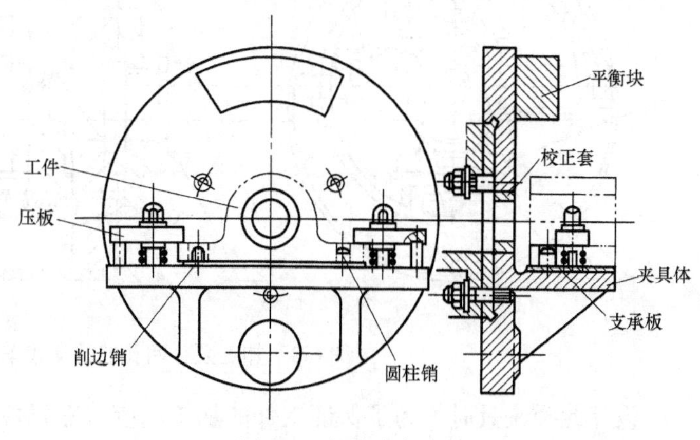

图 6-7　角铁式车夹具

的不平衡现象。

②花盘式车夹具。它的结构特点是夹具体为一个大圆盘形零件，装夹的工件一般形状较复杂。工件的定位基准多数是圆柱面和与圆柱面垂直的端面，因而夹具对工件大多是端面定位、轴向夹紧。在花盘式车夹具上加工的零件形状一般较复杂。工件的定位基准大多采用与需加工圆柱面垂直的端面，夹具上平面定位元件的工作面与机床主轴的轴线相垂直。

图 6-8 所示是齿轮泵壳体的工序图。工件外圆 D 及端面 A 已经加工，被加工表面为两个 ϕ35 孔、端面 T 和孔的底面 B，并要求保证零件图上规定的有关技术要求。两个 ϕ35 孔的直径尺寸精度主要取决于加工方法的正确性，而其他技术要求则由夹具保证。

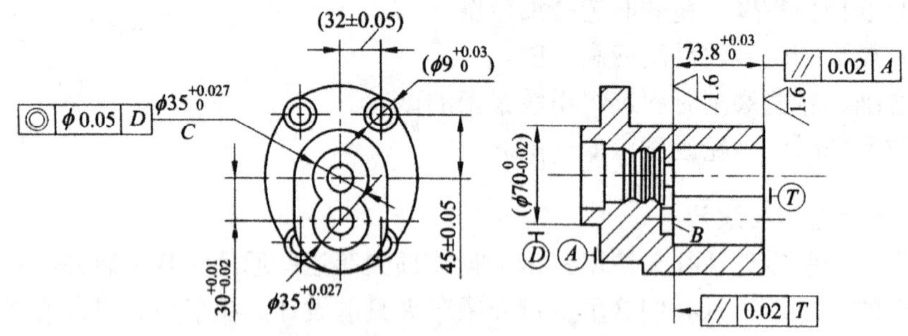

图 6-8　齿轮泵体壳体工序图

图 6-9 所示为加工泵体两孔的花盘式车床夹具，依次车削泵体的两个孔，需保证两孔的中心距尺寸。由于孔距较近，尺寸公差又要求较严，故采用分度夹具。工件以定位支板 1、2 和可移动的 V 形块 10 实现定位，用两块压板 9 夹紧，工件和定位夹紧元件都安装在分度盘 6 上，分度盘绕偏离回转轴线安装的销轴 7 回转，用对定销 5 在夹具体的两个分度孔中定位。将分度盘转动 180°，对定销在弹簧作用下，插入夹具体上的第二个分度孔中，利用钩形压板 12 将分度盘锁紧，就可车削工件上的第二个孔。此夹具利用夹具体 4 上的止口，通过过渡盘 3 与车床主轴连接。为了安全，夹具上设有防护罩 8。

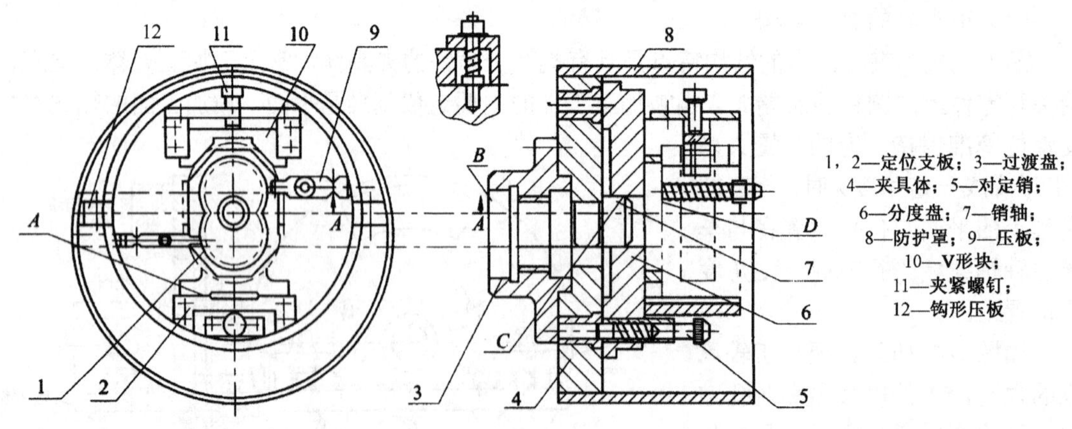

图 6-9　加工泵体两孔的花盘式车床夹具

设计此类夹具时，为了保证工件的加工精度，需要规定下列技术条件。

◆ 定位元件之间的相互位置要求，如定位元件 1 的 D 面和定位元件 2 的 A 面的垂直度，

V形块10对分度盘中心线的对称度等。

◆ 定位支板2的*A*面与分度盘6的回转轴线之间的尺寸精度和平行度要求。

◆ 夹具在机床主轴上的安装基面*B*的轴线与分度盘定位基面*C*的轴线之间的尺寸精度和平行度要求。

◆ 两分度孔的位置精度和分度盘与销轴的配合精度的要求。

③定心夹紧夹具。对于回转体工件或以回转体表面定位的工件可采用定心夹紧夹具，常见的有弹簧套筒、液性塑料夹具等。在图6-10所示的夹具中，工件以内孔定位夹紧，采用了液性塑料夹具。工件套在定位圆柱上，轴向由端面定位。旋紧压紧螺钉2，经过滑柱1和液性塑料3使薄壁定位套4产生变形，使工件5同时定心夹紧。

又如弹簧筒夹式夹紧结构（见图6-11），因工件的长径比$L/d \geqslant 1$，故将弹性筒夹1的两端设计为错槽簧瓣。旋转螺母3使锥套2和心轴体4的外锥面相互靠拢，迫使弹性筒夹1两端簧瓣向外均匀扩张，将基准孔定心夹紧。反向旋转螺母3，带退锥套2，便可卸下工件。

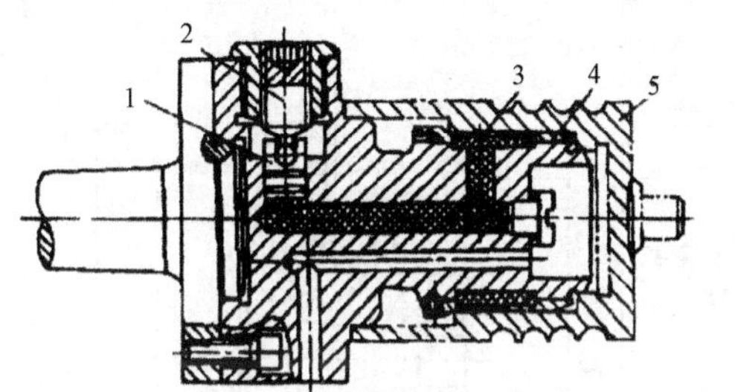

1—滑柱；2—压紧螺钉；3—液性塑料；4—薄壁定位套；5—工件

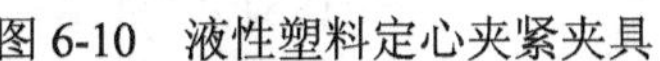

图6-10　液性塑料定心夹紧夹具

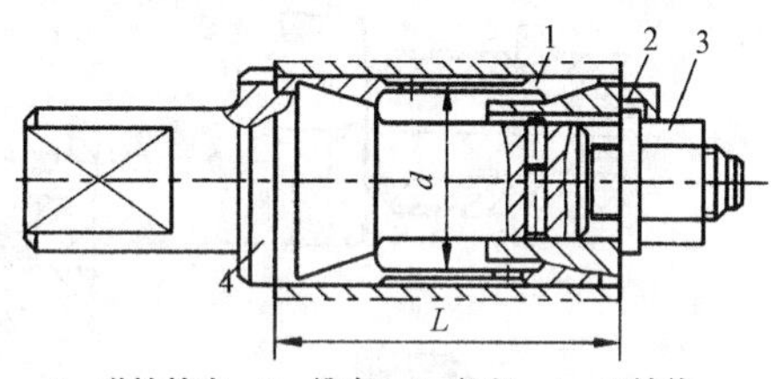

1—弹性筒夹；2—锥套；3—螺母；4—心轴体

图6-11　弹簧筒夹心轴

（2）车床夹具的设计要点

①定位装置的设计要求。设计车床夹具的定位装置时，必须保证定位元件工作表面与回转轴线的位置精度。例如，在车床上加工回转表面时，就要求定位元件工作表面的中心线与夹具在机床的安装基准面同轴。对于壳体、支座类工件，应使定位元件的位置确保工件被加工表面的轴线与回转轴线同轴。

②夹紧装置的设计要求。车削过程中，夹具和工件一起随主轴作回转运动，所以夹具要同时承受切削力和离心力的作用，转速越高，离心力越大，夹具承受的外力也越大，这样会抵消部分夹紧装置的夹紧力。此外，工件定位基准的位置相对于切削力和重力的方向来说是变化的，有时同向，有时反向。因此夹紧装置所产生的夹紧力必须足够，自锁性能要好，以防止工件在加工过程中脱离定位元件的工作表面而引起振动、松动或飞出。设计角铁式车床夹具时，夹紧力的施力方向要防止引起夹具体变形。

③车夹具与机床主轴的连接方式。心轴类车夹具一般以莫氏锥柄与机床主轴锥孔配合连接，用螺杆拉紧。有的心轴则以中心孔与车床前、后顶尖安装使用。

根据径向尺寸的大小不同，一般有两种与车床主轴连接的方式。

◆ 对于径向尺寸$D<140$mm或$D<(2\sim3)d$的小型夹具，一般用锥柄安装在车床主轴的锥孔中，并用螺杆拉紧，如图6-12（a）所示。

◆ 对于径向尺寸较大的夹具，一般用过渡盘与车床主轴前端连接。过渡盘与主轴配合处的形状取决于主轴前端的结构。如图6-12（b）所示，过渡盘上有一个定位圆孔按

H7/h6 或 H7/js6 与主轴轴颈相配合，并用螺纹和主轴连接。如图 6-12（c）所示，过渡盘在其长锥面上配合定心，用活套在主轴上的螺母锁紧，由键传递扭矩。如图 6-12（d）所示是以主轴前端短锥面与过渡盘连接的方式。过渡盘推入主轴后，其端面与主轴端面只允许有 0.05～0.1mm 的间隙，用螺钉均匀拧紧后，即可保证端面与锥面全部接触，以使定心准确，刚度好。

④车夹具总体结构的设计要求有以下 4 个方面。

◆ 车床夹具一般在悬伸状态下工作，为保证加工的稳定性，夹具结构应力求紧凑，轮廓尺寸要小，悬伸要短，重量要轻，且重心尽量靠近主轴。夹具悬伸长度 L 与其外轮廓直径 d 之比可参考下式选取。

当 $d<150$mm 时，　　　$L/d\leqslant 1.25$；
当 $d=150\sim300$mm 时，$L/d\leqslant 0.9$；
当 $d>300$mm 时，　　　$L/d\leqslant 0.6$。

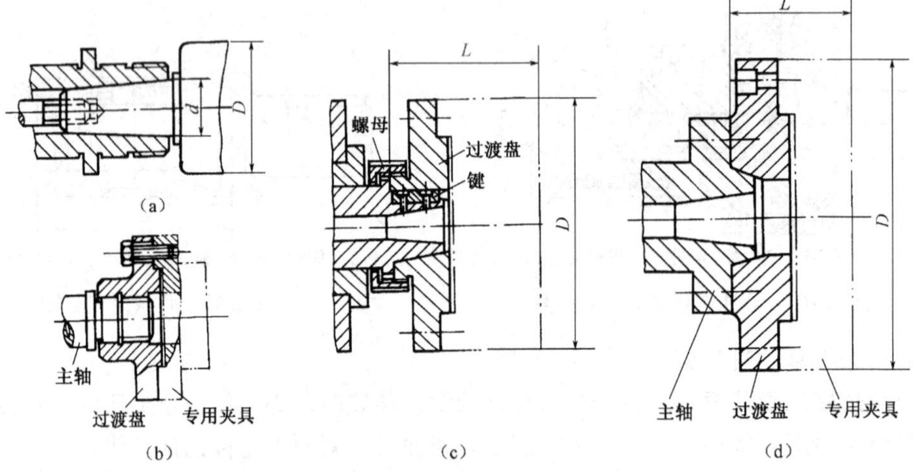

图 6-12　车夹具与车床主轴的连接

◆ 夹具上的平衡装置。由于夹具随机床主轴高速回转，如夹具不平衡就会产生离心力，不仅引起机床主轴的振动，并且会造成主轴的过早磨损，影响工件的加工精度和表面粗糙度，降低刀具寿命。平衡措施有两种：设置配重块或加工减重孔，配重块的重量和位置应能调整。为此，夹具上都开有径向或周向的 T 形槽。

◆ 夹具的各种元件或装置不允许在径向有凸出部分，也不允许有易松脱或活动的元件，必要时加防护罩，以免发生事故。

◆ 加工过程中工件的测量和切屑的排出都要方便，还要防止冷却润滑液的飞溅。

3）检测量具的选择

检验是确保轴类零件加工质量的一个重要环节。轴类零件的检验包括精度检验和表面质量检验两个方面。精度检验包括尺寸精度、位置精度、形状精度，表面质量检验包括表面粗糙度和表面力学物理性能（如性能）检验。对重要的轴和精密主轴还要进行表层物理性能检验。通过检验可以确定零件是否达到设计要求。检验工作分成品检验和工序间检验，工序间检验可以检查出工序中存在的问题，便于及时纠正、监督工艺过程的正常进行。

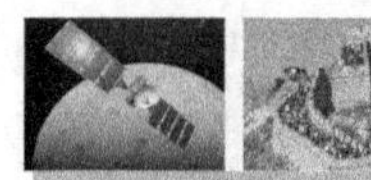

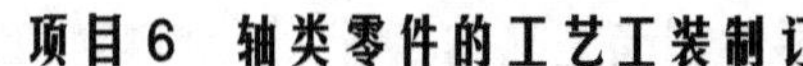

轴类零件工作图是检验的依据。在检验时首先检验各表面的尺寸精度和形状精度是否合格，然后检验表面粗糙度，最后在专用检验夹具上检验位置精度。成批生产、工艺稳定时，可采用抽检，主要表面的硬度检验在热处理车间进行。

根据生产批量不同，尺寸精度可采用通用量具或专用量具检验；表面粗糙度可采用比较法或表面轮廓仪检验。位置精度的检验则需要一定的专用检验量具。主轴锥孔的接触精度采用锥度量规，涂色检验。

零件的检测方法主要由企业的生产实际、零件的生产类型等因素决定。一般原则为批量大的零件，为了提高检测效率，通常采用专用量具。现代数控加工中还可通过红外线进行检测及三坐标测量。而对于批量较小的零件加工，为了降低零件的检测成本，常采用通用量具。

任务6.2 分析传动丝杠零件的工艺，解决轴类零件加工的工艺问题

知识分布网络

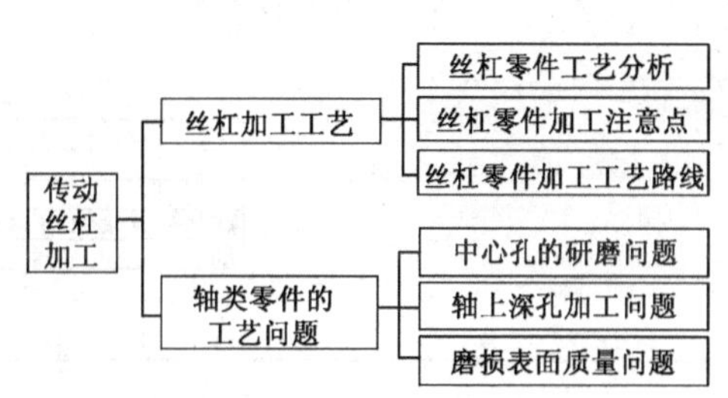

想一想 上个任务我们详细分析了阶梯轴的工艺规程制订的全过程，并分析了轴类零件普适性知识，知道了轴类零件种类很多，不同的轴类零件具体加工时会有什么特点呢？本任务中的这根轴类零件又该如何加工呢？

工艺任务单

产品名称：卧式车床丝杠

零件功用：将旋转运动转换成直线运动，传递动力

材　　料：45钢

生产类型：小批生产

热 处 理：中温回火

工艺任务：（1）根据图6-13所示的零件图分析其结构、技术要求、主要表面的加工方法，拟订加工工艺路线；

（2）编制机械加工工艺路线，选用合适的切削刀具、加工设备和专用夹具，完成工艺文件的填写。

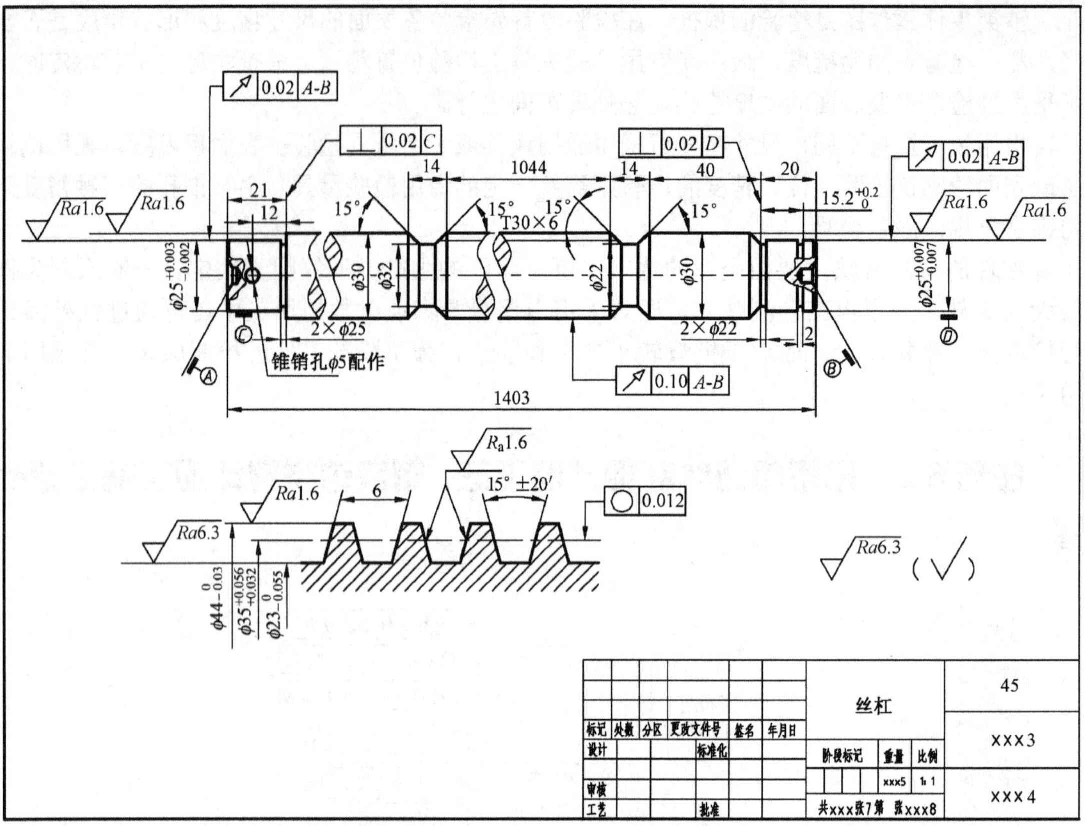

图 6-13　丝杠零件图

6.2.1　分析丝杠零件的工艺

1．零件工艺性分析

丝杠是一种较特殊的轴，其主要功用是将旋转运动变成直线运动，要求传递运动准确，传递一定的扭矩。其主要结构有支承轴颈、螺旋面，长度远大于直径，属细长轴。

技术要求有：支承轴颈的尺寸与形位精度，螺纹面的螺距、牙形半角、中径等精度，表面粗糙度。

丝杠材料要求具有优良的加工性能，磨削时不易产生裂纹，具有良好的热处理工艺性。常用的材料有：不淬硬丝杠采用 T10A、T12A 及 45 钢等；淬硬丝杠采用 9Mn2V、CrWMn 等。

丝杠毛坯一般为棒料和锻件。

> **做一做**　参照任务一，请同学们制订出该零件的工艺路线！试试看吧，你会成功的！

2．丝杠零件加工的工艺注意点

从零件分析中我们可以得知，丝杠加工的主要工艺关注点在于保证螺纹面的精度和解决细长轴加工问题。

1）解决细长轴加工问题

（1）细长轴车削的工艺特点

①细长轴刚性很差，车削时装夹不当，很容易因切削力及重力的作用而发生弯曲变形，产生振动，从而影响加工精度和表面粗糙度。

②细长轴的热扩散性能差，在切削热作用下，会产生相当大的线膨胀。如果轴的两端为固定支承，则工件会因伸长而顶弯。

③由于轴较长，一次走刀时间长，刀具磨损大，从而影响零件的几何形状精度。

④车细长轴时由于使用跟刀架，若支承工件的两个支承块对零件压力不适当，会影响加工精度。若压力过小或不接触，就不起作用，不能提高零件的刚度；若压力过大，零件被压向车刀，切削深度增加，车出的直径就小。当跟刀架继续移动后，支承块支承在小直径外圆处，支承块与工件脱离，切削力使工件向外让开，切削深度减小，车出的直径变大，以后跟刀架又跟到大直径圆上，又把工件压向车刀，使车出的直径变小。这样连续有规律地变化，就会把细长的工件车成“竹节”形，如图6-14所示。

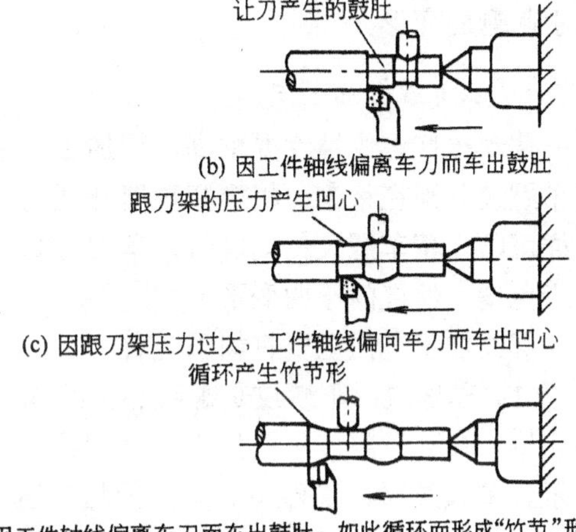

图6-14　车细长轴工件时“竹节”形的形成过程示意图

（2）改进措施

为了获得良好的加工精度和表面质量，生产中常采用以下措施。

①改进装夹方法：采用一夹一顶方式装夹，夹持端缠一圈直径约为4mm的钢丝，使工件与卡爪间保持线接触，避免前后夹顶时在工件上附加弯曲力矩；顶端采用弹性顶尖，工件受切削热伸长时，伸长量迫使后顶尖自动后退，避免工件弯曲，如图6-15所示。

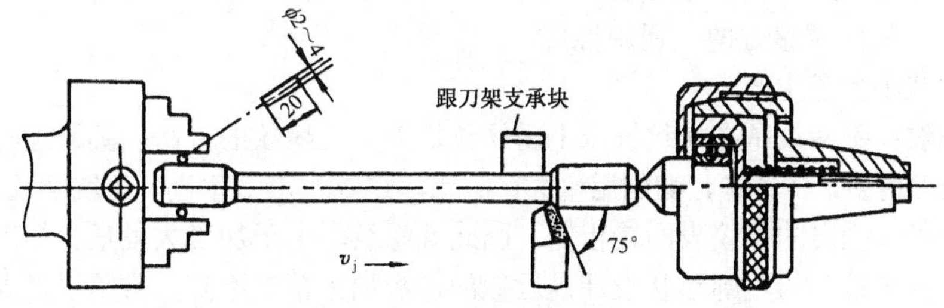

图6-15　细长轴的车削

②采用跟刀架：如图6-15所示，可以抵消车削或磨削时背向力的影响，从而减小切削振动和工件的变形。使用跟刀架时必须仔细调整各支承爪对工件的压力均匀适当，保持跟刀架的中心与机床顶尖中心重合。粗车时，跟刀架支承在刀尖后面1~2mm处；精车时，支承在刀架前面，这样可避免支承爪划伤已加工表面。

③采用反向进给：如图 6-15 所示，车刀向尾座方向作纵向进给运动，这样刀具施加到工件上的进给力使工件已加工部分受轴向拉伸，其伸长量由尾座上的弹性顶尖补偿，因而可大大减小工件的弯曲变形。

④改进车刀结构：车细长轴的车刀，一般前角和主偏角较大，使得切削轻快并减小背向力，从而减小振动和弯曲变形。粗车刀在前面上开断屑槽，改善断屑条件；精车刀取正刃倾角，使切屑流向待加工表面，保证已加工表面不被划伤。

⑤采用无进给量磨削：磨削时，因受背向力，工件的弯曲变形使其加工后呈两头小中间大的腰鼓形，所以不宜采用切入法磨削；精磨结束前，应无进给量地多次走刀直至无火花为止。

⑥合理存放工件：细长轴在存放和运输过程中，尽可能垂直竖放或吊挂，避免由于自重而引起弯曲变形。

2）解决螺纹加工问题

传动丝杠螺纹精度要求高，粗加工、半精加工和精加工应分工序进行。粗车、半精车和精车螺纹分别在精车、粗磨和精磨外圆之后进行。半精车时应将螺纹小径车至要求的尺寸，这样可防止精车螺纹传动面时，车刀与螺纹小径接触，从而防止产生过大的径向切削力，进而避免增大丝杠的弯曲变形。

螺纹加工方法主要有如下几种。

（1）车螺纹：车螺纹是螺纹加工的基本方法，在普通车床上进行。车螺纹可用来加工各种牙形、尺寸及精度不同的内、外螺纹，特别适合于加工尺寸较大的螺纹，如图 6-16（a）所示。车螺纹时，工件与刀具间的相对运动必须严格遵从螺旋运动关系，即工件每转一周，刀具沿工件轴向移动工件螺纹的一个导程。安装螺纹车刀时，刀尖必须与工件轴线等高，刀尖角的等分线必须垂直于工件轴线。为此，常用对刀样板对刀，如图 6-16（b）所示。车螺纹的生产效率较低，加工质量取决于工人技术水平及机床和刀具的精度。但车螺纹刀具简单，机床调整方便，通用性广，主要用于单件或小批量生产。

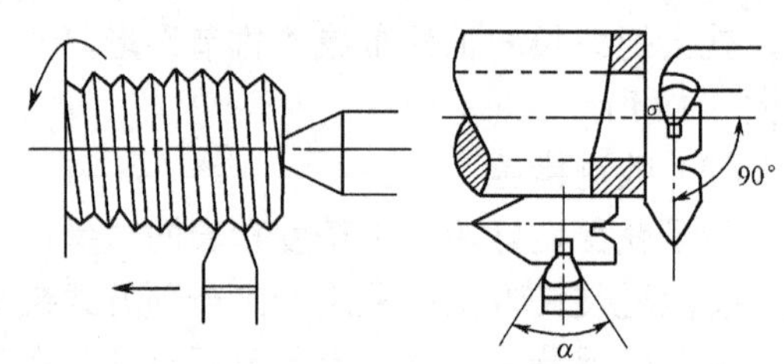

（a）刀具与工件的运动关系　（b）用样板对刀

图 6-16　车螺纹

（2）铣螺纹：铣螺纹是在螺纹铣床上用螺纹铣刀加工螺纹的方法，其原理与车螺纹基本相同。由于铣刀齿多，转速快，切削用量大，故比车螺纹生产效率高。但铣螺纹是断续切削，振动大，不平稳，铣出的螺纹表面较粗糙。因此铣螺纹多用于加工大批量、加工精度不太高的螺纹表面。由于铣刀的轮廓形状设计是近似的，故加工精度不高，常用于扩大螺距的三角螺纹和梯形螺纹以及蜗杆的粗加工。

（3）攻螺纹与套螺纹：攻螺纹与套螺纹是很广泛地应用于加工小尺寸螺纹表面的方法。

用丝锥在工件内孔表面上加工出内螺纹的方法称为攻螺纹。对于小尺寸的内螺纹，攻螺纹几乎是唯一的加工方法。单件小批生产时，用丝锥攻螺纹；当工件批量较大时，可在车床、钻床或攻丝机上用机用丝锥攻螺纹。

用板牙在圆杆上加工出外螺纹的方法称为套螺纹。一般直径不大于M16mm或螺距小于2mm的螺纹可用圆板牙直接套出来；直径大于M16mm的螺纹可粗车螺纹后再套螺纹。由于板牙是一种成形、多刃刀具，所以操作简单，生产效率高。

（4）磨螺纹：磨螺纹是经修整廓形的砂轮在螺纹磨床上对螺纹进行精加工的方法。其加工精度可达IT6~IT4级，表面粗糙度 $Ra \leqslant 0.8\mu m$。

根据采用的砂轮外形不同，外螺纹的磨削分为单线磨削和多线磨削。最常见的是单线砂轮磨削，如图6-17所示。

由于螺纹磨床是结构复杂的精密机床，加工精度高，效率低，费用大，所以磨螺纹一般只用于表面要求淬硬的精密螺纹（如精密丝杠、螺纹量块、丝锥等）的精加工。

3）校直与热处理

传动丝杠毛坯加工前应先校直，在粗加工和半精加工阶段，应根据需要安排多次校直和热处理，以消除丝杠变形和内部残余应力。

丝杠弯曲变形可采用热校直（一般用于毛坯）或冷校直（大多用于半成品）的方法进行校直。下面介绍冷校直：初校时，丝杠弯曲变形较大，可用压高点的方法校直；螺纹半精加工以后，丝杠的弯曲变形已较小，可用如图6-18所示的砸凹点校直法进行校直，即将工件弯曲的凸点放在硬木或铜垫上，凹点向上，用扁錾卡在丝杠螺纹凹点小径处，施以锤击，使凹点金属两边延伸而达到校直的目的。

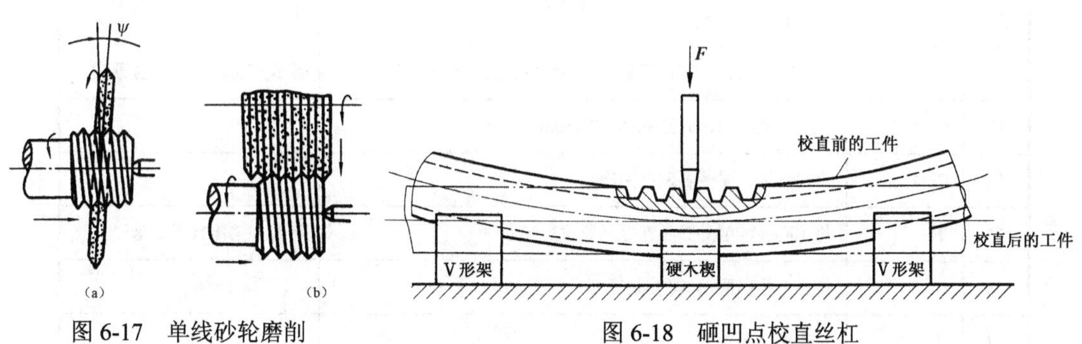

图6-17　单线砂轮磨削

图6-18　砸凹点校直丝杠

为保证丝杠精度在长期使用中稳定不变，加工中应进行多次时效处理以消除残余应力，特别是螺纹粗加工后，切除的加工余量较大，引起变形较大；经校直后，塑性变形使内部残余应力加大，更应安排时效处理。丝杠的时效处理可以采用人工时效以缩短时效周期；也可以采用较简单的自然时效方式，即将丝杠悬吊一周以上，每天多次用软锤敲打，加快消除内应力。

3. 丝杠零件加工的工艺路线

下面提供丝杠零件的加工工艺路线供同学们参考，如表6-4所示。

做一做　同学们，工艺路线制订出来了吗？跟以上方案比较一下，看看哪个更合理。记得填写工艺卡片哟！

表 6-4　卧式车床传动丝杠工艺路线

序号	工序名称	工 序 内 容	设备及工装
1	备料	下料：ϕ45×1 410mm 棒料	弓锯机
2	钳	校直，全长弯曲度≤1.5mm	
3	热处理	正火，170~210HBS，外圆跳动≤1.5mm	
4	车	1．车端面，控制总长，两端钻 B 型标准中心孔； 2．粗车外圆，各部分预留量为 2~3mm	卧式车床、中心架、跟刀架、B24 中心钻
5	钳	校直，压高点，外圆跳动≤1mm	
6	热处理	高温回火，外圆跳动≤1mm	
7	钳	修中心孔；	
8	车	1．半精车外圆各部分，各部分预留量为 0.5~0.8mm； 2．粗车梯形螺纹，每侧预留量为 0.3~0.5mm	卧式车床、硬质合金顶尖
9	钳	样直，砸凹点，外圆跳动≤0.3mm	
10	热处理	中温回火，外圆跳动≤0.2mm	
11		修中心孔	
12	车	半精车螺纹，每侧预留量为 0.2~0.3mm，小径车至尺寸	卧式车床、硬质合金顶尖
13	钳	校直，砸凹点，外圆跳动≤0.15mm	
14	时效	垂吊一周，早晚各敲打两次	
15	磨	修中心孔，磨外圆各部分至要求的尺寸	万能外圆磨或无心磨
16	钳	校直，径向跳动≤0.1mm	
17	车	精车螺纹至尺寸	
18	检验	检验入库	

6.2.2　轴类零件加工的几个工艺问题

1．中心孔的研磨问题

作为定位基准，中心孔的误差会直接反映到工件上。若中心孔与顶尖接触不良，则会降低工艺系统刚度，增大受力变形，产生变形误差。在使用过程中，由于受切削力等作用，中心孔也会磨损。因此，在各加工阶段结束后，尤其是热处理后，必须修研中心孔。

中心孔的修研方法常用的有两种：一是用铸铁顶尖或橡胶砂轮、成型油石作为研具加研磨剂，在车床或钻床上研磨；另一种方法是用硬质合金顶尖刮研，如图 6-19 所示。通过顶尖上刃带的切削或挤压作用，提高中心孔表面质量。

2．轴上深孔的加工问题

许多轴类零件因功能需要设计成中心通孔结构，一般将孔深超过孔径5倍的圆柱孔称为深孔，比如卧式车床的主轴。深孔加工比一般孔加工难度大，生产效率低。其难度主要在于加工过程中，由于刀具刚性差，致使其位置偏斜，排屑、散热和冷却润滑条件都差。针对这些问题一般采取如下措施。

（1）工件作回转运动，钻头作进给运动，使钻头具有自动定心能力。

（2）采用切削性能优良的深孔钻系统，例如双进液器深孔钻。

（3）在钻削深孔前，先加工出一个直径相同的导向孔，该孔要求有较高的加工精度，至少不低于m7，其深度为（0.1~1.5）*d*（*d*为钻头直径）。导向孔可在卧式车床上完成。

深孔钻削若为大批量生产，可在深孔钻床上进行；若为单件小批生产，也可在卧式车床上完成。

知识链接 目前，深孔加工技术还处于发展阶段，深孔加工技术的现代化必须以其核心技术（排屑、冷却润滑和工具自导向）的突破为前提，在此基础上进一步实现设备的通用化、多功能、自动化、柔性化。

3．磨削表面质量问题

在磨削加工过程中，由于各种因素的影响，会产生一些影响加工质量的表面缺陷，主要包括以下几个方面。

（1）多边形缺陷：如图6-20所示，由于磨削过程中，砂轮与工件沿径向产生周期性振动，在工件外圆表面上沿轴线方向留下等距的直线痕迹，其深度小于0.5μm。产生振动的根本原因是加工过程中的强迫振源（如电动机或砂轮的不平衡）和工艺系统刚性不足（如轴承间隙、顶尖接触不良等）。要消除这种振动，就要从减小或消除强迫振源，提高工艺系统的刚性，减小磨削力等方面考虑，分析具体原因，有针对性地解决问题。

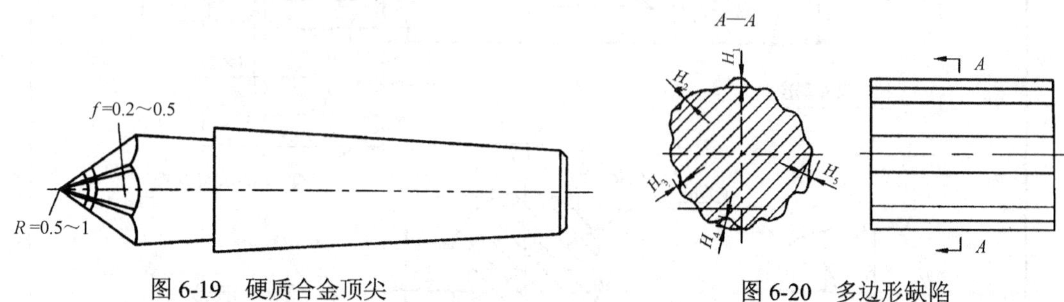

图6-19 硬质合金顶尖

图6-20 多边形缺陷

（2）螺旋形缺陷：螺旋纹是指在磨削后的工件外圆表面产生连续或局部的螺旋痕迹，其间距等于工件轴向每转的进给量。产生这一缺陷的原因在于砂轮微刃的等高性破坏或砂轮与工件局部接触，例如砂轮与工件轴线不平行，砂轮轴因刚性不足而产生弯曲变形等。

（3）烧伤：由于砂轮硬度过高或磨削用量选择不当，以及砂轮钝化、冷却不足等原因都会造成因高温作用而使工件表面层组织相变，即烧伤。适当降低砂轮硬度，充分冲却，以及及时修止砂轮等可以有效地避免烧伤。

知识梳理与总结

通过本项目的学习，大家了解了轴类零件工艺工装制订的方法与步骤。在这个项目中我们首先运用上篇所学知识，以编制的阶梯轴的工艺文件为切入点，导出轴类零件的工艺共性分析、刀具的选择、车夹具的设计与选择、检测、主要工艺问题等内容。再以传动丝杠零件作为学生训练的课题，老师介绍注意点，提供参考的工艺路线。

实训 1　制订搅拌轴的工艺规程

工艺任务单

产品名称：搅拌轴　　零件功用：搅拌，作旋转运动，传递动力

材　　料：45 钢　　生产类型：小批生产

热 处 理：淬火处理，HRC58

工艺任务：(1) 根据图 6-21 所示的零件图分析其结构、技术要求、主要表面的加工方法，拟订加工工艺路线；

(2) 编制机械加工工艺路线，选用合适的切削刀具、加工设备和专用夹具，完成工艺文件的填写。

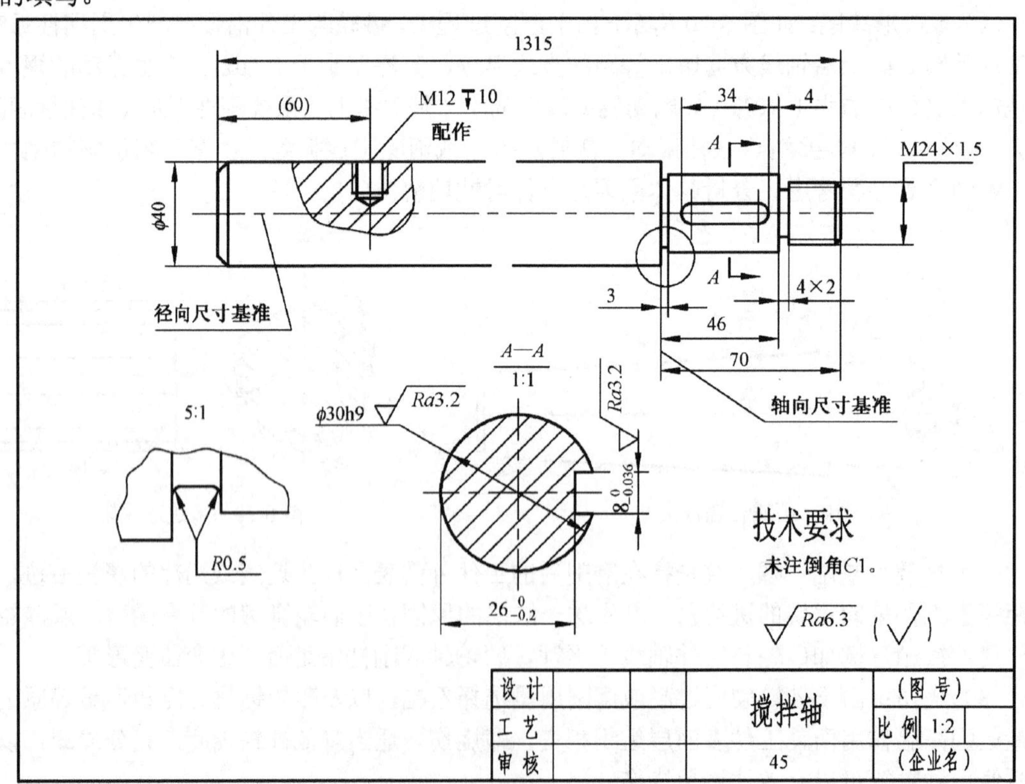

图 6-21　搅拌轴零件图

思考与练习题6

1．轴按刚性进行分类时，当________时，称为挠性轴；当________时，称为刚性轴。

2．轴的功用是____________________________。

3．轴类零件在选择材料时，常选用__________，对精度要求较高的轴，可选用________，因为____________。

4．磨削时出现多角形是由于________产生的，螺旋形是由________产生，拉毛是由砂轮的________所造成的。

5．精细车常作为____________等材料的精加工。

6．根据夹具在车床上的安装位置常分为：____________，____________。

7．轴类零件的结构特点和技术要求有哪些？

8．阶梯轴加工工艺过程制定的依据是什么？加工过程3个阶段的主要工序有哪些？

9．如何合理安排轴上键槽、花键槽加工顺序？

10．车床夹具与车床主轴间如何连接？

11．中心孔在轴类零件加工中起什么作用？

12．试述车床夹具的设计要点。

13．锥堵和锥套心轴在何种场合下使用？它起什么作用？使用中应注意什么问题？

14．试分析细长轴车削时的工艺特点，并说明反向走刀车削法的先进性。

15．试制订如图6-22所示零件的加工工艺过程。（请指出每道工序的定位基准面及定位元件）

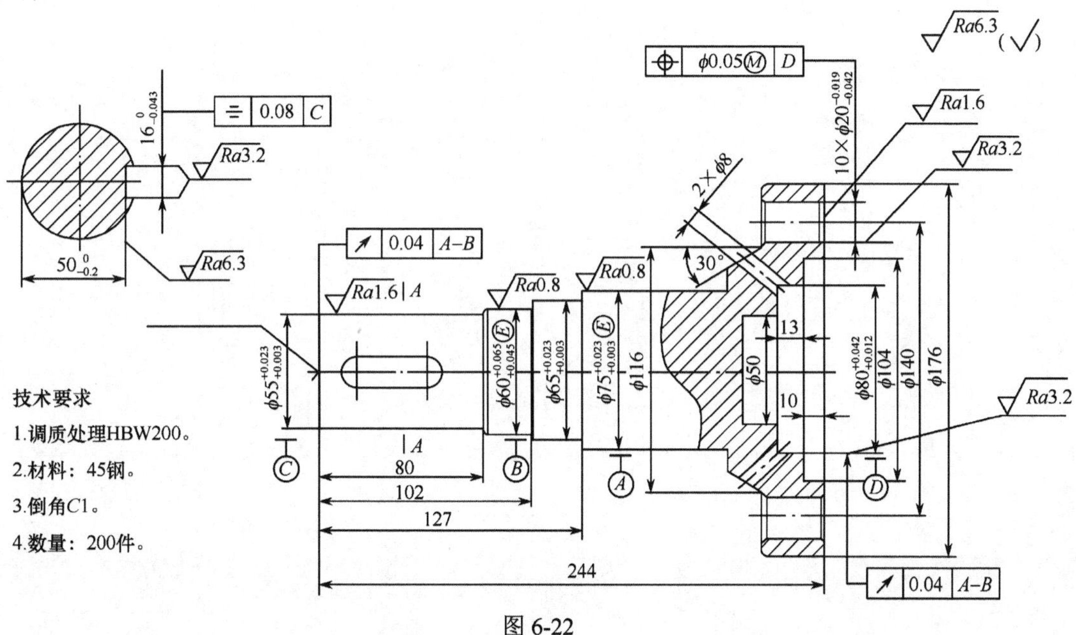

图6-22

16．有一根小轴，毛坯为热轧棒料，大量生产的工艺路线为粗车—半精车—淬火—粗磨—精磨，外圆设计尺寸为$\phi 40_{-0.015}^{\ 0}$ mm，已知各工序的加工余量和经济精度（见表6-5），试确

定各工序尺寸及其偏差。

表 6-5

工序名称	工序余量	经济精度	工序尺寸及偏差
精磨	0.1	IT6	
粗磨	0.4	IT8	
半精车	1.1	IT10	
粗车	2.4	IT12	
毛坯尺寸	4		

项目 7 套类零件的工艺工装制订

教学导航

学习目标	掌握内圆表面的加工方法、套类零件的工艺工装制订的思路与方法
工作任务	根据工艺任务单编制套类零件的加工工艺文件，并确定有关装备
教学重点	套类零件工艺编制的思路与方法、钻夹具的设计
教学难点	套类零件的加工工艺参数的确定，钻夹具设计、加工工艺问题
教学方法建议	采用案例教学法，用工作任务引导，讲练结合，注重教学师生互动
选用案例	轴承套零件、液压缸零件、转换套零件
教学设施、设备及工具	多媒体教室、夹具拆装实验室、课件、钻夹具、零件实物等
考核与评价	项目成果评定 60%，学习过程评价 30%，团队合作评价 10%
参考学时	10

任务 7.1 制订轴承套零件的工艺规程，分析套类零件的工艺工装

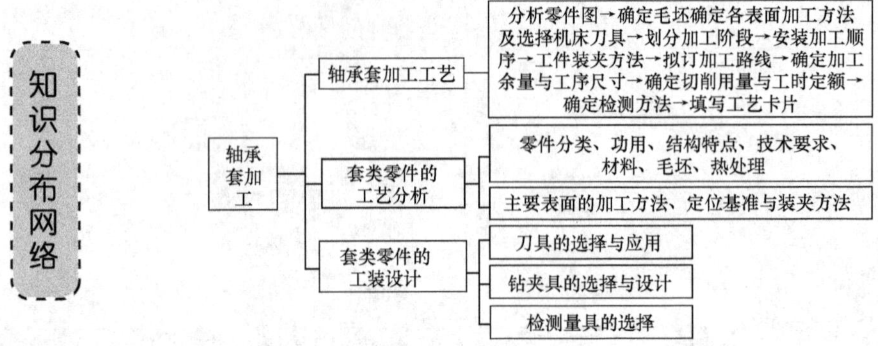

工艺任务单

产品名称：轴承套

零件功用：支承、导向

材　　料：ZQSn6-6-3

生产类型：批量生产

工艺任务：(1) 根据如图 7-1 所示零件图分析其结构、技术要求、主要表面的加工方法，拟订加工工艺路线；

(2) 确定详细的工艺参数，编制工艺规程。

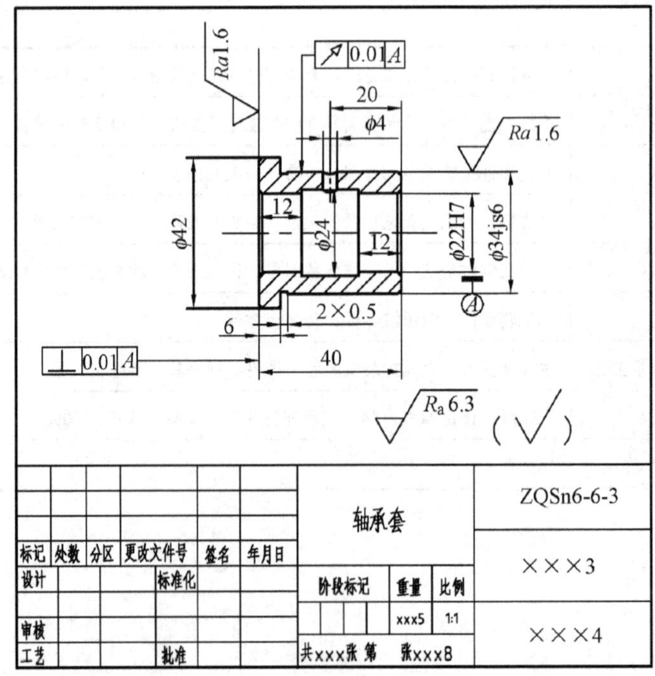

图 7-1　轴承套零件图

7.1.1 制订轴承套零件的工艺规程

1．分析零件图

由图可知该轴承套属于短套筒，主要功能是起支承、导向作用。该零件结构简单，主要表面为内外圆柱面、端面。其主要技术要求为：ϕ34js7 外圆表面、ϕ22H7 内圆表面、ϕ34js7 外圆对ϕ22H7 孔的径向圆跳动公差为 0.01mm；左端面对ϕ22H7 孔轴线的垂直度公差为 0.01 mm。材料为有色金属锡青铜，批量生产。

2．确定毛坯

该零件对材料的力学性能要求一般，从外部结构及尺寸看，锻件、铸件、棒料均可，可根据各种毛坯供给的具体情况来加以确定。这里采用棒材，因为它易采购，成本低，准备周期短。因零件长度只有 40 mm，所以毛坯准备时，可以考虑按 5 件合 1 进行下料，取毛坯尺寸为ϕ45×230 mm。

3．确定各表面的加工方法及选择加工机床与刀具

轴承套零件的主要加工表面有ϕ34 的外圆表面，ϕ22 内圆表面，轴承套大端面，次要加工表面有小端面、台阶面、倒角、退刀槽、ϕ24 内槽、ϕ42 圆柱面及ϕ4 轴上径向孔等。

ϕ42、ϕ34 的外圆表面加工：采用车削的加工方法，刀具为外圆车刀。

ϕ22、ϕ24 内圆表面加工：采用在车床上实现钻削的加工方法，刀具为钻头、扩孔钻、铰刀。

ϕ4 轴上径向孔加工：在钻床上加工，刀具为钻头。

大小端面、台阶面、退刀槽加工、倒角：采用端面车刀、割槽刀在车床上加工。

4．划分加工阶段和加工顺序

轴承套ϕ34 外圆表面为 IT7 级精度，表面粗糙度为 *Ra* 1.6μm，查表 3-7 可知，通过粗车—精车（磨）加工顺序可以满足要求；

ϕ22 内孔精度也为 IT7 级，表面粗糙度为 *Ra* 1.6μm，查表 3-8 孔的加工方法可知，通过钻孔－扩孔－铰孔加工顺序可以满足要求；

ϕ4 轴上径向孔加工只需钻孔即可；

大小端面、台阶面、退刀槽加工、倒角可在加工外圆表面阶段完成。

5．工件装夹方式

由于外圆对内孔有径向圆跳动公差要求，左端面对内孔轴线有垂直度公差要求，故在选择装夹方式时要注意，尽可能采用基准重合和统一原则来进行加工。加工内孔、端面时，可以大外圆定位一次加工完成，保证端面与内孔轴线的垂直度要求；以内孔定位，精加工外圆，以保证外圆对内孔的径向圆跳动要求。

6．拟订加工工艺路线

根据以上分析，综合内外圆表面的加工路线，初拟轴承套的加工工艺路线如表 7-1 所示。

表 7-1 轴承套的加工工艺路线

序 号	工 序	工 序 内 容	机 床
1	下料	棒料ϕ45×230mm（按5件合1下料）	
2	粗车	车端面，钻中心孔，车外圆，车分割槽，车退刀槽，外圆倒角	车床
3	半	车端面，扩，铰孔，车内槽，孔倒角	车床
4	钻	钻径向孔	钻床
5	钳工	去毛刺	
6	磨	磨外圆ϕ34js7及大端面	磨床
7	检验	检验入库	

7．确定加工余量、工序尺寸与公差

该轴承套的内外圆表面的加工遵循基准重合统一原则，所以各工序的工序尺寸可以从最终加工工序开始，向前推算各工序的基本尺寸；公差按各自采用加工方法的经济精度确定，按入体原则进行标注。ϕ34js7外圆表面和ϕ22H7内孔表面的各道工序的工序尺寸与公差如 表7-2所示。

表 7-2 工序尺寸与公差

加工表面	加工内容	加工余量（mm）	精度等级	工序尺寸（mm）	表面粗糙度（μm）
ϕ34js7	毛坯	—	±2	$\phi45\pm2$	
	粗车	9	IT11	$\phi36_{-0.16}^{0}$	12.5
	半精车	1.5	IT8	$\phi34_{-0.11}^{0}$	6.3
	磨	0.5	IT7	$\phi34\pm0.012$	1.6
ϕ22H7	钻	18	IT11	$\phi18_{0}^{+0.130}$	12.5
	扩	3.7	IT10	$\phi21.7_{0}^{+0.084}$	6.3
	铰	0.3	IT7	$\phi22_{0}^{+0.021}$	1.6

8．确定切削用量和工时定额

这里以钻进油孔ϕ4为例，介绍切削用量和工时定额的确定。

在钻削切削用量中，对孔精度影响较大的分别是背吃刀量和进给量，对钻头的使用寿命影响较大的是背吃刀量和切削速度。

机床：Z512台式钻床。

刀具：ϕ4 mm硬质合金麻花钻。

1）确定切削用量

（1）背吃刀量：a_p=2 mm。

（2）进给量：查表可得，取f=0.4 mm/r。

（3）切削速度：取Z512台式钻床主轴转速2 200 r/min，根据切削速度计算公式，可得

$$v_c=\frac{\pi d_w n}{1\,000}=\frac{\pi\times4\times2\,200}{1\,000}\approx27.6\ \mathrm{m/min}$$

2）确定工时定额

（1）计算基本时间：

$$T_{基}=\frac{L+L_1+L_2}{nf}$$

式中，$L=6$，$L_1=3.5$，$L_2=1.5$，所以

$$T_{基}=\frac{L+L_1+L_2}{nf}=\frac{6+3.5+1.5}{2\,200\times 0.04}=0.125\,\text{min}$$

（2）取 $T_{辅}=4$ min，$\alpha=3\%$，$\beta=2\%$，$T_{准终}=0$ min。

（3）单件的工时定额为

$$T=\left(1+\frac{\alpha+\beta}{100}\right)T_{作}+\frac{T_{准终}}{N}=\left(1+\frac{3+2}{100}\right)\times(0.125+4)\approx 4.3\,\text{min}$$

再根据企业作息时间核定工人每天实际作业时间，即可算出一天工时定额，还要考虑企业工人的技术水平，以制订出一个比较合理的定额。

做一做　同学们试着计算一下其他工序的切削用量和工时定额。

9. 确定检测方法

1）尺寸精度的检测

轴承套的外圆表面尺寸精度可用外径千分尺测量；内孔尺寸精度可用内径卡尺或内径百分表测量。

2）位置精度的检测

外圆对内孔的跳动可用心轴方法进行测量：在轴承套内孔中装入无间隙心轴，用心轴的轴线来模拟内孔轴线，把心轴用两顶尖或 V 形块支承，然后用指示表测量外径相对旋转轴线的跳动。

端面对内孔轴线的垂直度测量方法：一般方法为在平板上，轴承套装入导向块内，用百分表打端面。

10. 填写工艺卡片

根据确定的工艺路线及各工序的工艺参数，可填入表 4-4～表 4-6 所示工艺卡中。这里以表 4-5 所示机械加工工艺卡填写为例，如表 7-3 所示。

做一做　（1）请同学们完成机械加工工艺过程卡（见表 4-4），填一道工序的机械加工工序卡（见表 4-6）。

（2）从此传动轴的整个加工工艺过程设计来看，请同学们试着总结出套类零件加工的共性点。

7.1.2　分析套类零件工艺与工装设计要点

1. 套类零件的功用、分类及结构特点

套类零件是机械中常见的一种零件，它的应用范围很广，主要起支承和导向作用，如图 7-2 所示是常见套类零件。由于其功用不同，套类零件的结构和尺寸有着很大的差别，但

表 7-3　机械加工工艺卡

无锡职业技术学院			机械加工工艺卡片			产品型号	××			零(部)件图号	××-××		共 2 页		
						产品名称	××			零(部)件名称	轴承套		第 1 页		
材料牌号			ZQSn6-6-3	毛坯种类	棒料	毛坯外形尺寸	ϕ45×230mm	每毛坯件数		5 件	每台件数		1 件	备注	
工序	装夹	工步	工序内容	同时加工零件数	切削用量				设备名称及编号	工艺装备名称及编号			技术等级	工时定额	
					背吃刀量(mm)	切削速度 m/min	每分钟转数	进给量(mm)		夹具	刀具	量具		单件	准终
10			备料ϕ45×230mm(按 5 件合 1 下料)												
20	A	1	装夹（夹住ϕ45 外径）	1					普车 C620-1	三爪卡盘					
		2	车端面		0.3	85.8	607	0.5			45° 外圆端面车刀				
		3	定中心（ϕ25×90°）		12.5	60.1	765	0.2			中心钻（非标）				
		4	车外径至ϕ42 长 45		1.5	85.8	607	0.3			45° 外圆端面车刀				
		5	车外径至$\phi 34.5_{-0.11}^{0}$ 长 33.7（分两刀）		1.8	80.1	607	0.5			45° 外圆端面车刀				
		6	切退刀槽（2×0.5）		0.5	32.7	304	0.2			切槽刀				
		7	ϕ34.5 外径倒角 1.5×45°		0.75	82.4	765	0.2			45° 外圆端面车刀				
		8	切断（3mm）		21	32.6	231	0.15			切断刀				
30	A	1	装夹（夹住$\phi 34.5_{-0.10}^{0}$ 外径）	1					普车 C620-1	三爪卡盘	45° 外圆端面车刀				
		2	粗车端面（留精车余量）		0.3	84.8	600	0.5			45° 外圆端面车刀				
		3	定中心（ϕ25×90°）		12.5	60.1	765	0.2			中心钻（非标）				
		4	ϕ42 外径倒角 1.5×45°		0.75	80.1	607	0.2			45° 外圆端面车刀				
		5	精车端面(对工步 9 中孔垂直度 0.01)		0.15	80.1	607	0.1			45° 外圆端面车刀				
		6	钻孔ϕ18		9	43.2	765	0.3			ϕ18 锥柄钻				
									编制(日期)	审核(日期)	会签(日期)				
标记	处数	更改文件号	签字	日期	标记	处数	更改文件号	签字	日期						

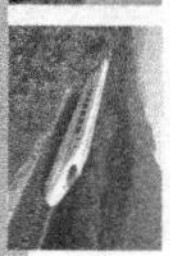
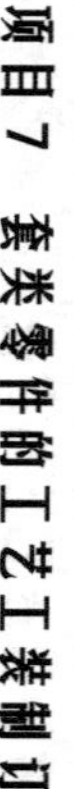

续表

无锡职业技术学院			机械加工工艺卡片				产品型号		××	零(部)件图号		××-××	共 2 页		
							产品名称		××	零(部)件名称		轴承套	第 2 页		
材料牌号			ZQSn6-6-3	毛坯种类	棒料	毛坯外形尺寸	ϕ45×230mm		每毛坯件数	5 件		每台件数	1 件	备注	
工序	装夹	工步	工序内容	同时加工零件数	切削用量				设备名称及编号	工艺装备名称及编号			技术等级	工时定额	
					背吃刀量(mm)	切削速度 m/min	每分钟转数	进给量(mm)		夹具	刀具	量具		单件	准终
		7	扩孔ϕ21.7		1.85	52.1	765	0.3			ϕ21.7 锥柄钻（非标）				
		8	车槽ϕ24		1.15	28.8	382	0.2			镂槽刀				
		9	铰孔ϕ22H7（对ϕ34.5 跳动 0.05）		0.15	33.0	477	0.2			ϕ22H7 铰刀				
		10	卸下									分级心棒（非标）\杠杆千分表 0.001/0～2			
40	A	1	装夹	1					台钻 Z512	钻模					
		2	钻ϕ4 孔		2	27.6	2200	0.2			ϕ4.1 直柄钻				
		3	卸下												
50	A	1	去毛刺												
55		1	清洗												
60	A	1	装夹（小锥度心棒两顶定位）	1					外圆磨床 M1420	锥度心轴鸡心夹头					
		3	磨外径至ϕ34js7		0.075	29.9	280				砂轮				
		4	卸下									分级心棒（非标）\杠杆千分表 0.001/0～2			
65			清洗												
65J			检验												
70			入库												

										编制(日期)	审核(日期)	会签(日期)		
标记	处数	更改文件号	签字	日期	标记	处数	更改文件号	签字	日期					

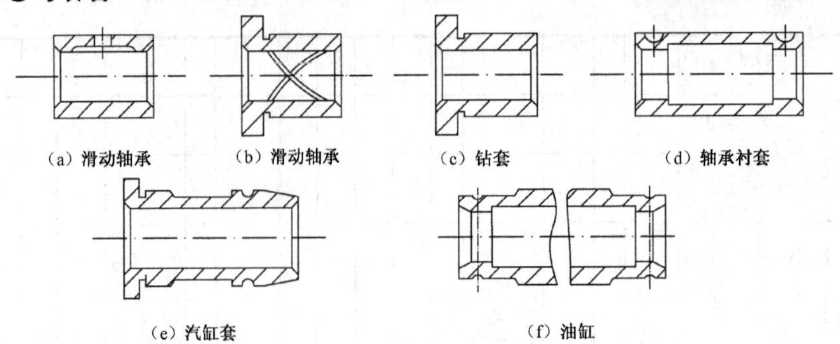

图 7-2　套类零件示例

其结构上仍有共同点：零件的主要表面为同轴度要求较高的内外圆表面；零件壁的厚度较薄且易变形；零件长度一般大于直径等。

2. 套类零件的主要技术要求

套类零件的外圆表面多以过盈配合或过渡配合与机架或箱体孔配合起支承作用，内孔起导向作用或支承作用，有的套端面或凸缘端面起定位或承受载荷作用。其主要技术要求如下。

1）尺寸精度

孔是套类零件起支承或导向作用的最主要表面，通常与运动的轴、刀具或活塞相配合。孔的直径尺寸公差等级一般为 IT7，要求较高的轴套可取 IT6，要求较低的通常取 IT9。外圆是套类零件的支承面，常以过盈配合或过渡配合与箱体或机架上的孔相连接。外径尺寸公差等级通常取 IT6～IT7。

2）形状精度

孔的形状精度应控制在孔径公差以内，一些精密套筒控制在孔径公差的 1/2～1/3，甚至更严。对于长的套筒，除了圆度要求以外，还应注意孔的圆柱度。为了保证零件的功用和提高其耐磨性，其形状精度控制在外径公差以内。

3）相互位置精度

当孔的最终加工是将套筒装入箱体或机架后进行时，套筒内外圆的同轴度要求较低；若最终加工是在装配前完成的，则同轴度要求较高，一般为ϕ0.01～0.05mm。

套筒的端面（包括凸缘端面）若在工作中承受载荷，或在装配和加工时作为定位基准，则端面与孔轴线垂直度要求较高，一般为 0.01~0.05mm。

4）表面粗糙度

孔的表面粗糙度值为 *Ra* 1.6～0.16μm，要求高的精密套筒可达 *Ra* 0.04μm，外圆表面粗糙度值为 *Ra* 3.2～0.63μm。

3. 套类零件的材料、毛坯

1）套类零件的材料

套类零件一般用钢、铸铁、青铜或黄铜制成。有些滑动轴承采用双金属结构，以离心铸

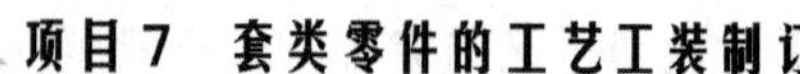

造法在钢或铸铁内壁上浇注巴氏合金等轴承合金材料，既可节省贵重的有色金属，又能提高轴承的寿命。

2）套类零件的毛坯

套类零件毛坯的选择与其材料、结构、尺寸及生产批量有关。孔径小的套筒，一般选择热轧或冷拉棒料，也可采用实心铸件；孔径较大的套筒，常选择无缝钢管或带孔的铸件、锻件；大量生产时，可采用冷挤压和粉末冶金等先进的毛坯制造工艺，既提高生产率，又节约材料。

4．套类零件的加工工艺设计

1）套类零件主要表面的加工方法

套类零件主要表面为内孔和外圆，外圆的加工基本和轴类零件的加工相似，这里只介绍套类零件内孔的加工方法和加工方案的选择。

内孔表面加工方法较多，常用的有钻孔、扩孔、铰孔、镗孔、磨孔、拉孔、研磨孔、珩磨孔、滚压孔等。

（1）钻孔

用钻头在工件实体部位加工孔称为钻孔。钻孔属粗加工，可达到的尺寸公差等级为IT13~IT11，表面粗糙度值为 *Ra* 50~12.5 μm。由于麻花钻长度较长，钻心直径小而刚性差，又有横刃的影响，故钻孔有以下工艺特点。

钻削时，钻头的切削部分始终处于一种半封闭状态，加工产生的热量不能及时散发，切削区温度很高。加注切削液虽然可以使切削条件有所改善，但作用有限。钻头的工作部分大都处于已加工表面的包围中，切屑难以排出。钻头的直径尺寸受被加工工件的孔径所限制，为了便于排屑，一般在其上面开出两条较宽的螺旋槽，因此导致钻头的强度和刚度都比较差，又有横刃的影响，故钻孔有以下工艺特点。

①钻头容易偏斜。由于横刃的影响，使钻削过程中不易准确定心，且钻头的刚性和导向作用较差，钻削时钻头易引偏和弯曲。在钻床上钻孔时，引起孔的轴线偏移和不直，但孔径无显著变化；在车床上钻孔时，引起孔径的变化，但孔的轴线仍然是直的。

②孔径容易扩大。钻削时钻头两切削刃径向力不等易引起孔径扩大，钻头的径向跳动等也会造成孔径扩大，卧式车床钻孔时的切入引偏会引起孔径扩大。

③孔的表面质量较差。钻削时切屑较宽，在孔内被迫卷为螺旋状，流出时与孔壁发生摩擦而损伤已加工表面。

④钻削时轴向力大。主要是由钻头横刃引起的。经试验表明，钻孔时 50%的轴向力和 15%的扭矩是由横刃产生的。

为了改善加工情况，工艺上常采用以下工艺措施来解决以上问题。

①钻孔前先加工端面，保证端面与钻头垂直，防止引偏。

②先用小顶角（2φ=90°～100°），直径大于被加工孔径的短麻花钻预钻一个凹坑，起引导钻头钻削、定心作用，如图 7-3 所示。

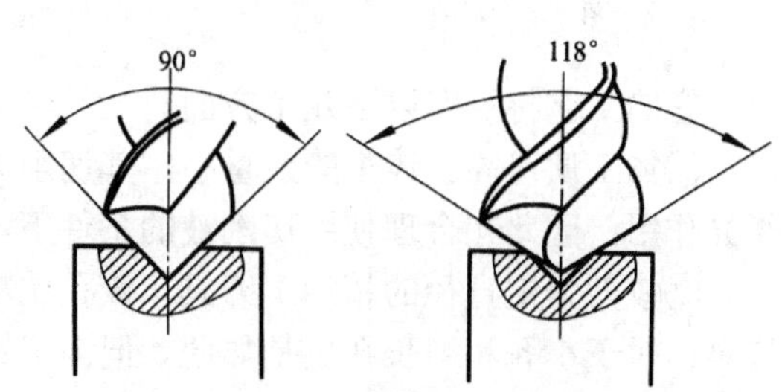

图 7-3　钻孔前预钻锥孔

③刃磨时，尽量把钻头的两主切削刃磨得对称，使两刀刃产生的径向切削力大小一致，减小径向引偏力。

④用钻夹具作为导向装置，这样可减小钻孔开始时的引偏，特别是在斜面或曲面上钻孔。

⑤采用工件回转的方式进行钻孔，可减小孔中心线的偏斜，并注意排屑和切削液的合理使用。

⑥钻小孔或深孔时应采用较小的进给量。

钻孔直径一般不超过 75 mm。当孔径大于 30 mm 时，应分两次钻削，第一次钻孔直径应大于第二次钻孔所用钻头的横刃宽度，以减小轴向力。第一次钻孔直径约为被加工孔径的 0.4～0.6 倍。

（2）扩孔

扩孔是用扩孔钻对已钻出的孔做进一步加工，以扩大孔径并提高精度和降低表面粗糙度值。由于扩孔时切削深度较小，排屑容易，且扩孔钻刚性好，刀齿多，因此扩孔的尺寸精度和表面精度均比钻孔好。扩孔可达到的尺寸公差等级为 IT11~IT10，表面粗糙度值为 *Ra* 12.5~6.3 μm，属于孔的半精加工方法，常作为铰削前的预加工，也可作为精度不高的孔的终加工。扩孔方法如图 7-4 所示，扩孔的加工余量一般为孔径的 1/8 左右，进给量一般较大（0.4~2 mm/r），生产效率高。

（3）铰孔

铰孔是在半精加工（扩孔或半精镗）的基础上对孔进行的一种精加工方法。铰孔的尺寸公差等级可达 IT9～IT6，表面粗糙度值可达 *Ra* 3.2～0.2 μm。

铰孔的方式有机铰和手铰两种。用手工进行铰削的称为手铰，如图 7-5 所示；在机床上进行铰削的称为机铰，如图 7-6 所示。

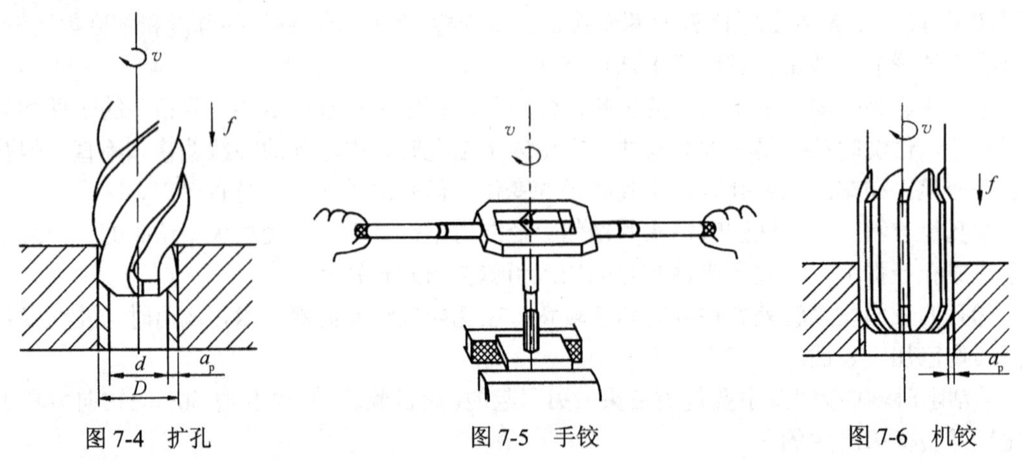

图 7-4　扩孔　　图 7-5　手铰　　图 7-6　机铰

它的工艺特点有以下几个方面。

①加工质量高。铰削的余量小，其切削力及切削变形很小，再加上本身有导向、校准和修光作用，因此在合理使用切削液的条件下，铰削可以获得较高的加工质量。

②铰刀为定直径的精加工刀具。铰孔比精镗孔容易保证尺寸精度和形状精度，生产率也较高，对于小孔和细长孔更是如此。但由于铰削余量小，铰刀常为浮动连接，故不能校正原孔的轴线偏斜，孔与其他表面的位置精度则需由前工序或后工序来保证。

③铰孔的适应性较差。一种铰刀只能加工一种尺寸的孔、台阶孔和盲孔。铰削的孔径一

般小于ϕ80 mm，常用的在ϕ40 mm 以下。对于阶梯孔和盲孔，则铰削的工艺性较差。

知识链接　铰孔时，由于刀齿径向跳动以及铰削用量和切削液等因素会使孔径大于铰刀直径，称为铰孔“扩张”；而由于刀刃钝圆半径挤压孔壁，则会使孔产生恢复而缩小，称为铰孔“收缩”。一般“扩张”和“收缩”的因素同时存在，最后结果应由实验决定。经验表明：用高速钢铰刀铰孔一般发生扩张，用硬质合金铰刀铰孔一般发生收缩，铰削薄壁孔时，也常发生收缩。所以，铰刀直径公差直接影响被加工孔的尺寸精度、铰刀制造成本和使用寿命。

（4）镗孔

镗孔是用镗刀对已有孔做进一步加工的精加工方法，可在车床、镗床或铣床上进行。镗孔是常用的孔加工方法之一，可分为粗镗、半精镗和精镗。粗镗的尺寸公差等级为 IT13～IT12，表面粗糙度值为 *Ra* 12.5～6.3 μm；半精镗的尺寸公差等级为 IT10~IT9，表面粗糙度值为 *Ra* 6.3～3.2 μm；精镗的尺寸公差等级为 IT8～IT7，表面粗糙度值为 *Ra* 1.6～0.8 μm。

①车床镗孔。车床镗孔如图 7-7 所示。车不通孔或具有直角台阶的孔时（见图 7-7（b）），车刀可先作纵向进给运动，车至孔的末端时车刀改作横向进给运动，再加工内端面。这样可使内端面与孔壁良好衔接。车削内孔凹槽时（见图 7-7（d）），将车刀伸入孔内，先作横向进刀，切至所需的深度后再作纵向进给运动。

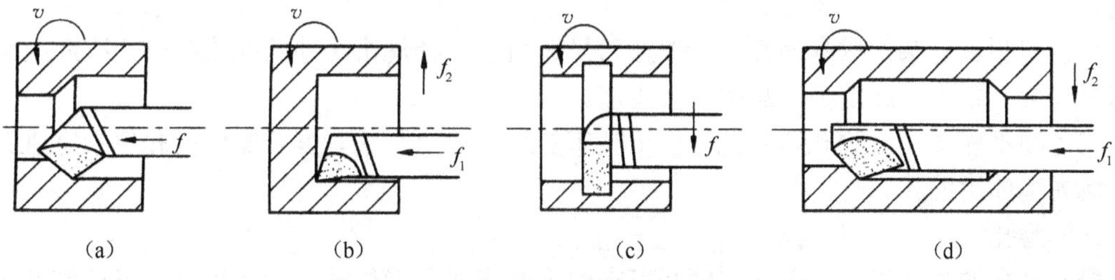

图 7-7　车床镗孔

在车床上镗孔是工件旋转，车刀移动，孔径大小可由车刀的切深量和走刀次数予以控制，操作较为方便。

车床镗孔多用于加工盘套类和小型支架类零件的孔。

②镗床镗孔。镗床镗孔的方式见本书中项目二的介绍。

③铣床镗孔。在卧式铣床上镗孔，镗刀杆装在卧式铣床的主轴锥孔内作旋转运动，工件安装在工作台上作横向进给运动。

④浮动镗削。浮动镗削实质上相当于铰削，其加工余量以及可达到的尺寸精度和表面粗糙度值均与铰削类似。浮动镗削的优点是易于稳定地保证加工质量，操作简单，生产率高。但不能校正原孔的位置误差，因此孔的位置精度应在前面的工序中得到保证。

⑤镗削的工艺特点。单刃镗刀镗削具有以下特点。

- 镗刀结构简单，使用方便，适于加工各种类型的孔，如表 7-4 所示；既可进行粗加工，也可进行半精加工和精加工；具有较大的灵活性和较强的适应性。
- 镗削可以校正底孔轴线的倾斜和位置误差，但由于镗杆直径受孔径的限制，一般其刚性较差，易弯曲和振动，故镗削质量的控制（特别是细长孔）不如铰削方便。

表 7-4　可镗削的各种类型的孔

孔的结构						
车床	可	可	可	可	可	可
镗床	可	可	可	—	可	可
铣床	可	可	可	—	—	—

◆ 镗削的生产率低。因为镗削需用较小的切深和进给量进行多次走刀以减小刀杆的弯曲变形，且在镗床和铣床上镗孔需调整镗刀在刀杆上的径向位置，故操作复杂、费时。

◆ 镗削广泛应用于单件小批生产中各类零件的孔加工。在大批量生产中，镗削支架和箱体的轴承孔需用镗模。

（5）拉孔

拉孔的工艺特点如下。

①拉削时拉刀多齿同时工作，在一次行程中完成粗、精加工，因此生产率高。

②拉刀为定尺寸刀具，且有校准齿进行校准和修光；拉床采用液压系统，传动平稳，拉削速度很低（v_c=2～8 m/min），切削厚度薄，不会产生积屑瘤，因此拉削可获得较高的加工质量。

③拉刀制造复杂，成本昂贵，一把拉刀只适用于一种规格尺寸的孔或键槽，因此拉削主要用于大批大量生产或定型产品的成批生产。

④拉削不能加工台阶孔和盲孔。由于拉床的工作特点，某些复杂零件的孔也不宜进行拉削，例如箱体上的孔。

（6）磨孔

磨孔是孔的精加工方法之一，磨孔可在内圆磨床或万能外圆磨床上进行，可达到的尺寸公差等级为 IT8～IT6，表面粗糙度值为 *Ra* 0.8～0.4 μm。

磨孔的方法如图 7-8 所示。使用端部具有内凹锥面的砂轮可在一次装夹中磨削孔和孔内台肩面，如图 7-9 所示。

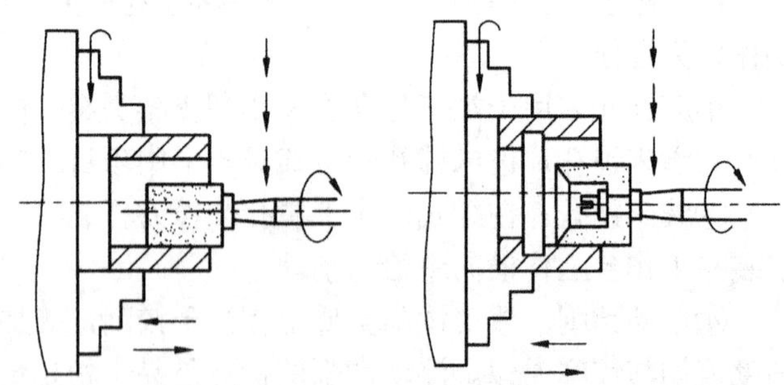

图 7-8　磨孔的方法　　图 7-9　磨削孔内台肩面的方法

磨孔与磨外圆相比加工工艺性差，体现在以下几方面。

①磨孔时砂轮直径受工件孔径的限制，直径较小。为了保证正常的磨削速度，小直径砂轮转速要求较高。但常用的内圆磨头其转速一般不超过 20 000 r/min，而砂轮的直径小，其圆周速度很难达到外圆磨削的 35～50 m/s。

②磨孔时精度不如磨外圆易控制。因为磨孔时排屑困难，冷却条件差，工件易烧伤；且砂轮轴细长，刚性差，容易产生弯曲变形而造成内圆锥形误差，因此，需要减小磨削深度，增加光磨行程次数。

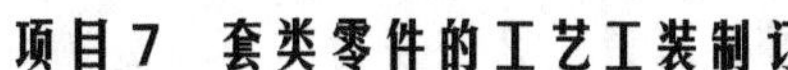

③生产率较低。由于受上两点的限制，必然使辅助时间增加，也必然影响生产率。因此磨孔主要用于不宜或无法进行镗削、铰削和拉削的高精度孔以及淬硬孔的精加工。

（7）孔的精密加工方法

①精细镗孔。精细镗与镗孔方法基本相同，由于最初是使用金刚石作为镗刀，所以又称为金刚镗。这种方法常用于材料为有色金属合金和铸铁的套筒零件孔的终加工，或作为珩磨和滚压前的预加工。精细镗孔可获得精度高和表面质量好的孔，其加工的经济精度等级为 IT7～IT6，表面粗糙度值为 *Ra* 0.4～0.05 μm。

目前普遍采用硬质合金 YT30、YT15、YG3X 或人工合成金刚石和立方氮化硼作为精细镗刀具的材料。为了达到高精度与较小的表面粗糙度值，减小切削变形对加工质量的影响，采用回转精度高，刚度大的金刚镗床，并选择较高的切削速度（加工钢为 200 m/min，加工铸铁为 100 m/min，加工铝合金为 300 m/min）、较小的加工余量（约 0.2～0.3 mm），进给量较小（0.03～0.08 mm/r），以保证其加工质量。

②珩磨。珩磨是用油石条进行孔加工的一种高效率的光整加工方法，需要在磨削或精镗的基础上进行。珩磨的加工精度高，珩磨后尺寸公差等级为 IT7～IT6，表面粗糙度值为 *Ra* 0.2～0.05 μm。

珩磨的应用范围很广，可加工铸铁件、淬硬和不淬硬的钢件以及青铜等，但不宜加工易堵塞油石的塑性金属。珩磨加工的孔径为 ϕ5～ϕ500 mm，也可加工 L/D＞10 的深孔，因此广泛应用于加工发动机的汽缸、液压装置的油缸以及各种炮筒的孔。

珩磨是低速大面积接触的磨削加工，与磨削原理基本相同。但由于其采用的磨具——珩磨头与机床主轴是浮动连接，因此珩磨不能修正孔的位置精度和孔的直线度，孔的位置精度和孔的直线度应在珩磨前的工序予以保证。

③研磨。研磨也是孔常用的一种光整加工方法，需在精镗、精铰或精磨后进行。研磨后孔的尺寸公差等级可提高到 IT6～IT5，表面粗糙度值为 *Ra* 0.1～0.008 μm，孔的圆度和圆柱度亦相应提高。

研磨孔所用的研具材料、研磨剂、研磨余量等均与研磨外圆类似。

套类零件孔的研磨方法如图 7-10 所示。图中的研具为可调式研磨棒，由锥度心棒和研套组成。拧动两端的螺母，即可在一定范围内调整直径的大小。研套上有槽和缺口，目的是在调整时研套能均匀地张开或收缩，并可存储研磨剂。

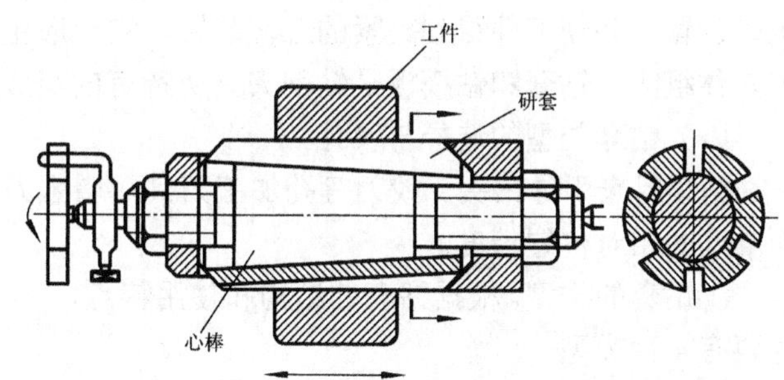

图 7-10　套类零件孔的研磨方法

④滚压。孔的滚压加工原理与滚压外圆相同。滚压的加工精度较高，加工效率也比较高。孔径滚压后尺寸精度在 0.01 mm 以内，表面粗糙度值为 *Ra* 0.16 μm 或更小。

滚压用量：通常选用滚压速度 v=60～80 m/min；进给量 f=0.25～0.35 mm/r；切削液采用 50%硫化油加 50%柴油或煤油。

2）套类零件的定位基准和装夹方法

套类零件主要技术要求是内外圆的同轴度，选择定位基准和装夹方法时，应考虑在一次装夹中尽可能完成各主要表面的加工，或以内孔和外圆互为基准反复加工以逐步提高其精度。同时，由于套类零件壁薄，刚性差，选择装夹方法、定位元件和夹紧机构时，要特别注意防止工件变形。

（1）以外圆或内孔为粗基准一次安装，完成主要表面的加工。这种方法可消除定位误差对加工精度的影响，能保证一次装夹加工出的各表面间有很高的相互位置精度。但它要求毛坯留有夹持部位，等各表面加工好后再切掉，造成了材料浪费，故多用于尺寸较小的轴套零件车削加工中。

（2）以内孔为精基准用心轴装夹。这种方法在生产实践中用途较广，且以孔为定位基准的心轴类夹具，其结构简单，刚性较好，易于制造，在机床上装夹的误差较小。这一方法特别适合于加工小直径深孔套筒零件，对于较长的套筒零件，可用带中心孔的“堵头”装夹。

（3）以外圆为精基准使用专用夹具装夹。当套类零件内孔的直径太小不适于作为定位基准时，可先加工外圆，再以外圆为精基准，用卡盘夹紧加工内孔。这种装夹方法迅速可靠，能传递较大的扭矩。但是，一般的卡盘定位误差较大，加工后内外圆的同轴度较低。常采用弹性膜片卡盘、液性塑料夹头或高精度三爪自定心卡盘等定心精度高的专用夹具，以满足较高的同轴度要求。

5．套类零件的加工工装设计

1）刀具的选择与应用

因孔加工所用刀具除镗刀外，大都为定尺寸刀具，所以可根据确定的加工方法、被加工孔的孔径大小来选择刀具。孔加工刀具在本书项目二中已有叙述，可参考。

2）钻夹具的选择与设计

加工内孔的方法很多，这里重点介绍钻孔时所采用的夹具设计。

钻夹具（俗称钻模）是用来在钻床上钻孔、扩孔、铰孔时，用以确定工件和刀具的相对正确位置，并使工件得到夹紧的工艺装置。它一般由钻模板、钻套、定位元件、夹紧装置和夹具体组成。钻套和钻模板是钻削夹具所特有的组成部分。

（1）钻套类型的选择与设计

钻套用来引导钻头、铰刀等孔加工刀具，增强刀具刚度，并保证被加工孔和工件其他表面准确的相对位置精度。

①钻套的类型。根据钻套的结构和使用特点，主要有4种类型。

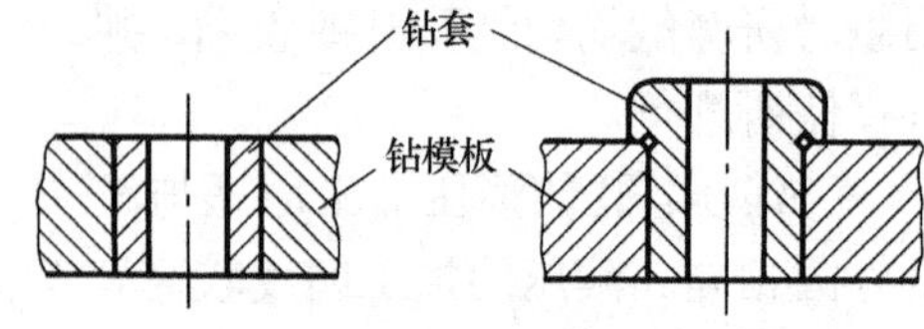

图 7-11　固定钻套

◆ 固定钻套。图7-11所示为固定钻套的两种形式，该类钻套外圆以H7/n6或H7/r6配合，直接压入钻模板上的钻套底孔内。在使用过程中若不需要更换钻套（据经验统计，钻套一般可使用1 000～12 000次），则用固定钻套较为经济，钻孔的位置精度也较高。

◆ 可换钻套。当生产批量较大，需要更换磨损的钻套时，则用可换钻套较为方便，如

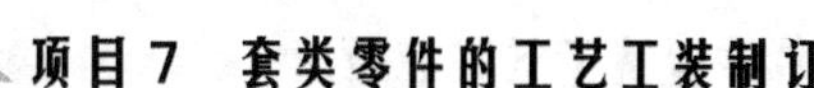

图 7-12 所示。可换钻套装在衬套中，衬套以 H7/n6 或 H7/r6 的配合直接压入钻模板的底孔内，钻套外圆与衬套内孔之间常采用 F7/m6 或 F7/k6 配合。

◆ 快换钻套。当被加工孔需依次进行钻、扩、铰时，由于刀具直径逐渐增大，应使用外径相同而内径不同的钻套来引导刀具，这时使用快换钻套可减少更换钻套的时间，如图 7-13 所示。快换钻套的有关配合与可换钻套的相同。更换钻套时，将钻套的削边处转至螺钉处，即可取出钻套。钻套的削边方向应考虑刀具的旋向，以免钻套随刀具自行拔出。

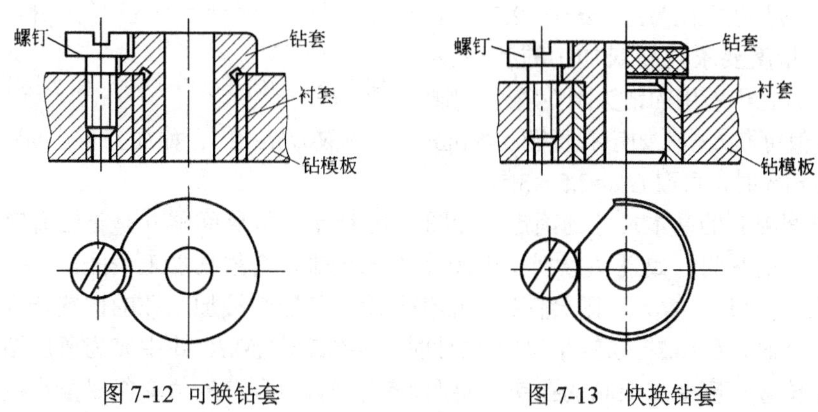

图 7-12 可换钻套　　图 7-13 快换钻套

以上 3 类钻套已标准化，其结构参数、材料和热处理方法等，可查阅有关手册。

◆ 特殊钻套。由于工件形状或被加工孔位置的特殊性，有时需要设计特殊结构的钻套，如图 7-14 所示。在斜面上钻孔时，应采用图 7-14（a）所示的钻套，钻套应尽量接近加工表面，并使之与加工表面的形状相吻合。如果钻套较长，可将钻套孔上部的直径加大（一般取 0.1 mm），以减小导向长度。

在凹坑内钻孔时，常用图 7-14（b）所示的加长钻套（H 为钻套导向长度）。图 7-14（c）和（d）所示为钻两个距离很近的孔时所设计的非标准钻套。

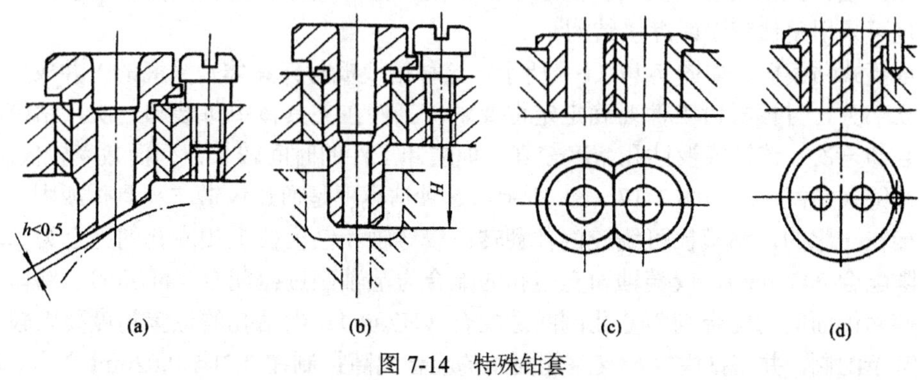

图 7-14 特殊钻套

②钻套参数。基本尺寸及公差配合的确定包括以下 3 个方面。

◆ 钻套内孔的基本尺寸及公差配合的确定。钻套内孔（又称为导向孔）直径的基本尺寸取所用刀具的最大极限尺寸，并采用基轴制间隙配合。钻孔或扩孔时其公差取 F7 或 F8，粗铰时取 G7，精铰时取 G6。若钻套引导的是刀具的导柱部分，则可按基孔制的

相应配合选取，如 H7/f7、H7/g6 或 H6/g5 等。

◆ 导向长度 H 的基本尺寸的确定。如图 7-15 所示，钻套的导向长度 H 对刀具的导向作用影响很大，H 较大时，刀具在钻套内不易产生偏斜，但会加快刀具与钻套的磨损；H 过小时，则钻孔时导向性不好。通常取导向长度 H 与其孔径之比为：$H/d=1\sim2.5$。当加工精度要求较高或加工的孔径较小时，由于所用的钻头刚性较差，则 H/d 值可取大些，如钻孔直径 $d<5$ mm 时，应取 $H/d\geqslant2.5$；如加工两孔的距离公差为±0.05 mm 时，可取 $H/d=2.5\sim3.5$。

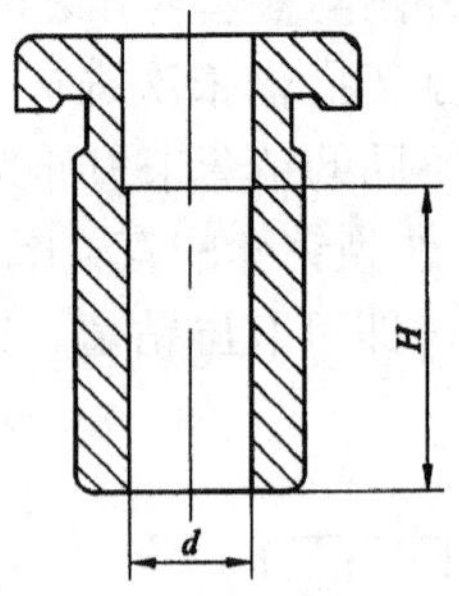

图 7-15　导向长度 H

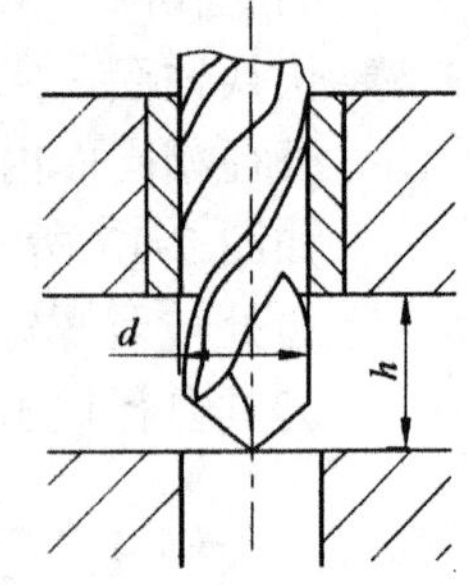

图 7-16　排屑间隙 h

◆ 排屑间隙 h 的基本尺寸的确定。如图 7-16 所示，排屑间隙 h 是指钻套底部与工件表面之间的空间。如果 h 太小，则切屑排出困难，会损伤加工表面，甚至还可能折断钻头。如果 h 太大，则会使钻头的偏斜增大，影响被加工孔的位置精度。一般加工铸铁件时，$h=(0.3\sim0.7)d$；加工钢件时，$h=(0.7\sim1.5)d$。式中 d 为所用钻头的直径。对于位置精度要求很高的孔或在斜面上钻孔时，可将 h 值取得尽量小些，甚至可以取为零。

（2）钻模板的选择与设计

钻模板用于安装钻套并确定不同孔的钻套之间的相对位置。按其与夹具体连接方式不同，可分为固定式、铰链式和分离式等几种。

①钻模板的种类有以下几种。

◆ 固定式钻模板。如图 7-17（a）所示，这种钻模板是直接固定在夹具体上的，故钻套相对于夹具体也是固定的，钻孔精度较高。但是这种结构对某些工件而言，装拆不太方便。该钻模板与夹具体多采用圆锥销定位、螺钉紧固的结构。对于简单钻模，也可采用整体铸造或焊接结构。

◆ 分离式钻模板。如图 7-17（b）所示，这种钻模板与夹具体是分离的，并成为一个独立部分，且模板对工件要确定定位要求。工件在夹具体中每装卸一次，钻模板也要装卸一次。该钻模板钻孔精度较高，但装卸工件的时间较长，因而效率较低。

◆ 铰链式钻模板。如图 7-17（c）所示，这种钻模板是通过铰链与夹具体或固定支架连接在一起的，钻模板可绕铰链轴翻转。铰链轴和钻模板上相应孔的配合为基轴制间隙配合（G7/h6），铰链轴和支座孔的配合为基轴制过盈配合（N7/h6），钻模板和支座两侧面间的配合则为基孔制间隙配合（H7/g6）。当钻孔的位置精度要求较高时，应予配制，并将钻模板与支座侧面间的配合间隙控制在 0.01～0.02mm 之内。同时还要注意使钻模板工作时处于正确位置。

这种钻模板常采用蝶形螺母锁紧，装卸工件比较方便，对于钻孔后还需要进行锪平面、攻丝等工步尤为适宜。但该钻模板可达到的位置精度较低，结构也较复杂。

◆ 悬挂式钻模板。如图 7-17（d）所示，这种钻模板悬挂在机床主轴或主轴箱上，随主轴的往复移动而靠紧工件或离开，它多与组合机床或多头传动轴联合使用。图中钻

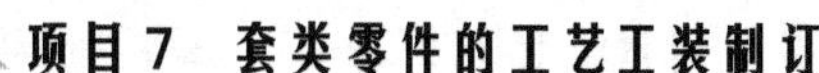

模板 4 由锥端紧定螺钉将其固定在导柱 2 上，导柱 2 的上部伸入多轴传动头 6 的座架孔中，从而将钻模板 4 悬挂起来；导柱 2 的下部则伸入夹具体 1 的导孔中，使钻模板 4 准确定位。当多轴传动头 6 向下移动进行加工时，依靠弹簧 5 压缩时产生的压力使钻模板 4 向下靠紧工件。加工完毕后，多轴传动头上升继而退出钻头，并提起钻模板恢复至原始位置。

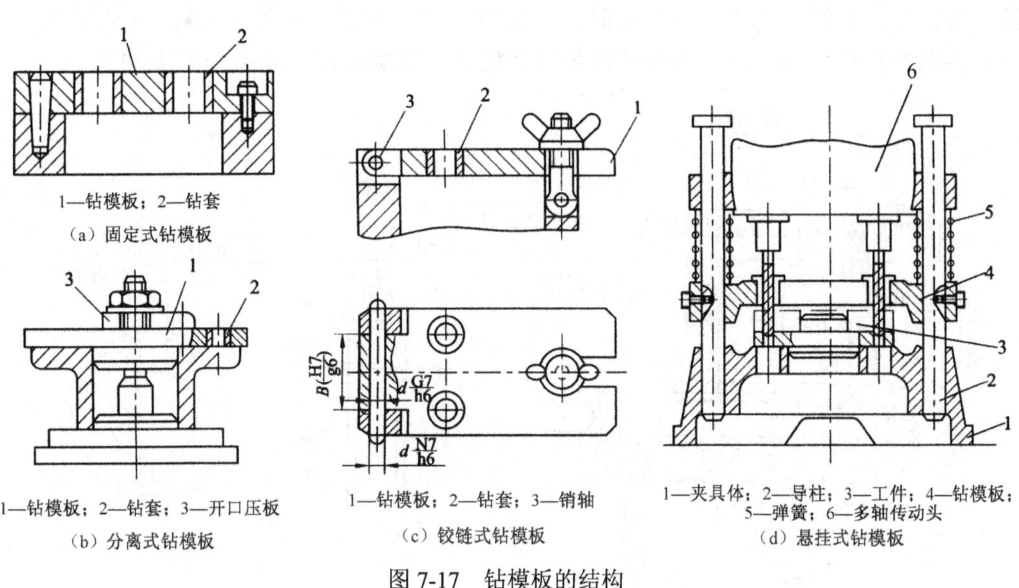

图 7-17　钻模板的结构

②钻模板的设计要点。在设计钻模板的结构时，主要根据工件的外形大小、加工部位、结构特点和生产规模以及机床类型等条件而定。要求所设计的钻模板结构简单，使用方便，制造容易，并注意以下几点。

◆ 在保证钻模板有足够刚度的前提下，要尽量减轻其重量。在生产中，钻模板的厚度往往按钻套的高度来确定，一般在 10～30 mm 之间。如果钻套较长，可将钻模板局部加厚。此外，钻模板一般不宜承受夹紧力。

◆ 钻模板上安装钻套的底孔与定位元件间的位置精度直接影响工件孔的位置精度，因此至关重要。在上述各钻模板结构中，以固定式钻模板钻套底孔的位置精度最高，而以悬挂式钻模板钻套底孔的位置精度为最低。

◆ 焊接结构的钻模板往往因焊接内应力不能彻底消除，而不易保持精度。一般当工件孔距大于±0.1 mm 时方可采用。若孔距公差小于±0.05 mm，则应采用装配式钻模板。

◆ 要保证加工过程的稳定性。如用悬挂式钻模板，则其导柱上的弹簧力必须足够大，以使钻模板在夹具体上能维持所需的定位压力；当钻模板本身的重量超过 800N 时，导柱上可不装弹簧；为保证钻模板移动平稳和工作可靠，当钻模板处于原始位置时，装在导柱上经过预压的弹簧长度一般不应小于工作行程的 3 倍，其预压力不小于 150 N。

（3）钻床夹具的类型选择

钻夹具的种类很多，常用的有以下几种。

①固定式钻模。如图 7-18 所示，这种钻模在使用时被固定在钻床工作台上，主要用在立式钻床上加工较大的单孔或在摇臂钻床上加工平行孔系。在立式钻床工作台上安装钻模时，首先用装在主轴上的钻头（精度要求较高时可用心轴）插入钻套内，以校正钻模的位置，然后将其固定。这样既可减少钻套的磨损，又可保证孔的位置精度。

图 7-18 所示的固定式钻模，工件以其端面和内孔与钻模上的定位法兰 4 定位。转动手柄 8 通过偏心凸轮 9 使拉杆 3 向右移动时，通过钩形开口垫圈 2 将工件夹紧。松开凸轮 9，拉杆 3 在弹簧的作用下向左移，钩形开口垫圈 2 松开并绕螺钉摆下即可卸下工件。

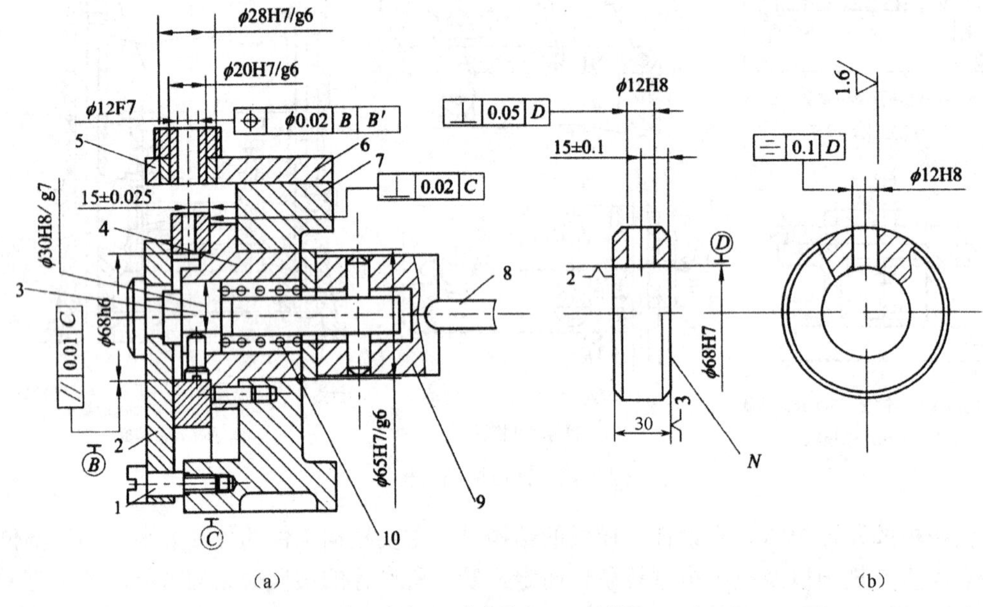

1—螺钉；2—转动开口垫圈；3—拉杆；4—定心法兰；5—快换钻套；6—钻模板；7—夹具体；8—手柄；9—偏心凸轮；10—弹簧

图 7-18　固定式钻模

②回转式钻模。回转式钻模主要用来加工围绕一定的回转轴线（立轴、卧轴或倾斜轴）分布的轴向或径向孔系以及分布在工件几个不同表面上的孔。工件在一次装夹中，靠钻模回转可依次加工各孔，因此这类钻模必须有分度装置。

回转式钻模按所采用的对定机构的类型，分为轴向分度式回转钻模和径向分度式回转钻模。

图 7-19 所示为轴向分度式回转钻模。工件以其端面和内孔与钻模上的定位件 8 相接触完成定位；拧紧滚花螺母 9 通过开口垫圈 10 将工件夹紧；通过钻套引导刀具对工件上的孔进行加工。

对工件上若干个均匀分布的孔的加工，是借助分度机构完成的。如图 7-19 所示，在加工完一个孔后，转动手柄 5，松开螺套 4，可将分度盘松开，然后将对定销 2 从定位套中拔出，使分度盘带动工件回转至某一角度后，对定销 2 又插入分度盘上的另一定位套中即完成一次分度。再转动手柄 5 将分度盘锁紧，即可依次加工其余各孔。

③移动式钻模。这类钻模用于加工中、小型工件同一表面上的多个孔。图 7-20 所示的移动式钻模用于加工连杆大、小头上的孔。工件以端面及大、小头圆弧面作为定位基准，在定

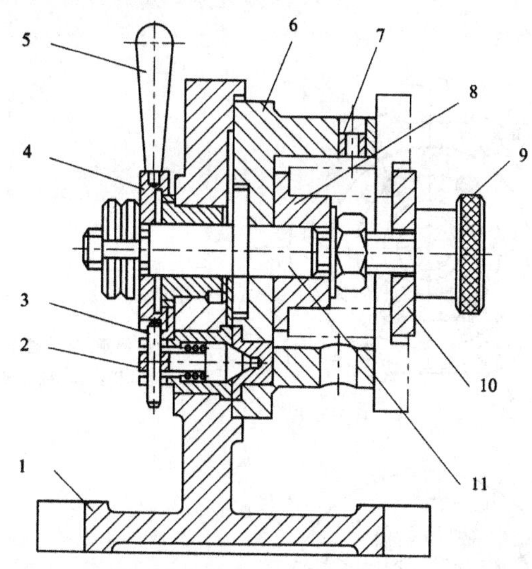

1—夹具体；2—对定销；3—横销；4—螺套；5—手柄；6—转盘；7—钻套；8—定位件；9—滚花螺母；10—开口垫圈；11—转轴

图 7-19　轴向分度式回转钻模

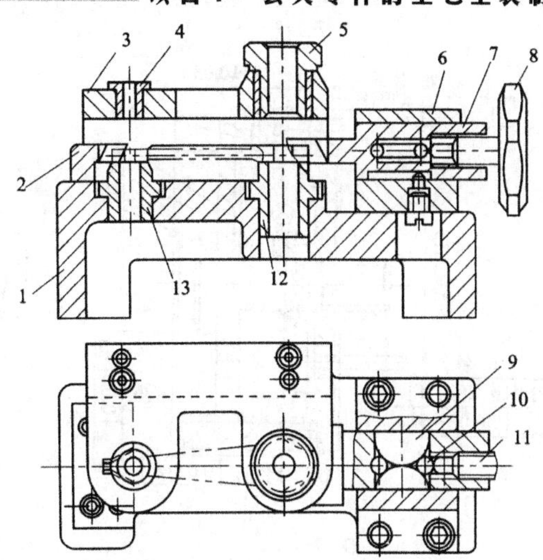

1—夹具体；2—固定V形块；3—钻模板；4—钻套；5—钻套；6—支座；7—活动V形块；8—手轮；9—半月键；10—钢球；11—螺钉；12—定位套；13—定位套

图 7-20　移动式钻模

位套 12、13 和固定 V 形块 2 及活动 V 形块 7 上定位。夹紧时先通过手轮 8 推动活动 V 形块 7 压紧工件，然后转动手轮 8 带动螺钉 11 转动，压迫钢球 10，使两片半月键 9 向外胀开而锁紧。V 形块带有斜面，使工件在夹紧分力作用下与定位套贴紧。通过移动钻模，使钻头分别在两个钻套 4、5 中导入，从而加工工件上的两个孔。

④翻转式钻模。这类钻模主要用于加工中、小型工件中分布在不同表面上的孔，图 7-21 所示为加工套筒上 6 个径向孔的翻转式钻模。工件以内孔及端面在定位件 2 上定位，用前扁开口垫圈 3 和螺杆 4 夹紧。钻完一组孔后，翻转 60° 钻另一组孔。该夹具的结构比较简单，但每次钻孔都需要找正钻套相对钻头的位置，所以辅助时间较长，而且翻转费力。因此该类夹具连同工件的总重量不能太重，一般不宜超过 80～100 N。

⑤盖板式钻模。盖板式钻模的结构最为简单，它没有夹具体，只有一块钻模板。一般钻模板上除装有钻套外，还装有定位元件和夹紧装置。加工时，只要将它盖在工件上定位夹紧即可。图 7-22 所示为加工车床溜板箱上多个小孔的盖板式钻模。在盖板 1 上不仅装有钻套，还装有定位用的圆柱销 2、削边销 3 和支承钉 4。因钻小孔，钻削力矩小，故未设置夹紧装置。

盖板式钻模结构简单，一般多用于加工大型工件上的小孔。因夹具在使用时经常搬动，故盖板式钻模的重量不宜超过 100N。为了减轻重量，可在盖板上设置加强筋，以减小其厚度，也可用铸铝件。

⑥滑柱式钻模。滑柱式钻模是一种带有升降钻模板的通用可调夹具。图 7-23 所示为手动滑柱式钻模的通用结构。它根据工件的形状、尺寸和加工要求等具体情况，专门设计制造相应的定位、夹紧装置和钻套等，装在夹具体的平台和钻模板上的适当位置，就可用于加工。转动手柄 6，经过齿轮、齿条的传动和左右滑柱的导向，便能顺利地带动钻模板升降，将工件夹紧或松开。钻模板在夹紧工件或升降至一定高度后，必须自锁。

这种手动滑柱式钻模的机械效率较低，夹紧力不大，并且由于滑柱和导孔为间隙配合（一般为 H7/f7），因此被加工孔的垂直度和孔的位置尺寸难以达到较高的精度。但其自锁性能可

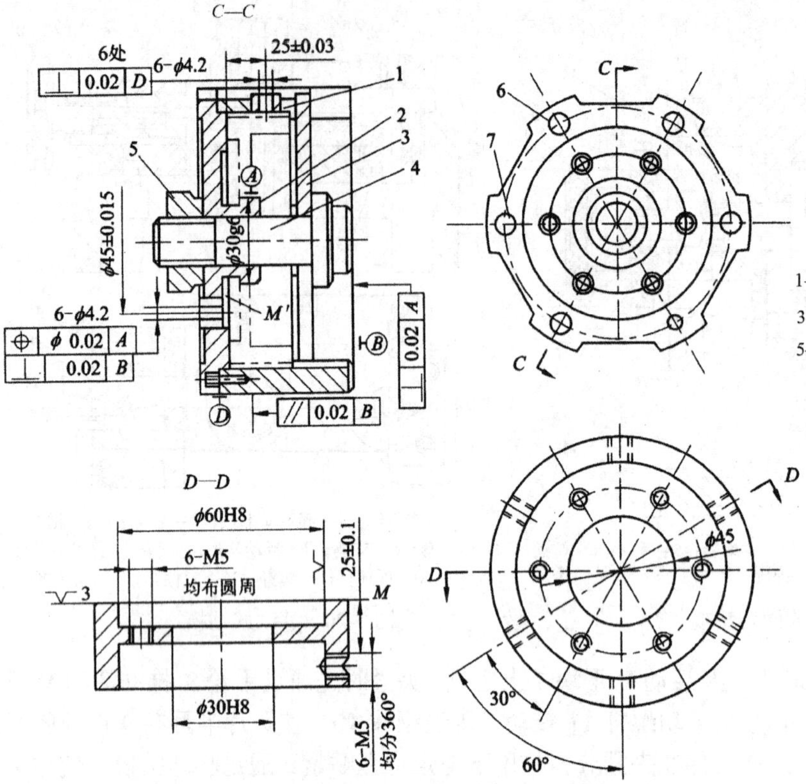

1—夹具体；2—定位件；3—削扁开口垫圈；4—螺杆；5—手轮；6—销；7—沉头螺钉

图 7-21 翻转式钻模

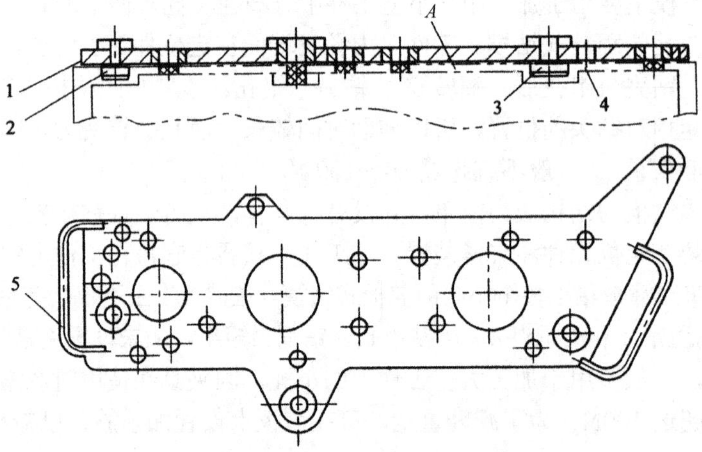

1—盖板；2—圆柱销；3—削边销；4—支承钉；5—手把

图 7-22 盖板式钻模

靠，结构简单，操作方便，具有通用可调的优点，所以不仅广泛应用于大批量生产，而且也已推广到小批生产中。该钻模适用于中、小件的加工。

（4）钻夹具的选择原则

钻模类型很多，在设计钻模时，首先要根据工件的形状、尺寸、重量和加工要求，并考虑生产批量、工厂工艺装备的技术状况等具体条件，选择钻模类型和结构。在选型时要注意以下几点。

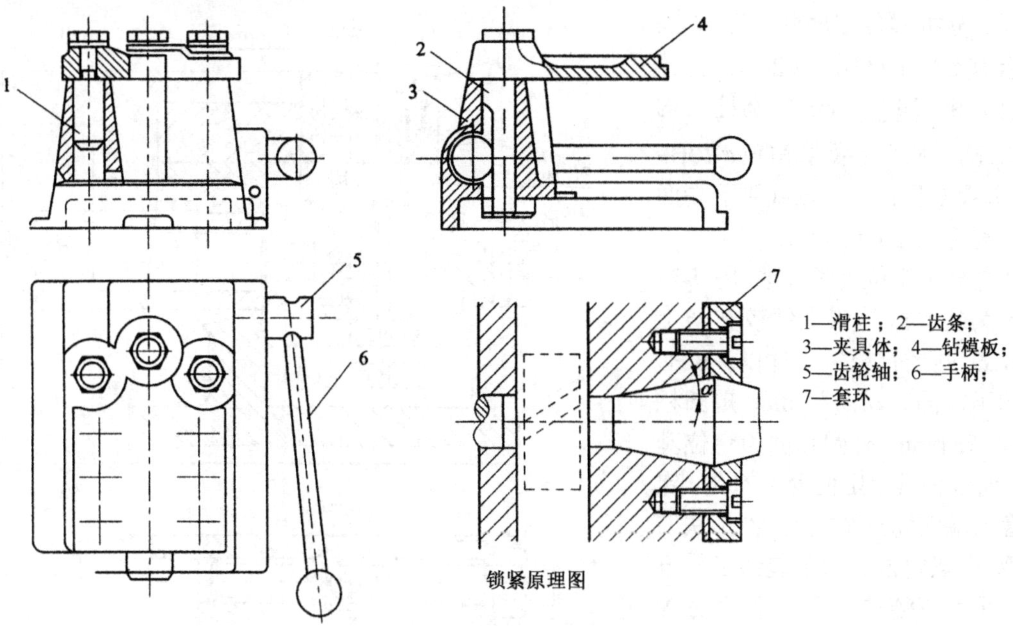

图 7-23 手动滑柱式钻模的通用结构

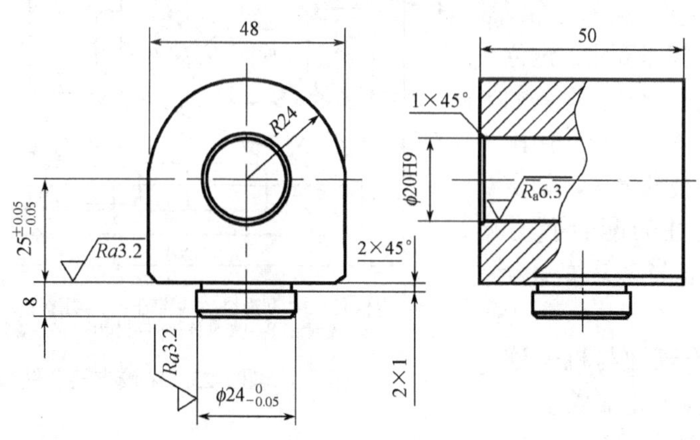

图 7-24 支架工序图

①工件被加工孔径大于 10 mm 时，应选用固定式钻模。其夹具体上应有专供夹压用的凸缘或凸台。

②当工件上加工的孔处在同一回转半径，且夹具的总重量超过 100 N 时，应选用具有分度装置的回转式钻模，如能与通用回转台配合使用则更好。

③当在一般的中型工件某一平面上加工若干个任意分布的平行孔系时，宜采用固定式钻模在摇臂钻床上加工。大型工件则可采用盖板式钻模在摇臂钻床上加工。如生产批量较大，则可在立式钻床或组合机床上采用多轴传动头加工。

④对于孔的垂直度允差大于 0.1 mm 和孔距位置允差大于±0.15 mm 的中小型工件，宜优先采用滑柱式钻模，以缩短夹具的设计制造周期。

（5）钻床夹具的设计案例

分析一副夹具图，可按如下步骤进行。

①分析零件工序图。图 7-24 所示为支架工序图。ϕ20H9 孔的下端面和$\phi 24_{-0.05}^{\ 0}$ mm 短圆柱面均已加工，本工序要求钻铰ϕ20H9 孔，并要求保证该孔轴线到下端面的距离为 25±0.05 mm。

②分析定位夹紧方案。图 7-25 所示为在立式钻床上钻铰支架上ϕ20H9 孔的钻模。工件以ϕ20H9 孔的下端面、$\phi 24_{-0.05}^{\ 0}$ mm 短圆柱面和 R24 mm 外圆弧面为定位基准，通过夹具上定位套 1 的孔、定位套的端面和一个摆动 V 形块 2 实现 6 点定位。为了装卸工件方便，采用铰链式压板 4 和摆动 V 形块 2 夹紧工件。该夹具定位结构简单，装卸工件方便，夹紧可靠。

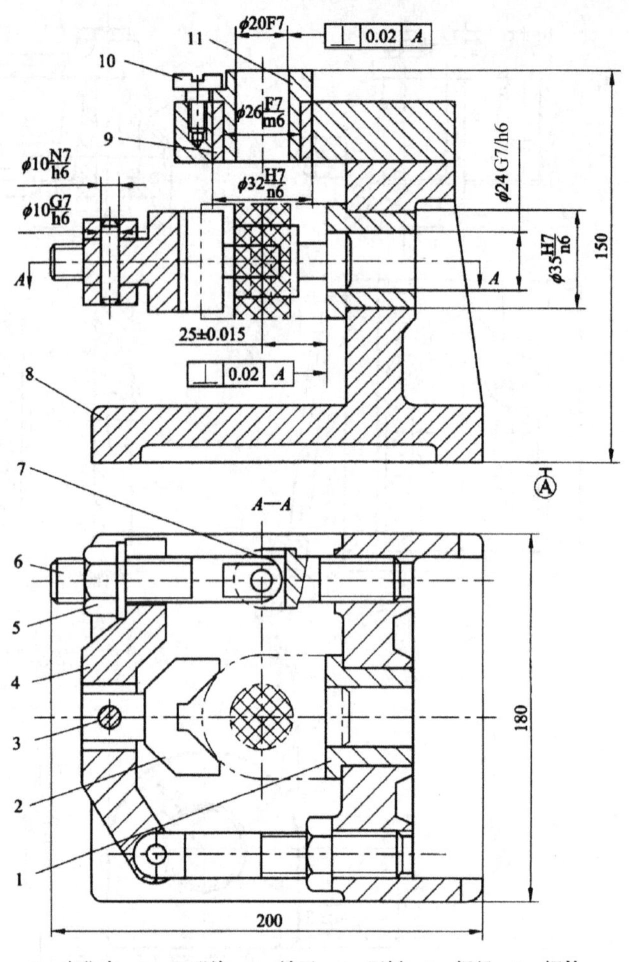

1—定位套；2—V 形块；3—销子；4—压板；5—螺母；6—螺栓；7—铰链；8—夹具体；9—衬套；10—螺钉；11—钻套

图 7-25　钻铰支架孔钻模

③分析尺寸与技术要求。定位副的制造误差应是影响定位误差的因素，因此在夹具总图上应标注出定位元件的精度和技术要求，如定位套孔径与短圆柱的配合尺寸ϕ 24G7/h6，定位套与夹具体配合尺寸ϕ35H7/h6。

定位元件工作表面与机床连接面之间的技术要求是影响安装误差的因素，而该钻夹具与机床的连接面是夹具体底面 A，因此定位元件工件表面与夹具体底面的技术要求应标出，如衬套端面对夹具体底面 A 的垂直度 0.02 mm。定位元件工作面与刀具位置之间的技术要求是影响调整误差的因素，对钻夹具而言，钻套轴线的位置即为孔加工刀具的位置，因此钻套轴线与定位元件工作面之间应标出必要的技术要求。如钻套轴线与夹具体底面 A 的垂直度 0.02 mm，钻套轴线与定位套端面的距离尺寸精度 25±0.015 mm，钻套内径的尺寸公差ϕ 20F7，钻套与衬套之间、衬套与钻模板之间的配合精度ϕ26F7/m6、ϕ32H7/n6 等。钻夹具的调整误差也称为导向误差。

此外，还应标注出一些其他装配尺寸，如销子 3 与 V 形块 2、与压板 4 之间的配合尺寸ϕ10G7/h6、ϕ10N7/h6 等。

3）检测量具的选择

套类零件主要加工面为外圆、内孔及两端面，由于机床、夹具、刀具以及工艺操作等诸

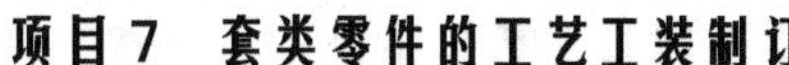

因素的影响，零件尺寸和形状不可能都做到绝对准确，总是有误差的，这些误差归纳起来可分为 4 类：尺寸误差、形状误差、位置误差、表面粗糙度。

套类零件的尺寸误差主要为内孔和外圆的直径误差。其形状和位置精度一般要求比较高，形状精度要求控制在直径公差以内或者更高，位置精度主要是孔和外圆的同轴度要求，以及孔的轴线对端面的垂直度要求。

（1）尺寸的检验

单件小批生产中应选用通用量具，如游标卡尺、百分表等。大批大量生产应采用各种量规和一些高生产率的专用检具。量具的精度必须与加工精度相适应。对于大批量生产的套类零件，因为其形状精度要求控制在直径公差以内，可选用光滑极限量规来检验其内孔和外圆。对于单件小批生产，可选用内径百分表、内径卡尺测量内孔，用杠杆比较仪、千分尺、高度尺等测量套筒外径。

内径百分表和杠杆比较仪属于相对测量法，千分尺、内径卡尺等属于绝对测量法。相对测量也称为比较测量，如内径百分表测量套筒内径，需把内径百分表和一个体现标准尺寸的基准相比较（标准尺寸可以用精度相对较高的量具体现），然后用内径百分表测出零件相对标准尺寸的偏差值，偏差值加上标准尺寸即为零件的实际尺寸。

（2）形位误差的检验

套类零件的形状误差被控制在尺寸公差范围内，其检测多用体现最大实体边界的光滑极限量规来检验，这里只介绍一下其位置误差中内孔和外圆同轴度误差的检验。

套类零件的同轴度多采用打表法和壁厚差法来测量。

①打表法。在套筒内孔中装入无间隙心轴，用心轴的轴线来模拟内孔轴线，把心轴用两顶尖或 V 形块支承，然后用指示表测量外径相对旋转轴线的跳动，用跳动误差来代替同轴度误差。

②壁厚差法。用管壁千分尺或其他量仪测量被测零件各处的壁厚，寻找出最小（或最大）壁厚 b。然后测出最小壁厚相对方向的壁厚 a，则被测零件的同轴度误差值 f 为：

$$f = |a - b|$$

任务 7.2　分析液压缸零件的工艺，解决套类零件加工的工艺问题

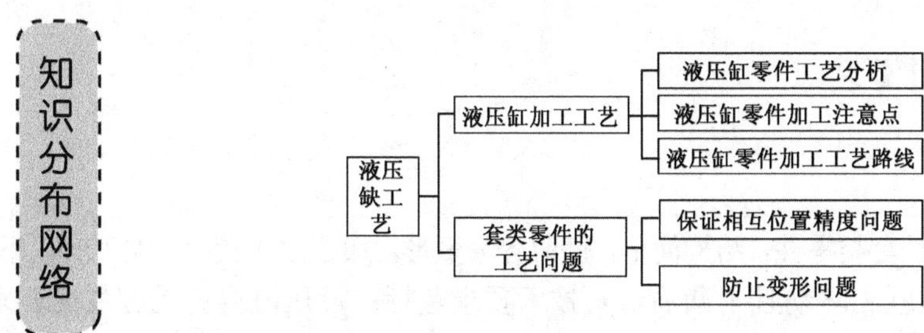

想一想　上个任务我们详细分析了轴承套的工艺规程制订的全过程，并分析了套类零件普适性知识，知道了套类零件种类很多，不同的套类零件具体加工时会有什么特点呢？本任务中的这件套类零件又该如何加工呢？

工艺任务单

产品名称：液压缸缸套

零件功用：保证活塞在液压缸内顺利活动

材　　料：无缝钢管

生产类型：小批生产

工艺任务：(1) 根据如图 7-26 所示零件图分析其结构、技术要求、主要表面的加工方法，拟订加工艺路线；

(2) 编制机械加工工艺路线，选用合适的切削刀具、加工设备和专用夹具，完成工艺文件的填写。

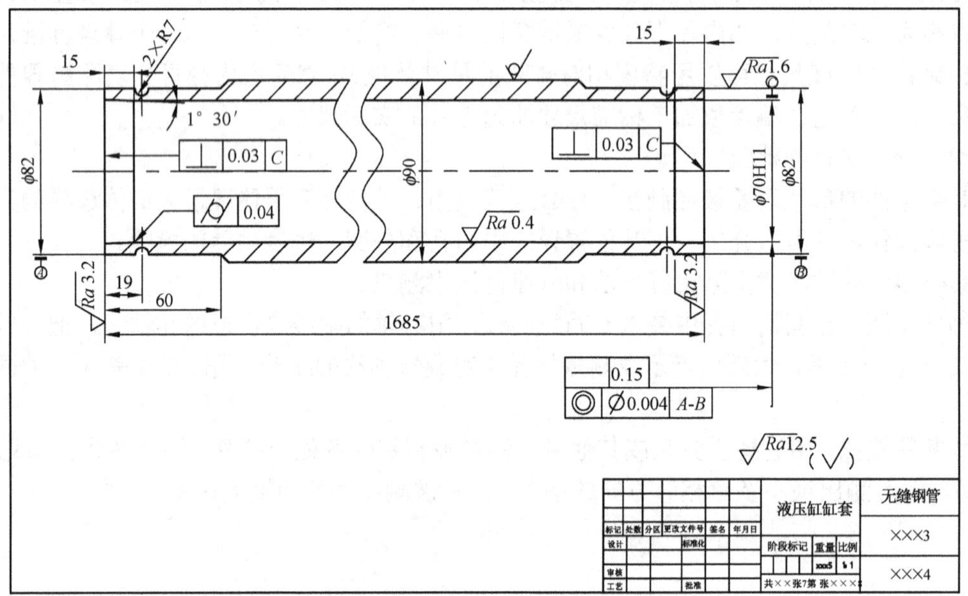

图 7-26　液压缸缸套零件图

7.2.1　分析液压缸工艺

1. 零件工艺性分析

液压缸为比较典型的长套类零件，结构简单，壁薄容易变形，加工面比较少，加工变化不多。

为保证活塞在缸体内顺利移动且不漏油，其技术要求包括：液压缸内孔的圆柱度要求、对内孔轴线的直线度要求、内孔轴线与两端面间的垂直度要求、内孔轴线对两端支承外圆的轴线同轴度要求等，除此之外，还要求内孔必须光洁，无纵向刻痕。

液压缸的材料一般有无缝钢管和铸铁两种，若为铸铁材料，则要求其组织紧密，不得有砂眼、针孔及疏松，必要时需用泵检测。

做一做 参照任务7.1，请同学们制订出该零件的工艺路线！试试看吧，你会成功的！

2．液压缸零件加工的工艺注意点

液压缸零件加工时必须注意以下几点。

（1）为保证内外圆的同轴度，在加工外圆时，以孔的轴线为定位基准，用双顶尖顶孔口棱边或一头夹紧一头用顶尖顶孔口；加工孔时，夹一头，另一头用中心架托住外圆，作为定位基准的外圆表面应为已加工表面，以保证基准精确。

（2）为保证活塞与内孔的相对运动顺利，对孔的形状精度要求较高，表面质量要求较高，所以采用滚压加工内孔的方法来提高孔的表面质量，精加工时可采用镗孔和浮动铰孔方法来保证较高的圆柱度和孔的直线度要求。由于此毛坯为无缝钢管，毛坯本身精度高，加工余量小，内孔加工时，可直接进行半精镗。

（3）该液压缸壁薄采用径向夹紧易变形，但由于轴向长度大，加工时需要两端支承，因此经常要装夹外圆表面。为使外圆受力均匀，先在一端外圆表面上加工出工艺螺纹，使下面的工序可用工艺螺纹夹紧外圆，当最终加工完孔后，再车去工艺螺纹达到外圆要求的尺寸。

3．液压缸零件加工的工艺路线

液压缸零件的结构较为简单，壁薄易变形，加工面较少，加工方法变化小，其工艺路线的编制相对简单，表7-5所示为液压缸的加工工艺路线，供学生参考。

表7-5 液压缸加工工艺路线

序号	工序名称	工 序 内 容	定位与夹紧
10	配料	无缝钢管切断	
20	车	1. 车ϕ82 mm外圆到ϕ88 mm及M88×1.5 mm螺纹（工艺用）	三爪卡盘夹一端，大头顶尖顶另一端
		2. 车端面及倒角	三爪卡盘夹一端，搭中心架托ϕ88 mm处
		3. 调头车ϕ82 mm外圆到ϕ84 mm	三爪卡盘夹一端，大头顶尖顶另一端
		4. 车端面及倒角，取总长1 686 mm（留加工余量1 mm）	三爪卡盘夹一端，搭中心架托ϕ88 mm处
30	深孔推镗	1. 半精推镗孔到ϕ68 mm	一端用M88×1.5 mm螺纹固定在夹具中，另一端搭中心架
		2. 精推镗孔到ϕ69.85 mm	
		3. 精铰（浮动镗刀镗孔）到ϕ70±0.02 mm，表面粗糙度值Ra 2.5 μm	
40	滚压孔	用滚压头滚压孔至$\phi 70^{+0.02}_{0}$ mm，表面粗糙度值Ra 0.32 μm	一端用螺纹固定在夹具中，另一端搭中心架
50	车	1. 车去工艺螺纹，车ϕ82h6到尺寸，车R7槽	软爪夹一端，以孔定位顶另一端
		2. 镗内锥孔1°30′及车端面	软爪夹一端，中心架托另一端（百分表找正孔）
		3. 调头，车ϕ82h6到尺寸，车R7槽	软爪夹一端，顶另一端
		4. 镗内锥孔1°30′及车端面	软爪夹一端，顶另一端
60	检验	检验入库	

做一做 同学们，工艺路线制订出来了吗？跟以上方案比较一下，看看哪个更合理。记得填写工艺卡片哟！

7.2.2 套类零件加工中的几个工艺问题

一般套类零件在机械加工中的主要工艺问题是保证内外圆的相互位置精度（保证内外圆表面的同轴度以及轴线与端面的垂直度要求）和防止变形。

1. 保证相互位置精度

要保证内外圆表面间的同轴度以及轴线与端面的垂直度要求，通常可采用下列3种工艺方案。

（1）在一次安装中加工内外圆表面与端面。这种工艺方案由于消除了安装误差对加工精度的影响，因而能保证较高的相互位置精度。在这种情况下，影响零件内外圆表面间的同轴度和孔轴线与端面的垂直度的主要因素是机床精度。该工艺方案一般用于零件结构允许在一次安装中，加工出全部有位置精度要求的表面的场合。为了便于装夹工件，其毛坯往往采用多件组合的棒料，一般安排在自动车床或转塔车床等工序较集中的机床上加工。

（2）先加工孔，再以孔为定位基准加工外圆表面。当以孔为基准加工套筒的外圆时，常用刚度较好的小锥度心轴安装工件。小锥度心轴结构简单，易于制造，心轴用两顶尖安装，其安装误差很小，因此可获得较高的位置精度。

（3）先加工外圆，再以外圆表面为定位基准加工内孔。这种工艺方案需采用定心精度较高的夹具，以保证工件获得较高的同轴度。较长的套筒一般多采用这种加工方案。

（4）孔的精加工常采用拉孔、滚压孔等工艺方案，这样既可以提高生产效率，又可以解决镗孔和磨孔时因镗杆、砂轮杆刚性差而引起的加工误差问题。

2. 防止变形的方法

套筒零件（特别是薄壁套筒）在加工过程中，往往由于夹紧力、切削力和切削热的影响而引起变形，致使加工精度降低。需要热处理的薄壁套筒，如果热处理工序安排不当，也会造成不可校正的变形。防止薄壁套筒的变形，可以采取以下措施。

1）减小夹紧力对变形的影响

（1）夹紧力不宜集中于工件的某一部分，应使其分布在较大的面积上，以使工件单位面积上所受的压力较小，从而减小其变形。例如，工件外圆用卡盘夹紧时，可以采用软卡爪，用来增加卡爪的宽度和长度，如图7-27所示。同时软卡爪应采取自镗的工艺措施，以减小安装误差，提高加工精度。图7-28所示是用开缝套筒装夹薄壁工件，由于开缝套筒与工件接触面大，夹紧力均匀分布在工件外圆上，不易产生

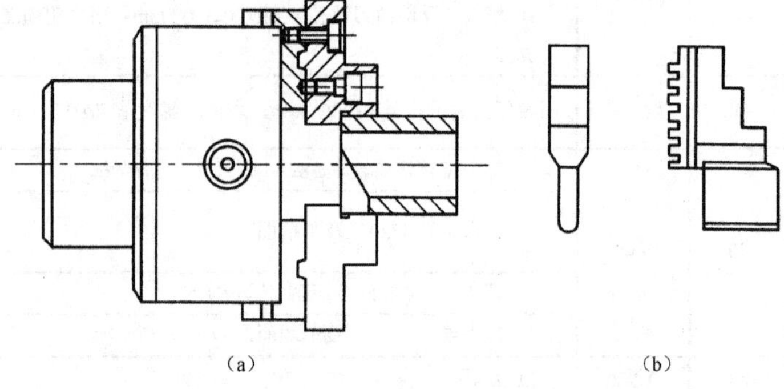

图7-27 用软卡爪装夹工件

变形。当薄壁套筒以孔为定位基准时，宜采用涨开式心轴。

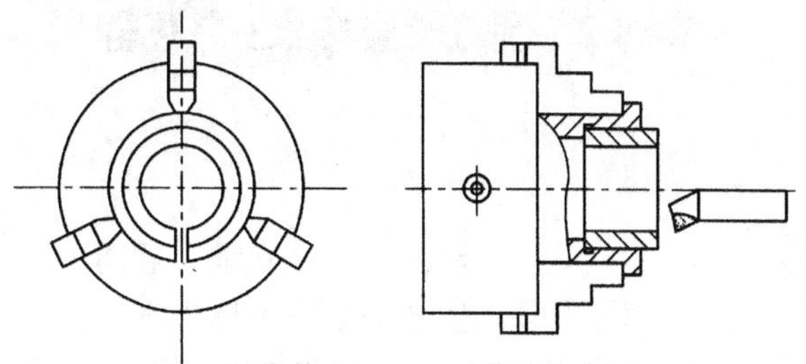

图 7-28　用开缝套筒装夹薄壁工件

（2）采用轴向夹紧工件的夹具。如图 7-29 所示，由于工件靠螺母端面沿轴向夹紧，故其夹紧力产生的径向变形极小。

（3）在工件上做出加强刚性的辅助凸边，加工时采用特殊结构的卡爪夹紧，如图 7-30 所示。当加工结束时，将凸边切去。

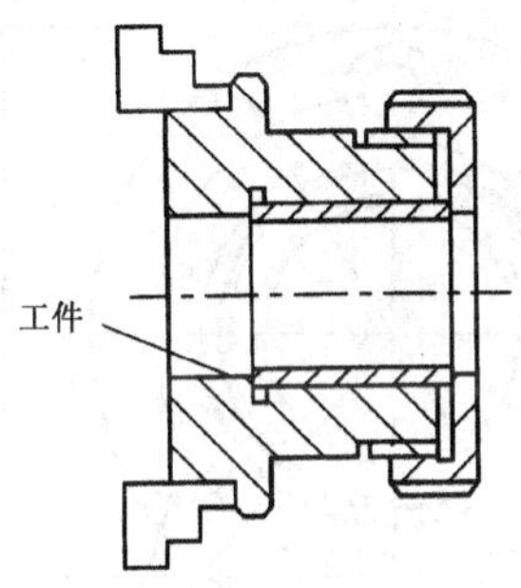

图 7-29　轴向夹紧工件图

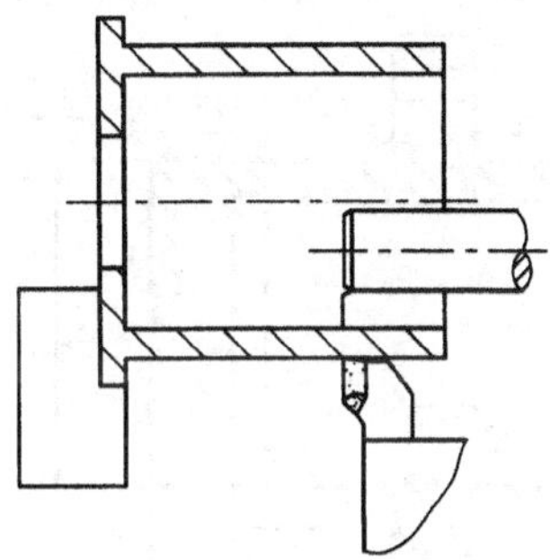

图 7-30　轴向夹紧工件图

2）减小切削力对变形的影响

常用的方法有下列几种。

（1）减小径向力，通常可借助增大刀具的主偏角来达到。

（2）内外表面同时加工，使径向切削力相互抵消，如图 7-30 所示。

（3）粗、精加工分开进行，使粗加工时产生的变形能在精加工中得到纠正。

3）减小热变形引起的误差

工件在加工过程中受切削热后要膨胀变形，从而影响工件的加工精度。为了减小热变形对加工精度的影响，应在粗、精加工之间留有充分冷却的时间，并在加工时注入足够的切削液。

在安排热处理工序时，应安排在精加工之前进行，以使热处理产生的变形在以后的工序中得到纠正。

知识梳理与总结

通过本项目的学习，大家了解了套类零件工艺工装制订的方法与步骤。在这个项目中我们以轴承套零件工艺编制为切入点，引出套类零件工艺的共性分析、工艺特点、刀具选择、钻夹具设计与选择、检测、主要工艺问题等内容。再以液压缸零件案例作为学生的训练课题，老师为辅，介绍长套加工注意的工艺特点，提供参考工艺路线。

实训 2　制订转换套的工艺规程

工艺任务单

产品名称：转换套　　　　　　　　　　零件功用：支承、导向

材　　料：20 钢　　　　　　　　　　生产类型：小批生产

热 处 理：ϕ40n6 与ϕ30H7 表面渗碳，淬火 HRC62～65

工艺任务：(1) 根据图 7-31 所示的零件图分析其结构、技术要求、主要表面的加工方法，拟订加工工艺路线；

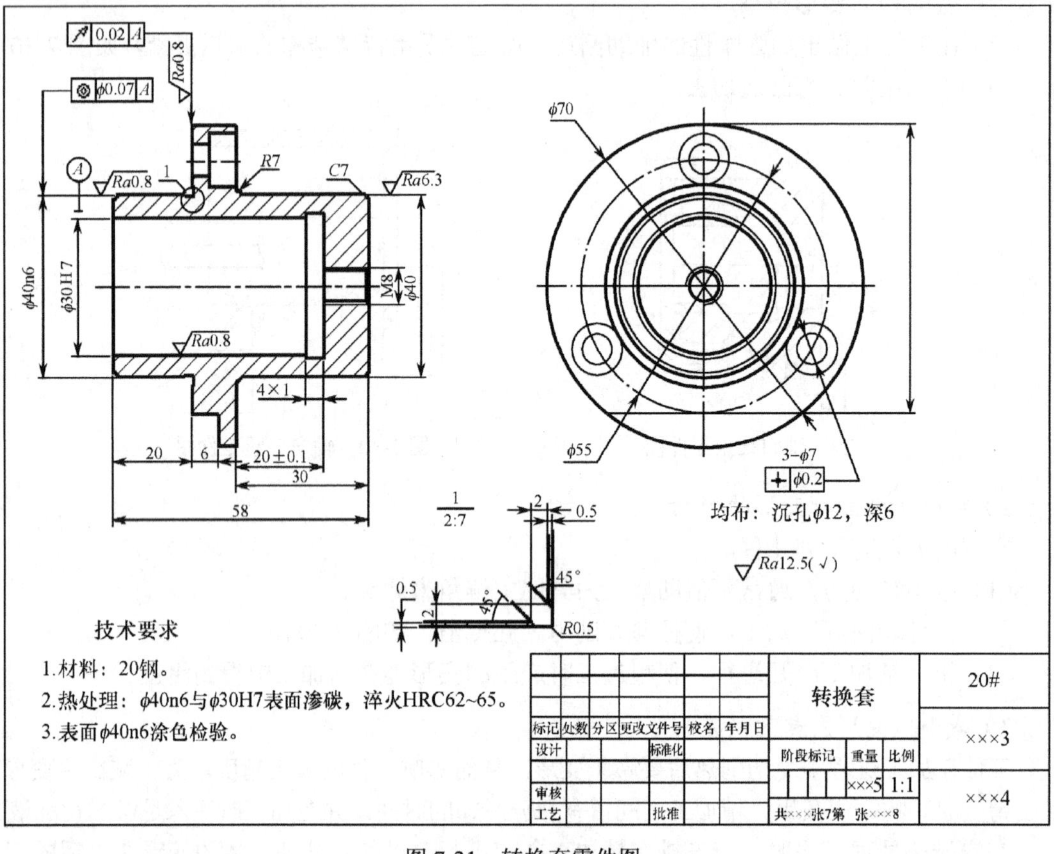

技术要求

1.材料：20钢。

2.热处理：ϕ40n6与ϕ30H7表面渗碳，淬火HRC62~65。

3.表面ϕ40n6涂色检验。

图 7-31　转换套零件图

(2) 编制机械加工工艺路线，选用合适的切削刀具、加工设备和专用夹具，完成工艺文件的填写。

思考与练习题 7

1．套类零件的技术要求主要有哪些？

2．套类零件的主要位置精度要求是什么？在加工短的套类零件时，可用哪些方法来保

证所要求的位置精度？

3．加工薄壁套类零件时，工艺上采取哪些措施防止受力变形？

4．设计钻套时应怎样确定其内孔直径及公差？

5．深孔加工的特点是什么？用深孔钻加工深孔时有哪些要求？

6．被加工孔为ϕ16H9，工艺路线为钻—扩—铰，现确定选用ϕ15.2 标准麻花钻钻孔，再用ϕ16 的 1 号扩孔钻扩孔，最后用ϕ16H9 的标准铰刀铰孔，试分析各工步所用快速钻套内孔的尺寸与公差带。

7．对于大批量生产的套类零件，可选用________________来检验其内孔和外圆。对于单件小批生产，可选用__________测量内孔，用杠杆______________________测量套筒外径。

8．试编制如图 7-32 所示工件的加工工艺过程，设计一用于钻、铰的钻夹具，并计算定位误差。

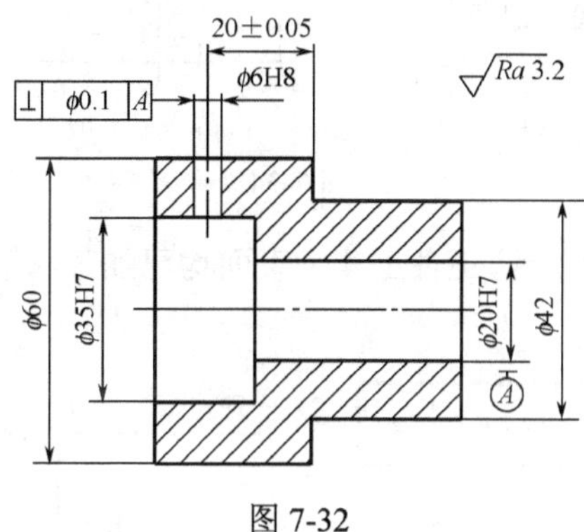

图 7-32

9．在如图 7-33 所示支架上加工ϕ9H7 孔，其他表面均已加工好。试设计所需的钻模（草图）。

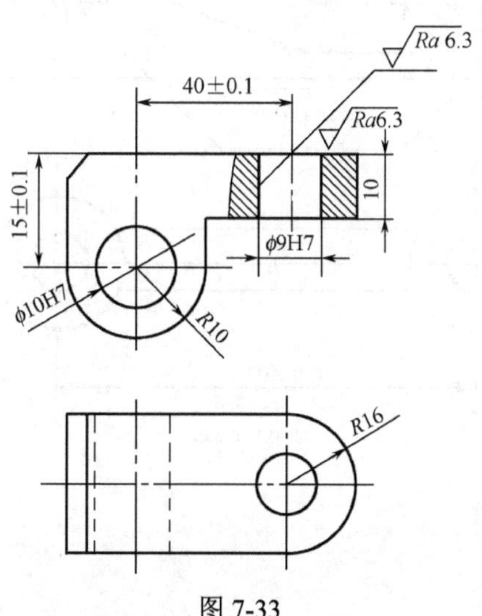

图 7-33

10．如图 7-34（a）所示为零件简图，图 7-34（b）所示为钻夹具简图，试分析钻夹具简图上结构不合理的地方，并标出影响加工精度的 3 类尺寸及偏差。

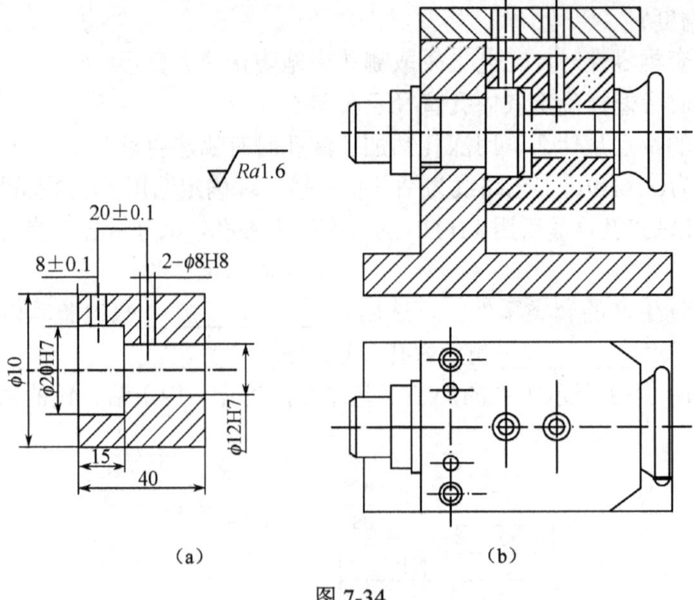

图 7-34

11. 如图 7-35 所示的一批工件，工件上 4 个表面均已加工，试设计加工两平行孔 $\phi8_{0}^{+0.04}$ mm 的钻夹具。

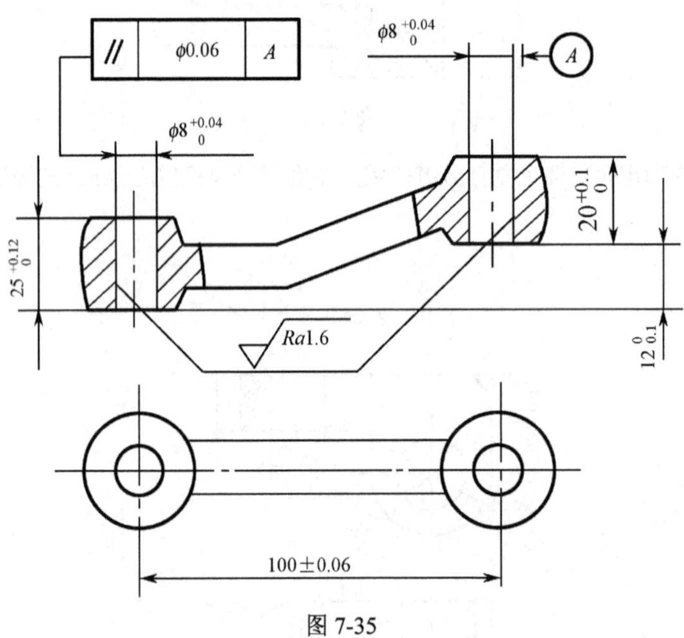

图 7-35

项目 8 轮盘类零件的工艺工装制订

教学导航

学习目标	掌握轮盘类零件的工艺工装制订的思路与方法
工作任务	根据工艺任务单编制轮盘类零件的加工工艺文件，并确定有关装备
教学重点	轮盘类零件工艺编制的思路与方法、工艺文件的编制
教学难点	轮盘类零件的加工工艺参数的确定，刀具选择、夹具设计
教学方法建议	采用案例教学法，用任务引导、讲练结合，注重课堂上师生的互动
选用案例	法兰盘、硬齿面齿轮零件、法兰盘（CA6140 车床）
教学设施、设备及工具	多媒体教室、夹具拆装实验室、课件、零件实物等
考核与评价	项目成果评定 60%，学习过程评价 30%，团队合作评价 10%
参考学时	8

想一想 对比套类零件，轮盘类零件特点在哪？在加工时应注意哪些工艺问题？与套类有无共性之处？请同学们带着问题学习本项目内容。

任务 8.1 制订法兰盘零件的工艺规程，分析轮盘类零件的工艺工装

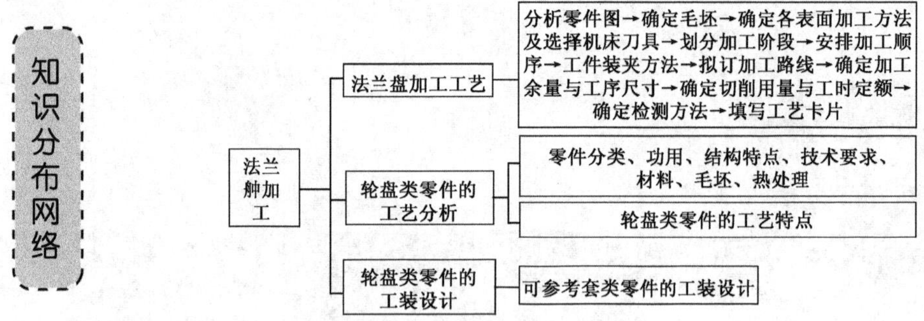

工艺任务单

产品名称：法兰盘

零件功用：对传动轴起支承和导向作用

材　　料：HT250

生产类型：小批生产

热 处 理：时效处理

工艺任务：（1）根据图 8-1 所示的技术要求、主要表面的加工方法，拟订加工工艺路线；

（2）确定详细的工艺参数，编制工艺规程。

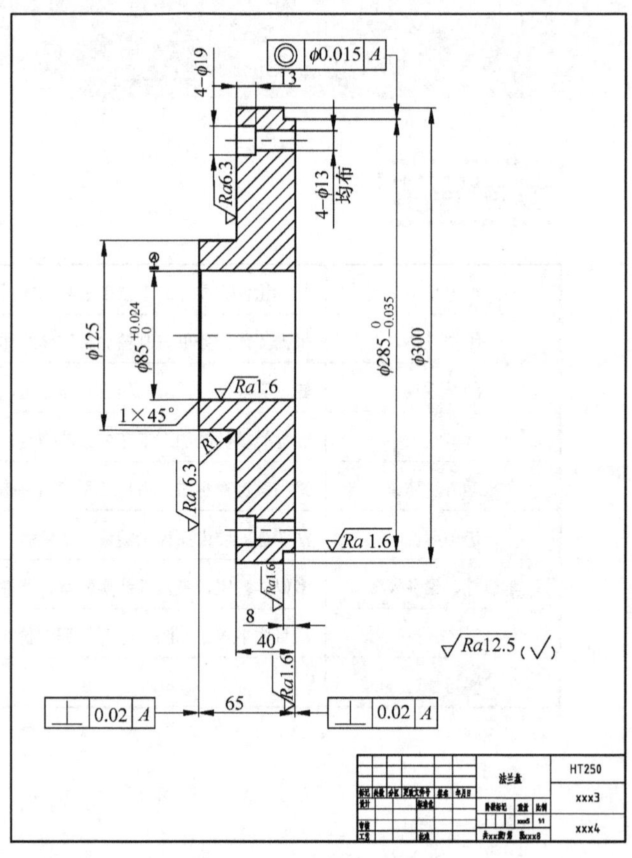

图 8-1 法兰盘零件图

8.1.1 制订法兰盘零件的工艺规程

1. 分析零件图

由零件图可知，法兰盘零件主要由外圆表面、内圆表面、端面组成。其主要功能是对传动轴起支承和导向作用。其主要技术要求有：内孔尺寸精度和表面质量；止口尺寸和表面质量，对内孔轴线的同轴度要求；大

小两端面的表面质量和对内孔轴线的垂直度要求。

2. 确定毛坯

该轴的材料是HT250，所以毛坯即为普通铸件。该轴最大直径是300 mm，宽为65 mm，内孔直径为85 mm，所以铸造毛坯时，可把内孔先铸出来，取毛坯尺寸为ϕ305×70 mm。

3. 确定各表面的加工方法及选择加工机床与刀具

法兰盘零件的主要加工表面有ϕ300、ϕ285、ϕ125 的外圆表面，ϕ85、4-ϕ13 内圆表面，各端面，次要加工表面有内外圆、倒角等。

ϕ300、ϕ285、ϕ125 的外圆表面加工：采用车削的加工方法，刀具为外圆车刀。

ϕ85 内圆表面加工：采用在车床上实现镗削的加工方法，刀具为镗刀。

4- ϕ13 孔加工：在立式钻床上加工，刀具为麻花钻。

大小端面、倒角：采用端面车刀在车床上加工。

4. 划分加工阶段和加工顺序

法兰盘ϕ 300、ϕ 125 外圆表面的表面粗糙度为 *Ra* 12.5 μm，查表 3-7 可知，通过粗车可以满足要求；ϕ285 外圆表面尺寸精度为 IT6 级，表面粗糙度为 *Ra* 1.6 μm，须通过粗车—半精车—精车的加工顺序满足要求。

ϕ85 内孔精度也为 IT6 级，表面粗糙度为 *Ra* 1.6 μm，查表 3-8 孔的加工方法可知，通过粗镗—半精镗—精镗孔加工顺序可以满足要求。

4- ϕ13 孔加工只需钻孔即可。

止口端面表面粗糙度为 *Ra* 1.6 μm，查表 3-9 平面的加工方法可知，必须通过粗车—半精车—精车的加工顺序达到要求；大小端面表面粗糙度为 *Ra* 3.2 μm、*Ra* 6.3 μm，可通过粗车—半精车的加工顺序达到要求。孔口倒角可在加工内孔表面阶段完成。

5. 工件装夹方式

由于ϕ 285 外圆对ϕ 85 内孔有同轴度公差要求，大小两端面对ϕ 85 内孔轴线有垂直度公差要求，故在选择装夹方式时要注意，尽可能采用基准重合和统一原则来进行加工，必须在一次装夹中把这些表面都加工出来。

6. 拟订加工工艺路线

根据以上分析，综合内外圆表面的加工路线，初拟法兰盘的加工工艺路线如表 8.1 所示。

表 8-1　法兰盘加工工艺过程

序号	工序名称	工 序 内 容	设备与工装
1	铸造	ϕ305×75 mm	
2	热处理	人工时效	
3	粗车	三爪夹ϕ 305 外圆车ϕ 125 外圆端面，车外圆ϕ 125 至尺寸，粗镗内孔至ϕ80；调头三爪夹ϕ125 车ϕ300 外圆左端面，保证尺寸 67mm，车外圆ϕ300 至尺寸，车止口ϕ285 外圆及端面	卧式车床、车刀

续表

序号	工序名称	工 序 内 容	设备与工装
4	半精车、精车	反爪夹ϕ300外圆，找正，车大端面、小端面、止口端面到尺寸；调头，反爪夹ϕ300外圆，找正，车40mm左台阶端面到尺寸，镗内孔到尺寸倒角	卧式车床、专用偏刀、镗刀
5	钳	划4-ϕ19孔线	
6	钻	钻4-ϕ13孔，钻4-ϕ19沉头孔	立式钻床
7	钳	去毛刺	
8	检验	检验入库	

7．确定加工余量、工序尺寸与公差

该法兰盘的内外圆表面的加工遵循基准重合统一原则，以要求ϕ85内孔、ϕ285外圆为例说明各工序的工序尺寸与公差，如表8-2所示。

表8-2　工序尺寸与公差

加工表面	加工内容	加工余量（mm）	精度等级	工序尺寸（mm）	表面粗糙度（μm）
ϕ85H6	毛坯	—	IT14	$\phi75\pm2$	50
	粗镗	2.5	IT11	$\phi80^{+0.22}_{0}$	25
	半精镗	1.5	IT9	$\phi83^{+0.054}_{0}$	6.3
	精镗	1.0	IT7	$\phi85^{+0.035}_{0}$	1.6
ϕ285h6	毛坯	—	IT14	$\phi305\pm1..3$	50
	粗车	7.5	IT11	$\phi290^{0}_{-0.032}$	25
	半精车	1.5	IT8	$\phi287^{0}_{-0.081}$	6.3
	精车	1.0	IT6	$\phi285^{0}_{-0.032}$	1.6

8．确定切削用量和工时定额（略）

做一做　此部分由同学们根据项目6、项目7介绍的计算方法自行计算，这里不再赘述了！

9．确定检测方法

请参照套类零件的检测方法。

10．填写工艺卡片

根据确定的工艺路线及各工序的工艺参数，可填入表4-4～表4-6所示工艺卡中。这里以表4-6所示机械加工工序卡填写为例，如表8-3所示。

做一做　（1）请同学们完成机械加工工艺过程卡（见表4-4）、机械加工工艺卡（见表4-5）。

（2）从此法兰盘的整个加工工艺过程设计来看，请同学们试着总结出轮盘类零件加工的共性点。

表 8-3　机械加工工序卡

无锡职业技术学院	机械加工工序卡片	产品型号	××	零件图号	××-××		
		产品名称	××	零件名称	法兰盘	共 1 页	第 1 页

4-ϕ19

2

3

4×ϕ13

均布

车间	工序号	工序名称	材料牌号	
金加工	60	钻	HT250	
毛坯种类	毛坯外形尺寸	每毛坯可制作数	每台件数	
铸件	ϕ305×70mm	1 件	1 件	
设备名称	设备型号	设备编号	同时加工件数	
立式钻床	Z525	××	1 件	
夹具编号	夹具名称		切削液	
××	钻夹具		乳化液	
工位夹具编号	工位器具名称		工序工时	
××	××		准终	单件

工步号	工步名称	工艺装备	主轴转速(r/min)	切削速度 (m/min)	进给量 (mm/r)	背吃刀量 (mm)	进给次数	工时(min) 机动	工时(min) 单件
1	钻 4-ϕ13 孔	ϕ13 麻花钻	680	27.8	0.1	6.5	1		
2	钻 4- ϕ19 沉头孔	ϕ19 平底锪钻	545	32.5	0.13	3	1		

标记	处数	更改文件号	签字	日期	标记	处数	更改文件号	签字	日期	编制 (日期)	审核 (日期)	标准化 (日期)	会签（日期）
										××/09.9.1	××/09.9.1	××/09.9.2	××/09.9.3

8.1.2 分析轮盘类零件工艺与工装设计要点

1．轮盘类零件的功用、分类及结构特点

轮盘类零件包括：齿轮、带轮、凸轮、链轮、联轴节和端盖等，如图 8-2 所示是常见轮盘类零件。

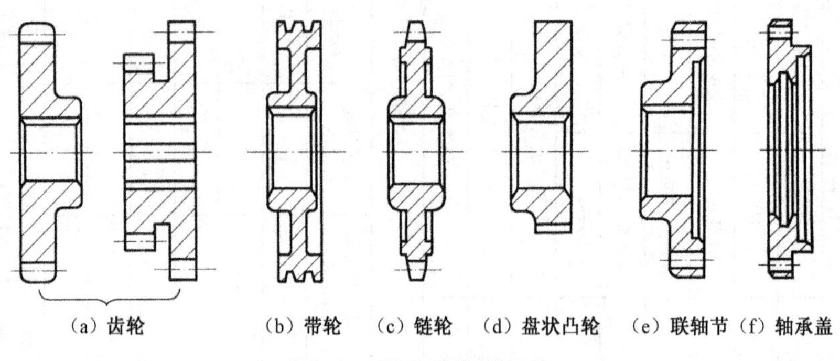

图 8-2 常见轮盘类零件

轮盘类零件一般是回转体，其结构特点是径向尺寸较大，轴向尺寸相对较小；主要几何构成表面有孔、外圆、端面和沟槽等；其中孔和一个端面常常是加工、检验和装配的基准。齿轮、皮带轮等轮盘类零件用来传递运动和动力，端盖、法兰盘等轮盘类零件则对传动轴起支承和导向作用。轮盘类零件工作时一般都承受较大的扭矩和径向载荷，且大都在交变载荷作用下工作。

2．轮盘类零件的主要技术要求

1）尺寸精度

轮盘类零件的内孔和一个端面是该类零件安装于轴上的装配基准，设计时大多以内孔和端面为设计基准来标注尺寸和各项技术要求。所以孔的精度要求较高，通常孔的直径尺寸公差等级一般为 IT7。一般轮盘件的外圆精度要求较低，外径尺寸公差等级通常取 IT7 或更低。根据工作特点和作用条件，对用于传动的轮盘件还有一些专项要求。如齿轮需要有足够的传动精度，传动精度包括运动精度、接触精度和齿侧间隙等，其外圆的精度则要相应提高。

2）形位精度

轮盘类零件往往对支承用端面有较高平面度及两端面平行度要求；对转接作用中的内孔等有与平面的垂直度要求，外圆、内孔间的同轴度要求等。

3）表面粗糙度

孔的表面粗糙度值一般为 *Ra* 1.6～0.8 μm，要求高的精密齿轮内孔可达 *Ra* 0. 4 μm。端面作为零件的装配基准，其表面粗糙度值一般为 *Ra* 1.6～3.2 μm。

3．轮盘类零件的材料、毛坯及热处理

1）轮盘类零件的材料

传递动力的轮盘类零件，工作面承受交变载荷作用并存在较大的滑动摩擦，要求具有一定

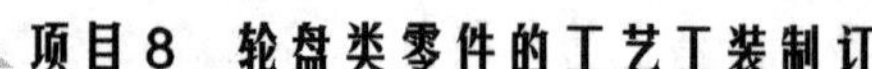

的接触疲劳强度和弯曲疲劳强度、足够的硬度和耐磨性；需要反向旋转工作的，还要求具有较高的冲击韧性。因此，像齿轮、链轮、凸轮等轮盘类零件常用45钢或40Cr合金钢等材料制造；对于重载、高速或精度要求较高的轮盘类零件，常用20Cr、20CrMnTi等低碳合金钢制造并经表面化处理。带轮、轴承压盖等轮盘类零件多用HT150~HT300等铸铁或Q235等普通碳素钢制造。有些受力不大、尺寸较小的轮盘类零件，可用尼龙、塑料或胶木等非金属材料制造。

2）轮盘类零件的毛坯

轮盘类零件常采用钢、铸铁、青铜或黄铜制成。孔径小的盘一般选择热轧或冷拔棒料，根据不同材料，也可选择实心铸件，孔径较大时，可作预孔。若生产批量较大，可选择冷挤压等先进毛坯制造工艺，既提高生产率，又节约材料。

3）轮盘类零件的热处理

轮盘类零件由于其使用性能和场合，一般均要求进行热处理。锻件要求正火或调质，铸件要求退火。为了改善零件切削加工性要求的热处理可放在粗、精加工之间，可使热处理变形在精加工得到纠正。而对于增强零件表面接触强度和耐磨性的淬火或渗碳淬火的热处理工序，则可放在精加工之前。

4．轮盘类零件的加工工艺设计

1）轮盘类零件主要表面的加工方法

轮盘类零件主要表面的加工方法与套类零件类似，可参考确定。

2）轮盘类零件的定位基准和装夹方法

根据零件不同的作用，零件的主要基准会有所不同。一是以端面为主（如支承块），其零件加工中的主要定位基准为平面；二是以内孔为主，由于盘的轴向尺寸小，往往在以孔为定位基准（径向）的同时，辅以端面的配合；三是以外圆为主（较少），与内孔定位同样的原因，往往也需要有端面的辅助配合。因此，常用的装夹方式有下列3种。

（1）以外圆或端面为定位基准进行装夹

若轮盘类零件两端面对孔的轴线都有较高的垂直度要求，或要求两端面有较高的平行度而又不能在一次装夹中加工出孔和两端面，则可在第一次装夹中车好一个端面和内孔及外圆，然后掉头，用已加工好的外圆作为精基准找正加工另一端面。因找正费时，效率低，一般用于单件小批生产。当工件生产批量较大时，为节省找正时间并使工件获得准确定位，可在三爪自定心卡盘上采用软卡爪装夹。装夹前先将卡爪定位支承面精车一刀，使工件已加工好的端面紧靠在定位支承面上，再夹紧已加工好的外圆。这样加工出来的端面与轴的垂直度及两端面的平行度都较高。

（2）以内孔和端面为定位基准进行装夹

选择既是设计基准又是测量基准和装配基准的内孔和端面作为定位基准，既符合“基准重合”原则，又能使以后各工序的基准统一，只要严格控制内孔的尺寸精度和与基准端面的垂直度，其他表面的加工均可获得较高的加工精度。轮盘类零件以内孔为基准在专用心轴上定位时不需要找正，故生产率高，广泛用于成批生产中。

（3）一次装夹中完成主要表面的加工

如图8-3所示，法兰盘凸缘*A*与内孔的同轴度、两端面与孔的垂直度要求都较高，为保

证各表面的相互位置精度，可设计一把专用端面车刀，使工件在一次装夹中车出所有主要表面。这种方法可消除工件的定位误差对加工表面位置精度的影响，能保证很高的凸缘与孔的同轴度和孔与端面的垂直度。

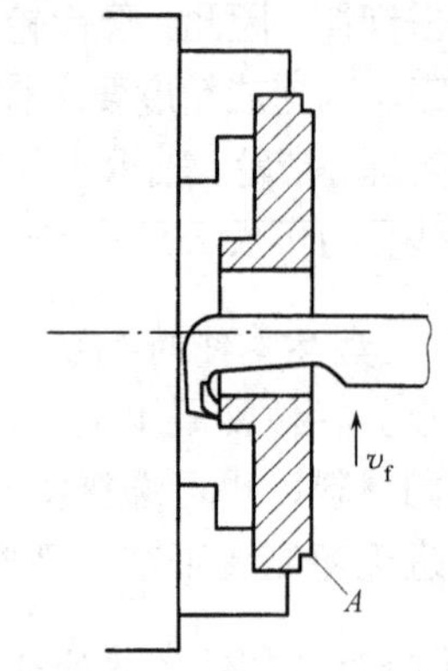

图 8-3　一次装夹车法兰盘内端面

3）轮盘类零件的加工工艺特点

轮盘类零件的加工工艺特点主要有以下几个方面。

（1）轮盘类零件几何构造的一大特点是长径比小，径向刚度比轴类零件高得多，加工时沿径向装夹变形很小，能够承受较大的夹紧力和切削力，允许采用较大的切削用量。

（2）轮盘类零件的主要表面大多是具有公共轴线的回转面，可按工序集中原则制订工艺路线。大多数轮盘类零件具有一般精度要求，在车床、磨床等通用设备上采用通用夹具装夹加工即能满足需要。因此加工轮盘类零件回转面的工艺路线短，广泛使用普通设备和工艺装备。

（3）轮盘类零件上的特殊形面，如齿轮的齿形面、凸轮的工作面、V 带轮的槽形面等，都是在基本回转面的基础上由专用设备或工艺装备加工而成的，因此其加工过程具有明显的阶段性。基本回转面的加工属于一般加工，特殊形面的加工属于专门加工，两者具有很大差别。将这两个阶段分开进行，有利于生产的组织和管理。

（4）由于轮盘类零件的内孔和一个端面往往是加工、检验和装配时的基准面，因此内孔和基准面间有较高的垂直度要求，此要求可通过在一次装夹中将内孔和基准端面同时加工的方法来保证。

5．轮盘类零件的加工工装设计

类似于套类零件，请参考进行设计与选择。

做一做　法兰盘零件第 60 道工序钻 4-ϕ13 孔所需的钻夹具该怎么设计呢？同学们可利用已学知识做做。

任务 8.2　分析硬齿面齿轮零件的加工工艺，解决齿轮加工的工艺问题

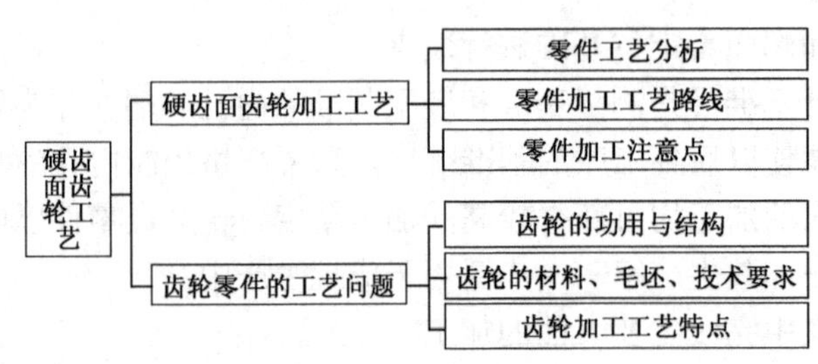

工艺任务单

产品名称：硬齿面齿轮

零件功用：传递运动，承受冲击载荷

材　　料：40Cr

热 处 理：齿面高频淬火

生产类型：小批生产

工艺任务：（1）根据如图 8-4 所示的零件图（齿轮参数如表 8-4 所示），分析其结构、技术要求、主要表面的加工方法，拟订加工工艺路线；

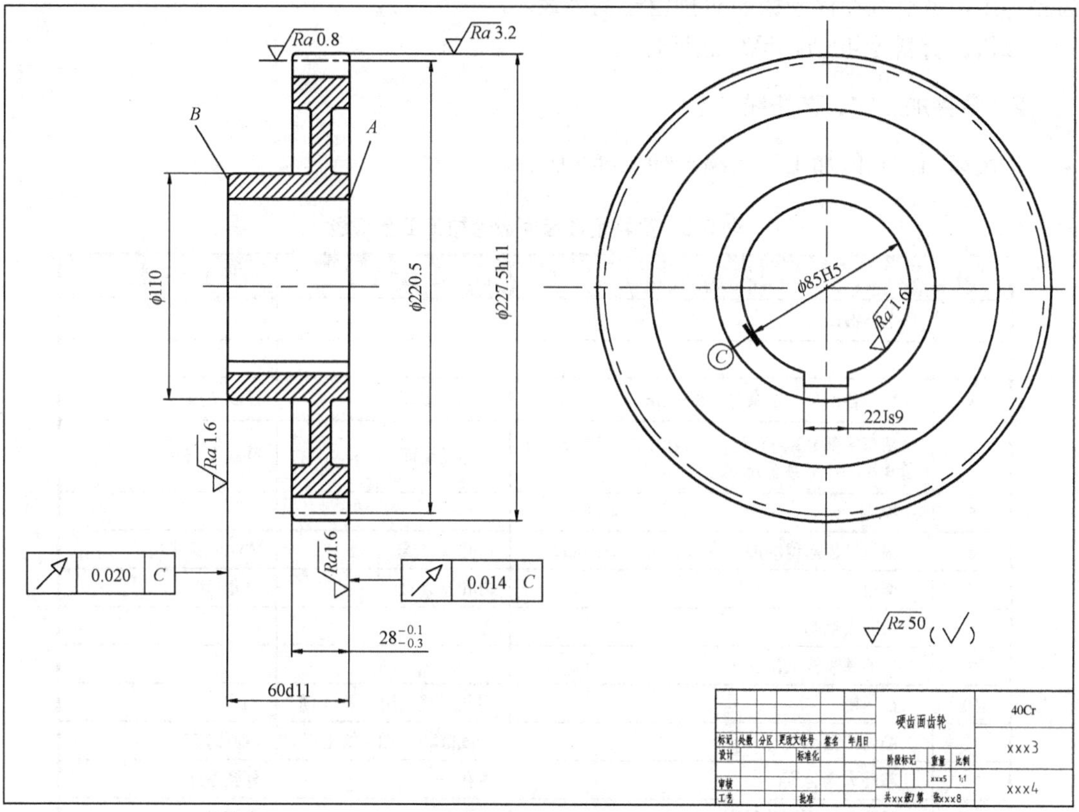

图 8-4　硬齿面齿轮零件图

（2）编制机械加工工艺路线，选用合适的切削刀具、加工设备和专用夹具，完成工艺文件的填写。

表 8-4　齿轮参数

模数	3.5	基节累积误差	0.045	齿形公差	0.007
齿数	63	基节极限偏差	±0.006 5	齿向公差	0.007
精度等级	6-5-5	公法线平均长度	$80.58\,(^{0}_{-0.05})$	跨齿数	7

8.2.1 分析硬齿面齿轮零件的工艺

1．零件的工艺性分析

从零件图可知，该零件为一高精度硬齿面齿轮，精度等级为 6-5-5 级。结构以中心对称分布，位置要求较为严格，内孔尺寸精度达到 IT5，两端面对内孔轴线的跳动量分别为 0.014mm 和 0.020mm。粗糙度方面，端面、内孔均为 *Ra* 1.6μm，齿面为 *Ra* 0.8μm，分别要磨削才能达到要求。

要求对齿面进行高频淬火，淬火后的齿面硬度较高，心部仍保持着较高的韧性。因此，齿面既耐磨，轮齿又能承受较大的冲击载荷，但齿面高频淬火后轮齿变形较大，故齿形需磨齿精加工，就必须在淬硬齿面时预留磨削余量。

该齿轮材料为 40Cr，毛坯选锻件。

2．零件加工的工艺路线

该硬齿面齿轮的加工工艺路线如表 8-5 所示。

表 8-5　高精度硬齿面齿轮加工工艺路线

序号	工序内容	定位基准	设备与主要工装
1	毛坯锻造		
2	正火		
3	粗车各部分，留余量 1.5～2mm	外圆及端面	卧式车床
4	精车各部分，内孔至 ϕ84.8H7，总长留加工余量 0.2mm，其余至尺寸	外圆及端面	卧式车床
5	检验		
6	滚齿（齿厚留磨加工余量 0.10～0.15mm）	内孔及 *A* 面	Y3180 滚齿机
7	倒角	内孔及 *A* 面	倒角机
8	钳工去毛刺		
9	齿部高频淬火：G52		
10	插键槽	内孔（找正用）及 *A* 面	插床
11	磨内孔至 ϕ85H5	分度圆和 *A* 面（找正用）	内圆磨床
12	靠磨大端 *A* 面	内孔	外圆磨床
13	平面磨 *B* 面至总长度尺寸	*A* 面	平面磨床
14	磨齿	内孔及 *A* 面	Y7131 磨齿机、磨齿心轴
15	总检入库		

3．高精度齿轮加工的工艺特点

从零件图和工艺路线可以看出，作为高精度的硬齿面齿轮有如下特点。

1）定位基准的精度要求较高

作为定位基准的内孔尺寸精度、端面的粗糙度、端面对基准孔的跳动几项要求都比较高，所以，在加工过程中，要注意控制端面与内孔的垂直度，并要留一定余量进行精加工。

2）齿形精度要求高

为了满足齿形精度要求，加工方案选择了磨齿方案，磨齿精度可达 4 级，但生产率低。

8.2.2　齿轮零件的加工工艺问题

1．齿轮的功用与结构特点

齿轮传动在现代机器和仪器中的应用极为广泛，其功用是按规定的速比传递运动和动力。

齿轮的结构由于使用要求不同而具有各种不同的形状，但从工艺角度可将齿轮看成由齿圈和轮体两部分构成。按照齿圈上轮齿的分布形式，可分为直齿、斜齿、人字齿等；按照轮体的结构特点，齿轮大致分为盘形齿轮、套筒齿轮、轴齿轮、扇形齿轮和齿条等，如图 8-5 所示。

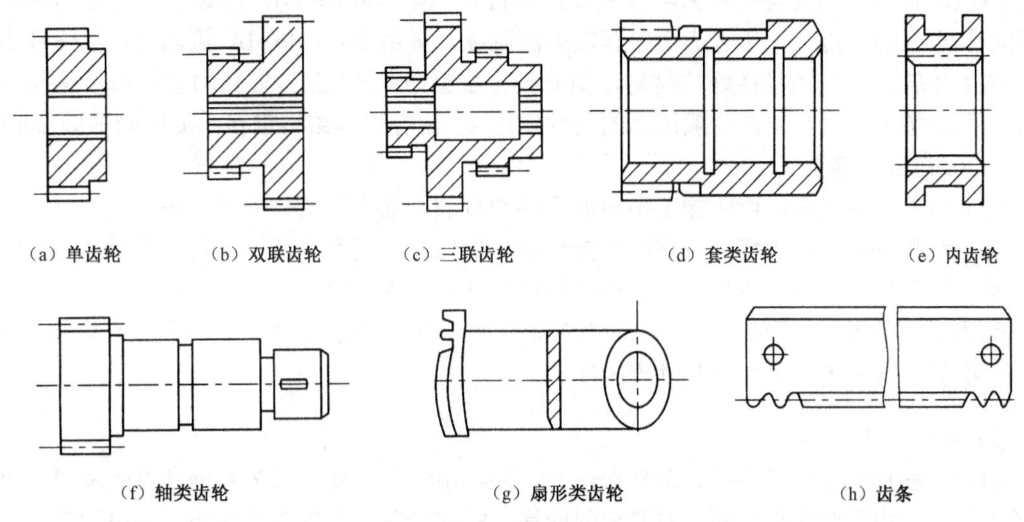

图 8-5　圆柱齿轮的结构形式

在上述各种齿轮中，以盘形齿轮应用最广。盘形齿轮的内孔多为精度较高的圆柱孔或花键孔。其轮缘具有一个或几个齿圈。单齿圈齿轮的结构工艺性最好，可采用任何一种齿形加工方法加工轮齿。双联或三联等多齿圈齿轮（见图 8-5 (b)，(c)），当其轮缘间的轴向距离较小时，小齿圈齿形的加工方法的选择就受到限制，通常只能选用插齿。如果小齿圈精度要求高，需要精滚或磨齿加工，而轴向距离在设计上又不允许加大，则可将此多齿圈齿轮做成单齿圈齿轮的组合结构，以改善加工的工艺性。

2．齿轮类零件的主要技术要求

根据齿轮的使用条件，对各种齿轮提出了不同的精度要求，以保证其传递运动的准确性、平稳性、齿面接触良好和齿侧间隙适当。因此 GB 10095 中对齿轮及齿轮副规定了 12 个精度等级，从 1～12 顺次降低。其中 1～2 级是有待发展的精度等级，3～5 级为高精度等级，6～8 级为中等精度等级，9 级以下为低精度等级。每个精度等级都有 3 个公差组，分别规定各项公差和偏差项目，见表 8-6。

表 8-6　齿轮公差组

公差组	公差及偏差项目	对传动性能的影响	误 差 特 性
Ⅰ	$\Delta F_i'$、ΔF_p（ΔF_{pk}）、$\Delta F_i''$、ΔF_r、ΔF_w	传递运动准确性	以齿轮一转为周期的误差
Ⅱ	$\Delta f_i'$、Δf_f、Δf_{pt}、Δf_{pb}、$\Delta f_i''$、$\Delta f_{f\beta}$	传动平稳性、噪声、振动	在齿轮一周内多次重复出现的误差
Ⅲ	ΔF_β、ΔF_{px}	承载均匀性	齿向线的误差

3．齿轮零件的材料、毛坯及热处理特点

1）齿轮的常用材料与热处理

（1）材料的选择：齿轮应按照使用时的工作条件选用合适的材料。齿轮材料的合适与否对齿轮的加工性能和使用寿命都有直接的影响。

一般来说，对于低速重载的传力齿轮，齿面受压产生塑性变形和磨损，且轮齿易折断，应选用机械强度、硬度等综合力学性能较好的材料，如 18CrMnTi；线速度高的传力齿轮，齿面容易产生疲劳点蚀，所以齿面应有较高的硬度，可用 38CrMoAlA 氮化钢；承受冲击载荷的传力齿轮，应选用韧性好的材料，如低碳合金钢 18CrMnTi；非传力齿轮可以选用夹布胶木、尼龙等非金属材料；一般用途的齿轮均用 45 钢等中碳结构钢和低碳结构钢如 20Cr、40Cr、20CrMnTi 等制成。

（2）齿轮的热处理：齿轮加工中根据不同的目的，安排两类热处理工序。

①毛坯热处理。在齿坯加工前后安排预备热处理——正火或调质。其主要目的是消除锻造及粗加工所引起的残余应力，改善材料的切削性能和提高综合力学性能。

②齿面热处理。齿形加工完毕后，为提高齿面的硬度和耐磨性，常进行渗碳淬火、高频淬火、碳氮共渗和氮化处理等热处理工序。

2）齿轮毛坯

齿轮毛坯形式主要有棒料、锻件和铸件。棒料用于小尺寸、结构简单且对强度要求不太高的齿轮。当齿轮强度要求高，并要求耐磨损、耐冲击时，多用锻件毛坯。当齿轮的直径大于ϕ400~ϕ600 mm 时，常用铸造齿坯。为了减小机械加工量，对大尺寸、低精度的齿轮，可以直接铸出轮齿；对于小尺寸、形状复杂的齿轮，可以采用精密铸造、压力铸造、精密锻造、粉末冶金、热轧和冷挤等新工艺制造出具有轮齿的齿坯，以提高劳动生产率，节约原材料。

4．齿轮加工的工艺特点

1）齿轮加工阶段的划分

齿轮加工工艺过程大致要经过如下几个阶段：毛坯热处理、齿坯加工、齿形加工、齿端加工、齿面热处理、精基准修正及齿形精加工等。

第一阶段是齿坯最初进入机械加工的阶段。这个阶段主要是为下一阶段加工齿形准备精基准，使齿轮的内孔和端面的精度基本达到规定的技术要求。在这个阶段中除了加工出基准外，对于齿形以外的次要表面的加工，也应尽量在这一阶段的后期完成。

第二阶段是齿形的加工。对于不需要淬火的齿轮，一般来说这个阶段也就是齿轮的最后加工阶段，经过这个阶段就应当加工出完全符合图样要求的齿轮来。对于需要淬硬的齿轮，必须在这个阶段中加工出能满足齿形的最后精加工所要求的齿形精度，所以这个阶段的加工

是保证齿轮加工精度的关键阶段。

第三阶段是热处理阶段。在这个阶段中主要对齿面进行淬火处理，使齿面达到规定的硬度要求。

最后阶段是齿形的精加工阶段。这个阶段的目的，在于修正齿轮经过淬火后所引起的齿形变形，进一步提高齿形精度和降低表面粗糙度，使之达到最终的精度要求。在这个阶段中首先应对定位基准面（孔和端面）进行修整，因淬火以后齿轮的内孔和端面均会产生变形，如果在淬火后直接采用这样的孔和端面作为基准进行齿形精加工，是很难达到齿轮精度的要求的。以修整过的基准面定位进行齿形精加工，可以使定位准确可靠，余量分布也比较均匀，以便达到精加工的目的。

2）加工齿形面时的基准确定

定位基准的精度对齿形加工精度有直接的影响。轴类齿轮的齿形加工一般选择顶尖孔定位，某些大模数的轴类齿轮多选择齿轮轴颈和一端面定位。盘套类齿轮的齿形加工常采用两种定位基准。

（1）内孔和端面定位：选择既是设计基准又是测量和装配基准的内孔作为定位基准，既符合“基准重合”原则，又能使齿形加工等工序基准统一。只要严格控制内孔精度，在专用心轴上定位时就不需要找正，故生产率高，广泛用于成批生产中。

（2）外圆和端面定位：用千分表找正轮坯外圆来确定轴线位置，以轮坯端面定位夹紧。这种方法不需要专用心轴，但找正费时，效率低，一般用于单件小批生产。

3）齿形加工工艺方案选择

齿轮加工方案的选择，主要取决于齿轮的精度等级、生产批量和热处理方法等。下面提出齿轮加工方案选择时的几条原则，以供参考。

（1）对于8级及8级以下精度的不淬硬齿轮，可用铣齿、滚齿或插齿直接达到加工精度要求。

（2）对于8级及8级以下精度的淬硬齿轮，需在淬火前将精度提高一级，其加工方案可采用：滚（插）齿－齿端加工－齿面淬硬－修正内孔。

（3）对于6～7级精度的不淬硬齿轮，其齿轮加工方案为：滚齿－剃齿。

（4）对于6～7级精度的淬硬齿轮，其齿形加工一般有以下两种方案。

①剃－珩磨方案：滚（插）齿－齿端加工－剃齿－齿面淬硬－修正内孔－珩齿；

②磨齿方案：滚（插）齿－齿端加工－齿面淬硬－修正内孔－磨齿。

第一方案生产率高，广泛用于7级精度齿轮的成批生产中。第二方案生产率低，一般用于6级精度以上的齿轮。

（5）对于5级及5级精度以上的齿轮，一般采用磨齿方案。

（6）对于大批量生产，用滚（插）齿－冷挤齿的加工方案，可稳定地获得7级精度齿轮。

4）齿端加工

如图8-6所示，齿轮的齿端加工有倒圆、倒尖、倒棱和去毛刺等。倒圆、倒尖后的齿轮，沿轴向滑动时容易进入啮合。倒棱可去除齿端的锐边，这些锐边经渗碳淬火后很脆，在齿轮传动中易崩裂。

用铣刀进行齿端倒圆，如图 8-7 所示。倒圆时，铣刀在高速旋转的同时沿圆弧作往复摆动（每加工一齿往复摆动一次）。加工完一个齿后工件沿径向退出，分度后再送进加工下一个齿端。此外，目前已经发展出能倒尖齿、圆齿和拱形齿等多种形式的倒角机以及倒棱去毛刺机。

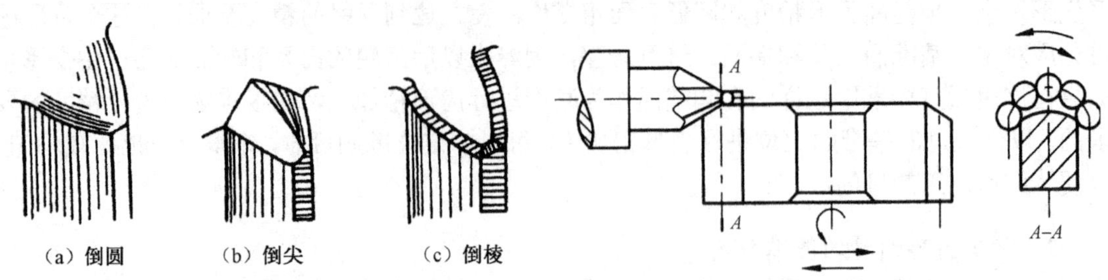

图 8-6　齿端加工形式　　　图 8-7　齿端倒圆加工示意图

齿端加工必须安排在齿轮淬火之前，通常多在滚（插）齿之后。

5）精基准修正

齿轮淬火后基准孔产生变形，为保证齿形精加工质量，对基准孔必须予以修正。

对外径定心的花键孔齿轮，通常用花键推刀修正。推孔时要防止歪斜，有的工厂采用加长推刀前引导来防止歪斜，已取得较好效果。

对圆柱孔齿轮的修正，可采用推孔或磨孔，推孔生产率高，常用于未淬硬齿轮；磨孔精度高，但生产率低，对于整体淬火后内孔变形大、硬度高的齿轮，或内孔较大、厚度较薄的齿轮，则以磨孔为宜。

磨孔时一般以齿轮分度圆定心，如图 8-8 所示，这样可使磨孔后的齿圈径向跳动较小，对以后磨齿或珩齿有利。为提高生产率，有的工厂以金刚镗代替磨孔也取得了较好的效果。

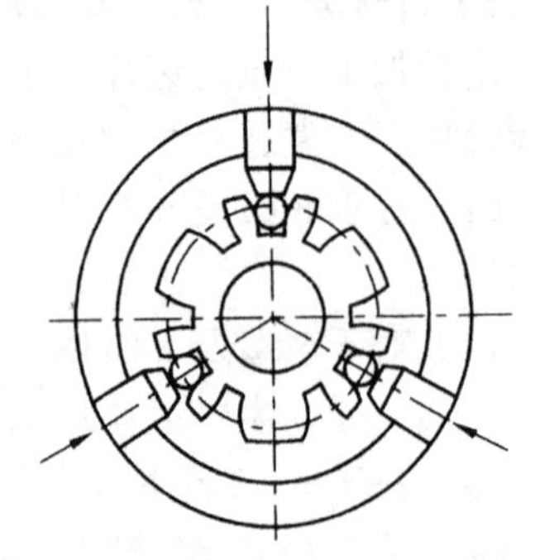

图 8-8　齿轮分度圆定心示意图

对高精度的齿轮，定位基准的精度要求较高，在齿坯加工中，除了要注意控制端面与内孔的垂直度外，尚需留一定的余量进行精加工。精加工孔和端面采用磨削，先以齿轮分度圆和端面作为定位基准磨孔，再以孔为定位基准磨端面，控制端面跳动要求，以确保齿形精加工用的精基准的精确度。

6）齿轮加工工装

齿轮加工的机床、刀具在本书项目二中已有介绍，这里不再叙述。齿轮加工时常用的夹具为专用心轴。

齿轮公差项目很多，在验收和检查齿轮精度时，不可能也没必要对所有的误差项目全部进行检验，根据综合考虑齿轮及齿轮副的功能要求、生产批量、齿轮规格、计量条件和经济效益等因素选择适当的检验组。下面罗列一些齿轮检测项目的检测方法，如表 8-7 所示。

表 8-7　齿轮检测项目的检测方法

序号	检 测 项 目	检测方法与仪器
1	齿圈径向跳动	专用的齿轮跳动检查仪
2	齿距误差	相对测量法和绝对测量法、齿距仪
3	基节误差	点接触式和线接触式 基节仪、万能测齿仪、万能工具显微镜
4	齿形误差	相对测量法、坐标测量法、截面整体误差测量法 渐开线检查仪、齿形齿向测量仪等
5	齿向误差	径向跳动仪、光学分度头、万能工具显微镜等
6	齿厚误差	齿厚游标卡尺、光学测齿仪、各种齿厚卡规等
7	公法线长度	公法线千分尺、公法线杠杆千分尺
8	综合测量	单啮仪、双啮仪
9	整体测量	三坐标测量机

知识梳理与总结

通过本项目的学习，大家了解了轮盘类零件工工艺工装制订的方法与步骤。在这个项目中以法兰盘零件工艺编制为切入点，引出轮盘类零件工艺的共性分析、工艺特点、主要工艺问题，与套类零件类似之处等内容。再以硬面齿轮零件案例作为学生的训练课题，老师为辅，介绍齿轮加工注意的工艺特点，提供参考工艺路线。

实训3　制订法兰盘的工艺规程

工艺任务单

产品名称：法兰盘（CA6140 车床）

零件功用：支承、导向

材　　料：HT250

生产类型：小批生产

热 处 理：外圆无光镀铬、*B* 面抛光

工艺任务：(1) 根据如图 8-9 所示的零件图分析其结构、技术要求、主要表面的加工方法，拟订加工工艺路线；

(2) 编制机械加工工艺路线，选用合适的切削刀具、加工设备和专用夹具，完成工艺文件的填写。

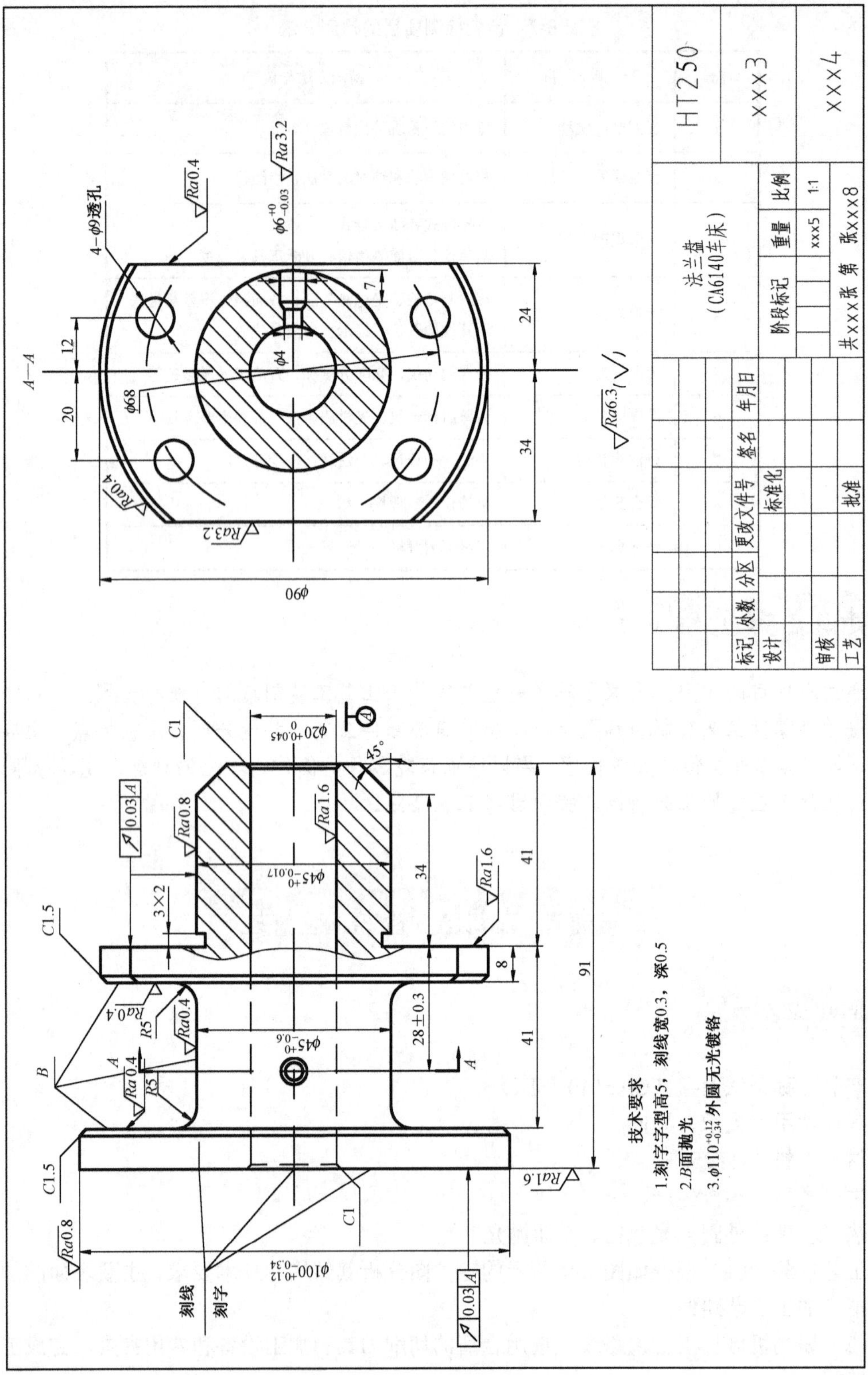

技术要求

1.刻字字型高5，刻线宽0.3，深0.5

2.B面抛光

3.$\phi110^{+0.12}_{-0.34}$外圆无光镀铬

法兰盘（CA6140车床）	HT250
阶段标记 重量 xxx5 比例 1:1	XXX3
共XXX张 第 张XXX8	XXX4

图 8-9　法兰盘零件图

思考与练习题 8

1．盘类零件的技术要求主要有哪些？它有哪些结构特点？

2．盘类零件在选择定位基准时常有什么原则？

3．加工中如何保证盘类零件内孔与外圆的同轴度、孔轴线与其端面垂直度要求？

4．盘类零件各表面间相互位置精度如何检测？

5．齿轮常用的材料及相应的热处理有哪些？

6．齿轮齿坯加工工艺方案与生产类型有什么关系？

7．滚切齿轮时产生齿轮径向误差的主要原因有哪些？

8．滚齿加工具有哪些特点？主要用于哪些场合？

9．齿形加工精基准选择有哪些方案？各有什么特点？对齿坯加工的要求有何不同？齿轮淬火前精基准的加工与淬火后精基准的修正通常采用什么方法？

10．试编制如图 8-10 所示零件的加工工艺路线，并计算 4-ϕ9 孔的工时定额及ϕ62h8 的工序尺寸。

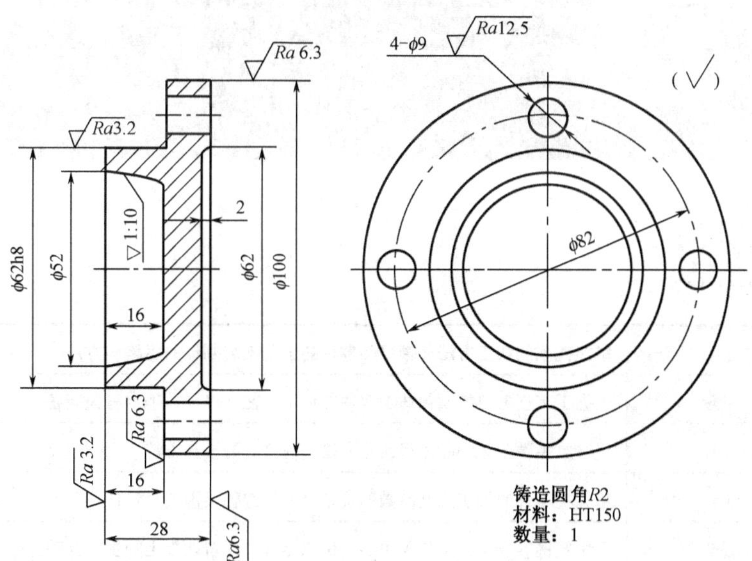

图 8-10

项目9 箱体类零件的工艺工装制订

教学导航

学习目标	掌握孔系的加工方法、箱体类零件的工艺工装制订的思路与方法
工作任务	根据工艺任务单编制箱体类零件的加工工艺文件，并确定有关装备
教学重点	箱体类零件工艺编制的思路与方法、镗夹具的设计方法
教学难点	箱体类零件的加工工艺参数的确定，刀具选择、镗夹具设计
教学方法建议	采用案例教学法，用任务引导、讲练结合，注重课堂上师生的互动
选用案例	车床主轴箱、减速箱箱体、固定钳身
教学设施、设备及工具	多媒体教室、课件、零件实物等
考核与评价	项目成果评定60%，学习过程评价30%，团队合作评价10%
参考学时	14

任务 9.1　制订车床主轴箱的工艺规程，分析箱体类零件的工艺工装

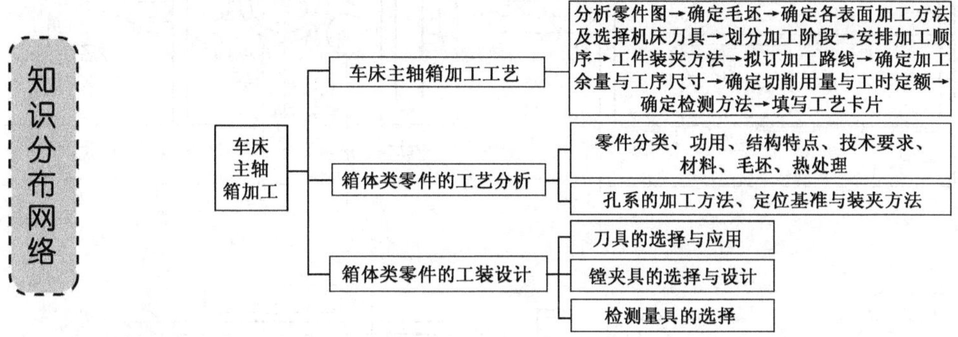

工艺任务单

产品名称：车床主轴箱箱体

零件功用：支承各传动零件

材　　料：HT200

生产类型：大批生产

热 处 理：时效

工艺任务：（1）根据如图 9-1 所示的零件图分析其结构、技术要求、主要表面的加工方法，拟订加工工艺路线；

（2）确定详细的工艺参数，编制工艺规程。

9.1.1　制订车床主轴箱工艺规程

1．分析零件图

从工艺任务单和零件图可以得知：主轴箱体的结构比较复杂，整体形状呈现封闭状态，壁薄而且不均匀，箱体的主要构成表面是平面和孔系。其主要技术要求如下。

（1）支承孔的尺寸精度、几何形状精度及表面粗糙度：主轴支承孔的尺寸精度为 IT6，表面粗糙度 *Ra* 0.4～0.8 μm，其余支承孔尺寸精度为 IT7～IT6，表面粗糙度 *Ra* 均为 1.6 μm。圆度、圆柱度公差不超过孔径公差的一半。

（2）支承孔的相互位置精度：各支承孔的孔距公差为 0.025～0.06 mm，中心线的不平行度公差取 0.012～0.021 mm，同中心线上的支承孔的同轴度公差为其中最小孔径公差值的一半。

（3）主要平面的形状精度、相互位置精度和表面粗糙度：主要平面（箱体底面、顶面及侧面）的平行度公差为 0.04 mm，表面粗糙度 *Ra* 1.6 μm；主要平面间的垂直度公差为 0.1 mm/300 mm。

（4）孔与平面间的相互位置精度：主轴孔对装配基面 *M*、*N* 的平行度公差为 0.1 mm/600 mm。

材料为 HT200，大批生产。

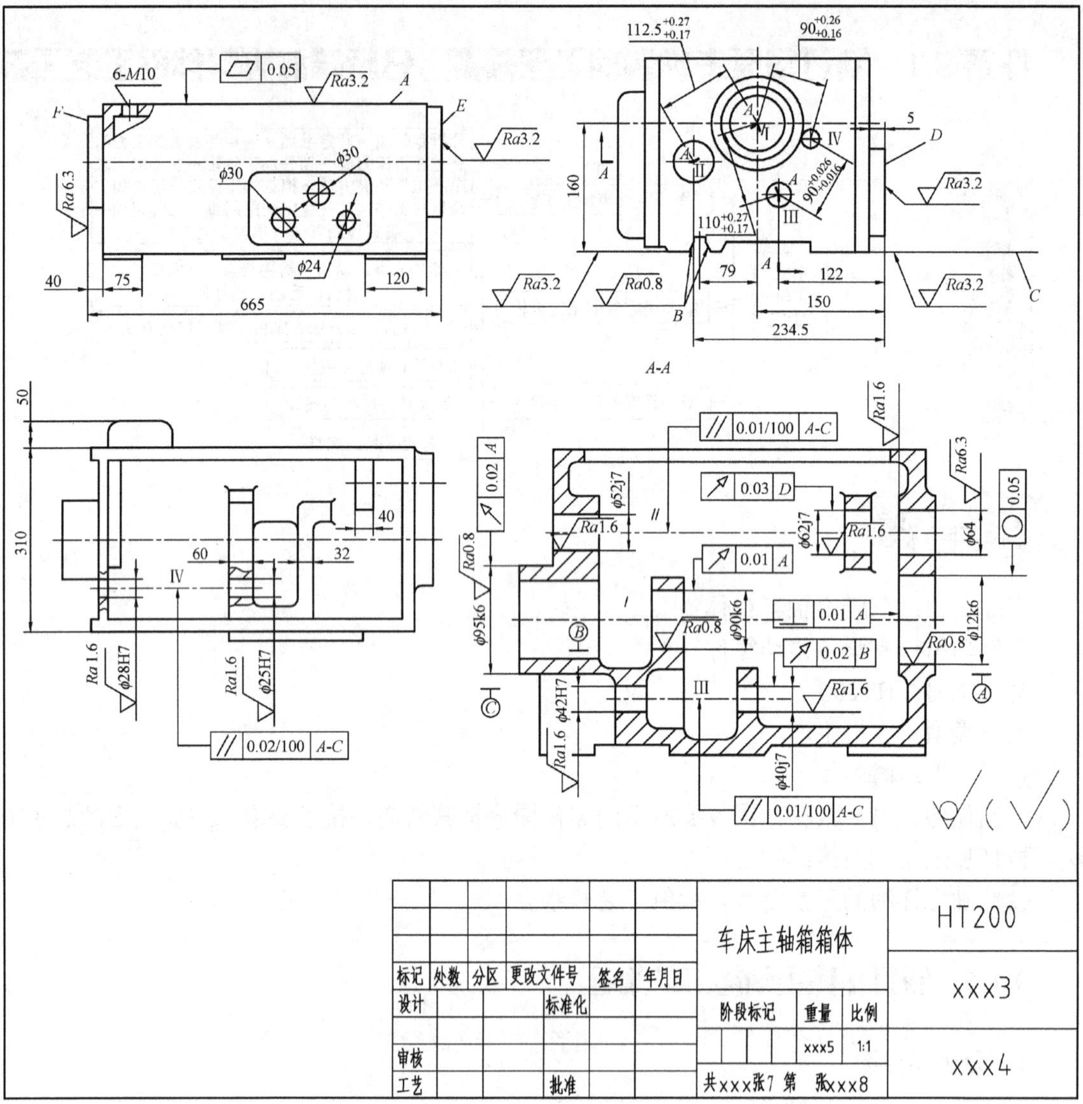

图 9-1 车床主轴箱箱体零件图

2. 确定毛坯与热处理

该主轴箱的材料是 HT200，由于结构复杂，所以毛坯采用铸件。为了提高箱体加工精度的稳定性，采用时效处理以消除内应力。

3. 确定各表面的加工方法及选择加工机床与刀具

主轴箱体零件的主要加工表面有 2-ϕ8H7 的工艺孔，*A*、*B*、*C*、*D*、*E*、*F* 平面，各纵向孔、主轴孔Ⅰ、各横向孔；次要表面有各面上的次要孔、螺纹孔、倒角等。

A、*B*、*C*、*D*、*E*、*F* 平面的加工：由于零件体积较大，采用铣削、磨削的加工方法，刀具为面铣刀、砂轮。

2-ϕ8H7 的工艺孔的加工：采用钻床加工，刀具为麻花钻头、扩孔钻、铰刀。

各纵向孔、主轴孔Ⅰ、各横向孔、次要孔的加工：采用镗削的加工方法，刀具为镗刀。

注意 孔的加工有多种方法，选择时应根据具体情况而定。一般箱体上的孔的加工不采用拉削，并遵循一个原则，即大孔镗，小孔铰。

4．划分加工阶段

根据加工阶段划分的要求及零件的批量，该主轴箱加工可划分为3个阶段：粗加工阶段（粗铣各平面、孔端面及各孔粗镗）、半精加工阶段（半精镗各孔，完成各次要孔等）和精加工阶段（磨各平面、精镗各孔）。

5．安排加工顺序

由于箱体的加工和装配大多以平面为基准，按照加工顺序安排的原则，采用先面后孔的加工顺序。先加工平面，可以为加工精度较高的支承孔提供稳定可靠的精基准，有利于提高加工精度。另外，先加工平面可以将铸件不平表面切除，可减少钻孔时钻头引偏和刀具崩刃等现象的发生，对刀和调整也较为方便。加工孔系时应遵循先主后次的原则，即先加工主要平面或主要孔，这也符合切削加工顺序的安排原则。

箱体结构较为复杂，铸造残留内应力大，应合理安排时效处理。

根据各面各孔的精度要求，加工顺序如下。

A、*B*、*C*、*D* 平面的加工：查表3-9平面加工方法可知，通过粗铣—精铣—磨的加工顺序可以满足要求；*E*、*F* 平面通过粗铣—精铣的加工顺序可以满足要求。

2-ϕ8H7工艺孔的加工：查表3-8可知，通过钻—扩—铰的加工顺序满足要求。

各纵向孔、主轴孔Ⅰ的加工：查表3-8可知，通过粗镗—半精镗—精镗的加工顺序满足要求；各横向孔、次要孔通过钻的方法即可。

6．拟订加工工艺路线

综合以上加工阶段和加工顺序的分析，可以得出主轴箱的加工工艺路线，如表9-1所示。

表9-1 主轴箱大批生产工艺路线

序号	工 序 内 容	定 位 基 准
1	铸造	
2	时效	
3	油漆	
4	粗、精铣顶面 *A*	Ⅰ孔与Ⅱ孔
5	钻、扩、铰2-ϕ8H7工艺孔	顶面 *A* 及外形
6	粗、精铣两端面 *E*、*F* 及前面 *D*	顶面 *A* 及两工艺孔
7	粗、精铣导轨面 *B*、*C*	顶面 *A* 及两工艺孔
8	磨顶面 *A*	导轨面 *B*、*C*
9	粗镗各纵向孔	顶面 *A* 及两工艺孔
10	时效	
11	半精镗、精镗各纵向孔	顶面 *A* 及两工艺孔

续表

序号	工序内容	定位基准
12	精镗主轴孔 I	顶面 A 及两工艺孔
13	钻加工横向孔及各面上的次要孔	顶面 A 及两工艺孔
14	磨 B、C 导轨面及前面 D	顶面 A 及两工艺孔
15	将 2-ϕ8H7 及 4-ϕ7.8 mm 均扩钻至ϕ8.5 mm，攻 6-M10	
16	清洗、去毛刺、倒角	
17	检验	

做一做 如果生产方式为单件小批生产，该主轴箱体零件的加工工艺路线会有什么样的变化？请你考虑一下。

7．工件装夹方式

主轴箱零件为大批生产，采用顶面 A 和两个销孔（工艺孔）作为统一定位基准，采用专用镗夹具装夹工件，有利于保证各支承孔加工的位置精度，且工件装卸方便，减少了辅助时间，提高了生产效率。

8．确定加工余量、工序尺寸与公差

主轴箱的平面与孔系的加工遵循基准统一原则，各个加工表面的加工余量、工序尺寸及公差可采用倒推法进行确定，可参考前一项目中的案例。

做一做 请同学们自行计算各工序的加工余量、工序尺寸。

9．确定切削用量及工时定额

（1）切削用量的确定。以精镗主轴孔 I 工序为例：精镗主轴孔 I 有 0.1 mm 的镗削余量，确定镗床型号，可查出该型号镗床的参数，查切削用量手册，确定切削速度 v_c 与进给量 f，然后计算机床主轴速度与进给速度。

（2）工时定额。计算方法可参考前一项目中的计算。

10．确定检测方法

主轴箱零件上主要的检验项目是各加工表面的表面粗糙度及外观、孔距精度、孔与平面的尺寸精度与形状精度、孔系的位置精度。

孔的尺寸精度采用塞规检验；孔系的同轴度精度采用检验棒检验；平行度、垂直度可利用检验棒、千分尺、百分表、90° 角尺以及平板相互组合进行测量。

表面粗糙度值可用标准样块比较法进行检验。

平面的形状精度采用水平仪或板桥检验法。

11．填定工艺卡片

根据确定的工艺路线及各工序的工艺参数，可填入表 4-4～表 4-6 所示的工艺卡中。由于

篇幅所限，在此从略。

做一做　(1)请同学们根据已拟订好的机械加工工艺路线，填写机械加工过程卡（见表4-4)、工艺卡（见表4-5)，填一道工序的机械加工工序卡（见表4-6)。

(2)从此主轴箱的整个加工工艺过程设计来看，请同学们试着总结出箱体类零件加工的特点。

9.1.2　分析箱体类零件工艺与工装设计要点

1．箱体类零件的功用、分类及结构特点

箱体类零件是机器及其部件的基础件。通过它将机器部件中的轴、轴承、套和齿轮等零件按一定的相互位置关系装配在一起，按规定的传动关系协调地运动。因此，箱体类零件的加工质量，不但直接影响箱体的装配精度及回转精度，而且还会影响机器的工作精度、使用性能和寿命。

箱体的结构形式一般都比较复杂，整体形状呈现封闭或半封闭状态，壁薄而且不均匀，不仅加工的部位多，且加工的难度也大。

箱体的构成表面主要是平面和孔系。它既有作为装配基准的重要平面，也有不需要机械切削加工的平面；既有重要的主轴孔，也有一般精度的紧固螺孔。因此，一般中型机床制造厂用于箱体类零件的机械加工劳动量约占整个产品加工量的15%～20%。图9-2所示是几种常见的箱体的结构形式。

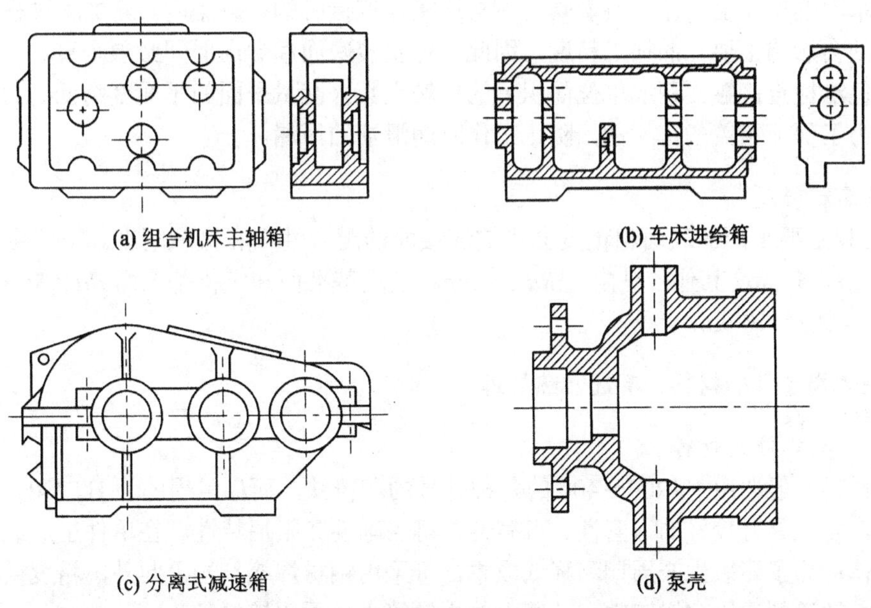

图9-2　几种常见箱体的结构形式

2．箱体类零件的主要技术要求

箱体类零件一般结构较为复杂，通常是对旋转件进行支承，其支承孔本身的尺寸精度、

相互间位置精度及支承孔与其端面的位置精度对零件的使用性能有很大的影响，因此，箱体类零件的技术要求通常包含以下几个方面。

1）孔径精度

孔径的尺寸误差和几何形状误差会造成轴承与孔的配合不良，孔径过大会使配合过松，使主轴的回转轴线不稳定，并降低支承刚性，易产生振动和噪声；孔径过小，会使配合过紧，轴承将因外圈变形而不能正常运转，缩短寿命。孔径的形状误差会反映给轴承外圈，引起主轴回转误差。孔的圆度低，也会使轴承的外圈变形而引起主轴径向跳动。一般机床主轴箱的主轴支承孔的尺寸精度为IT6，其余支承孔尺寸精度为IT7～IT6，圆度、圆柱度公差不超过孔径公差的一半。

2）孔与孔的位置精度

同一轴线上各孔的同轴度误差和孔端面对轴线的垂直度误差，会使轴和轴承装配到箱体内出现歪斜，从而造成主轴径向跳动和轴向窜动，也会加剧轴承的磨损。孔系间的平行度误差，会影响齿轮的啮合质量。

一般同轴上各孔的同轴度约为最小孔尺寸公差的一半。

3）孔与平面的位置精度

一般都要规定主要孔和主轴箱安装基面的平行度要求。它们决定了主轴与床身导轨的相互位置关系。这项精度在总装时通过刮研来达到。

4）主要平面的精度

装配基面的平面度误差主要影响箱体与连接件连接时的接触刚度。若加工过程中作为定位基准，则会影响主要孔的加工精度，因此规定安装底面和导向面间必须垂直。

用涂色法检查接触面积或单位面积上的接触点数来衡量平面的平面度高低。而顶面的平面度则是为了保证箱盖的密封性，防止工作时润滑油的泄漏。

5）表面粗糙度

重要孔和主要平面的表面粗糙度会影响连接面的配合性质和接触刚度。一般主轴孔的表面粗糙度 *Ra* 0.4 μm，其他各纵向孔 *Ra* 1.6 μm，装配基准面和定位基准面 *Ra* 2.5～0.63 μm，其他平面 *Ra* 2.5～10 μm。

3．箱体类零件的材料、毛坯及热处理

1）箱体类零件的材料

箱体材料一般选用HT200～400的各种牌号的灰铸铁，而最常用的为HT200。灰铸铁不仅成本低，而且具有较好的耐磨性、可铸性、可切削性和阻尼特性。在单件生产或某些简易机床的箱体，为了缩短生产周期和降低成本，可采用钢材焊接结构。此外，精度要求较高的坐标镗床主轴箱则选用球墨铸铁。负荷大的主轴箱也可采用铸钢件。

2）箱体类零件的毛坯

毛坯的加工余量与生产批量、毛坯尺寸、结构、精度和铸造方法等因素有关。有关数据可查有关资料及根据具体情况决定。毛坯铸造时，应防止砂眼和气孔的产生。

3）箱体类零件的热处理

为了减少毛坯制造时产生残余应力，应使箱体壁厚尽量均匀，箱体浇铸后应安排时效或退火工序。而在加工过程中对有较高要求的箱体类零件可多次安排时效处理。为了消除铸造后铸件中的内应力，在毛坯铸造后安排一次人工时效处理，有时甚至在半精加工之后还要安排一次时效处理，以便消除残留的铸造内应力和切削加工时产生的内应力。对于特别精密的箱体，在机械加工过程中还应安排较长时间的自然时效（如坐标镗床主轴箱箱体）。箱体人工时效的方法，除加热保温外，也可采用振动时效。

4．箱体类零件的加工工艺设计

1）箱体类零件的孔系加工方法

箱体上一系列相互位置有精度要求的孔的组合，称为孔系。孔系可分为多种，如图9-3（a）所示为平行孔系，图9-3（b）所示为同轴孔系，图9-3（c）所示为交叉孔系。

孔系加工不仅孔本身的精度要求较高，而且孔距精度和相互位置精度的要求也高，因此是箱体加工的关键。

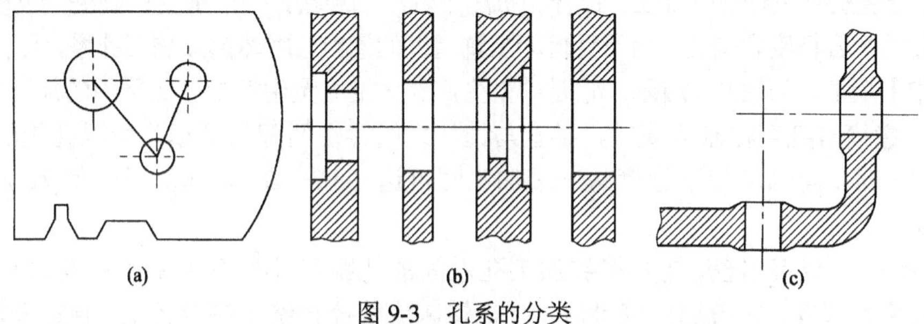

图9-3 孔系的分类

孔系的加工方法根据箱体批量和孔系精度要求的不同而不同，现分别予以讨论。

（1）平行孔系的加工

平行孔系的主要技术要求是各平行孔中心线之间及中心线与基准面之间的距离尺寸精度和相互位置精度。生产中常采用以下几种方法。

①找正法，有以下3种。

- 划线找正法：加工前按照零件图在毛坯上划出各孔的位置轮廓线，然后在普通镗床上，按划线依次找正孔的位置后进行加工。这种方法能达到的孔距精度一般在±0.5mm左右，生产效率低，适用于单件小批生产。
- 心轴和块规找正法：镗第一排孔时将心轴插入主轴孔内（或直接利用镗床主轴），然后根据孔和定位基准的距离组合一定尺寸的块规来校正主轴位置，如图9-4所示。校正时用塞尺测定块规与心轴之间的间隙，以避免块规与心轴直接接触而损伤块规。镗第二排孔时，分别在机床主轴和加工孔中插入心轴，采用同样的方法来校正主轴线的位置，以保证孔心距的精度。这种找正法的孔心距精度可达±0.3 mm。
- 样板找正法：用5～8 mm厚的钢板制造样板，样板上按工件孔系间距尺寸的平均值加工出相应的孔。样板上的孔距精度较箱体孔系的孔距精度高（一般为±0.1～±0.3 mm），样板上的孔径较工件孔径大，以便于镗杆通过。样板上孔径尺寸精度要求低，但孔的圆度和表面粗糙度要求都较工件上的孔的要求高。样板上有定位基准，

确保样板相对工件有一正确的位置。在机床主轴上装一千分表，按样板找正机床主轴，如图 9-5 所示。镗完一端上的孔后，将工作台回转 180°，再用同样的方法加工另一端面上的孔。此法加工孔距精度可达±0.05 mm。这种样板成本低，仅为镗模成本的 1/7～1/9，但易变形，常用于粗加工和单件小批的大型箱体加工。

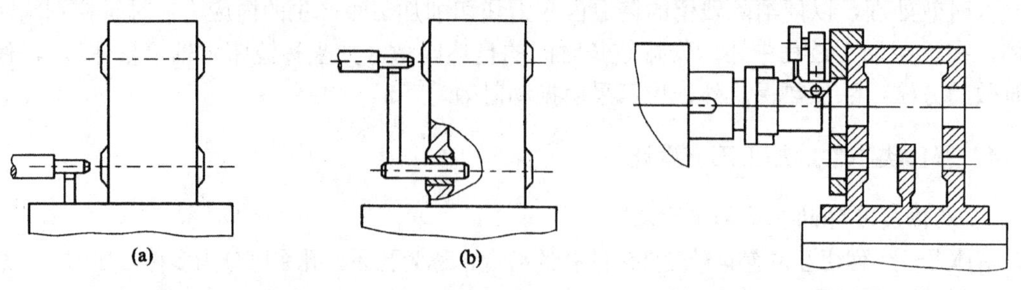

图 9-4　心轴和块规找正法　　　图 9-5　样板找正法

②镗模法，即利用镗模夹具加工孔系。镗孔时，工件装夹在镗模上，镗杆被支承在镗模的导套里，由导套引导镗杆进行加工，镗杆与机床主轴浮动连接，孔距精度只取决于镗模的精度及镗杆与导套的配合精度和刚性，而不受机床主轴精度的影响。用镗模法加工孔系，可在通用机床或组合机床上加工，如图 9-6 所示。它是中批生产、大批大量生产中广泛采用的加工方法。

但由于镗模自身存在制造误差，导套与镗杆之间存在间隙与磨损，所以孔距的精度一般可达±0.05 mm，同轴度和平行度从一端加工时可达 0.02～0.03 mm，当从两端加工时可达 0.04～0.05 mm。

③坐标法。坐标法镗孔是先将被加工孔系间的孔距尺寸换算为两个相互垂直的坐标尺寸，并按此坐标尺寸，在普通卧式镗床、坐标镗床或数控镗铣床等设备上，借助于测量装置，调整主轴在水平和垂直方向的相对位置，来保证孔距精度的一种镗孔方法。坐标法镗孔的孔距精度取决于坐标的移动精度。采用此法进行镗孔，不需要专用夹具，通用性好，适用于各种箱体加工。

如图 9-7 所示，在镗床上安装控制工作台横向移动和床头箱垂直移动的测量装置，利用百分表和不同尺寸的量块，可准确地控制主轴与工件在水平与垂直方向上的位置。

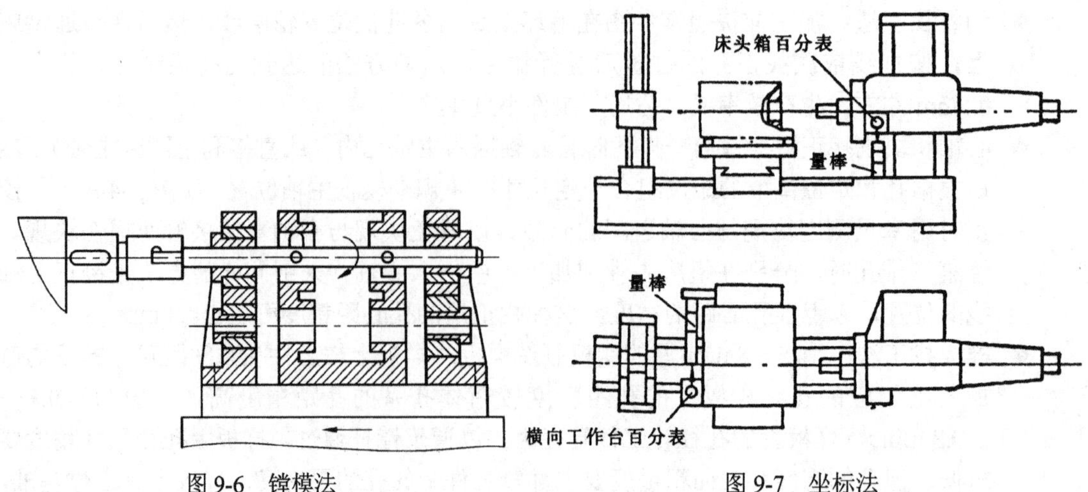

图 9-6　镗模法　　　图 9-7　坐标法

采用坐标法镗孔之前，必须把各孔距尺寸及公差借助三角几何关系及工艺尺寸链规律换算成以主轴孔中心为原点的相互垂直的坐标尺寸及公差。

◆ 加工两孔的坐标尺寸及公差换算。如图 9-8（a）所示为二轴孔的坐标尺寸及公差计算的示意图。两孔中心距 L_{OB}=100±0.1 mm，Y_{OB}=50 mm。加工时，先镗孔 O 后，调整机床在 X 方向移动 X_{OB}，在 Y 方向移动 Y_{OB}，再加工孔 B。其中心距 L_{OB} 是由 X_{OB} 和 Y_{OB} 间接保证的。

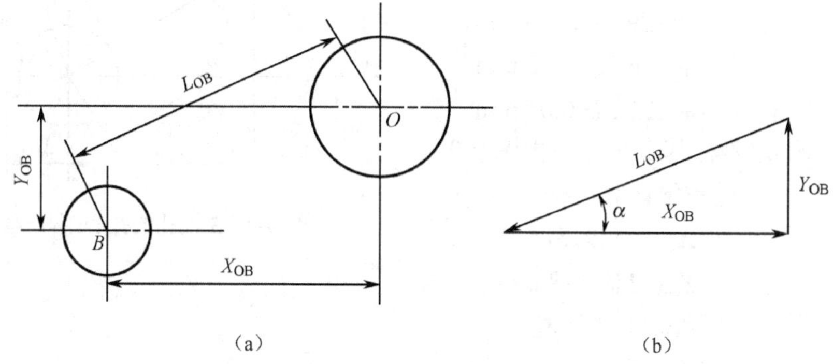

图 9-8　两轴孔的坐标尺寸及公差计算

下面着重分析 X_{OB} 和 Y_{OB} 的公差分配计算。

a. 先将工件上两孔中心距公差化为对称偏差，即 L_{OB}＝100±0.1 mm。

b. 计算坐标基本尺寸 X_{OB}。

$$\sin\alpha = \frac{Y_{OB}}{L_{OB}} = \frac{50}{100} = 0.5$$

$$\alpha=30°$$

$$X_{OB}＝L_{OB}\cdot\cos\alpha=86.603\ \text{mm}$$

c. 画出平面尺寸链，如图 9-8（b）所示。

d. 解平面尺寸链，求公差。

$$L_{OB}^2 = X_{OB}^2 + Y_{OB}^2$$

对上式取全微分并以增量代替各个微分，可得到下列关系：

$$2L_{OB}\Delta L_{OB} = 2X_{OB}\Delta X_{OB} + 2Y_{OB}\Delta Y_{OB}$$

采用等公差法并以公差值代替增量，即令ΔX_{OB}=ΔY_{OB}=ε，则：

$$\varepsilon = \frac{L_{OB}\times\Delta L_{OB}}{X_{OB}+Y_{OB}} = \frac{100\times0.2}{86.603+50} \approx 0.146\ \text{mm}$$

∴　X_{OB}=86.603±0.073 mm

　　Y_{OB}=50±0.073 mm

由以上计算可知：在加工孔 O 以后，只要调整机床在 X 方向移动 X_{OB}=86.603±0.073 mm，在 Y 方向移动 Y_{OB}=50±0.073 mm，再加工孔 B，就可以间接保证两孔中心距 L_{OB}=150±0.1 mm。

◆ 加工 3 孔时坐标尺寸及公差的换算。在箱体类零件上还有 3 根轴之间保持一定的相互位置要求的情况。如图 9-9 所示，其中 $L_{OA}=129.49^{+0.27}_{+0.17}$ mm，$L_{AB}=125^{+0.27}_{+0.17}$ mm，$L_{OB}=166.5^{+0.30}_{+0.20}$ mm，Y_{OB}=54 mm。加工时，镗完孔 O 以后，调整机床在 X 方向移动 X_{OA}，在 Y

方向移动 Y_{OA}，再加工孔 A；然后用同样的方法调整机床，再加工孔 B。试确定在坐标镗床上加工 O、A、B 三孔时的坐标尺寸及其公差。

a. 将工件上孔距偏差化为对称偏差。

L_{OA}=129.71±0.05 mm，

L_{OB}=166.75±0.05 mm，

L_{AB}=125.22±0.05 mm

b. 定坐标基本尺寸。由图 9-9 通过数学计算可得：

X_{OA}=50.915，

Y_{OA}=119.288 mm

X_{OB}=157.769，

Y_{OB}=54 mm

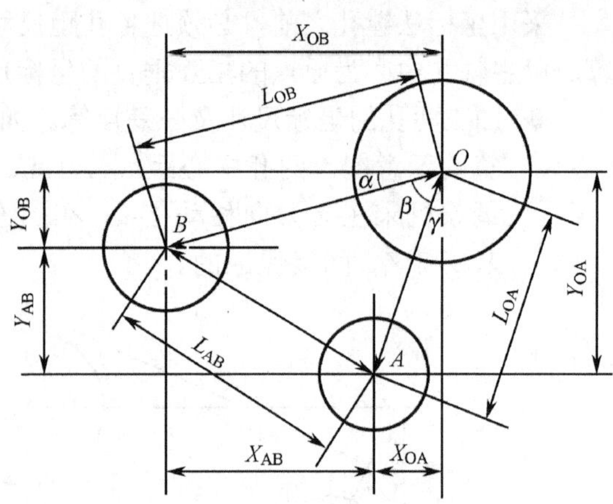

图 9-9　3 轴孔的孔心距与坐标尺寸

c. 画出尺寸链，如图 9-10 所示。

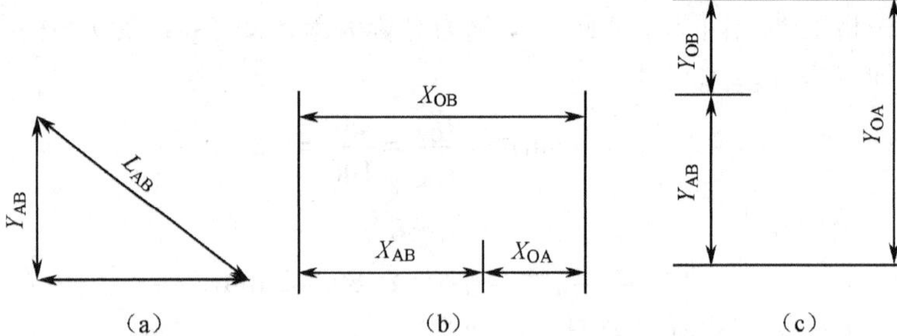

图 9-10　3 轴坐标尺寸链的分解

d. 确定各坐标尺寸的偏差。孔距 L_{AB} 偏差是由坐标尺寸 X_{AB}、Y_{AB} 间接保证的，由此可求得：

$$\varepsilon=\frac{L_{AB}\times\Delta L_{AB}}{X_{AB}+Y_{AB}}=\frac{125.22\times(\pm0.05)}{(157.769-50.915)+(119.288-54)}=\pm0.036\text{ mm}$$

∴ $X_{AB}=X_{OB}-X_{OA}=106.854\pm0.036$ mm，$Y_{AB}=Y_{OB}-Y_{OA}=65.288\pm0.036$ mm

但 X_{AB}、Y_{AB} 不是直接得到的坐标尺寸，它们分别是由 X_{OA}、X_{OB} 与 Y_{OA}、Y_{OB} 所间接确定的，如图 9-10（b），（c）两尺寸链所示。所以 X_{AB}、Y_{AB} 的公差应等于 X_{OA}、X_{OB}、Y_{OA}、Y_{OB} 公差之和，利用等公差法，即可求出孔 A、B 的坐标尺寸及公差。

X_{OA}=50.915±0.018 mm，Y_{OA}=119.288±0.018 mm

X_{OB}=157.769±0.018 mm，Y_{OB}=54±0.018 mm

为保证按坐标法加工孔系时的孔距精度，选择有较高精度和较小表面粗糙度的孔作为原始孔，以校验加工过程中的坐标尺寸。有孔距精度要求的两孔的加工顺序紧紧地连在一起，以减小坐标尺寸累积误差对孔距精度的影响；同时应尽量避免因主轴箱

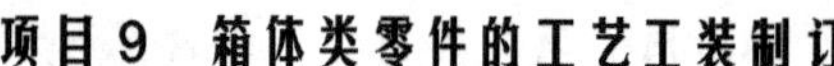

和工作台的多次往返移动而由间隙造成对定位精度的影响。

坐标法镗孔的孔距精度取决于坐标的移动精度。采用此法进行镗孔，不需要专用夹具，通用性好，适用于各种箱体加工。

（2）同轴孔系的加工

同轴孔系的主要技术要求为同一轴线上的各孔间的同轴度。在成批生产中，箱体的同轴孔系的同轴度基本由镗模保证。单件小批生产，其同轴度用以下几种方法来保证。

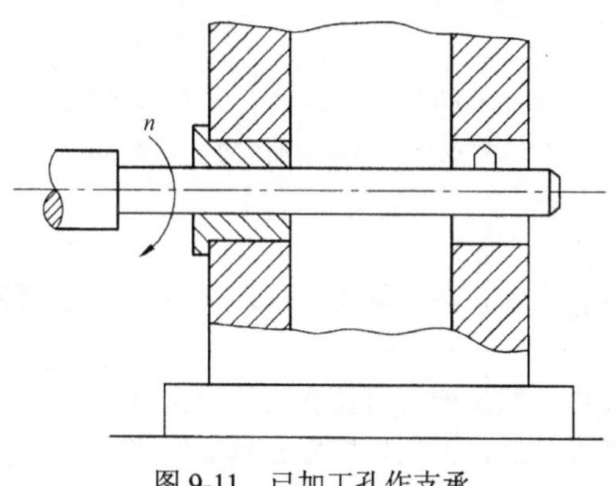

图 9-11　已加工孔作支承

①利用已加工孔作支承导向。如图 9-11 所示，当箱体前壁上的孔加工好后，在孔内装一导向套，支承和引导镗杆加工后壁上的孔，以保证两孔的同轴度要求。此法适于加工箱壁相距较近的孔。

②利用镗床后立柱上的导向套支承镗杆。这种方法其镗杆为两端支承，刚性好，但此法调整麻烦，故只适于大型箱体的加工。

③采用调头镗。当箱体箱壁相距较远时，可采用调头镗，如图 9-12 所示。工件在一次装夹下，镗好一端孔后，将镗床工作台回转 180°，调整工作台位置，使已加工孔与镗床主轴同轴，然后再加工孔。

当箱体上有一较长并与所镗孔轴线有平行度要求的平面时，镗孔前应先用装在镗杆上的百分表对此平面进行校正，使其与镗杆轴线平行。如图 9-12（a）所示，校正后加工孔 *A*，孔加工后，再将工作台回转 180°，并用装在镗杆上的百分表沿此平面重新校正，如图 9-12（b）所示，然后再加工 *B* 孔，就可保证 *A*、*B* 孔同轴。若箱体上无长的加工好的工艺基面，也可用平行长铁置于工作台上，使其表面与要加工的孔轴线平行后固定。

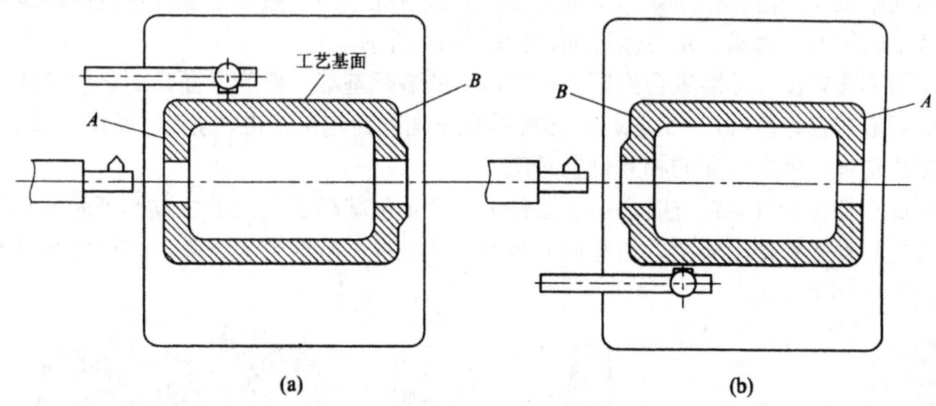

图 9-12　调头镗对工件的校正

（3）交叉孔系的加工

交叉孔系的主要技术要求是控制有关孔的垂直度误差。在普通镗床上靠机床工作台上的 90°对准装置。因为它是挡块装置，结构简单，但对准精度低。

当有些镗床工作台 90°对准装置精度很低时，可用心棒与百分表找正来提高其定位精度，即在加工好的孔中插入心棒，工作台转位 90°，摇工作台用百分表找正，如图 9-13 所示。

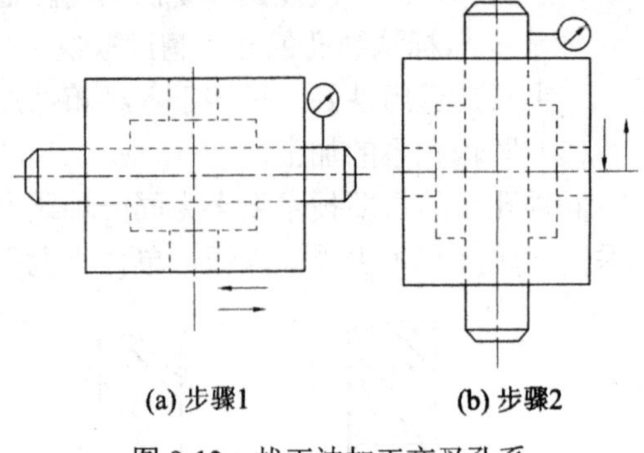

图 9-13　找正法加工交叉孔系

2）箱体类零件的定位基准与装夹方法

箱体的加工工艺随生产批量的不同有很大差异，定位基准的选择也不相同。

（1）粗基准的选择与装夹方法

虽然箱体类零件一般都选择重要孔（主轴孔）作为粗基准，但因生产类型不同，实现以主轴孔为粗基准的工件装夹方式是不同的。

①中小批量生产时，由于毛坯精度较低，一般采用划线装夹方法。

②大批量生产时，由于毛坯精度较高，可直接以主轴孔在夹具上定位，采用专用夹具装夹。

当批量较大时，应先以箱体毛坯的主要支承孔作为粗基准，直接在夹具上定位。

如果箱体零件是单件小批生产，由于毛坯的精度较低，不宜直接用夹具定位装夹，而常采用划线找正装夹。

（2）箱体类零件的定位基准

①采用一面两孔定位（基准统一原则）。对于箱体零件，由于其加工的难度大，因而在多数工序中，利用底面（或顶面）及其上的两孔作为定位基准，加工其他的平面和孔系，以避免由于基准转换而带来的累积误差。

工件在夹具中采用平面与孔组合定位，为适应工件以一面两孔组合定位的需要，需在两个定位销中采用一个削边定位销。装夹时可根据工序加工要求采用平面作为第一定位基准，也可采用其中某一个内孔作为第一定位基准。多数情况下，一般为了保证定位的稳定性，而采用箱体上的平面作为第一定位基准面，如图 9-14 所示。

②采用三面定位（基准重合原则）。箱体上的装配基准一般为平面，而它们又往往是箱体上其他要素的设计基准，因此以这些装配基准平面作为定位基准，避免了基准不重合误差，有利于提高箱体各主要表面的相互位置精度。

当一批工件在夹具中定位时，由于工件上 3 个定位基准面之间的位置不可能做到绝对准确，它们之间存在着角度偏差，这些偏差将引起各定位基准的位置误差，在设计时应当充分考虑，如图 9-15 所示。

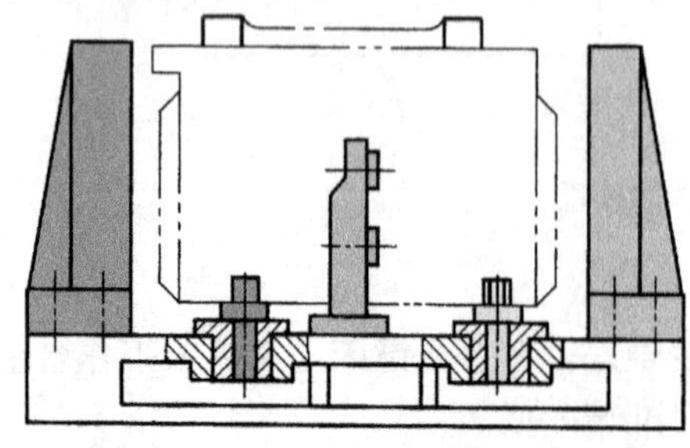
图 9-14　一面两孔定位方式

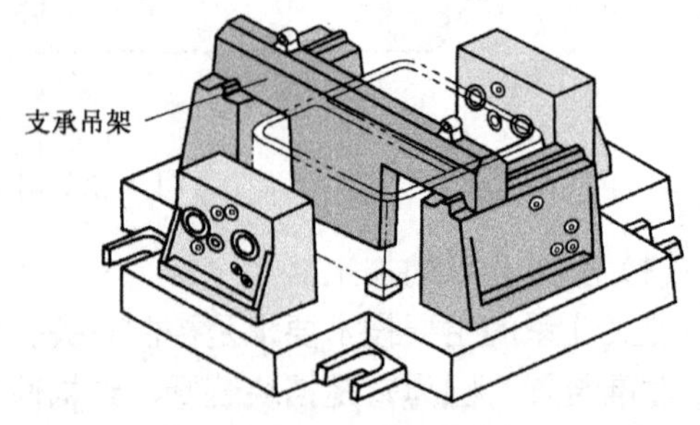

图 9-15　三面定位方式

这两种定位方式各有优缺点，应根据实际生产条件合理确定。

在大批量生产时，若采用不了基准重合原则，则尽可能采用基准统一原则，由此而产生的基准不重合误差通过工艺措施解决，如提高工件定位面精度和夹具精度等。装夹时箱体口朝下（见图9-14），其优点是采用了统一的定位基准，各工序夹具结构类似，夹具设计简单；当工件两壁的孔跨距大，需要增加中间导向支承时，支承架可以很方便地固定在夹具体上。这种定位方式的缺点是：基准不重合，精度不宜保证；另外，由于箱口朝下，加工时无法观察加工情况和测量加工尺寸，也不便调整刀具。

在中、小批量生产时，尽可能使定位基准与设计基准重合，以设计基准作为统一的定位基准。装夹时箱口朝上，其优点是基准重合，定位精度高，装夹可靠，加工过程中便于观察、测量和调整。其缺点是当需要增加中间导向支承时，有很大麻烦。由于箱体是封闭的，中间支承只能用如图9-15所示的吊架从箱体顶面的开口处伸入箱体内。因每加工一个零件吊架需装卸一次，所需辅助时间多，且吊架的刚性差，制造和安装精度也不可能很高，影响了箱体的加工质量和生产率。

3）箱体类零件加工顺序的安排

（1）按先面后孔、先主后次顺序加工

由于箱体零件孔的精度要求高，加工难度大，先以孔为粗基准加工好平面，再以平面为精基准加工孔，这样既能为孔的加工提供稳定可靠的精基准，又可以使孔的加工余量均匀。

（2）加工阶段粗、精分开

箱体的结构复杂，壁厚不均匀，刚性不好，而加工精度要求又高，因此箱体重要的加工表面都要划分粗、精两个加工阶段。对于单件小批生产，采用的方法是粗加工后将工件松开一点，然后再用较轻的力夹紧工件，使工件因夹紧力而产生的弹性变形在精加工之前得以恢复，所以虽然工序上粗、精没分开，但从工步上讲还是分开的。

（3）工序间安排时效处理

箱体零件大都为铸件，残余应力较大，为了消除残余应力，减小加工后的变形，保证精度的稳定，铸造之后要安排人工时效处理。对于高精度的箱体或形状特别复杂的箱体，在粗加工之后还要安排人工时效处理，以消除粗加工所造成的残余应力；对于精度要求不高的，也可利用粗、精加工工序间的停放和运输时间，使之自然完成时效处理。

5. 箱体类零件的加工工装设计

1）机床的选择

单件小批生产一般都在通用机床上进行，大批量生产一般采用专用机床，各主要孔也可采用组合机床、专用镗床等进行加工。

2）刀具的选择与应用

箱体类零件主要加工表面为平面及孔，平面加工可选择的刀具为铣刀（刨刀）和砂轮，对孔的加工主要选择定尺寸刀具（钻、扩、铰）和镗刀。

3）镗夹具的选择与设计

镗夹具又称为镗模，是一种精密夹具，主要用于加工箱体类零件上的孔及孔系。镗夹具

上通常布置镗套来引导镗杆进行镗孔。镗模不仅广泛应用于各类镗床上，而且还可以用于车床、摇臂钻床及组合机床上，用来加工有较高精度要求的孔及孔系。

（1）镗套的设计

镗套的结构形式和精度直接影响到被镗孔的形状精度、尺寸精度以及表面粗糙度。常用的镗套结构有固定式和回转式两种。

①固定式镗套。如图 9-16 所示，它与快换钻套相似，加工时不随镗杆转动和移动。A 型不带油杯和油槽，使镗杆和镗套之间能充分地润滑，从而减少镗套的磨损；B 型带油杯和油槽，靠镗杆上开的油槽润滑。固定式镗套结构简单，精度高，但易磨损，只适用于低速镗孔。

固定式镗套材料常采用青铜，大直径的也可用铸铁。

固定式镗套结构已标准化，设计时可参阅国家标准《夹具零件及部件》中的 GB2266—91。

②回转式镗套。回转式镗套随镗杆一起转动，镗杆在镗套内只作相对移动（转动部分采用轴承），因而可避免因摩擦发热而产生“卡死”现象，适于镗杆在较高速度条件下工作。

根据回转部分安排的位置不同，回转式镗套又分“外滚式”和“内滚式”。

图 9-17 所示是几种回转式镗套，其中图 9-17（a），（b）所示是“外滚式镗套”，图 9-17（c），（d）所示为“内滚式镗套”。装有滑动轴承的内滚式镗套（见图 9-17（c）），在良好的润滑条件下具有较好的抗振性，常用于半精镗和精镗孔，压入滑动套内的铜套内孔应与刀杆配研，以保证较高的精度要求。

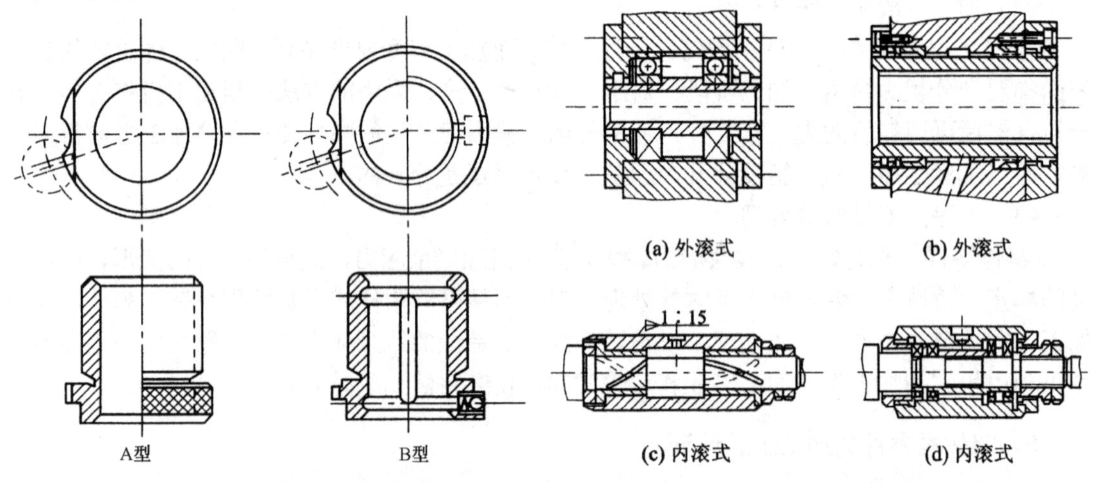

图 9-16　固定式镗套　　图 9-17　回转式镗套

（2）镗杆的设计

图 9-18 所示为用于固定式镗套的镗杆导向部分的结构。当镗杆导向部分直径 d<50mm 时，镗杆常采用整体式。当直径 d>50mm 时，常采用如图 9-18（d）所示的镶条式结构，镶条应采用摩擦系数小而耐磨的材料，如铜或钢。镶条磨损后，可在底部加垫片，重新修磨使用。

图 9-19 所示为用于外滚式回转镗套的镗杆引进结构。图 9-19（a）所示为镗杆前端设置平键，键下装有压缩弹簧，键的前部有斜面，适用于开有键槽的镗套。无论镗杆从何位置进入导套，平键均能自动进入键槽，带动镗套回转。图 9-19（b）所示镗杆上开有键槽，其头部做成螺旋引导结构，其螺旋角应小于 45°，以便镗杆引进后使键顺利进入槽内。

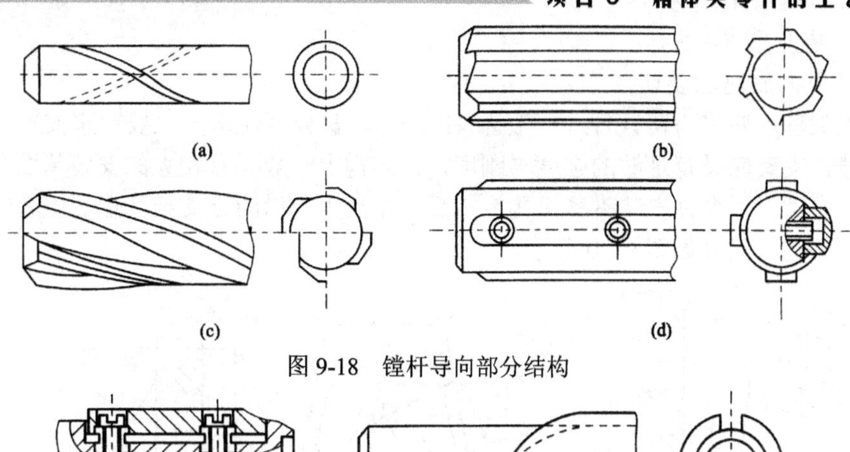

图 9-18　镗杆导向部分结构

(a)　(b)

图 9-19　镗杆引进结构

确定镗杆直径时，应考虑镗杆的刚度和镗孔时应有的容屑空间。一般可取：

$$d=(0.6 \sim 0.8)D$$

式中，d——镗杆直径（mm）；D——被镗孔直径（mm）。

设计镗杆时，镗孔直径 D、镗杆直径 d、镗刀截面 $B \times B$ 之间的关系一般按下式考虑，或参照表 9-2 选取。

$$\frac{D-d}{2}=(1\sim1.5)B$$

表 9-2　镗杆直径 d、镗刀截面 $B \times B$ 与被镗孔直径 D 的关系

D (mm)	30～40	40～50	50～70	70～90	90～110
d (mm)	20～30	30～40	40～50	50～65	65～90
$B \times B$ (mm)	10×10	10×10	12×12	16×16	16×16　20×20

表中所列镗杆直径的范围，在加工小孔时取大值；在加工大孔时，若导向好，切削负荷小，则可取小值，一般取中间值，若导向不良，切削负荷大，则可取大值。

镗杆的轴向尺寸，应按镗孔系统图上的有关尺寸确定。

镗杆的材料要求镗杆表面硬度高而心部有较好的韧性，因此采用 20 钢、20Cr 钢，渗碳淬火硬度为 61～63HRC；也可用氮化钢 38CrMoAlA；大直径的镗杆，还可采用 45 钢、40Cr 钢或 65Mn 钢。

镗杆的主要技术条件要求一般规定为：

①镗杆导向部分的圆度与锥度允差控制在直径公差的 1/2 以内。

②镗杆导向部分公差带为:粗镗为 g6，精镗为 g5。表面粗糙度值 Ra 0.8～0.4 μm。

③镗杆在 500 mm 长度内的直线度允差为 0.01～0.1 mm。刀孔表面粗糙度一般为

Ra 1.6 μm，装刀孔不淬火。

（3）支架与底座的设计

镗模支架和底座多为铸铁件（一般为 HT200），常分开制造。主要用来安装镗套和承受切削力，镗模支架应具有足够的强度与刚度，在结构上一般要有较大的安装基面和设置必要的加强筋。支架上不允许安装夹紧机构或承受夹紧反力，以防止支架变形而破坏精度。镗模支架的典型结构与尺寸如图 9-20 所示。

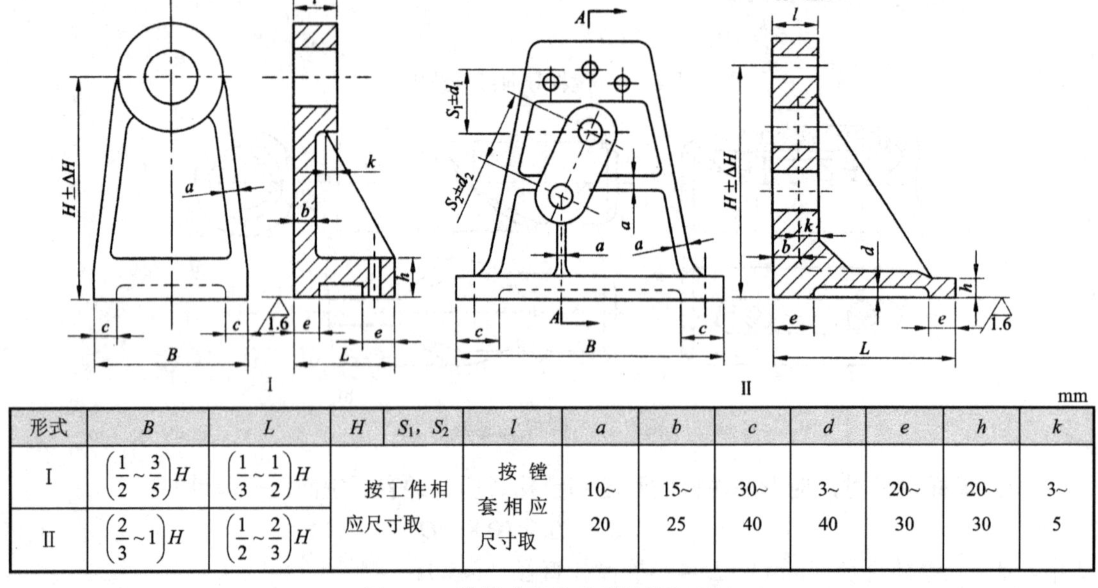

mm

形式	B	L	H	S_1，S_2	l	a	b	c	d	e	h	k
Ⅰ	$\left(\frac{1}{2}\sim\frac{3}{5}\right)H$	$\left(\frac{1}{3}\sim\frac{1}{2}\right)H$	按工件相应尺寸取		按镗套相应尺寸取	10~20	15~25	30~40	3~40	20~30	20~30	3~5
Ⅱ	$\left(\frac{2}{3}\sim 1\right)H$	$\left(\frac{1}{2}\sim\frac{2}{3}\right)H$										

图 9-20　镗模支架的典型结构与尺寸

镗模底座上要安装各种装置和元件，并承受切削力和夹紧力，因此必须有足够的强度与刚度，并保持尺寸精度的稳定性。其典型结构与尺寸如图 9-21 所示。

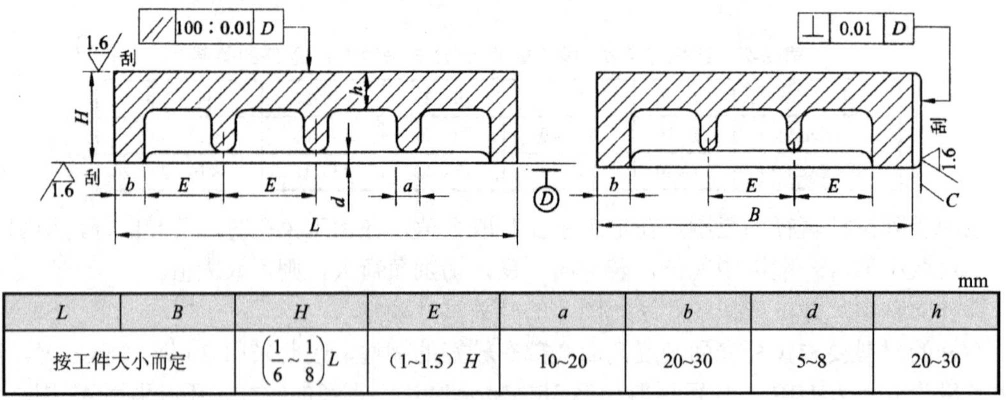

mm

L	B	H	E	a	b	d	h
按工件大小而定		$\left(\frac{1}{6}\sim\frac{1}{8}\right)L$	（1~1.5）H	10~20	20~30	5~8	20~30

图 9-21　镗模底座的典型结构与尺寸

（4）镗夹具的类型

镗夹具的布置形式主要根据被加工孔的直径 *D*、孔长与孔径的比值 *L*/*D* 和精度要求而定。一般有以下 4 种形式。

①单支承前引导。当镗削直径 $D>60$ mm，且 $L/D<1$ 的通孔或小型箱体上单向排列的同

轴线通孔时，常将镗套（及其支架）布置在刀具加工部位的前方，如图 9-22 所示。这种方式便于在加工中进行观察和测量，特别适合锪平面或攻螺纹的工序，其缺点是切屑易带入镗套中。一般取 $h=(0.5\sim1)D$。

②单支承后引导。当 $D<60$ mm 时，常将镗套布置在刀具加工部位的后方（机床主轴和工件之间）。当加工 $L<D$ 的通孔或小型箱体的盲孔时，应采用如图 9-23（a）所示的布置方式($d>D$)，这种方式刀杆刚性很大，加工精度高，且用于立镗时无切屑落入镗套；当加工 $L>(1\sim1.25)D$ 的通孔和盲孔时，应采用如图 9-23（b）所示的布置方式($d<D$)，这种方式使刀具与镗套的垂直距离 h 大大减小，提高了刀具的刚度。

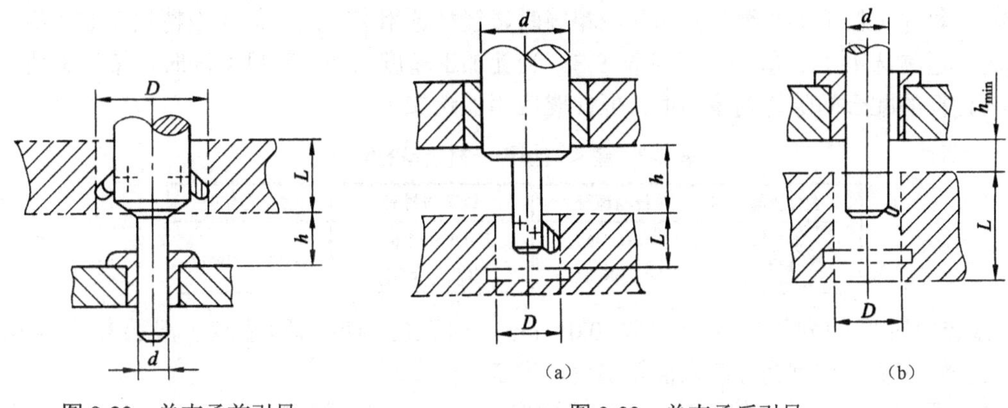

图 9-22　单支承前引导　　　图 9-23　单支承后引导

在单支承引导中，镗杆与机床主轴是刚性连接，镗杆的一端直接插入机床主轴的莫氏锥孔中，并通过调整使镗套轴线与主轴轴线重合。这种方式的调整工作比较费时，且机床的精度影响镗孔精度，所以一般适用于小孔和短孔的加工。

③双支承前后引导。如图 9-24 所示，导向支架分别装在工件两侧。当镗长度 $L>1.5D$ 的通孔，且加工孔径较大，或排列在同一轴线上的几个孔，并且其位置精度也要求较高时，宜采用“双支承前后引导”方式。这种方式的缺点是镗杆较长，刚性差，更换刀具不方便。当 $S>10d$ 时，应设中间导引套。

④双支承后引导。当在某些情况下，因条件限制不能使用前后双引导时，可在刀具后方布置两个镗套，如图 9-25 所示。这种布置方式装卸工件方便，更换镗杆容易，便于观察和测量，较多应用于大批生产中。

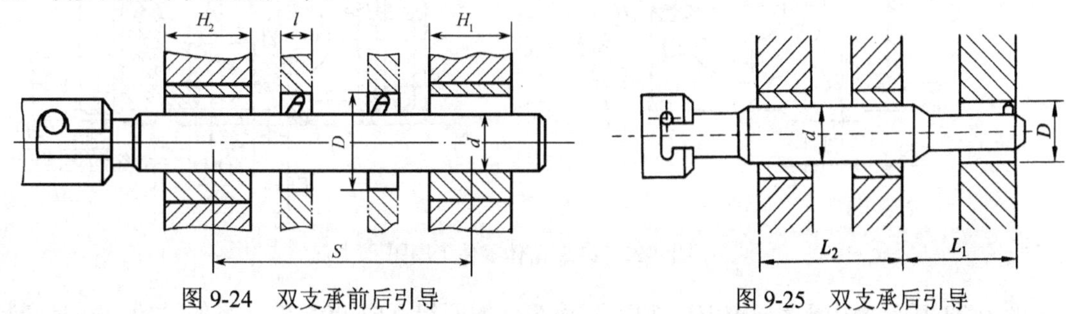

图 9-24　双支承前后引导　　　图 9-25　双支承后引导

在双支承引导中，在镗模中布置两个导向装置引导镗杆，镗杆和机床主轴采用浮动连接，镗孔的位置精度主要取决于镗模支架上镗套位置的精度，而不受机床精度的影响。

镗模与机床浮动连接的形式很多，图 9-26 所示为常用的一种形式。浮动连接应能自动调节以补偿角度偏差和位移量，否则失去浮动的效果，影响加工精度。轴向切削力由镗杆端部和镗套内部的支承钉来支承，圆周力由镗杆连接销和镗套横槽来传递。

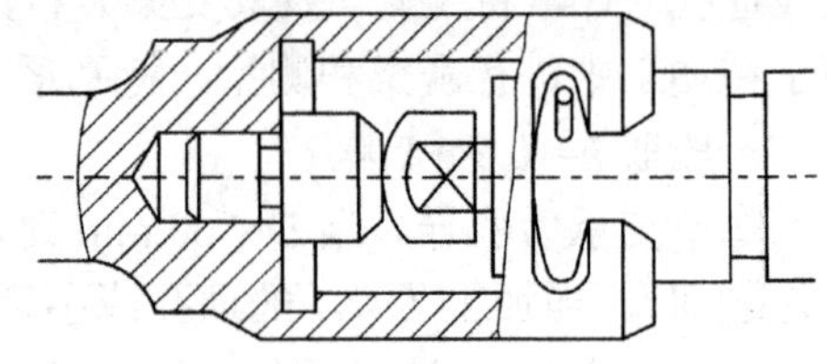

图 9-26　镗杆浮动连接头

（5）镗套与镗杆及衬套等的配合选择

镗套与镗杆、衬套等的配合必须选择恰当，过紧容易研坏或咬死，过松则不能保证加工精度。一般加工低于 IT8 级公差的孔或粗镗时，镗杆选用 IT6 级公差；当精加工 IT7 级公差的孔时，通常选用 IT5 级公差，见表 9-3。当孔加工精度（如同轴度）高时，常用配研法使镗套与镗杆的配合间隙达到最小值，但此时应用低速加工。

表 9-3　镗套与镗杆、衬套等的配合

配合表面	镗杆与镗套	镗套与衬套	衬套与支架
配合性质	H7/g6(H7/h6)， H6/g5(H6/h5)	H7/h6(H7/js6)， H6/g5(H6/h5)	H7/n6，H6/n5

镗套内外圆的同轴度允差常取 0.01 mm，内孔的圆度、圆柱度一般公差为 0.01～0.002 mm，表面粗糙度为外圆表面粗糙度，取 *Ra* 0.4 μm。

镗套用衬套的内外圆的同轴度粗镗时常取 0.01 mm；精镗时常取 0.01～0.005 mm（外径小于 52 mm 时取小值）。

（6）镗床夹具典型结构分析举例

图 9-27 所示为减速箱体零件工序图。本工序要求加工两组同轴孔ϕ47H7 与ϕ80H7 和另两个直径为ϕ47H7 的孔同轴，并使两组同轴孔互成 90º。

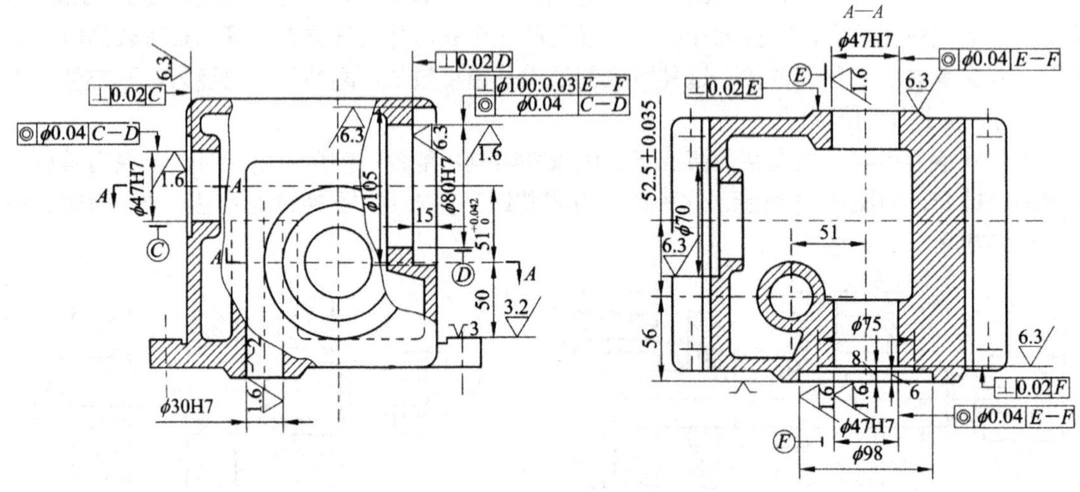

图 9-27　减速箱体零件工序图

图 9-28 所示为用于卧式镗床上加工减速箱体的两组互成 90° 的孔系的镗模。夹具安装于镗床回转工作台上，可随工作台一起移动和回转。工件以耳座上凸台面为主要定位基准，向上定位于定位块 2 上；另以ϕ30H7 圆孔定位于可卸心轴 5 上；又以前端面（粗基准）定位

于斜楔 10 上，从而完成 6 点定位。

工件定位时，先将镗套 9 拔出，把工件放在具有斜面的支承导轨 3 上，沿其斜面向前推移，由于支承导轨 3 与定位块 2 之间距离略小于工件耳座凸台的厚度，因此当工件推移进入支承导轨平面段后，开始压迫弹簧，从而保证工件定位基准与定位块工作表面接触。当工件上ϕ30H7 圆孔与定位衬套 4 对齐后，将可卸心轴 5 沿ϕ30H7 插入定位衬套 4 中，然后推动斜楔并适当摆动工件，使之接触。最后拧紧夹紧螺钉，4 块压板 6 将工件夹紧。

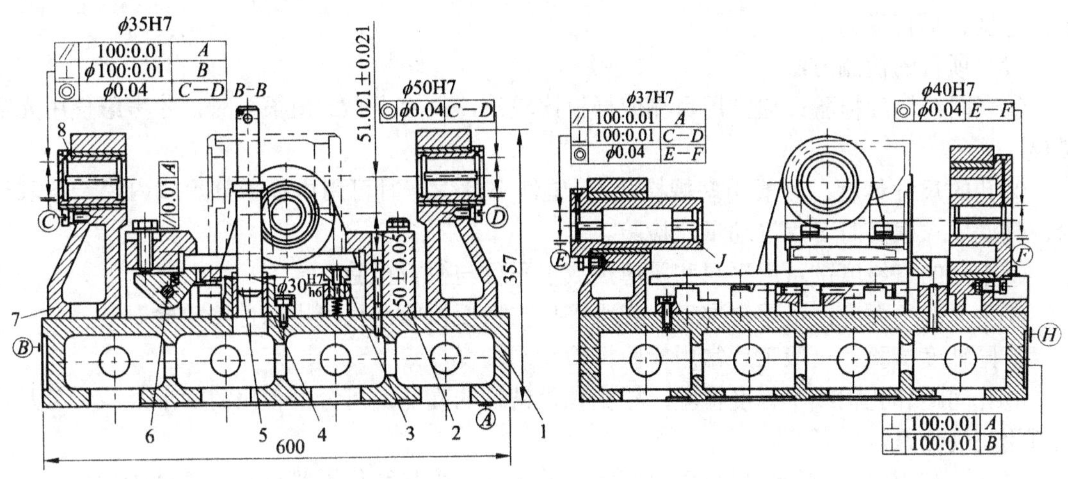

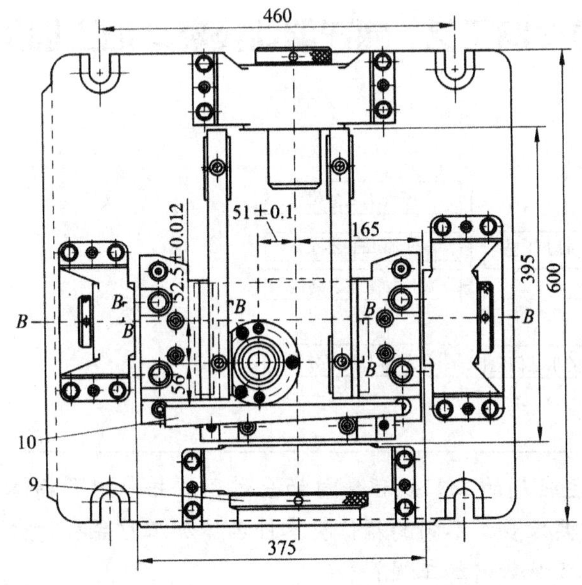

1—底座；2—定位块；3—支承导轨；
4—定位衬套；5—可卸心轴；6—压板；
7—支架；8、9—镗套；10—斜楔

图 9-28 减速箱体镗模

由于加工ϕ98mm 台阶孔时，镗刀杆上采用多排刀事先装夹，因此设计夹具时将镗套 9 外径取得较大，待装好刀的镗刀杆伸入后再安装镗套 9。各镗套均有通油沟槽，以利加工时润滑。

本夹具特点是底座 1 及支架 7 均设计成箱式结构，与同样尺寸采用加强筋的结构相比，刚度要高得多。为调整方便，底座上加工有 *H*、*B* 两垂直平面，作为找正基准。此外，在底

座纵横方向上铸出一些孔，用于出砂及起重。

4）检测量具的选择

（1）一般箱体零件的主要检验项目

①各加工表面的表面粗糙度以及外观。

②孔与平面的尺寸精度及形状精度。

③孔距尺寸精度与孔系的位置精度（孔轴线的同轴度、平行度、垂直度，孔轴线与平面的平行度、垂直度）。

（2）项目的检测方法

①表面粗糙度检验：通常用目测或样板比较法，只有当 *Ra* 值很小时，才考虑使用光学量仪。

②孔的尺寸精度：一般用塞规检验， 单件小批生产时可用内径千分尺或内径千分表检验，精度要求很高时可用气动量仪检验。

③平面的直线度：可用平尺和厚薄规或水平仪与桥板检验。

④平面的平面度：可用自准直仪或水平仪与桥板检验，也可用涂色法检验。

⑤同轴度检验：一般工厂常用检验棒检验同轴度。

⑥孔间距和孔轴线平行度检验：根据孔距精度的高低，可分别使用游标卡尺或千分尺，也可用块规测量。

目前，利用三坐标测量机可同时对零件的尺寸、形状和位置等进行高精度的测量。

任务 9.2　分析分离式箱体零件的工艺，解决箱体类零件加工的工艺问题

知识分布网络

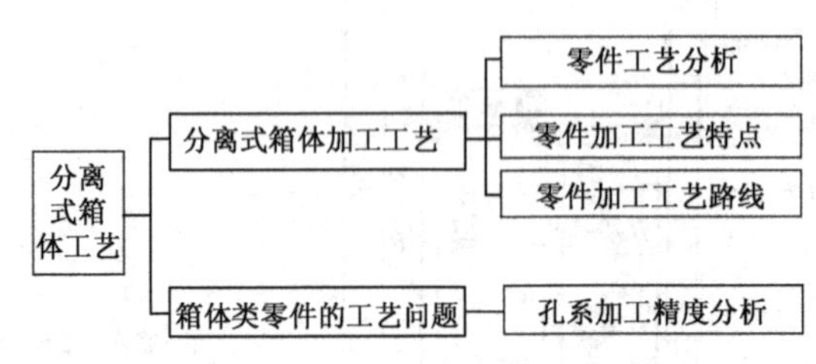

想一想　上个任务我们详细分析了主轴箱的工艺规程制订的全过程，并介绍了箱体类零件普适性知识，知道了箱体类零件种类很多，不同的箱体类零件具体加工时会有什么特点呢？本任务中的分离式减速箱体零件又该如何加工呢？

工艺任务单

产品名称：分离式减速箱体

零件功用：支承传动部件

材　　料：HT200

生产类型：小批生产

热 处 理：人工时效

工艺任务：（1）根据如图 9-29 所示的零件图分析其结构、技术要求、主要表面的加工方法，拟订加工工艺路线；

（2）编制机械加工工艺路线，选用合适的切削刀具、加工设备和专用夹具，完成工艺文件的填写。

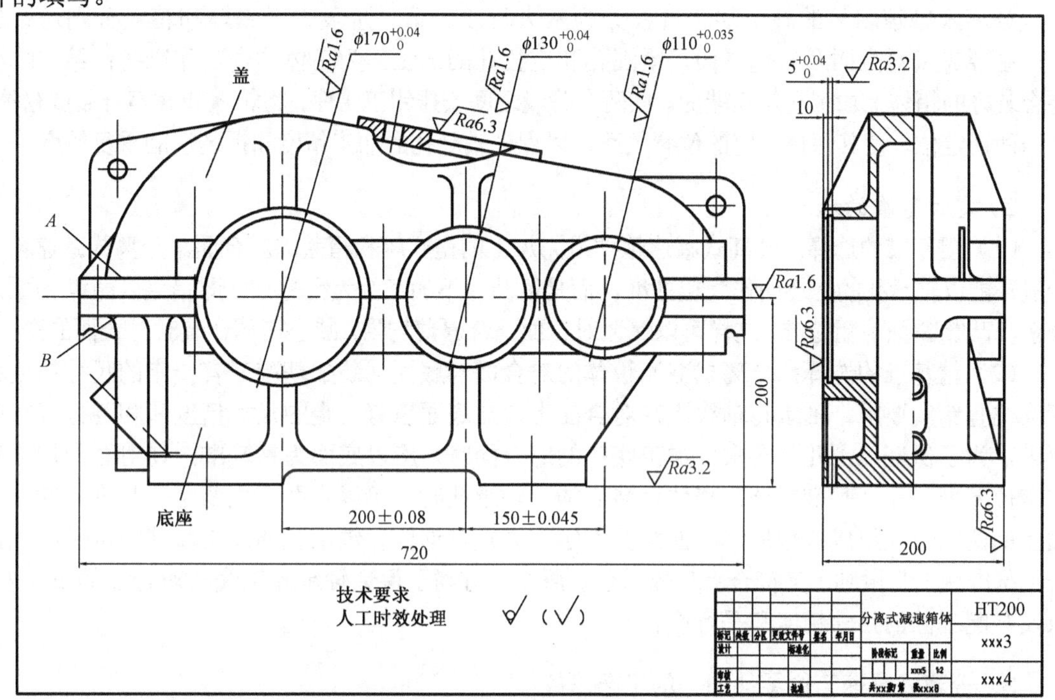

图 9-29　分离式减速箱体零件图

9.2.1　分析减速箱零件的工艺

1. 零件工艺性分析

1）底座和箱盖

切削加工面较多，有对合面、轴承支承孔、油孔、螺纹孔等。尺寸精度和相互位置精度有一定要求。对合面的加工一般不困难，但轴承支承孔的加工精度高，而且要保证孔与平面相互位置的精度，这是加工的关键。

2）分离式箱体的主要技术要求

（1）对合面对底座的平行度误差不超过 0.5/100；

（2）对合面的表面粗糙度 *Ra* 值小于 1.6 μm，两对合面的接合间隙不超过 0.03 mm；

（3）轴承支承孔必须在对合面上，误差不超过±0.2 mm；

（4）轴承支承孔的尺寸公差为 H7，表面粗糙度 *Ra* 值小于 1.6 μm，圆柱度误差不超过孔径公差的一半，孔距精度误差为±0.05～0.08 mm。

2. 分离式减速箱体加工的工艺特点

分离式减速箱体虽然遵循一般箱体的加工原则，但是由于结构上的可分离性，因而在工艺路线的拟订和定位基准的选择方面均有其特点。

1）加工阶段的划分

分离式减速箱体的整个加工过程分为两大阶段。第一阶段先对底座和箱盖分别进行加工，主要完成对合面及其他平面，紧固孔和定位孔的加工，为箱体的合装作准备；第二阶段在合装好的箱体上加工孔及其端面。在两个阶段之间安排钳工工序，将箱盖和底座合装成箱体，并用两销定位，使其保持一定的位置关系，以保证轴承孔的加工精度和拆装后的重复精度。

2）定位基准的选择

（1）粗基准的选择：分离式减速箱体最先加工的是底座和箱盖的对合面。分离式减速箱体一般不能以轴承孔的毛坯面作为粗基准，而是以凸缘不加工面为粗基准，即箱盖以凸缘 *A* 面，底座以凸缘 *B* 面为粗基准。这样可以保证对合面凸缘厚薄均匀，减小箱体合装时对合面的变形。

（2）精基准的选择：分离式减速箱体的对合面与底面（装配基准）有一定的尺寸精度和相互位置精度要求；轴承孔轴线应在对合面上，与底面也有一定的尺寸精度和相互位置精度要求。为了保证以上几项要求，加工底座的对合面时，应以底面为精基准，使对合面加工时的定位基准与设计基准重合；箱体合装后加工轴承孔时，仍以底面为主要定位基准，并与底面上的两定位孔组成典型的“一面两孔”定位方式。这样，轴承孔的加工，其定位基准既符合“基准统一”原则，又符合“基准重合”原则，有利于保证轴承孔轴线与对合面的重合度，以及装配基面的尺寸精度和平行度。

3. 分离式减速箱体零件加工的工艺路线

下面提供分离式减速箱体零件的加工工艺路线供同学们参考，如表 9-4 所示。

表 9-4　分离式减速箱体加工工艺路线

箱盖的工艺过程			底座的工艺过程		
序号	工序内容	定位基准	序号	工序内容	定位基准
1	铸造		1	铸造	
2	时效		2	时效	
3	涂底漆		3	涂底漆	
4	粗刨对合面	凸缘 *A* 面	4	粗刨对合面	凸缘 *B* 面
5	刨顶面	对合面	5	刨底面	对合面
6	磨对合面	顶面	6	钻底面 4 孔，锪沉孔，铰两个工艺孔	对合面、端面、侧面
7	钻顶面螺纹底孔，攻螺纹	对合面	7	钻侧面测油孔、放油孔、螺纹底孔，锪沉孔，攻螺纹	底面、两孔
8	检验		8	磨对合面	底面
			9	检验	

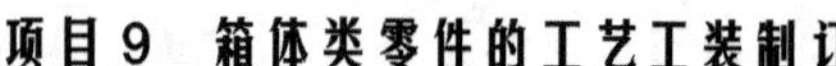

续表

箱体合装后的工艺过程		
1	将箱盖与底座对准合拢夹紧，配钻、铰两定位销孔，打入锥销，根据箱盖配钻底座、结合面的连接孔，锪沉孔	
2	拆开箱盖与底座，修毛刺，重新装配箱体，打入锥销，拧紧螺栓	
3	铣两端面	底面与两孔
4	粗镗轴承支承孔，割孔内槽	底面与两孔
5	精镗轴承支承孔	底面与两孔
6	去毛刺，清洗，打标记	
7	检验	
8	入库	

做一做　同学们，根据以上工艺方法，请着手编制分离式减速箱体的工艺卡片。

9.2.2　箱体类零件加工的工艺问题

1. 孔系加工的精度分析

1）镗杆受力变形对孔系精度的影响

影响镗孔加工质量的因素有很多，其中镗杆受力变形是影响的主要因素之一，而当镗杆与主轴的刚性连接成悬臂状态时，镗杆的变形最为严重，下面着重分析此种情况。

悬臂镗杆在镗孔过程中，受到切削力矩 M_{FZ}、切削力 F_{yz} 及镗杆自重 G 的作用，如图 9-30 所示。切削力矩 M_{FZ} 使镗杆产生弹性扭曲，主要影响工件的表面粗糙度和刀具的寿命；切削力 F_{yz} 和自重 G 使镗杆弹性弯曲（挠曲变形），对孔系加工精度的影响严重，下面重点分析切削力 F_{yz} 和自重 G 的影响。

（1）由切削力所产生的挠曲变形

如果忽略工件材质和切削余量不均匀等所引起的切削力变化，在镗孔过程中，相对于被加工孔表面，F_{yz} 力的方向随着镗杆的回转而不断改变，若由力 F_{yz} 所引起的刀尖径向位移为 f_F，则镗杆中心偏离了原来的理想中心，但刀尖的运动轨迹仍然呈圆形，所镗出孔的直径比原来减小 $2f_F$，如图 9-31 所示。f_F 的大小与切削力 F_{yz} 和镗杆的伸出长度有关，F_{yz} 越大或镗杆伸出越长，则 f_F 就越大。

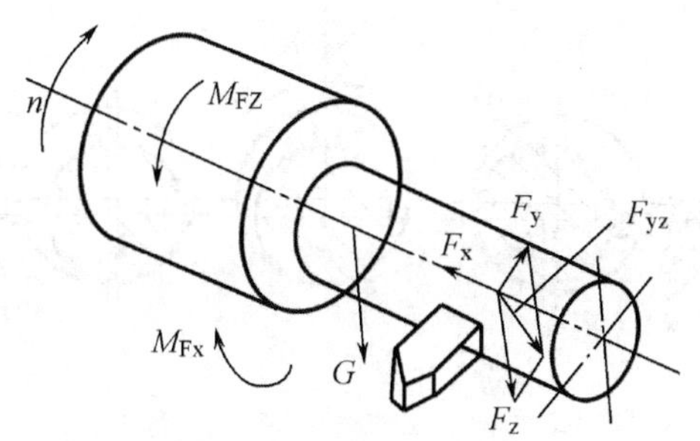

图 9-30　镗杆的受力分析

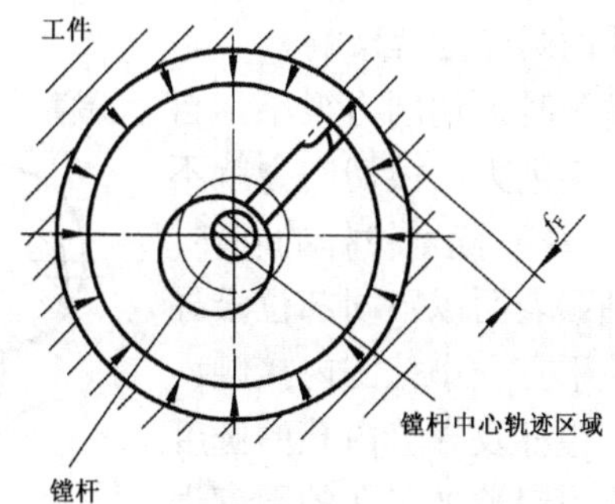

图 9-31　切削力对镗杆挠曲变形的影响

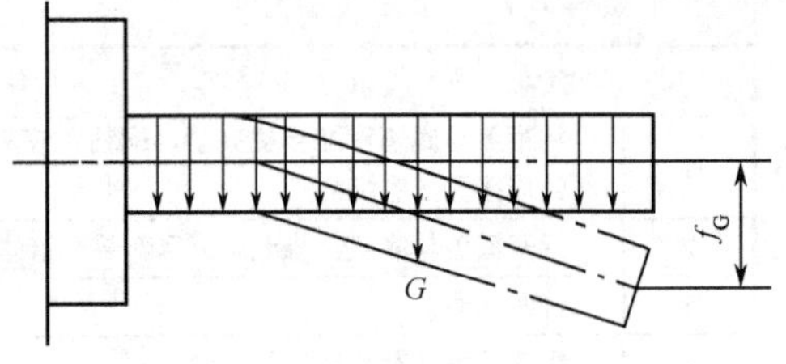

图 9-32 自重对镗杆挠曲变形的影响

但实际生产中由于加工余量的变化和材质的不均匀，切削力是变化的，因此刀尖运动轨迹不可能是正圆。同样，在被加工孔的轴线方向上，由于加工余量和材质的不均匀，或采用镗杆进给，镗杆的挠曲变形也是变化的。

（2）由镗杆自重 G 所产生的挠曲变形

镗杆自重 G 的大小和方向是不变的，由 G 力所产生的镗杆最大挠曲变形 f_G 也始终铅垂向下。从图 9-32 中看出，此时镗刀实际回转中心低于理想中心 f_G 值，刀尖的运动轨迹仍呈圆形，且圆的大小基本上不变。高速镗削时，f_G 很小；低速精镗时，由于切削力及其所产生的 f_F 较小，故相比之下 f_G 较大，即自重 G 对孔加工精度的影响较大。

（3）镗杆在自重和切削力共同作用下的挠曲变形

实际上，镗杆在每一瞬间的挠曲变形，是切削力和自重所产生的挠曲变形的合成。而且，由于材质和加工余量的不均匀，切削用量的不一及镗杆伸出长度的变化等，镗杆的实际回转中心在镗孔过程中作无规律变化，从而引起孔系加工的多种误差。

由以上分析可知，为了减小镗杆的挠曲变形，以提高孔系加工的几何精度和相对位置精度，通常可采取下列措施。

①尽可能增大镗杆直径和减小悬伸长度；

②采用导向装置，使镗杆的挠曲变形得以约束；

③镗杆直径较大（ϕ80 mm）时应加工成空心，以减轻重量；

④合理选择定位基准，使加工余量均匀；

⑤精加工时采用较小的切削用量，并使加工各孔所用的切削用量基本一致，以减小切削力影响。

2）镗杆与导套几何形状精度及配合间隙对孔系精度的影响

当采用导向装置或镗模镗孔时，镗杆由导套支承，镗杆的刚度较悬臂镗时大大提高。此时，镗杆与导套的几何形状精度及其相互的配合间隙，将成为影响孔系加工精度的主要因素之一。

粗镗时，切削力大于自重。刀具不管处在何切削位置，切削力都可以推动镗杆紧靠在与切削位置相反的导套内表面。这样，随着镗杆的旋转，镗杆表面以一固定部位沿导套的整个内圆表面滑动。因此，导套的圆度误差将引起被加工孔的圆度误差，而镗杆的圆度误差对被加工孔的圆度没有影响。

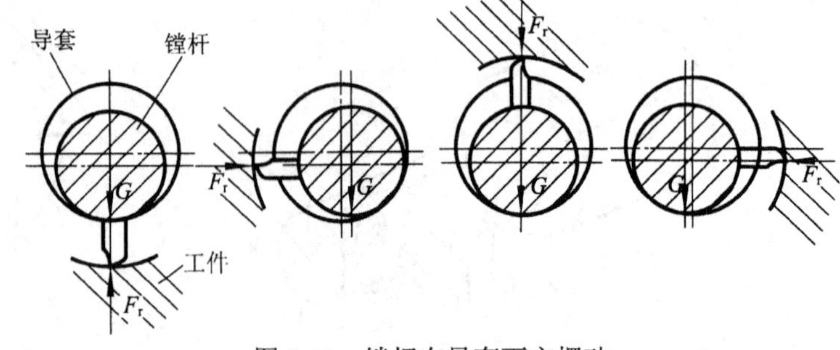

图 9-33 镗杆在导套下方摆动

精镗时，切削力很小，自重大于切削力，故切削力就不能抬起镗杆。随着镗杆的回转，镗杆轴颈表面以不同部位沿导套内孔下方一小范围内接触。因此，镗杆及导套内孔的圆度误差将引起被加工孔的圆度误差，如图 9-33 所示。

当加工余量与材质不均匀或切削用量选取不一样时，会使切削力发生变化，引起镗杆在导套内孔下方的摆幅也不断变化。这种变化对同一孔的加工，可能引起圆柱度误差；对不同孔的加工，可能引起相互位置的误差和孔距误差。所引起的这些误差的大小与导套和镗杆的配合间隙有关：配合间隙越大，在切削力作用下，镗杆的摆动范围越大，所引起的误差也越大。

由以上分析可知，在有导向装置的镗孔中，为了保证孔系加工质量，除了要保证镗杆与导套本身必须具有较高的几何形状精度外，还要注意合理选择导向方式和保持镗杆与导套合理的配合间隙。在采用前后双导向支承时，应使前后导向的配合间隙一致。此外，在工艺上应注意合理选择定位基准和切削用量；精加工时，应适当增加走刀次数，以保持切削力的稳定和尽量减小切削力的影响。

3）镗削方式对孔系精度的影响

镗孔时有两种进给方式：一是镗杆直接进给；二是工作台进给。当镗杆与机床主轴浮动连接采用镗模镗孔时，进给方式对孔系加工精度无明显的影响；而采用镗杆与主轴刚性连接悬臂镗孔时，进给方式对孔系加工精度有较大的影响。

（1）悬臂镗镗杆进给方式

采用镗杆进给时，在镗杆不断伸长的过程中，由于切削力的作用，使刀尖的挠度值不断增大。切削力与自重综合对被加工孔的影响如图 9-34 所示，使孔径不断减小，轴线弯曲，造成圆柱度误差；对孔系加工来说，则造成同轴度误差。

（2）悬臂镗工作台进给方式

虽然刀尖在切削力与重力作用下有挠度，但由于采用工作台送进，镗刀伸出长度不变，这个挠度为定值。所以被加工孔的孔径减小一个定值，同时孔的直线性好，如图 9-35 所示，镗杆的挠曲变形对被加工孔的几何形状精度和孔系的相互位置精度均无影响。此法的缺点是：机床工作台导轨的直线度会引起孔轴线的偏移和弯曲。当工作台送进方向与主轴回转轴线不平行时，会使孔出现椭圆度。当然，如前所述，这项误差并不十分严重。

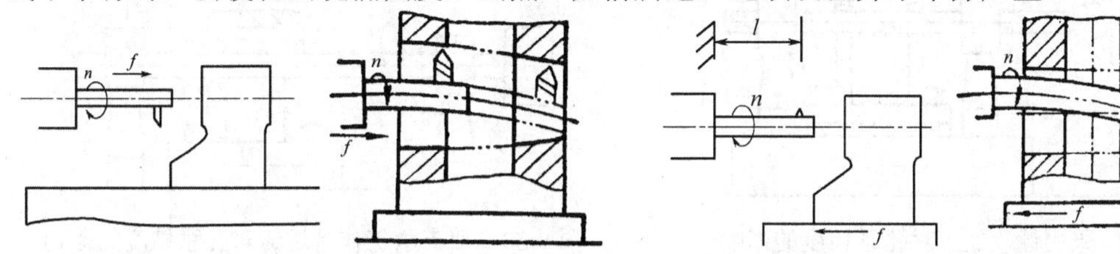

图 9-34 镗杆进给方式对孔系精度的影响　　图 9-35 工作台进给方式对孔系精度的影响

故在悬臂镗中，一般当孔深大于 200 mm 时，大都采用工作台进台；当加工大型箱体时，镗杆的刚度好，用工作台进给就十分沉重，易产生爬行，不如镗杆直接进给快，所以此时宜采用镗杆进给方式；当孔深小于 200 mm 时，镗杆悬伸短，可直接采用镗杆进给。

（3）支承镗工作台进给方式

显然，由于工作台送进，两支承点间距离很长，要超过孔长的两倍。但由于是支承镗，其刀尖挠度比以上的减小一倍。此情况的特征和方案（2）相同，即孔轴线的直线性好，孔径尺寸只均匀减小一个更小的定值，如图 9-36 所示。

（4）支承镗镗杆进给方式

此时镗杆伸出长度不变。当刀尖处于两支承中间时，切削力产生的挠度比方案（3）小，所以，抗振性好。但是，由于是镗杆进给，故镗刀在支承间的位置是变化的，因而镗杆自重造成的弯曲度就会影响工件孔轴线的弯曲误差。所以尽管本方案镗杆变形比方案（3）小，但因轴线的弯曲不易进一步纠正，故并不如方案（3）好，如图 9-37 所示。

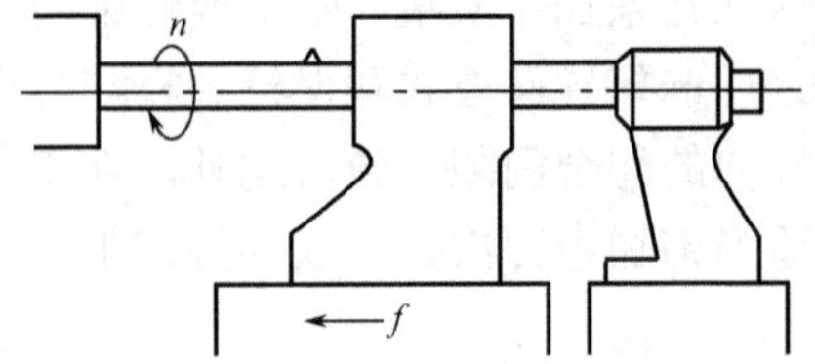

图 9-36　支承镗工作台进给方式对孔系精度的影响

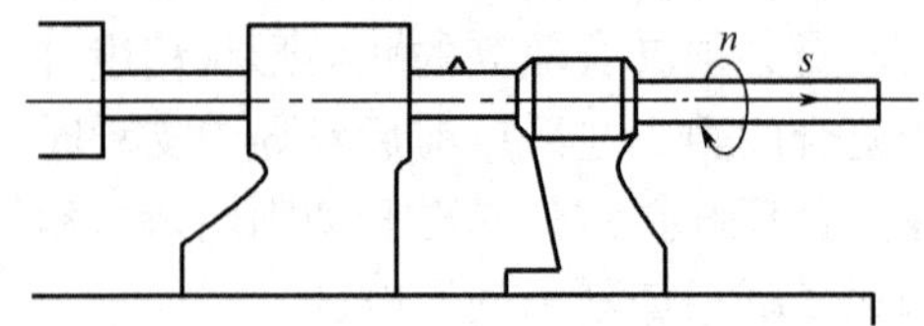

图 9-37　支承镗镗杆进给方式对孔系精度的影响

（5）采用镗模加工

本方案和前 4 个方案相比，其变形最小。但由于镗模和工件是以一个整体进给的，在镗削过程中，刀尖处的挠度是一个变值，故镗出的孔的轴线是弯曲的。而纠正孔轴线的弯曲度是不容易的。采用镗模加工对孔系精度的影响如图 9-38 所示。

（6）双支承镗工作台送进

虽然这时镗杆的跨距比方案（4）大一倍，但因仅仅由工作台进给，双支承与刀具的相对位置关系未变，所以刀尖挠度为定值，加工出的孔的轴线是直的，如图 9-39 所示。就这一点看，它比工件在镗模上加工又有优越之处。

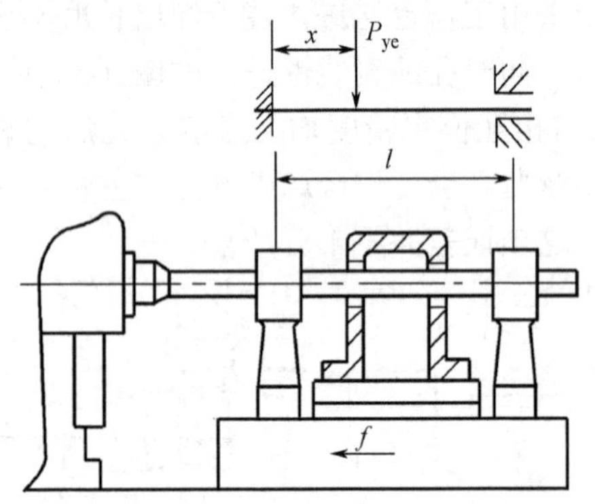

图 9-38　采用镗模加工对孔系精度的影响

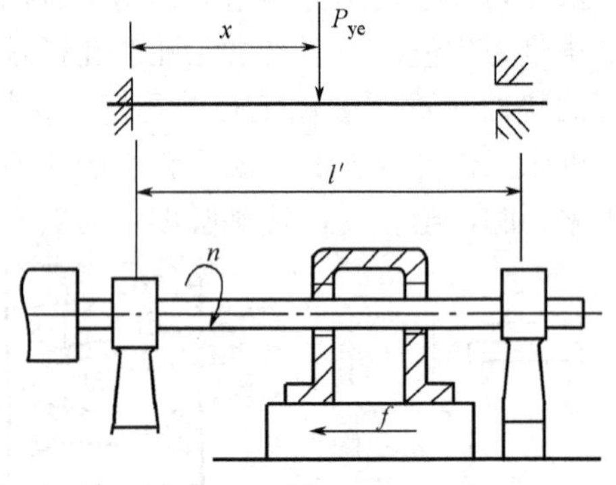

图 9-39　双支承工作台进给对孔系精度的影响

另外，镗床受力变形、工件夹紧变形对孔的加工也有一定影响，我们要尽量减小这些影响。

2. 镗孔加工中发生的颤振问题

1）发生颤振的原因

镗孔加工时最常出现的，也是最令人头疼的问题是颤振。如在加工中心上发生颤振的原因主要有以下几点。

（1）工具系统的刚性：包括刀柄、镗杆、镗头以及中间连接部分的刚性。因为是悬臂加工所以特别在小孔、深孔及硬质工件加工中，工具系统的刚性尤为重要。

（2）工具系统的动平衡：相对于工具系统的转动轴心，工具自身如有一不平衡质量，在转动时因不平衡的离心力的作用而导致颤振的发生。特别是在高速加工时工具的动平衡性所产生的影响很大。

（3）工件自身或工件的固定刚性：像一些较小、较薄的部件由于其自身的刚性不足，或由于工件形状等原因无法使用合理的夹具进行充分的固定。

（4）刀片的刀尖形状：刀片的前角、后角、刀尖半径、断屑槽形状不同，所产生的切削抗力也不同。

（5）切削条件：包括切削速度、进给速度、肯吃刀量、给油方式及种类等。

（6）机器的主轴系统等：机器主轴自身的刚性、轴承及齿轮的性能以及主轴和刀柄之间的连接刚性。

2）抑制颤振的措施

为了抑制颤振的产生，在实际生产中通常都采取如下一些措施。

（1）尽可能缩短刀具伸出长度；

（2）降低切削速度；

（3）加大进给量，让切削力转移至轴向一侧；

（4）使用大前角刀片或正前角刀片，以降低切削力；

（5）减小刀尖圆弧 R，以降低吃刀抗力；

（6）在小切深加工时，减小切削刃倒棱宽度，以保持良好的切入性能。

但以上措施均受到切削条件的制约，有时甚至会适得其反，使消除颤振成为十分棘手的难题。如工件需要进行深孔加工时，镗刀伸出长度就无法缩短；降低切削速度便会降低加工效率；加大前角，容易产生崩刃；减小刀尖圆弧 R，将使表面粗糙度恶化等。尤其在深孔、盲孔加工中，切屑很难从加工孔中排出，继续切入，刀具极易崩刃或划伤已加工表面。切屑堵塞严重时，还可能导致刀具折断。尤其在加工小直径深孔时，由于刀具与被加工材料间的余隙非常小，排屑更加困难，故障也会更多。

知识梳理与总结

通过本项目的学习，大家了解了箱体类零件工艺工装制订的方法与步骤。箱体类零件的加工表面主要是平面和孔。各种箱体的具体结构、尺寸虽不相同，但其加工工艺过程却有许多共同之处。定位基准的选择是基础，工艺路线的拟订是关键，也是难点，需要在反复练习的基础上才能掌握。

实训4 制订固定钳身零件的工艺规程

工艺任务单

产品名称：固定钳身

零件功用：支承传力元件

材　料：HT200

生产类型：小批生产

热 处 理：时效

工艺任务：(1) 根据如图 9-40 所示的零件图分析其结构、技术要求、主要表面的加工方法，拟订加工工艺路线；

(2) 编制机械加工工艺路线，选用合适的切削刀具、加工设备和专用夹具，完成工艺文件的填写。

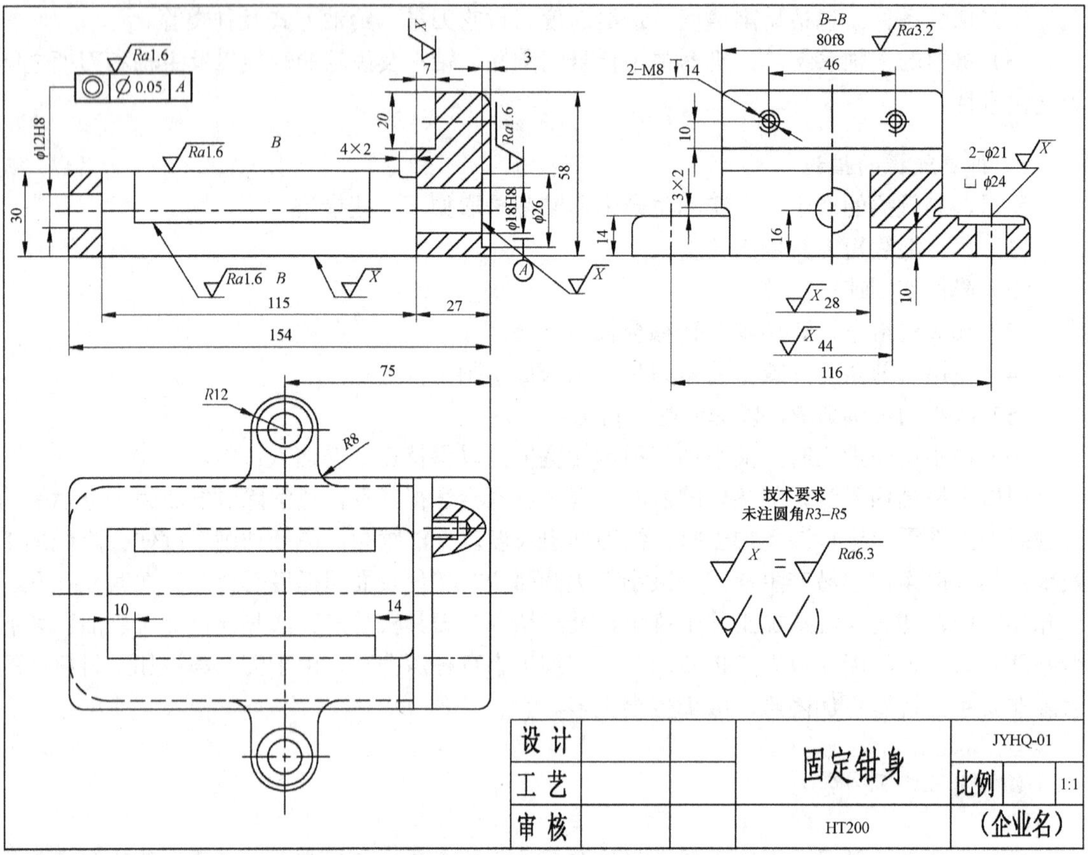

技术要求
未注圆角R3–R5

设 计			固定钳身	JYHQ-01	
工 艺				比例	1:1
审 核			HT200	(企业名)	

图 9-40　固定钳身零件图

思考与练习题 9

1．箱体类零件有哪些技术要求？

2．箱体类零件的主要材料有哪些？为什么一般选择 HT200？

3．在箱体孔系加工中，常采用哪些方法来保证孔距精度？它们的特点和适用范围如何？

4．单件小批同轴孔系加工时有哪些方法？有何特点？应用于哪些场合？

5．不同批量生产的箱体零件基准选择有何不同？

6．镗模导向装置有哪些布置形式？镗杆和机床主轴什么时候用刚性连接？什么时候用浮动连接？

7．在坐标镗床上镗如图 9-41 所示的两孔，要求两孔中心距 O_1O_2=(100±0.1) mm，α=30°，镗孔时按坐标尺寸 A_x 和 A_y 调整。试计算 A_x 和 A_y 及其公差。

8．在坐标镗床上加工镗模的 3 个孔，其中心距如图 9-42 所示，各孔的加工次序为先镗孔 I，然后以孔 I 为基准，分别按坐标尺寸镗孔 II 和孔 III。试按等公差法计算，确定各孔间的坐标尺寸及其公差。

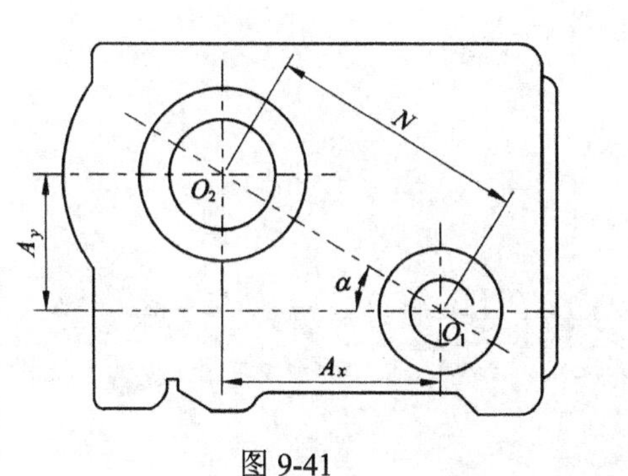

图 9-41

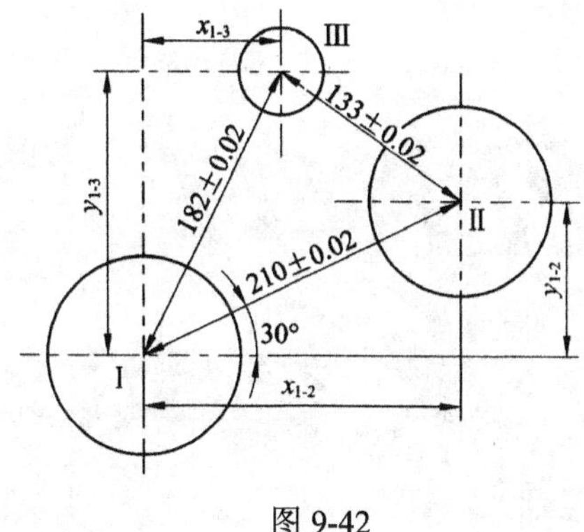

图 9-42

9．试编制如图 9-43 所示的中型外圆磨床尾座机械加工工艺规程。生产类型为中批生产，材料为 HT200。

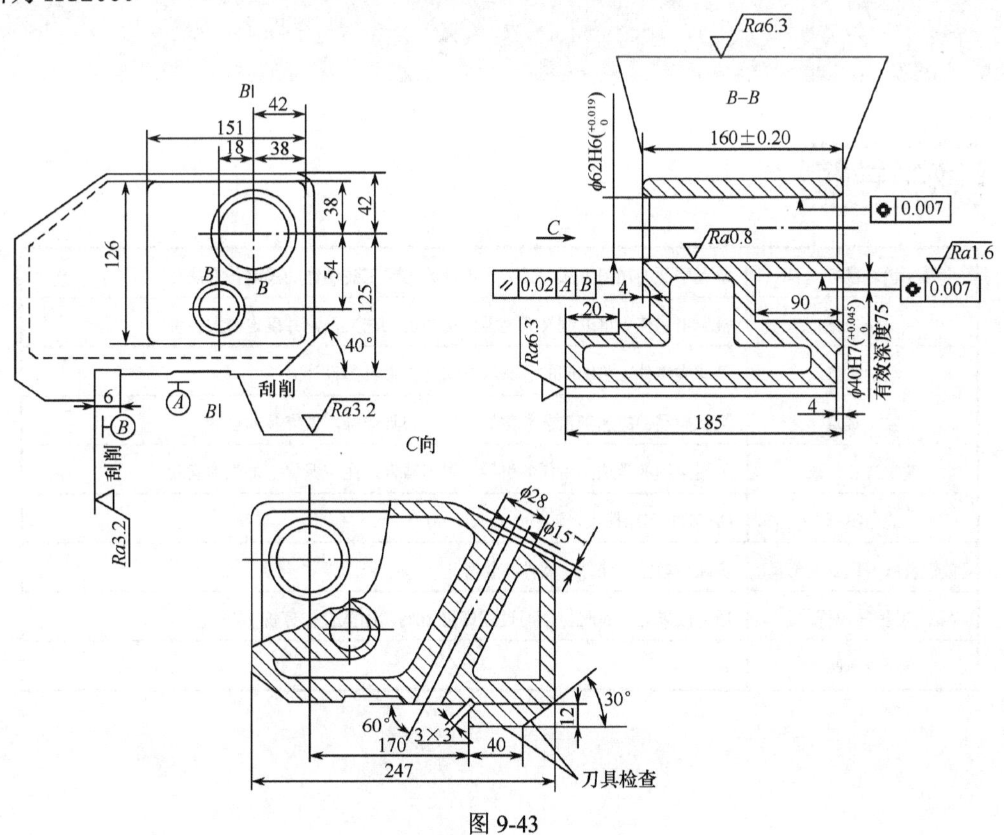

图 9-43

项目10 叉架类零件的工艺工装制订

教学导航

学习目标	掌握平面的加工方法、叉架类零件的工艺工装制订的思路与方法
工作任务	根据工艺任务单编制叉架类零件的加工工艺文件，并确定有关装备
教学重点	叉架类零件工艺编制的思路与方法、铣夹具的设计方法
教学难点	叉架类零件的加工工艺参数的确定，刀具选择，铣夹具的设计
教学方法建议	采用案例教学法，用任务引导、讲练结合，注重课堂上师生的互动
选用案例	CA6140 车床拨叉、连杆、拨叉
教学设施、设备及工具	多媒体教室、课件、零件实物等
考核与评价	项目成果评定 60%，学习过程评价 30%，团队合作评价 10%
参考学时	8

任务 10.1　制订拨叉零件的工艺规程，分析叉架类零件的工艺工装设计要点

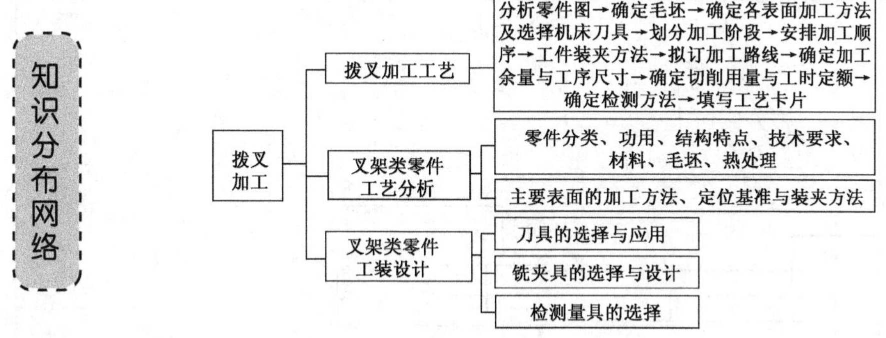

工艺任务单

产品名称：CA6140 车床拨叉

零件功用：支承传力零件，传输控制力

材　　料：HT200

生产类型：中批生产

热 处 理：时效、退火

工艺任务：（1）根据如图 10-1 所示的零件图分析其结构、技术要求、主要表面的加工方法，拟订加工工艺路线；

（2）确定详细的工艺参数，编制工艺规程。

10.1.1　制订拨叉工艺规程

1．分析零件图

从工艺任务单和零件图可以得知：CA6140 车床的拨叉位于车床变速机构中，主要起换挡，使主轴回转运动按照工作者的要求工作，获得所需的速度和扭矩的作用。零件上方的ϕ25 孔与操纵机构相连，下方的ϕ40 半孔则用于与所控制齿轮所在的轴接触。通过上方的力拨动下方的齿轮变速。两件零件铸为一体，加工时分开。

零件的材料为 HT200，灰铸铁生产工艺简单，铸造性能优良，但塑性较差，脆性高，不适合磨削。该零件主要加工面如下。

（1）小头孔ϕ25。

（2）大头半圆孔ϕ40。

（3）拨叉底面、小头孔端面、大头半圆孔端面，大头半圆孔两端面与小头孔中心线的垂直度公差为 0.04 mm。

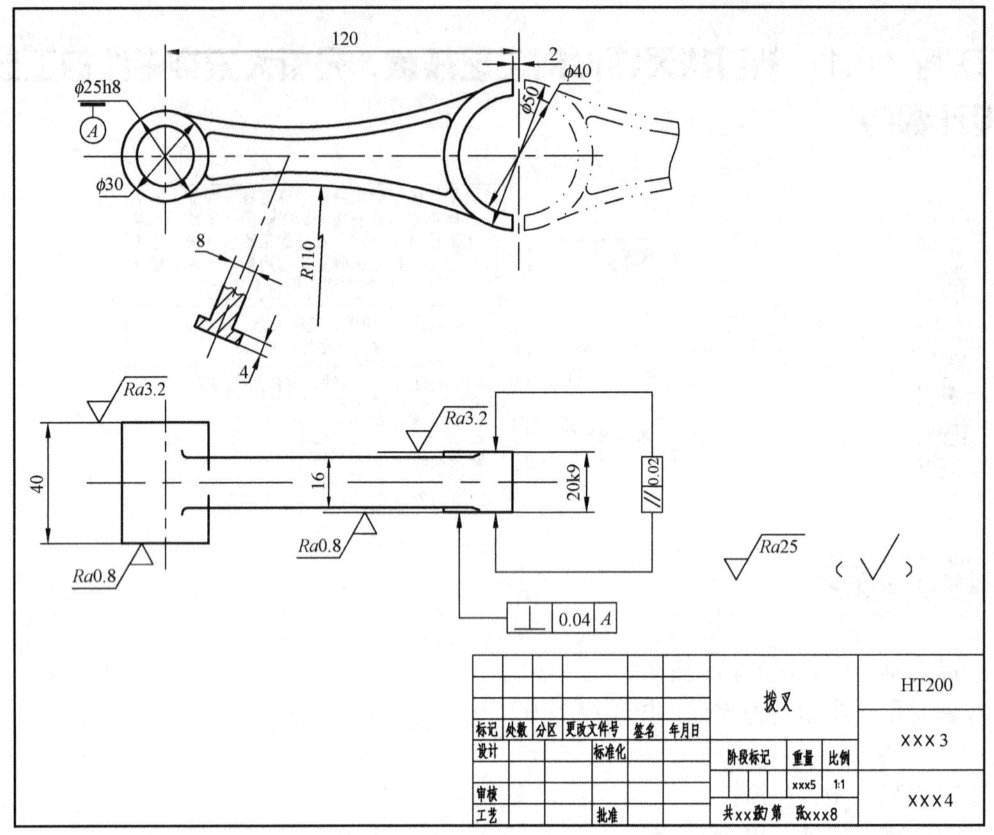

图 10-1 拨叉零件图

注意 对拨叉零件图进行分析时，一般拨叉的一个孔为装配基准孔，它是拨叉上精度要求最高的加工表面，其他主要加工面和它都有一定的相互位置精度关系，因此一般选择该孔为主要精基准，既能消除基准不符误差，使大多数加工表面的位置精度要求得到保证，又能使工件的装夹比较稳定。

2. 生产类型

已知此拨叉零件的生产纲领为 5 000 件/年，零件的质量是 1.0kg/个，可确定该拨叉生产类型为中批生产。

3. 材料、毛坯及热处理

根据零件的功用分析，可确定零件的材料为 HT200。考虑零件在机床运行过程中所受冲击不大，零件结构又比较简单，生产类型为中批生产，故选择木模手工砂型铸件毛坯。毛坯外形如图 10-2 所示。

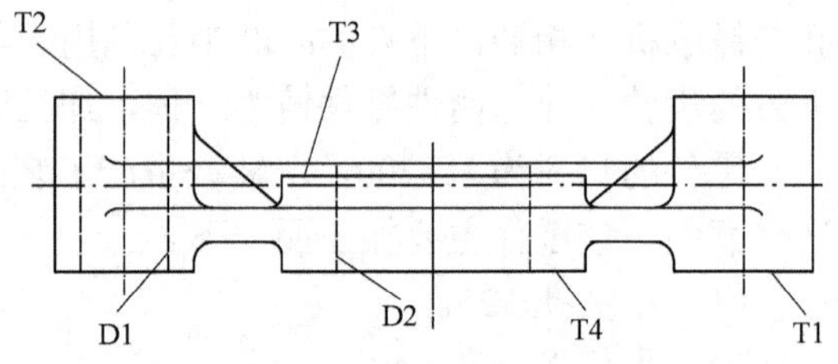

图 10-2 拨叉毛坯外形图

考虑到零件在工作过程中有冲击载荷，并为了改善零件的切削加工性，故零件毛坯采用时效及退火处理。

知识链接　多数情况下，我们在确定零件材料时，可直接根据零件图纸上的材料进行选用。对于零件图纸上没有确定的零件材料，可根据零件的功用分析选用合理的材料。由于拨叉工作时头部开口槽因拨动拨块受冲击而易磨损，若是钢件则需要进行局部淬火，以提高其耐磨性和使用寿命。

4．确定各表面的加工方法及选择加工机床与刀具

1）加工方法

从图中可以看出，该零件主体结构由一个孔及半孔组成，中间由斜肩连接。孔尺寸精度为 IT8 级，粗糙度为 *Ra* 3.2 μm，从孔加工方法表中可以查出既可采用车削，也可采用铰削，为了便于基准统一，采用钻—扩—铰。为了提高零件的加工效率及加工精度，两件合件加工，因其直径较大，采用镗削加工。对于孔的端面的加工采用铣削来完成。再辅以铣斜肩等辅助性工序，则可完成整个零件的加工。

2）加工顺序

原则上可按照：先基准后其他，先粗加工后精加工，先端面再中心孔，最后铣断。

3）次要表面的加工

在主要表面的加工方案确定以后，还要考虑次要表面的加工。要求不高的大孔在半精镗时就可加工到规定尺寸。对于斜肩处因其精度要求较低，可在对基准精加工之前结束。

4）选择加工机床

拨叉零件各平面可选择 X51 立式铣床加工，ϕ25 mm 孔可选择 Z525 钻床加工，ϕ 40 孔可选择在镗床或车床上加工。此处选择在 T616 卧式镗床上加工。

5）选择加工刀具

粗铣各端面时：可选择 YG6 硬质合金端铣刀。选择刀具前角 γ_o=0°后角 α_o=8°，副后角 α_o'=10°，刃倾角：λ_s=−10°，主偏角 κ_r=60°，过渡刃 $\kappa_{r\varepsilon}$=30°，副偏角 κ_r'=5°。

钻、扩ϕ25 孔：选择ϕ23 高速钢麻花钻和ϕ24.8 扩孔钻；

铣斜肩时：选择硬质合金三面刃铣刀；

铰削ϕ25 孔时：选择高速钢专用铰刀；

精铣ϕ40 端面时：选择硬质合金立铣刀（镶齿螺旋形刀片）。

车（镗）ϕ40 孔时：选择 YG6 硬质合金车（镗）刀。

5．工件装夹方式

由上面分析可知，可先粗加工拨叉下端面，然后以此作为基准采用专用夹具进行加工，并且保证位置精度要求。

注意　作为基准的ϕ25 孔的加工可有两种方案：一是当生产批量不大时，可采用钻—扩—铰方案，和一端面在一次装夹中完成，孔与端面位置精度容易保证；二是当生产批量较大时，可采用钻—拉方案分工序完成，有利于提高生产率。

6. 拟订加工工艺路线

根据零件的几何形状、尺寸精度及位置精度等技术要求，以及加工方法所能达到的经济精度，在生产纲领已确定的情况下，可以考虑采用万能性机床配以专用工夹具，并尽量使工序集中来提高生产率。除此之外，还应当考虑经济性，以便使生产成本尽量下降。该零件加工工艺路线如表 10-1 所示。

表 10-1　拨叉零件加工工艺路线

序号	工序名称	工　序　内　容	加工设备	定位与夹紧
1	铸造			
2	粗铣	粗铣ϕ25、ϕ40 下端面	X51	T2 为粗基准，专用铣夹具
3	粗铣	粗铣ϕ25 上端面	X51	T1 为基准，专用铣夹具
4	粗铣	粗铣ϕ40 上端面	X51	T4 为基准，专用铣夹具
5	钻	钻、扩ϕ25 孔	Z525	以ϕ40 外圆和 T2 为基准，专用钻夹具
6	镗	粗镗ϕ40 孔	T616	D1 为定位基准，专用夹具
7	铣	铣斜肩	X51	D1 和 T2 为定位基准，专用夹具
8	精铣	精铣ϕ25 下端面	X51	以 T2 为基准，专用夹具
9	精铣	精铣ϕ25 上端面	X51	以 T1 为基准，专用夹具
10	铰	粗铰、精铰ϕ25 孔	Z525	以 T2 和ϕ40 外圆为基准，专用夹具
11	精铣	精铣ϕ40 端面	X51	D1 为基准，专用夹具
12	镗	半精镗ϕ40 孔	T616	D1 为定位基准，专用夹具
13	铣	铣断	X6132	D1 为基准，专用夹具
14	钳	去毛刺		
15		终检		

做一做　(1)请同学自己确定此零件的加工余量、工序尺寸、切削用量、工时定额。

(2)请同学们根据已拟订好的机械加工工艺过程，填写机械加工过程卡片（见表 4-4）、工艺卡（见表 4-5），填一道工序的机械加工工序卡片（见表 4-6）。

7. 检验

此拨叉零件的检验较为简单，但叉架类零件中的连杆类零件要求往往较高，连杆的加工工序也多，中间又插入热处理工序，因而需经多次中间检验。由于装配要求，大、小头孔要按尺寸分组，连杆的位置精度要在检具上进行检验。如大、小头孔轴心线在两个相互垂直方向上的平行度，可利用百分表、心轴、平台检测连杆孔轴线平行度的方法。检测时将检测工具（一列等高的 V 形块）置于平台之上，把可胀式心轴装入连杆的大、小头孔内，竖直吊放连杆，使连杆大头孔中的心轴搁置在 V 形块上，用百分表分别量出小头心轴上相距 400 mm 的两点 a 和 b 的高度差值，此数值便是平行度误差，如图 10-3 所示。

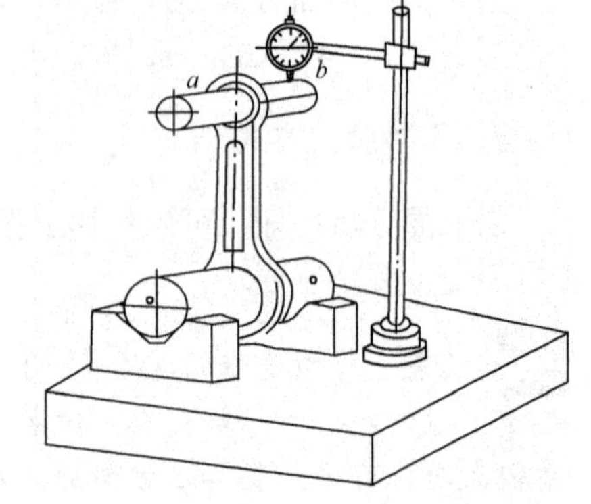

图 10-3　连杆大、小头平行度检验

10.1.2　分析叉架类零件工艺与工装设计

1. 叉架类零件的功用、分类及结构特点

叉架类零件常是一些外形不很规则的中小型零件，例如机床拨叉、发动机连杆、铰链杠杆等，如图 10-4 所示。

叉架类零件在各类机器中一般都是传力构件的组成，工作中大多承受较大的冲击载荷，受力情况比较复杂。由于这些零件在机器中的作用不同，其结构和形状有较大的差异，其共同特点是：外形复杂，不易定位；大、小头是由细长的杆身连接的，所以弯曲刚性差，易变形；尺寸精度、形状精度和位置精度及表面粗糙度要求很高。上述工艺特点决定了叉架类零件在机械加工时存在一定的困难，因此在确定叉架类零件的工艺过程中应注意定位基准的选择，以减小定位误差；夹紧力方向和夹紧点的选择要尽量减小夹紧变形；对于主要表面应粗、精加工分阶段进行，以减小变形对加工精度的影响。为了方便加工，某些叉架类零件（例如边杆）在结构设计或编制工艺规程时规定有工艺凸台、中心孔等作为装夹的辅助基准。叉架类零件一般都有 1~2 个主要孔，工作时与销轴相配合，精度要求比较高。同时这些孔与其他表面之间也有较高的相互位置精度要求，增加了叉架类零件加工的难度。

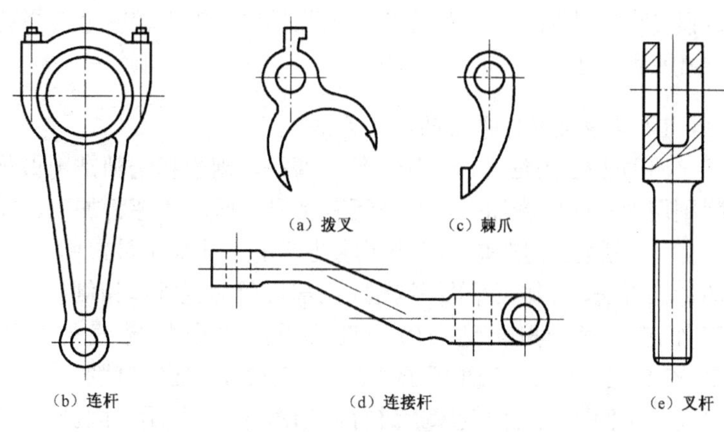

图 10-4　叉架类零件示例

2. 叉架类零件的主要技术要求

叉架类零件的技术要求按其功用和结构的不同而有较大的差异。一般叉架类零件的主要孔的加工精度要求都较高，孔与孔、孔与其他表面之间的相互位置精度也有较高的要求，工作表面的粗糙度 *Ra* 值一般都小于 1.6 μm。

由于叉架类零件的用途、工作条件和结构的差异太大，本项目中仅以拨叉与连杆作为代表，简要说明其工艺过程和加工方法。

3. 叉架类零件的材料、毛坯及热处理

为保证叉架类零件正常工作，要求选用的材料必须具有足够的抗疲劳强度等力学性能，设计的结构刚度好。叉架类零件的材料一般采用 45 钢并经调质处理，以提高其强度及抗冲击能力，少数受力不大的叉架类零件也可采用球墨铸铁铸造。

钢制叉架类零件一般采用锻造毛坯，要求金属纤维沿杆身方向分布，并与外形轮廓相适应，不得有咬边、裂纹等缺陷。单件小批量生产时，常用自由锻或简单的锤上模锻制造毛坯；大批量生产时，则常用模锻制造毛坯。有的叉架类零件的毛坯要求经过喷丸强化处理，重要

叉架件还需要进行硬度和磁力探伤或超声波探伤检查。

4．叉架类零件的加工工艺设计

叉架类零件上一般加工的表面并不是很多，但由于其结构形状比较复杂，各表面间有一定的位置精度要求，所以在加工过程中注意定位基准的选择，尽量做到基准统一，以减小定位误差对零件加工精度的影响，因此叉架类零件较多地选择孔及其端面作为定位基准，这就涉及平面的加工。

1）叉架类零件平面的加工方法

平面加工方法有刨、铣、拉、磨等，刨削和铣削常用做平面的粗加工和半精加工，而磨削则用做平面的精加工。此外还有刮研、研磨、超精加工、抛光等光整加工方法。

（1）刨削：刨削是单件小批量生产的平面加工最常用的加工方法，可加工平面、沟槽。刨削可分为粗刨和精刨。其加工精度一般可达 IT9～IT7 级，表面粗糙值为 *Ra* 12.5～1.6 μm，直线度可达 0.04～0.12 mm/m。刨削可以在牛头刨床或龙门刨床上进行，如图 10-5 所示。因刨削所需的机床、刀具结构简单，制造安装方便，调整容易，通用性强，因此在单件、小批生产中，特别是加工狭长平面时被广泛应用。

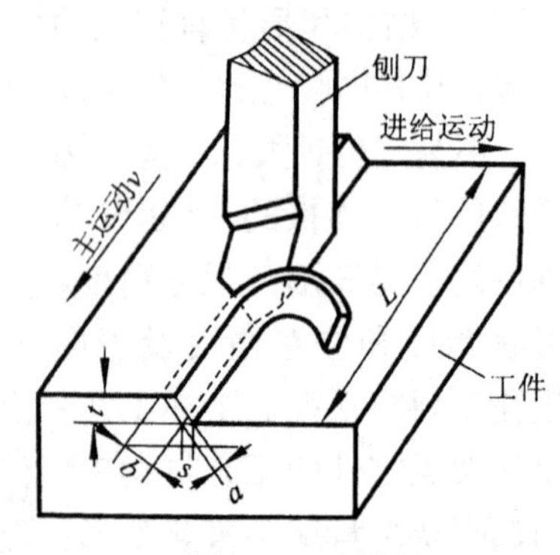

图 10-5　刨削

（2）铣削：铣削是平面加工中应用最普遍的一种方法，可以实现不同类型表面的加工。铣削加工可对工件进行粗加工和半精加工，尺寸精度可达 IT9～IT7 级，表面粗糙度可达 *Ra* 12.5～0.8 μm。

①铣削的工艺特征。铣刀的每一个刀齿相当于一把车刀，同时多齿参加切削，就其中一个刀齿而言，其切削加工特点与车削加工基本相同；但就整体刀具的切削过程，又有其特殊之处，主要表现在以下几个方面。

- ◆ 生产效率高。由于多个刀齿参与切削，切削刃的作用总长度长，每个刀齿的切削载荷相同时，总的金属切除率高于单刃刀具切削的效率。但由于各种原因易导致刀齿负荷不均匀，磨损不一致，从而引起机床的振动，造成切削不稳，直接影响工件的表面粗糙度。
- ◆ 断续切削。铣刀刀齿切入或切出时产生冲击，一方面使刀具的寿命下降，另一方面引起周期性的冲击和振动。高速铣削时刀齿还经受周期性的温度变化，会降低刀具的耐用度。振动还会影响已加工表面的粗糙度。
- ◆ 容屑和排屑。由于铣刀是多齿刀具，刀齿之间的空间有限，每个刀齿切下的切屑必须有足够的空间容纳并能够顺利排出，否则会造成刀具破坏。

②铣削用量四要素及选择。如图 10-6 所示，铣削用量四要素如下。

- ◆ 铣削速度：铣刀主运动的线速度。

$$v_c = \frac{\pi d_0 n}{1000}$$

式中，v_c——铣削速度（m/min）；d_0——铣刀直径（mm）；n——铣刀转速（r/min）。

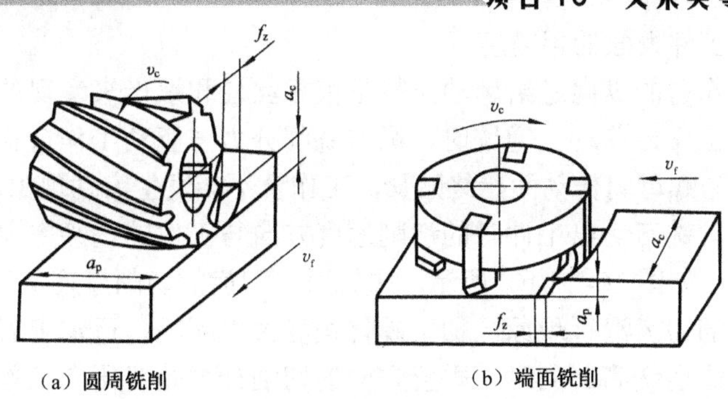

图 10-6　铣削用量

- 进给量：工件相对铣刀在进给方向上的相对位移量，分别用 3 种方法表示。

  每转进给量 f：铣刀每转动一周，工件与铣刀的相对位移量，单位为 mm/r。

  每齿进给量 f_z：铣刀每转过一个刀齿，工件与铣刀沿进给方向的相对位移量，单位为 mm/z。

  进给速度 v_f：单位时间内工件与铣刀沿进给方向的相对位移量，单位为 mm/min。通常情况下，铣床加工时的进给量均指进给速度 v_f。

  三者之间的关系为：

$$v_f = f \times n = f_z \times z \times n$$

  式中，z——铣刀齿数；n——铣刀转数 (r/min)。

- 铣削深度 a_p：平行于铣刀轴线方向测量的切削层尺寸。
- 铣削宽度 a_c：垂直于铣刀轴线并垂直于进给方向度量的切削层尺寸。

  铣削用量的选择原则：在保证加工质量的前提下，充分发挥机床工作效能和刀具切削性能。在工艺系统刚性所允许的条件下，首先应尽可能选择较大的铣削深度 a_p 和铣削宽度 a_c，其次选择较大的每齿进给量 f_z，最后根据所选定的耐用度计算铣削速度 v_c。

③铣削方式及其合理选用。采用合适的铣削方式可减小振动，使铣削过程平稳，并可提高工件表面质量、铣刀耐用度及铣削生产率。

- 周铣和端铣。用分布于铣刀圆柱表面上的刀齿进行的铣削称为周铣，用分布于铣刀平面上的刀齿进行的铣削称为端铣。

  端铣与周铣相比，它更容易使加工表面获得较小的表面粗糙度值和较高的劳动生产率，因为端铣时副切削刃、倒角刀尖具有修光作用，而周铣时只有主切削刃作用。此外，端铣时主轴刚性好，并且面铣刀易于采用硬质合金可转位刀片，因而切削用量较大，生产效率高，在平面铣削中端铣基本上代替了周铣，但周铣可以加工成形表面和组合表面。

- 逆铣和顺铣。铣削时，铣刀切入工件时的切削速度方向和工件的进给方向相反，这种铣削方式称为逆铣，如图 10-7（a）所示。逆铣时，刀具的切削厚度从零逐渐增大至最大值。刀齿在开始切入时，由于切削刃钝圆半径的影响，刀齿在加工表面上打滑，产生挤压和摩擦，使工件表面产生较严重的冷硬层。当下一个刀齿切入时，又在冷硬层表面上挤压、滑行，更加剧了铣刀的磨损，增大了工件表面粗糙度值。此外，其铣削垂直分力 F_{fN} 的方向和大小是变化的，有挑起工件的趋势，引起工作台的

振动，影响工件表面的粗糙度。

铣床工作台的纵向进给运动一般是依靠丝杠和螺母来实现的。螺母固定，由丝杠转动带动工作台移动。逆铣时，纵向铣削分力与驱动工作台移动的纵向力方向相反，使丝杠与螺母间传动面始终贴紧，工作台不会发生窜动现象，铣削过程较平稳。

铣削时，铣刀切出工件时的切削速度方向与工件的进给方向相同，这种铣削方式称为顺铣，如图 10-7（b）所示。顺铣时，刀齿的切削厚度从最大逐渐递减至零，没有逆铣时的刀齿滑行现象，加工硬化程度大大减轻，已加工表面质量也较高，刀具耐用度也比逆铣高。同时，垂直方向的切削分力始终压向工作台，避免了工件的振动。

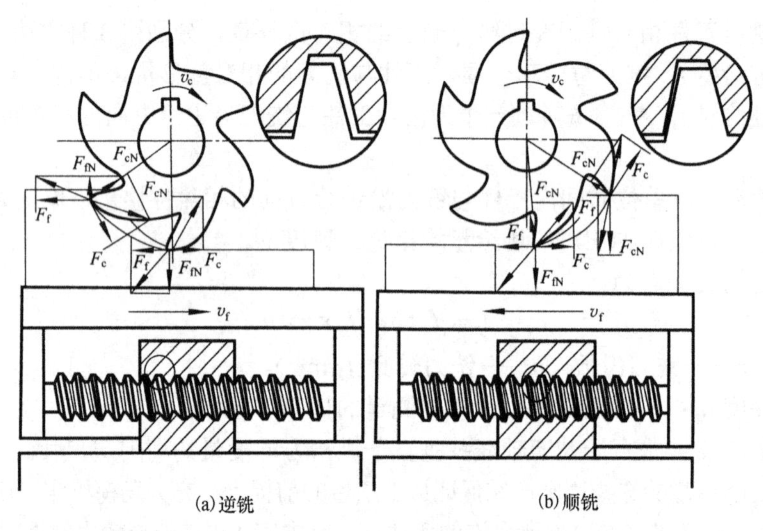

图 10-7　逆铣与顺铣

顺铣时，铣削力的纵向分力方向始终与驱动工作台移动的纵向力方向相同，如果丝杠与螺母传动副中存在间隙，当纵向铣削分力大于工作台与导轨之间的摩擦力时，会使工作台带动丝杠出现窜动，造成工作台振动，使工作台进给不均匀，严重时会出现打刀现象。因此，如采用顺铣，必须要求铣床工作台进给丝杠螺母副有消除间隙的装置，或采取其他有效措施。否则，不宜采用顺铣。

◆ 对称铣削与不对称铣削。端面铣削时，根据铣刀与工件相对位置的不同，可分为对称铣、不对称逆铣和不对称顺铣，如图 10-8 所示。

铣刀轴线位于铣削弧长的对称中心位置，铣刀的每个刀齿切入和切出工件时切削厚度相等，称为对称铣；否则称为不对称铣。

在不对称铣削中，若切入时的切削厚度小于切出时的切削厚度，称为不对称逆铣。这种铣削方式切入冲击较小，适用于端铣普通碳钢和高强度低合金钢。若切入时切削厚度大于切出时的切削厚度，则称之为不对称顺铣。这种铣削方式用于铣削不锈钢和耐热合金时，可减少硬质合金的剥落磨损，提高切削速度 40%～60%。

③磨削。平面磨削方式有平磨和端磨两种。

◆ 平磨。如图 10-9（a）所示，砂轮的工作面是圆周表面，磨削时砂轮与工件接触面积

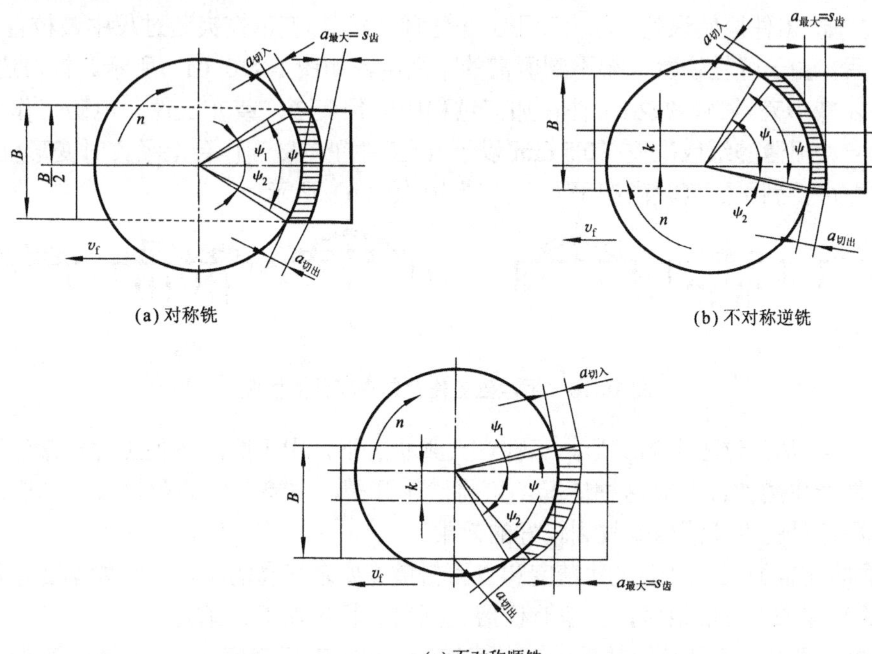

(a) 对称铣

(b) 不对称逆铣

(c) 不对称顺铣

图 10-8　对称铣与不对称铣

小，发热小，散热快，排屑与冷却条件好，工件受热变形小，且砂轮磨损均匀，所以加工精度较高和表面质量较好，通常适用于加工精度要求较高的零件。但砂轮主轴处于水平位置，呈悬臂状态，刚性较差，不能采用较大的磨削用量，因而生产率较低。

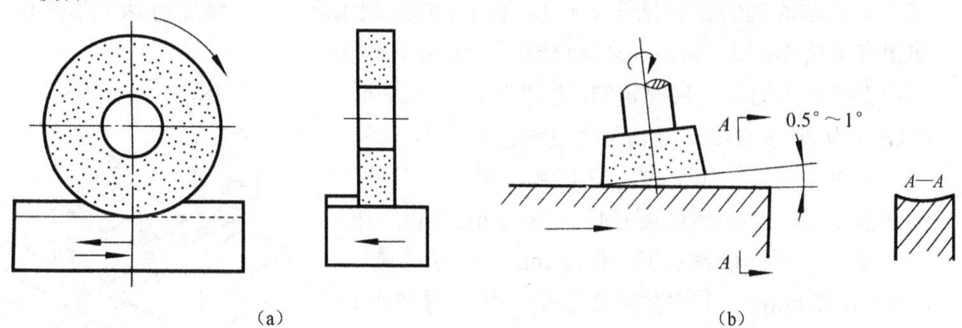

(a)

(b)

图 10-9　平磨与端磨

◆ 端磨。如图 10-9（b）所示，砂轮工作面是端面。磨削时磨头轴伸出长度短，刚性好，磨头主要承受轴向力，弯曲变形小，因此可采用较大的磨削用量。砂轮与工件接触面积大，同时参加磨削的磨粒多，故生产率高，但散热和冷却条件差，脱落的磨粒及磨屑从磨削区排出比较困难，工件热变形大，表面易烧伤，且砂轮端面沿径向各点的线速度不等，使砂轮磨损不均匀，故磨削精度较低。一般适用于大批生产中精度要求不太高的零件表面加工，或直接对毛坯进行粗磨。

平面磨削中常见的问题如下。

a. 工件原始误差（淬火变形）。薄壁件已有的变形在夹装过程中被校直，磨削完毕后，由于弹性恢复，得不到所需的平面度，如图 10-10（a）所示。针对这种情况，可以减小夹紧力，减小工件在加工过程中的预变形，或在工件与电磁工作台之间垫入一块很薄的纸或橡皮（0.5 mm 以下），工件在电磁工作台上吸紧时变形就能减小，因而可得到平面度较高的平面，如图 10-10（b）所示。

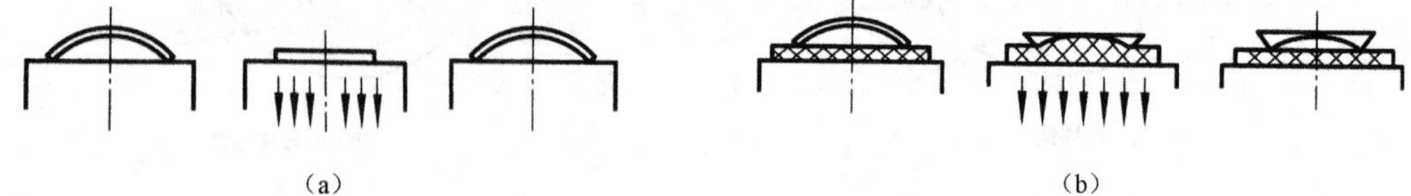

图 10-10　用电磁工作台装夹薄件的情况

b. 加工过程中的变形。工件在夹紧状态下，由于磨削热使工件局部温度升高，工件产生翘曲。针对这种情况，可将砂轮开槽，改善工件的散热条件。磨削过程中采用充足的冷却液也能收到较好的效果。

④平面的光整加工。对于尺寸精度和表面粗糙度要求很高的零件，一般都要进行光整加工。平面的光整加工方法很多，一般有研磨、刮研、超精加工、抛光。

◆ 研磨。研磨加工是应用较广的一种光整加工。加工后精度可达 IT5 级，表面粗糙度可达 *Ra* 0.1～0.006 μm。既可加工金属材料，也可以加工非金属材料。

研磨是将磨料及其附加剂涂于或嵌在研磨工具的表面，在一定的压力下压向被研磨工件，并借助工具与工件表面间的相对运动，从被研磨工件表面除去极薄的一层，从而使工件获得极高的精度和较小的表面粗糙度的一种工艺方法。

◆ 刮研。刮研平面用于未淬火的工件，能获得较高的形状和位置精度，因此能减小相对运动表面间的磨损和增强零件接合面间的接触刚度。加工精度可达 IT7 级以上，表面粗糙度值 *Ra* 0.8～0.1 μm。刮研表面质量是用单位面积上接触点的数目来评定的，粗刮为 1～2 点/cm^2，半精刮为 2～3 点/cm^2，精刮为 3～4 点/cm^2。

平面在进行精加工时，有时常采用宽刃刀精刨代替刮研，其切削速度较低（2～5 m/min），加工余量小（预刨余量 0.08～0.12 mm，终刨余量 0.03～0.05 mm），工件发热变形小，可获得较小的表面粗糙度值（*Ra* 0.8～0.025 μm）和较高的加工精度（直线度为 0.02 mm/1 000 mm，平面度为 0.002 mm），且生产率也较高。图 10-11 所示为宽刃精刨刀，前角为-10°～-15°，有挤光作用；后角为 5°，可增加后面支承，防止振动；刃倾角为 3°～5°。加工时用煤油作为切削液。

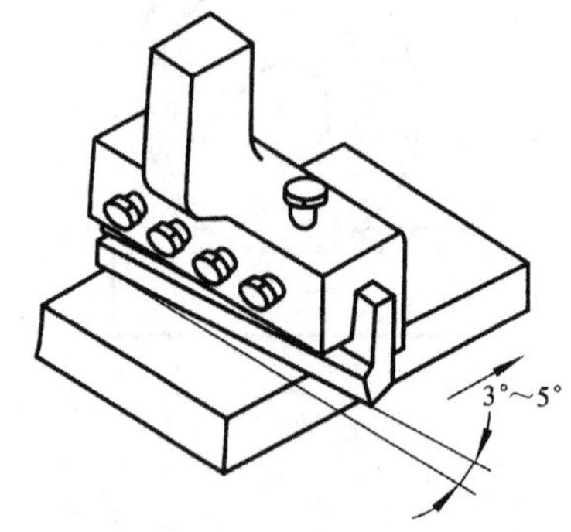

图 10-11　宽刃精刨刀

2）叉架类零件的定位基准与装夹方法

叉架类零件作为异形件，在结构和形状上有较大的差异，但其共同特点是：外形相对复杂，大、小头端一般为内圆表面，中间由细长的杆身连接，两端孔中心线有的相互平行，有的之间成一定的角度。上述工艺特点决定了叉架类零件在机械加工时存在一定的困难，主要

体现在定位与装夹上，因此在确定叉架类零件的工艺过程中应注意定位基准的选择，一方面为装夹方便，另一方面为减小定位误差。夹紧力方向和夹紧点的选择要尽量减小夹紧变形对零件加工精度的影响。有时为了方便定位装夹，某些叉架类零件在结构设计中增加了工艺凸台、工艺搭子及中心孔等作为装夹的辅助基准。

（1）定位基准：由叉架类零件的结构特点可知，对于多数叉架类零件可选择端面作为定位基准，或选择端面与孔组合定位。

（2）装夹方法：若叉架类零件仅以端面进行定位，可选择螺旋压板进行压紧。若以端面与孔组合定位，可选择带有螺纹的销与压板组合进行压紧。对于多数叉架类零件一般均要进行专用夹具的设计。

5. 叉架类零件的加工工装设计

1）刀具的选择与应用

叉架类零件主要加工表面为平面及孔，对于平面的加工可选择的刀具为铣刀（刨刀）和砂轮；对孔的加工主要选择定尺寸刀具（钻、扩、铰），对于一些大孔还可选择镗刀进行加工。

2）铣夹具的选择与设计

（1）铣削加工的常用装夹方法

铣削加工是平面、键槽、齿轮以及各种成形面的常用加工方法。在铣床上加工工件时，一般采用以下几种装夹方法。

①直接装夹在铣床工作台上。大型工件常直接装夹在工作台上，用螺柱、压板压紧，这种方法需用百分表、划针等工具找正加工面和铣刀的相对位置，如图 10-12（a）所示。

②用机床用平口虎钳装夹工件。对于形状简单的中、小型工件，一般可装夹在机床用平口虎钳中，如图 10-12（b）所示，使用时需保证虎钳在机床中的正确位置。

③用分度头装夹工件。如图 10-12（c）所示，对于需要分度的工件，一般可直接装夹在分度头上。

④用 V 形架装夹工件。这种方法一般适用于轴类零件，除了具有较好的对中性以外，还可承受较大的切削力，如图 10-12（d）所示。

⑤用专用夹具装夹工件。专用夹具定位准确，夹紧方便，效率高，一般适用于成批、大量生产中。

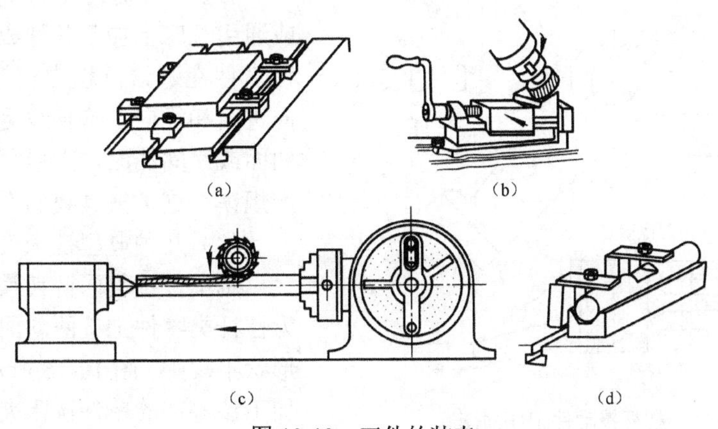

图 10-12　工件的装夹

（2）铣床夹具的主要类型

根据铣削时的进给方式，通常将铣床夹具分为下列 3 种类型。

①直线进给式铣夹具。这类夹具安装在铣床工作台上，随工作台一起作直线进给运动。按一次装夹工件数目的多少可将其分为单件铣夹具和多件铣夹具。在中小批量生产中使用单件夹具较多，而大批量的中小型零件加工时，多件夹具应用更广泛。如图 10-13 所示为双工位直线进给式铣床夹具。

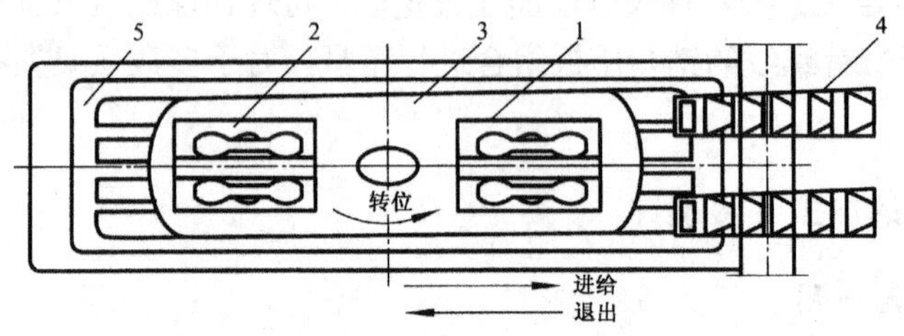

1—夹具；2—夹具；3—双工位转台；4—铣刀；5—工作台

图 10-13　双工位直线进给式铣床夹具

②圆周进给铣床夹具。这类夹具常用于具有回转工作台的铣床上，加工过程中，夹具随回转台旋转作连续的圆周运动，能在不停车的情况下装卸工件。如图 10-14 所示为一圆周进给式铣床夹具。工件 1 依次装夹在沿回转工件台 3 圆周位置安装的夹具上，铣刀 2 不停地铣削，回转工作台 3 作连续的回转运动，将工件依次送入切削。此例是用一个铣刀头加工的。根据加工要求，也可用两个铣刀头同时进行粗、精加工，因此生产效率高，适用于大批大量生产中的中小型零件的加工。

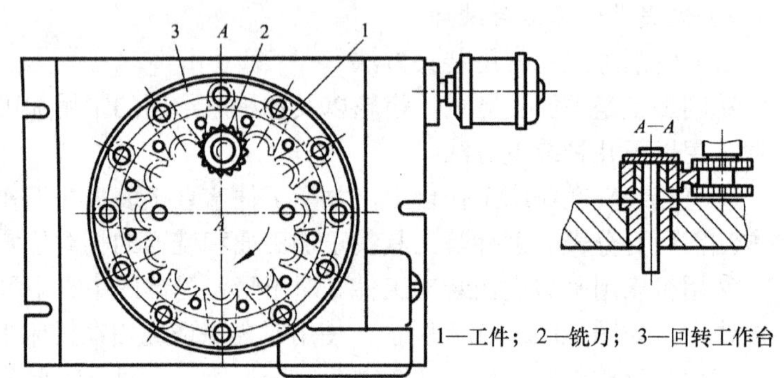

1—工件；2—铣刀；3—回转工作台

图 10-14　圆周进给式铣床夹具

（3）靠模铣夹具。这种夹具用于专用或通用铣床上加工各种成形面，利用靠模使工件在进给过程中相对铣刀同时作轴向进给和径向进给直线运动，来加工直纹曲面或空间曲面，它适用于中小批量的生产规模。这类夹具我们不作介绍。

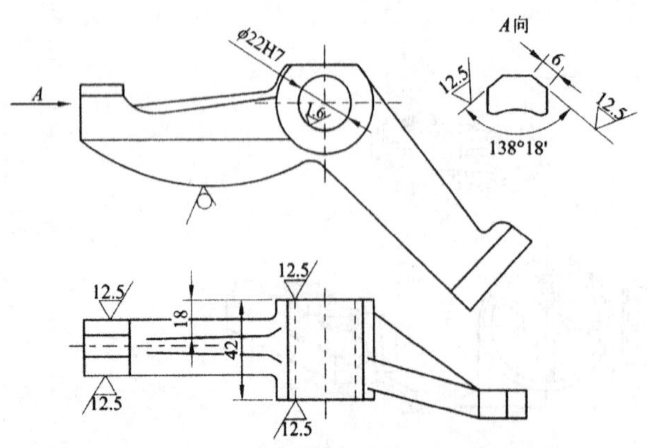

图 10-15　杠杆拨动件工序简图

（3）几种典型铣床夹具的结构分析

①单件铣斜面铣夹具。图 10-15 所示为杠杆类零件上铣两斜面的工序图，工件形状不规则。图 10-16 所示为成批生产中加工该零件的单件铣床夹具。

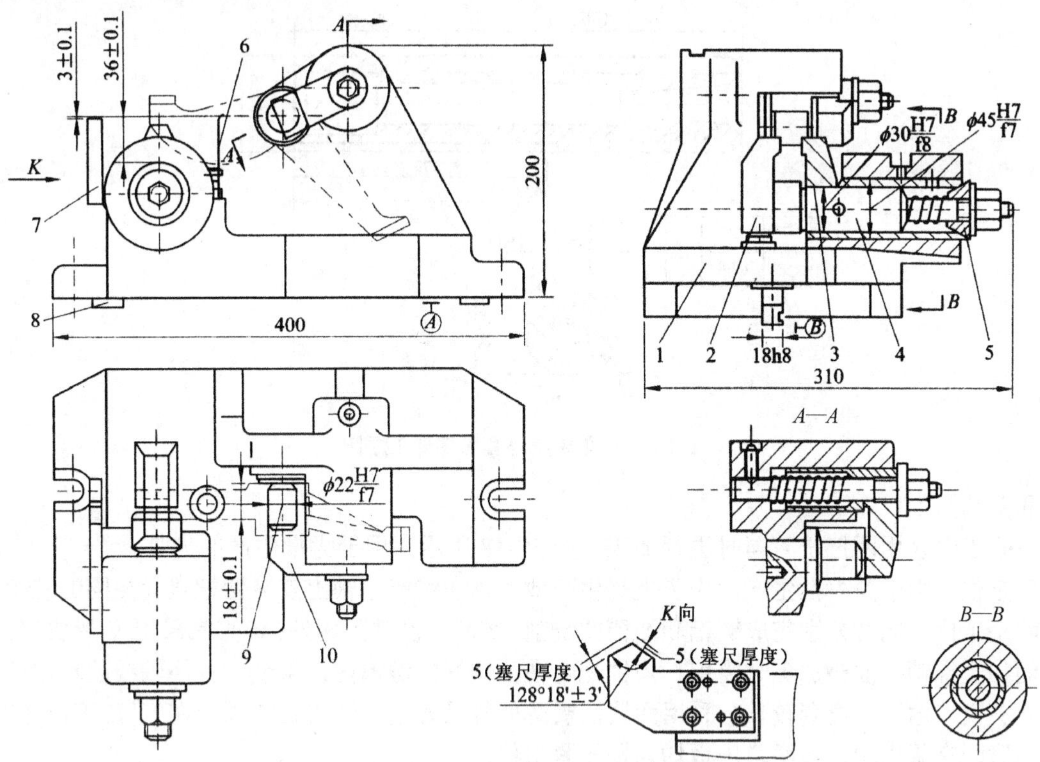

1—夹具体；2，3—卡爪；4—连接杆；5—锥套；6—可调支承；7—对刀块；8—定位键；9—定位销；10—压板

图 10-16　单件铣斜面夹具

◆ 定位分析。工件以精加工过的孔ϕ22H7 和端面在台肩定位销 9 上定位，限制工件的 5 个自由度；以圆弧面在可调支承 6 上定位，限制工件的转动自由度，从而实现了 工件的完全定位。

◆ 夹紧机构分析。工件的夹紧以钩形压板 10 为主，其结构见 *A—A* 剖面图。另外，在接近加工表面处采用浮动的辅助夹紧机构，当拧紧该机构的螺母时，卡爪 2 和 3 相向移动，同时将工件夹紧。在卡爪 3 的末端开有 3 条轴向槽，形成 3 片簧瓣，继续拧紧螺母，锥套 5 即迫使簧瓣胀开，使其锁紧在夹具中，从而增强夹紧刚度，以免铣削时产生振动。

◆ 夹具与机床的安装。夹具体的底面 *A* 放置在铣床工作台面上，夹具通过两个定位键 8 安装在工作台 T 形槽内，这样铣夹具与铣床保持了正确的位置。因此铣夹具底面 *A* 和定位键的工作面 *B* 是铣夹具与铣床的结合面。定位元件工作表面与铣夹具的 *A* 面和 *B* 面的精度是影响安装误差ΔA 的因素。该夹具定位销 9 的轴心线应垂直于定位键的 *B* 面，定位销 9 的台肩平面应垂直于底面 *A*，它们的精度均影响夹具的安装误差。

◆ 尺寸分析。夹具上的对刀块 7 是确定铣刀加工位置的元件，即对刀块的位置体现了刀具的位置，因此对刀块与定位元件的精度是影响调整误差ΔT 的因素。该夹具中对刀块 7 与定位销 9 的轴心线的距离 18± 0.1 mm、3±0.1 mm 即是影响调整误差的因素。

定位元件的精度即ϕ22H7/f7、36±0.1mm 等尺寸是影响定位误差ΔD 的因素。

②双件铣双槽专用夹具。图 10-17 所示为车床尾座套筒铣键槽和油槽的工序图，工件外

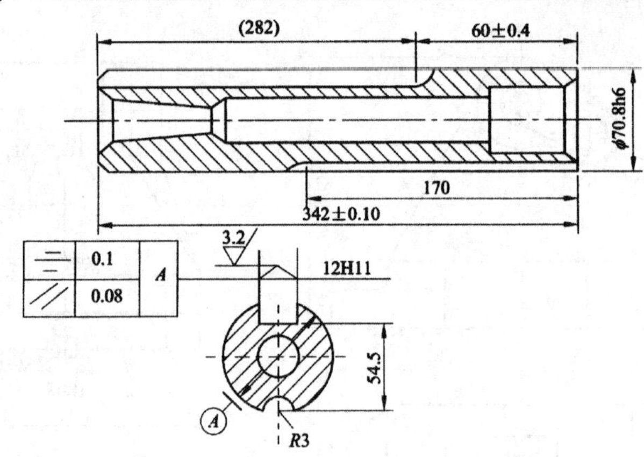

图 10-17　车床尾座套筒零件工序图

圆和两端面都已加工。

本工序采用两把铣刀同时进行加工，图 10-18 所示为用于大批生产的夹具。

定位：由于是大批生产，为了提高生产效率，在铣床主轴上安装两把直径相同的铣刀，在两个工位上同时分别完成键槽和油槽的铣削，实现一次铣削两件。该夹具采用 V 形块定位，端面加止推销，油槽加工时需用一短销配合在已铣好的键槽内，限制工件绕轴线的自由度。

夹紧：由于定位套较长，采用两块压板两处压紧方案，液压缸 5 固定在 I、II 工位之间，采用联动夹紧机构，使两块压板均匀地压紧工件。

键槽铣刀需两个方向对刀，故采用直角对刀块。夹具体的底面设置了导向定位键，两定向键的侧面应与 V 形块的对称面平行。

（4）铣床夹具的设计要点

①铣夹具的总体设计及夹具体。在铣削加工时，切削力比较大，并且刀齿的工作是不连续切削，易引起冲击和振动，所以夹紧力要求较大，以保证工件的夹紧可靠，因此铣床夹具要有足够的强度和刚度。

在设计和布置定位元件时，应尽量使支承面大些，定位元件的两个支承之间要尽量远些。在设计夹紧装置时，为防止工件在加工过程中因振动而松动，夹紧装置要有足够的夹紧力和自锁能力。为了提高铣床夹具的刚性，在确保夹具具有足够的排屑空间的前提下，要尽量降低夹具的重心，一般夹具的高度 H 与宽度 B 之比应限制在 $H/B \leqslant 1 \sim 1.25$ 范围内。

铣夹具的夹具体应具有足够的刚度和强度，必要时设置加强筋。另外，还应合理地设置耳座，以便与工作台连接。如图 10-19 所示，其结构尺寸也已标准化，可参考有关夹具设计手册。除此之外，夹具还应具有足够的排屑空间，并注意切屑的流向，使清理切屑方便。

②铣夹具上特殊元件的设计。

◆ 定位键。定位键安装在夹具底面的纵向槽中，一般有两个，且相距远些。通过 T 形螺栓和垫圈、螺母将夹具体与铣床工作台的 T 形槽相配合，小型夹具也可使用一个断面为矩形的长键。

　　常用的定位键的断面为矩形，如图 10-20 所示。定位键可以承受铣削时的扭矩，其结构尺寸已标准化，设计时应按铣床工作台的 T 形槽尺寸选定。对于 A 型键，它与夹具体槽和工作台 T 形槽的配合尺寸均为 B，其公差带可选 h6 或 h8。夹具上安装

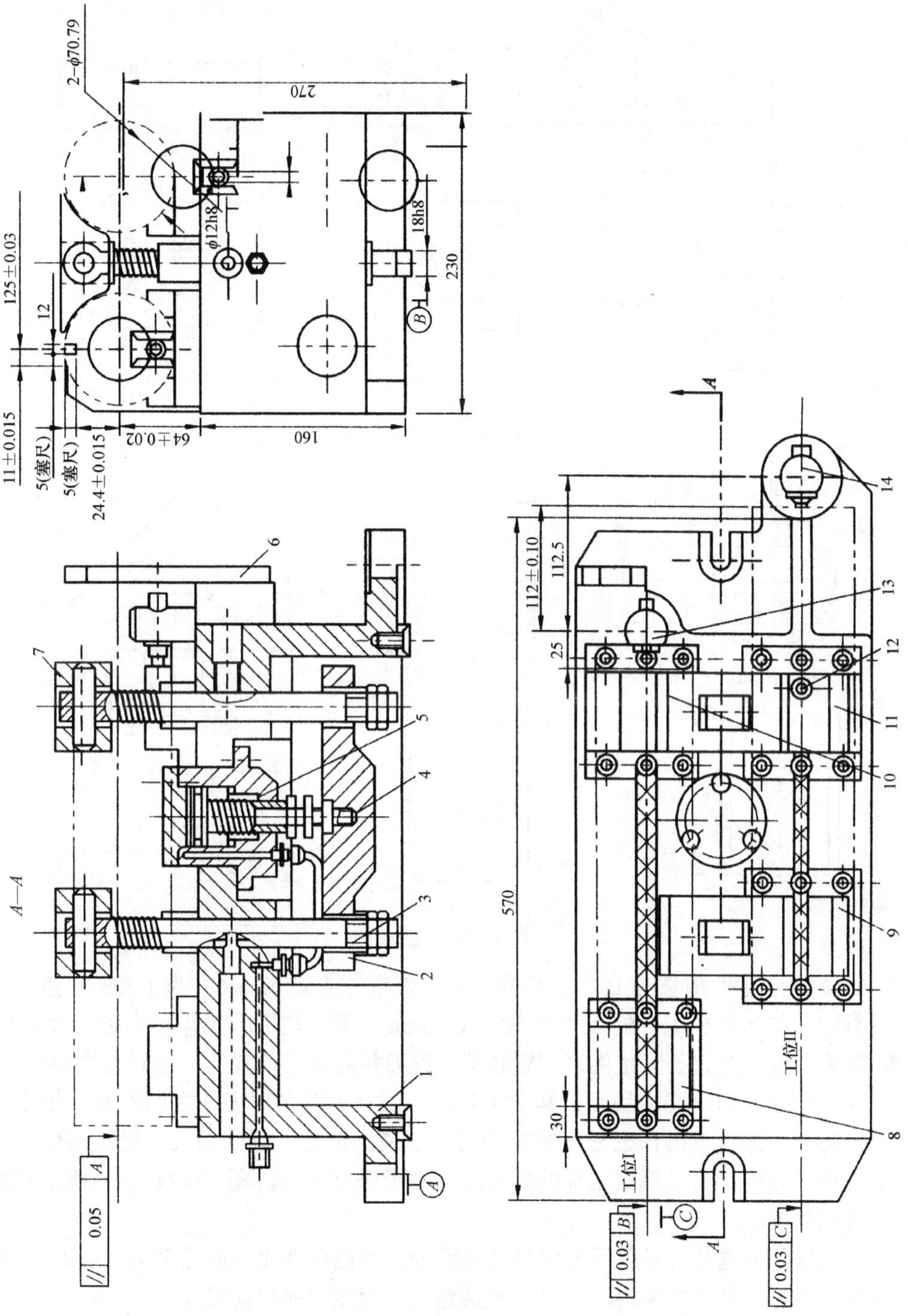

1—夹具体；2—浮动杠杆；3—螺杆；4—支承；5—液压缸；6—对刀块；

7—压板；8，9，10，11，13—V 形块 12—定位销；14—止推销

图 10-18　双件铣双槽夹具

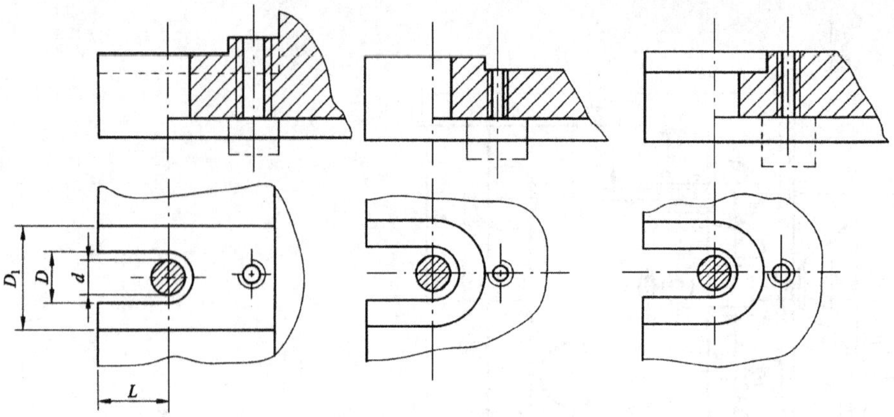

图 10-19　夹具体耳座

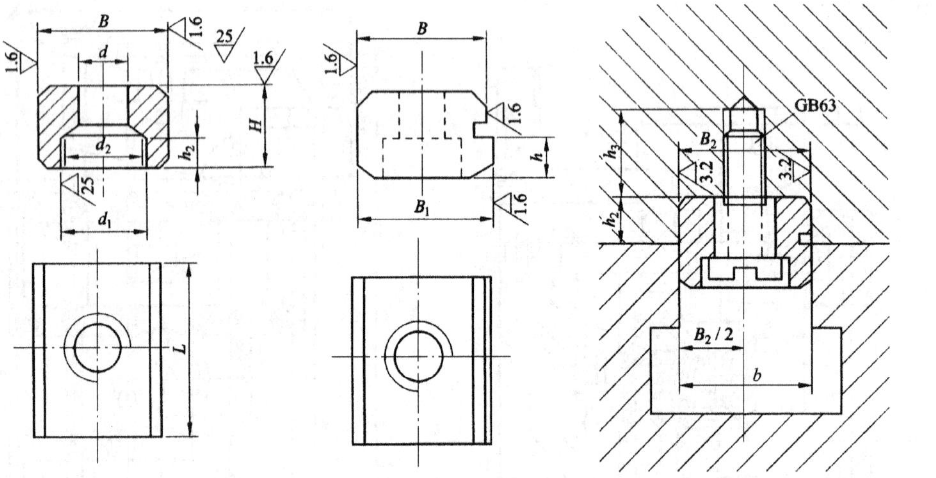

图 10-20　定位键

定位键的槽宽 B_2 取与 B 尺寸相同，其公差带可选 h7 或 js6。为了提高精度可采用 B 型键，与 T 形槽配合的尺寸 B_1 留有 0.5 mm 磨量，与机床 T 形槽实际尺寸配作。

◆ 对刀装置。对刀装置是用来调整和确定铣刀相对夹具位置的，由对刀块和塞尺组成。为了防止对刀时碰伤切削刃和对刀块，一般在刀具与对刀块之间塞有一规定尺寸的塞尺，根据接触的松紧程度来确定刀具的最终位置。其结构尺寸已标准化。各种对刀块的结构，可以根据工件的具体加工要求进行选择。图 10-21（a）所示是对刀装置的简图。

常用的塞尺有平塞尺和圆柱塞尺两种，都已标准化，如图 10-21（b），（c）所示为常用标准塞尺的结构，一般在夹具总图上应注明塞尺的尺寸。

对刀块通常用螺钉和定位销定位在夹具体上，其位置应便于对刀和工件的装卸。对刀块的工作表面与定位元件之间应有一定的位置要求，即应以定位元件的工作表面或对称中心作为基准，来校准与对刀块之间的位置尺寸关系。

采用对刀块对刀，加工精度一般不超过 IT8 级。当精度要求较高，或不便于设置对刀块时，可采用试切法、标准件对刀法或用百分表来校正定位元件相对于刀具的位置。

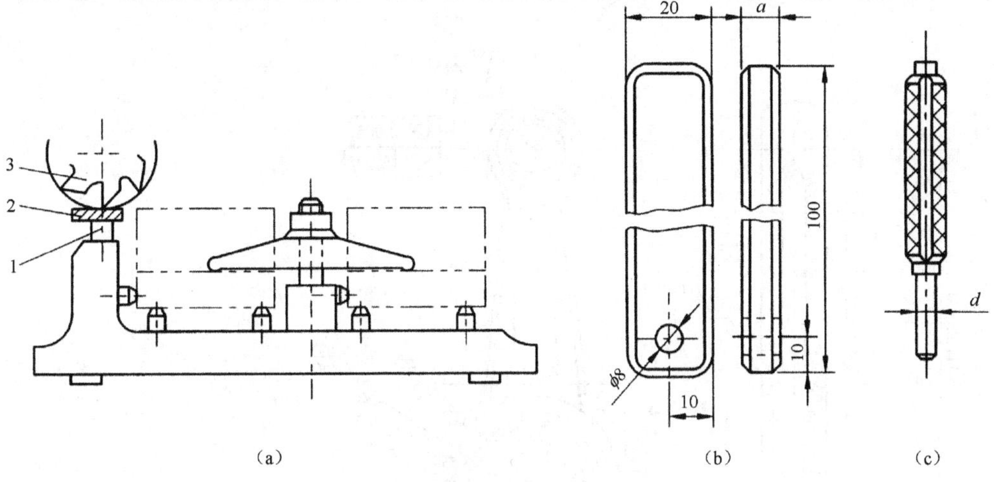

1—对刀块；2—塞尺；3—铣刀

图 10-21　对刀装置

3）确定检测方法

叉架类零件主要加工面为内孔及其端面，其尺寸误差主要为内孔直径误差，形状精度要求控制在直径公差以内或更高，位置精度主要是孔与端面的垂直度要求，有的叉架类零件还有孔与孔之间的相互位置精度。

对于批量较小的零件加工，为了降低零件的检测成本，常采用通用量具。孔径的尺寸精度可采用内径百分表进行测量。孔中心轴线与端面垂直度可采用直角尺、塞尺进行测量。孔端的表面粗糙度可采用表面粗糙度仪进行测量。

任务 10.2　制订连杆零件的工艺规程

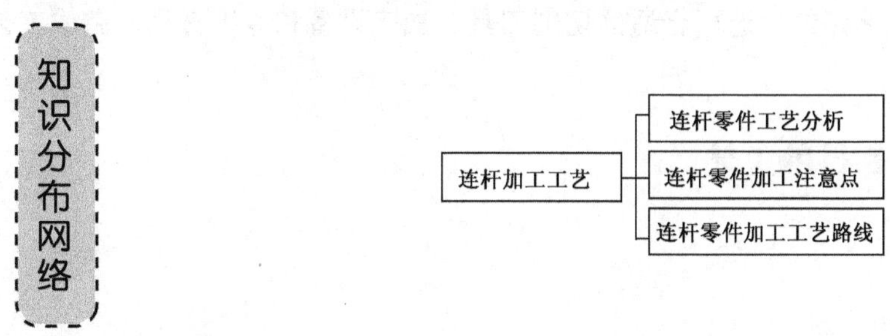

工艺任务单

产品名称：连杆

零件功用：将直线运动转换成旋转运动，传递动力

材　　料：45 钢

生产类型：大批生产

热 处 理：调质处理、喷丸强化

工艺任务：（1）根据如图 10-22 所示的零件图分析其结构、技术要求、主要表面的加工

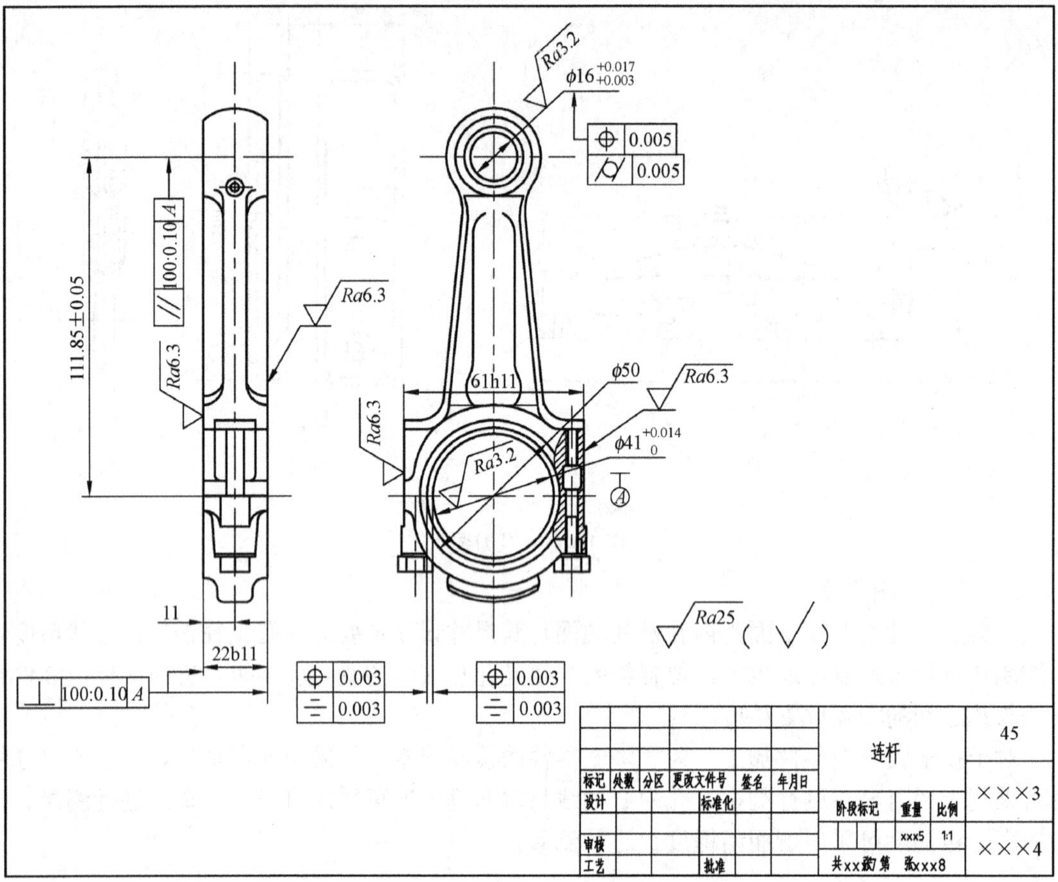

图 10-22　连杆零件图

方法，拟订加工工艺路线；

（2）编制机械加工工艺路线，选用合适的切削刀具、加工设备和专用夹具，完成工艺文件的填写。

10.2.1　分析连杆零件的工艺

1．零件工艺性分析

1）零件的结构、功用分析

连杆是汽车发动机的主要传力构件之一，一般由连杆盖、连杆体和螺栓、螺母等零件组成，形体结构可分为大头、小头和杆身等部分。连杆将活塞与曲轴连接起来，同时将活塞所承受的力传给曲轴，在发动机做功行程中活塞推动连杆传动曲轴；在吸气、压缩与排气行程中，由曲轴带动连杆而推动活塞。连杆工作时承受着急剧变化的动载荷，因此，要求连杆的质量轻且有足够的刚度、足够的疲劳强度和冲击韧性。

2）零件技术要求分析

连杆的主要表面有大、小头孔及端面、结合面、定位孔及螺孔等，主要技术要求为：

（1）大、小头孔的精度：小头衬套底孔的尺寸精度为 IT7 级，*Ra* 值不大于 1.6 μm，压衬

套后尺寸精度为 IT5~IT6 级，*Ra* 值不大于 0.4 μm。采用薄壁轴瓦时，大头底孔的尺寸精度为 IT5~IT6 级，圆柱度误差在直径公差 2/3 以内，*Ra* 值为 0.4 μm。

（2）大、小头孔轴线的平行度误差将使活塞在汽缸中倾斜，造成汽缸壁磨损不均。一般在两个垂直方向的平行度公差规定为 0.02~0.06 mm。

（3）大、小头孔的中心距会影响发动机的压缩比，其公差在±0.03~±0.05 mm 之间。

（4）大头孔两端面对大端孔轴线的垂直度一般规定为 0.06~0.1 mm/100 mm。

（5）两连杆螺栓孔对结合面的垂直度为 0.05~0.15 mm/100 mm。

（6）连杆总成的重量要求与整台发动机中一组连杆的重量要求，应符合图样的规定。

3）生产纲领与生产类型

连杆是汽车发动机中重要的构件，属于大批量生产。

4）确定毛坯

连杆的材料多采用 45 钢或 40Cr、45Mn2 等优质钢或合金钢，并经调质处理和喷丸强化。也可采用球墨铸铁，其毛坯用模锻制造，连杆体和盖可以分开锻造，也可以整体锻造，取决于毛坯尺寸及锻造毛坯的设备能力。

钢质连杆的材料一般选用锻造成形。连杆纵剖面的金属纤维应沿着连杆中心线并与连杆外形相符，不得扭曲和断裂。对不加工表面，有一定的光整要求，必要时要经过表面喷丸、磁力探伤和毛坯重量的检查。

2. 连杆零件加工的工艺路线

连杆的尺寸精度、形状精度和位置精度的要求很高，但连杆的刚性较差，容易产生变形，给连杆的机械加工带来许多困难。不同的生产类型，连杆的加工工艺略有不同，见表 10-3。

3. 连杆零件加工的工艺问题

1）定位基准选择问题

连杆加工大部分工序采用统一的定位基准：一个端面、小头孔及工艺凸台，这样利于保证连杆的加工精度，而且端面面积大，定位也较稳定，以端面和小头孔作为定位基准，也符合基准重合原则。

由于连杆的外形不规则，为了定位需要，在连杆体大头处做出工艺凸台，作为辅助基准面。

在精镗小头孔及小头活塞销轴承孔时，采用自为基准原则，用小头孔作为定位基准，即将定位销做成活动的，当连杆定位夹紧后，定位销从小头孔中抽出。精镗大、小头孔时，用大头端面起主要定位作用，有利于保证大头孔与端面的垂直度要求；而精镗小头轴承孔时，大头孔用可涨心轴起主要定位作用，有利于保证大、小头孔轴线的平行度。

2）加工阶段划分问题

由于连杆本身的刚度差，切削加工时产生残余应力，易发生变形。因此，在安排工艺过程时，要把主要表面的粗、精加工工序分开。

表 10-3　连杆的不同类型机械加工工艺过程

<table>
<tr><th rowspan="3">生产类型</th><th colspan="3">大批量生产</th><th colspan="2">成 批 生 产</th></tr>
<tr><th rowspan="2">工序号</th><th colspan="2">工序内容</th><th rowspan="2">工序号</th><th rowspan="2">工序内容</th></tr>
<tr><th>整体锻造的毛坯</th><th>分开锻造的毛坯</th></tr>
<tr><td rowspan="26">工艺路线</td><td>10</td><td>粗、精铣端面</td><td>预磨端面或拉削端面</td><td>10</td><td>粗铣端面</td></tr>
<tr><td>20</td><td>钻及扩小头孔</td><td>钻小头孔</td><td>20</td><td>精铣端面</td></tr>
<tr><td>30</td><td>拉小头孔</td><td>拉小头孔</td><td>30</td><td>粗磨端面</td></tr>
<tr><td>40</td><td>铣大头上的定位凸台</td><td>拉大头半孔、接合面定位凸台，装螺栓头部凸台</td><td>40</td><td>钻、镗小头孔</td></tr>
<tr><td>50</td><td>自连杆上切下连杆盖</td><td>钻螺栓孔</td><td>50</td><td>半精镗小头孔</td></tr>
<tr><td>60</td><td>铣连杆盖上装螺母的凸台</td><td>磨接合面</td><td>60</td><td>车大头侧面外圆</td></tr>
<tr><td>70</td><td>粗镗大头孔</td><td>扩、粗铰、精铰螺栓孔</td><td>70</td><td>自连杆上切下连杆盖</td></tr>
<tr><td>80</td><td>磨接合面</td><td>磁力探伤</td><td>80</td><td>扩大头孔</td></tr>
<tr><td>90</td><td>钻、扩、铰螺栓孔</td><td>装配连杆盖</td><td>90</td><td>粗镗大头孔</td></tr>
<tr><td>100</td><td>锪连杆上装螺栓头部的凸台</td><td>扩大头孔</td><td>100</td><td>铣接合面</td></tr>
<tr><td>110</td><td>拉螺栓孔</td><td>精磨端面</td><td>110</td><td>磨接合面</td></tr>
<tr><td>120</td><td>磁力探伤</td><td>半精镗大头孔</td><td>120</td><td>粗铣螺栓孔两端面</td></tr>
<tr><td>130</td><td>装配连杆与连杆盖</td><td>拆开连杆总成，然后再装配</td><td>130</td><td>精铣螺栓孔两端面</td></tr>
<tr><td>140</td><td>精磨端面</td><td>金刚镗大、小头孔</td><td>140</td><td>钻、扩、粗铰、精铰螺栓孔</td></tr>
<tr><td>150</td><td>半精镗大头孔</td><td>重量平衡</td><td>150</td><td>磁力探伤</td></tr>
<tr><td>160</td><td>拆开连杆总成，然后再装配</td><td>珩磨大头孔</td><td>160</td><td>装配连杆与连杆盖</td></tr>
<tr><td>170</td><td>金刚镗大、小头孔</td><td>小头孔压入衬套并压平</td><td>170</td><td>精磨端面</td></tr>
<tr><td>180</td><td>珩磨大头孔</td><td>金刚镗小头孔衬套孔</td><td>180</td><td>半精镗大头孔</td></tr>
<tr><td>190</td><td>小头孔压入衬套并压平</td><td>清洗</td><td>190</td><td>拆开连杆总成，然后再装配</td></tr>
<tr><td>200</td><td>金刚镗小头孔衬套孔</td><td>终检</td><td>200</td><td>精镗大小头孔</td></tr>
<tr><td>210</td><td>重量平衡</td><td></td><td>210</td><td>珩磨大头孔</td></tr>
<tr><td>220</td><td>清洗</td><td></td><td>220</td><td>小头孔压入衬套并压平</td></tr>
<tr><td>230</td><td>终检</td><td></td><td>230</td><td>精镗小头衬套孔</td></tr>
<tr><td></td><td></td><td></td><td>240</td><td>重量平衡</td></tr>
<tr><td></td><td></td><td></td><td>250</td><td>清洗</td></tr>
<tr><td></td><td></td><td></td><td>260</td><td>终检</td></tr>
</table>

3）工件夹紧问题

连杆的杆身细长，刚性差，易变形，所以应该合理确定夹紧力的方向、作用点及大小。一般应使夹紧力的方向与连杆端面平行或垂直作用于大头端面上，这样可避免连杆产生弯曲或扭转变形，以保证所加工孔的圆度和平行度。

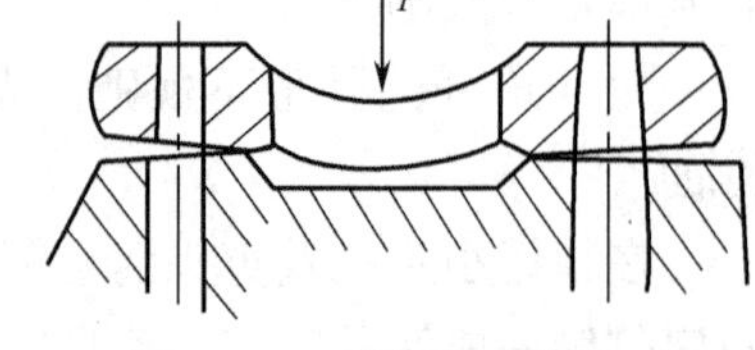

图 10-23　连杆的夹紧变形

连杆的夹紧变形如图 10-23 所示。

知识梳理与总结

通过本项目的学习，大家了解了叉架和连杆零件的主要用途、关键技术要求、零件装夹方法及注意事项、基本工艺过程、加工工艺过程的特点，以及为保证其加工精度所采取的主

要工艺措施，学习了铣夹具的设计方法与要点。

实训 5　制订拨叉的工艺规程

工艺任务单

产品名称：拨叉

零件功用：支承传力零件，传输控制力

材　　料：HT200

生产类型：小批生产

热 处 理：时效

工艺任务：（1）根据如图 10-24 所示的零件图分析其结构、技术要求、主要表面的加工方法，拟订加工工艺路线；

（2）编制机械加工工艺路线，选用合适的切削刀具、加工设备和专用夹具，完成工艺文件的填写。

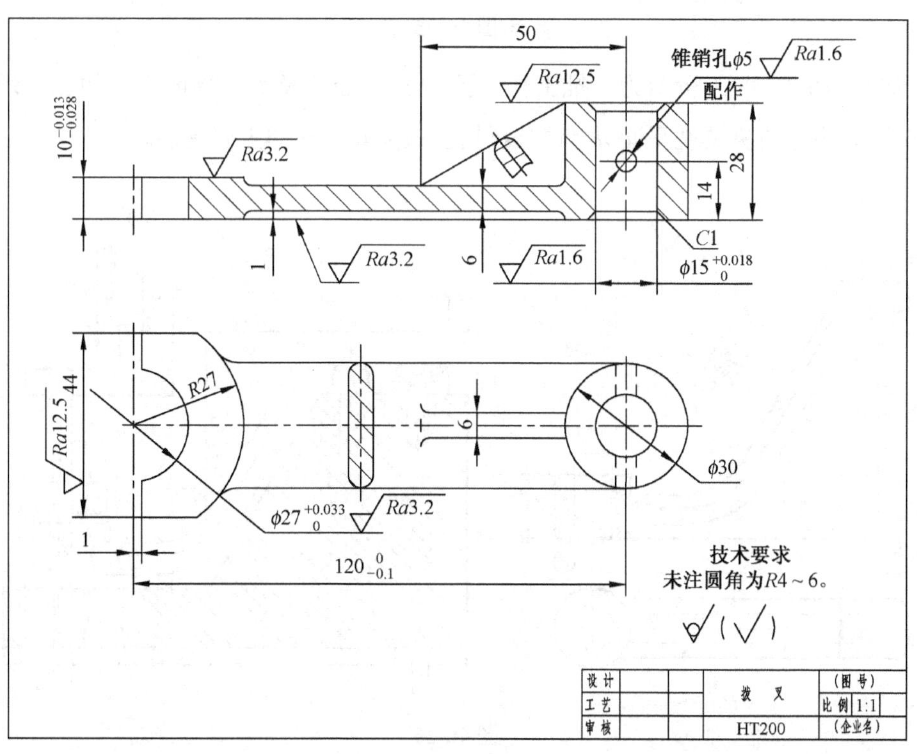

图 10-24　拨叉零件图

思考与练习题 10

1．叉架类零件的技术要求主要有哪些？它有哪些结构特点？

2．叉架类零件在选择定位基准时有什么特点？

3．铣削用量的选择原则是什么？

4．如何确定铣夹具与机床间的安装？

5．铣削方式有哪几种？各有什么特点？

6．标注如图 10-25 所示铣夹具简图中影响加工精度的尺寸及公差。

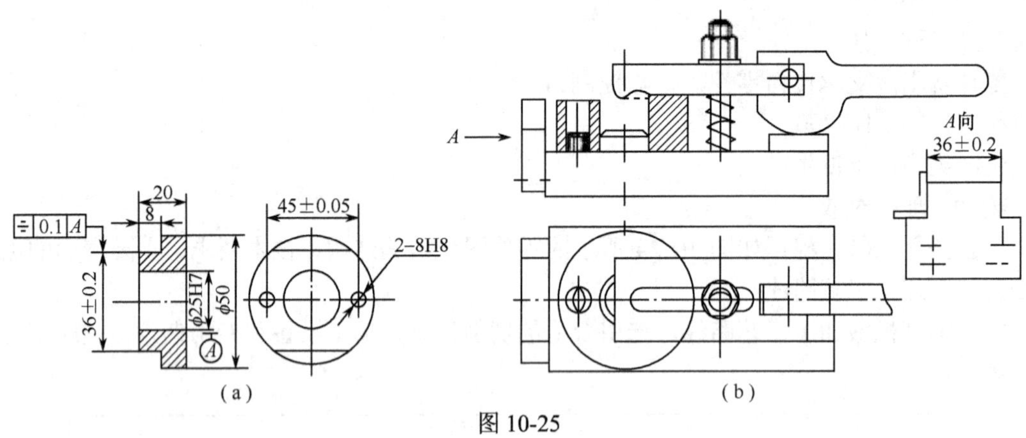

图 10-25

7．如图 10-26（a）所示为一批工件，孔 $\phi12^{+0.04}_{0}$ mm 及其两端面均已加工，现采用如图 10-26（b）所示铣夹具铣平面 *A*，试分析指出该夹具存在的主要错误。

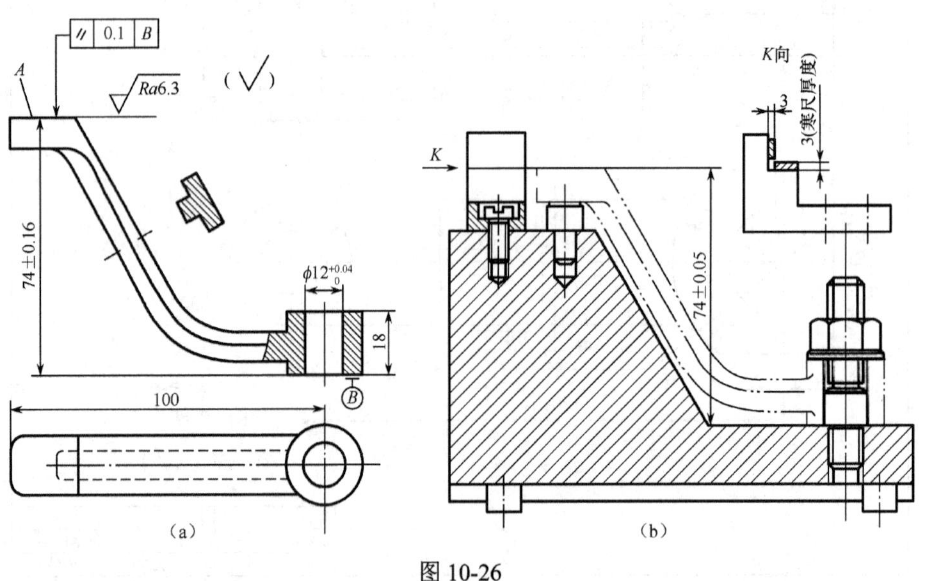

图 10-26

项目 11

机械装配工艺制订

教学导航

学习目标	掌握各种装配方法的特点及应用、保证装配精度的方法
工作任务	各种装配方法的应用及保证装配精度的方法
教学重点	各种装配方法的实质、保证装配精度的方法
教学难点	各种装配方法的特点及应用、保证装配精度的计算方法
教学方法建议	以任务导入，进行任务分析、实施、评价
选用案例	齿轮与轴的装配
教学设施、设备及工具	多媒体教室、课件、机械装配工作室等
考核与评价	项目成果评定 60%，学习过程评价 30%，团队合作评价 10%
参考学时	6

任务 11.1 了解装配工作特点

任何机器都是由许多零件和部件装配而成的，其中零件是组成机器的基本单元。装配是机器制造中的最后阶段，它包括装配、调整、检验、试验等。机器的质量最终是通过装配保证的，装配质量在很大程度上决定机器的最终质量。另外，通过机器的装配过程，可以发现机器设计和零件加工质量等存在的问题，并加以改进，以保证机器的质量。

知识链接 机器的质量是以机器的工作性能、使用效果、可行性和寿命等综合指标来评定的。这些指标除与产品结构设计有关外，还取决于零件的制造质量和机器的装配工艺及装配精度。机器的质量最终是通过装配工艺来保证的。若装配不当，即使零件的制造质量都合格，也不一定能够装配出合格产品。反之，零件的质量不是十分良好，只要在装配中采取合适的工艺措施，也能达到规定的要求。

11.1.1 装配工作的基本内容

机械装配是产品制造的最后阶段，装配过程中不是将合格零件简单地连接起来，而是要根据装配的技术要求，通过一系列的工艺措施，最终保证产品的质量要求。常见的装配工作主要有以下几种。

1. 清洗

机械装配过程中，零部件的清洗对保证产品的装配质量和延长产品的使用寿命均有重要的意义。清洗的目的是去除零件表面或部件中的油污及机械杂质。清洗方法有擦洗、浸洗、喷洗和超声波清洗等。常用的清洗液有煤油、汽油及各种化学清洗液等。

2. 连接

在装配过程中有大量的连接工作，连接的方式一般有两种：可拆卸连接和不可拆卸连接。

可拆卸连接是指在装配后可以很容易拆卸而不损坏任何零件，且拆卸后仍可重新装配在一起的连接。常见的可拆卸连接有螺纹连接、键连接和销连接等。不可拆卸连接是指在装配后一般不再拆卸，如要拆卸会损坏其中的某些零件的连接。常见的不可拆卸连接有焊接、铆接和过盈连接等。

3. 校正与配作

在产品装配过程中，特别在单件小批量生产时，为了保证装配精度，常需进行一些校正和配作。这是因为完全靠零件精度来保证装配精度往往是不经济的，有时甚至是不可能的。

校正是指产品中相关零、部件间相互位置的找正、找平，并通过各种调整方法以达到装配精度要求。配作是指配钻、配铰、配刮及配磨等，它是和校正调整工作结合进行的。

4．平衡

对于转速较高，运转平稳性要求高的机械，为防止使用中出现振动，装配时应对其旋转的零、部件进行平衡。

平衡有静平衡和动平衡两种。对于直径较大、长度较小的零件（如带轮和飞轮等），一般只需进行静平衡；对于长度较大的零件（如电机转子和机床主轴等），则需进行动平衡。

5．验收试验

机械产品装配完后，应根据有关技术标准和规定，对产品进行较全面的检验和试验工作，合格后才准出厂。

除上述装配工作外，油漆、包装等也属于装配工作。

11.1.2　装配的组织形式

在装配过程中，可根据产品结构特点和批量以及现有生产条件，采用不同的装配组织形式。

1．固定式装配

固定式装配是将产品和部件的全部装配工作安排在一固定的工作地上进行，装配过程中产品位置不变，装配所需的零部件都汇集在工作地附近。

在单件和中、小批量生产中，或装配时不便移动的大型机械，或装配时移动会影响装配精度的产品，宜采用固定式装配。

2．移动式装配

移动式装配是将产品或部件置于装配线上，通过连续或间歇的移动顺次经过各装配工作地从而完成全部装配工作。移动式装配有固定节奏和自由节奏两种装配方法。

移动式装配的特点是：较细地划分装配工序，广泛采用专用设备及工装，生产效率高，对工人水平要求较低，质量容易保证，多用于大批量生产。

11.1.3　装配精度

装配精度不仅影响产品的质量，而且还影响制造的经济性。它是确定零部件精度要求和制订装配工艺规程的一项重要依据。

1．装配精度的概念

装配精度是指产品装配后几何参数实际达到的精度，它一般包括：

（1）尺寸精度：零部件的距离精度和配合精度。配合精度是指配合面间达到规定的间隙或过盈的要求，如卧式车床前、后两顶尖对床身导轨的等高度。

（2）位置精度：有相对运动的零部件在运动位置上的精度，包括相关零件的平行度、垂直度、同轴度和各种跳动等，如台式钻床主轴对工作台台面的垂直度。

（3）相对运动精度：产品中有相对运动的零部件间在运动方向上的精度。运动方向上的

精度包括相关零件的平行度、直线度和垂直度等，如滚齿机滚刀与工作台的传动精度。

（4）接触精度：两配合表面、接触表面和连接表面间达到规定的接触面积大小和接触点分布情况。它影响接触刚度和配合质量的稳定性。例如齿轮啮合、锥体箱体配合以及导轨之间的接触精度。

2．装配精度与零件精度间的关系

机器和部件是由零件装配而成的，零件的精度特别是关键零件的加工精度对装配精度有很大的影响。例如，在普通车床装配中，要满足尾座移动对溜板移动的平行度要求，该平行度主要取决于床身导轨 A 与 B 的平行度及导轨面间的接触精度，如图 11-1 所示。可见，该装配精度主要是由基准件床身上导轨面之间的位置精度保证的。

一般而言，多数的装配精度与和它相关的若干个零部件的加工精度有关。如图 11-2 所示普通车床主轴锥孔中心线和尾座顶尖对床身导轨的等高度要求（A_0），即主要取决于主轴箱、尾座及座板的 A_1、A_2 及 A_3 的尺寸精度。该装配精度很难由相关零部件的加工精度直接保证。在生产中，常按较经济的精度来加工相关零部件，而在装配时采用一定的工艺措施，从而形成不同的装配方法来保证装配精度。

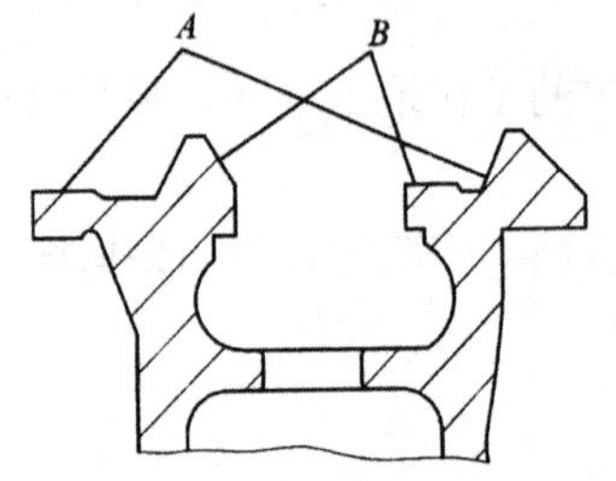

图 11-1　床身导轨

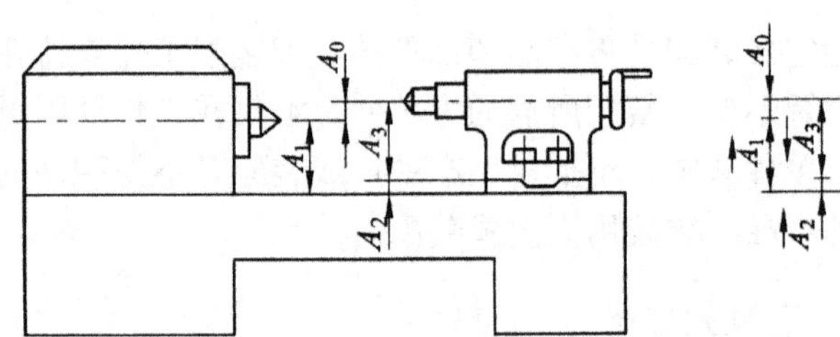

图 11-2　主轴箱主轴中心尾座套筒中心等高示意图

因此，机械的装配精度不但取决于零件的精度，而且取决于装配方法。

任务 11.2　建立装配尺寸链

11.2.1　装配尺寸链的概念及建立步骤

1．装配尺寸链的概念

产品或部件的装配精度与构成产品或部件的零件精度有着密切关系。为了定量地分析这种关系，将尺寸链的基本理论用于装配过程，即可建立起装配尺寸链。装配尺寸链是产品或部件在装配过程中，由相关零件的尺寸或位置关系所组成的封闭的尺寸系统。它由一个封闭环和若干个与封闭环关系密切的组成环组成。应用装配尺寸链原理可指导制订装配工艺，合理安排装配工序，解决装配中的质量问题，分析产品结构的合理性等。

装配尺寸链是尺寸链的一种。它与一般尺寸链相比，除有共同的部分外，还具有以下显著特点。

（1）装配尺寸链的封闭环一定是机器产品或部件的某装配精度，因此，装配尺寸链的封

闭环是十分明显的。

（2）装配精度只在机械产品装配后才测量，因此，封闭环只有在装配后才能形成，不具有独立性。

（3）装配尺寸链中的各组成环不是仅在一个零件上的尺寸，而是在几个零件或部件之间与装配精度有关的尺寸。

（4）装配尺寸链的形式较多，除常见的线性尺寸链外，还有角度尺寸链、平面尺寸链和空间尺寸链等。

2．装配尺寸链的建立步骤

应用装配尺寸链分析和解决装配精度问题，首先应查明和建立尺寸链，即确定封闭环，并以封闭环为依据查明各组成环，然后确定保证装配精度的工艺方法和进行必要的计算。查明和建立装配尺寸链的步骤如下。

1）确定封闭环

装配尺寸链的封闭环就是装配精度要求。

2）查明组成环

装配尺寸链的组成环是相关零件的相关尺寸。所谓相关尺寸就是指相关零件上的相关设计尺寸，它的变化会引起封闭环尺寸的变化。确定相关零件以后，应遵守“尺寸链环数最少”原则，确定相关尺寸。“尺寸链环数最少”是建立装配尺寸链时遵循的一个重要原则，它要求装配尺寸链中所包括的组成环数目最少，即每一个相关零件仅以一个组成环列入，组成环数目越少，则各组成环所分配到的公差值就越大，零件的加工就越经济。装配尺寸链若不符合该原则，将使装配精度降低或给装配和零件加工增加困难。

注意 组成环可取封闭环两端的两个零件为起点，沿装配精度要求的位置方向，以装配基准面为线索进行查找，分别找出影响装配精度要求的相关零件，直至找到同一个基准零件甚至是同一基准表面为止。

3）画装配尺寸链图，并判别组成环的性质

查找组成环时要保证形成一个封闭的装配尺寸链，自封闭环的一端开始，到封闭环的一端结束。画出装配尺寸链图后，按前面所述定义判别增、减环。

11.2.2 装配尺寸链的计算

装配方法与装配尺寸链的计算方法密切相关。同一项装配精度要求，采用不同装配方法时，其装配尺寸链的计算方法也不同。

1．计算类型

1）正计算法

将已知组成环的基本尺寸及偏差代入公式，求出封闭环的基本尺寸偏差，它用于对已设

计的图样进行校核验算。

2）反计算法

已知封闭环的基本尺寸及偏差，求各组成环的基本尺寸及偏差。它主要用于产品设计过程之中，以确定各零部件的尺寸和加工精度。下面介绍利用“协调环”解算装配尺寸链的基本步骤。

在组成环中，选择一个比较容易加工或在加工中受到限制较少的组成环作为“协调环”，其计算过程是先按经济精度确定其他环的公差及偏差，然后利用公式算出“协调环”的公差及偏差。具体步骤见互换装配法例题。

3）中间计算法

已知封闭环及组成环的基本尺寸及偏差，求另一组成环的基本尺寸及偏差，计算也较简便，不再赘述。

2．计算方法

1）极值法

用极值法解装配尺寸链的计算公式与前面章节中解工艺尺寸链的公式相同，其计算得到的组成环公差过于严格，在此从略。

2）概率法

当封闭环的公差较小，而组成环的数目又较多时，则各组成环按极大极小法分得的公差是很小的，使加工困难，制造成本增加。生产实践证明，加工一批零件时，当工艺能力系数满足时，零件实际加工尺寸大部分处于公差中间部分。因此，在成批大量生产中，当装配精度要求高，而且组成环的数目又较多时，应用概率法解算装配尺寸链比较合理。

两者所用封闭环公差的计算公式不同。

极值法的封闭环公差为：

$$T_0=\sum_{i=1}^{m}T_i$$

概率法的封闭环公差为：

$$T_0=\sqrt{\sum_{i=1}^{m}T_i^2}$$

式中，T_0——封闭环公差；T_i——组成环公差；m——组成环个数。

任务 11.3　保证装配精度

机械产品的精度要求最终是靠装配实现的产品的装配精度。结构和生产类型不同，采用的装配方法也不同，生产中保证装配精度的方法有：互换法、选配法、修配法和调整法。

11.3.1　互换装配法

互换装配法就是在装配时各配合零件不经修理、选择或调整即可达到装配精度的方法。

这种装配方法的实质，就是用控制零件的加工误差来保证产品的装配精度要求。根据互换的程度不同，互换装配法又分为完全互换装配法和不完全互换装配法两种。

1. 完全互换装配法

在全部产品中，装配时各组成环零件不需挑选或改变其大小或位置，装入后即能达到装配精度要求，这种装配方法称为完全互换装配法。

在一般情况下，完全互换装配法的装配尺寸链按极值法计算，即各组成环的公差之和等于或小于封闭环的公差。

完全互换装配法的优点：装配质量稳定可靠，装配过程简单，生产率高；易实现自动化装配，便于组织流水作业和零部件的协作和专业化生产。但当装配精度要求较高，尤其是组成环较多时，则零件难以按经济精度加工。因此它常用于高精度的少环尺寸链或低精度的多环尺寸链的大批大量生产。

根据各组成环尺寸大小和加工难易程度，对各组成环的公差进行适当调整。但调整后的各组成环公差之和仍不得大于封闭环公差。在调整时可参照下列原则。

（1）当组成环是标准件尺寸时，其公差大小和分布位置在相应的标准中已有规定，为已定值。组成环是几个不同尺寸链的公共环时，其公差值和分布位置应由对其环要求较严的那个尺寸链先行确定，对其余尺寸链则也为已定值。

（2）当分配待定的组成环公差时，一般可按经验视各环尺寸加工难易程度加以分配。如尺寸相近，加工方法相同，可取其公差值相等，对难加工或难测量的组成环，其公差值可取较大值等。

确定好各组成环的公差后，按"入体原则"确定其极限偏差，即组成环为包容面时，取下偏差为零；组成环为被包容面时，取上偏差为零。若组成环是中心距，则偏差按对称分布。按上述原则确定偏差后，有利于组成环的加工。

【实例 11.1】 图 11-3 所示齿轮箱部件，装配后要求轴向窜动量为 0.2～0.7mm，即 $A_0=0\left(^{+0.7}_{+0.2}\right)$ mm。已知其他零件的有关基本尺寸 A_1=122mm，A_2=28mm，A_3=5mm，A_4=140mm，A_5=5mm，试决定上下偏差。

解 （1）画出装配尺寸链（见图 11-3），校验各环基本尺寸。封闭环为 A_0，封闭环基本尺寸为：

$$A_0=\left(\vec{A}_1+\vec{A}_2\right)-\left(\overleftarrow{A}_3+\overleftarrow{A}_4+\overleftarrow{A}_5\right)=(122+28)-(5+140+5)=0\text{mm}$$

可见各环基本尺寸的给定数值正确。

（2）确定各组成环的公差大小和分布位置。为了满足封闭环公差 T_0=0.50mm 要求，各组成环公差 T_i 的累积公差值 $\sum_{i=1}^{m}T_i$ 不得超过 0.5mm，即

$$\sum_{i=1}^{m}T_i=T_1+T_2+T_3+T_4+T_5\leqslant T_0=0.5\text{mm}$$

在最终确定各 T_i 值之前，可先按等公

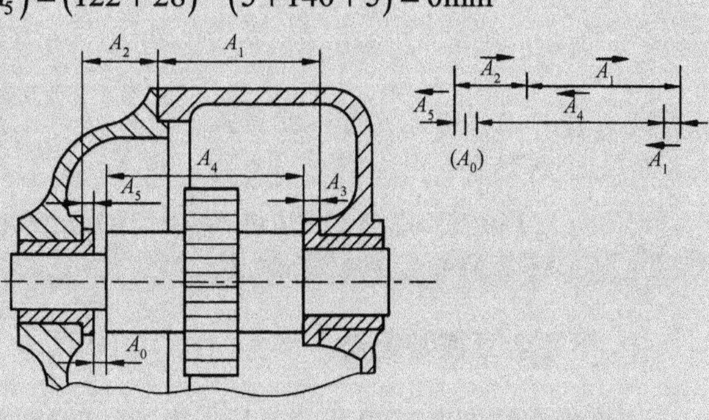

图 11-3 轴的装配尺寸链

差计算分配到各环的平均公差值。

$$T_{av.i}=\frac{T_0}{m}=\frac{0.5}{5}=0.1\text{mm}$$

由此值可知，零件的制造精度不算太高，是可以加工的，故用完全互换是可行的。但还应从加工难易和设计要求等方面考虑，调整各组成环公差。比如，A_1、A_2加工难些，公差应略大，A_3、A_5加工方便，则规定可较严。故令：$T_1=0.2\text{mm}$，$T_2=0.1\text{mm}$，$T_3=T_5=0.05\text{mm}$，再按“入体原则”分配公差，如：

$$A_1=122_{\ 0}^{+0.2}\text{ mm},\quad A_2=28_{\ 0}^{+0.10}\text{ mm},\quad A_3=A_5=5_{-0.05}^{\ 0}\text{mm}$$

得中间偏差：

$$\Delta_1=0.1\text{mm},\quad \Delta_2=0.05\text{mm},\quad \Delta_3=\Delta_5=-0.025\text{mm},\ \Delta_0=0.45\text{mm}$$

（3）确定协调环公差的分布位置。由于A_4是特意留下的一个组成环，它的公差大小应在上面分配封闭环公差时，经济合理地统一决定下来，即

$$T_4=T_0-T_1-T_2-T_3-T_5=0.50-0.20-0.10-0.05-0.05=0.10\text{mm}$$

但T_4的上下偏差须满足装配技术条件，因而应通过计算获得，故称其为“协调环”。由于计算结果通常难以满足标准零件及标准量规的尺寸和偏差值，所以有上述尺寸要求的零件不能选做协调环。

协调环A_4的上下偏差可参阅图 11-4 计算，代入：

$$\Delta_0=\sum_{i=1}^{n}\vec{\Delta}_i-\sum_{i=n+1}^{m}\overleftarrow{\Delta}_i$$

$$0.45=0.1+0.05-(-0.025-0.025+\Delta_4)$$

$$\Delta_4=0.1+0.05+0.05-0.45=-0.25\text{mm}$$

$$ES_4=\Delta_4+\frac{1}{2}T_4=-0.25+\frac{1}{2}\times0.1=-0.2\text{mm}$$

$$EI_4=\Delta_4-\frac{1}{2}T_4=-0.25-\frac{1}{2}\times0.1=-0.3\text{mm}$$

$$A_4=140_{-0.3}^{-0.2}\text{mm}$$

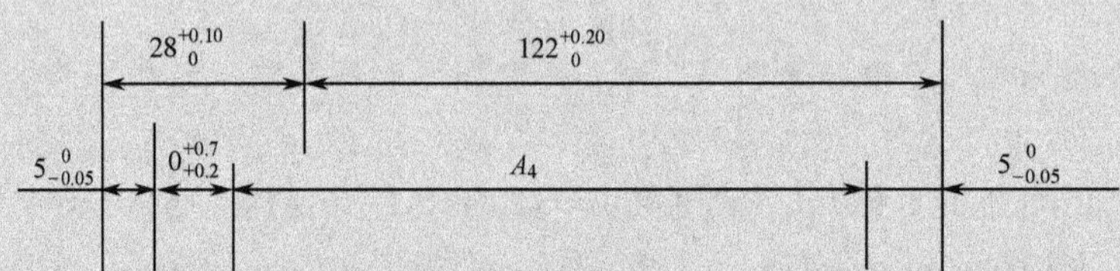

图 11-4　协调环计算

（4）进行验算。

$$T_0=T_1+T_2+T_3+T_4+T_5=0.20+0.10+0.05+0.10+0.05=0.50\text{mm}$$

可见，计算符合装配精度要求。

2．不完全互换装配法

如果装配精度要求较高，尤其是组成环的数目较多时，若应用极大极小法确定组成环的公差，则组成环的公差将会很小，这样就很难满足零件的经济精度要求。因此，在大批量生

产的条件下，就可以考虑不完全互换装配法，即用概率法解算装配尺寸链。

不完全互换装配法与完全互换装配法相比，其优点是零件公差可以放大些从而使零件加工容易，成本低，也能达到互换性装配的目的。其缺点是将会有一部分产品的装配精度超差。对于极少量不合格产品可予以报废或采取补救措施。

【实例 11.2】 现仍以图 11-3 所示为例进行计算，比较一下各组成环的公差大小。

解：（1）画出装配尺寸链，校核各环基本尺寸。

$\bar{A}_1$、$\bar{A}_2$为增环，$\bar{A}_3$、$\bar{A}_4$、$\bar{A}_5$为减环，封闭环为 A_0，封闭环的基本尺寸为：

$$A_0=\left(\bar{A}_2+\bar{A}_2\right)-\left(\bar{A}_3+\bar{A}_4+\bar{A}_5\right)$$
$$=(122+28)-(5+140+5)=0\text{mm}$$

（2）确定各组成环尺寸的公差大小和分布位置。由于用概率法解算，所以 $T_0=\sqrt{\sum_{i=1}^{n}T_i^2}$ 在最终确定各 T_i 值之前，也按等公差计算各环的平均公差值。

$$T_{\text{av}.i}=\sqrt{\frac{T_0^2}{m}}=\sqrt{\frac{0.5^2}{5}}=0.22\text{mm}$$

按加工难易的程度，参照上值调整各组成环公差值如下。

$$T_1=0.4\text{mm}，T_2=0.2\text{mm}，T_3=T_5=0.08\text{mm}$$

为满足 $T_0=\sqrt{\sum_{i=1}^{n}T_i^2}$ 要求，应对协调环公差进行计算。

$$0.5^2=0.40^2+0.20^2+0.08^2+0.08^2+T_4^2$$
$$T_4=0.192\text{mm}$$

按“入体原则”分配公差，取 $A_1=122_{0}^{+0.40}$ mm, $\Delta_1=0.2$mm; $A_2=28_{0}^{+0.2}$ mm，$\Delta_2=0.1$mm; $A_3=A_5=5_{-0.08}^{0}$ mm，$\Delta_3=\Delta_5=-0.04$mm; $\Delta_0=0.45$mm。

（3）确定协调环公差的分布位置。

$$\Delta_0=\left(\bar{\Delta}_1+\bar{\Delta}_2\right)-\left(\bar{\Delta}_3+\bar{\Delta}_4+\bar{\Delta}_5\right)$$
$$0.45=0.2+0.1-(-0.04+\bar{\Delta}_4-0.04)$$
$$\bar{\Delta}_4=0.2+0.1+0.08-0.45=-0.07\text{mm}$$
$$ES_4=\Delta_4+\frac{1}{2}T_4=-0.07+\frac{1}{2}\times0.192=-0.07+0.096=0.026\text{mm}$$
$$EI_4=\Delta_4-\frac{1}{2}T_4=-0.07-\frac{1}{2}\times0.196=-0.166\text{mm}$$
$$A_4=140_{-0.166}^{+0.026}\text{mm}$$

11.3.2　选择装配法

在成批或大量生产的条件下，对于组成环不多而装配精度要求却很高的尺寸链，若采用完全互换法，则零件的公差将过严，甚至超过了加工工艺的现实可能性。在这种情况下可采用选择装配法。该方法是将组成环的公差放大到经济可行的程度，然后选择合适的零件进行

装配，以保证规定的精度要求。

选择装配法有 3 种：直接选配法、分组装配法和复合选配法。

1. 直接选配法

它是由装配工人凭经验挑选合适的零件通过试凑进行装配的方法。这种方法的优点是能达到很高的装配精度；缺点是装配精度取决于工人的技术水平和经验，装配时间不易控制，因此不适于生产节拍要求较严的大批量生产。

2. 分组装配法

它是在成批大量生产中，将产品各配合副的零件按实测尺寸分组，装配时按组进行互换装配以达到装配精度的方法。

分组装配法在机床装配中用得很少，但在内燃机、轴承等大批大量生产中有一定应用。例如，图 11-5（a）所示活塞与活塞销的连接情况，根据装配技术要求，活塞销孔与活塞销外径在冷态装配时应有 0.002 5～0.007 5mm 的过盈量。与此相应的配合公差仅为 0.00 5mm。若活塞与活塞销采用完全互换法装配，且销孔与活塞直径公差按“等公差”分配，则它们的公差只有 0.002 5mm。配合采用基轴制原则，则活塞销外径尺寸 $d=\phi 28_{-0.0025}^{0}$ mm，$D=\phi 28_{-0.0075}^{-0.0050}$ mm。显然，制造这样精确的活塞销和活塞销孔是很困难的，也是不经济的。生产中采用的办法是先将上述公差值都增大四倍（$d=\phi 28_{-0.010}^{0}$ mm，$D=\phi 28_{-0.015}^{-0.005}$ mm），这样即可采用高效率的无心磨和金刚镗去分别加工活塞外圆和活塞销孔，然后用精度量仪进行测量，并按尺寸大小分成 4 组，涂上不同的颜色，以便进行分组装配。具体分组情况见表 11-1。

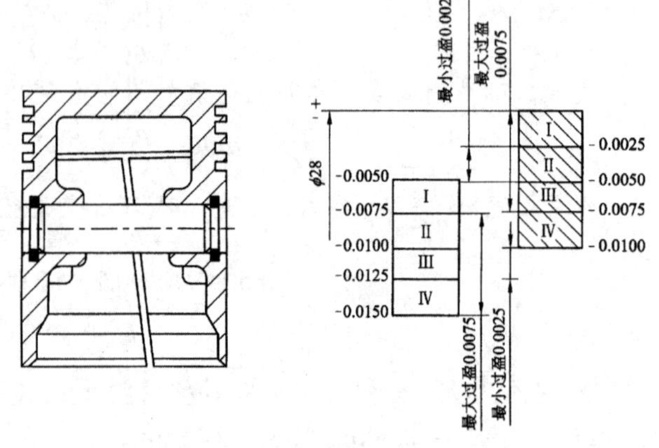

图 11-5　活塞与活塞销连接

从该表可以看出，各组的公差和配合性质与原来要求相同。

表 11-1　活塞销与活塞销孔直径分组　　mm

组别	标志颜色	活塞销直径 d $\phi 28_{-0.010}^{0}$	活塞销孔直径 D $\phi 28_{-0.0150}^{-0.0050}$	配合情况	
				最小过盈	最大过盈
Ⅰ	红	$\phi 28_{-0.0025}^{0}$	$\phi 28_{-0.0075}^{-0.0050}$	0.002 5	0.007 5
Ⅱ	白	$\phi 28_{-0.0050}^{-0.0025}$	$\phi 28_{-0.0100}^{-0.0075}$		
Ⅲ	黄	$\phi 28_{-0.0075}^{-0.0050}$	$\phi 28_{-0.0125}^{-0.0100}$		
Ⅳ	绿	$\phi 28_{-0.0100}^{-0.0075}$	$\phi 28_{-0.0150}^{-0.0125}$		

采用分组互换装配时应注意以下几点。

（1）为了保证分组后各组的配合精度和配合性质符合原设计要求，配合件的公差应当相

等，公差增大的方向要相同，增大的倍数要等于以后的分组数。

（2）分组数不宜多，多了会增加零件的测量和分组工作量，并使零件的储存、运输及装配等工作复杂化。

（3）分组后各组内相配合零件的数量要相符，形成配套。否则会出现某些尺寸零件的积压浪费现象。

分组互换装配适用于配合精度要求很高和相关零件一般只有两三个的大批量生产中，如滚动轴承的装配等。

3. 复合选配法

复合选配法是直接选配与分组装配的综合装配法，即预先测量分组，装配时再在各对应组内凭工人经验直接选配。这一方法的特点是配合件公差可以不等，装配质量高，且速度较快，能满足一定的节拍要求。发动机装配中，汽缸与活塞的装配多采用这种方法。

11.3.3　修配装配法

在成批生产中，若封闭环公差要求很严，组成环又较多，则用互换装配法势必要求组成环的公差很小，增加了加工的困难，并影响加工经济性。用分组装配法，又因环数过多会使测量、分组和配套工作变得非常困难和复杂，甚至造成生产上的混乱。在单件小批生产中，当封闭环公差要求较严时，即使组成环数很少，也会因零件生产数量少而不能采用分组装配法。此时，常采用修配法达到封闭环公差要求。它适用于单件或成批生产中装配那些精度要求高，组成环数目较多的部件。

修配装配法是将尺寸链中各组成环的公差相对于互换法所求之值增大，使其能按该生产条件下较经济的公差加工，装配时将尺寸链中某一预先选定的环去除部分材料以改变其尺寸，使封闭环达到其公差要求。

由于修配法的尺寸链中各组成环的尺寸均按经济精度加工，装配时封闭环的误差会超过规定的允许范围。为补偿超差部分的误差，必须修配加工尺寸链中某一组成环。被修配的零件尺寸叫修配环或补偿环。一般应选形状比较简单，修配面小，便于修配加工，便于装卸，并对其他尺寸链没有影响的零件尺寸作为修配环。修配环在零件加工时应留有一定量的修配量。

生产中通过修配达到装配精度的方法很多，常见的有以下 3 种。

1. 单件修配法

这种方法是将零件按经济精度加工后，装配时将预定的修配环用修配加工来改变其尺寸，以保证装配精度。

如图 11-2 所示，卧式车床前、后顶尖对床身导轨的等高要求为 0.06 mm（只许尾座高），此尺寸链中的组成环有 3 个：主轴箱主轴中心到底面高度 A_1=202 mm，尾座底板厚度 A_2=46 mm，尾座顶尖中心到底面距离 A_3=156 mm，A_1 为减环，A_2、A_3 为增环。

若用完全互换法装配，则各组成环平均公差为:

$$T_{\mathrm{av},i}=\frac{T_0}{3}=\frac{0.06}{3}=0.02\ \mathrm{mm}$$

这样小的公差将使加工困难，所以一般采用修配法，各组成环仍按经济精度加工。根据镗孔的经济加工精度，取 T_1=0.1 mm，T_3=0.1 mm，根据半精刨的经济加工精度，取 T_2=0.14 mm。由于在装配中修刮尾座底板的下表面比较方便，修配面也不大，所以选尾座底板为修配件。

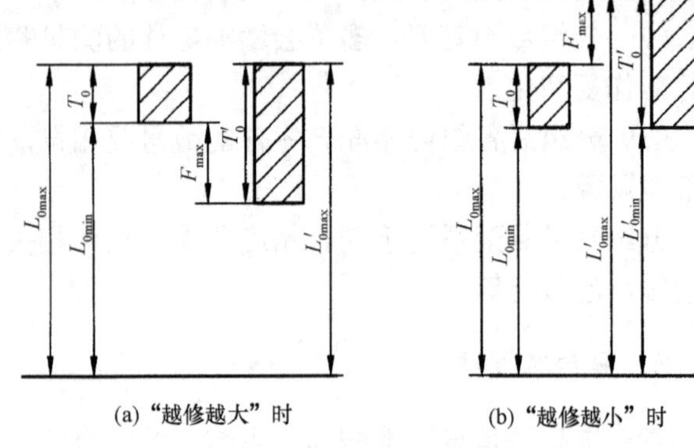

图 11-6　封闭环公差带与组成环累积误差的关系

组成环的公差一般按“单向入体原则”分布，此例中 A_1、A_3 系中心距尺寸，故采用“对称原则”分布，A_1=202±0.05 mm，A_3=156±0.05 mm。至于 A_2 的公差带分布，要通过计算确定。

修配环在修配时对封闭环尺寸变化的影响有两种情况，一种是封闭环尺寸变大，另一种是封闭环尺寸变小。因此修配环公差带分布的计算也相应分为两种情况。

图 11-6 所示为封闭环公差带与各组成环（含修配环）公差放大后的累积误差之间的关系。图中 T'_0、$L'_{0\max}$ 和 $L'_{0\min}$ 分别为各组成环的累积误差和极限尺寸；$F_{\max}$ 为最大修配量。

当修配结果使封闭环尺寸变大时，简称“越修越大”，从图 11-6（a）可知：

$$L_{0\max}=L'_{0\max}=\sum L_{i\max}-\sum L_{i\min}$$

当修配结果使封闭环尺寸变小时，简称“越修越小”，从图 11-6（b）可知：

$$L_{0\min}=L'_{0\min}=\sum L_{i\min}-\sum L_{i\max}$$

上例中，修配尾座底板的下表面，使封闭环尺寸变小，因此应按求封闭环最小极限尺寸的公式，有：

$$A_{0\min}=A_{2\min}+A_{3\min}-A_{1\max}$$

$$0=A_{2\min}+155.95-202.05$$

$$A_{2\min}=46.10\text{ mm}$$

因为 T_2=0.14 mm，所以 $A_2=46^{+0.24}_{+0.10}$ mm。

修配加工是为了补偿组成累积误差与封闭环公差超差部分的误差，所以最大修配量 $F_{\max}=\sum T_i-T_0$=(0.1+0.14+0.1)−0.06=0.28 mm，而最小修配量为 0。考虑到车床总装时，尾座底板与床身配合的导轨面还需配刮，则应补充修正，取最小修刮量为 0.05 mm，修正后的 A_2 尺寸为 $46^{+0.29}_{+0.15}$ mm，此时最大修配量为 0.33 mm。

2. 合并修配法

这种方法是将两个或多个零件合并在一起进行加工修配。合并加工所得的尺寸可看做一个组成环，这样减少了组成环的环数，就相应减少了修配的劳动量。

如上例中，为了对尾座底板进行修配，一般先把尾座和底板配合加工后，配刮横向小导轨，然后再将两者装配为一体，以底板的底面为基准，镗尾座的套筒孔，直接控制尾座套筒孔至底板面的尺寸公差，这样组成环 A_2、A_3 合并成一环，仍取公差为 0.1 mm，其最大修配

量$=\sum T_i-T_0=(0.1+0.1)-0.06=0.14$ mm。修配工作量相应减少了。

合并修配法由于零件要对号入座，给组织装配生产带来一定麻烦，因此多用于单件小批生产中。

3. 自身加工修配法

在机床制造中，有一些装配精度要求，是在总装时利用机床本身的加工能力，“自己加工自己”，这即是自身加工修配法。

如图 11-7 所示，在转塔车床上 6 个安装刀架的大孔中心线必须保证和机床主轴回转中心线重合，而 6 个平面又必须和主轴中心线垂直。若将转塔作为单独零件加工出这些表面，则在装配中达到上述两项要求是非常困难的。当采用自身加工修配法时，这些表面在装配前不进行加工，而是在转塔装配到机床上后，在主轴上装镗杆，使镗刀旋转，转塔作纵向进给运动，依次精镗出转塔上的 6 个孔；再在主轴上装个能径向进给的小刀架，刀具边旋转边径向进给，依次精加工出转塔的 6 个平面。这样可方便地保证上述两项精度要求。

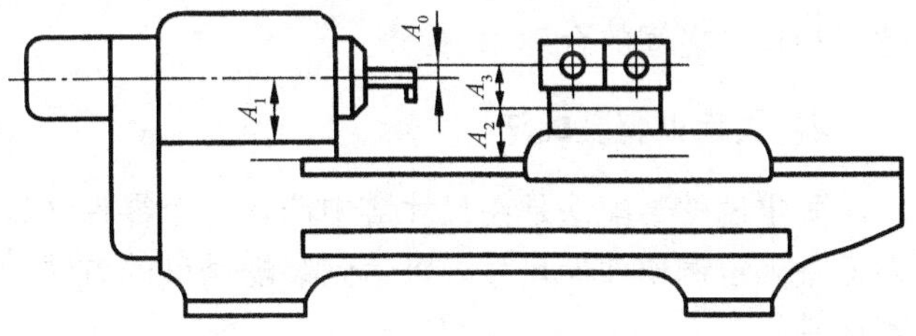

图 11-7　转塔车床转塔自身加工修配

修配法的特点是各组成环零部件的公差可以扩大，按经济精度加工，从而使制造容易，成本低。装配时可利用修配件的有限修配量达到较高的装配精度要求，但装配中零件不能互换，装配劳动量大（有时需拆装几次），生产率低，难以组织流水生产，装配精度依赖于工人的技术水平。修配法适用于单件和成批生产中精度要求较高的装配。

11.3.4　调整装配法

在成批大量生产中，对于装配精度要求较高而组成环数目较多的尺寸链，也可以采用调整法进行装配。调整法与修配法在补偿原则上相似，但在改变补偿环尺寸的方法上有所不同。修配法采用补充机械加工方法去除补偿环上的金属层，而调整法采用调整方法改变补偿环的实际尺寸和位置，来补偿由于各组成环公差放大后所产生的累积误差，以保证装配精度要求。

根据补偿件的调整特征，调整法可分为可动调整、固定调整和误差抵消调整 3 种装配方法。

1. 可动调整装配法

用改变调整件的位置来达到装配精度的方法，叫做可动调整装配法。调整过程中不需要拆卸零件，比较方便。

采用可动调整装配法可以调整由于磨损、热变形、弹性变形等所引起的误差。所以它适用于高精度和组成环在工作中易于变化的尺寸链。

机械制造中采用可动调整装配法的例子较多。如图 11-8（a）所示依靠转动螺钉调整轴承外环的位置以得到合适的间隙；图 11-8（b）所示是用调整螺钉通过垫板来保证车床溜板和床身导轨之间的间隙；图 11-8（c）所示通过转动调整螺钉，使斜楔块上、下移动来保证

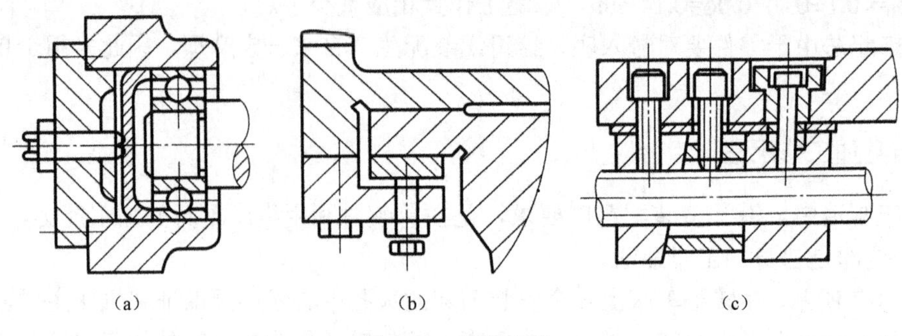

图 11-8　可调支承

螺母和丝杠之间的合理间隙。

2．固定调整装配法

固定调整装配法是在尺寸链中选择一个零件（或加入一个零件）作为调整环，根据装配精度来确定调整件的尺寸，以达到装配精度的方法。常用的调整件有：轴套、垫片、垫圈和圆环等。

如图 11-9 所示即为固定调整装配法的实例。当齿轮的轴向窜动量有严格要求时，在结构上专门加入一个固定调整件，即尺寸等于 A_3 的垫圈。装配时根据间隙的要求，选择不同厚度的垫圈。调整件预先按一定间隙尺寸做好，比如分成：3.1 mm，3.2 mm，3.3 mm，…，4.0 mm 等，以供选用。

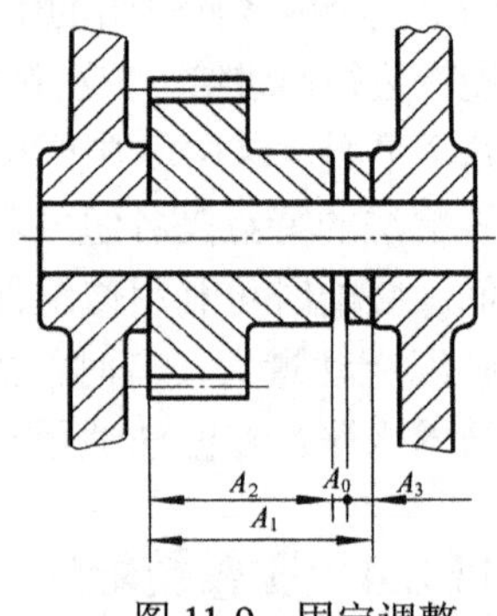

图 11-9　固定调整

在固定调整装配法中，调整件的分级及各级尺寸的计算是很重要的问题，可应用极值法进行计算。计算方法请参考有关文献。

3．误差抵消调整装配法

误差抵消调整装配法通过调整某些相关零件误差的方向，使其互相抵消。这样各相关零件的公差可以扩大，同时又保证了装配精度。

采用误差抵消调整装配法装配，零件制造精度可以放宽，经济性好，还能得到很高的装配精度。但每台产品装配时均需测出整体优势误差的大小和方向，并计算出数值，增加了辅助时间，影响生产效率，对工人技术水平要求高。因此，除单件小批生产的工艺装备和精密机床采用此种方法外，一般很少采用。

任务 11.4　制订装配工艺规程

装配工艺规程是指导装配生产的主要技术文件，制订装配工艺规程是生产技术准备工作中的一项重要工作。装配工艺规程对保证装配质量，提高装配生产效率，缩短装配周期，减轻装配工人的劳动强度，缩小装配占地面积和降低成本等都有重要的影响。下面简要介绍装配工艺规程制订的步骤、方法和内容。

11.4.1　制订的基本原则及原始资料

1．制订装配工艺规程的原始资料

在制订装配工艺规程前，需要具备以下原始资料。

1）产品的装配图及验收技术条件

产品的装配图应包括总装配图和部件装配图，并能清楚地表示出零部件的相互连接情况及其联系尺寸，装配精度和其他技术要求，零件的明细表等。为了在装配时对某些零件进行补充机械加工和核算装配尺寸链，有时还需要某些零件图。

验收技术条件应包括验收的内容和方法。

2）产品的生产纲领

生产纲领决定了产品的生产类型。不同的生产类型使装配的组织形式、装配方法、工艺过程的划分、设备及工艺装备专业化或通用化水平、手工操作量的比例、对工人的技术水平的要求和工艺文件格式等均有不同。

3）现有生产条件和标准资料

它包括现有装配设备、装配工艺、装配车间面积、工人技术水平、机械加工条件及各种工艺资料和标准等，以便能切合实际地从机械加工和装配的全局出发制订合理的装配工艺规程。

2．制订装配工艺规程的基本原则

在制订装配工艺规程时，应遵循以下原则。

（1）保证产品装配质量，并力求提高其质量，以延长产品的使用寿命。

（2）合理安排装配顺序和工序，尽量减少钳工装配的工作量，以减轻劳动强度，缩短装配周期，提高装配效率。

（3）尽可能减小装配的占地面积，有效地提高车间的利用率。

11.4.2　制订步骤

根据上述原则和原始资料，可以按下列步骤制订装配工艺规程。

1．熟悉和审查产品的装配图

（1）了解产品及部件的具体结构、装配技术要求和检查验收的内容及方法。

（2）审查产品的结构工艺性。

（3）研究设计人员所确定的装配方法，进行必要的装配尺寸链分析与计算。

2．确定装配方法与装配的组织形式

选择合理的装配方法是保证装配精度的关键。

一般说来，只要组成环零件的加工比较经济可行，就要优先采用完全互换装配法。成批生产，组成环又较多时，可考虑采用不完全互换装配法。

当封闭环公差要求较严，采用互换装配法会使组成环加工比较困难或不经济时，就采用其他方法。大量生产时，环数较少的尺寸链采用分组装配法；环数多的尺寸链采用调整装配法。单件小批生产时，则常采用修配装配法。成批生产时可灵活应用调整装配法、修配装配法和分组装配法。

3. 划分装配单元，确定装配顺序

将产品划分为可进行独立装配的单元是制订装配工艺规程中最重要的一个步骤，这在大批大量生产结构复杂的产品时尤为重要。只有划分好装配单元，才能合理安排装配顺序和划分装配工序，组织流水作业。

机器是由零件、合件、组件和部件等装配单元组成的，零件是组成机器的基本单元。在装配时各装配单元都再选定某一零件或比它低一级的单元作为装配基准件。通常选择体积或重量较大，有足够支承面，能保证装配时稳定性的零件、组件或部件作为装配基准件。如床身零件是床身组件的装配基准件；床身组件是床身部件的装配基准组件；床身部件是机床产品的装配基准部件。

划分好装配单元，并确定装配基准件后，就可安排装配顺序。确定装配顺序的要求是保证装配精度，以及使装配时的连接、调整、校正和检验工作能顺利地进行，前面工序不能妨碍后面工序进行，后面工序不应损坏前面工序的质量。

一般装配顺序的安排是：

（1）工件要预先处理，如工件的倒角，去毛刺与飞边，清洗，防锈和防腐处理，油漆和干燥等。

（2）先进行基准件、重大件的装配，以便保证装配过程的稳定性。

（3）先进行复杂件、精密件和难装配件的装配，以保证装配顺利进行。

（4）先进行易破坏以后装配质量的工件装配，如冲击性质的装配、压力装配和加热装配。

（5）集中安排使用相同设备及工艺装备的装配和有共同特殊装配环境的装配。

（6）处于基准件同一方位的装配应尽可能集中进行。

（7）电线、油气管路的安装与相应工序同时进行。

（8）易燃、易爆、易碎，有毒物质或零部件的安装，尽可能放在最后，以减少安全防护工作量，保证装配工作顺利完成。

装配顺序可概括为“先下后上，先内后外，先难后易，先精密后一般，先重后轻”。

4. 装配工序的划分

装配顺序确定后，就可将装配工艺过程划分为若干个装配工序，并进行具体装配工序的设计。

装配工序的划分主要是确定工序集中与工序分散的程度。装配工序的划分通常和装配工序设计一起进行。

装配工序设计的主要内容有：

（1）制定装配工序的操作规范，例如，过盈配合所需的压力，变温装配的温度值，紧固

螺栓连接的预紧扭矩，装配环境等。

（2）选择设备与工艺装备。若需要专用设备与工艺装备，则应提出设计任务书。

（3）确定工时定额，并协调各装配工序内容。在大批大量生产时，要平衡装配工序的节拍，均衡生产，实现流水装配。

11.4.3 填写装配工艺文件

单件小批生产仅要求填写装配工艺过程卡。中批生产时，通常也只需填写装配工艺过程卡，但对复杂产品则还需要填写装配工序卡。大批大量生产时，不仅要求填写装配工艺过程卡，而且还要填写装配工序卡，以便指导工人进行装配。

11.4.4 制定产品检测与试验规范

产品装配完毕，应按产品技术性能和验收技术条件制定检测与试验规范，包括：

（1）检测和试验的项目及检验质量指标。

（2）检测和试验的方法、条件与环境要求。

（3）检测和试验所需工艺装备的选择或设计。

（4）质量问题的分析方法和处理措施。

知识梳理与总结

通过本项目的学习，我们了解了装配的基本概念、装配尺寸链、保证装配精度的方法、装配工艺规程的制订等内容。通过学习，应掌握各种保证装配精度方法的实质、使用场合及有关计算，能够简单制订出一般部件、中等复杂程度机器的装配工艺规程。

思考与练习题 11

1．何为装配精度？机床的装配精度要求主要包括哪几个方面？为什么在装配中要保证一定的装配精度要求？

2．机械的装配精度与其组成零件的加工精度有何关系？

3．销的尺寸为$\phi 30_{-0.0025}^{\ 0}$，为保证间隙$0_{-0.0100}^{+0.0150}$，孔尺寸应为ϕ__________。若将制造公差放大到 0.01 mm，则销为ϕ__________，孔为ϕ__________。

4．在装配尺寸链中，作为产品或部件的装配精度指标的是（　　）。

A．封闭环　B．组成环　C．增环　D．减环

5．常用的装配方法有哪些？各应用于什么场合？

6．试述制订装配工艺规程的意义、作用、内容、方法和步骤。

7．保证机械装配精度的方法有哪些？最优先选择的方法是什么？在汽车发动机的活塞销与活塞孔的高精度装配中你建议采用什么装配方法？

8．如图 11-10 所示为一主轴部件，为保证弹性挡圈能顺利装入，要求保持轴向间隙

$A_0=0^{+0.42}_{-0.05}$ mm。已知 A_1=33 mm，A_2=36 mm，A_3=3 mm，试计算确定各组成零件尺寸的上下偏差。

9．如图 11-11 所示为键槽与键的装配结构尺寸：A_1=20 mm，A_2=20 mm，$A_0=0^{+0.15}_{+0.05}$ mm。

（1）当大批量生产时，用完全法装配，试求各组成零件尺寸的上下偏差。

（2）当小批量生产时，用修配法装配，试确定修配件并求出各零件尺寸及公差。

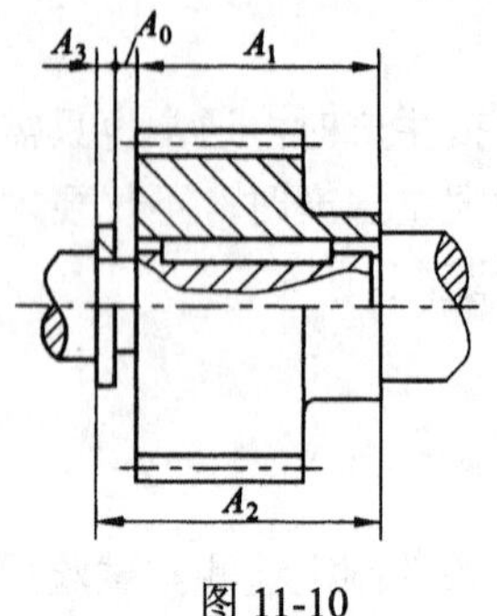

图 11-10

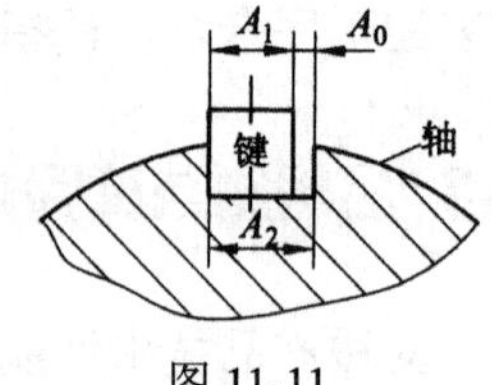

图 11-11

10．如图 11-12 所示为机床部件装配图，要求保证间隙 N=0.25 mm，若给定尺寸 $A_1=25^{+0.1}_{0}$ mm，A_2=25±0.1 mm，A_3=0±0.005 mm，试校核这几项的偏差能否满足装配要求并分析原因及采取的对策。

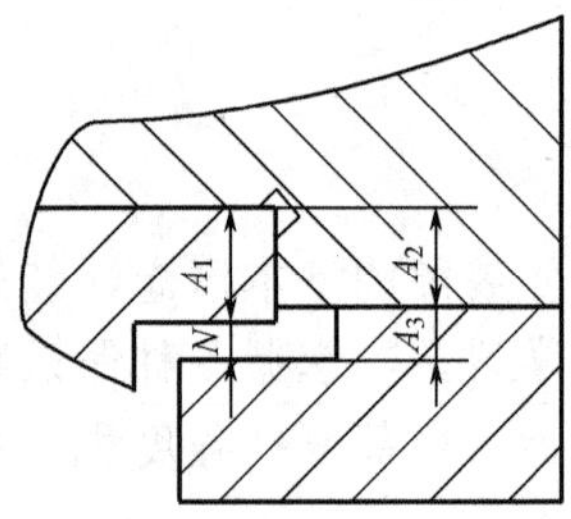

图 11-12

附录A　常用机床组、系代号及主参数

常用机床组、系代号及主参数如表 A-1 所示。

表 A-1　常用机床组、系代号及主参数

类	组	系	机床名称	主参数的折算系数	主　参　数
车床	1	1	单轴纵切自动车床	1	最大棒料直径
	1	2	单轴横切自动车床	1	最大棒料直径
	1	3	单轴转塔自动车床	1	最大棒料直径
	2	1	多轴棒料自动车床	1	最大棒料直径
	2	2	多轴卡盘自动车床	1/10	卡盘直径
	2	6	立式多轴半自动车床	1/10	最大车削直径
	3	0	回轮式车床	1	最大棒料直径
	3	1	滑鞍转塔车床	1/10	卡盘直径
	3	3	滑枕转塔车床	1/10	卡盘直径
	4	1	曲轴车床	1/10	最大工件回转直径
	4	6	凸轮轴车床	1/10	最大工件回转直径
	5	1	单柱立式车床	1/100	最大车削直径
	5	2	双柱立式车床	1/100	最大车削直径
	6	0	落地车床	1/100	最大工件回转直径
	6	1	卧式车床	1/10	床身上最大回转直径
	6	2	马鞍车床	1/10	床身上最大回转直径
	6	4	卡盘车床	1/10	床身上最大回转直径
	6	5	球面车床	1/10	刀架上最大回转直径
	7	1	仿形车床	1/10	刀架上最大回转直径
	7	5	多刀车床	1/10	刀架上最大回转直径
	7	6	卡盘多刀车床	1/10	刀架上最大回转直径
	8	4	轧辊车床	1/10	最大工件直径
	8	9	铲齿车床	1/10	最大工件直径
钻床	1	3	立式坐标镗钻床	1	最大钻孔直径
	2	1	深孔钻床	1	最大钻孔直径
	3	0	摇臂钻床	1	最大钻孔直径
	3	1	万向摇臂钻床	1	最大钻孔直径
	4	0	台式钻床	1	最大钻孔直径
	5	0	圆柱立式钻床	1	最大钻孔直径
	5	1	方柱立式钻床	1	最大钻孔直径
	5	2	可调多轴立式钻床	1	最大钻孔直径
	8	1	中心孔钻床	1/10	最大工件直径
	8	2	平端面中心孔钻床	1/10	最大工件直径

续表

类	组	系	机床名称	主参数的折算系数	主参数
镗床	4	1	立式单柱坐标镗床	1/10	工作台面宽度
	4	2	立式双柱坐标镗床	1/10	工作台面宽度
	4	6	卧式坐标镗床	1/10	工作台面宽度
	6	1	卧式镗床	1/10	镗轴直径
	6	2	落地镗床	1/10	镗轴直径
	6	9	落地铣镗床	1/10	镗轴直径
	7	0	单面卧式精镗床	1/10	工作台面宽度
	7	1	双面卧式精镗床	1/10	工作台面宽度
	7	2	立式精镗床	1/10	最大镗孔直径
磨床	0	4	抛光机		—
	0	6	刀具磨床		—
	1	0	无心外圆磨床	1	最大磨削直径
	1	3	外圆磨床	1/10	最大磨削直径
	1	4	万能外圆磨床	1	最大磨削直径
	1	5	宽砂轮外圆磨床	1/10	最大磨削直径
	1	6	端面外圆磨床	1/10	最大回转直径
	2	1	内圆磨床	1/10	最大磨削孔径
	2	5	立式行星内圆磨床	1/10	最大磨削孔径
	3	0	落地砂轮机	1/10	最大砂轮直径
	5	0	落地导轨磨床	1/100	最大磨削宽度
	5	2	龙门导轨磨床	1/100	最大磨削宽度
	6	0	万能工具磨床	1/10	最大回转直径
	6	3	钻头刃磨床	1	最大刃磨钻头直径
	7	1	卧轴矩台平面磨床	1/10	工作台面宽度
	7	3	卧轴圆台平面磨床	1/10	工作台面直径
	7	4	立轴圆台平面磨床	1/10	工作台面直径
	8	2	曲轴磨床	1/10	最大回转直径
	8	3	凸轮轴磨床	1/10	最大回转直径
	8	6	花键轴磨床	1/10	最大磨削直径
	9	0	曲线磨床	1/10	最大磨削长度
齿轮加工机床	2	0	弧齿锥齿轮磨齿机	1/10	最大工件直径
	2	2	弧齿锥齿轮铣齿机	1/10	最大工件直径
	2	3	直齿锥齿轮刨齿机	1/10	最大工件直径
	3	1	滚齿机	1/10	最大工件直径
	3	6	卧式滚齿机	1/10	最大工件直径
	4	2	剃齿机	1/10	最大工件直径
	4	6	珩齿机	1/10	最大工件直径
	5	1	插齿机	1/10	最大工件直径
	6	0	花键轴铣床	1/10	最大铣削直径
	7	0	碟形砂轮磨齿机	1/10	最大工件直径
	7	1	锥形砂轮磨齿机	1/10	最大工件直径

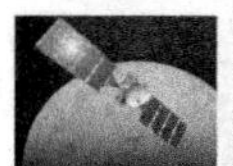

续表

类	组	系	机床名称	主参数的折算系数	主 参 数
齿轮加工机床	7	2	蜗杠砂轮磨齿机	1/10	最大工件直径
	8	0	车齿机	1/10	最大工件直径
	9	3	齿轮倒角机	1/10	最大工件直径
	9	9	齿轮噪声检查机	1/10	最大工件直径
铣床	2	0	龙门铣床	1/100	工作台面宽度
	3	0	圆台铣床	1/100	工作台面直径
	4	3	平面仿形铣床	1/10	最大铣削宽度
铣床	4	4	立体仿形铣床	1/10	最大铣削宽度
	5	0	立式升降台铣床	1/10	工作台面宽度
	6	0	卧式升降台铣床	1/10	工作台面宽度
	6	1	万能升降台铣床	1/10	工作台面宽度
	7	1	床身铣床	1/100	工作台面宽度
	8	1	万能工具铣床	1/10	工作台面宽度
	9	2	键槽铣床	1	最大键槽宽度
螺纹加工机床	3	0	套丝机	1	最大套丝直径
	4	8	卧式攻丝机	1/10	最大攻丝直径
	6	0	丝杠铣床	1/10	最大铣削直径
	6	2	短螺纹铣床	1/10	最大铣削直径
	7	4	丝杠磨床	1/10	最大工件直径
	7	5	万能螺纹磨床	1/10	最大工件直径
	8	6	丝杠车床	1/100	最大工件长度
	8	9	多头螺纹车床	1/10	最大车削直径
刨插床	1	0	悬臂刨床	1/100	最大刨削宽度
	2	0	龙门刨床	1/100	最大刨削宽度
	2	2	龙门铣磨刨床	1/100	最大刨削宽度
	5	0	插床	1/10	最大插削长度
	6	0	牛头刨床	1/10	最大刨削长度
	8	8	模具刨床	1/10	最大刨削长度
拉床	3	1	卧式拉床	1/10	额定拉力
	4	3	连续拉床	1/10	额定压力
	5	1	立式内拉床	1/10	额定拉力
	6	1	卧式内拉床	1/10	额定拉力
	7	1	立式外拉床	1/10	额定拉力
	9	1	汽缸体平面拉床	1/10	额定拉力
锯床	5	1	立式带锯床	1/10	最大锯削厚度
	6	0	卧式圆锯床	1/100	最大圆锯片直径
	7	1	平板卧式弓锯床	1/10	最大锯削直径
其他机床	1	6	管接头车丝机	1/10	最大加工直径
	2	1	木螺钉螺纹加工机	1	最大工件直径
	4	0	圆刻线机	1/100	最大加工长度
	4	1	长刻线机	1/100	最大加工长度

附录B 加工余量参数表

各加工方法加工余量如表B-1～表B-9所示。

表B-1 粗车、半精车外圆的加工余量 （单位：mm）

零件基本尺寸	经过热处理与未经热处理零件的粗车		半精车			
			未经热处理		经热处理	
	长度					
	≤200	>200～400	≤200	>200～400	≤200	>200～400
3～6	—	—	0.5	—	0.8	—
6～10	1.5	1.7	0.8	1.0	1.0	1.3
10～18	1.5	1.7	1.0	1.3	1.3	1.5
18～30	2.0	2.2	1.3	1.3	1.3	1.5
30～50	2.0	2.2	1.4	1.5	1.5	1.9
50～80	2.3	2.5	1.5	1.8	1.8	2.0
80～120	2.5	2.8	1.5	1.8	1.8	2.0
120～180	2.5	2.8	1.8	2.0	2.0	2.3
180～250	2.8	30.	2.0	2.3	2.3	2.5
250～315	3.0	3.3	2.0	2.3	2.3	2.5

注：加工带凸台的零件时，其加工余量要根据零件的全长和最大直径来确定。

表B-2 精车外圆的加工余量 （单位：mm）

轴的直径 d	零件长度 L					
	≤100	>100～250	>250～500	>500～800	>800～1 200	>1 200～2 000
	直径余量 a					
≤10	0.8	0.9	1.0	—	—	—
>10～18	0.9	0.9	1.0	1.1	—	—
>18～30	0.9	1.0	1.1	1.3	1.4	—
>30～50	1.0	1.0	1.1	1.3	1.5	1.7
>50～80	1.1	1.1	1.2	1.4	1.6	1.8
>80～120	1.1	1.2	1.2	1.4	1.6	1.9
>120～180	1.2	1.2	1.3	1.5	1.7	2.0
>180～260	1.3	1.3	1.4	1.6	1.8	2.0
>260～360	1.3	1.4	1.5	1.7	1.9	2.1
>360～500	1.4	1.5	1.5	1.7	1.9	2.2

注：1. 在单件或小批生产时，本表数值须乘上系数1.3，并化成一位小数，如1.1×1.3=1.43，采用1.4（四舍五入）。这时的粗车外圆的公差等级为14级。

2. 决定加工余量用轴的长度计算与装夹方式有关。

3. 粗车外圆的公差带相当于h12～h13。

表 B-3　磨削外圆的加工余量　(单位：mm)

轴的直径 d	磨削性质	轴的性质	轴的长度 L					
			≤100	>100～250	>250～500	>500～800	>800～1 200	>1200～2 000
			直径余量 a					
≤10	中心磨	未淬硬	0.2	0.2	0.3	—	—	—
		淬　硬	0.3	0.3	0.4	—	—	—
	无心磨	未淬硬	0.2	0.2	0.2	—	—	—
		淬　硬	0.3	0.3	0.4	—	—	—
>10～18	中心磨	未淬硬	0.2	0.3	0.3	0.3	—	—
		淬　硬	0.3	0.3	0.4	0.5	—	—
	无心磨	未淬硬	0.2	0.2	0.2	0.3	—	—
		淬　硬	0.3	0.3	0.4	0.5	—	—
>18～30	中心磨	未淬硬	0.3	0.3	0.3	0.4	0.4	—
		淬　硬	0.3	0.4	0.4	0.5	0.6	—
	无心磨	未淬硬	0.3	0.3	0.3	0.3	—	—
		淬　硬	0.3	0.4	0.4	0.5	—	—
>30～50	中心磨	未淬硬	0.3	0.3	0.4	0.5	0.6	0.6
		淬　硬	0.4	0.4	0.5	0.6	0.7	0.7
	无心磨	未淬硬	0.3	0.3	0.3	0.4	—	—
		淬　硬	0.4	0.4	0.5	0.5	—	—
>50～80	中心磨	未淬硬	0.3	0.4	0.4	0.5	0.6	0.7
		淬　硬	0.4	0.5	0.5	0.6	0.8	0.9
	无心磨	未淬硬	0.3	0.3	0.3	0.4	—	—
		淬　硬	0.4	0.5	0.5	0.6	—	—
>80～120	中心磨	未淬硬	0.4	0.4	0.5	0.5	0.6	0.7
		淬　硬	0.5	0.5	0.6	0.6	0.8	0.9
	无心磨	未淬硬	0.4	0.4	0.4	0.5	—	—
		淬　硬	0.5	0.5	0.6	0.7	—	—
>120～180	中心磨	未淬硬	0.5	0.5	0.6	0.6	0.7	0.8
		淬　硬	0.5	0.6	0.7	0.8	0.9	1.0
	无心磨	未淬硬	0.5	0.5	0.5	0.5	—	—
		淬　硬	0.5	0.6	0.7	0.8	—	—
>180～260	中心磨	未淬硬	0.5	0.6	0.6	0.7	0.8	0.9
		淬　硬	0.6	0.7	0.7	0.8	0.9	1.1
>260～360	中心磨	未淬硬	0.6	0.6	0.7	0.7	0.8	0.9
		淬　硬	0.7	0.7	0.8	0.9	1.0	1.1
>360～500	中心磨	未淬硬	0.7	0.7	0.8	0.8	0.9	1.0
		淬　硬	0.8	0.8	0.9	0.9	1.0	1.2

注：1. 在单件或小批生产时，本表的余量值应乘上系数 1.2，并化成一位小数，如 0.4×1.2=0.48，采用 0.5（四舍五入）。

2. 决定加工余量用轴的长度计算与装夹方式有关。

3. 磨前加工公差相当于 h11。

表 B-4　精车端面的加工余量　　(单位：mm)

零件直径 d	零件全长 L					
	≤18	>18～50	>50～120	>120～260	>260～500	>500
	余量 a					
≤30	0.5	0.6	0.7	0.8	1.0	1.2
>30～50	0.5	0.6	0.7	0.8	1.0	1.2
>50～120	0.7	0.7	0.8	1.0	1.2	1.2
>120～260	0.8	0.8	1.0	1.0	1.2	1.4
>260～500	1.0	1.0	1.2	1.2	1.4	1.5
>500	1.2	1.2	1.4	1.4	1.5	1.7
长度公差	—0.2	—0.3	—0.4	—0.5	—0.6	—0.8

注：1. 加工有台阶的轴时，每台阶的加工余量应根据该台阶的 d 及零件的全长分别选用。

2. 表中的公差是指尺寸 L 的公差。

表 B-5　磨端面的加工余量　　(单位：mm)

零件直径 d	零件全长 L					
	≤18	>18～50	>50～120	>120～260	>260～500	>500
	余量 a					
≤30	0.2	0.3	0.3	0.4	0.5	0.6
>30～50	0.3	0.3	0.4	0.4	0.5	0.6
>50～120	0.3	0.3	0.4	0.5	0.6	0.6
>120～260	0.4	0.4	0.5	0.5	0.6	0.7
>260～500	0.5	0.5	0.5	0.6	0.7	0.7
>500	0.6	0.6	0.6	0.7	0.8	0.8
长度公差	-0.12	-0.17	-0.23	-0.3	-0.4	-0.5

注：1. 加工有台阶的轴时，每台阶的加工余量应根据该台阶的 d 及零件的全长分别选用。

2. 表中的公差是指尺寸 L 的公差。

表 B-6　按照基孔制 7 级公差（H7）加工孔的加工　　（单位：mm）

加工孔的直径	直径					
	钻		用车刀镗以后	扩孔钻	粗铰	精铰
	第一次	第二次				
3	2.9	—	—	—	—	3H7
4	3.9	—	—	—	—	4H7
5	4.8	—	—	—	—	5H7
6	5.8	—	—	—	—	6H7
8	7.8	—	—	—	7.96	8H7
10	9.8	—	—	—	9.96	10H7

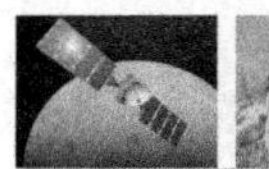

续表

加工孔的直径	直径					
	钻		用车刀镗以后	扩孔钻	粗铰	精铰
	第一次	第二次				
12	11.0	—	—	11.85	11.95	12H7
13	12.0	—	—	12.85	12.95	13H7
14	13.0	—	—	13.85	13.95	14H7
15	14.0	—	—	14.85	14.95	15H7
16	15.0	—	—	15.85	15.95	16H7
18	17.0	—	—	17.85	17.94	18H7
20	18.0	—	19.8	19.8	19.94	20H7
22	20.0	—	21.8	21.8	21.94	22H7
24	22.0	—	23.8	23.8	23.94	24H7
25	23.0	—	24.8	24.8	24.94	25H7
26	24.0	—	25.8	25.8	25.94	26H7
28	26.0	—	27.8	27.8	27.94	28H7
30	15.0	28	29.8	29.8	29.93	30H7
32	15.0	30.0	31.7	31.75	31.93	32H7
35	20.0	33.0	34.7	34.75	34.93	35H7
38	20.0	36.0	37.7	37.75	37.93	38H7
40	25.0	38.0	39.7	39.75	39.93	40H7
42	25.0	40.0	41.7	41.75	41.93	42H7
45	25.0	43.0	44.7	44.75	44.93	45H7
48	25.0	46.0	47.7	47.75	47.93	48H7
50	25.0	48.0	49.7	49.75	49.93	50H7
60	30	55.0	59.5	59.5	59.9	60H7
70	30	65.0	69.5	69.5	69.9	70H7
80	30	75.0	79.5	79.5	79.9	80H7
90	30	80.0	89.3	—	89.9	90H7
100	30	80.0	99.3	—	99.8	100H7
120	30	80.0	119.3	—	119.8	120H7
140	30	80.0	139.3	—	139.8	140H7
160	30	80.0	159.3	—	159.8	160H7
180	30	80.0	179.3	—	179.8	180H7

注：1. 在铸铁上加工直径到 15mm 的孔时，不用扩孔钻扩孔。

2. 在铸铁上加工直径为 30～32mm 的孔时，仅用直径为 28 与 30mm 的钻头钻一次。

3. 用磨削作为孔的最后加工方法时，精镗以后的直径根据表 1-23 查得。

4. 用金刚石细镗作为孔的最后加工方法时，精镗以后的直径根据表 1-24 查得。

5. 如仅用一次铰孔，则铰孔的加工余量为本表中粗铰与精铰的加工余量总和。

表 B-7 按照基孔制 8 级公差（H8）加工孔的加工 （单位：mm）

加工孔的直径	直径				
	钻		用车刀镗以后	扩孔钻	铰
	第一次	第二次			
3	2.9	—	—	—	3H8
4	3.9	—	—	—	4H8
5	4.8	—	—	—	5H8
6	5.8	—	—	—	6H8
8	7.8	—	—	—	8H8
10	9.8	—	—	—	10H8
12	11.8	—	—	—	12H8
13	12.8	—	—	—	13H8
14	13.8	—	—	—	14H8
15	14.8	—	—	—	15H8
16	15.0	—	—	15.85	16H8
18	17.0	—	—	17.85	18H8
20	18.0	—	19.8	19.8	20H8
22	20.0	—	21.8	21.8	22H8
24	22.0	—	23.8	23.8	24H8
25	23.0	—	24.8	24.8	25H8
26	24.0	—	25.8	25.8	26H8
28	26.0	—	27.8	27.8	28H8
30	15.0	28	29.8	29.8	30H8
32	15.0	30.0	31.7	31.75	32H8
35	20.0	33.0	34.7	34.75	35H8
38	20.0	36.0	37.7	37.75	38H8
40	25.0	38.0	39.7	39.75	40H8
42	25.0	40.0	41.7	41.75	42H8
45	25.0	43.0	44.7	44.75	45H8
48	25.0	46.0	47.7	47.75	48H8
50	25.0	48.0	49.7	49.75	50H8
60	30.0	55.0	59.5	—	60H8
70	30.0	65.0	69.5	—	70H8
80	30.0	75.0	79.5	—	80H8
90	30.0	80.0	89.3	—	90H8
100	30.0	80.0	99.3	—	100H8
120	30.0	80.0	119.3	—	120H8
140	30.0	80.0	139.3	—	140H8
160	30.0	80.0	159.3	—	160H8
180	30.0	80.0	179.3	—	180H8

注：1. 在铸铁上加工直径到 15mm 的孔时，不用扩孔钻扩孔。

2. 在铸铁上加工直径为 30mm、32mm 的孔时，仅用直径为 28mm、30mm 的钻头钻一次。

3. 用磨削作为孔的最后加工方法时，精镗以后的直径根据表 1-23 查得。

4. 用金刚石细镗作为孔的最后加工方法时，精镗以后的直径根据表 1-24 查得。

5. 如仅用一次铰孔，则铰孔的加工余量为本表中粗铰与精铰的加工余量总和。

表 B-8 磨孔的加工余量 （单位：mm）

孔的直径 d	零件性质	磨孔的长度 L					磨前公差 IT11
		≤50	>50～100	>100～200	>200～300	>300～500	
		直径余量 a					
≤10	未淬硬 淬 硬	0.2 0.2	— —	— —	— —	— —	0.09
>10～18	未淬硬 淬 硬	0.2 0.3	0.3 0.4	— —	— —	— —	0.11
>18～30	未淬硬 淬 硬	0.3 0.3	0.3 0.4	0.4 0.4	— —	— —	0.13
>30～50	未淬硬 淬 硬	0.3 0.4	0.3 0.4	0.4 0.4	0.4 0.5	— —	0.16
>50～80	未淬硬 淬 硬	0.4 0.4	0.4 0.5	0.4 0.5	0.4 0.5	— —	0.19
>80～120	未淬硬 淬 硬	0.5 0.5	0.5 0.5	0.5 0.6	0.5 0.6	0.6 0.7	0.22
>120～180	未淬硬 淬 硬	0.6 0.6	0.6 0.6	0.6 0.6	0.6 0.6	0.6 0.7	0.25
>180～260	未淬硬 淬 硬	0.6 0.7	0.6 0.7	0.7 0.7	0.7 0.7	0.7 0.8	0.29
>260～360	未淬硬 淬 硬	0.7 0.7	0.7 0.8	0.7 0.8	0.8 0.8	0.8 0.9	0.32
>360～500	未淬硬 淬 硬	0.8 0.8	0.8 0.8	0.8 0.8	0.8 0.9	0.8 0.9	0.36

注：1. 当加工在热处理中极易变形的、薄的轴套及其他零件时，应将表中的加工余量数值乘以 1.3。

2. 当被加工孔在以后必须作为基准孔时，其公差应按 7 级公差来制定。

3. 在单件、小批生产时，本表的数值应乘以 1.3，并化成一位小数。例如 0.3×1.3＝0.39，采用 0.4（四舍五入）。

表 B-9 平面加工余量 （单位：mm）

加 工 性 质	加工面长度	加工面宽度					
		≤100		>100～300		>300～1000	
		余量 a	公差(+)	余量 a	公差(+)	余量 a	公差(+)
粗加工后精刨或精铣	≤300 >300～1 000 >1 000～2 000	1.0 1.5 2	0.3 0.5 0.7	0.5 2 2.5	0.5 0.7 1.2	2 2.5 3	0.7 1.0 1.2
精加工后磨削，零件在装置时未经校准	≤300 >300～1 000 >1 000～2 000	0.3 0.4 0.5	0.1 0.12 0.15	0.4 0.5 0.6	0.12 0.15 0.15	— 0.6 0.7	— 0.15 0.15
精加工后磨削，零件装置在夹具中或用百分表校准	≤300 >300～1 000 >1 000～2 000	0.2 0.25 0.3	0.1 0.12 0.15	0.25 0.3 0.4	0.12 0.15 0.15	— 0.4 0.4	— 0.15 0.15
刮	≤300 >300～1 000 >1 000～2 000	0.15 0.2 0.25	0.06 0.1 0.12	0.15 0.2 0.25	0.06 0.1 0.12	0.2 0.25 0.3	0.1 0.12 0.15

注：1. 如几个零件同时加工，则长度及宽度为装置在一起的各零件长度或宽度及各零件间间隙的总和。

2. 当精刨或精铣时，最后一次行程前留的余量应不小于 0.5mm。3. 热处理零件的磨前加工余量为将表中数值乘以 1.2。

4. 磨削及刮的加工余量和公差用于有公差的表面的加工，其他尺寸按照自由尺寸的公差进行加工。

5. 公差根据被测量尺寸制定。

附录C　切削用量参数表

切削用量参数表如表 C-1～表 C-7 所示。

表 C-1　粗车外圆及端面的进给量　　　　(单位：mm/r)

工件材料	刀杆直径	工件直径	外圆车刀（硬质合金）					外圆车刀（高速钢）		
			切削深度 a_p [mm]							
			3	5	8	12	＞12	3	5	8
			进给量 f [mm/r]							
结构碳钢、合金钢及耐热钢	16×25	20	0.3～0.4	—	—	—	—	0.3～0.4	—	—
		40	0.4～0.5	0.3～0.4	—	—	—	0.4～0.6	—	—
		60	0.5～0.7	0.4～0.6	0.3～0.5	—	—	0.6～0.8	0.5～0.7	0.4～0.6
		100	0.6～0.9	0.5～0.7	0.5～0.6	0.4～0.5	—	0.7～1.0	0.6～0.9	0.6～0.8
		400	0.9～1.2	0.8～1.0	0.6～0.8	0.5～0.6	—	1.0～1.3	0.9～1.1	0.8～1.0
	20×30 25×25	20	0.3～0.4	—	—	—	—	0.3～0.4	—	—
		40	0.4～0.5	0.3～0.4	—	—	—	0.4～0.5	—	—
		60	0.6～0.7	0.5～0.7	0.4～0.6	—	—	0.7～0.8	0.6～0.8	—
		100	0.8～1.0	0.7～0.9	0.5～0.7	0.4～0.7	—	0.9～1.1	0.8～1.0	0.7～0.9
		600	1.2～1.4	1.0～1.2	0.8～1.0	0.6～0.9	0.4～0.6	1.2～1.4	1.1～1.4	1.0～1.2
	25×40	60	0.6～0.9	0.5～0.8	0.4～0.7	—	—	—	—	—
		100	0.8～1.2	0.7～1.1	0.8～0.9	0.5～0.8	—	—	—	—
		1100	1.2～1.5	1.1～1.5	0.9～1.2	0.8～1.0	0.7～0.8	—	—	—
	30×45	500	1.1～1.4	1.1～1.4	1.0～1.2	0.8～1.2	0.7～1.1	—	—	—
	40×60	2500	1.3～2.0	1.3～1.8	1.2～1.6	1.1～1.5	1.0～1.5	—	—	—
铸铁及铜合金	16×25	40	0.4～0.5	—	—	—	—	0.4～0.5	—	—
		60	0.6～0.8	0.5～0.8	0.4～0.6	—	—	0.6～0.8	0.5～0.8	0.4～0.6
		100	0.8～1.2	0.7～1.0	0.6～0.8	0.5～0.7	—	0.8～1.2	0.7～1.0	0.6～0.8
		400	1.0～1.4	1.0～1.2	0.8～1.0	0.6～0.8	—	1.0～1.4	1.0～1.2	0.8～1.0
	20×30 25×25	40	0.4～0.5	—	—	—	—	0.4～0.5	—	—
		60	0.6～0.9	0.5～0.8	0.4～0.7	—	—	0.6～0.9	0.5～0.8	0.4～0.7
		100	0.9～1.3	0.8～1.2	0.7～1.0	0.5～0.8	—	0.9～1.3	0.8～1.2	0.7～1.0
		600	1.2～1.8	1.2～1.6	1.0～1.3	0.9～1.1	0.7～0.9	1.2～1.3	1.2～1.6	1.1～1.4
	25×40	60	0.6～0.8	0.5～0.8	0.4～0.7	—	—	0.6～0.8	0.5～0.8	0.4～0.7
		100	1.0～1.4	0.9～1.2	0.8～1.0	0.6～0.9	—	1.2～1.4	0.9～1.2	0.8～1.0
		1000	1.5～2.0	1.2～1.8	1.0～1.4	1.0～1.2	0.8～1.0	1.5～2.0	1.2～1.8	1.0～1.4
	30×45	500	1.4～1.8	1.2～1.6	1.0～1.4	1.0～1.3	0.9～1.2	—	—	—
	40×60	2500	1.6～2.4	1.6～2.0	1.4～1.8	1.3～1.7	1.2～1.7	—	—	—

注：1. 加工耐热钢及其合金时，不采用大于 1mm/r 的进给量。

2. 进行有冲击的加工（断续切削和荒车）时，本表的进给量应乘上系数 0.78～0.85。

3. 加工无外皮工件时，本表的进给量应乘上系数 1.1。

表 C-2　高速钢车刀纵车外圆的切削速度 v　　（单位 m/min）

材　料	切削深度 a_p（mm）	进给量 f（mm/r）											
		0.1	0.15	0.2	0.25	0.3	0.4	0.5	0.6	0.7	1.0	1.5	2
碳钢 σ_b = 0.735 GPa 加冷却液	1		92	85	79	69	59	50	44	44			
	1.5		85	76	71	62	52	45	40	36			
	2			70	66	59	49	42	37	34			
	3			64	60	53	44	38	34	31	24		
	4				56	49	41	35	31	28	22	17	
	6					45	37	32	28	26	20	15	13
	8						35	30	26	24	19	14	12
	10						32	28	25	22	18	13	11
	15							25	22	20	16	12	10
可锻铸铁 HB150 加冷却液	1	116	104	97	92	84							
	1.5	107	96	90	85	78	67						
	2		91	85	80	73	63	56	52				
	3			79	73	68	58	52	48	44	37		
	4				69	64	55	49	45	42	35	30	
	6					59	51	45	42	38	32	27	23
	8						48	43	39	36	30	26	22
灰口铸铁 HB180～200	1	49	44	40	37	35							
	1.5	47	41	38	36	34	30						
	2		39	36	35	32	29	27	26				
	3			34	33	31	29	26	25	23	20		
	4				33	31	27	25	24	22	19	17	
	6					29	26	24	22	21	18	16	14
	8						25	23	21	20	17	15	13
	12							22	20	19	16	14	12
青　铜 QA19—4 HB100～140	1	162	151	142	127	116							
	1.5	157	143	134	120	110	95						
	2	151	138	127	115	105	91	82	75				
	3			123	111	100	88	80	71	66	56		
	4				107	98	84	76	69	63	53	45	
	6					93	80	73	66	61	51	43	36
	8						78	71	64	58	50	41	35
	12						74	66	60	55	47	39	33

注：本表所述高速钢车刀材料为 W18Cr4V。

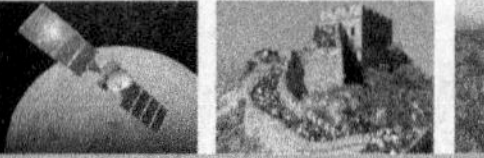

表 C-3　硬质合金车刀纵车外圆的切削速度 v　（单位：m/min）

工件材料	刀具材料	切削深度 a_p（mm）	进给量 f（mm/r）									
			0.1	0.15	0.2	0.3	0.4	0.5	0.7	1.0	1.5	2
碳钢 σ_b = 0.735 GPa	YT5	1		177	165	152	138	128	114			
		1.5		165	156	143	130	120	106			
		2			151	138	124	116	103			
		3			141	130	118	109	97	83		
		4				124	111	104	92	80	66	
		6				117	105	97	87	75	62	60
		8					101	94	84	72	59	52
		10					97	90	81	69	57	50
		15						85	76	64	54	48
碳钢 σ_b = 0.735 GPa	YT15	1		277	258	235	212	198	176			
		1.5		255	241	222	200	186	164			
		2			231	213	191	177	158			
		3			218	200	181	168	149	128		
		4				191	172	159	142	123	102	
		6				180	162	150	134	116	96	91
		8					156	145	129	110	91	81
		10					148	139	124	106	88	78
		15						131	117	99	83	73
耐热钢 1Cr18Ni9Ti HB141	YT15	1	318	266	233	194	170	154				
		1.5	298	248	218	181	160	144				
		2		231	202	169	149	134	115			
		3		214	187	156	137	124	107	91		
		4			176	147	129	117	100	86		
		6				136	119	108	93	79		
		8				128	112	102	87	74		
		10				122	107	97	83	71		
灰口铸铁 HB180～200	YG6	1		189	178	164	155	142	124			
		1.5		178	167	154	145	134	116			
		2			162	147	139	127	111			
		3			145	134	126	120	105	91		
		4				132	125	114	101	87	74	
		6				125	118	108	95	82	70	63
		8					113	103	91	79	67	60
		10					109	100	88	76	65	58
		15						94	82	71	61	54
可锻铸铁 HB150	YG8	1		204	192	177	167					
		1.5		188	177	163	154					
		2					129	117	100			
		3					122	110	94	81		
		4					116	105	90	77	64	
		6					110	99	86	72	61	53
		8					104.5	94	81	69.2	57.6	50.7
		10					101.2	91	78.5	67	55.8	49.1
		15						85.5	74	63	52.3	46.2
青　铜 HB200～240	YG8	1		590	555	513	484	472	412			
		1.5		555	525	483	457	432	377			
		2			507	467	442	408	357			
		3			480	442	418	377	330	286		
		4				427	403	356	311	271	231	
		6				404	381	327	286	248	212	188
		8					369	309	271	235	201	178
		10					359	296	259	224	191	170

表 C-4　粗铣每齿进给量 f_z 的推荐值　　　　（单位：mm）

刀　具		材　料	推荐进给量
高速钢	圆柱铣刀	钢	0.1～0.15
		铸铁	0.12～0.20
	端铣刀	钢	0.04～0.06
		铸铁	0.15～0.20
	三面刃铣刀	钢	0.04～0.06
		铸铁	0.15～0.25
硬质合金铣刀		钢	0.1～0.20
		铸铁	0.15～0.30

表 C-5　铣削速度的推荐值　　　　（单位：m/min）

工 件 材 料	铣削速度(m/min)		说　明
	高速钢铣刀	硬质合金铣刀	
20	20～45	150～190	（1）粗铣时取小值，精铣时取大值； （2）工件材料强度和硬度高时取小值，反之取大值； （3）刀具材料耐热性好取大值，耐热性差取小值
45	20～35	120～150	
40Cr	15～25	60～90	
HT150	14～22	70～100	
黄铜	30～60	120～200	
铝合金	112～300	400～600	
不锈钢	16～25	50～100	

表 C-6　高速钢钻头钻孔时的进给量　　　　（单位：mm）

钻头直径 d_0 (mm)	钢σ_b≤784MPa 及铝合金			钢 σ_b=784～981MPa			钢σ_b>981MPa			硬度≤200HBW 的灰铸铁及铜合金			硬度>200HBW 的灰铸铁		
	进给量的组别														
	I	II	III	I	II	III	I	II	III	I	II	III	I	II	III
	进给量 f														
2	0.05～0.06	0.04～0.05	0.03～0.04	0.04～0.05	0.03～0.04	0.02～0.03	0.03～0.04	0.03～0.04	0.02～0.03	0.09～0.11	0.06～0.08	0.05～0.06	0.05～0.07	0.04～0.05	0.03 0.04
4	0.08～0.10	0.05～0.08	0.04～0.05	0.06～0.08	0.04～0.06	0.03～0.04	0.04～0.06	0.04～0.05	0.03～0.04	0.18～0.22	0.13～0.17	0.09～0.11	0.11～0.13	0.08～0.10	0.05～0.07
6	0.14～0.18	0.11～0.13	0.07～0.09	0.10～0.12	0.07～0.09	0.05～0.06	0.08～0.10	0.06～0.08	0.04～0.05	0.27～0.33	0.20～0.24	0.13～0.17	0.18～0.22	0.13～0.17	0.09～0.11
8	0.18～0.22	0.13～0.17	0.09～0.11	0.13～0.15	0.09～0.11	0.06～0.08	0.11～0.13	0.08～0.10	0.05～0.07	0.36～0.44	0.27～0.33	0.18～0.22	0.22～0.26	0.16～0.20	0.11～0.13
10	0.22～0.28	0.16～0.20	0.11～0.13	0.17～0.21	0.13～0.15	0.08～0.11	0.13～0.17	0.10～0.12	0.07～0.09	0.47～0.57	0.35～0.43	0.23～0.29	0.28～0.34	0.21～0.25	0.13～0.17

续表

钻头直径 d_0 (mm)	钢 σ_b≤784MPa 及铝合金			钢 σ_b=784～981MPa			钢 σ_b>981MPa			硬度≤200HBW 的灰铸铁及铜合金			硬度>200HBW 的灰铸铁		
	进给量的组别														
	I	II	III	I	II	III	I	II	III	I	II	III	I	II	III
	进给量 f														
12	0.25～0.31	0.19～0.23	0.13～0.15	0.19～0.23	0.14～0.18	0.10～0.12	0.15～0.19	0.12～0.14	0.08～0.10	0.52～0.64	0.39～0.47	0.26～0.32	0.31～0.39	0.23～0.29	0.15～0.19
16	0.31～0.37	0.22～0.27	0.15～0.19	0.22～0.28	0.17～0.21	0.12～0.14	0.18～0.22	0.13～0.17	0.09～0.11	0.61～0.75	0.45～0.56	0.31～0.37	0.37～0.45	0.27～0.33	0.18～0.22
20	0.35～0.43	0.26～0.32	0.18～0.22	0.26～0.32	0.20～0.24	0.13～0.17	0.21～0.25	0.15～0.19	0.11～0.13	0.70～0.86	0.52～0.64	0.35～0.43	0.43～0.53	0.32～0.40	0.22～0.26
25	0.39～0.47	0.29～0.35	0.20～0.24	0.29～0.35	0.22～0.26	0.14～0.18	0.23～0.29	0.17～0.21	0.12～0.14	0.78～0.96	0.58～0.72	0.39～0.47	0.47～0.57	0.35～0.43	0.23～0.29
30	0.45～0.55	0.33～0.41	0.22～0.28	0.32～0.40	0.24～0.30	0.16～0.20	0.27～0.33	0.20～0.24	0.13～0.17	0.9～1.1	0.67～0.83	0.45～0.55	0.54～0.66	0.4～0.5	0.27～0.33
>30～≤60	0.6～0.7	0.45～0.55	0.30～0.35	0.4～0.5	0.30～0.35	0.20～0.25	0.3～0.4	0.22～0.30	0.16～0.23	1.0～1.2	0.8～0.9	0.5～0.6	0.7～0.8	0.5～0.6	0.35～0.4

注：[I 组] 在刚性工件上钻无公差或 IT12 级以下及钻孔后还需用几个刀具来加工的孔。

[II 组] 在刚度不足的工件上钻无公差或 IT12 级以下及钻孔后还需用几个刀具加工的孔；丝锥攻螺纹前钻孔。

[III 组] 钻精密孔； 在刚度差和支承面不稳定的工件上钻孔；孔的轴线和平面不垂直的孔。

表 C-7　常见通用机床的主轴转速和进给量

类别	型号	技术参数			
		主轴转速（r/min）		进给量（mm/r）	
车床	CA6140	正转	10、12.5、16、20、25、32、40、50、63、80、100、125、160、200、250、320、400、450、500、560、710、900、1120、1400	纵向（部分）	0.028、0.032、0.036、0.039、0.043、0.046、0.050、0.054、0.08、0.10、0.12、0.14、0.16、0.18、0.20、0.24、0.28、0.30、0.33、0.36、0.41、0.46、0.48、0.51、0.56、0.61、0.66、0.71、0.81、0.91、0.96、1.02、1.09、1.15、1.22、1.29、1.47、1.59、1.71、1.87、2.05、2.28、2.57、2.93、3.16、3.42…
		反转	14、22、36、56、90、141、226、362、565、633、1018、1580	横向（部分）	0.014、0.016、0.018、0.019、0.021、0.023、0.025、0.027、0.04、0.05、0.06、0.08、0.09、0.1、0.12、0.14、0.15、0.17、0.20、0.23、0.25、0.28、0.30、0.33、0.35、0.4、0.43、0.45、0.5、0.56、0.61、0.73、0.86、0.94、1.08、1.28、1.46、1.58…

续表

类别	型号	技术参数			
		主轴转速（r/min）		进给量（mm/r）	
车床	CM6125	正转	25、63、125、160、320、400、500、630、800、1000、1250、2000、2500、3150	纵向	0.02、0.04、0.08、0.1、0.2、0.4
				横向	0.01、0.02、0.04、0.05、0.1、0.2
	C365L	正转	44、58、78、100、136、183、238、322、430、550、745、1000	回转刀架纵向	0.07、0.09、0.13、0.17、0.21、0.28、0.31、0.38、0.41、0.52、0.56、0.76、0.92、1.24、1.68、2.29
		反转	48、64、86、110、149、200、261、352、471、604、816、1094	横刀架纵向	0.07、0.09、0.13、0.17、0.21、0.28、0.31、0.38、0.41、0.52、0.56、0.76、0.92、1.24、1.68、2.29
				横刀架横向	0.03、0.04、0.056、0.076、0.09、0.12、0.13、0.17、0.18、0.23、0.24、0.33、0.41、0.54、0.73、1.00
钻床	Z35（摇臂）	34、42、53、67、85、105、132、170、265、335、420、530、670、850、1051、1320、1700		0.03、0.04、0.05、0.07、0.09、0.12、0.14、0.15、0.19、0.20、0.25、0.26、0.32、0.40、0.56、0.67、0.90、1.2	
	Z525（立钻）	97、140、195、272、392、545、680、960、1360		0.10、0.13、0.17、0.22、0.28、0.36、0.48、0.62、0.81	
	Z535（立钻）	68、100、140、195、275、400、530、750、1100		0.11、0.15、0.20、0.25、0.32、0.43、0.57、0.72、0.96、1.22、1.6	
	Z512（台钻）	460、620、850、1220、1610、2280、3150、4250		手动	
镗床	T68（卧式）	20、25、32、40、50、64、80、100、125、160、200、250、315、400、500、630、800、1000		主轴	0.05、0.07、0.1、0.13、0.19、0.27、0.37、0.52、0.74、1.03、1.43、2.05、2.90、4.00、5.70、8.00、11.1、16.0
				主轴箱	0.025、0.035、0.05、0.07、0.09、0.13、0.19、0.26、0.37、0.52、0.72、1.03、1.42、2.00、2.90、4.00、5.60、8.00
	TA4280（坐标）	40、52、65、80、105、130、160、205、250、320、410、500、625、800、1 000、1 250、1 600、2 000		0.0426、0.069、0.1、0.153、0.247、0.356	
铣床	X51（立式）	65、80、100、125、160、210、255、300、380、490、590、725、945、1 225、1 500、1 800		纵向	35、40、50、65、85、105、125、165、205、250、300、390、510、620、755
				横向	25、30、40、50、65、80、100、130、150、190、230、320、400、480、585、765
				升降	12、15、20、25、33、40、50、65、80、95、115、160、200、290、380
	X63、X62W（卧式）	30、37.5、47.5、60、75、95、118、150、190、235、300、375、475、600、750、950、1 180、1 500		纵向及横向	23.5、30、37.5、47.5、60、75、95、118、150、190、235、300、375、475、600、750、950、1 180

参考文献

[1] GB/T1008—2008《机械加工工艺装备基本术语》. 北京：中国国家标准化管理委员会，2008 年.

[2] 倪森寿. 机械制造工艺与装备. 北京：化学工业出版社，2003 年.

[3] 谢旭华. 机械制造工艺及工装. 北京：科学出版社，2008 年.

[4] 陈锡渠. 现代机械制造工艺. 北京：清华大学出版社，2006 年.

[5] 周世学. 机械制造工艺与夹具. 北京：北京理工大学出版社，2007 年.

[6] 周伟平. 机械制造技术. 武昌：华中科技大学出版社，2003 年.

[7] 宁广庆. 机械制造技术. 北京：北京大学出版社，2008 年.

[8] 黄鹤汀. 金属切削机床. 北京：机械工业出版社，2003 年.

[9] 王丽英. 机械制造技术. 北京：化学工业出版社，2003 年.

[10] 金捷. 机械制造技术. 北京：清华大学出版社，2006 年.

[12] 傅水根. 机械制造工艺学基础. 北京：清华大学出版社，1998 年.

[13] 王平嶂. 机械制造工艺与刀具. 北京：清华大学出版社，2005 年.

[14] 朱派龙. 机械制造工艺装备. 西安：西安电子科技大学出版社，2006 年.

[15] 陈宏钧. 金属切削技术基础手册. 北京：机械工业出版社，2006 年.

[16] 严敏德. 金属切削加工技能. 北京：机械工业出版社，2009 年.

[17] 陈　明. 机械制造技术. 北京：北京航天航空大学出版社，2001 年.

[18] 郑修本. 机械制造工艺学. 北京：机械工业出版社，2006 年.

[19] 韩洪涛. 机械制造技术. 北京：化学工业出版社，2003 年.

[20] 姚民雄. 机械制图. 北京：电子工业出版社，2008 年.

[21] 吉卫喜. 机械制造技术. 北京：机械工业出版社，2001 年.

[22] 张世昌. 机械制造技术基础. 北京：高等教育出版社，2002 年.

[23] 机械技术网：www.hj9411.com.

[24] 机电商情网：www.jd37.com.

[25] 数控工作室：www.busnc.com.

[26] 互动百科网：www.hudong.com.

[27] 数控机床网：www.c-cnc.com.